有机化学

第 5 版

吉卯祉　黄家卫　沈　玙　主　编

科学出版社

北　京

内 容 简 介

本套教材是科学出版社"十四五"普通高等教育本科规划教材及配套教材，为第 5 版，包括《有机化学》《有机化学习题及参考答案》《有机化学实验》，是根据教育部对中药学、药学等相关专业有机化学课程教学的要求，由北京中医药大学、浙江中医药大学、湖北中医药大学、南京中医药大学、成都中医药大学、天津中医药大学等二十余所高校有机化学教研室主任、教授、专家在多年使用前四版教材及总结过去经验的基础上联合编写而成，供中药学、药学等相关专业使用的系列教材。本书共 18 章，第一章至第三章为有机化学基本概念，着重阐述基本理论知识；第四章至第十八章按照特性基团体系，着重介绍各类化合物的命名、结构、一些典型的有机反应及其反应过程。第 5 版教材以二维码形式链接了动画、PPT 课件和微课内容，便于学生理解和学习。本书突出中药学、药学专业特色，在各类有机化合物的举例中尽量采用药物为例，且在各章后附加和该章特性基团相对应、有代表性的个别化合物，同时增加了与药学、中药化学、炮制学、制药学、中药鉴定学及中药药理学等专业课有密切联系的章节的内容。本书强化了近代有机化学中立体化学知识、分子轨道理论和共振论的应用等内容，还对"氨基酸、多肽、蛋白质和核酸"专列一章单独介绍。本书的另一个特点是把习题及参考答案编写在《有机化学习题及参考答案》一书中，并将各参编院校近几年来本科生的有机化学结业综合考试试题及答案、研究生入学考试试题及答案一同介绍，且在第 4 版的基础上部分题目有所改变和更新，便于各院校交流和学生参加全国研究生入学考试及训练学生的综合能力。

本书可供全国高等医药院校中药学、药学等相关专业本科生使用，也可作为成人继续教育中药学、药学等相关专业自学考试应试人员、广大中医药专业工作及中医药爱好者的学习参考书。

图书在版编目（CIP）数据

有机化学 / 吉卯祉，黄家卫，沈珍主编. —5 版. —北京：科学出版社，2021.1
科学出版社"十四五"普通高等教育本科规划教材
ISBN 978-7-03-065606-3

Ⅰ. ①有… Ⅱ. ①吉… ②黄… ③沈… Ⅲ. ①有机化学-医学院校-教材
Ⅳ. ①O62

中国版本图书馆 CIP 数据核字（2020）第 111143 号

责任编辑：郭海燕　高　微 / 责任校对：王晓茜
责任印制：霍　兵 / 封面设计：蓝正设计

科学出版社出版

北京东黄城根北街 16 号
邮政编码：100717
http://www.sciencep.com

北京市密东印刷有限公司印刷
科学出版社发行　各地新华书店经销

*

2002 年 2 月第 一 版　　开本：787×1092　1/16
2021 年 1 月第 五 版　　印张：28 1/4
2025 年 1 月第三十四次印刷　字数：710 000

定价：**79.80** 元
（如有印装质量问题，我社负责调换）

杨武德　贵州中医药大学

杨淑珍　北京中医药大学

肖田梅　内蒙古民族大学

何　康　贵州中医药大学

余宇燕　福建中医药大学

邹海舰　云南中医药大学

汪美芳　皖南医学院

沙　玫　福建中医药大学

沈　琤　湖北中医药大学

张　薇　北京中医药大学

张立剑　黑龙江中医药大学

张园园　北京中医药大学

陈胡兰　成都中医药大学

林　艳　江西中医药大学

虎春艳　云南中医药大学

房　方　南京中医药大学

赵　骏　天津中医药大学

赵珊珊　长春中医药大学

胡冬华　长春中医药大学

钟海艺　广西中医药大学

姜洪丽　山东第一医科大学

姚惠文　湖北中医药大学

徐秀玲　浙江中医药大学

郭占京　广西中医药大学

郭晏华　辽宁中医药大学

谈春霞　甘肃中医药大学

陶阿丽　安徽新华学院

黄　珍　成都中医药大学

黄家卫　浙江中医药大学

黄楠楠　黑龙江中医药大学

盛文兵　湖南中医药大学

傅榕赓　湖南中医药大学

靳如意　陕西中医药大学

蔡梅超　山东中医药大学

薛慧清　山西中医药大学

第5版编写说明

本套教材是由北京中医药大学、浙江中医药大学、湖北中医药大学、南京中医药大学、成都中医药大学、天津中医药大学等全国二十余所高校有机化学教研室主任、专家、教授联合编写的，供中药学、药学等相关专业使用，包括《有机化学》《有机化学习题及参考答案》《有机化学实验》系列教材。本套教材是在前四版的基础上，根据多年来各兄弟院校在使用过程中总结出的经验和修改意见，于2020年进行了修订，出版了第5版。

为了使学生能在较短的时间内学好药学、中药学等相关专业教学大纲所规定的内容，本教材《有机化学》选材以基础知识和基本理论为主，删去较少用到的内容，力求做到少而精和反映学科的新进展，课程学时为90学时左右。

全书在内容编写上分为两部分，第一部分是有机化学基本概念，着重阐述学习后面各章节必须掌握的基本理论知识；第二部分按特性基团体系，重点介绍各类化合物的命名、结构、一些典型的有机反应及其反应历程。

本教材注意突出中药学、药学特色，为此在各类有机化合物举例中尽量采用药物为例，且在各章节后附加和本章特性基团相对应、有代表性的个别化合物，同时加强了与药学、中药化学、炮制学、制药学、中药鉴定学及中药药理学等专业课有密切联系的"糖类"、"含氮有机化合物"、"杂环化合物"、"萜类和甾体化合物"等章节的内容。本教材还加强了近代有机化学中立体化学知识，分子轨道理论和共振论的应用，反应中能量的变化和有机反应历程等内容，并增加了"氨基酸、多肽、蛋白质和核酸"一章。本教材的另一个特点是以二维码形式链接了动画、PPT课件和微课内容，采用了2017版有机化合物中文命名法，更便于学生理解学习。

本套教材还有一个特点，即把习题及参考答案编写在《有机化学习题及参考答案》一书中，并将各参编院校近几年的本科生有机化学结业综合考试题及参考答案、研究生入学考试试题及参考答案一同介绍，目的是各院校互相学习，提高学生的解题能力，并适应全国研究生入学考试。

本套教材第4版出版后，在读者使用过程中，我们陆续收到读者朋友的来信，他们对本套教材提出了宝贵的建议，在此谨向他们表示衷心的感谢！希望广大读者在使用本套教材过程中一如既往地提出修订建议，以便本套教材得到更进一步的改善。

编　者

2020年12月于北京

目　录

第 一 部 分

第 二 部 分

第 一 部 分

第一章
绪 论

> 学习目的　本章重点介绍有机化学的一些基本概念，有机化合物的结构特点和分类，研究有机化合物的一般方法，有机化学与药学及生命科学的关系等内容，为后续章节的学习奠定基础。
>
> 学习要求　掌握有机化学、有机化合物和特性基团等概念，了解有机化学的研究对象，掌握有机化合物的特点和分类，理解有机化合物的立体结构和一般研究方法，了解有机化学与药学及生命科学的关系。

第一节　有机化学的研究对象

有机化学是研究有机化合物的化学。有机化合物简称有机物，主要含碳和氢两种元素，有的还含有氧、氮、卤素、硫、磷等元素，因此有机化合物可以定义为"碳氢化合物及其衍生物"。衍生物是指碳氢化合物中的一个或几个氢原子被其他原子或原子团取代而得的化合物。因此有机化学的完整定义应该是：研究碳氢化合物及其衍生物的化学。它主要是研究有机化合物的结构、命名、理化性质、合成方法、应用，以及有机化合物之间相互转化所遵循的理论和规律的一门科学。由于含碳化合物数目很多，据统计，已知的有机化合物已有几千万种，并且这个数目还在不断地迅速增长中，所以把有机化学作为一门独立的学科来研究是很必要的。实际上，在有机化合物和无机化合物之间并没有一个绝对的界线，它们遵循着共同的变化规律，只是在组成和性质上有所不同。至于某些简单的含碳化合物，如一氧化碳、二氧化碳、碳化物、碳酸盐及氰化物等，因其有无机化合物的典型性质，通常看作无机化合物而不在有机化学中讨论。

回顾有机化学的发展史，劳动人民早已在生产劳动中逐渐积累了大量利用自然界存在的有机化合物的实践知识。我国在夏、商时代就知道酿酒和制醋，汉朝时发明了造纸术，我国古代医药学家对动植物进行了治疗疾病的调查研究。《淮南子·修务训》记有神农"尝百草之滋味，水泉之甘苦，令民知所避就，当此之时，一日而遇七十毒"。这里的"毒"，可能理解为包括药物、毒物和食物，"七十"则是泛指品种多。这说明我国先辈长期调查和实践，利用各种动植物治疗疾病，是我国医药学的特色。后来总结为《神农本草经》，收集有 365 种重要的药物，在公元 200 年出版，可以说是世界上最早的一部药典。明朝伟大的药学大师李时珍发表了举世闻名的巨著《本草纲目》，这是世界上第一部药物大全书。在制药工业方面，我国很早就掌握了药物浸制、调剂等技术，并将天然药物制成丸、散、膏、丹等中药剂型，所以我国创造的中药学对世界也是一个重大的贡献。

随着人类生产劳动和科学实践的发展，人们对有机化合物的认识也逐渐加深和提高。18 世纪以来，先后从动植物中分离出一系列较纯的有机化合物，如甘油、乙二酸、酒石酸、枸橼酸、乳酸、吗啡、尿素等。但当时这些有机化合物的来源只限于动植物有机体，人们对有机化合物到底是如何形成的尚不能解释。当时有些学者提出了"生命力"学说，认为有机化合物只能在生物体中，在神秘的"生命力"的影响下产生，人只能从动植物体中得到它们，而不能用人工的方法以无机化合物制取。这种看法，使有机化合物和无机化合物之间形成了一条不可逾越的鸿沟，严重阻碍了有机化学的发展。

1828 年，德国化学家维勒（Wöhler）以已知的无机物氰酸铵（NH$_4$OCN）合成了尿素。这一发现，说明在实验室中以无机化合物为原料，可以合成出有机化合物而不必依赖神秘的"生命力"，这一事实无疑给"生命力"学说一个有力的冲击。因为尿素是哺乳动物尿中的一种有机化合物。维勒的最初目的是想把氰酸钾和氯化铵两种无机化合物共热制备氰酸铵，而实际上得到了尿素，其反应式如下：

$$KOCN + NH_4Cl \longrightarrow NH_4OCN + KCl$$

氰酸钾　　氯化铵　　　　氰酸铵　　氯化钾

（无机化合物）

↓加热

$$(NH_2)_2CO$$

尿素(有机化合物)

1845 年科尔贝（Kolbe）合成了乙酸，1854 年贝特罗（Berthelot）合成了脂肪等有机化合物，这些事实彻底推翻了"生命力"学说。化学结构理论的研究也取得了很大的进展，确立了化学结构学说，推动了有机化学的发展。

第二节　碳原子的特性及有机化合物的特点

为什么碳元素能形成如此众多的化合物呢？这与碳原子的结构有关。碳元素在元素周期表中位于第二周期ⅣA族，为四价原子。为了满足电子的八隅体，碳必须与碳或其他元素形成四个价键，同时 C—C 键特别强（键能约为 350kJ·mol^{-1}），这意味着碳原子能无限多地相连成直链、支链或闭环，如图 1-1 所示。

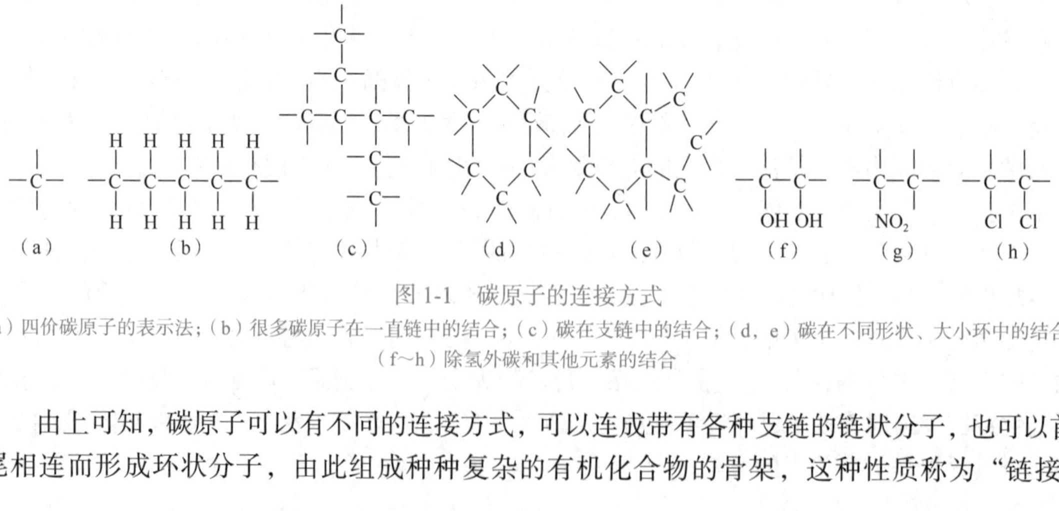

图 1-1　碳原子的连接方式

（a）四价碳原子的表示法；（b）很多碳原子在一直链中的结合；（c）碳在支链中的结合；（d，e）碳在不同形状、大小环中的结合；（f~h）除氢外碳和其他元素的结合

由上可知，碳原子可以有不同的连接方式，可以连成带有各种支链的链状分子，也可以首尾相连而形成环状分子，由此组成种种复杂的有机化合物的骨架，这种性质称为"链接"

（catenation）即成链作用。许多塑料、天然或合成橡胶的分子，就是由几个乃至数万、数十万个碳原子彼此以共价键相连而成的长链所形成的。

有机化合物分子中都存在着碳元素，决定了有机化合物具有与无机化合物很不相同的特性。一般地讲，有机化合物具有下列一些特点。

1. 易于燃烧 绝大多数有机化合物都能燃烧，如汽油、乙醇等，燃烧时放出大量的热，最后产物是二氧化碳和水。若含有其他元素，则还有这些元素的氧化物。大多数无机化合物则不易燃烧，也不能燃尽。我们常利用这个性质来区别有机化合物和无机化合物。例如，把样品放在一小块白瓷片上，在火焰上慢慢加热，假若是有机化合物，立刻着火或炭化变黑，最终完全烧掉，白瓷片上不遗留残余物。大多数无机化合物，如氯化钠、硫酸钙等则不能燃烧，也不能燃尽。当然这一性质的区别不是绝对的，有的有机化合物不易燃烧，甚至可以作灭火剂，如灭火剂 CF_2ClBr、CF_3Br 等。

2. 熔、沸点较低 有机化合物在常温下常为气体、液体或低熔点的固体，其熔点多在 400℃以下，而无机化合物很多是固体，其熔点高得多，如氯化钠的熔点为 801℃。无机化合物多属于离子晶格或原子晶格，而有机化合物属于分子晶格。分子晶格只靠微弱的范德瓦耳斯（van der Waals，又称范德华）引力相吸引，它比离子间和原子间的引力要弱得多，只需较低能量就可被破坏，所以熔点较低。同样，液体有机化合物的沸点也比较低。有机化合物的熔点、沸点都较低而又比较容易测定，常用来鉴定有机化合物。

3. 难溶于水 有机化合物分子中的化学键多为共价键，极性小或没有极性，因此一般难溶于极性强的水中，而易溶于苯、乙醚等极性很弱的有机溶剂中，这就是"相似相溶"经验规则。当然，极性较大的有机化合物，如乙醇、乙酸等则易溶于水，甚至可以与水以任何比例互溶。

4. 反应速率比较慢 无机化合物之间发生反应很快，往往瞬时完成。而有机化合物间的反应则比较慢，需要较长时间，如几十分钟、几小时或更长的时间才能完成。这是由于无机反应为离子反应，反应速率快，而有机化合物的反应一般为分子之间的反应，反应速率取决于分子之间有效的碰撞，所以比较慢。为了加速有机反应，往往需要采取加热、加压、振摇或搅拌，以及使用催化剂等方法来加快反应速率。

5. 反应产物复杂 有机化合物的分子是由较多的原子结合而成的复杂分子，当它和某一试剂发生反应时，分子的各部分可能都受影响，也就是说，在反应时，并不限定于分子某一特定部位发生反应。因此，反应结果比较复杂，在主要反应发生的同时，还常伴随着副反应。一个有机反应，若能达到 60%～70% 的理论产量，就算是比较满意的，这在无机反应中是不常见的。

6. 普遍存在同分异构现象 有机化合物中普遍存在着同分异构现象。具有同一分子式，而化学结构不同的化合物称为同分异构体，这种现象就称为同分异构现象（isomerism），例如，分子式为 C_2H_6O 的物质可能是乙醇，也可能是甲醚，二者的化学性质不同。它们互为同分异构体或简称异构体。

乙醇（沸点 78.3℃）　　　甲醚（沸点 −23.6℃）

同分异构现象可分为构造异构、顺反异构、对映异构等，这种现象是有机化合物的重要特点，也是有机化合物数目众多的主要原因之一。无机化合物很少有这种现象。

以上特点都是相对的。例如，有的有机化合物并不燃烧，也有的极易溶于水，或反应速率极快。然而尽管这些特点都是相对的，但它们合在一起，就能在一定程度上反映出大多数有机化合物的特点。

第三节　有机化合物的研究方法

研究天然存在的有机化合物或人工合成的有机化合物，一般要通过下列步骤。

一、分离和提纯

在研究一种有机化合物之前，必须保证它是纯净的物质。但由于从自然界或人工方法合成得到的有机化合物总含有一些杂质，因此必须经过分离和提纯，加以除去。

分离和提纯有机化合物的方法很多。根据不同的需要，可以选择重结晶、蒸馏、分馏、升华、减压蒸馏或色谱分析等方法。例如，根据溶解度和沸点的不同，可以分别用结晶法和分馏法加以分离。根据物质被吸附剂吸附的性能不同，可以利用色谱分析法达到分离、提纯的目的。

二、纯度的检验

经过精制提纯后的有机化合物，还需要进一步鉴定它的纯度。因为每一种纯的有机化合物都有固定的熔点、沸点、折光率和密度等重要物理常数，所以测定这些物理常数，是检验有机化合物纯度的有效方法。此外，近年来光谱等物理技术的应用，为检验纯度提供了更为方便的方法。

三、实验式和分子式的确定

提纯后的有机化合物，就需要知道它是由哪些元素组成的，各自占多少比例，以求出该化合物的实验式，再测定其相对分子质量后，就可确定分子式。

确定有机物元素组成的方法，就是有机元素定性分析。其方法是把组成有机化合物的各种元素转变成无机化合物，再用鉴定无机化合物的方法去鉴定，其变化过程如下：

$$[C、H] + CuO \xrightarrow{\triangle} Cu + CO_2 + H_2O$$

$$[C、N、X、S] + Na \xrightarrow{\triangle} NaX + NaCN + Na_2S$$

然后进行有机元素定量分析，测定出各种元素所占比例，就能确定它的实验式。

实验式仅说明该分子中各元素原子数目的比例，不能确定各种原子的具体数目。因此，必须先测定其相对分子质量，才能确定分子式。相对分子质量的测定方法很多，如蒸气密度法、凝固点下降法等，现在采用质谱仪来测定，更为准确、迅速。

【例】　有 3.26g 纯有机物，经燃烧后得到 4.74g CO_2、1.92g H_2O，没有得到其他燃烧产物，已知该有机物的相对分子质量为 60，求它的分子式。

解：

$$含碳量 = 生成二氧化碳质量 \times \frac{碳相对原子质量}{二氧化碳相对分子质量}$$

$$此样品中含碳量 = 4.74 \times \frac{12}{44} g = 1.29g$$

$$样品中碳占的百分比 = \frac{1.29}{3.26} \times 100\% = 39.6\%$$

$$含氢量 = 生成水质量 \times \frac{氢相对原子质量 \times 2}{水相对分子质量}$$

$$此样品中含氢量 = 1.92 \times \frac{2}{18} g = 0.213 g$$

$$样品中氢占的百分比 = \frac{0.213}{3.26} \times 100\% = 6.53\%$$

因不含其他元素，其余为氧，所以

样品中氧占的百分比=100% − (39.6% + 6.53%) = 53.87%

根据百分含量，再确定它的实验式：

C=39.6/12=3.30　　　　　3.30/3.30=1
H=6.53/1=6.53　　　　　6.53/3.30=1.98
O=53.87/16=3.37　　　　　3.37/3.30=1.02

所以　　　　　　　　　　　$C : H : O = 1 : 2 : 1$

实验式应为：CH_2O。

已知该分子的相对分子质量为 60，它应该是实验式量的整数倍，实验式量为

$$12 + 1 \times 2 + 16 = 30$$

所以　　　　　　　　　　　60/30 = 2

因此分子式为　　　　　　　$(CH_2O)_2 = C_2H_4O_2$

四、结构式的确定

因为在有机化合物中普遍存在着同分异构现象，分子式相同的有机化合物往往并不止一种，因此还需要利用化学方法和物理方法来确定其结构式，这是相当烦琐的工作。近年来，将近代物理方法应用于化学分析，给有机物结构的测定带来了比较简便而准确的方法。例如，利用红外光谱分析，可以确定分子中某些基团的存在；通过紫外光谱可以确定化合物中有无共轭体系；核磁共振谱可以提供分子中氢原子的结合方式；质谱分析可以推断化合物的相对分子质量和结构等。关于这方面的内容，在分析化学课程中还要作较详细的讲解。

以上是研究未知化合物的一般过程，对于鉴定一个已知化合物，通常是在提纯后测定其物理常数和光谱数据，再与文献上记载的已知数据相对照，即可知道它是不是该化合物。

第四节　有机化合物的结构

一、有机化合物的结构理论

前面讲过有机化合物中普遍存在同分异构现象，因此对于一个有机分子，只知道它的分子式是不够的，因为往往可能有好几种有机化合物都具有相同的分子式，而它们的理化性质却很不相同。例如，分子式为 C_4H_{10} 的化合物，可以是下面两个不同的化合物。

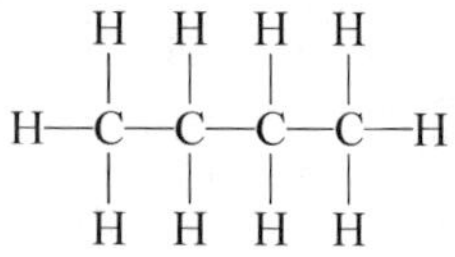

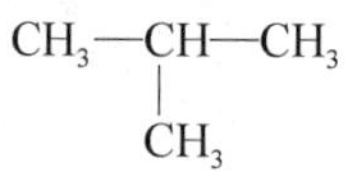

正丁烷(沸点-0.5℃)　　　　　　　　　　　　　　　异丁烷(沸点-11.7℃)

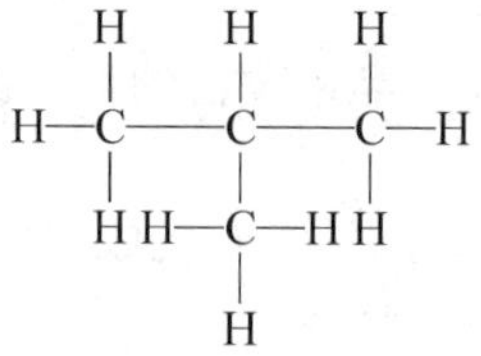

由于正丁烷和异丁烷分子中各原子间的连接方式和次序不同,其性质也不同。因此,了解有机化合物分子中原子连接的方式、次序和探讨原子结构理论问题是很重要的。19 世纪凯库勒(Kekulé)、库珀(Couper)及布特列罗夫(Бутлеров)等先后提出有关有机化合物的经典结构理论,其要点可归纳如下:

(1)在分子中组成化合物的若干原子,是按一定的次序和方式连接的,这种连接次序和方式称为化学结构或简称结构(construction),现在按国际纯粹与应用化学联合会(International Union of Pure and Applied Chemistry, IUPAC)的建议应改称构造(constitution)。有机化合物的结构决定着性质,反之,也可以根据化合物的性质,推断它的化学结构。

(2)在有机化合物中,碳原子是四价的,它可以用四个相等的价键与其他原子相连接,每一个价键可用一条短线代表,所以把每一条短线称为键(bond)。

其他元素也都有各自的化合价,如氢为一价、氯为一价、氧为二价、氮为三价等。这样,我们可以用短线表示化合物的结构图式,即结构式,如

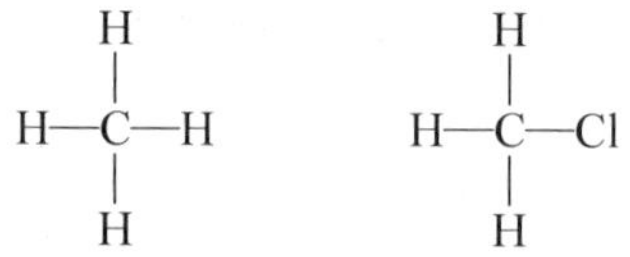

甲烷　　　　　　一氯甲烷

(3)碳原子还可以用二价、三价相连接,这样就分别形成碳碳单键、双键或叁键。

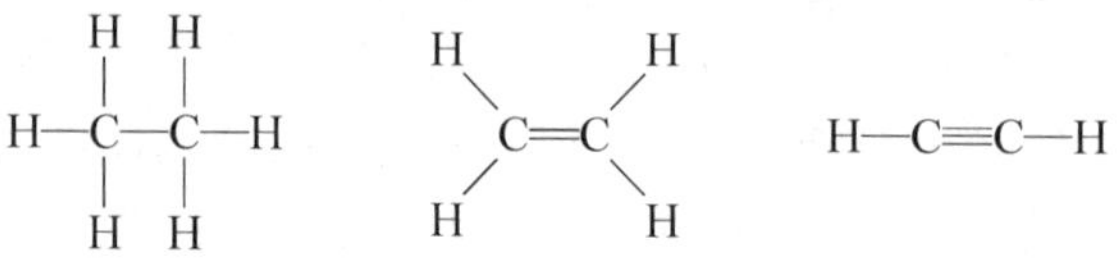

单键　　　　　　双键　　　　　　叁键

根据以上理论,正丁烷和异丁烷两个化合物的结构不同,因而性质不同也是十分自然的。因此,它们是同分异构体,也是一种同分异构现象。

二、有机分子的立体结构

经典的结构理论,开始只提出分子中各原子的原子价、数目和彼此间的相互关系,还没有涉及分子的立体结构问题,如果将分子都想象成平面结构是很难理解的。例如,二氯甲烷(CH_2Cl_2)分子就应当有两个不同的平面结构式(异构体):

(Ⅰ)　　　　　　　　　　　　　　(Ⅱ)

二氯甲烷

在上面的两个平面结构中，两个氯和两个氢排列的关系不同，似乎是两种不同的化合物。但实践证明二氯甲烷只有一种，并无异构体。此外，还有少数个别有机分子，它们的化学结构完全相同，但它们的确是不同的化合物，这是什么原因呢？为了解释这个问题，1874 年范托夫（van't Hoff）和勒贝尔（Le Bel）总结了前人研究所得的一些事实，分别提出碳原子的正四面体结构假说，这样就把结构理论引申到三维空间的立体结构中。根据这个假说，碳原子的四价是完全相等的，它们分别处在正四面体的四个顶角的方向上，各价键间的夹角为 109.5°，如图 1-2 所示。

如果用各种颜色的小圆球代表不同的原子，用短木棒代表原子间的键，甲烷的立体形象就可以用图 1-3 表示。这种用圆球和木棒做成的模型称为球棒模型，又称凯库勒模型。这种立体模型常用透视式表示，如甲烷的透视式为

$$
\begin{matrix} & H & \\ & | & \\ H - & C & \cdots H \\ & & \\ H & & H \end{matrix}
$$

透视式中的直线表示键近似在纸平面上，楔形线表示键在纸平面的前方，虚楔形线表示键在纸平面后方。

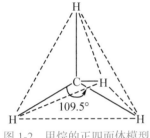

图 1-2　甲烷的正四面体模型

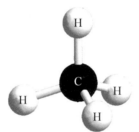

图 1-3　甲烷的球棒模型

由此可见，写在平面上的结构式，只是表示分子结构的一种方法，它并不能全面地反映分子的真实结构。按照碳原子的立体结构，正丁烷和丙酮分别表示如下：

正丁烷　　　　　　　丙酮

但是为了方便起见，一般表示有机物的结构时，还可采用平面结构式。

正丁烷　　　　　　　丙酮

书写平面结构式时仍不方便，例如正丁烷，如果把它的每一条键线都画出来，就要画 13 条短线，见式（Ⅰ），一般可简写成式（Ⅱ）或式（Ⅲ），称为结构简式或示性式。

$CH_3—CH_2—CH_2—CH_3$　　　　$CH_3(CH_2)_2CH_3$

（Ⅰ）　　　　　　（Ⅱ）　　　　　　（Ⅲ）

但分子稍大一点时，按示性式的写法，也还是不太方便，如环己烷按式（Ⅱ）的写法应为

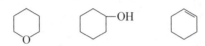

现在一般都采用一种"键线"的写法，所得式子称为键线式。这种写法是把碳、氢的元素符号都不写出，为了区别一个碳键和下一个碳键，把两条线画成一个角度，每个顶点处代表一个碳原子。一条线上若不标明其他元素，就认为它是被氢原子所饱和。假若碳与其他原子或基团相连接，就把那个原子或基团写出来。例如上面的环己烷，就可写成：⬡，如其中一个碳被一个氧原子取代，或一个氢被羟基取代，或者双键存在，就分别写成：

任何一个链状化合物都可以根据上面的规则改写成键线式：

根据近代物理学的研究，甲烷分子中原子间的距离，并不像球棒模型所表示的那样远，而是原子间互相部分重叠的，价键也不是一根棒。因此后来有人根据实际测得的原子大小和原子核间的距离，按比例制成甲烷分子的模型，见图 1-4，它能更精确地表示原子间的相互空间关系。这种模型称为比例模型，又称斯陶特模型（Stuart model）。

图 1-4　甲烷的比例模型

从以上讨论不难看出，二氯甲烷只能有一种空间排列方式，只要把式(Ⅱ)转一转，就变成与式(Ⅰ)完全相同的模型。

碳原子的正四面体模型，成功地解释了许多以前不能理解的现象。在这种模型提出多年以后，由于 X 射线衍射法的应用，准确地测定了碳原子的立体结构，完全证实了这个模型的正确性。

有机分子几何形象的提出，是有机化合物结构理论的重要发展和补充。这就充分说明认识是不断发展和深入的。认识是没有止境的，每一次认识的提高，又会能动地指导再实践。

第五节　有机化合物的分类和特性基团

有机化合物的数目非常庞大，已确定结构的就有几千万种，而且每年还在不断地有新的有机化合物被合成或从自然界分离出来。对这么多的有机化合物，必须进行系统的分类才能便于学习和研究。现在一般的分类方法有以下两种：根据分子中碳原子的连接方式（碳的骨架）或按照决定分子化学性质的特殊原子或基团（特性基团）来分类。

一、按碳的骨架分类

根据碳的骨架，可以把有机化合物分成以下三类。

（一）链状化合物

链状化合物中的碳架是一个或长或短的张开的链。例如：

 或 $CH_3CH_2CH_2CH_2CH_3$ 戊烷

 或 $CH_3CH_2CH_2CH{=}CH_2$ 戊-1-烯

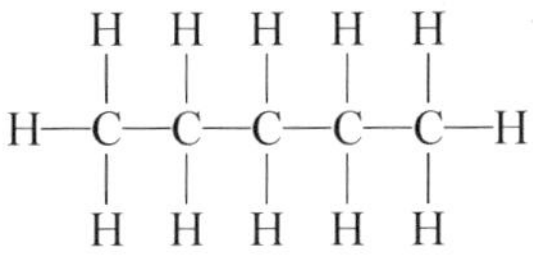

由于链状化合物最初是在油脂中发现的，所以这种化合物也称为脂肪族化合物。这类化合物的主要来源是石油和自然界中的动植物。

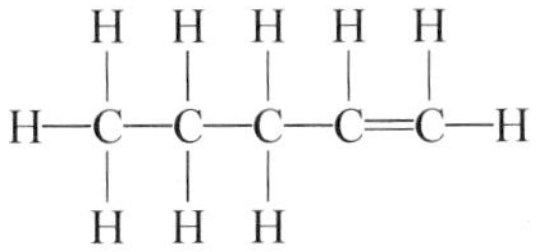

（二）碳环化合物

碳环化合物分子中的环完全由碳原子组成。它们又可分为以下两类。

1. 脂环化合物（alicyclic compound） 在脂环化合物中，碳原子和碳原子连接成环状的碳架，可以看成开链化合物的两端接在一起而成。这类化合物的碳架虽然是环状，但它们的性质却和脂肪族化合物相似，因此，把这类化合物称为脂环化合物，主要存在于石油和煤焦油中，例如：

 或 环己烷

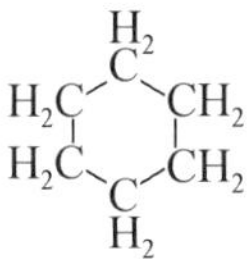

2. 芳香化合物（aromatic compound） 芳香化合物常含有六个碳原子和六个氢原子所形成的苯环，或由苯环稠合而成的体系，具有与脂肪族及脂环族不同的性质。例如：

 或 苯

 或 萘

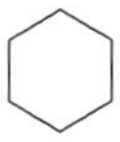

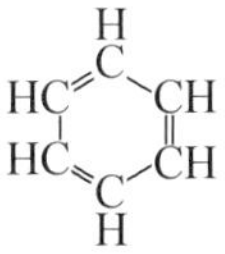

这类化合物大量存在于煤焦油中。石油中也含有少量的芳香化合物。

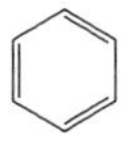

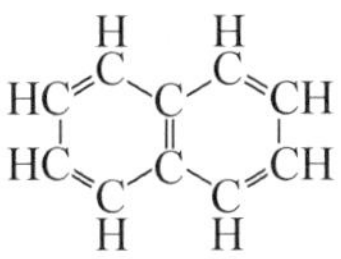

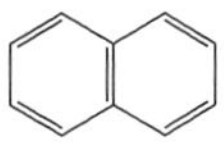

（三）杂环化合物

杂环化合物（heterocyclic compound）分子中的环不是完全由碳原子组成的，还有其他杂原子如 O、N、S 等，所以称为杂环化合物。例如：

$$\underset{HC}{\overset{H}{\underset{\|}{\overset{C}{\diagup}}}}\underset{N}{\overset{C}{\diagdown}}\overset{CH}{\underset{CH}{}}\qquad 或 \qquad\qquad 吡啶$$

杂环化合物主要存在于煤焦油和生物体中，特别是很多中药和野生植物中都含有这类化合物。

总之，按照碳的骨架形状，有机化合物可分为

$$有机化合物\begin{cases}链状化合物\\[1mm]碳环化合物\begin{cases}脂环化合物\\芳香化合物\end{cases}\\[3mm]杂环化合物\end{cases}$$

其他的有机化合物都可以视为这三大类碳骨架衍生物。

二、按特性基团分类

有机化合物的性质除了和它的碳骨架结构有关外，还和分子中的某些原子或原子团有关。这一类决定分子化学性质的特殊原子或原子团称为特性基团（characteristic group）或官能团（functional group）。因为一般来说，含有相同特性基团的化合物，其化学性质是基本相同的，所以可以把它们归为一类。特性基团的数目并不很多，现把重要的列成表（表 1-1）。

表 1-1　重要特性基团

结构	名称	结构	名称
$-\overset{\|}{\underset{\|}{C}}-\overset{\|}{\underset{\|}{C}}-$	单键	—NHX	卤氨基
$\overset{}{\underset{}{C}}=\overset{}{\underset{}{C}}$	双键	—NHOH	羟氨基
$-C\equiv C-$	叁键	—NH—NH$_2$	肼基
—OH	羟基	—CHO	醛基
—X	卤素	$\overset{O}{\underset{}{\overset{\|}{-C-}}}$	羰基
$-\overset{\|}{\underset{\|}{C}}-O-\overset{\|}{\underset{\|}{C}}-$	醚基	$-C\equiv N$	氰基
—OX	次卤基	$-CH\overset{OR}{\underset{OR}{\diagup}}$	缩醛基
—NH$_2$	氨基	$-C\overset{OR}{\underset{OR}{\diagup}}$	缩酮基
—NHR	二级氨基	$C=N-R$	亚胺基

结构	名称	结构	名称
$\diagdown C{=}N{-}NH_2$	腙基	$\overset{O}{\overset{\|}{-C}}{-}NH_2$	酰胺基
$\diagdown C{=}N{-}OH$	肟基	$\overset{O}{\overset{\|}{-C}}{-}NHR$	二级酰胺基
$\overset{O}{\overset{\|}{-C}}{-}OH$	羧基	$\overset{O}{\overset{\|}{-C}}{-}NR_2$	三级酰胺基
$\overset{O}{\overset{\|}{-C}}{-}X$	酰卤基	$-NO_2$	硝基
$\overset{O}{\overset{\|}{-C}}{-}OR$	酯基	$-SO_3H$	磺酸基
$\overset{O}{\overset{\|}{-C}}\overset{O}{\overset{\|}{-O-C}}$	酸酐基	$-SH$	巯基

表中的 R 是今后常用到的一个符号，称为烷基（alkyl group），它可以看作一个饱和碳氢化合物去掉一个氢原子后剩下的基团。例如：

$$
\begin{array}{cc}
\overset{H}{\underset{H}{H-C-}} & \overset{H\quad H}{\underset{H\quad H}{H-C-C-}} \\
甲基 & 乙基
\end{array}
$$

当一个分子中有两个不同的烷基时，一般用 R 和 R′加以区别。由于 R 是表示烷基的一个通用符号，因此当一个分子式中出现这个符号时，该式就是一个通式，不论 R 的大小和结构怎样，它们都具有某种程度上类似的性质。

第六节　有机化学与药学及生命科学的关系

有机化学是一门重要的中药专业基础学科。它不仅在国民经济建设的许多重要部门，如农业、工业、交通运输业等部门中发挥着重要作用，而且人们日常生活中的衣、食、住、行都与有机化学有着极为密切的关系，有机化学与药学的关系也极为密切。药物大多数是有机化合物。合成药完全是由有机化学的合成方法制备的；抗生素以来自微生物为主，也有合成品或半合成品；生化药物来自动物组织；而中药则主要来自植物和动物。它们都是有机物质，这些有机物质作为药物，一般都要先用化学方法加工炮制、提取或精制，才能符合药用要求。特别是对于中药有效成分的研究，要经过提取、分离、结构测定、人工合成等实验步骤，所有这些研究程序都离不开有机化学的基本理论和实验技能。

中药的组成非常复杂，例如，一种中药往往具有多种功效，这与中药本身含有多种有效成分有关。为了使它达到治疗疾病的目的，就必须采用化学方法进行炮制，以保留或增强所需的有效成分，减轻或消除有毒副作用或不需要的成分。对于化学药物合成线的选择，必须熟悉有机化学反应的特点，才能选出合理的合成路线。此外，在进行中药的鉴定、质量检查、保管、中药剂型的改革等时都必须通晓药物的理化性质。所以，一个药学工作者要能应用现代有机化学知识去认识中药，特别是中药有效成分的分子组成或结构、性质及其与化学结构的关系、主要生理作用，甚至有效成分的合成方法以及化学结构的修饰等，都需要掌握比较扎实的有机化学基础理论和实验方法，必须学好有机化学，才能学好中药专业的专业课程，如鉴定学、制剂学、炮制学、中药化学和药理学等课程。有机化学不仅与药学关系密切，而且与生命科学密切相关。人类重要的食物如蛋白质、淀粉是一类天然的生物高分子。我国化学家在 1965 年合成了一种相对分子质量较小的蛋白质——胰岛素，其在人类认识生命的过程中起着很大的作用。因为人体内有多种蛋白质和其他生物高分子控制着生命的现象，如遗传、代谢等，胰岛素的合成意味着人类在对生命探索的长途上迈出了重要的一步。有机化学与生物学、物理学密切配合，有望在征服疾病（如癌症、精神病）、控制遗传、延长人类的寿命等方面发挥巨大作用。由于生命过程是许多生物分子间发生各种化学反应以及所引起的物质和能量转换的结果，所以可以认为从分子水平认识生命过程是认识的基础。近年来从分子水平研究生命现象，使生命科学的研究及其应用得到了迅速发展，化学的理论观点和方法在整个生命科学中起着不可缺少的作用，而生命科学发展到今天，化学还要进一步为其提供理论、观点和方法；即将化学理论和方法移植过来，并用观察生命现象的结果去提高它们，使之成为生命科学的理论和方法。如果说 21 世纪是生命科学灿烂的时代，那么有机化学通过与生物学科结合，同样也是光辉灿烂的。

在学习有机化学过程中，除了重视基础理论的掌握和应用外，还必须重视有机实验的基本操作训练，因为有机化学是一门实践性很强的学科。通过实验，不仅可以加深对有机化学理论的理解和应用，更重要的是可以提高动手能力和分析问题、解决问题的能力。总之，只有把理论和实践很好地结合起来，才能完整地学好有机化学。

小　结

1. 有机化学是研究有机化合物的化学。有机化学的发展是人类长期进行生产活动、社会活动和科学研究的必然结果。有机化学和药学以及生命科学相互交叉、相互渗透和融合，联系非常紧密。有机化学是医药研究领域非常重要的专业基础学科。

2. 碳原子的特性、有机化合物的特点。

3. 有机化合物的研究方法：分离和提纯、纯度检验、实验式和分子式的确定、结构式的确定。

4. 经典结构理论、甲烷的正四面体结构和有机化合物的书写表示方法。

5. 特性基团的概念和有机化合物的分类方法。

（北京中医药大学）

本章PPT

第二章

有机化合物的化学键

学习目的　本章学习后续章节必备的基础知识，重点阐述有机化合物的化学键、共价键的属性、分子间作用力、共振论、电子效应等基本知识、基本理论和基本概念，以此掌握物质结构的基本理论，为以后学习各章有机化合物的结构特征、理化性质及其之间的相互关系奠定坚实的基础。

学习要求　掌握化学键的类型、价键理论和杂化轨道理论，了解分子轨道理论；熟悉共价键的性质，理解共价键的断裂方式和有机反应类型；理解分子间作用力及对物质物理性质的影响；理解共振论的基本概念和对分子性质的描述；掌握诱导效应、共轭效应的概念，了解超共轭效应和场效应。

第一节　化学键的类型和共价键的形成

一、化学键的类型

分子或原子团中，各原子间因电子配合关系而产生的相互作用称为化学键（chemical bond），主要有如下几类。

（一）离子键

通过电荷转移而形成两种带相反电荷的离子，它们之间存在静电引力，这种键称为离子键（ionic bond）。

例如，金属钠和氯气发生反应生成氯化钠。

$$2Na + Cl_2 \xrightarrow{\text{点燃}} 2NaCl$$

钠的原子序数是 11，其核外电子排布是 $1s^2 2s^2 2p^6 3s^1$，最外层有一个电子，容易失去一个电子，形成 Na^+。氯的原子序数是 17，其核外电子排布是 $1s^2 2s^2 2p^6 3s^2 3p^5$，最外层有七个电子，容易得到一个电子，形成 Cl^-。从而钠失去一个电子，具有氖的电子构型，氯得到一个电子，具有氩的电子构型，最外层都达到八电子的稳定状态（八隅体），形成带正电荷的钠正离子和带负电荷的氯负离子，它们之间存在静电引力，于是阴阳离子之间形成稳定的化学键。

（二）共价键

原子间由于成键电子的原子轨道重叠而形成的化学键称为共价键（covalent bond），如甲烷。

碳位于元素周期表的第二周期ⅣA族，处于中间位置，外层有四个价电子，它既不容易失去四个电子变成 C^{4+}，也不容易得到四个电子变成 C^{4-} 而形成稳定的八电子构型。当碳和其他原子形成化合物时，为了达到稳定的八电子构型，它总是和其他原子提供相同数目的电子形成两个原子共用的电子对。碳有四个单电子，它可以和四个氢原子形成四个共价键而生成甲烷。

$$4H\cdot \ + \ \cdot \overset{\cdot}{\underset{\cdot}{C}}\cdot \ \longrightarrow \ H\overset{H}{\underset{H}{:\overset{..}{C}:}}H \quad 或 \quad H-\overset{H}{\underset{H}{\overset{|}{C}}}-H$$

（三）配位键

由一方提供电子、另一方提供空轨道，形成的化学键称为配位键（coordination bond）。

例如，三氟化硼和氨分子形成配位键，因为硼外层有三个电子，可以和三个氟原子形成三氟化硼（BF_3），这样硼的外层共有六个电子，还有空轨道，还能容纳其他电子对。氨分子中氮上有孤电子对，可以和硼结合形成配位键。

$$H\overset{H}{\underset{H}{:\overset{..}{N}:\overset{F}{\underset{F}{B}}:}}F$$

这种键是由一方提供电子给另一方，可用箭头（→）表示，箭头所指方向是给电子方向，配位化合物可用下式表示：

$$H-\overset{H}{\underset{H}{\overset{|}{N}}}\rightarrow\overset{F}{\underset{F}{\overset{|}{B}}}-F$$

配位键也称为配位共价键，是共价键的一种。

二、共价键的形成

有机化合物和无机化合物的内在不同，在于组成分子的化学键，无机化合物大多数是离子键，而有机化合物大多数是共价键。有机化合物的性质取决于结构，要说明结构首先必须弄清有机化合物中普遍存在的共价键，也就是共价键是怎样形成的，它有哪些属性。1927 年，海特勒（Heitler）和伦敦（London）将量子力学的概念引入到有机化学，才成功地解释了有机分子中共价键的本质。

用量子力学处理分子中的共价键，一般有两种方法：价键法和分子轨道法，现分别简单介绍。

（一）价键法

价键法（VBT）又称电子配对法。价键法是把价键的形成看作原子轨道重叠或电子配对的结果，它的主要内容可归纳如下：

（1）A、B 两原子各有一个未成对的电子，且自旋方向相反，就可以互相配对形成共价单键。A、B 各有两个或三个未成对的电子，那么配对形成的共价键就是双键或叁键。

$$A\cdot \ + \ B\cdot \ \longrightarrow \ A:B \qquad 或 \quad A-B$$

例如，H—Cl 是以单键结合的，因为 H 有一个未成对的 1s 电子，Cl 有一个未成对的 3p 电子，它们可以配对构成单键。N≡N 分子是以叁键结合的，因为 N 原子含有三个未成对的电子，因此可以构成共价叁键。

（2）如果原子 A 有两个未成对电子，原子 B 有一个未成对电子，那么一个原子 A 就可以和两个原子 B 相结合。例如，水分子，因为氧有两个单电子，氢有一个单电子，所以一个氧可以和两个氢结合形成水。因此原子的未成对电子数，一般就是它的原子价数。

（3）一个未成对电子一旦配对成键，就不能再与其他未成对电子偶合，所以共价键具有饱和性。例如，两个 H 原子各有一个未成对的电子，它们能配对构成 H_2 分子，如有第三个 H 原子接近 H_2，就不能再结合成为 H_3 分子。

（4）电子配对也就是原子轨道的重叠。原子轨道重叠越多，形成的共价键越牢固，因此成键原子只有沿着电子云密度最大方向（键轴方向）重叠，才能达到最大程度重叠，而形成稳定的共价键，所以共价键具有方向性。例如，氢原子的 1s 轨道是球形，没有方向性，氯原子只有在其对称轴（x 轴）上电子云密度最大，有方向性，当这两个原子轨道结合时，只有沿 x 轴（$2p_x$）方向接近时才有最大程度的重叠而形成稳定的 H—Cl 共价键（图 2-1），如沿其他方向接近，都不能达到最大的重叠。

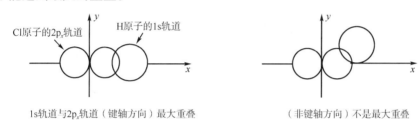

图 2-1　共价键的方向性

（5）能量相近的原子轨道可以进行杂化，组成能量相等的杂化轨道，这样可以使成键能力增强，体系的能量降低，成键后可达到最稳定的分子状态。

根据能量的不同，原子轨道的杂化可分为以下几种。

sp^3 杂化：碳的原子序数是 6，其核外电子排布是 $1s^2 2s^2 2p^2$，在四个价电子中，两个是已经配对的 2s 电子，另外两个是未配对的 2p 电子。按照价键理论，碳应该是二价的，因为外层有几个单电子就能配对形成几价。而实际上在有机化合物中碳是四价的。这是矛盾的。1931年，鲍林（Pauling）等提出了轨道杂化理论，解决了这个矛盾。鲍林认为：2s 轨道和 2p 轨道同属于一个电子层，能量相近，2s 轨道上的一个电子经激发后跃迁到 2p 轨道上，形成四个未成对的价电子，即一个 s 电子和三个 p 电子，如图 2-2 所示。

图 2-2　2s 轨道的电子激发到 2p 轨道上

这样的电子转移过程称为激发。电子由低能级（2s）跃迁到高能级（2p）所需的能量（约 $401.66 kJ \cdot mol^{-1}$）可以从多形成两个 C—H 共价键时所放出的能量（$2 \times 414.22 = 828.44 kJ \cdot mol^{-1}$）中得到补偿。这样解决了碳四价问题，但激发态中的四个价电子中，一个是 2s 电子，另外三个是 $2p_x$、$2p_y$ 和 $2p_z$ 电子，这两种轨道在能量和方向上都是不同的，由它们形成的键的键长、键能、键角应该不一样，事实上碳的四价是等同的，彼此之间没有差异。这样，又引入了杂化概念，要得到四个完全相同的轨道，必须把这些纯粹的原子轨道混合起来进行杂化，如图 2-3 所示。

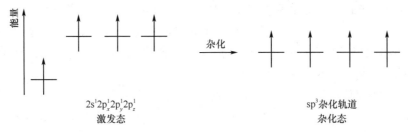

$2s^1 2p_x^1 2p_y^1 2p_z^1$
激发态

sp³杂化轨道
杂化态

图 2-3 一个 s 轨道和三个 p 轨道混合起来进行杂化

一个 s 轨道和三个 p 轨道杂化称为 sp³ 杂化。杂化后形成了四个能量相等的 sp³ 杂化轨道。每个 sp³ 杂化轨道含有 1/4s 成分和 3/4p 成分。这种杂化轨道成键能力更强、更稳定。因为 s 轨道是球形，p 轨道是哑铃形，而杂化后，大部分电子偏向一个方向，呈现不对称的葫芦形，比原来的 s 轨道和 p 轨道有更明显的方向性，有利于原子轨道互相重叠。sp³ 杂化轨道是正四面体，碳原子位于正四面体的中心，四个等同的 sp³ 杂化轨道指向正四面体的四个顶点，键角 109°28′，如图 2-4 所示。如果沿着杂化轨道电子云密度最大的方向和氢的 1s 轨道重叠，就形成甲烷(CH₄)分子。这样形成的 C—H 键，电子云沿键轴呈圆柱形对称分布，称为 σ 键(σ-bond)。

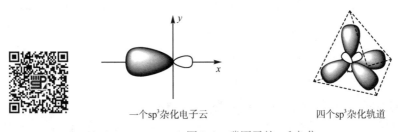

一个sp³杂化电子云

四个sp³杂化轨道

图 2-4 碳原子的 sp³ 杂化

原子轨道重叠程度的大小，可用成键能力衡量，轨道重叠得多，即成键能力大，反之则小。因此碳原子成键时，原子轨道杂化是为了增加成键能力，从而获得稳定的体系。据有关计算，假设 s 轨道的成键能力为 1.0 时，p 轨道的成键能力为 1.732，而 sp³ 杂化轨道的成键能力则为 2.0。

sp² 杂化：乙烯碳原子成键时，原子轨道进行 sp² 杂化，即由一个 2s 轨道和两个 2p 轨道进行杂化，形成三个能量相等的 sp² 杂化轨道。三个 sp² 杂化轨道形成了平面三角形，碳原子位于平面三角形的中心，三个 sp² 杂化轨道指向平面三角形的三个顶点，键角 120°，如图 2-5 所示。

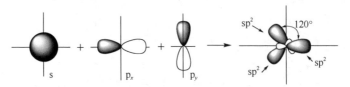

图 2-5 碳原子的 sp² 杂化轨道

这种杂化方式称为 sp² 杂化。每一个 sp² 杂化轨道含有 1/3s 成分和 2/3p 成分。

在形成乙烯分子时，两个碳原子彼此以 sp² 杂化轨道重叠形成 C—C σ 键，又各以 sp² 杂化轨道和氢原子的 1s 轨道重叠形成 C—H σ 键，这五个 σ 键都在同一平面上，键角约为 120°。每个碳上还有一个未杂化的 p 轨道，垂直于 σ 键所在平面，彼此平行且在侧面重叠形成 π 键

（π-bond），如图 2-6 和图 2-7 所示。

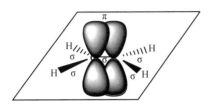

图 2-6　乙烯分子中 p 轨道的重叠

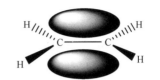

图 2-7　乙烯分子中 π 键电子云分布

所以乙烯分子中碳碳双键是由一个 σ 键和一个 π 键组成的。组成 π 键的两个 p 轨道由于是侧面重叠，重叠程度较小，所以 π 键不如 σ 键牢固，比较容易断裂。

sp 杂化：乙炔分子中碳原子成键时，是由一个 2s 和一个 2p 轨道进行 sp 杂化的，结果形成两个能量相等、方向相反的 sp 杂化轨道，它的空间取向是直线形，键角为 180°，如图 2-8 所示。

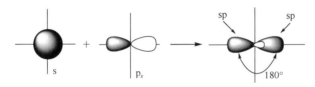

图 2-8　碳原子的 sp 杂化

每个 sp 杂化轨道含有 1/2s 和 1/2p 成分。在形成乙炔分子时，两个碳原子各以 sp 杂化轨道重叠形成 C—C σ 键，并又各以 sp 杂化轨道和氢原子的 1s 轨道重叠形成 C—H σ 键，这三个 σ 键在一条直线上。每个碳原子上还有两个未参加杂化的 2p 轨道，两两相对应平行重叠，形成两个 π 键，从而组成碳碳叁键（图 2-9）。叁键中的两个 π 键电子云相互重叠在一起，围绕着 C—C 键轴呈圆筒形分布（图 2-10）。

图 2-9　乙炔分子中 p 轨道重叠

图 2-10　乙炔分子中 π 电子云分布

上面讨论了价键法，价键法强调两个单电子自旋方向相反，即可配对成键。形成共价键的电子局限在成键的两个原子之间，简单明了地解释了共价键的饱和性、方向性、分子的立体构型及化学键的定域性，但解释不了化学键的离域性和某些特殊的化学性质。

（二）分子轨道法

1932 年，美国化学家 Mulliken 和德国化学家 Hund 提出了一种新的共价键理论——分子轨道理论（molecular orbital theory）。该理论从分子的整体出发去研究分子中每一个电子的运动状态，认为形成化学键的电子是在整个分子中运动的。通过薛定谔方程的解，可以求出描述分子中电子运动状态的波函数 ψ，ψ 称为分子轨道。每一个分子轨道 ψ 有一个相应的能量 E，近似地表示在这个轨道上电子的电离能。各分子轨道所对应的能量通常称为分子轨道的能级，分子的总能量为各电子占据着的分子轨道能量的总和。

求解分子轨道 ψ 很困难，一般采用近似解法，其中最常用的方法是把分子轨道看作所属原子轨道的线性组合，这种近似的处理方法称为原子轨道线性组合（linear combination of atomic orbitals）法，简称 LCAO 法。波函数的近似解需要复杂的数学运算，应在结构化学中讨论，这里只介绍求解结构所得的直观图形，以期了解共价键形成的过程。

分子轨道理论认为化学键是原子轨道重叠产生的，有几个原子轨道就能线性组合成几个分子轨道。那么，当两个原子轨道重叠时，可以形成两个分子轨道 $\psi=\varphi_1\pm\varphi_2$。$\varphi_1$ 和 φ_2 分别代表两个原子轨道。其中一个分子轨道是由两个原子轨道的波函数相加而成，称为成键轨道（bonding orbital），$\psi_1=\varphi_1+\varphi_2$。

在分子轨道 ψ_1 中，两个原子轨道的波函数的符号相同，即波相相同，这两个波相互作用的结果，使两个原子核之间有相当高的电子概率，显然抵消了原子核相互排斥的作用，原子轨道重叠达到最大程度，把两个原子结合起来，因此 ψ_1 称为成键轨道。如图 2-11 所示，图中 r 为核间距离。

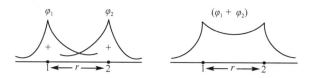

图 2-11　波相相同的波（或波函数）之间的相互作用

另一个分子轨道由两个原子轨道的波函数相减而成，称为反键轨道（antibonding orbital），$\psi_2=\varphi_1-\varphi_2$。

在分子轨道 ψ_2 中，两个原子轨道的波函数的符号相反，即波相不同，这两个波相互作用的结果，使两个原子核间的波函数值减小或抵消，在原子核之间的区域，电子出现的概率为零，也就是说：在原子核之间没有电子来结合，两个原子轨道不重叠，故不能成键，因此 ψ_2 被称为反键轨道，如图 2-12 所示。

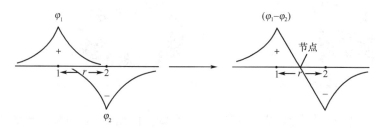

图 2-12　波相不同的波（或波函数）之间的相互作用

成键轨道和反键轨道的电子云密度可通过下列式子计算而得：

$$\psi_1^2 = (\varphi_1+\varphi_2)^2 = \varphi_1^2 + \varphi_2^2 + 2\varphi_1 \times \varphi_2$$
$$\psi_2^2 = (\varphi_1-\varphi_2)^2 = \varphi_1^2 + \varphi_2^2 - 2\varphi_1 \times \varphi_2$$

由上式可知，在成键轨道 ψ_1 中，两核间电子云密度很大，其能量较原子轨道能量低，有助于成键。而在反键轨道 ψ_2 中，两核间电子云密度为零，其能量较原子轨道能量高，不能成键，如图 2-13 所示。

$$\psi_1^2=(\varphi_1+\varphi_2)^2 \qquad \psi_2^2=(\varphi_1-\varphi_2)^2$$

图 2-13　分子轨道的电子云密度分布图（对键轴的）

综上所述，成键轨道的电子云在两个核之间较多，对核有吸引力，使两个核接近而降低了能量，而反键轨道的电子云在两个核之间很少，主要在两核的外侧对核吸引而使核远离，同时两个核又有排斥作用，因而能量增加。可见，原子间共价键的形成是由于电子转入成键的分子轨道。例如，氢分子中两个 1s 电子，占据成键轨道且自旋相反，而反键轨道是空的，见图 2-14。

两个 s 轨道组合成的成键轨道用 σ 表示，反键轨道用 σ* 表示。

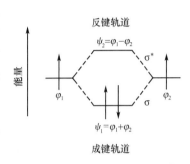

图 2-14　氢分子基态的电子排布

由两个 p 轨道组合成分子轨道时，可以有两种方式：一种是"头对头"的组合，另一种是"肩并肩"的组合。它们都分别形成一个成键轨道和一个反键轨道。由"头对头"形成的分子轨道称为 σ 分子轨道，由"肩并肩"形成的分子轨道则称为 π 分子轨道，它的反键轨道用 π* 表示，如图 2-15 所示。

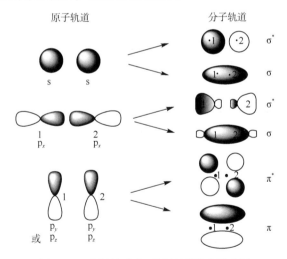

图 2-15　成键轨道和反键轨道形成示意图

由原子轨道组成分子轨道，必须遵循如下三条基本原则：

（1）能量近似原则　成键的原子轨道的能量要相近，能量差越小越好，这样才能够有效地组成分子轨道，才能解释不同原子轨道所形成的共价键的相对稳定性。

（2）最大重叠原则　成键原子轨道的重叠要最大，这样才能形成稳定的分子轨道。

（3）对称性匹配原则　原子轨道在不同的区域有不同的波相或符号，波相或符号相同的原子轨道重叠，才能组成分子轨道。

在上述三条原则中，对称性匹配原则是首要的，它决定原子轨道有无组合成分子轨道的可能性。能量近似原则和最大重叠原则是在符合对称性匹配原则（图 2-16）前提下，决定分子轨道组合的效率。

图 2-16　原子轨道对称性

价键法和分子轨道法都是以量子力学的波动方程为理论依据，它们用不同的方法揭示共价键的本质。价键法讲述了原子杂化形式，几何形象好，简单直观，在有机化学中常用。分子轨道法可解决价键法解决不了的问题，如共轭二烯烃键长平均化及 1,4-加成反应，解释了电子离域等问题。

第二节　共价键的属性

在有机化学中经常用到的键参数有键长、键能、键角和键的极性（偶极矩），这些物理量可用来表征共价键的性质，它们可利用近代物理方法测定。现分述如下。

一、共价键的极性和极化性

（一）极性

共价键中共用电子对在两原子之间的位置或电子云在两原子之间的分布，一般有两种情况。当两个相同原子形成共价键时，共用的电子对（或电子云）均匀地分布在两个原子核之间，正负电荷中心相重合，这种共价键没有极性（polarity），称为非极性共价键，如 H_2、Cl_2 等。但两个不同原子形成共价键时，由于成键原子电负性不同，即吸引电子的能力不同，共用电子对有所偏移，正负电荷中心不相重合，这种键具有极性，称为极性共价键。例如：

$$\overset{\delta^+}{H}—\overset{\delta^-}{Cl} \qquad \overset{\delta^+}{CH_3}—\overset{\delta^-}{Cl}$$

电负性较大的氯吸引电子的能力较强，电子靠近氯，使其带部分负电荷，用 δ^- 表示；另一端电子云密度较小，带部分正电荷，用 δ^+ 表示，δ 表示部分。

键的极性大小，主要取决于成键原子电负性差，电负性差越大，键的极性越强。表 2-1 列出了一些元素的电负性。

表 2-1　某些元素的电负性

H 2.15						
Li 0.98	Be 1.57	B 2.04	C 2.55	N 3.04	O 3.44	F 3.98
Na 0.93	Mg 1.31	Al 1.61	Si 1.90	P 2.19	S 2.58	Cl 3.16
K 0.82	Ca 1.00					Br 2.96
						I 2.66

分子的极性大小可用偶极矩来度量,即正电荷中心或负电荷中心的电荷值 q 与两个电荷中心之间的距离 d 的乘积,称为偶极矩,用 μ 表示。

$$\mu = qd$$

偶极矩的单位常用德拜（D）或库仑·米（C·m）表示（$1D=3.33\times10^{-30}C\cdot m$）。$\mu$ 值的大小,表示一个分子的极性大小,μ 值越大,分子的极性越强。

偶极矩是有方向性的,用 $\longmapsto$ 表示,箭头指向负的一端。

对于双原子分子,键的极性就是分子的极性。例如:

$$H—H \qquad H—Cl \qquad H—Br$$
$$\mu=0 \qquad \mu=1.03D \qquad \mu=0.78D$$

多原子分子的偶极矩,是各极性共价键键矩的向量和。例如:

$$\mu=1.86D \qquad\qquad \mu=1.46D \qquad\qquad \mu=0$$
$$\text{一氯甲烷} \qquad\qquad\qquad \text{氨} \qquad\qquad\qquad \text{四氯化碳}$$

乙炔、二氧化碳分子的偶极矩方向相反,大小相等,又是线型分子,各化学键极性互相抵消,所以偶极矩为零。

$$\overset{\delta^+}{H}—\overset{\delta^-}{C}\equiv\overset{\delta^-}{C}—\overset{\delta^+}{H} \qquad\qquad \overset{\delta^-}{O}=\overset{\delta^+}{C}=\overset{\delta^-}{O}$$
$$\mu=0 \qquad\qquad\qquad\qquad \mu=0$$

表 2-2 为常见化合物的偶极矩。

表 2-2　某些化合物的偶极矩

化合物	μ/D	化合物	μ/D
H_2	0	CH_3Br	1.78
CO_2	0	CH_3Cl	1.86
CH_4	0	苯	0
HI	0.38	苯酚	1.70
HBr	0.78	乙醚	1.14
HCl	1.03	苯胺	1.51
CH_3COOH	1.40	H_2O	1.84
CH_3OH	1.68	硝基苯	4.19
CH_3CH_2OH	1.70	HCN	2.93
丙酮	2.80	乙酰苯胺	3.55

也可以根据电负性差,大致判断化学键的类型。一般来说,形成键的两个原子电负性差为 0～0.6 的是非极性或弱极性共价键;电负性差为 0.6～1.6 的是极性共价键;而电负性差高于或等于 1.7 者即为离子键。这仅是一个大致判断范围,并无严格界限。例如,HF 分子,氢的电负性是 2.15,氟的电负性是 4.0,相差 1.85,但 HF 是极性共价键,不是离子键。

极性是由于成键原子的电负性不同引起的,是键的内在性质,这种极性是永久性的,只要键存在，这种极性就存在。

（二）极化性

分子在外界电场（试剂、溶剂、极性容器）的影响下，键的极性也发生一些改变，这种现象称为极化性（polarizability）。例如，正常情况下 Br—Br 键无极性，$\mu=0$，但当外电场 E^+ 接近时，由于 E^+ 的诱导作用，Br_2 的正负电荷中心分离，出现了键矩 μ。

$$Br—Br \xrightarrow{E^+} \overset{\delta^+\quad\delta^-}{Br—Br}$$
$$\mu=0 \qquad\qquad \mu>0$$

这种外界电场的影响使分子（或共价键）极化而产生的键矩称为诱导键矩。

不同的共价键，对外界电场的影响有着不同的感受能力，这种感受能力通常称为可极化性。共价键的可极化性越大，就越容易受外界电场的影响而发生极化。键的可极化性与成键电子的流动性有关，即与成键原子的电负性及原子半径有关。成键原子的电负性越大，原子半径越小，则对外层电子束缚力越大，电子流动性越小，共价键的可极化性就越小，反之，可极化性就越大。

键的可极化性对分子的反应性能起重要作用。例如，C—X 键：

C—X 键的极性：C—F＞C—Cl＞C—Br＞C—I

X 的电子流动性：I＞Br＞Cl＞F

C—X 键的可极化性：C—I＞C—Br＞C—Cl＞C—F

C—X 键的化学活性：C—I＞C—Br＞C—Cl＞C—F

这是因为 I 的原子半径最大，核对核外电子的束缚力最小，电子流动性大，可极化性大，所以 C—I 最易解离。

可极化性是在外界电场的影响下产生的，是一种暂时现象，离开外界电场，可极化性不存在。

二、共价键的键长

成键的两个原子核间的距离称为键长（bond length），即核间距。当两个原子以共价键结合时，原子核对核外电子的引力，把它们拉到一起，当接近到一定距离时，又发生核与核、电子与电子的排斥，当吸引和排斥达到平衡时，两个原子保持一定的距离，这个核间距就是键长。键长的单位为 pm，$1pm=10^{-12}m$。

不同原子形成的共价键键长不同，键长越长，越容易受到外界电场的影响而发生极化，所以可用共价键的键长估计化学键的稳定性。表 2-3 列出一些常见共价键键长的数据。

表 2-3　常见共价键的键长

键型	键长/ pm	键型	键长/ pm
C—C	154	C—H（烷）	109
C═C	134	O—H	97
C≡C	120	C—S	182
C—O	144	C—F	142
C═O	120	C—Cl	177
C—N	147	C—Br	191
C≡N	115	C—I	212

　　在不同的化合物中，由于化学结构不同，分子中原子间相互影响不同，共价键键长也存在一些差异。

三、共价键的键能

　　形成共价键的过程中体系释放出的能量，或共价键断裂过程中体系所吸收的能量，称为键能（bond energy）。键能的单位为 $kJ \cdot mol^{-1}$。

　　对于双原子分子而言，其键能也是该键的解离能。例如：

$$
\begin{array}{ccc}
\text{分子} & & \text{原子} \\
H:H & \longrightarrow & H\cdot + H\cdot \qquad \Delta H = +435.14\ kJ\cdot mol^{-1} \\
\text{分子} & & \text{原子} \\
Cl:Cl & \longrightarrow & Cl\cdot + Cl\cdot \qquad \Delta H = +242.2\ kJ\cdot mol^{-1}
\end{array}
$$

　　对于多原子分子而言，其键能则是断裂分子中相同类型共价键所需能量的均值。以甲烷为例，其各键的解离能如下：

$$CH_4 \longrightarrow \cdot CH_3 + H\cdot \qquad D(CH_3—H) = 435.14\ kJ\cdot mol^{-1}$$

$$\cdot CH_3 \longrightarrow \cdot \dot{C}H_2 + H\cdot \qquad D(CH_2—H) = 443.50\ kJ\cdot mol^{-1}$$

$$\cdot \dot{C}H_2 \longrightarrow \cdot \dot{C}H + H\cdot \qquad D(CH—H) = 443.50\ kJ\cdot mol^{-1}$$

$$\cdot \dot{C}H \longrightarrow \cdot \dot{C}\cdot + H\cdot \qquad D(CH—H) = 338.90\ kJ\cdot mol^{-1}$$

　　而 C—H 键的键能则是以上四个碳氢键的解离能的平均值（435.14+443.50+443.50+338.90）/4=415.26kJ·mol⁻¹。可见在多原子分子中，键能和键的解离能是有差别的。

　　键能反映了共价键的强度，通常键能越大则键越牢固，例如，σ 键是原子轨道沿键轴方向正面重叠形成的，键能大。π 键是原子轨道平行侧面重叠形成的，键能小。因此，破坏一个 σ 键比破坏一个 π 键需要的能量高。表 2-4 为常见共价键键能。

表 2-4　常见共价键键能（$kJ \cdot mol^{-1}$）

键型	键能	键型	键能	键型	键能
O—H	464.40	C=O（醛）	736.38	C=C	605.61
N—H	389.11	C—S	271.96	C≡C	836.80
S—H	347.27	C—N	305.43	C—F	485.34
C—H	414.22	C=N	615.05	C—Cl	338.90
H—H	435.14	C≡N	891.19	C—Br	300.51
C—O	359.82	C—C	347.27	C—I	217.57

四、共价键的键角

　　两价以上的原子在与其他原子成键时，键与键之间的夹角称为键角（bond angle）。例如：

键角反映了分子中原子在空间的伸展方向，分子构型是由键角决定的。表 2-5 为常见化合物的键角。

表 2-5　常见化合物的键角

化合物	键角	数值	化合物	键角	数值
水	O H　H	104°27′	氨	N H　H	107°18′
甲醇	O C　H	107°～109°	甲胺	N H　H	106°
甲醚	O C　C	110°43′	二甲胺	N C　H	112°
二苯醚	O C　C	124°±5°	三甲胺	N C　C	108°

键角是由原子的杂化形式决定的，但由于连接的基团不同，键角就有不同程度的变化。例如：

109°28′　　H
H—C—H
H
甲烷　　　　　　112°　CH₃
CH₃—C—H
H 106°
丙烷

饱和碳原子是 sp^3 杂化的，碳的几何构型是正四面体，键角 109°28′。但在丙烷分子中由于甲基的排斥作用，C—C—C 键角有所增加，分子构型为四面体。

再如：

N
H—|—H
107°18′H
氨分子　　　　　　N
H₃C—|—CH₃
108°CH₃
三甲胺分子

N 原子是 sp^3 不等性杂化的，分子构型也是正四面体，键角也应是 109°28′。在氨分子中 N 上孤电子对占据第四个 sp^3 杂化轨道，孤对电子的扩张作用，使 H—N—H 键角缩小，呈锥体结构。在三甲胺中，甲基的排斥作用使键角有所增大。

五、共价键的断裂方式和有机反应的类型

化学反应是旧键断裂和新键生成的过程。在有机反应中，由于分子结构不同和反应条件不同，共价键有两种不同的断裂方式。简要介绍如下。

（一）均裂与自由基反应

共价键断裂时，成键的电子对平均分配给两个原子或基团。例如：

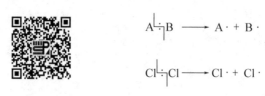

$$A \!\mid\! B \longrightarrow A\cdot + B\cdot$$

$$Cl \!\mid\! Cl \longrightarrow Cl\cdot + Cl\cdot$$

这种断裂方式称为均裂（homolytic cleavage）。均裂生成的带单电子的原子或基团称为自由基（free radical）或游离基（radical）。自由基的产生往往需要光或热。自由基有一个未配对的电子，因此能量很高，很活泼，是反应过程中生成的一种活性中间体，很容易和其他分子作用，夺取电子形成稳定的八隅体结构。这种通过共价键均裂生成自由基而进行的反应称为自由基反应（radical reaction）。

（二）异裂与离子反应

共价键断裂时，成键的电子对完全转移给其中的一个原子或基团。例如：

$$A\,|\,:B \longrightarrow A^+ + B^-$$
$$CH_3\,|\,:Cl \longrightarrow CH_3^+ + Cl^-$$

这种断裂方式称为异裂（heterolytic cleavage）。异裂生成带相反电荷的离子。反应一般发生在极性分子中，需要酸碱催化或极性条件。离子是反应过程中生成的又一种活性中间体，它很不稳定，一旦生成立即和其他分子进行反应。这种由共价键异裂生成离子而进行的反应称为离子反应（ionic reaction）。有机化合物经由离子反应生成的有机离子有碳正离子（carbocation）或碳负离子（carbanion），通常用 R^+ 表示碳正离子，用 R^- 表示碳负离子。

碳正离子能与亲核试剂（nucleophilic reagent，如 H_2O、ROH、NH_3、OH^-、CN^- 等）进行反应，由亲核试剂进攻碳正离子而引起的反应称为亲核反应（nucleophilic reaction）。亲核反应又分为亲核取代反应和亲核加成反应。相反，碳负离子能与亲电试剂（electrophilic reagent，如 H^+、Cl^+、Br^+、NO_2^+、$AlCl_3$ 等）进行反应，由亲电试剂进攻碳负离子所引起的反应称为亲电反应（electrophilic reaction）。亲电反应可分为亲电取代反应和亲电加成反应等。

（三）协同反应

还有一类反应，它不同于以上两类反应，反应过程中旧键的断裂和新键的生成同时进行，无活性中间体生成，这类反应称为协同反应（concerted reaction）。例如，Diels-Alder 反应，其中原 π 键的断裂和新 π 键及新 σ 键的生成就是经过六元环状过渡态协同一步完成的。

第三节　分子间的作用力及其对熔点、沸点、溶解度的影响

一、分子间的作用力

物质的结合力有原子间力和分子间力。原子间力有离子键、共价键和金属键等，分子间力有下面几种。

1. 偶极-偶极作用（dipole-dipole interaction）　极性分子间的相互作用，即偶极矩间的相互作用，称为偶极-偶极作用，一个分子的偶极正端与另一个分子的偶极负端间有相互吸引作用，例如：

$$H_3C^{\delta^+} \!-\! Cl^{\delta^-} \qquad Cl^{\delta^-} \!-\! CH_2^{\delta^+} \!-\! CH_2^{\delta^+} \!-\! Cl^{\delta^-}$$
$$Cl^{\delta^-} \!-\! CH_3^{\delta^+} \qquad\qquad Cl^{\delta^-} \!-\! CH_2^{\delta^+} \!-\! CH_2^{\delta^+} \!-\! Cl^{\delta^-}$$

可以用图 2-17 简单地表示。这种偶极-偶极作用，只存在于极性分子中。

图 2-17　偶极-偶极的相互吸引

2. 色散力（dispersion force）　当非极性分子在一起时，非极性分子的偶极矩虽然为零，但是在分子中电荷的分配不是很均匀，在运动中可以产生瞬时偶极矩，瞬时偶极矩之间的相互

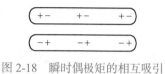

图 2-18　瞬时偶极矩的相互吸引

作用称为色散力，或通称范德华力。这种分子间的作用力，只有在分子很接近（距离小于 21pm）时才明显地存在，其大小与分子的极化性(度)和分子的接触表面的大小有关，如图 2-18 所示。

这种作用力没有饱和性和方向性，在非极性分子中存在，在极性分子中也存在，对大多数分子来说，这种作用力是主要的。

3. 氢键（hydrogen bond）　它可以属于偶极-偶极作用的一种。当氢原子与电负性很强、原子半径很小、负电荷又比较集中的氟、氧、氮等原子相连时，这种原子吸电子能力很强，而使氢原子带正电性。氢原子的半径很小，同时受到和它相连原子上电子的屏蔽作用也比较小，它可以与另一个氟、氧、氮原子的非共用电子产生静电的吸引作用而形成氢键：

氟氢氢键　　　　　　　氧氢氢键　　　　　　　氮氢氢键

上式中，实线表示共价键，虚线表示氢键。因为氢原子很小，只能与两个负电性的原子结合，而且两个负电性的原子距离越远越好，因此氢键具有饱和性和方向性，键角大多接近于180°。氢键在很多分子中起着十分重要的作用，不仅对一个分子的物理性质和化学性质起着很重要的作用，而且可以使许多分子保持一定的几何构象。

分子以这种氢键结合在一起称为缔合体。能与氢原子形成氢键的主要是氟、氧、氮三种原子，氯、硫一般不易形成，形成的氢键也很不稳定。

二、分子间作用力对物质某些物理性质的影响

（一）对沸点和熔点的影响

离子型化合物的正负离子以静电力互相吸引，并以一定的排列方式结合成分子或晶体。如果升高温度以提供能量来克服这种静电引力，则该化合物就可以熔化，如氯化钠熔点为 801℃。但熔化后正、负离子仍有相反电荷间的相互作用，如继续加温，克服这种作用力，就可以沸腾，氯化钠的沸点为 1413℃。

非离子型化合物是以共价键结合的，它的单位结构是分子。非离子型化合物的气体分子凝聚成液体、固体就是分子间作用力（范德华力）的结果。这种分子间作用力只有 1～2kJ·mol⁻¹，

比共价键弱得多，因此需要克服这种分子间作用力的温度也就比较低，所以一般有机化合物的熔点、沸点都很少超过 300℃。

非离子型化合物分子间的作用力，其大小与分子的极性有关，极性越大，偶极-偶极作用也越大，沸点就越高。例如，顺二氯乙烯（ $\underset{H}{\overset{Cl}{C}}=\underset{H}{\overset{Cl}{C}}$ ）沸点为 60.5℃，而反二氯乙烯（ $\underset{H}{\overset{Cl}{C}}=\underset{Cl}{\overset{H}{C}}$ ）沸点为 47.7℃，前者有偶极矩，后者偶极矩为零。如果分子内极性相同，则分子越大，范德华力也越大，所以沸点随相对分子质量升高而升高。例如，氯代甲烷沸点为 −24℃，氯代乙烷沸点为 12.5℃，1-氯丙烷沸点为 47℃。这一方面是因为相对分子质量增加，分子运动所需的能量增加。另一方面是因为分子增大，分子间的接触面积增大，分子间的范德华力也增大，沸点就要升高。如果分子中极性相同，相对分子质量也相同，但由于分子结构不同，分子间的接触面积也不相同，那么分子间的接触面积大的，范德华力大，沸点高，如正戊烷［图 2-19（a）］沸点为 36℃，新戊烷［图 2-19（b）］沸点为 9℃。

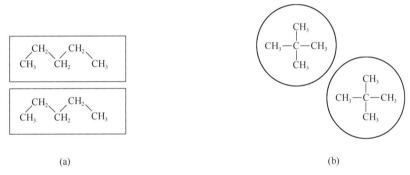

图 2-19 分子接触面积与沸点的关系
（a）分子接触面积大，沸点 36℃；（b）分子接触面积小，沸点 9℃

如果分子通过氢键结合成缔合体，断裂氢键需要能量，因此沸点明显升高。例如，正丙醇（ $CH_3CH_2CH_2OH$ ）与乙二醇（ $HOCH_2CH_2OH$ ）二者相对分子质量比较接近，但它们分子内能形成氢键的—OH 数目不同，—OH 越多，形成氢键越多，沸点就越高，所以正丙醇沸点为 97℃，乙二醇沸点为 197℃。因此，非离子型化合物的沸点与相对分子质量的大小、分子的极性、范德瓦耳斯力、氢键等有关。而熔点不仅与上述这些因素有关，还与分子在晶格中排列的情况有关。一般分子对称性高，排列比较整齐的，熔点较高。例如，新戊烷（ $CH_3-\underset{\underset{CH_3}{|}}{\overset{\overset{CH_3}{|}}{C}}-CH_3$ ）熔点为 −17℃，而异戊烷（ $CH_3-\underset{\underset{CH_3}{|}}{CH}-CH_2-CH_3$ ）熔点为 −160℃，因为前者分子对称性高，结构比较紧密，分子间的吸引力大，所以熔点较后者高。

（二）对溶解度的影响

化合物在不同溶剂中的溶解度不同。溶剂可以分为质子溶剂、偶极非质子溶剂（或称偶极溶剂）与非极性溶剂三种。水、醇、氨、胺、酸等分子内有活泼氢的，为质子溶剂。丙酮、乙腈（ CH_3CN ）、二甲基甲酰胺[$HCON(CH_3)_2$]、二甲基亚砜[$(CH_3)_2SO$]、六甲基磷三酰胺

{[(CH₃)₂N]₃PO}等分子内有极性基团而没有质子，为偶极非质子溶剂。以上两类均属极性溶剂。烃类、苯类、醚类与卤代烷等均为非极性溶剂。

离子型化合物溶解时需要能量来克服两个正负离子间的静电引力，这可以由极性溶剂形成离子-偶极键所释放的能量来提供。例如，氯化钠溶于水，钠离子被水分子偶极负端所包围，氯离子被水分子偶极正端所包围（图 2-20），此时的钠离子和氯离子称为被水分子所溶剂化（solvation），溶剂化时由于形成离子-偶极键，钠离子和氯离子上的电荷分散而稳定，同时所放出的能量补偿了用于克服钠离子和氯离子之间的静电吸引所需的能量。

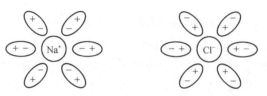

图 2-20　钠离子和氯离子与水分子形成离子-偶极键示意图
＋ － 代表偶极分子水

前面已经讨论过，对于非离子型化合物有一个经验规律——相似相溶，即极性强的分子与极性强的分子相溶，极性弱的分子与极性弱的分子相溶。这个经验规律可以由分子间作用力来说明，例如，甲烷和水，其本身分子间都有作用力，甲烷分子间有弱的范德华力，水分子间有较强的氢键吸引力，而甲烷与水之间只有很弱的吸引力，要拆开较强的氢键吸引力而代之以较弱的甲烷水分子间的引力，非常困难，因此不易互溶。而甲烷与非极性溶剂如烃类、苯类、醚类、卤代烷等分子间的作用力相似，可以互溶。又如水与甲醇，都有活泼氢，可以形成氢键：

$$CH_3-O \cdots H \cdots O \cdots H \cdots H$$

水中的氢键与甲醇中的氢键可以互相代替，因此水和甲醇可以互溶，但当醇分子逐渐增大时，分子中相似部分即羟基的成分逐渐减少，而不同部分即碳链的成分逐渐增多，这样水与醇的溶解度也逐渐减小。

第四节 共 振 论

共振论（resonance theory）是美国化学家鲍林（Pauling）于 1931～1933 年发表的论文中提出的一种分子结构理论，在有机化学中得到了应用。在量子化学的基础上，它提供了描述分子的一种简便方法，是价键理论的延伸和发展。

一、共振论的基本概念

某些分子、离子或自由基不能用某个单一的结构来解释其某种性质（能量值、键长、化学性能）时，就用两个或两个以上的结构式来代替通常的单一结构式，这个过程称为共振。用共振符号"⟷"表示。

例如,甲酸根离子 $HCOO^-$ 就不能用单一的结构式 $H-C\overset{\displaystyle O}{\underset{\displaystyle O^-}{}}$ 来表示。因为在上式中有 C=O
双键和 C—O 单键两种键,那么 C—O 单键键长应为 143pm,C=O 双键键长应为 120pm,而
实际测得甲酸根离子中的两个碳氧键键长都是 126pm,即表明甲酸根离子中没有真正的 C—O
单键和 C=O 双键,所以只能用下面两个共振式来表示。

$$H-C\overset{\displaystyle O^{\frac{1}{2}}}{\underset{\displaystyle O^{\frac{1}{2}}}{}} \equiv H-C\overset{\displaystyle O}{\underset{\displaystyle O^-}{}} \longleftrightarrow H-C\overset{\displaystyle O^-}{\underset{\displaystyle O}{}}$$

（Ⅰ）   （Ⅱ）

其含义是碳氧键介于双键和单键之间的中间状态,负电荷由两个氧承担。

这些组合结构称为共振杂化体（resonance hybrid）或简称杂化体（hybrid）,也就是说(Ⅰ)
和(Ⅱ)综合称为共振杂化体,每个参与杂化的结构称为共振结构（resonance structure）或极限
结构（limiting structure）,也就是说(Ⅰ)和(Ⅱ)互称共振结构式。

但并不是说,甲酸根离子一会儿是共振结构式(Ⅰ),一会儿是共振结构式(Ⅱ),也不是说一
半是(Ⅰ),一半是(Ⅱ),而是介于(Ⅰ)和(Ⅱ)之间,(Ⅰ)和(Ⅱ)都不能表示其真实结构,不能单独
存在、独立表示,只能是参与共振的杂化体。鲍林的学生、芝加哥大学的 Wheland 教授所作的
生物杂化体的比喻是有启发性的。例如,把骡子看作马和驴杂交后生下的动物,是生物杂化体。
这并不是说骡子是几分之几的马和几分之几的驴,也不能说骡子有时候是马,有时候是驴,只能
说骡子是与马和驴都有关系的动物。因而可用两种熟知的动物马和驴来很好地说明骡子。加利福
尼亚工艺学院的 Roberts 教授的比喻就更恰当了,在中世纪,欧洲有一个旅行者从印度回来,他
把犀牛描绘成龙和独角兽的生物杂化体,用两种熟知的但完全是想象中的动物来很好地描绘一种
真实的动物。

再如：丁-1,3-二烯 CH_2=CH—CH=CH_2 分子中 C=C 双键的键长不是 134pm,而是
137pm,C—C 单键的键长不是154pm,而是 148pm,说明分子中不存在纯粹的单、双键,所
以不能用一个结构式表示,而应该用共振杂化体表示。

上面六个共振结构式中的上下箭头代表单电子的不同自旋方向。因此,(Ⅰ)~(Ⅵ)各称共
振结构式,(Ⅰ)~(Ⅵ)综合称为共振杂化体,(Ⅰ)~(Ⅵ)是靠可动电子云互相转变而成,哪一个
也不是丁-1,3-二烯的真实结构,不能单独表示、单纯存在,其真实结构介于(Ⅰ)~(Ⅵ)之间。

二、书写共振结构式遵循的基本原则

（1）同一化合物分子的共振结构式，原子核（骨架）相对位置不变，只是电子（一般是 π 电子和未共用电子对）排列不同。例如：

$$CH_2\!\!=\!\!CH\!\!-\!\!\overset{+}{C}H\!\!-\!\!CH_3 \longleftrightarrow \overset{+}{C}H_2\!\!-\!\!CH\!\!=\!\!CH\!\!-\!\!CH_3 \quad 共振结构$$

$$CH_2\!\!=\!\!CH\atop \qquad CH\!\!=\!\!CH_2 \quad\overset{X}{\longleftrightarrow}\quad CH_2\!\!=\!\!CH\quad CH_2 \atop CH\!\!-\!\!CH \quad 非共振结构$$

（2）参与共振的所有原子共平面，都具有 p 轨道，如 π 键、自由基、离子、共轭体系。

（3）键角保持恒定。例如：

（4）同一分子的共振结构式，其成对电子数和未成对电子数必须相同。例如，烯丙基碳自由基中，(Ⅰ)式和(Ⅱ)式是共振结构，(Ⅲ)式由于改变了单电子数目，因此不是共振结构。

$$\underset{Ⅰ}{CH_3\!\!-\!\!\dot{C}H\!\!-\!\!CH\!\!=\!\!CH_2} \longleftrightarrow \underset{Ⅱ}{CH_3\!\!-\!\!CH\!\!=\!\!CH\!\!-\!\!\dot{C}H_2} \overset{X}{\longleftrightarrow} \underset{Ⅲ}{CH_3\!\!-\!\!\dot{C}H\!\!-\!\!\dot{C}H\!\!-\!\!CH_2}$$

（5）不能违反价键结构式的正确写法。

三、非等性共振结构

非等性共振结构参与杂化的比重是不同的，能量越低、越稳定的共振结构式在共振杂化体中占较大的分量，它们是主要参与结构，也就是对共振杂化体贡献大，趋近于分子的真实结构。参与共振结构能量估计方法如下。

（1）共价键越多，能量越低。例如：

$$CH_2\!\!=\!\!CH\atop \qquad CH\!\!=\!\!CH_2 \longleftrightarrow \overset{+}{C}H_2\!\!-\!\!CH\atop \qquad CH\!\!-\!\!\bar{C}H_2$$

贡献大　　　　　　　　　　贡献小
五个共价健　　　　　　　　四个共价健

（2）相邻原子成键，能量低。例如：

（Ⅰ）　　　　（Ⅱ）　　　　（Ⅲ）　　　（Ⅳ）　　　（Ⅴ）
贡献大　　　　　　　　　　　　贡献小

（3）电荷分布正常，符合元素电负性的能量低。例如：

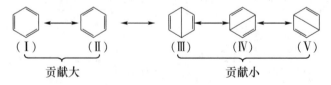

贡献大　　　　　　　　　贡献极小，可忽略不计

由于氧的电负性较大，吸引电子的能力较强，所以氧上带负电荷的共振结构式能量较低，较稳定；而氧上带正电荷的共振结构式实际意义很小。

（4）每个原子都有完整的八隅体，能量低。例如：

$$CH_2=CH \atop CH=CH_2 \quad \longleftrightarrow \quad \overset{+}{C}H_2-CH \atop CH-\overset{-}{C}H_2$$

贡献大   贡献小

因为 C^+ 的外层只有 6 个电子，不符合八隅体结构，所以能量高，贡献小。

再如：

贡献大   贡献小

因为 O^- 的外层有 10 个电子，不具备八隅体结构，所以能量高，贡献小。

（5）相邻原子电荷相同，能量高。例如：

相邻 C、N 都带正电荷，正电荷间的排斥作用，使能量增大，贡献小。

（6）电荷分离与否，没有电荷产生，能量低。例如：

$$CH_3-C\overset{O}{\underset{OH}{\diagup}} \quad \longleftrightarrow \quad CH_3-C\overset{O^-}{\underset{\overset{+}{O}H}{\diagup}}$$

贡献大   贡献小

四、等性共振结构

等性共振结构（指共振结构参与杂化的比重相同）具有结构相似、能量相等的几个参与结构式，贡献最大，内能最低，稳定性最大，趋近于分子的真实结构。例如：

$$CH_2=CH-\overset{+}{C}H_2 \quad \longleftrightarrow \quad \overset{+}{C}H_2-CH=CH_2$$

丙烯基正离子

$$CH_3-C\overset{O}{\underset{O^-}{\diagup}} \quad \longleftrightarrow \quad CH_3-C\overset{O^-}{\underset{O}{\diagup}}$$

乙酸根负离子

五、共振能

共振杂化体比任何一个共振结构都要稳定，即含有较小的内能。根据含能量最低的共振结构所计算的能值和实际测得的能值之间的差称为共振能（resonance energy）。例如，把苯看作环己三烯，环己烯加一分子 H_2，氢化热是 119.5kJ·mol^{-1}，那么环己三烯的氢化热计算应为其 3 倍，即 358.5kJ·mol^{-1}，而实测苯的氢化热是 208.16kJ·mol^{-1}，苯比环己三烯少 150.34kJ·mol⁻¹，这 150.34kJ·mol⁻¹ 即共振能，所以苯稳定。

六、共振论对分子性质的描述

（1）根据共振结构式的数目来说明分子的稳定性程度。共振结构式数目越多，分子越稳定。例如，苯、萘、蒽、菲可分别写出 2、3、4、5 个共振结构式。其中蒽与菲比较，菲有 5 个共振结构式，蒽有 4 个共振结构式，所以菲比蒽稳定。

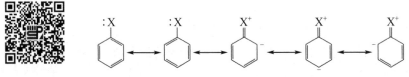

（2）用共振结构式来说明分子中电子分布情况，从而决定反应试剂进攻位置。例如，通过写出卤苯 C_6H_5X（X 为 F、Cl、Br、I）的共振结构式，可知电荷分布情况，以及亲电取代反应发生部位。

由于卤原子的邻位和对位带负电荷，电子云密度较大，所以亲电试剂进攻卤原子的邻位和对位，在邻对位发生亲电取代反应。

再如，苯甲醛 C_6H_5CHO：

由于甲酰基的邻位和对位带正电荷，所以亲电试剂进攻甲酰基的间位，在间位发生亲电取代反应。

（3）通过计算键序，确定电子云密度。键序（P）是一个重要的参数，它表示一个键区的电子密度，键序越大，键长越短，电子云密度越大。鲍林对键序下的定义是：某一个键以双键出现在各共振结构中的数目（ND），被共振结构总数目（SC）去除，所得的值称为键序，即 $P=ND/SC$。例如，萘的共振结构总数是 3，1、2 之间键的双键结构数目是 2，因此，它的键序是 2/3。2、3 之间双键的结构数目是 1，则键序是 1/3。

说明 C1 和 C2 之间电子云密度最大，事实也如此。

在共价键理论领域内，分子轨道法已远远走在前面，但共振论仍然被大量地使用，主要的一点是因为它采用经典的结构式，比起分子轨道法来，较为清楚、简便，直观性强，易于应用。但是，与分子轨道法相比，共振论中的量子力学处理比较表面和粗糙，因此共振论只能作为一个近似的定性理论，在精确性和预见性方面都不如分子轨道法。最典型的例子是对一些不符合休克尔"4n+2"规则的轮烯的结构和性质（见第八章第五节"非苯芳烃"部分），共振论作了错误的预测。由于共振论缺乏量子力学基础而导致的另一严重缺陷是任意性和人为因素的渗入，结果导致忽略对所选共振结构合理性的考虑。例如，按共振条件，环丁二烯可以写出两个共振结构式：

$$\square \longleftrightarrow \square$$

而实际上这个分子不含离域键，而是含两个双键和两个单键的很不稳定的长方形烯烃。所以对待共振论要看到它的有用一面，也要认识到它的不足之处。

第五节　决定共价键中电子分布的因素

在研究有机化合物的性质及反应性能的大小时，经常比较原子间的相互影响，这些影响可由诱导效应和共轭效应等原因所引起。有机化学中有许多问题都可用诱导效应和共轭效应来解释。

一、诱导效应

（一）静态诱导效应

由于成键原子的电负性不同，整个分子的电子云沿着碳链向某一方向移动的现象称为诱导效应（inductive effect）。用符号 I 表示。"⟶"表示电子移动的方向。例如，氯原子取代了烷烃碳上的氢原子后：

$$\underset{3}{C^{\delta\delta\delta^{-}}} \longrightarrow \underset{2}{C^{\delta\delta^{-}}} \longrightarrow \underset{1}{C^{\delta^{-}}} \longrightarrow Cl^{\delta^{-}}$$

由于氯的电负性较大，吸引电子的能力较强，电子向氯偏移，使氯带部分负电荷（δ^-）、碳带部分正电荷（δ^+）。带部分正电荷的碳又吸引相邻碳上的电子，使其也产生偏移，也带部分正电荷（$\delta\delta^+$），但偏移程度小一些，这样依次影响下去。诱导效应沿着碳链移动时减弱得很快，一般到第三个碳原子后，就很微弱，可以略而不计。这种由未发生反应的分子所表现出来的诱导效应称为静态诱导效应（static inductive effect），用 I_s 表示，其中 s 为 static（静态）

的缩写。

为了判断诱导效应的影响和强度，常以碳氢化合物的氢原子作为比较标准。

一个原子或基团吸引电子的能力比氢强，就称为吸电子基。由吸电子基引起的诱导效应为负诱导效应，用–I 表示。

一个原子或基团吸引电子的能力比氢弱，就称为供电子基。由供电子基引起的诱导效应为正诱导效应，用+I 表示。

$$R_3C \leftarrow Y \qquad R_3C － H \qquad R_3C \rightarrow X$$
$$\text{+I效应} \qquad\qquad \text{比较标准 I=0} \qquad\qquad \text{–I 效应}$$

下面是一些原子或基团诱导效应的大小次序：

吸电子基团（–I）：—NO_2＞—CN＞—F＞—Cl＞—Br＞—I＞—C≡CH＞—OCH_3＞—C_6H_5＞—CH═CH_2＞H

供电子基团（+I）：$(CH_3)_3C$—＞$(CH_3)_2CH$—＞CH_3CH_2—＞CH_3—＞H—

原子或基团诱导效应的大小，与原子在周期表中的位置及基团结构密切相关，其一般规律如下：

对同族元素来说，随原子序数增大，吸电子能力减弱。

$$—F＞—Cl＞—Br＞—I$$

对同周期元素来说，随原子序数增大，吸电子能力增强。

$$—F＞—OR＞—NR_2 \qquad\qquad —O^+R_2＞—N^+R_3$$

对不同杂化状态的碳原子来说，s 成分多，吸电子能力强。

$$—C≡CR＞—CR═CR_2 ＞—CR_2—CR_3$$

烷基只有与不饱和碳相连时才呈现+I 效应，并且烷基间的+I 效应差别比较小。

（二）动态诱导效应

当某一个外来的极性核心接近分子时，能改变分子的共价键电子云分布的正常状态。这种由于外来因素而引起的暂时电子云分布状态的改变，称为动态诱导效应（inductomeric effect）。用 I_d 表示，其中 d 为 dynamic（动态）的缩写。这种效应是一种暂时现象，其存在取决于分子的内在可改变因素和外界电场的影响。

$$A \overset{\centerdot}{———} B \qquad\qquad A \overset{\centerdot}{———} B[X]^+$$
$$\text{正常状态（静电）} \qquad\qquad \text{对于试剂的动态表现}$$

一个分子对于外界电场的反应，其强度取决于分子中价键的极化度和外界电场的强度。

静态诱导效应与动态诱导效应不同之处，主要是起源不同，方向不同，极化效果不同。静态诱导效应是由于成键原子的电负性不同，整个分子的电子云沿着碳链向某一方向移动，是分子固有的性质。动态诱导效应是在发生化学反应时，分子的反应中心若受到极性试剂的进攻，键的电子云分布受到试剂电场影响而发生变化，是一种暂时现象，只有在进行化学反应的瞬间才表现出来。

诱导效应可以说明分子中原子间的相互影响。例如，氯原子取代乙酸的 α-H 后，生成氯乙酸，由于氯的吸电子作用通过碳链传递，羧基中 O—H 键极性增大，氢更易以质子形式解离下去，从而酸性增强。

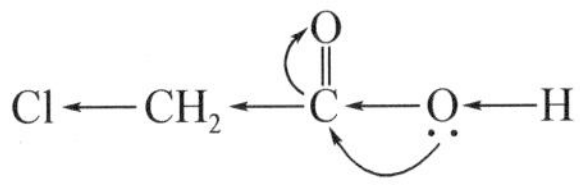

$$Cl \leftarrow CH_2 \leftarrow C \overset{\displaystyle O}{\underset{\displaystyle}{\|}} \rightarrow O \rightarrow H$$

所以 ClCH₂COOH 的酸性强于 CH₃COOH 的酸性。

诱导效应不但能影响物质的酸碱性，而且能影响物质的物理性质和其他化学性质。例如，醛酮羰基的特性反应是亲核加成反应，如连有吸电子基，羰基碳上电子云密度减小，正性增大，更易发生亲核加成反应；如连有供电子基，羰基碳上电子云密度增大，正性减小，亲核加成活性减小，所以反应速率变慢。

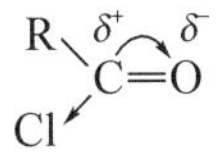

$$\underset{Cl}{\overset{R}{\diagdown}}\overset{\delta^+}{C}=\overset{\delta^-}{O} \qquad \underset{CH_3}{\overset{R}{\diagdown}}\overset{\delta^+}{C}=\overset{\delta^-}{O}$$

　　　反应快 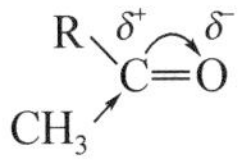　　　　　　反应慢

二、场效应

分子中相互作用的两部分，通过空间传递电子所产生的诱导效应称为场效应(field effect)。例如，邻位氯代苯基丙炔酸和对位氯代苯基丙炔酸。

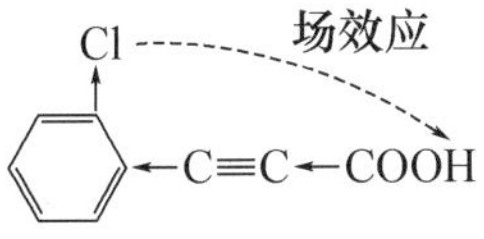

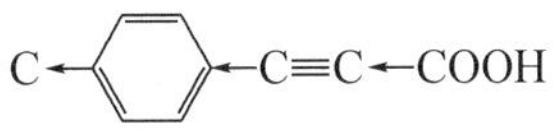

理论上其酸性似应为邻位大于对位，因为邻位氯离羧基近，诱导效应作用大，但实际上酸性是对位大于邻位。这是因为邻位取代物中 C—Cl 偶极矩负的一端靠近羧基质子正的一端，两者的静电作用可通过空间传递产生场效应，氯阻止了氢以质子的形式解离下去而使其酸性减弱。对位上的氯和羧基的质子相距很远，不存在场效应，所以它的酸性大于邻位。

根据一些数据的分析，场效应所起的作用可能比诱导效应所起的作用还要广泛。但绝不能认为诱导效应就没有影响。确切地说，这两种效应往往同时存在。

三、共轭效应

（一）静态共轭效应

1. 共轭效应的起源　由于共轭体系的存在，发生原子间的相互影响而引起电子平均化的效应称为共轭效应(conjugative effect)。这种效应是分子的内在效应，称为静态共轭效应(static conjugative effect)。例如，在丁-1,3-二烯（CH₂＝CH—CH＝CH₂）分子中，四个碳原子都是 sp² 杂化的，每个碳以 sp² 杂化轨道与相邻碳原子相互重叠形成 C—C σ 键，与氢原子的 s 轨道重叠形成 C—H σ 键，这三个 C—C σ 键、六个 C—H σ 键在一个平面上，键角接近于 120°。此外，每个碳上还有一个未杂化的 p 轨道，垂直于 σ 键所在平面，侧面重叠形成 π 键，这种重叠不是限于 C1～C2、C3～C4 之间，而是 C2～C3 之间也发生了一定程度的重叠，从而使 C2 和 C3 之间电子云密度比孤立 C—C 单键的电子云密度增大，键长缩短，具有了部分双键的性质，形成了大 π 键。通常把这样的体系称为共轭体系，具体称为 π-π 共轭体系，如图 2-21 所示。

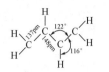 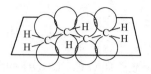

σ键所在平面在纸平面上　　　　　　　π键所在平面与纸平面垂直

图 2-21　丁-1,3-二烯分子的 σ 键和 π 键位置

2. 共轭效应的存在形式　共轭效应只存在于共轭体系中，不像诱导效应存在于一切化学键上。

3. 共轭效应的传导方式　诱导效应是由于键的极性沿 σ 键而传导。共轭效应是由于 π 电子的转移，沿共轭键而传导使共轭键的 π 电子云密度或多或少发生平均化。用弯键头表示电子云转移方向。

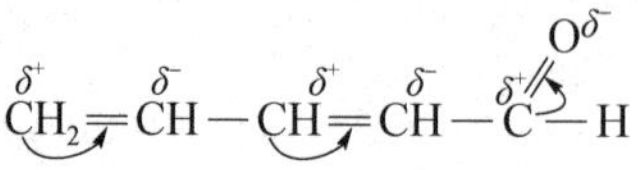

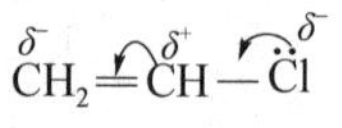

$$\overset{\delta^+}{CH_2}=CH-\overset{\delta^+}{CH}=\overset{\delta}{CH}-\overset{\delta^+}{C}\overset{O^\delta}{=}-H \qquad \overset{\delta}{CH_2}=\overset{\delta^+}{CH}-\overset{\delta}{Cl}$$

4. 共轭效应的传导距离　在共轭体系中原子相互影响沿共轭键传递，不受距离影响，即从头至尾不减。

（二）动态共轭效应

在外界电场的影响下，π 电子极化而发生交替转移，这种效应称为动态共轭效应（dynamic conjugative effect）。例如丁-1,3-二烯与 HBr 加成，丁-1,3-二烯本身没有极性，但丁-1,3-二烯与 HBr 接触时，H^+ 接近于 C1，在发生反应的瞬间，π 电子云被极化而发生交替转移，C1 和 C3 带部分负电荷，C2 和 C4 带部分正电荷，所以丁-1,3-二烯既可以发生 1,2-加成，也可以发生 1,4-加成。

丁-1,3-二烯与 HBr 接触

$$\underset{4}{CH_2}\overset{\delta^+}{=}\underset{3}{CH}\overset{\delta}{-}\underset{2}{CH}\overset{\delta^+}{=}\underset{1}{CH_2}\overset{\delta}{} + H^+$$

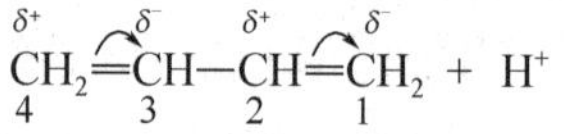

当 H^+ 靠近 C1 时引起动态共轭效应

这种转移可沿着共轭碳链传递下去，其效应并不因距离的增加而减弱，但这是一种暂时性的反应，只有在分子进行化学反应时才能表现出来。

共轭效应和诱导效应一样也有方向性，分为正共轭效应（以+C 表示）和负共轭效应（以 –C 表示）。

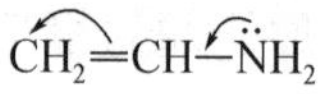

$$CH_2=CH-NH_2 \qquad\qquad CH_2=CH-CH=O$$

+C效应 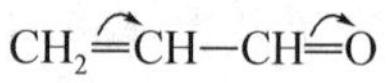　　　　　　　　　　　　　–C效应

（三）共轭体系的类型（conjugated system pattern）

1. π-π 共轭体系　双键或叁键（重键）间隔单键的结构体系，称为 π-π 共轭体系。例如：

$$CH_2=CH-CH=CH_2 \qquad\qquad CH_2=CH-C\equiv CH$$

丁-1,3-二烯　　　　　　　　　　丁-1-烯-3-炔　　　　　　　　

$$CH_2=CH-CH=O \qquad\qquad CH_2=CH-C\equiv N$$

丙烯醛　　　　　　　　　　　　丙烯腈　　　　　　　　　　苯

2. p-π 共轭体系　重键与 p 轨道间隔单键的结构体系，称为 p-π 共轭体系。例如：

$$CH_2=CH-\overset{..}{\underset{..}{X}} \qquad CH_2=CH-\overset{+}{C}H_2 \qquad \overset{\overset{O}{\|}}{-C}-\overset{..}{\underset{..}{X}}$$

卤乙烯 　　　　　　 烯丙基正离子 　　　　　　 酰卤基

$$\overset{\overset{O}{\|}}{-C}-\overset{..}{N}H \qquad\qquad \overset{\overset{O}{\|}}{-C}-OH$$

酰胺基 　　　　　　　　　 羧基

3. σ-π 共轭体系 重键与碳氢键间隔单键的结构体系称为 σ-π 共轭体系。例如：

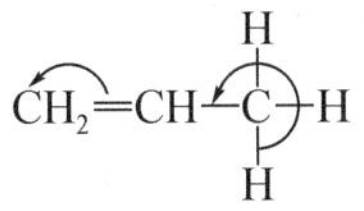

$$CH_2=CH-\overset{\overset{H}{|}}{\underset{\underset{H}{|}}{C}}-H$$

丙烯 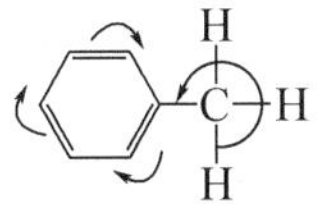 　　　　　　　　　　 甲苯

4. σ-p 共轭体系 p 轨道与碳氢键间隔单键的结构体系称为 σ-p 共轭体系。例如：

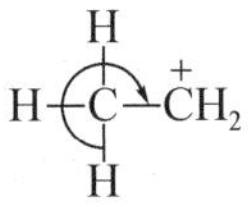

$$H-\overset{\overset{H}{|}}{\underset{\underset{H}{|}}{C}}-\overset{+}{C}H_2$$

乙基碳正离子

其中 σ-π 和 σ-p 共轭体系的共轭是一种超共轭效应，比共轭效应弱得多。

四、超共轭效应

1935 年，贝克（Baker）和内森（Nathan）在进行溴苄和吡啶成盐反应时发现，反应速率随取代基的性质而改变。实验结果证明，吸电子的原子或基团不利于此反应的进行，例如，当 A 为吸电子的硝基时，反应速率慢。反之，A 为供电子的原子或基团，则反应加速，如烷基（R）可使下列反应速率加快：

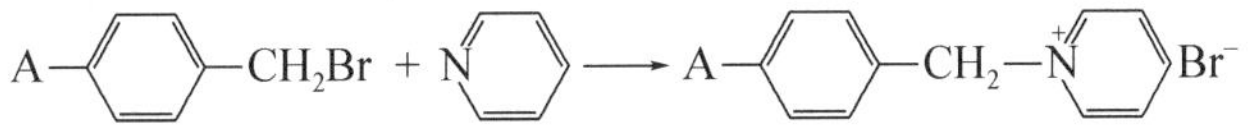

$$A-\overset{}{\underset{}{\bigcirc}}-CH_2Br + N\overset{}{\underset{}{\bigcirc}} \longrightarrow A-\overset{}{\underset{}{\bigcirc}}-CH_2-\overset{+}{N}\overset{}{\underset{}{\bigcirc}}\ Br^-$$

而且不同烷基对反应速率的影响不同，可按下列次序排列：

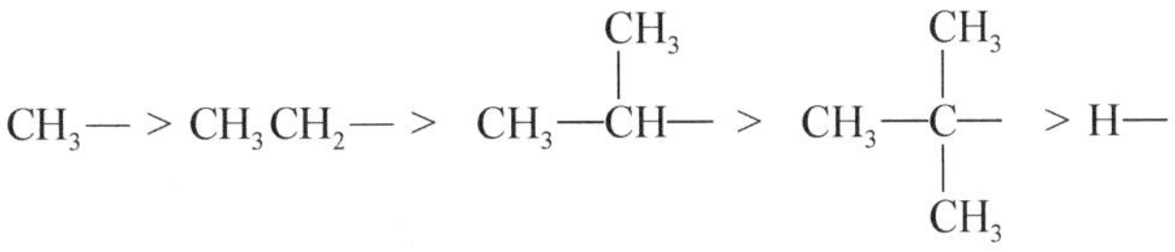

$$CH_3- > CH_3CH_2- > CH_3-\overset{\overset{CH_3}{|}}{CH}- > CH_3-\overset{\overset{CH_3}{|}}{\underset{\underset{CH_3}{|}}{C}}- > H-$$

| $k/\times10^4$ | 2.02 | 1.81 | 1.65 | 1.53 | 1.22 |

这个次序与正常的诱导效应强度次序正好相反，所以贝克和内森提出：C—H 键和不饱和基团相连接时，它通过单键和重键发生一定程度的共轭，C—H 键的成键电子云向重键转移。这是 σ 键与 π 键之间的共轭，称为 σ-π 超共轭，在超共轭体系中发生的电子效应称为超共轭效应（hyperconjugative effect）。超共轭效应的电子云转移用弯箭头表示。

产生超共轭效应和烷基上的 C—H 键的性质有关，碳原子的 sp^3 杂化轨道与氢原子的 1s 轨道重叠形成 C—H σ 键，由于 H 原子很小，它好比嵌在碳的原子轨道中，而电子云密度相对地向碳集中。在它和 π 键相邻时，就发生电子的离域现象，即 σ 键与 π 键之间的电子偏移，使体系变得较稳定，如图 2-22 所示。

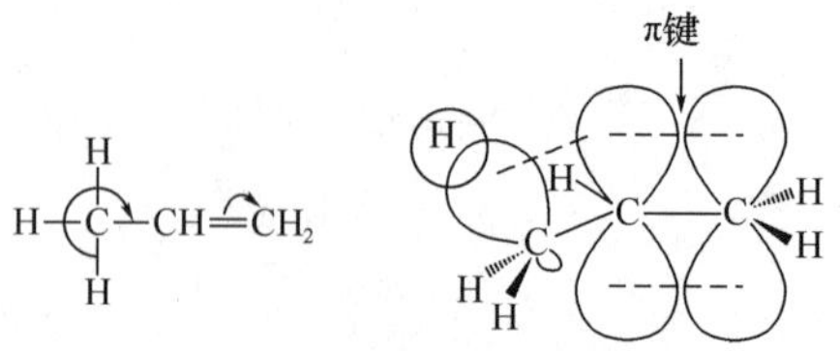

图 2-22 超共轭（烷基的 σ 轨道与双键的 π 分子轨道重叠）

很明显，烷基超共轭效应的强弱，由烷基中与重键发生共轭的 C—H 键的数目多少决定。这种碳氢键的数目越多，则所发生的超共轭效应也越强，如下式所示：

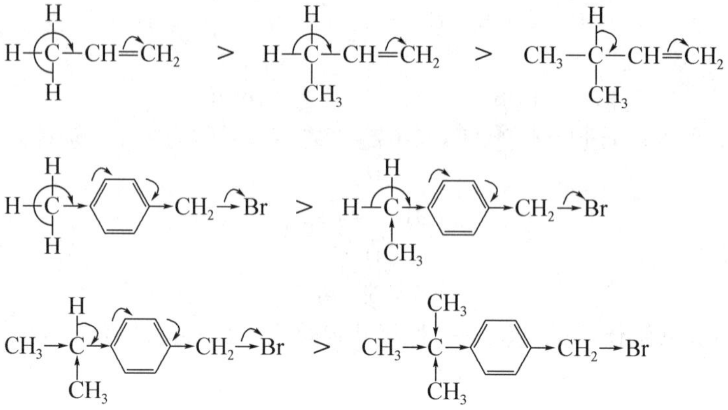

直箭头表示诱导效应，弯键头表示共轭效应

在 (CH₃)₃C—CH=CH₂ 分子中就没有和 π 键发生超共轭的 C—H 键。用超共轭效应可以解释上述贝克和内森所得到的反应速率次序。在烷基取代的溴苄分子中，根据烷基结构不同，有的既存在诱导效应，也存在超共轭效应。超共轭效应的有无就看有无与 π 键发生超共轭的 C—H 键，C—H 键多的，超共轭效应就强。例如，当戊-2-烯与 HBr 加成时，可用超共轭效应的观点来判断此反应的主要方向，因为甲基的超共轭效应大于乙基，所以 2-溴戊烷是反应的主要产物。

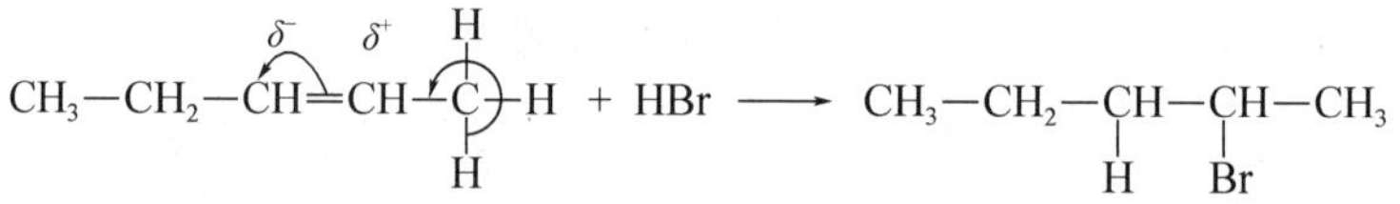

碳氢键不仅可以与 π 键发生超共轭，也可与 p 轨道相互作用而发生 σ-p 超共轭效应。例如，自由基具有电子不饱和性，它的单电子有配对成键的趋势。但它的稳定程度却随自由基的结构不同而异。当一个烷基自由基的单电子 p 轨道与 C—H 键的 σ 轨道同处于一个体系，则可发生 σ-p 超共轭效应。C—H 键的成键电子云向具有单电子的碳原子转移，使此单电子不再局限在一个碳原子上，而为整个超共轭体系所分散，因而增加了自由基的稳定性。参与超共轭的 C—H 键越多，体系就越稳定。如下列烷基自由基的稳定次序为

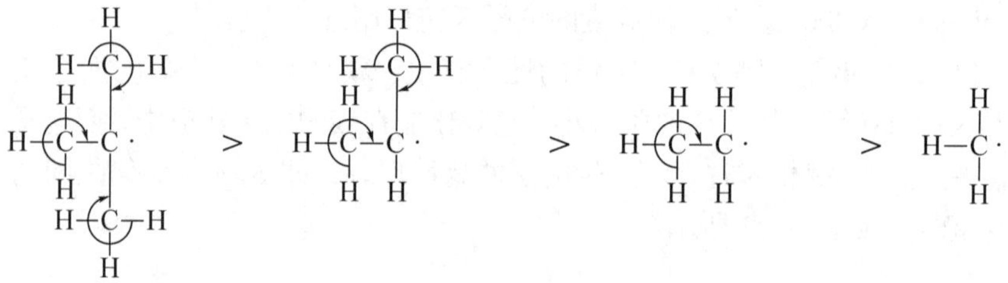

9 个 C—H 键共轭　　6 个 C—H 键共轭　　3 个 C—H 键共轭　　没有 C—H 键共轭

所以烷基自由基的稳定性是：3°＞2°＞1°＞甲基自由基。参见第四章第二节。

除了 σ-p 及 σ-π 超共轭外，还存在 σ-σ 超共轭效应，这种效应在静态分子中不明显，只在试剂进攻时才发生，这里不再讨论。

超共轭效应虽能解释一些现象，但由于超共轭效应所起的影响比共轭效应小得多，在物理性质上表现不明显，有些数据还难以使人信服，加上有人对超共轭效应提出不同看法，所以还有待于实验事实的进一步检验。但它在解释某些现象时，目前仍有一定的价值。

共轭效应可以解释有机反应中的一些问题。例如，氯乙烯（$CH_2\!=\!CH\!-\!Cl$）在亲核取代反应中，氯原子很不活泼，很难被取代，原因是氯原子和双键直接相连，氯的 p 轨道与碳碳双键的 π 轨道相平行时，则可侧面重叠，形成 σ-p 共轭体系，电子云的密度发生平均化，电子转移方向由电子云密度较大的氯原子向电子云密度较小的碳原子方向转移：

$$CH_2\!=\!CH\!-\!\overset{\frown}{Cl}$$

从而使 C—Cl 键键长缩短，键能增大，所以难被取代。

诱导效应和共轭效应都是分子中原子之间相互影响的电子效应，不同的是：诱导效应是由于原子电负性的不同，通过静电诱导传递所体现的，而共轭效应则是在特殊的共轭体系中，通过电子的离域作用所体现的。

小　结

1. 化学键类型和共价键的属性
（1）离子键、共价键和配位键的概念。
（2）价键理论、原子轨道、分子轨道和杂化轨道的概念。
（3）有机化合物都是含共价键的化合物。
（4）共价键的极性和极化性的概念。
2. 有机反应类型：自由基反应、离子反应和协同反应的概念。
3. 分子间作用力、氢键的概念，分子间作用力对物质熔沸点、溶解度的影响。
4. 共振论简介，共振结构式书写必须遵循的基本原则。
5. 电子效应及其作用。
（1）诱导效应是通过 σ 键传递到相邻原子上的电子效应，是一种永久的电子效应，诱导效应沿碳链传递时会迅速衰减，一般在传递三个碳原子后，就可以忽略不计了。
（2）共轭效应是共轭体系中的电子离域作用，共轭效应在共轭链中传递不受距离影响，不衰减。

（北京中医药大学）

本章 PPT

第三章

立体化学基础

学习目的 本章通过对有机化合物同分异构现象的分析，重点阐述和有机化合物立体异构关系密切的立体分子平面表示法、顺序规则、顺式/反式和 Z/E 表示法、分子对映异构与化学结构的关系、对映异构体的 D/L 和 R/S 构型表示法、对映体与非对映体关系、内消旋体与外消旋体的区别、构象异构的结构特点、乙烷、丁烷的优势构象、环己烷椅式构象等内容，为以后学习各章有机化合物的异构体区分做好理论准备。

学习要求 掌握顺反异构、对映异构的构型判定及命名规则；掌握环己烷及相关化合物优势构象的结构；熟悉同分异构体的分类及判断标准、费歇尔投影式的转换原则、顺序规则的应用；分子对映异构与分子对称性的关系、对映体与非对映体、内消旋与外消旋的区别；了解不同投影式间的相互转换、顺反异构体和对映异构体的性质及其与生理活性的关系、外消旋化、瓦尔登转化、光学纯度和外消旋体的拆分等基本知识。

有机化合物中普遍存在着同分异构现象。凡具有相同分子式的化合物，由于分子内原子互相连接的方式和次序不同所产生的异构现象称为构造异构（constitutional isomerism）。例如，正丁烷和异丁烷、乙醇和甲醚互为构造异构体。

分子式：C_4H_{10} $CH_3—CH_2—CH_2—CH_3$
$$CH_3-\overset{\overset{\displaystyle CH_3}{|}}{CH}-CH_3$$

正丁烷   异丁烷

n-butane   *i*-butane

分子式：C_2H_6O $CH_3—CH_2—OH$ $CH_3—O—CH_3$

乙醇   甲醚

ethanol   dimethyl ether

有机化合物的异构现象除构造异构外，还有由于分子内原子或原子团在空间（三维空间）排列的方式不同所引起的异构现象，这种异构现象称为立体异构（stereoisomerism）。

立体化学（stereochemistry）是研究分子静态和动态三维空间的化学，主要包括有机化合物的构型和构象两部分。

构型（configuration）是指分子内原子或原子团在空间"固定"的排列关系，包括对映异构（enantiomerism）和非对映异构（diastereomerism）。

构象（conformation）是指具有一定构型的分子由于单键的旋转或扭曲使分子内原子或原子团在空间产生不同的排列形象。

构型与构象在有机合成、天然有机化合物、生物化学等的研究方面都有着重要的意义。

有机化合物异构现象的关系可表示如下：

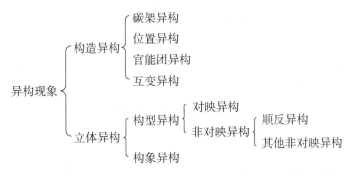

本章主要介绍有机化合物的立体异构,为以后有关章节研究各类有机物反应的立体化学问题打下基础。

第一节 分子模型的平面表示方法

分子结构是以立体形式存在的,常用分子模型来帮助了解分子的立体形状和分子内各原子的相对位置。分子模型书写时很不方便,因此常把模型在平面做投影。

下面介绍三种常用的分子模型平面表示法。

一、费歇尔投影式

费歇尔投影式是 1891 年德国化学家费歇尔(Fischer)提出用投影方法所得到的平面式。这是有机化学中常用的一种投影式。其方法是把分子的球棒模型按照规定的方向投影到纸平面上,例如,乳酸分子模型的投影式如图 3-1 所示。

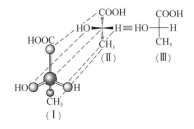

图 3-1 (S)-乳酸的费歇尔投影式

费歇尔投影式投影的方法是:球棒模型(Ⅰ)放置的方法是将竖键指向后,横键伸向前再进行投影。连接在球棒模型中心的碳原子在纸面上,其上下方向的原子或原子团(竖键上)指向纸平面的后方,投影到纸面上用虚线表示。其左右方向的原子或原子团(横键上)伸向纸平面的前方,投影到纸面上常用楔形线表示,如图 3-1 中的式(Ⅱ)。为了书写简便常不用虚线和楔形线表示,而直接用实线表示,见图 3-1 中的式(Ⅲ)。但我们必须清楚地知道在费歇尔投影式中原子和原子团的空间关系是竖键指向后方,横键伸向前方。一个模型可以写出多个费歇尔投影式。图 3-1 这种碳链竖放、按命名规则编号小的碳原子放在上方,是多种投影式中的一种。这种投影式在确定化合物构型时最为常用。

为研究方便,投影式可以相互转化,转化时必须遵守下述基本操作法则:

(1)允许费歇尔投影式在纸平面上向左或向右旋转 180°。

（2）允许令一个原子或原子团不动，另外三个原子或原子团按顺时针方向或逆时针方向依次换位。

这样的操作，不会改变原子或原子团的空间排列关系，仍表示为同一构型的原化合物。

下面操作则改变了物质的构型：

（1）费歇尔投影在纸平面上向左或向右旋转 90°或 270°。

（2）费歇尔投影式离开纸平面翻转过来。

这样的操作改变了原子或原子团的前后关系，已经不表示原化合物。

二、锯架投影式

锯架（sawhorse）投影式像木工用的锯架，这种投影式一般是从侧面观察。例如，乙烷的锯架投影式：

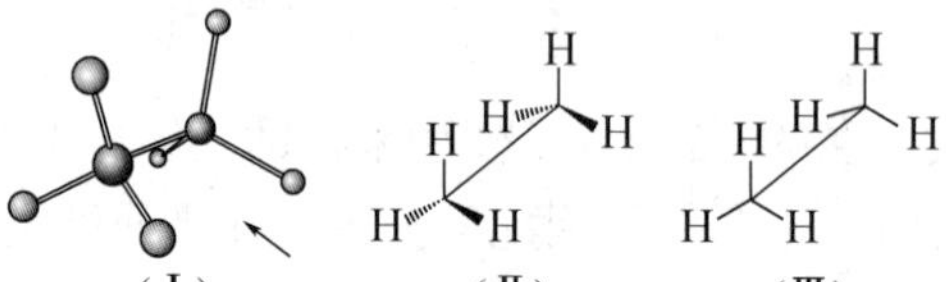

（Ⅰ） （Ⅱ） （Ⅲ）

（Ⅰ）为乙烷的球棒模型。由箭头指引的方向观察，可得式(Ⅱ)。式(Ⅱ)为乙烷的锯架投影式，实线表示在纸平面上，虚线表示指向纸平面后方，楔形线表示伸向纸平面的前方。式(Ⅲ)为乙烷简化的锯架投影式（碳原子也可省略不画）。

锯架投影式的特点是能够清楚地表明连接在两个相邻碳原子上的原子或原子团的空间关系。

费歇尔投影式可以转换成锯架投影式，但必须记住在费歇尔投影式中原子或原子团的前后空间关系。例如，可以将丁-2, 3-二醇的费歇尔投影式转换成锯架投影式。首先画出式(Ⅳ)，即费歇尔式，再进一步改画成式(Ⅴ)，竖键上、下两端的虚线表示指向纸平面的后方，两根横楔形线表示伸向纸平面的前方，然后再画出锯架投影式(Ⅵ)或(Ⅶ)。

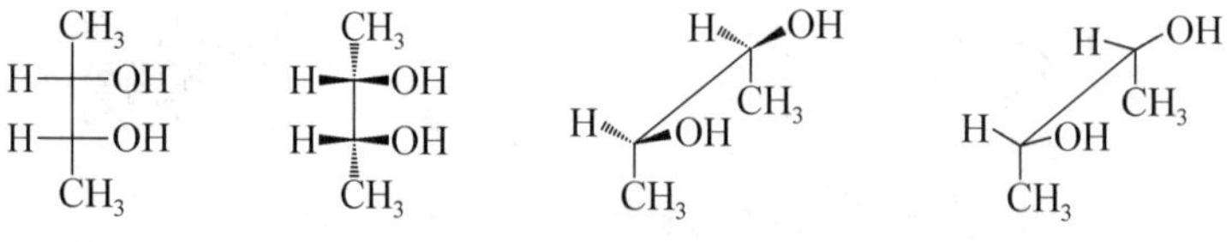

（Ⅳ） （Ⅴ） （Ⅵ） （Ⅶ）

三、纽曼投影式

纽曼投影式是纽曼（Newman）于 1955 年提出来的。它像锯架投影式一样，是表示相邻两个原子连接的原子或原子团之间的空间关系。画这种投影式是把分子的立体模型（如乙烷）放在眼前，从碳碳单键的延长线上去观察，用一个较大的圆圈（也可以不用圆圈）表示碳碳单键上的碳原子，前后两个圆圈实际上是重叠的，所以纸面上只能画出一个。圆圈前面的三个氢原子表示离眼睛较近碳原子上的三个氢原子，圆圈上面的三个氢原子表示离眼睛较远碳原子上的三个氢原子。前面和后面的三个 C—H 键之间的距离都是相等的，角距为 120°。这样所得乙烷的纽曼投影式如下：

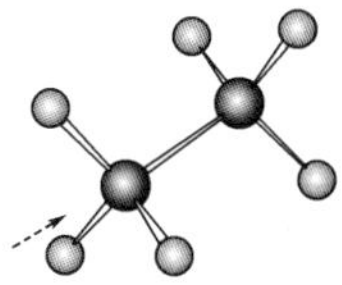

式(Ⅷ)为乙烷的球棒模型。由箭头指引的方向去观察得到纽曼投影式(Ⅸ)。式(Ⅹ)为简化的纽曼投影式，虚线表示后面碳原子上的 C—H 键。

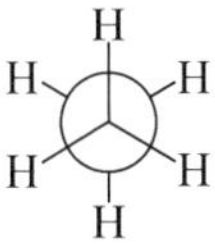

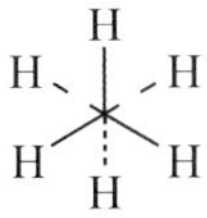

四、费歇尔投影式、锯架投影式和纽曼投影式的相互转换

现以丁-2,3-二醇为例，观察其转换方法。

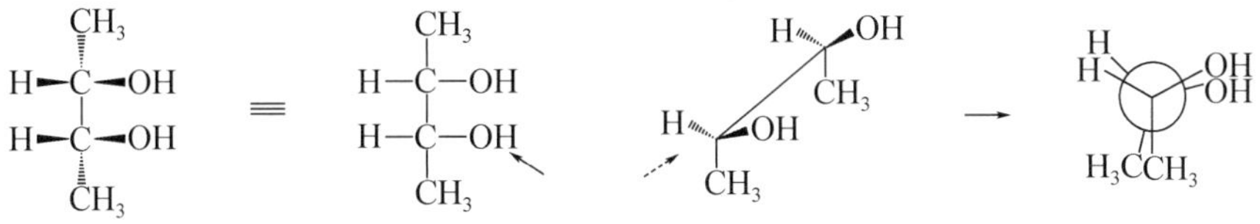

式(Ⅰ)是丁-2,3-二醇的费歇尔投影式。式(Ⅱ)是费歇尔投影式中各原子和原子团的实际空间关系。按箭头指引的方向（费歇尔投影式的侧面）观察式(Ⅱ)，可画出锯架投影式(Ⅲ)。再按箭头指引的方向对着式(Ⅲ)纸平面上 C—C 键观察，即可画出纽曼投影式(Ⅳ)。

分子模型常用上述三种投影式表示，但有时也用透视式表示。

透视式是中心碳原子在纸平面上，用实线表示在纸平面上的原子或原子团，用虚线表示指向纸平面后方的原子或原子团，楔形线表示伸向纸平面前方的原子或原子团。例如，(S)-乳酸的透视式为

透视式　　　　费歇尔投影式

透视式表示构型比较直观，但书写不如费歇尔投影式方便。所以一般所说的投影式是指费歇尔投影式。

第二节　立体化学中的顺序规则

在化合物立体异构的研究中，对同一分子的不同异构体（即不同构型）用什么方法来表示呢？可用"D"和"L"构型表示法、"顺"和"反"构型表示法，但这些表示法还不够全面。为了解决这个问题，1968 年 IUPAC 提出了一种新的方法，已在国内外广泛应用，这里先介绍这种方法的基本原则——顺序规则（sequence rule），后面有关部分再介绍它的应用。

顺序规则就是把各种取代原子或原子团按先后顺序排列的规则。它的主要内容如下：

（1）把各种取代原子按它们的原子序数由大到小排列成序，原子序数大的优先。例如，氯（17）、溴（35）、碘（53）三种元素的原子，按原子序数大小排列，则碘优先于溴，溴优先于氯，这种优先关系通常用 I>Br>Cl 形式表示。需要特别说明的是，孤对电子的原子序数可以

看作 0，是比 H 还小的基团。若原子序数相同，则按相对原子质量大小来排列，如 $^{14}C > ^{13}C$。

（2）比较各种取代原子或原子团的排列顺序时，先比较直接相连的第一个原子的原子序数。如果是相同原子，那就再比较第二个、第三个……原子的原子序数。例如，—CH₃ 和—CH₂CH₃，第一个原子都是碳原子，就必须再比较以后的原子，在—CH₃ 中，与碳相连的是 H、H、H，而在—CH₂CH₃ 中，与第一个碳原子相连的是 C、H、H，其中有一个碳原子，而碳的原子序数大于氢，所以—CH₂CH₃ 的次序应排在—CH₃ 前。又如，$\overset{CH_3}{\underset{—CHCH_3}{|}}$ 和—CH₂CH₂CH₃ 相比较，第一个原子都是碳，与这个碳原子相连的原子，前者是 C、C、H，后者为 C、H、H，前者多一个碳原子，所以 $\overset{CH_3}{\underset{—CHCH_3}{|}}$（异丙基）优先于—CH₂CH₂CH₃（丙基）。

（3）当取代原子团为不饱和原子团时，应把连有双键或叁键的原子看作它连有两个或三个相同的原子。例如：

—CH＝CH₂　　相当于　　$\overset{(C)\ (C)}{\underset{}{—CH—CH_2}}$

—C≡CH　　相当于　　$\overset{(C)(C)}{\underset{(C)(C)}{—C—C—H}}$

按此，—CH＝CH₂ 中为 C、C、H，—C≡CH 中为 C、C、C，所以—C≡CH 优先于—CH＝CH₂。

—C＝O　　相当于　　$\overset{(O)(C)}{—C—O}$

—C≡N　　相当于　　$\overset{(N)(C)}{\underset{(N)(C)}{—C—N}}$

$\overset{O}{\underset{}{—C—OH}}$ 和 $\overset{O}{\underset{}{—C—H}}$ 比较：

$\overset{O}{—C—OH}$　　相当于　　$\overset{(O)}{\underset{(O)}{—C—OH}}$ (O,O,O)

$\overset{O}{—C—H}$　　相当于　　$\overset{(O)}{\underset{(O)}{—C—H}}$ (O,O,H)

所以 $\overset{O}{—C—OH}$ 应优先于 $\overset{O}{—C—H}$。

（4）顺式（*cis*）优先于反式（*trans*），Z 优先于 E。

（5）R 优先于 S。

根据顺序规则，现将常见的取代原子或原子团排成下列次序：

—I，—Br，—Cl，—SO$_3$H，—F，—OCOR，—OR，—OH，—NO$_2$，—NR$_2$，—NHR，
—CCl$_3$，—CHCl$_2$，—COCl，—CH$_2$Cl，—COOR，—COOH，—CONH$_2$，—COR，—CHO，
—CR$_2$OH，—CHROH，—CH$_2$OH，—CR$_3$，⬡，—CHR$_2$，—CH$_2$R，—CH$_3$，—H，孤对电子。

第三节　顺反异构

有机化合物分子如具有刚体结构（双键或环），键的自由旋转会受到阻碍，分子中原子或原子团在空间就具有固定的排列方式（即有一定的构型），当双键或环上原子连接不同的原子或基团时，就会产生两种不同构型的化合物。其中一种称为顺（*cis-*）式，另一种称为反（*trans-*）式。顺反异构体是非对映异构体中的一个分支，这种异构现象称为顺反异构。

顺反异构的类型较多，有碳碳双键、碳氮双键、氮氮双键及环状等化合物的顺反异构。关于这方面的内容，将在以后有关章节中分别介绍，本章主要介绍碳碳双键化合物的顺反异构。

一、碳碳双键化合物的顺反异构

由于碳碳双键不能自由旋转，双键碳原子是 sp^2 杂化碳原子，因此双键两端碳原子所连的四个原子都处在同一平面上，这种结构的化合物就有可能产生两种不同构型的异构体。例如，丁-2-烯（CH$_3$—HC=CH—CH$_3$）分子在空间有如下两种排列方式。

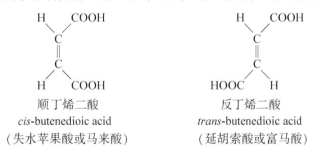

顺丁-2-烯	反丁-2-烯
cis-butyl-2-ene	*trans*-butyl-2-ene
沸点：+4℃	沸点：+1℃
熔点：-139℃	熔点：-106℃

分子中两个氢原子（或甲基）处在双键同侧（π 键平面的同侧）的称为顺式。如果氢原子（或甲基）处在双键异侧的则称为反式。又如，丁烯二酸也具有两种顺反异构体。

顺丁烯二酸	反丁烯二酸
cis-butenedioic acid	*trans*-butenedioic acid
（失水苹果酸或马来酸）	（延胡索酸或富马酸）

从上面两个例子可以看到，顺反异构体分子中各原子或原子团的连接次序相同，但它们的空间排列方式不同，因此顺反异构是一种分子结构相同而构型不同的异构现象。

但并不是所有含碳碳双键的化合物都有顺反异构现象。产生顺反异构的条件必须是在每个双键碳原子上连有不同的原子或原子团。如下式所示：

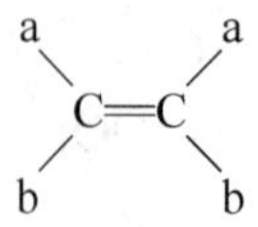

顺式 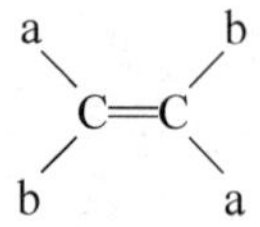　　　　　　　反式

如果同一双键碳原子上连有相同的原子或原子团时，就没有顺反异构现象。如下式所示：

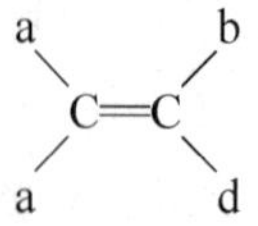

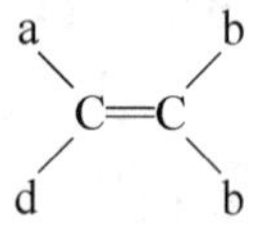

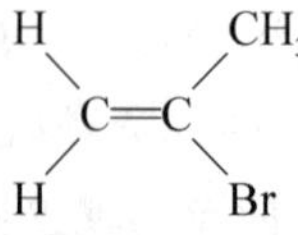

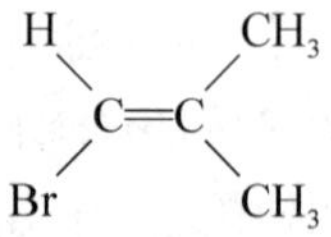

由此可见，一种有机化合物产生顺反异构必须在分子结构上具备两个条件：①原子之间有阻碍自由旋转的因素，如双键或环的存在；②每个双键或环上碳原子连着两个不同的原子或原子团。

上面的一些例子如丁-2-烯，丁烯二酸分子中只含有一个碳碳双键，所以只有两个顺反异构体。如果分子中含有两个或两个以上碳碳双键，而每个双键都可以产生顺反异构体，这个分子就可以有 2^n（n 表示双键数）个异构体。例如，1-苯基戊-1,3-二烯（不对称的多烯）就有四个顺反异构体：

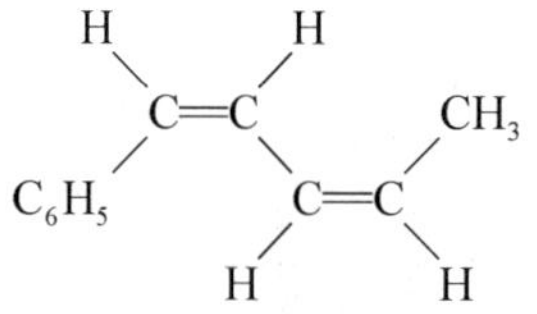

（顺，顺） 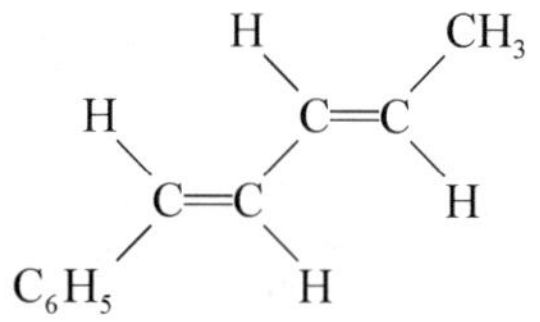　　　　　　　　　　　　（反，反）

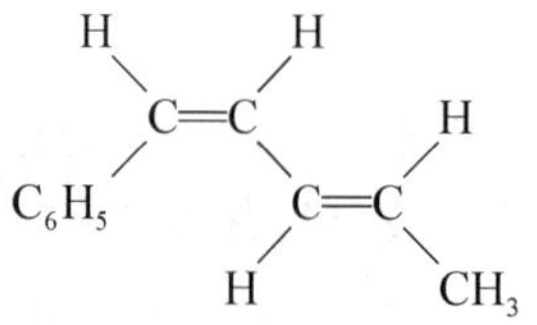

（顺，反） 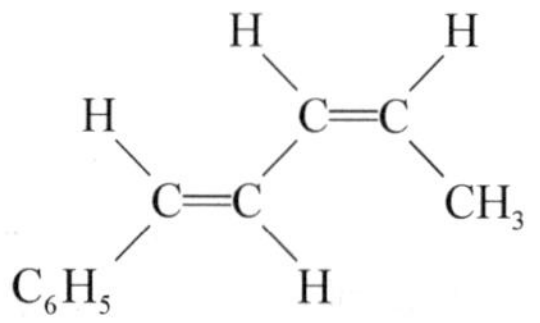　　　　　　　　　　　　（反，顺）

如果两个双键上连有相同的原子或原子团时，则异构体数目就要减少。例如，把上面化合物中的苯基换成甲基，所得化合物为己-2,4-二烯（对称的多烯），其顺反异构体数就要由四个减少为三个：

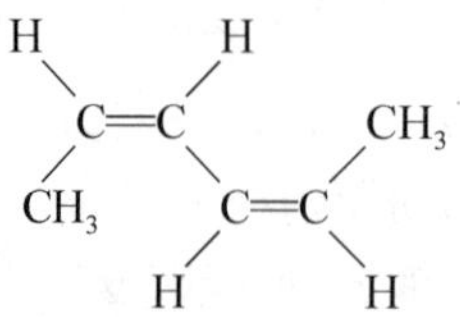

（顺，顺）　　　　　　　　　　　　（反，反）

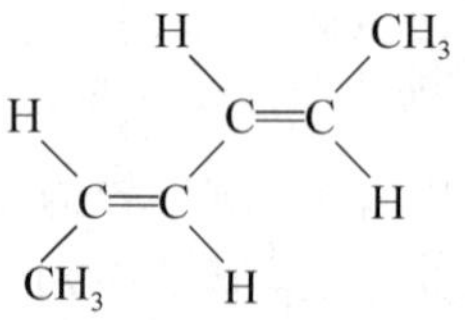

（Ⅰ）　　　　　　　　　　　　（Ⅱ）

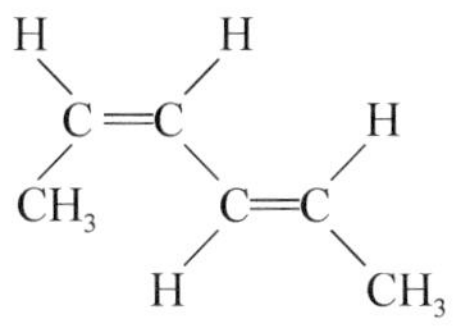

(顺,反)

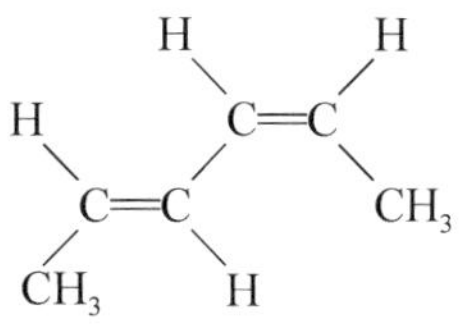

(反,顺)

(Ⅲ)

二、顺反异构体的构型表示法

从上面所举的一些双键化合物例子中可以看到,双键两端碳原子上所连的两个相同原子或原子团处在双键同侧为顺式，处在异侧为反式。但对于具有下面结构的化合物，用顺、反表示构型就会困难，因为双键两端碳原子上连有不同的原子或原子团。

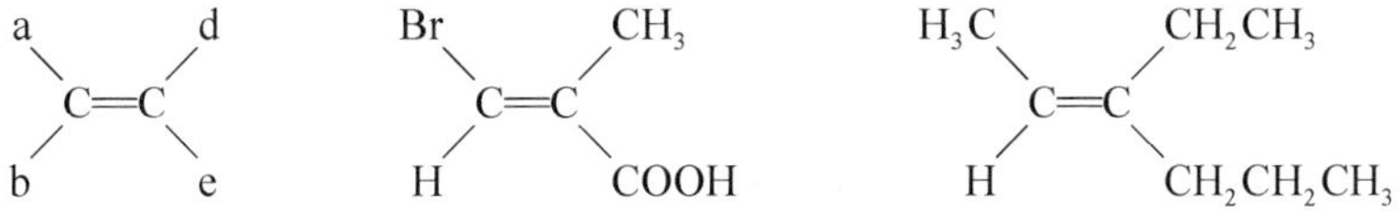

为了解决这个问题，IUPAC 规定用(*Z*)、(*E*)来表示顺反异构体的构型。*Z* 是德语 zusammen 的第一个字母，是“在一起”的意思。*E* 是德语“entgegen”的第一个字母，是“相反”的意思。顺反异构体的构型是 *Z* 或 *E* 要由顺序规则所确定的双键两侧的基团大小关系来决定。

（一）含有一个双键（C═C）的化合物

首先比较双键两端每个碳原子上所连接的两个原子的顺序大小,顺序大的两个原子处在同侧的为(*Z*)构型，反之则为(*E*)构型。(*Z*)或(*E*)放在化合物全名的前面。

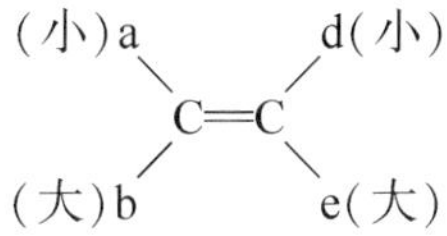

(*Z*)

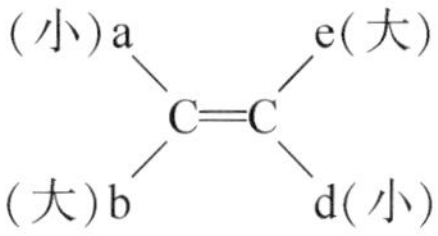

(*E*)

（1）丁-2-烯

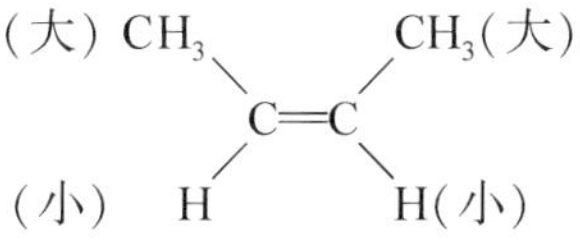

$—CH_3 > —H$

$—CH_3 > —H$

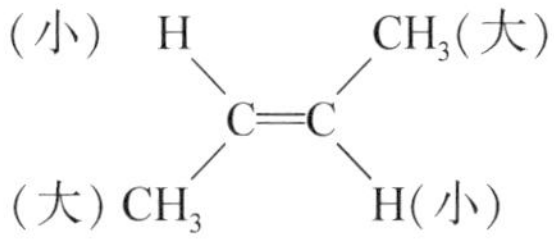

(*Z*)-丁-2-烯
(*Z*)-butyl-2-ene

(*E*)-丁-2-烯
(*E*)-butyl-2-ene

（2）2-溴丁-2-烯

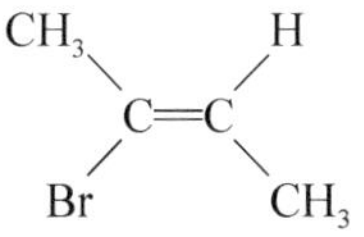

$—Br > —CH_3$

$—CH_3 > —H$

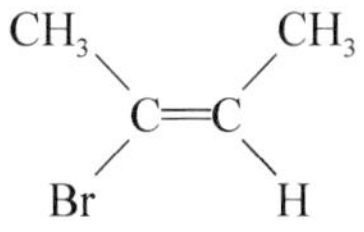

(*Z*)-2-溴丁-2-烯
(*Z*)-2-bromobutyl-2-ene

(*E*)-2-溴丁-2-烯
(*E*)-2-bromobutyl-2-ene

（3）4-异丙基-3-甲基庚-3-烯

$$H_3C \quad CH_2CH_2CH_3$$
$$C=C$$
$$H_3CH_2C \quad CH(CH_3)_2$$

—CH₂CH₃ > —CH₃

—CH(CH₃)₂ > —CH₂CH₂CH₃

$$H_3C \quad CH(CH_3)_2$$
$$C=C$$
$$H_3CH_2C \quad CH_2CH_2CH_3$$

(Z)-4-异丙基-3-甲基庚-3-烯

(Z)-4-isopropyl-3-methyl heptane-3-ene

(E)-4-异丙基-3-甲基庚-3-烯

(E)-4-isopropyl-3-methyl heptane-3-ene

顺式、反式命名法和(Z)、(E)构型表示法是两种不同标准的构型表示法，不要混用。顺式不一定是(Z)构型，反式也不一定是(E)构型。

例如，

$$H_3C \quad COOH$$
$$C=C$$
$$H \quad CH_3$$

—CH₃ > —H

—COOH > —CH₃

(Z)-2-甲基丁-2-烯酸

(Z)-2-mehylbut-2-oleic acid

反-2-甲基丁-2-烯酸

trans-2-mehylbut-2-oleic acid

$$H_3C \quad CH_2CH_2CH_3$$
$$C=C$$
$$H_3CH_2C \quad CH_2CH_3$$

—CH₂CH₃ > —CH₃

—CH₂CH₂CH₃ > —CH₂CH₃

(E)-4-乙基-3-甲基庚-3-烯

(E)-4-ethyl-3-methylheptane-3-ene

顺-4-乙基-3-甲基庚-3-烯

cis-4-ethyl-3-methylheptane-3-ene

$$CH_3 \quad CH_3$$
$$C=C$$
$$H \quad H$$

(Z)-丁-2-烯

(Z)-butane-2-ene

顺丁-2-烯

cis-butane-2-ene

（二）含有两个双键或多个双键的化合物

当化合物分子中含有两个或多个双键时，可在主链名称之前分别用(Z)、(E)表示每个双键的构型，并用阿拉伯数字加在Z、E之前表明所指双键的位置。

$$H \quad H$$
$$^5C=^4C$$
$$CH_3 \quad ^3C=^2C \quad H$$
$$H \quad ^1COOH$$

(2E,4Z)-己-2,4-二烯酸

(2E,4Z)-hexane-2,4-dienoic acid

—COOH > —H

$$H \quad H$$
$$C=C$$
$$CH_3 \quad >—H$$

} 2E

—CH₃ > —H

$$C=C$$
$$H \quad COOH \quad >—H$$

} 4Z

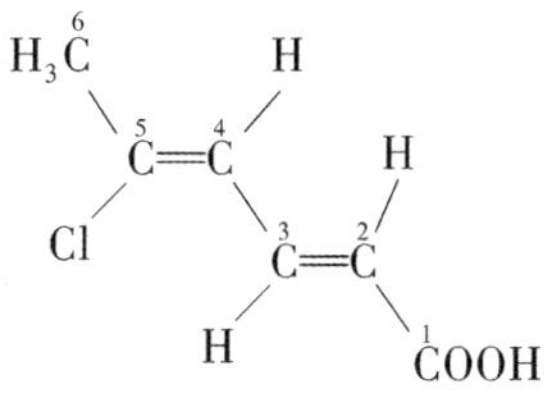

(2*E*,4*Z*)-5-氯己-2,4-二烯酸

(2*E*,4*Z*)-5-chlorohexane-2,4-dienoic acid

三、顺反异构体的性质

顺反异构体的物理和化学性质是有差别的。现分别介绍如下。

1. 物理性质　顺反异构体的物理性质有所不同，并表现出一些规律性，其中较显著的有熔点、溶解度和偶极矩。例如，顺、反丁烯二酸的物理性质见表 3-1。

表 3-1　顺、反丁烯二酸的物理性质

异构体	熔点/℃	密度/（g·cm⁻³）	在水中的溶解度（25℃）/[g·(100g)⁻¹]	燃烧热/（kJ·mol⁻¹）
顺丁烯二酸	130	1.590	78.8	1 364
反丁烯二酸	287	1.625	0.7	1 339

反式异构体中的原子排列比较对称，分子能较规则地排入晶体结构中，因而具有较高的熔点。顺式异构体是两个电负性相同的原子或原子团处在分子的同侧，而不像反式那样比较对称地排列，因而顺式分子的偶极矩比反式大，在水中的溶解度也就比较大。

燃烧热（heat of combustion）是指一摩尔化合物完全燃烧生成二氧化碳和水所放出的热量。它的大小可反映分子能量的高低，所以常可作为有机化合物相对稳定性的根据。通常有机化合物越稳定，分子能量就越低，就具有越小的燃烧热。反式异构体的燃烧热比顺式小，因而反式较顺式稳定。

2. 化学性质　顺反异构体具有相同的官能团，化学性质基本相同，但因有些反应与原子或原子团在空间的相对位置有关，反应速率也就有所差别。例如，顺丁烯二酸的两个羧基处在双键的同侧，距离比较近而容易发生脱水反应。反式的两个羧基处在双键的异侧，距离较远，在同样温度下不起反应。但如加热到较高的温度，反式先转变成顺式再脱水生成酸酐。

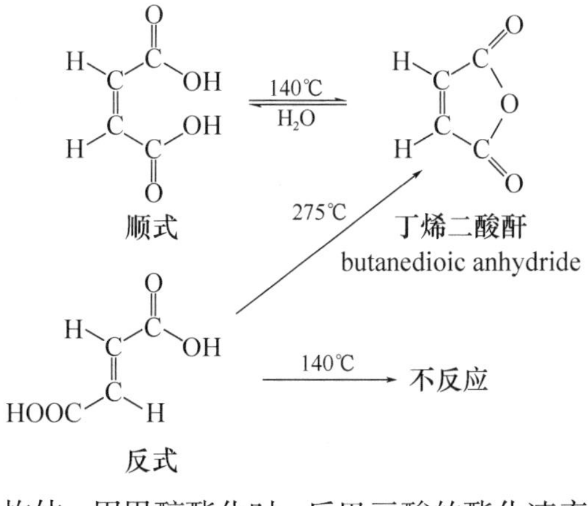

又如巴豆酸的两个异构体，用甲醇酯化时，反巴豆酸的酯化速率较快，因为反式的甲基和

羧基处在双键的异侧，空间位阻较小，容易酯化。顺巴豆酸的甲基和羧基处在双键的同侧，空间位阻较大，不易酯化。

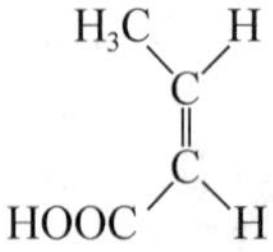

顺巴豆酸 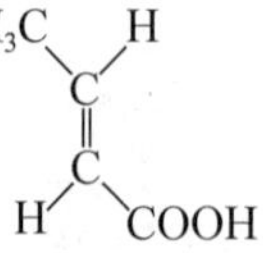　　　　　　　　　反巴豆酸

3. 顺反异构体的互相转换　在顺反异构体中，通常反式比较稳定，而顺式较不稳定。如将顺式异构体加热或受日光的作用，其就容易转变成较稳定的反式异构体。例如，顺丁烯二酸加热就可转变成反丁烯二酸。

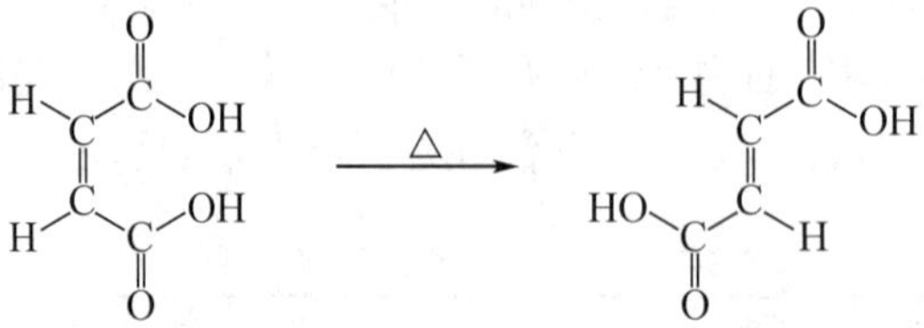

顺丁烯二酸（马来酸）　　　　　反丁烯二酸（富马酸）
cis-butene diacid　　　　　　　*trans*-butene diacid

反丁烯二酸转变为顺式异构体较困难，比较好的方法是用紫外光照射，在紫外光照射下反式异构体吸收能量转变为顺式异构体，产品中通常存在顺式和反式混合物。

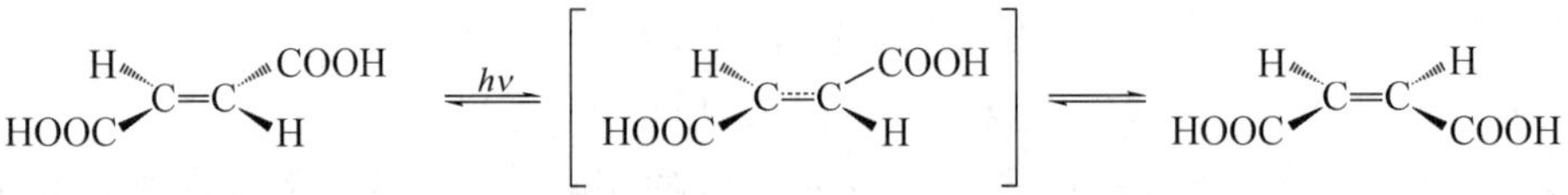

四、顺反异构体与生理活性的关系

顺反异构体由于物理性质不同，化学性质也有差异，生理活性自然会受到影响。这两种异构体的生理活性，可能是强度的不同，也可能是类型的不同。例如，顺巴豆酸味辛辣，而反巴豆酸味甜。顺丁烯二酸有毒，而反丁烯二酸无毒。治疗贫血的药物——富马酸亚铁（富马铁）就是反丁烯二酸亚铁。又如有降血脂作用的亚油酸和花生四烯酸，以及维生素 A 等含碳碳双键的药物，其碳碳双键处的构型都是一定的，如在亚油酸中，9、12 位两个双键处都是顺式构型，花生四烯酸中四个双键处的构型全是顺式，而维生素 A 中所有双键处的构型全是反式。构型改变将影响其生理活性。

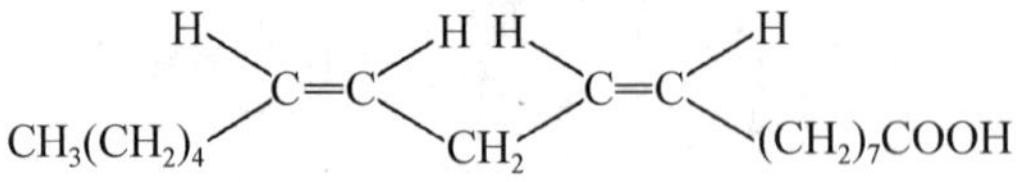

亚油酸

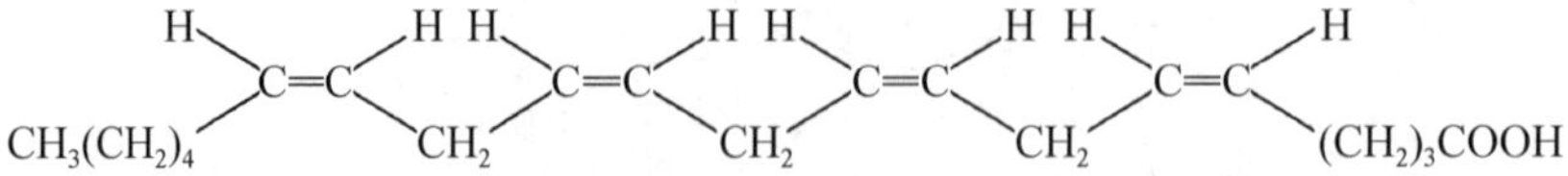

花生四烯酸

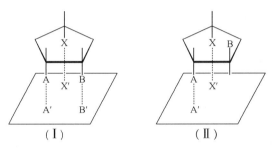

维生素A

分子药物学的研究表明，药物中某些基团间的距离对药物受体（生物体内的蛋白质都具有一定的立体形象）之间的最佳作用能产生特殊的影响。

图 3-2 表示顺、反异构体与受体间的作用关系。图中 A、B 和 X 各代表药物中两种异构体的各种原子或原子团，A′、B′和 X′代表受体表面的结合点。在图 3-2（Ⅰ）中的结合点有三个（A′、B′和 X′）结合较牢固，生理活性比较强；在图 3-2（Ⅱ）中的结合点只有两个（A′和 X′），结合较差，生理活性也就较差。

（Ⅰ）　　　　　　　　　　　（Ⅱ）

图 3-2　顺、反异构体与受体作用示意图

第四节　对 映 异 构

对映异构（enantiomerism）是立体异构中的一种，这种异构和化合物的一种特殊物理性质旋光性有关。

一、物质的旋光性与化学结构的关系

普通光线里，光波可以在各个不同的平面上振动，如果把普通光线通过尼科耳（Nicol）棱镜，只有与棱镜的晶轴平行振动的光线通过，通过尼科耳棱镜后的光线只在一个平面上振动，这种光线称为平面偏振光（plane-polarized light）或称偏振光，偏振光振动所在的平面称为偏振面（plane of polarization）。当偏振光通过某种介质时，有的介质能使偏振光的偏振面发生旋转，如蔗糖、乳酸、石英晶体、氯酸钾晶体等，这种性质称为旋光性或光学活性（optical activity）。具有这种性质的物质就称为旋光性物质或光学活性物质（optically active substance）。能使偏振面向右旋转（顺时针方向）的物质称为右旋物质（dextrotatory substance），可用正号（＋）表示；反之，使偏振面向左旋转（反时针方向）的物质称为左旋物质（levorotatory substance），可用负号（－）表示。旋转的角度称为旋光度，用符号 α 表示。

影响旋光度的因素是很多的，除分子本身的结构外，旋光度的大小还和管内所放物质的浓度、温度、旋光管的长度、光波的长短及溶剂的性质（若为溶液）等有关。如果能把结构以外的影响因素都固定，则此时测出的旋光度就可以成为一个旋光物质所特有的常数。为此提出了

物理量比旋光度（specific rotation）。它是指某纯净液态物质在管长 l 为 1 dm，密度 ρ 为 1g·cm^{-3}，温度为 t，波长为 λ 时的旋光度。

偏振光是 1808 年由德国人马吕斯（Malus）首先发现的，随后人们发现石英晶体有两种形式（图 3-3），它们之间的关系犹如实物和镜像的关系，非常相似，但不能完全重叠。当一束偏振光分别通过这两种晶体时，其中的一种能使偏振面向右旋转一定的角度，而另一种则使偏振面向左旋转相同的角度。当石英晶体熔融后（晶体结构破坏），其旋光性即消失。后来进一步发现某些天然有机物不仅在固体状态，而且在液态或溶液中也有旋光性。1848 年巴斯德（Pasteur）提出物质的旋光性是由分子的不对称结构引起的。他对酒石酸钠铵进行了研究，并首次将酒石酸钠铵拆分为具有实物和镜像关系的两种晶体（图 3-4），一种使偏振面向右旋转，另一种使偏振面向左旋转，即使在溶液中也是如此。这些事实说明物质的旋光性是它的分子本身所固有的，证明了旋光性与分子的不对称结构有关。在讨论这个问题之前首先介绍有关分子对称性的一些基本概念。

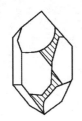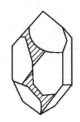

图 3-3　两种石英晶体

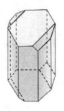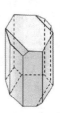

图 3-4　左旋、右旋酒石酸钠铵晶体

（一）分子的对称因素

当物质和它的镜像能重合时，该物质的结构是对称的，没有旋光性。反之，物质和它的镜像不能重合时，该物质的结构是不对称的，有旋光性。

判断一个分子的对称性，要将分子进行某一项对称操作看结果是否与它原来的立体形象完全一致，如果通过某种操作后和原来的立体形象完全重合，就说明该分子具有某种对称因素。

1. 对称面（plane of symmetry）　假如一个平面能把一个分子切成两部分，而一部分正好是另一部分的镜像，这个平面就是该分子的对称面，例如，在 2-氯丙烷分子中，C2 原子上连有两个相同的基团（—CH₃），分子中就有一个对称面，如图 3-5（a）所示，它把分子切成完全对称的两部分，这两部分正好是实物和镜像的关系。这样的分子就被认为是具有对称面的分子，是一个对称分子（symmetric molecule），没有旋光性。

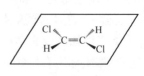

（a）2-氯丙烷
2-chloro-propane

（b）1,2-二氯乙烯
1,2-dichloroethylene

图 3-5　对称面

如果分子中所有原子都在同一平面上，如(E)-1,2-二氯乙烯分子是平面型的，它的 sp² 杂化轨道所处的平面，就是分子的对称面，见图 3-5（b），因此也没有旋光性。

2. 对称中心（center of symmetry）　分子中如有一点 P，通过 P 点画任何直线，如果在离 P 点等距离的直线两端有相同的原子，那么 P 点就是这个分子的对称中心。例如，1,3-二氯-2,4-二氟环丁烷分子中就有一个对称中心，见图 3-6，从该分子的任一原子向 P 点画一直线，再延长出去，在等距离处就会遇到相同的原子。化合物如具有对称中心，则它和它的镜像是能重叠的，该分子就没有旋光性。

3. 对称轴（axis of symmetry）　如果通过分子画一直线，当分子以它为轴旋转一定角度后，可以得到和原来分子相同的形象，这条直线就是分子的对称轴。当分子绕轴旋转 $360°/n$（n=2，3，4，…）之后，得到的分子与原来的形象完全重叠，这个轴就是该分子的 n 重对称轴。例如，环丁烷［图 3-7（a）］分子绕轴旋转 90° 后和原来分子的形象一样，由于 $360°/90°=4$，这是四重对称轴。苯分子［图 3-7（b）］绕轴旋转 60°，即和原来分子形象相同，为六重对称轴（$360°/60°=6$）。

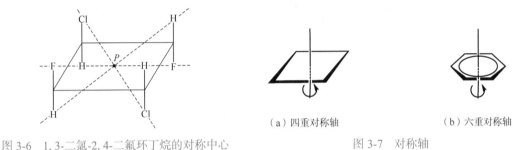

图 3-6　1,3-二氯-2,4-二氟环丁烷的对称中心　　　　（a）四重对称轴　　（b）六重对称轴

　　　　　　　　　　　　　　　　　　　　　　　　　　图 3-7　对称轴

4. 旋转反映轴（rotoreflection axis）　分子绕中心轴旋转一定角度后，得到一种立体形象，若此形象通过一个与轴垂直的镜面得到的镜像与原分子的立体形象相同，此轴为旋转反映轴，见图 3-8。

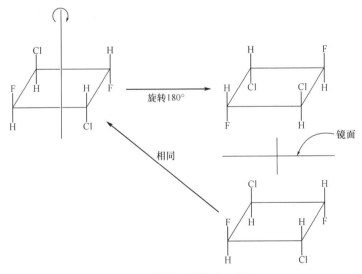

图 3-8　旋转反映轴（二重）

旋转反映轴常和其他对称因素同时存在，如图 3-8 具有二重旋转反映轴，同时也具有对称中心。此外还有四重旋转反映轴，但这种对称因素较少见，在此从略。

根据分子具有的对称因素，可把化合物分为三类：凡具有对称面、对称中心和旋转反映轴任何一种对称因素的化合物称为对称化合物（symmetric compound）；仅有简单对称轴而不具备其他对称因素的化合物称为非对称化合物（dissymmetric compound）；不具备任何对称因素的化合物称为不对称化合物（asymmetric compound）。这种现象分别称为对称性、非对称性和不对称性。

这里讨论的重点是非对称化合物和不对称化合物，它们的实物和镜像不能重叠，正如我们的左手和右手一样，非常相似但不能重叠（图3-9）。

图 3-9　右手的镜像与左手完全一样

因此称这类物质具有手性（chirality），这类化合物一般具有旋光性。手性是分子存在一对对映异构体的必要和充分条件。对称化合物的实物和镜像能重叠，所以无旋光性。

（二）手性碳原子

丙酸、乳酸和 3-羟基丙酸经旋光仪测定，乳酸具有旋光性，丙酸和 3-羟基丙酸都无旋光性。仔细比较这三种有机酸的分子结构可以看出，乳酸分子中的 C2 原子具有一个特点，就是它所连接的四个原子和原子团（—H、—OH、—CH₃、—COOH）完全不同。另外两个羧酸分子都没有这样的碳原子。这种直接和四个不同的原子或原子团相连的碳原子称为手性碳原子（chiral carbon atoms）或不对称碳原子（asymmetric carbon atoms），常用*C表示。例如，乳酸和苹果酸的分子中都含有一个手性碳原子，酒石酸分子中则含有两个手性碳原子：

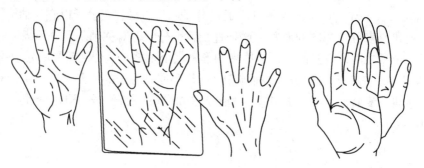

丙酸	乳酸	3-羟基丙酸
propionic acid	lactic acid	3-hydroxypropionic acid

乳酸	苹果酸	酒石酸
lactic acid	malic acid	tartaric acid

这三种有机酸分子都含有手性碳原子，又无对称因素，因此称为不对称手性分子（asymmetric chiral molecules），都具有旋光性。

二、含一个手性碳原子的对映异构

乳酸可作为这类化合物的代表。最早发现的乳酸是从肌肉中得到的，它能使偏振光的偏振面向右旋转，称为右旋乳酸或(+)-乳酸。另一种是以葡萄糖为原料经左旋乳酸杆菌发酵制得，可使偏振面向左旋转，称为左旋乳酸或(−)-乳酸。两种乳酸的结构是相同的，都是 α-羟基丙酸，其不同点在于连接在手性碳原子上的四个基团在空间的排列（构型）不同（图 3-10），可以看出，两种乳酸的立体结构之间存在着实物和镜像的关系，有如左右手那样，相互对映而不能重叠，具有这种关系的立体异构体称为对映异构体（enantiomer），这种现象就称为对映异构现象（enantiotropy），对映异构体简称对映体。

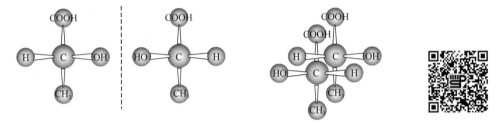

图 3-10 乳酸对映体的模型

对映体中，围绕着手性碳原子的四个原子或原子团的距离是相同的，因而它们的物理性质和化学性质一般是相同的，例如，(+)-乳酸和(−)-乳酸具有相同的熔点、pK_a 值和比旋光度（但旋光方向相反），见表 3-2。但它们在手性环境中，其物理和化学性质是不同的。

表 3-2 乳酸的物理性质

	熔点/℃	$[\alpha]_D^{20}$ 水	pK_a
(+)-乳酸	28	+3.82°	3.79
(−)-乳酸	28	−3.82°	3.79
(±)-乳酸	18	0	3.79

在实验室中合成乳酸时，得到的产品为等量的左旋体和右旋体的混合物，无旋光性。这种由等量的对映体所组成的物质称为外消旋体（racemic mixture 或 racemate）。由于两种组分的旋光度相同，旋光方向相反，旋光性恰好互相抵消，所以外消旋体不显旋光性。外消旋体常用符号(±)表示。外消旋体的化学性质一般与旋光对映体相同，而物理性质则有差异（表 3-2）。

三、对映体的构型及其表示法

含有一个手性碳原子的化合物，存在着一对构型不同、互为实物和镜像关系的对映体。如两种乳酸，可用旋光仪测定其旋光的方向和大小，但在过去人们不能确定手性碳原子上所连基团在空间的真实排列情况，也就不能判断它们的构型。因此，当时对对映体的构型只能是任意指定的，即如果指定两个对映体中的某一个是右旋体，那么另一个就是左旋体，这仅具有相对的意义。如果对所有的化合物都这样任意地指定，那将会造成很大的混乱，因此必须想办法来表示对映体的构型。下面介绍几种常用的构型表示方法。

（一）D、L 构型表示法

为了避免任意指定构型所造成的混乱，19 世纪末，费歇尔建议用甘油醛为标准来确定对映体的构型。它们的投影式如下：

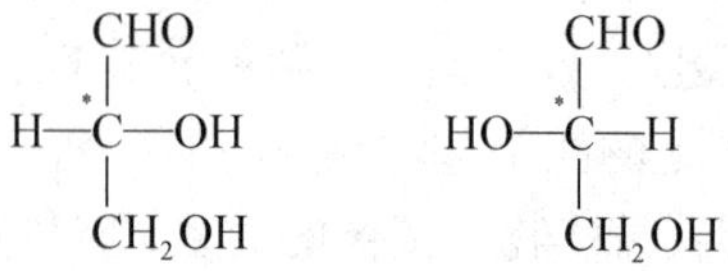

$$
\begin{array}{cc}
\text{CHO} & \text{CHO} \\
\text{H—C—OH} & \text{HO—C—H} \\
\text{CH}_2\text{OH} & \text{CH}_2\text{OH} \\
(\text{I}) & (\text{II})
\end{array}
$$

指定：（Ⅰ）代表右旋甘油醛，—OH 在手性碳原子的右边，这种构型被定为 D 构型；（Ⅱ）代表左旋甘油醛，—OH 在手性碳原子的左边，被定为 L 构型。因此（Ⅰ）是 D-(+)-甘油醛，（Ⅱ）是 L-(−)-甘油醛。D 和 L 分别表示构型。而(+)和(−)则表示旋光方向。这样的规定，可能完全符合事实，也可能与事实相反。

在选定了以甘油醛这样的构型为标准后，就可以通过一系列的化学反应，把其他旋光性化合物与甘油醛联系起来，以确定它们的构型。例如：

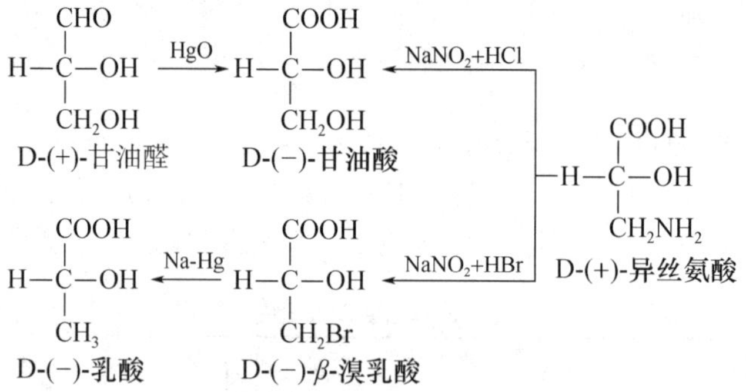

以上各反应都只是分别在 C1 和 C3 两个官能团上进行的，并没有改变和手性碳原子相连的—H 和—OH 的空间排列关系，即—OH 都处在手性碳原子的右边。因而都和 D-(+)-甘油醛具有相同的构型，都属于 D 构型。

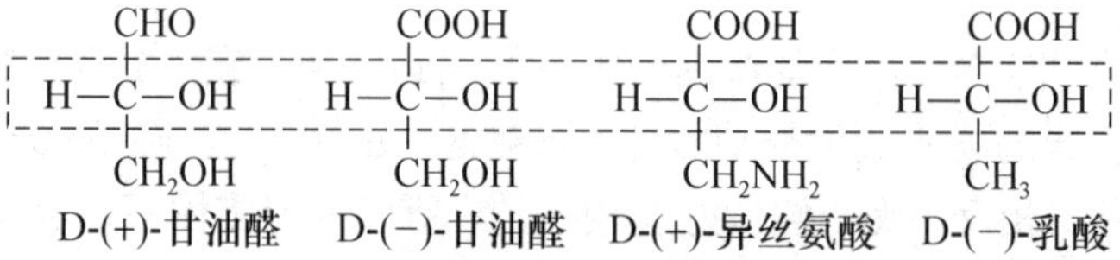

必须注意构型和旋光方向没有一定关系，从上式可以看出，D-甘油醛是右旋的，而 D-乳酸却是左旋的。对于一对对映体而言，如果 D 构型是左旋体，那么 L 构型一定是右旋体。反之亦然。

通过上面所说的化学方法确定的构型，是以甘油醛人为指定的构型为标准的，并不是直接测定出来的，所以称为相对构型。至于两种甘油醛的绝对构型（真正的构型），直到 20 世纪 50 年代初才得到解决。1951 年，毕育特（Bijvoet）利用特种 X 射线结晶法，直接确定了右旋酒石酸铷钠的绝对构型，证实了它的相对构型就是绝对构型。因而也证实了过去任意指定的甘油醛的构型也正是它们的绝对构型。这样一来，相对标准变成了绝对标准。凡用甘油醛为标准所确定的旋光化合物的相对构型，也就是它们的绝对构型。

D、L 构型表示法有其局限性，只适用于含有一个手性碳原子的化合物。对于含多个手性碳原子的化合物就难于表示。但由于习惯的原因，目前在糖和氨基酸类物质中仍较普遍采用。

（二）R、S 构型表示法

由于 D、L 构型表示法有局限性，1970 年，IUPAC 建议根据绝对构型的观点，对对映体的构型提出另一种表示方法，即 R、S 构型表示法，这种方法不需选定化合物作为标准，而是直接对化合物的立体结构或其透视式甚至投影式进行处理。

R、S 构型表示法原则为：

（1）首先把手性碳原子所连的四个基团（a、b、c、d）按"顺序规则"的规定，进行排序。若 a＞b＞c＞d，即 a 的顺序最大，d 的顺序最小。

（2）再把立体结构式或其透视式中 d（顺序最小）的基团，放在离观察者最远的位置，而使 a、b、c 处在观察者的眼前。

（3）然后从 a 开始，按 a→b→c 连成圆圈，如果 a→b→c 是按顺时针方向旋转，这种构型就用 R 表示（R 是拉丁文"Rectus"的字首，是右的意思）；反之，如果 a→b→c 是按反时针方向旋转，就用 S 表示（S 是拉丁文"Sinister"，是左的意思），见图 3-11。

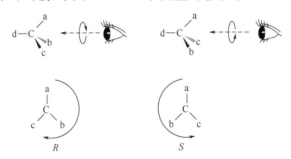

图 3-11　R、S 构型的确定

1. 透视式观察法　下面是甘油醛的透视式，手性碳原子上连有四个不同的原子和基团（—H、—OH、—CHO、—CH₂OH），—H 和—OH 在纸平面上，—CHO 指向纸平面的后方，—CH₂OH 伸向纸平面的前方。按"顺序规则"的规定排列，应是—OH＞—CHO＞—CH₂OH＞—H。—H 的顺序最小，应放在离眼睛最远的位置进行观察（箭头表示观察的方向）。

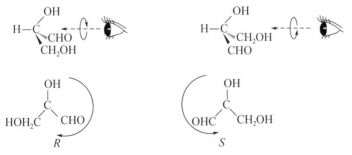

2. 费歇尔投影式观察法　这里要注意的是费歇尔投影式的空间排列关系：手性碳原子在纸平面上，竖键指向后方，横键伸向前方。

（1）投影式中顺序最小的基团 d 处在竖键上，可直接观察，其他基团若是按顺时针旋转方向排列的，则为 R 构型。如果是按反时针旋转方向排列的即为 S 构型。

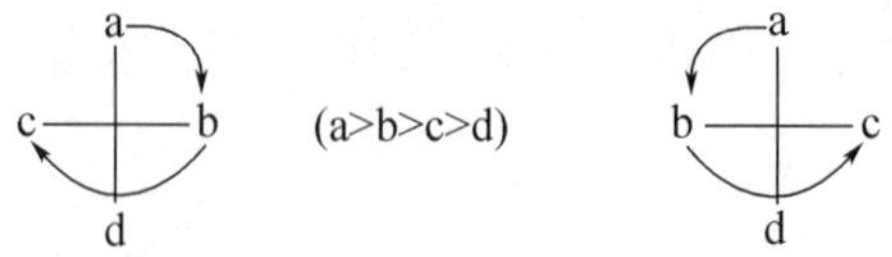

R构型　　　　　　　　　　S构型

例如，乳酸

R-乳酸　　　　　　　　　　S-乳酸

（2）投影式中顺序最小的基团 d 在横键上。

1）直接观察法　可根据费歇尔投影式中各键的伸展方向观察（竖键向后，横键向前），仍是眼睛离最小基团最远的方向观察。以乳酸为例进行观察。

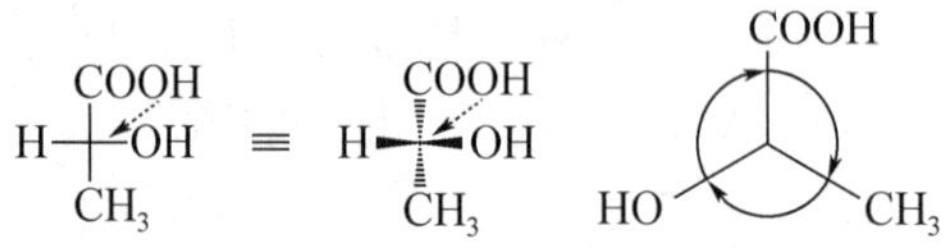

R-乳酸 —OH>—COOH>—CH₃>—H　眼前

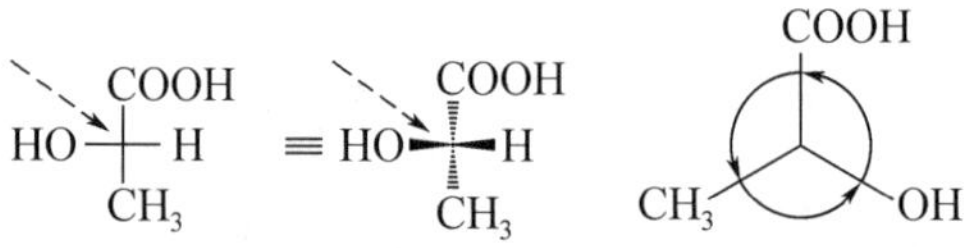

S-乳酸

2）互换位置法　根据前面已叙述的费歇尔投影式在纸平面的操作法则，基团交换偶数次构型不变，交换奇数次构型改变。仍以乳酸为例，把最小基团交换到竖键上进行观察。

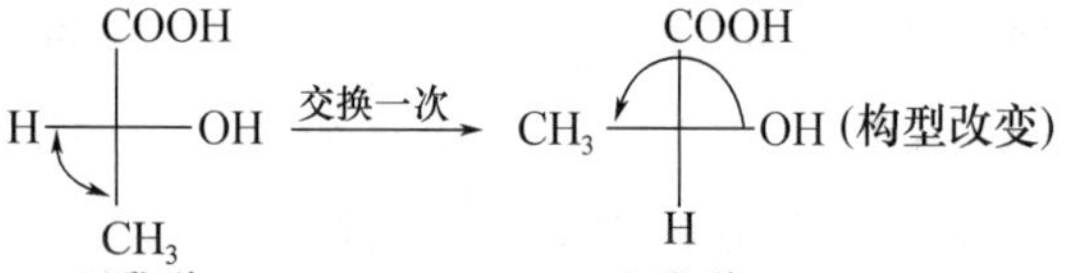

R-乳酸　　　　　　　　　　S-乳酸

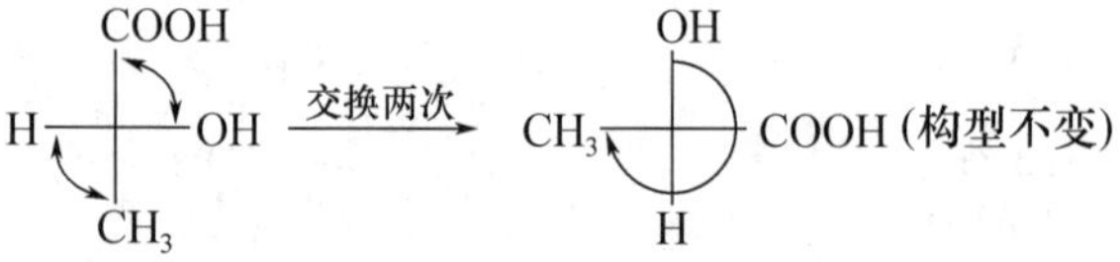

R-乳酸　　　　　　　　　　S-乳酸

还有一些简便的方法，当顺序最小的原子或基团在横键上，这时只看其他三个原子或基团的排列顺序，如果是顺时针方向，所代表的构型是 S 构型，反时针方向是 R 构型，这和顺序最小基团在竖键上时的结果正好相反。

例如，

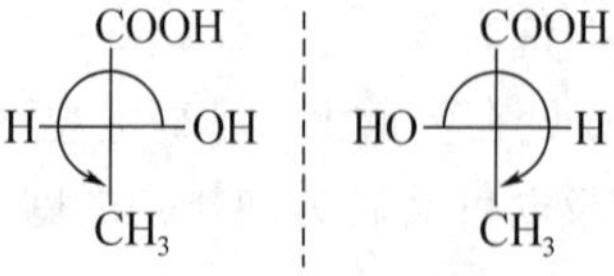

(逆时针)R构型　　　　(顺时针)S构型

目前比较普遍地采用 R、S 来表示对映体的构型，尤其在一些环状化合物或结构复杂的化合物中，需要特别指明手性中心的构型时更为适合。

四、含两个手性碳原子化合物的对映异构

（一）含两个不同手性碳原子化合物的对映异构

乳酸含有一个手性碳原子，有一对对映体。一般地说，分子中含手性碳原子的数目越多，构型异构体越多。如分子中含有两个不同的手性碳原子时，与它们相连的原子或基团，可有四种不同的空间排列形式，即存在四个构型异构体。例如，三羟基丁醛（赤藓糖）是一种含有四个碳原子的糖类，分子中有两个不同的手性碳原子。

$$\overset{4}{CH_2}-\overset{*}{\underset{OH}{\overset{3}{CH}}}-\overset{*}{\underset{OH}{\overset{2}{CH}}}-\overset{1}{\underset{H}{\overset{O}{C}}}$$

C2：—H，—CHO，—OH，—CH(OH)CH$_2$OH
C3：—H，—CH$_2$OH，—OH，—CH(OH)CHO

它有四个构型异构体，其费歇尔投影式如下：

H—C—OH	HO—C—H	HO—C—H	H—C—OH
H—C—OH	HO—C—H	H—C—OH	HO—C—H
CH$_2$OH	CH$_2$OH	CH$_2$OH	CH$_2$OH
（Ⅰ）	（Ⅱ）	（Ⅲ）	（Ⅳ）
D-(−)-赤藓糖	L-(+)-赤藓糖	D-(−)-苏阿糖	L-(+)-苏阿糖
$(2R,3R)$	$(2S,3S)$	$(2S,3R)$	$(2R,3S)$

对映体   对映体
非对映体

由上可知，含有一个手性碳原子的化合物有两个对映体，含有两个不同手性碳原子的化合物有四个构型异构体。以此类推，含有 n 个不同手性碳原子的构型异构体的数目应为 2^n（n 为不同手性碳原子的数目）。

在三羟基丁醛的四个构型异构体中，（Ⅰ）和（Ⅱ）、（Ⅲ）和（Ⅳ）均存在实物和镜像关系，各构成一对对映体，对映体等量混合则各组成一个外消旋体。（Ⅰ）和（Ⅲ）或（Ⅳ），（Ⅱ）和（Ⅲ）或（Ⅳ）都不是实物和镜像关系，称为非对映异构体（diastereoisomers），简称非对映体，非对映体的旋光度不同，其他物理性质如熔点、沸点、溶解度也不同。

此外，在含有两个或多个手性碳原子的构型异构体中，如果只有一个手性碳原子的构型不同，其他手性碳原子的构型均相同，如上面的（Ⅰ）和（Ⅲ）属于 C2 构型不同，（Ⅰ）和（Ⅳ）属于 C3 构型不同，这种异构体就称为差向异构体（epimers），那么（Ⅱ）和（Ⅲ）、（Ⅱ）和（Ⅳ）也互为差向异构体。

赤藓糖是一种最简单的含两个相邻的不同手性碳原子的化合物。习惯上常把 RCabCaeR′ 型化合物的构型和它的异构体相比较，如果 a、a 两个相同的原子或原子团在费歇尔投影式中处在主碳链的同侧，类似赤藓糖（erythrose）构型的称为赤型或 erythro-；不在同侧而类似苏阿糖（threose）构型的称为苏型或 threo-。

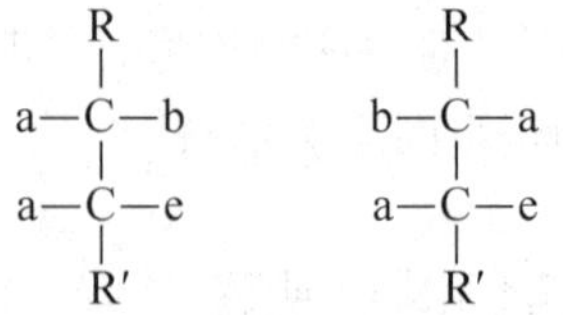

赤型(erythro-)　　苏型(threo-)

例如，从中药麻黄提得的生物碱麻黄碱和伪麻黄碱，它们的结构中都有两个相邻而不同的手性碳原子。可用赤型和苏型来表示它们的构型。

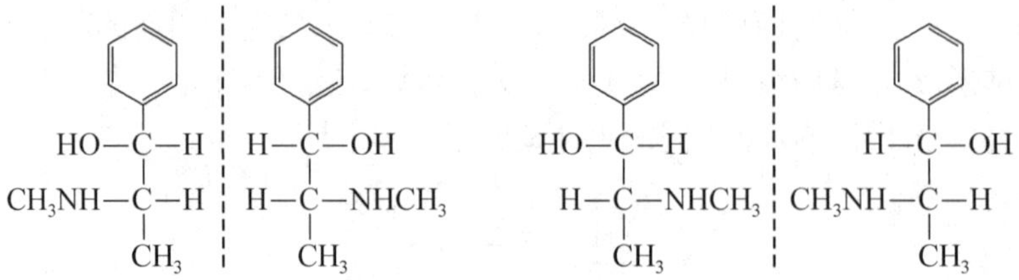

(−)-麻黄碱　(+)-麻黄碱　　(+)-伪麻黄碱　(−)-伪麻黄碱
赤型　　　　　　　　　苏型

（二）含两个相同手性碳原子化合物的对映异构

分子中含有两个相同手性碳原子（两个手性碳原子上连有同样的四个不同的原子或原子团）的化合物，如酒石酸分子中的两个手性碳原子上都连有—OH、—H、—COOH 和—CH(OH)COOH。

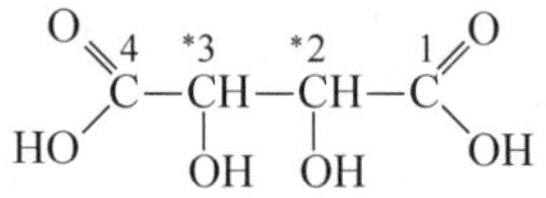

它的费歇尔投影式如下：

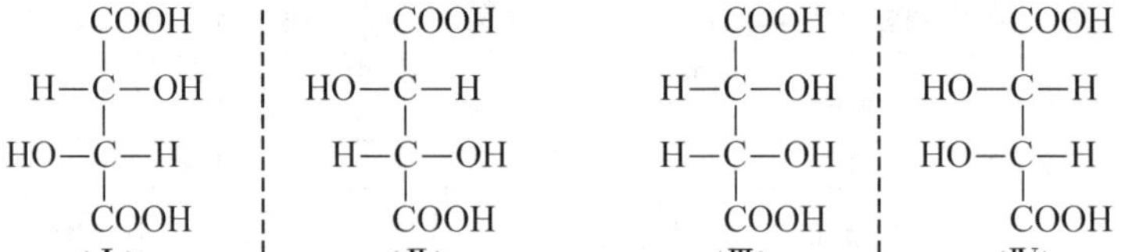

（Ⅰ）　　　　　（Ⅱ）　　　　　（Ⅲ）　　　　　（Ⅳ）
(+)-酒石酸　　　(−)-酒石酸　　　　　　meso-酒石酸
(2R,3R)　　　　(2S,3S)　　　　(2R,3S)　　　　(2S,3R)

（Ⅰ）和（Ⅱ）互为对映体，（Ⅲ）和（Ⅳ）是同一种物质。如果把（Ⅲ）在纸面上旋转 180° 就得到（Ⅳ）：

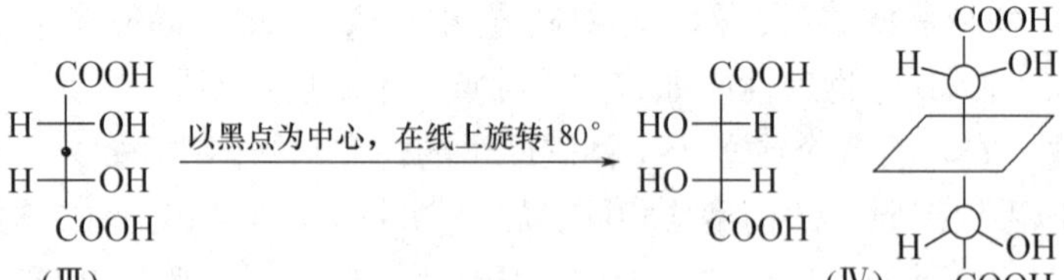

（Ⅲ）　　以黑点为中心，在纸上旋转180°　→　（Ⅳ）
对称面

这是因为（Ⅲ）的 C2 和 C3 间有一对称面，可以把整个分子分成两部分，其上下两部分互为实物与镜像关系，就是分子内存在互相对映的两部分。两个手性碳原子的旋光度一样，但旋光方向相反，正好互相抵消而失去旋光性。这种化合物称为内消旋体，常用 "meso-" 表示，所以又称 meso-酒石酸。酒石酸的构型异构体实际上只有三种，即左旋体、右旋体和内消旋体。右旋酒石酸和左旋酒石酸互为对映体，它们和内消旋体酒石酸是非对映体。等量的右旋体和左旋体混合可组成外消旋体。

如表 3-3 所示，内消旋体和外消旋体虽然都没有旋光性，但它们有本质上的差别。前者是一个化合物，不能拆分成两部分。而后者是一种混合物（由等量对映体组成），可以用特殊方法拆分成两个对映体。

表 3-3　酒石酸的物理性质

酒石酸	熔点/℃	$[\alpha]_D^{20}$（水）	在水中的溶解度/$[g \cdot (100g)^{-1}]$
（+）-	170	+12°	139
（-）-	170	-12°	139
meso-	140	0°	125
（±）-	204	0°	20.6

乳酸含有一个手性碳原子，分子中无对称因素，有旋光性，是手性分子。内消旋体酒石酸分子中虽然含有两个手性碳原子，却没有旋光性，因为分子内有对称因素（对称面），所以不是手性分子。由此可见，含有一个手性碳原子的分子必定有手性。但是含有两个或更多个手性碳原子的分子却不一定有手性。所以，不能说凡是含有手性碳原子的分子就一定具有手性。诚然，手性碳原子是使分子具有手性的原因，但是决定一个分子是否有手性的根本原因是视其有无对称因素。

五、潜手性碳原子

一个连有四个完全不同原子或原子团的碳原子称为手性碳原子。当一个碳原子连有两个相同和两个不相同的原子或原子团如 Caabe 时，这个碳原子就称为潜手性碳原子（prochiral carbon）或潜手性中心。假如其中两个相同的原子或原子团之一（a，多为氢原子）被一个不同于a、b、e的原子或原子团d所取代，就得到一个新的手性碳原子Cabed。例如，乙醇和丙酸分子中甲亚基的碳原子即为潜手性碳原子。具有潜手性碳原子的分子称为潜手性分子。

$$\underset{H}{\overset{H}{CH_3-\overset{|}{\underset{|}{C}}-OH}} \qquad \underset{H}{\overset{H}{CH_3-\overset{|}{\underset{|}{C}}-COOH}}$$

对于潜手性化合物，同样可以用顺序规则来确定构型。例如，丙酸甲亚基上的一个氢原子被氘（D）取代后，若转变成 R 构型时，这个氢原子就称为潜-R（pro-R）氢原子；若转变成 S 构型时就称为潜-S（pro-S）氢原子。

潜手性中心(连有两个氢原子)

对于药物工作者来说，潜手性是一个重要的概念。几乎所有的生物化学反应是受酶的控制，酶对于潜手性分子不是对称地进行反应的，它们能够识别这样两个相同的原子或原子团，因为它们本身具有手性。例如，枸橼酸的两个甲亚基，只有一个甲亚基可被酶（来自鼠肝）转化为羰基。

$$\underset{\begin{array}{c}COOH\\|\\CH_2\\|\\HO-C-COOH\\|\\\boxed{CH_2}\\|\\COOH\end{array}}{} \xrightarrow{\text{酶}} \underset{\begin{array}{c}COOH\\|\\CH_2\\|\\HO-C-COOH\\|\\C=O\\|\\COOH\end{array}}{} \left[\text{而不是} \underset{\begin{array}{c}COOH\\|\\C=O\\|\\HO-C-COOH\\|\\CH_2\\|\\COOH\end{array}}{} \right]$$

如果分子中已经有一个或多个手性中心，则分子的潜手性中心将产生非对映体，例如：

$$\underset{\begin{array}{c}COOH\quad\text{手性中心}\\|\\H-C-OH\\|\\H-C-H\\|\\CH_3\quad\text{潜手性中心}\end{array}}{} \longrightarrow \underset{\begin{array}{c}COOH\\|\\H-C-OH\\|\\H-C-OH\\|\\CH_3\end{array}}{} + \underset{\begin{array}{c}COOH\\|\\H-C-OH\\|\\HO-C-H\\|\\CH_3\end{array}}{}\text{（产量不等）}$$

非对映体

2-羟基丁酸中的 C2 是手性的，是一个手性分子。C3 上连有两个相同的氢原子和两个不相同的基团，它是个潜手性碳原子。当 C3 上的一氢原子被一个不同于其他三个的原子或基团（如—OH）取代，就生成一个新的手性碳原子。这种新的手性碳原子有两种相反的构型，而原来的手性碳原子的构型是相同的，因此取代后的生成物是非对映体，它们的产量不相等，往往相差甚远。

这种不经过拆分直接将手性分子中的潜手性碳原子转变成手性碳原子，并生成不等量的立体异构体的过程称为手性合成（chiral synthesis），也称不对称合成（asymmetric synthesis）。

六、其他化合物的对映异构

在有机化合物中，大部分旋光性物质含有手性碳原子，但是也有一些化合物分子并不含手性碳原子，有对映体存在而有旋光性。

（一）含手性轴的化合物

1. 丙二烯型化合物 丙二烯分子中，中间的碳原子为 sp 杂化，两端的两个碳原子都是 sp^2 杂化，所以分子中的两个 π 键互相垂直，而两端碳原子上基团所在的平面，又垂直于各自相邻的π 键。因此，丙二烯衍生物分子中母体两端的四个基团处于相互垂直的平面上。其立体形象如下：

当 a≠b，d≠c 时，虽然没有手性碳原子，但因为整个分子没有对称面和对称中心，而具有手性，称为含手性轴的化合物。例如：

$$\underset{\begin{array}{c}H\\\\Cl\end{array}}{\cdots}C-C-C\underset{\begin{array}{c}CH_3\\\\Br\end{array}}{} \quad \Big| \quad \underset{\begin{array}{c}CH_3\\\\Br\end{array}}{}C-C-C\underset{\begin{array}{c}H\\\\Cl\end{array}}{\cdots}\text{手性轴}$$

对映体

2. 联苯型化合物 联苯分子中两个苯环通过一个单键相连，可以围绕着中间的单键自由旋转。当苯环邻位上连有体积较大的取代基时，两个苯环之间单键的自由旋转受到阻碍，致使两个苯环不能处在同一平面上。此时，如果两个苯环上的取代基分布不对称，整个分子就具有手性，因而有对映体存在，称为含手性轴化合物。例如，6,6′-二硝基联苯-2,2′-二甲酸的对映体：

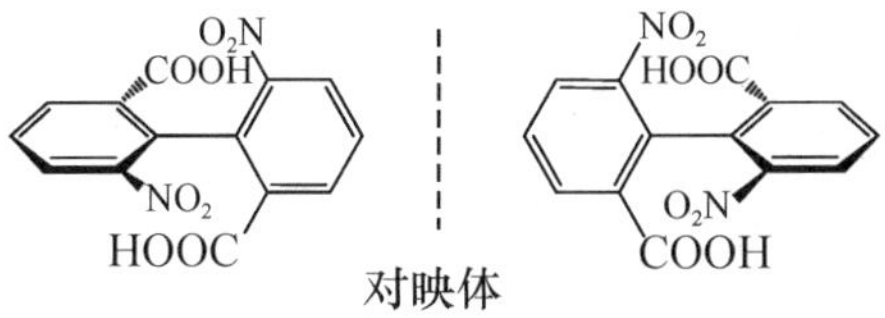

对映体

含手性轴的化合物确定 R、S 构型的方法：将化合物竖放，下方的两个基团中较小的基团放在视线远方，这时上面的两个基团呈水平，如果按基团优先顺序是从左到右，则为 R 构型，如果是从右到左，则为 S 构型。

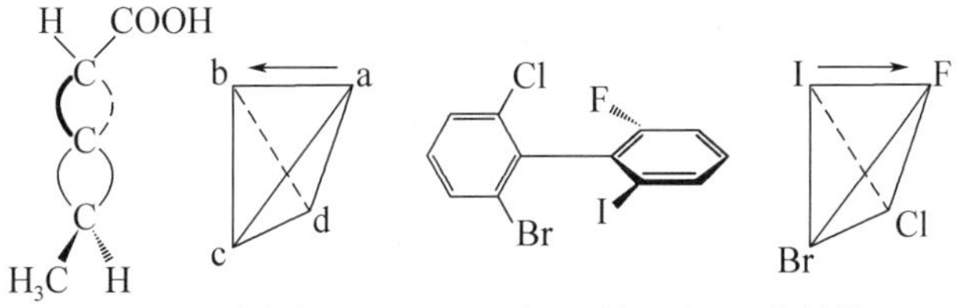

(S)-戊-2,3-二烯酸　　　(R)-6'-溴-2'-氯-2-氟-6-碘联苯

（二）含手性面的化合物

当环醚化合物的苯环上有较大的取代基（如—Br 或—COOH），而环醚又较小（n 值小）时，苯环的转动就要受到阻碍，如苯环上的取代基是不对称分布的，就能产生对映异构体，称为含手性面的化合物。由于像一个提篮的把手，这类化合物又称为把手化合物（ansa-compounds）。例如，下面化合物已分离出对映体：

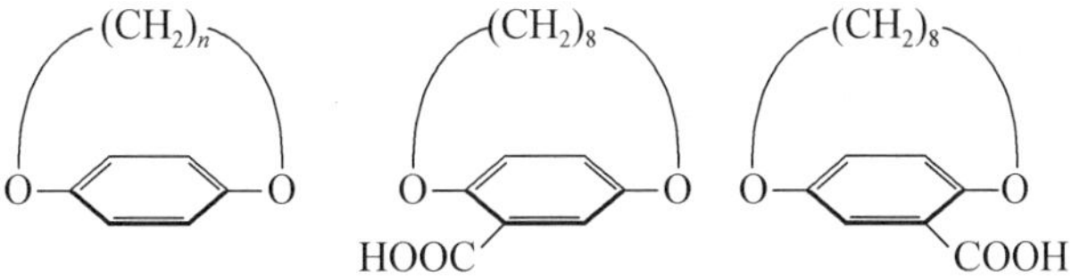

含手性面化合物的 R、S 构型确定方法：将手性面平放，从靠近关键不对称基团一侧观察，关键不对称基团在左边为 S 构型，在右边为 R 构型。

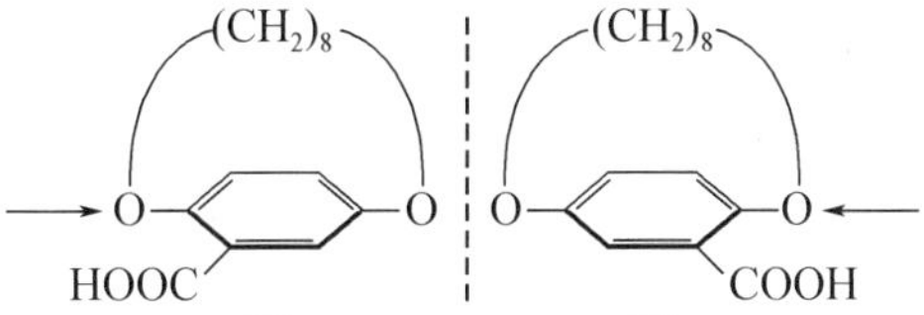

(R)　　　　　(S)

联苯类和把手化合物，在一定条件下可以阻碍单键自由旋转，整个分子具有手性，有对映异构体存在。这种异构体称为阻转异构体（atropisomers）。

（三）含其他手性原子化合物的对映异构

除碳原子外，还有一些元素（如 Si、N、S、P、As 等）的共价键化合物也是四面体结构时，当这些元素的原子所连基团互不相同，该原子也是手性原子。含有这些手性原子的分子也可能是手性分子。例如：

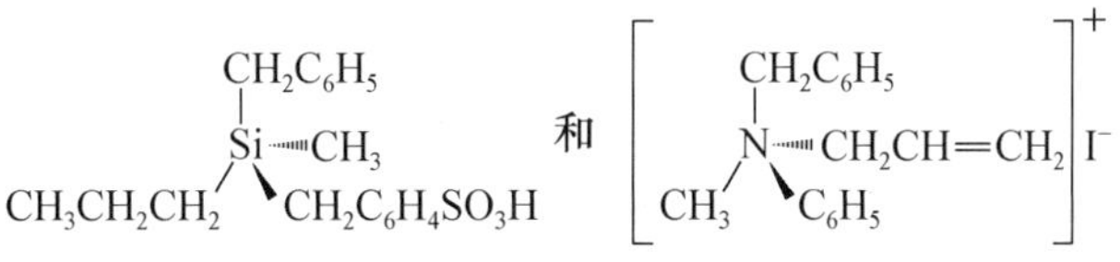

它们是手性分子，都有对映体存在。

又如朝盖尔（Tröger）碱有两个手性氮原子被一个甲亚基（—CH₂—）桥固定，不能翻转，可用乳糖柱拆分得到室温下稳定的光学活性体。

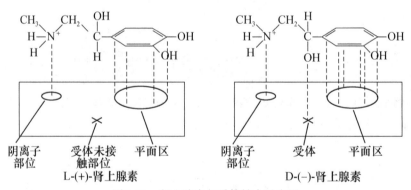

朝盖尔碱

七、对映异构体与生理活性的关系

对映异构体与生理活性也有密切的关系。许多旋光性化合物具有生理活性，但对映异构体的作用往往差别很大，而且一般是(–)-异构体的生理活性大于(+)-异构体。例如，(–)-莨菪碱的放大瞳孔作用比(+)-异构体的活性大 20 倍。D-(–)-肾上腺素的血管收缩作用为 L-(+)-异构体的 12～15 倍。D-(–)-异丙肾上腺素的支气管扩张作用为 L-(+)-异构体的 800 倍。一般认为，肾上腺素类药物有三部分和受体形成三点结合（图 3-12）：氨基、苯环及两个酚羟基、侧链的醇羟基。

图 3-12　肾上腺素与受体结合示意图

由图 3-12 可见，L-(+)-肾上腺素只有两个基团能与受体结合，因而生理作用很弱。根据这一理论，L-(+)-肾上腺素的羟基不起作用。如除去，即为去氧肾上腺素，手性消失，没有旋光性，作用和 L-(+)-肾上腺素相似。

由此可知，一种药物之所以具有生理活性，是因为与生物体内的受体相互作用。而受体都具有一定的立体形象，药物要与受体相互作用，它的立体结构应与受体的立体结构相适应，这样才能发挥它的生理作用，产生特定的药理效应。

八、外消旋化、构型转化（瓦尔登转化）和光学纯度

（一）外消旋化

有些旋光性化合物在适当条件下，可发生 50% 的构型转化，即转变成外消旋体。在此过

程中，有一部分右旋分子转变成左旋分子，或部分左旋分子转变成右旋分子。这种转变是同时相互进行的，直到原旋光性化合物的半数分子变成其对映体，并建立平衡而成为外消旋体，其变化式表示如下：

$$(+)A \longrightarrow \frac{1}{2}(+)A + \frac{1}{2}(-)A$$

$$(-)A \longrightarrow \frac{1}{2}(-)A + \frac{1}{2}(+)A$$

这种形成外消旋体的过程称为外消旋化（racemization）。

　　旋光性化合物外消旋化的难易差别很大，有些必须在高温下处理几十小时才能发生外消旋化；有些在室温不用加热或催化剂，就能自行外消旋化。例如，手性碳原子上连有一个 H 和 C＝O 的化合物很容易外消旋化，是因为酮型可以变成烯醇型。当酮型变成烯醇型时，分子就失去了手性，变成非手性分子，并且在同一个平面上。这个烯醇型（不稳定）再变成酮型，就有两种可能性：可以变成原来的构型，也可以变成另外一种构型。这两种变化的机会是相等的。因此，这种变化经过一定时间后，混合物就变成外消旋体。例如，α-甲基丁酸加热时，它的旋光性逐渐消失，最后变成外消旋体：

(R)-异构体　　　共平面的烯醇型　　　(S)-异构体

　　这个平衡体系包括(R)-异构体和(S)-异构体以及它们所通过的一个共平面的烯醇型中间体。这个烯醇型中间体是由手性碳原子上的氢转移到羰基的氧原子上形成的。当氢从氧原子回到碳原子上时，它可以从烯醇型中间体所在平面（纸面）的后面加到双键碳上得到原来的(R)-异构体。氢也可以从平面的前面加到双键碳上得到(S)-异构体。氢原子回到原来碳原子上的这两种途径的机会是相等的，所以最后得到两个等量的对映体，即外消旋体。如果手性碳上的氢原子被其他基团取代，就很难发生外消旋化了。

　　从中药（莨菪、曼陀罗等）中提制阿托品时，就要利用外消旋化。现将提制流程简单说明如下：

$$\text{莨菪或曼陀罗} \xrightarrow{\text{苯提取}} (-)\text{-莨菪碱} \xrightarrow[0.5h]{115\sim120℃} (\pm)\text{-莨菪碱}$$
$$\qquad\qquad\qquad\qquad\quad (\text{外消旋化})\quad (\text{阿托品})$$

　　2,3-二氯丁酸有两个手性碳原子，其中只有一个能通过烯醇型发生构型的转变，而另外一个的构型不变。在这种情况下所得到的就不是外消旋体，而是两个非对映体的混合物。这两个非对映体是互为 C2 差向异构体，这种转化过程称为差向异构化（epimerization）。

$(2S,3S)$-异构体　　　　　　　　　　$(2R,3S)$-异构体

（二）瓦尔登转化

例如，卤烷在碱性溶液中进行的水解反应：

$$OH^- + R' \overset{H}{\underset{R}{C}}-Br \longrightarrow HO-\overset{H}{\underset{R}{C}}R' + Br^-$$

OH^-从卤烷的背面进攻碳原子，使溴成为 Br^- 离去。同时碳原子上的—H、—R、—R'发生了翻转，整个过程好像一把伞被大风吹得翻转一样。从产物的构型来看，—OH 不是连在原来溴所占据的位置上，而是在离去溴的背面，因此生成的醇和原来的卤烷具有相反的构型。这种现象称为瓦尔登转化（Walden inversion）。

瓦尔登转化和外消旋化不同，外消旋化生成的产物是无旋光性的外消旋体，只有50%的构型改变；瓦尔登转化生成的产物却是有旋光性的物质，即构型的改变在50%以上，且往往接近100%。

（三）光学纯度

光学纯度（optical purity）是衡量旋光性样品中一个对映体超过另一个对映体的量的量度。若一个纯的光学活性物质是 100%的一种对映异构体，那么一个外消旋体的光学纯度则为 0。如某旋光性样品是由一对对映体(R)-异构体和(S)-异构体组成，(R)-异构体含量为20%，(S)-异构体的含量为 80%，其光学纯度则为 60%。样品中有多余 60%的(S)-异构体，而样品中有40%是外消旋体。

$$光学纯度=百分余数=\frac{[R]-[S]}{[R]+[S]}\times100\%=[R]\%-[S]\%$$

光学纯度也可用比旋光度进行计算：

$$光学纯度=\frac{测得样品的比旋光度}{纯对映体的比旋光度}\times100\%$$

【例】 测得样品(S)-(+)-丁醇$[\alpha]_D^{25}=+6.75°$，纯品的比旋光度是+13.52°，求该样品的光学纯度。

解：
$$光学纯度=\frac{+6.57°}{+13.52°}\times100\%=49\%$$

由此可知样品中含有多余50%的(S)-异构体，即样品中的(S)-异构体占 75%，(R)-异构体占 25%。此外还可用磁共振法、酶催化法、气/液色谱法等方法来测定旋光性物质的光学纯度。

九、外消旋体的拆分

外消旋体是由一对对映体等量混合而组成的，对映体除旋光方向相反外，其他物理性质都相同。因此虽然外消旋体是两种化合物的混合物，但用一般的物理方法，如蒸馏、重结晶等不能把一对对映体分离开来，必须用特殊的方法才能把它们拆开，因此将外消旋体分离成对映异构体的过程通常称为拆分（resolution）。

拆分的方法很多，一般有下列几种：

1. 机械法 利用外消旋体中对映体在结晶形态上的差别，借肉眼或通过放大镜进行辨认，而把两种结晶体拆开。1848 年，巴斯德（Pasteur）首先用这种方法分开酒石酸钠铵的两种晶体。

2. 微生物法　某些微生物或酶对于对映体中的一种异构体有选择性的分解作用，利用它们的这种性质可以从外消旋体中把一种对映体拆分开来。

3. 晶种结晶法　在外消旋体的过饱和溶液中，加入一定量的左旋体或右旋体作为晶种，则与晶种相同的异构体便优先析出，把这种晶体滤出后，再向滤液中加入外消旋体制成过饱和溶液，于是溶液中的另一种异构体优先结晶析出。如此反复处理就可以得到左旋体和右旋体。这种方法已用于工业，合成的氯霉素就是利用此法分离出具有较强药效的(-)-氯霉素。

4. 选择吸附法　用某种旋光性物质作为吸附剂，使它选择性地吸附外消旋体中的一种异构体，从而达到拆分的目的。

5. 化学法　这种方法应用较广，它的原理是把对映体转变成非对映体，然后加以分离。将对映体转变成非对映体的方法是使它们和某一种旋光性化合物发生反应，生成非对映体。由于非对映体的物理性质不同，可以用一般的物理方法把它们拆分开来，然后去掉与它们发生反应的旋光物质，就可得到纯(+)和(-)异构体。这种方法最适用于酸或碱的外消旋体的拆分。例如，对于外消旋酸的拆分可用旋光性的碱如吗啡、奎宁、士的宁等。拆分的步骤可用通式表示如下：

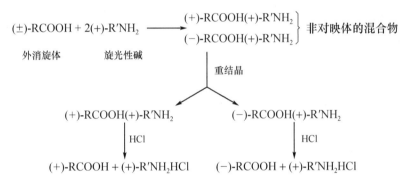

拆分外消旋碱时，则需用具有旋光性的酸（右旋或左旋），常用的是酒石酸、苹果酸和樟脑-β-磺酸。

第五节　构象异构

构象异构（conformational isomerism）是指具有一定构型的有机化合物分子由于碳碳单键的旋转或扭曲（不是把键断开）而使得分子中各原子或原子团在空间产生不同的排列方式的一种立体异构现象，有的文献中称为旋转异构（rotational isomerism）。

构象分析（conformational analysis）是研究构象对于分子的理化性质影响的理论。运用构象分析可以解释一些复杂的反应现象，可以推测许多有机化合物的理化性质，可以帮助我们认识某些具有生理活性的有机分子。因此构象分析对于糖类、萜类、甾体和生物碱等中药有效成分的研究，具有相当的重要性。

下面介绍几种不同类型化合物的构象。

一、乙烷的构象

乙烷（$CH_3—CH_3$）分子中的两个甲基可以围绕 C—C 键轴自由旋转，如果使乙烷分子中的一个甲基不动，另一个甲基的碳原子绕键轴旋转，那么一个甲基上的三个氢原子相对于另一个甲基上的三个氢原子，可以有无数种空间排列方式（构象）。但具有典型意义的是两种。一种是重叠式，另一种是交叉式。可用锯架投影式和纽曼投影式分别表示如下：

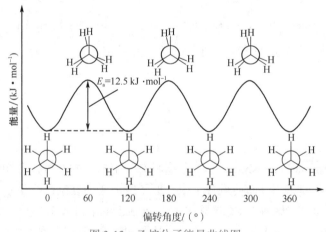

重叠式　　　　　　　　　　交叉式

从上面两种乙烷的典型构象中可以看出，在交叉式中非键合氢原子间的距离大，其相互间的排斥力小，能量也就最低，是个最稳定的构象，称为优势构象；而在重叠式中非键合氢原子间距离最小，相互间的排斥力最大，能量最高，是个不稳定的构象。

一般说来，单键是可以自由旋转的。实际上自由旋转是相对的，单键与双键相比其旋转是自由的，但并不等于不要克服能垒。根据热力学计算，在室温时，能垒在 $2.5kJ \cdot mol^{-1}$ 以下旋转是自由的，当能垒 $\geqslant 83.7 \sim 125.5 kJ \cdot mol^{-1}$ 时，旋转受阻。当能垒处于自由旋转和旋转受阻之间，那么旋转是可以的但并不完全自由。乙烷重叠式的能量比交叉式大约高 $12.5 kJ \cdot mol^{-1}$。在室温时分子的热运动就可以超过此能垒而使各种构象迅速互变。因此在室温时，乙烷分子通常是处于重叠式、交叉式和介于这两种之间的无数构象的动态平衡混合体系，此时要分离出某个单一构象是不可能的。一般只考虑乙烷无数构象中的两个极限构象——重叠式和交叉式构象，如图 3-13 所示。

图 3-13　乙烷分子能量曲线图

二、正丁烷的构象

正丁烷（$CH_3CH_2CH_2CH_3$）可以看作乙烷分子中每个碳原子上的一个氢原子被甲基取代的产物，它的构象比较复杂。这里主要讨论两个甲基围绕 C2—C3 键轴旋转所形成的四种典型构象（括号里写的是该构象所具有的能量）。

当两个甲基绕 C2—C3 键轴旋转 360°时，四种构象和能量的关系如图 3-14 所示。

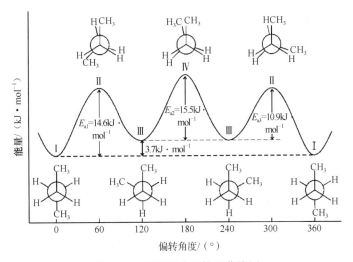

图 3-14　正丁烷分子能量曲线图

正丁烷的四个典型构象中，对位交叉式的两个甲基相距最远，彼此间的排斥力最小，所以能量最低，是最稳定的优势构象；邻位交叉式的两个甲基相距较近，能量较低（约 3.7kJ·mol^{-1}），是较稳定的构象；部分重叠式的两个甲基虽比邻位交叉式的较远一点，但因两个甲基都和氢原子处在靠近的位置，彼此间也有排斥力，所以能量较高（约 14.6kJ·mol^{-1}）；全重叠式的两个甲基相距最近，排斥力最大，能量也最高（约 19.2kJ·mol^{-1}），是最不稳定的构象。邻位交叉式和对位交叉式的能量虽然相差很小，但在室温时两者的存在量已有明显的差别：邻位交叉式约为 32%，而对位交叉式约为 68%。不过在室温时，由于分子的热运动，正丁烷所有构象间的相互转变非常快，也不可能分离出单一的构象。因此通常所说的正丁烷实际上也是无数构象的平衡混合体系。

在正丁烷的各种构象中，全重叠式有对称面，对位交叉式有对称中心，都是非手性分子。其他的构象没有对称因素，所以是有手性的，举例如下。

1. 对位交叉式

2. 部分重叠式（14.6kJ·mol^{-1}）

3. 邻位交叉式（3.7kJ·mol^{-1}）

4. 全重叠式（19.2kJ·mol⁻¹）

正丁烷的邻位交叉式构象，可以有下面两种形式：

这两种形式的邻位交叉式构象间的关系，是实物和镜像的关系，但是正丁烷并没有旋光性。这是因为这两种异构体是等量存在的，并且能很快地互相转变，以致无法分离开来。

三、环己烷的构象

环己烷是六个碳原子所组成的环状碳氢化合物，碳原子也是 sp^3 杂化的，六个碳原子不在同一平面上，在空间的排列形式主要有以下两种。

（一）椅式与船式

椅式和船式是环己烷能保持正常键角的两种极限构象，见图 3-15。

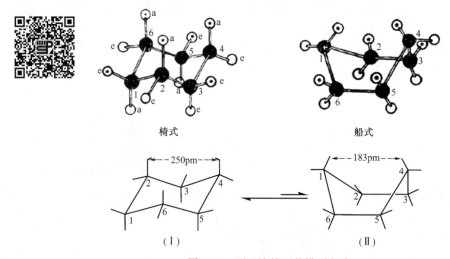

图 3-15　环己烷的两种排列方式

图 3-15(Ⅰ)构象中碳原子骨架形如带靠背的椅子，所以称为椅式构象；(Ⅱ)构象呈船形，称为船式构象。

在环己烷的椅式构象中，所有的键角都接近 109°28′，同时所有相邻碳原子上的氢原子都处于邻位交叉式。环上两对角上的氢原子距离最大（约为 250 pm），这些因素导致分子的内能低，所以是稳定构象。从纽曼投影式中会看得更清楚（图 3-16）。

图 3-15(Ⅱ)是环己烷的船式构象，从纽曼投影式［图 3-16(Ⅱ)］中可以看出 C2 和 C3、C6 和 C5 的 C—H 键是处在能量较高的重叠位置；C1 和 C4（船头和船尾）上的两个 C—H 键（又称旗杆键）是向内伸展，相距较近（约为 183pm），因而有较大的排斥作用，是一个不稳定的构象。

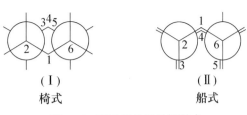

图 3-16　环己烷的纽曼投影式

由此可见，船式构象不如椅式构象稳定，尽管两种构象可以相互转换，并组成动态平衡体系，但在室温时 99.9% 的环己烷是以内能低的椅式构象存在。

椅式构象内能较小，转变为船式的能垒为 37.7～46.0kJ·mol^{-1}。船式容易折成其他多种不同能量的构象以减少内在张力，其中有一种扭船式比船式较为稳定，其间能量差约为 5.4kJ·mol^{-1}，环己烷几种构象转换的能量变化见图 3-17。

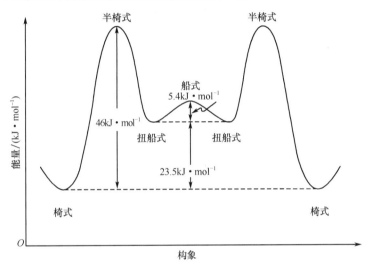

图 3-17　环己烷几种构象之间的能量关系

（二）直立键与平伏键

观察环己烷的椅式构象，六个碳原子分别处于两个相互平行的平面上，即 C1、C3、C5 在一个平面上，C2、C4、C6 在另一个平面上，两个平面互相平行。穿过环平面中心并垂直于环平面的轴称为对称轴（图 3-18）。

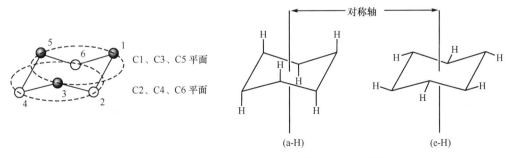

图 3-18　椅式环己烷的平面、对称轴及直立键、平伏键

可以将环己烷分子中 12 个 C—H 键分成两类：

第一类的 6 个 C—H 键与上述平面垂直，即与对称轴平行，称为直立键（竖键），又称 a 键（axial bond）。其中三个键（C1、C3、C5）方向朝上；另外三个键（C2、C4、C6）方向朝下。

第二类的 6 个 C—H 键略与环平面平行，实际上形成 109°28′–90°=19.5° 的角度，称为平伏键（横键），又称 e 键（equatorial bond）。其中三个键（C1、C3、C5）方向朝下；另外三个键（C2、C4、C6）方向朝上（图 3-18）。

a 键与 e 键形成约为 108.5° 的夹角，因此在同一个碳原子上的两个 C—H 键一个是 a 键，另一个是 e 键。当环己烷由一种椅式构象转变为另一种椅式构象时，每个 a 键都变成 e 键，同时每个 e 键也都变成了 a 键：

两种椅式构象

这两种椅式构象每秒可以翻转约 10^6 次。像这样的环形转变就称为转环作用。

小　结

1. 立体分子的平面表示法
（1）费歇尔投影式的允许变换原则。
（2）锯架投影式和纽曼投影式的特点和相互转化。
2. 顺序规则的相关要点。
3. 顺反异构
（1）顺式/反式，Z、E 构型表示法的判断标准。
（2）两个或多个双键化合物的顺反异构。
（3）顺反异构体的性质及生理活性。
4. 对映异构
（1）对称面、对称中心、旋转反映轴等分子对称因素与分子对映异构的关系。
（2）手性碳原子的结构。
（3）D、L 构型表示法和 R、S 构型表示法的判断标准。
（4）含两个手性碳原子化合物的构型表达。
（5）非对映体、差向异构体、内消旋体、外消旋体等概念。
（6）潜手性碳原子的结构及含手性轴、手性面和其他手性原子化合物的结构特点。
（7）对映异构体的生理活性。
（8）立体化学反应中的外消旋化、瓦尔登转化等特点，光学纯度的概念。
（9）外消旋体的拆分。
5. 构象异构
（1）构象异构的概念和特点。
（2）乙烷的优势构象。
（3）丁烷的优势构象。
（4）环己烷的船式与椅式构象。
（5）环己烷椅式构象中的直立键、平伏键。
（6）环己烷椅式构象的转环作用的概念。

本章 PPT

（辽宁中医药大学）

第 二 部 分

第四章

烷　烃

> **学习目的**　从烷烃开始，才真正进入有机化学基础知识的学习。通过本章学习，希望在烷烃类化合物命名的基础上理解有机化合物的命名，从烷烃的同分异构理解有机化合物的同分异构现象，从烷烃的结构理解伯、仲、叔、季碳原子和伯、仲、叔氢原子，从烷烃的卤代反应理解有机化学的反应特点，为进一步深入学习有机化学打下良好的基础。
>
> **学习目的**　要求了解烃的分类，熟悉烷烃的通式、同系列、同系物和同分异构现象；掌握烷烃的结构、异构和命名；熟悉烷烃的理化性质，掌握烷烃卤代的自由基反应机制、反应活性及自由基的稳定性；了解烷烃的制备及常用烷烃。

分子中只含有碳氢两种元素的化合物称为碳氢化合物，简称为烃（hydrocarbon）。烃是最基本的有机化合物，其他有机化合物可以看作烃的衍生物。根据碳骨架和碳原子的饱和程度，烃可以分为如下几类：

$$
\text{烃（碳氢化合物）}
\begin{cases}
\text{链烃（脂肪烃）}
\begin{cases}
\text{饱和烃：烷烃}\\
\text{不饱和烃：烯烃、炔烃、二烯烃等}
\end{cases}\\
\text{环烃}
\begin{cases}
\text{脂环烃：环烷烃、环烯烃等}\\
\text{芳香烃：苯及其衍生物、稠环芳香烃等}
\end{cases}
\end{cases}
$$

碳原子以单键互相连接，其余价键被氢原子所饱和的脂肪烃称为饱和脂肪烃，即烷烃（alkane）。

第一节　烷烃的通式和同系列

最简单的烷烃是甲烷，其次是乙烷、丙烷、丁烷、戊烷等，它们的分子式依次可写为 CH_4、C_2H_6、C_3H_8、C_4H_{10}、C_5H_{12} 等。从这些分子式可以看出，在烷烃的一系列化合物中，其分子中所含碳原子和氢原子在数量上存在一定关系，即烷烃的通式可以用 C_nH_{2n+2} 表示，n 为正整数，并且各化合物分子之间按照 CH_2 的倍数相互变化。我们把具有同一分子通式，组成上只相差一个或若干个 CH_2 的一系列化合物称为同系列（homologous series）。CH_2 称为同系列的系差，同系列中各个成员称为同系物（homologue）。同系列是有机化学的普遍现象。同系列中的同系物，化学性质相似，物理性质随相对分子质量增加而有规律地变化。

第二节　烷烃的结构和异构

烷烃分子中的碳原子均采取 sp^3 杂化。在甲烷分子中，四个 sp^3 杂化轨道分别与四个氢原子的 1s 轨道形成四个 C—H σ 键。甲烷分子为正四面体结构，四个氢原子位于以碳原子为中心的正四面体的四个顶点上，C—H 的键长为 110pm，∠HCH 的键角为 109.5°（图 4-1）。在乙烷分子中，两个碳原子各以一个 sp³ 杂化轨道相互重叠形成 C—C σ 键，其余的六个 sp³ 杂化轨道分别与氢原子的 1s 轨道重叠形成六个 C—H σ 键；乙烷分子中的 C—C 和 C—H 的键长分别为 154pm 和 110pm，键角也是 109.5°（图 4-1）。其他烷烃分子中的 C—C 和 C—H 的键长与乙烷相近，∠CCC 的键角在 111°～113°之间，基本符合正四面体的角度（图 4-1）。

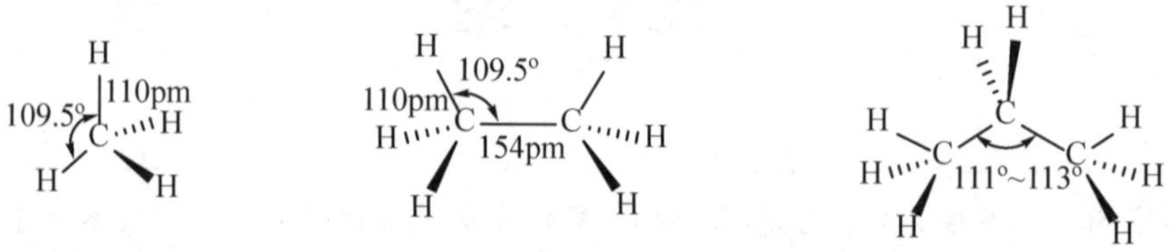

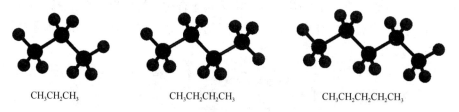

图 4-1　甲烷、乙烷、丙烷的透视式结构

由于烷烃分子中碳原子的价键都是四面体结构，成键的两个碳原子间又可以相对旋转，所以烷烃分子可以产生无数个构象异构体。但是，从优势构象考虑，烷烃总是处于能量较为有利的对位交叉式。因此，含三个碳原子以上的烷烃分子的碳链并不是直线形，而是锯齿形（图 4-2）。直链是指没有支链的碳链。

CH₃CH₂CH₃　　　　　CH₃CH₂CH₂CH₃　　　　　CH₃CH₂CH₂CH₂CH₃

图 4-2　丙烷、丁烷、戊烷分子的球棒模型

烷烃从丁烷开始，碳原子之间不止有一种连接方式，可出现碳链异构（carbon chain isomerism），即分子构成的基本骨架不同而产生的异构现象。例如，丁烷有两种碳链异构体，戊烷有三种碳链异构体。

$$CH_3CH_2CH_2CH_3 \qquad\qquad CH_3CHCH_3$$
$$|$$
$$CH_3$$

正丁烷　　　　　　　　异丁烷

$$CH_3CH_2CH_2CH_2CH_3 \qquad CH_3CHCH_2CH_3 \qquad CH_3-\overset{\displaystyle CH_3}{\underset{\displaystyle CH_3}{C}}-CH_3$$
$$|$$
$$CH_3$$

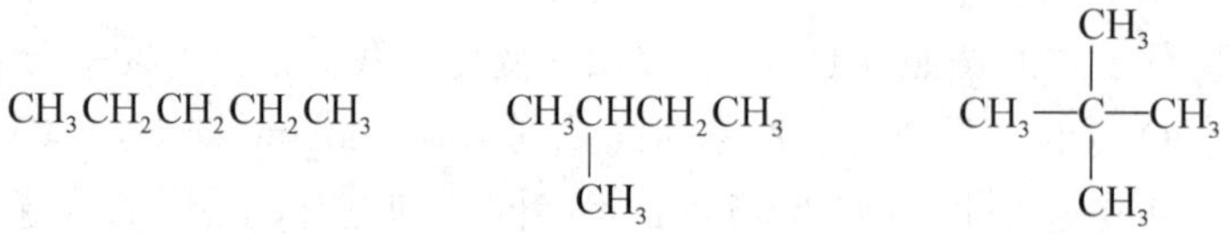

正戊烷　　　　　　异戊烷　　　　　　新戊烷

从烷烃的异构体可以看出，烷烃中各个碳原子所处的位置并不是完全等同的。若碳原子只有一个价键与其他碳原子直接相连，这类碳原子称为伯（primary）碳原子或一级（1°）碳原子；有两个价键与其他碳原子直接相连，称为仲（secondary）碳原子或二级（2°）碳原子；有三个价键与其他碳原子直接相连，称为叔（tertiary）碳原子或三级（3°）碳原子；若四个价键都与其他碳原子直接相连，则称为季（quaternary）碳原子或四级（4°）碳原子。例如，下列

烷烃分子中含四种不同级别的碳原子。

$$CH_3 \overset{\overset{\displaystyle 1°}{\underset{\displaystyle|}{CH_3}}}{-} \overset{4°}{C} \overset{\overset{}{\underset{}{}}}{-} \overset{3°}{CH} \overset{2°}{-} CH_2 \overset{1°}{-} CH_3$$

同时，除季碳原子外，伯、仲、叔碳原子上所连接的氢原子，分别称为伯、仲、叔氢原子。

$$\underset{1°C \quad 1°H}{CH_3CH_2 \!-\! H} \qquad \underset{2°C \quad 2°H}{(CH_3)_2CH \!-\! H} \qquad \underset{3°C \quad 3°H}{(CH_3)_3C \!-\! H}$$

烷烃碳链异构体数目随着碳原子数的增加而迅速增加（表 4-1）。

表 4-1　烷烃碳链异构体的数目示例

碳原子数	异构体数	碳原子数	异构体数
4	2	9	35
5	3	10	75
6	5	15	4347
7	9	20	366319
8	18	25	36797588

表 4-1 所列烷烃碳链异构体的数目并未涉及立体异构。事实上，从含 7 个碳原子的庚烷开始，烷烃可出现对映异构现象。例如，2,3-二甲基戊烷分子中有一个手性碳原子，存在两个互为实物与镜像关系的对映体。

$$\underset{CH(CH_3)_2}{\overset{CH_2CH_3}{CH_3 \!-\!\!\!-\!\!\!- H}} \qquad\qquad \underset{CH(CH_3)_2}{\overset{CH_2CH_3}{H \!-\!\!\!-\!\!\!- CH_3}}$$

第三节　烷烃的命名

一、普通命名法

普通命名法又称习惯命名法，适用于结构简单的烷烃。命名方法如下：

（1）用"正"（normal 或 n-）表示直链烷烃，根据碳原子数目命名为"正某烷"，但"正"常可省略。烷烃的英文名称是以"ane"为词尾（表 4-2）。

微课:烷烃的命名

表 4-2　部分直链烷烃的名称

分子式	中文名	英文名	分子式	中文名	英文名
CH_4	甲烷	methane	$CH_3(CH_2)_5CH_3$	（正）庚烷	n-heptane
CH_3CH_3	乙烷	ethane	$CH_3(CH_2)_6CH_3$	（正）辛烷	n-octane
$CH_3CH_2CH_3$	丙烷	propane	$CH_3(CH_2)_7CH_3$	（正）壬烷	n-nonane
$CH_3(CH_2)_2CH_3$	（正）丁烷	n-butane	$CH_3(CH_2)_8CH_3$	（正）癸烷	n-decane
$CH_3(CH_2)_3CH_3$	（正）戊烷	n-pentane	$CH_3(CH_2)_9CH_3$	（正）十一烷	n-undecane
$CH_3(CH_2)_4CH_3$	（正）己烷	n-hexane	$CH_3(CH_2)_{10}CH_3$	（正）十二烷	n-dodecane

对于 $C_1 \sim C_{10}$ 的烷烃，用天干名称"甲、乙、丙、丁、戊、己、庚、辛、壬、癸"来表示，从 C_{11} 起则用汉字数字"十一、十二"等来表示。例如：

$$CH_3CH_2CH_2CH_3 \qquad CH_3(CH_2)_8CH_3 \qquad CH_3(CH_2)_{11}CH_3$$

（正）丁烷 　　　　　（正）癸烷 　　　　　（正）十三烷

n-butane 　　　　　*n*-decane 　　　　　*n*-tridecane

（2）用"异"（*iso* 或 *i-*）表示末端具有"$(CH_3)_2CH—$"结构且再没有其他支链的含四个碳原子以上的烷烃。例如：

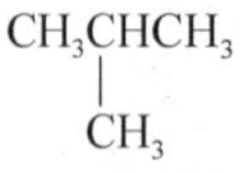

$$CH_3CHCH_3 \qquad\qquad CH_3CHCH_2CH_3$$
$$\quad\ \ |\qquad\qquad\qquad\qquad |$$
$$\quad CH_3 \qquad\qquad\qquad\quad CH_3$$

异丁烷 　　　　　　　　　异戊烷

isobutane 　　　　　　　　isopentane

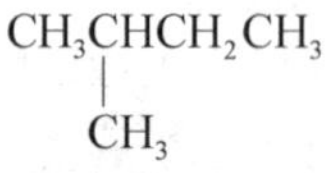

（3）用"新"（*neo*）表示末端具有"$(CH_3)_3C—$"结构且再没有其他支链的含五个碳原子以上的烷烃。例如：

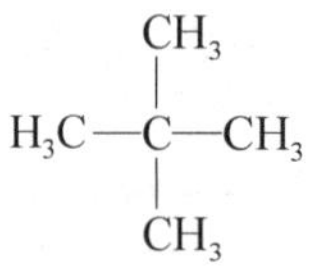

$$\qquad CH_3 \qquad\qquad\qquad\qquad CH_3$$
$$\qquad\ \ | \qquad\qquad\qquad\qquad\quad |$$
$$H_3C—C—CH_3 \qquad\qquad H_3C—C—CH_2CH_3$$
$$\qquad\ \ | \qquad\qquad\qquad\qquad\quad |$$
$$\qquad CH_3 \qquad\qquad\qquad\qquad CH_3$$

新戊烷 　　　　　　　　　新己烷

neopentane 　　　　　　　neohexane

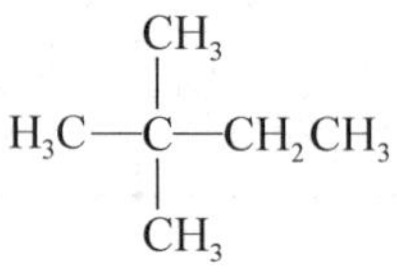

二、系统命名法

系统命名法是 IUPAC 确定的，也称为 IUPAC 命名法。中国化学会以 IUPAC 命名法为基础，结合我国文字特点，于 1960 年制定了《有机化学物质的系统命名原则》，1980 年修订为《有机化学命名原则》。但是，伴随着有机化学学科的飞跃发展，原有的命名原则确实已远不能适应当今有机化学学科发展的需要，给中文有机化学的信息交流、教学带来诸多问题。为此，中国化学会有机化合物命名审定委员会以 IUPAC 1993 版命名指南为蓝本，在此基础上进行内容充实（包括一些新的建议，IUPAC 2004 修订建议预览版，IUPAC 2013 版命名原则），而在中文用字上参照中国化学会 1980 年版的规定并作修订，正式发布了《有机化合物命名原则 2017》。

系统命名法对直链烷烃的命名与习惯命名法基本一致，只是不带"正"字。含支链的烷烃在命名时把它看作直链烷烃的取代衍生物，把支链看作取代基。整个名称由母体和取代基名称两部分组成。命名的主要方法如下：

（1）选择分子中最长碳链作为主链，根据主链所含碳原子数目称为"某烷"，作为母体名称。例如：

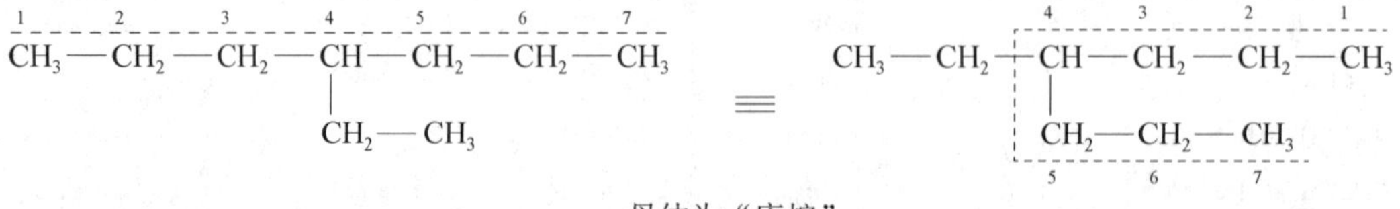

$$\overset{1}{CH_3}—\overset{2}{CH_2}—\overset{3}{CH_2}—\overset{4}{CH}—\overset{5}{CH_2}—\overset{6}{CH_2}—\overset{7}{CH_3} \qquad\equiv\qquad CH_3—CH_2—\overset{4}{CH}—\overset{3}{CH_2}—\overset{2}{CH_2}—\overset{1}{CH_3}$$
$$\qquad\qquad\qquad\qquad | \qquad\qquad\qquad\qquad\qquad\qquad\qquad\qquad |$$
$$\qquad\qquad\qquad\quad CH_2—CH_3 \qquad\qquad\qquad\qquad\quad \underset{5}{CH_2}—\underset{6}{CH_2}—\underset{7}{CH_3}$$

母体为"庚烷"

（2）当存在两条等长度碳链时，应选择取代基最多的碳链作为主链。例如：

$$\overset{6}{C}H_3 - \overset{5}{C}H_2 - \overset{4}{C}H_2 - \overset{3}{C}H - CH_2 - CH_3$$

$$\overset{6}{C}H_3 - \overset{5}{C}H_2 - \overset{4}{C}H_2 - \overset{3}{C}H - \overset{2}{C}H_2 - \overset{1}{C}H_3$$

（正确）　　　　　　　　　　　　　　　　　　　（错误）

（3）将支链作为取代基。烷烃分子中去掉一个 H 后剩下的部分称为烷基（alkyl group），相应的英文只需将词尾"ane"改为"yl"（表 4-3）。

表 4-3 一些烷基的名称

取代基	中文系统名（俗名）	英文名	常用符号
CH_3-	甲基	methyl	Me
CH_3CH_2-	乙基	ethyl	Et
$CH_3CH_2CH_2-$	丙基	propyl	Pr
CH_3CH- （上带 CH_3）	1-甲基乙基（异丙基）	isopropyl	*i*-Pr
$CH_3CH_2CH_2CH_2-$	丁基	butyl	Bu
CH_3CHCH_2- （上带 CH_3）	2-甲基丙基（异丁基）	isobutyl	*i*-Bu
CH_3CH_2CH- （上带 CH_3）	1-甲基丙基（仲丁基）	*sec*-butyl	*s*-Bu
H_3C-C- （上下带 CH_3）	1,1-二甲基乙基（叔丁基）	*tert*-butyl	*t*-Bu
$CH_3CH_2CH_2CH_2CH_2-$	戊基	pentyl	
$CH_3CHCH_2CH_2-$ （上带 CH_3）	3-甲基丁基（异戊基）	isopentyl	
CH_3CH_2C- （上下带 CH_3）	1,1-二甲基丙基（叔戊基）	*tert*-pentyl	
CH_3-C-CH_2- （上下带 CH_3）	2,2-二甲基丙基（新戊基）	neopentyl	

（4）从靠近取代基的一端开始，用阿拉伯数字将主链碳原子依次编号，命名时将取代基的位次和名称写在母体名称前面，阿拉伯数字与汉字之间用"-"隔开。例如：

$$\overset{7}{C}H_3\overset{6}{C}H_2\overset{5}{C}H_2\overset{4}{C}H_2\overset{3}{C}H_2\overset{2}{C}H\overset{1}{C}H_3$$
（2 位上带 CH_3）

2-甲基庚烷
2-methylheptane

（5）相同的取代基合并在一起，用"二、三、四"（di、tri、tetra）等表示出其数目，各取代基位次数字之间要用","（逗号需采用中文半角的标点符号或英文标点符号）隔开。例如：

$$\underset{\substack{1 \\ \text{CH}_3}}{\text{CH}_3}\underset{\substack{2 \\ |}}{\text{C}}\underset{\substack{3 \\ |}}{\text{CH}_2}\underset{4}{\text{CH}_2}\underset{5}{\text{CH}_3}$$

$$\begin{array}{c}\text{CH}_3\\|\\\text{CH}_3\end{array}$$

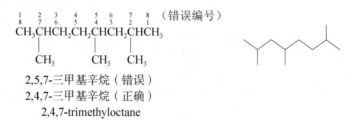

2,2-二甲基戊烷

2,2-dimethylpentane

（6）主链如有多种编号可能时，按最低位次组原则编号。最低位次组原则是指碳链以不同方向编号，得到两种或两种以上编号系列，则顺次逐项比较各系列不同位次，最先遇到的位次最小者，定为最低位次组。例如：

$$\overset{\substack{1 \ \ 2 \ \ 3 \ \ 4 \ \ 5 \ \ 6 \ \ 7 \ \ 8 \\ 8 \ \ 7 \ \ 6 \ \ 5 \ \ 4 \ \ 3 \ \ 2 \ \ 1}}{\text{CH}_3\text{CHCH}_2\text{CH}_2\text{CHCH}_2\text{CHCH}_3}\quad\text{（错误编号）}$$

$$\begin{array}{ccc}\text{CH}_3 & \text{CH}_3 & \text{CH}_3\end{array}$$

2,5,7-三甲基辛烷（错误）

2,4,7-三甲基辛烷（正确）

2,4,7-trimethyloctane

（7）有几种不同取代基时，取代基在名称中的排列顺序按其英文字母顺序依次排列，除了与取代基连为一体的"iso"和"neo"参与排序外，其他的前缀如"*sec-*"、"*tert-*"、"di"、"tri"、"tetra"等均不参与字母排序。例如：

$$\overset{\substack{1 \ \ 2 \ \ 3 \ \ 4 \ \ 5 \ \ 6 \ \ 7}}{\text{CH}_3\text{CH}_2\text{CH}_2\text{CHCHCH}_2\text{CH}_2\text{CH}_3}$$

$$\begin{array}{c}\text{CH}_3\\\\\text{CH}_2\text{CH}_3\end{array}$$

3-乙基-4-甲基庚烷

3-ethyl-4-methylheptane

$$\overset{\substack{1 \ \ 2 \ \ 3 \ \ 4 \ \ 5 \ \ 6 \ \ 7 \ \ 8 \ \ 9 \ \ 10}}{\text{CH}_3\text{CCH}_2\text{CHCHCH}_2\text{CHCH}_2\text{CH}_3}$$

$$\begin{array}{ccc}\text{CH}_3 & \text{CH(CH}_3)_2 & \text{C(CH}_3)_3\end{array}$$

$$\begin{array}{cc}\text{CH}_3 & \text{CHCH}_2\text{CH}_3\\ & \text{CH}_3\end{array}$$

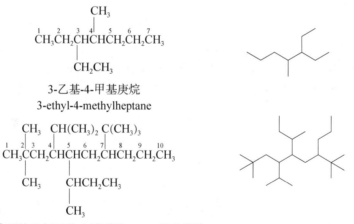

5-仲丁基-7-叔丁基-4-异丙基-2,2-二甲基癸烷

5-(*sec*-butyl)-7-(*tert*-butyl)-4-isopropyl-2,2-dimethyldecane

（8）如果支链中还有取代基，支链命名方法与烷烃类似。编号从与主链直接相连的碳原子开始，支链全名用括号括上。例如：

$$\overset{\substack{9 \ \ 8 \ \ 7 \ \ 6 \ \ 5 \ \ 4 \ \ 3 \ \ 2 \ \ 1}}{\text{CH}_3\text{CH}_2\text{CH}_2\text{CHCHCH}_2\text{CH}_2\text{CHCH}_3}$$

$$\begin{array}{ccc}\text{CH}_3 & & \text{CH}_3\end{array}$$

$$\text{H}_3\text{C}\overset{(1)}{-}\text{C}-\text{CH}_3$$

$$\overset{(2)}{\text{CH}_2}$$

$$\overset{(3)}{\text{CH}_3}$$

5-(1,1-二甲基丙基)-2,6-二甲基壬烷

2,6-dimethyl-5-(1,1-dimethylpropyl)nonane

烷烃的命名关键在于主链的选择和编号起始端的确定。常见烷基不仅在烷烃命名，在其他有机化合物的命名中也经常用到。烷烃的命名是有机化合物命名的基础，其他各类化合物的命名在此基础上衍生发展。

第四节　烷烃的物理性质

有机化合物的物理性质主要包括物态、沸点、熔点、相对密度、溶解度和折光率等。纯有机化合物的物理性质在一定条件下都有固定的数值，因而称为物理常数（physical constant）。通过测定有机化合物的物理常数可以对有机化合物进行鉴别或鉴定其纯度。表 4-4 列出了一些直链烷烃的常用物理常数。

表 4-4　一些直链烷烃的物理常数

名称	分子式	沸点/℃	熔点/℃	相对密度（d_4^{20}）	折光率（n_D^{20}）
甲烷	CH_4	−161.7	−182.6		
乙烷	CH_3CH_3	−88.6	−172.0		
丙烷	$CH_3CH_2CH_3$	−42.2	−187.1	0.5005	
丁烷	$CH_3(CH_2)_2CH_3$	−0.5	−135.0	0.5788	−
戊烷	$CH_3(CH_2)_3CH_3$	36.1	−129.3	0.6264	1.3575
己烷	$CH_3(CH_2)_4CH_3$	68.7	−94.0	0.6594	1.3749
庚烷	$CH_3(CH_2)_5CH_3$	98.4	−90.5	0.6837	1.3876
辛烷	$CH_3(CH_2)_6CH_3$	125.6	−56.8	0.7028	1.3974
壬烷	$CH_3(CH_2)_7CH_3$	150.7	−53.7	0.7179	1.4054
癸烷	$CH_3(CH_2)_8CH_3$	174.0	−29.7	0.7298	1.4119
十一烷	$CH_3(CH_2)_9CH_3$	195.8	−25.6	0.7404	1.4176
十二烷	$CH_3(CH_2)_{10}CH_3$	216.3	−9.6	0.7493	1.4216
十三烷	$CH_3(CH_2)_{11}CH_3$	235.5	−6	0.7568	1.4233
十四烷	$CH_3(CH_2)_{12}CH_3$	251	5.5	0.7636	1.4290
十五烷	$CH_3(CH_2)_{13}CH_3$	268	10	0.7688	1.4315
十六烷	$CH_3(CH_2)_{14}CH_3$	280	18.1	0.7749	1.4345
十七烷	$CH_3(CH_2)_{15}CH_3$	303	22.0	0.7767	1.4369
十八烷	$CH_3(CH_2)_{16}CH_3$	308	28.0	0.7767	1.4349
十九烷	$CH_3(CH_2)_{17}CH_3$	330	32.0	0.7776	1.4409
二十烷	$CH_3(CH_2)_{18}CH_3$	343	36.4	0.7777	1.4425

1. 沸点　直链烷烃的沸点随着相对分子质量的增加而有规律地升高（表 4-4），且每增加一个 CH_2 系差所引起的沸点升高值随着相对分子质量的增加而逐渐减少。例如，乙烷的沸点比甲烷高 73.1℃，十一烷比癸烷高 21.8℃，而二十烷比十九烷仅高 13℃。

在同数碳原子的烷烃异构体中，直链异构体比支链异构体的沸点高，含支链越多，沸点越低。例如，戊烷三个异构体的沸点由高到低为：正戊烷＞异戊烷＞新戊烷。

2. 熔点　直链烷烃的熔点变化规律基本上与沸点相似，随着相对分子质量的增加而升高，但是含偶数碳原子烷烃的熔点比含奇数碳原子烷烃的熔点升高较多，构成两条熔点曲线，偶数烷烃的熔点在上, 奇数烷烃 (甲烷除外) 的熔点在下。随着碳原子数的增加, 两条曲线逐渐趋近 (图 4-3)。

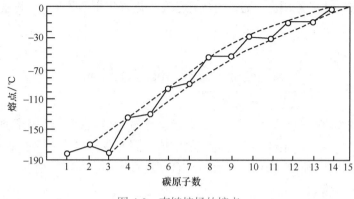

图 4-3 直链烷烃的熔点

在同分异构体中, 熔点高低的变化规律与沸点有差异。例如, 在戊烷的三个异构体中, 异戊烷熔点最低, 新戊烷的熔点最高 (沸点则是最低), 这是由于熔点不仅与分子间作用力有关, 还与分子的对称性有关, 分子的对称性越好, 分子在晶格中的排列越紧密, 熔点就越高。新戊烷分子是高度对称的, 熔点比其他两个异构体高得多。

	$CH_3CH_2CH_2CH_2CH_3$	$CH_3-CH-CH_2-CH_3$ $\quad\ \ |$ $\quad\ CH_3$	$H_3C-\overset{CH_3}{\underset{CH_3}{C}}-CH_3$
沸点(℃)	36.1	29.9	9.4
熔点(℃)	−130	−160	−17

3. 密度 烷烃的密度比水小, 其密度都小于 $1g \cdot cm^{-3}$。随着相对分子质量的增大, 密度逐渐增加, 但增值逐渐减小, 其极限值约为 $0.80g \cdot cm^{-3}$。

4. 溶解度 烷烃不溶于水, 但能溶于有机溶剂, 在非极性有机溶剂中的溶解度比在极性有机溶剂中溶解度大。

5. 折光率 折光率是光通过空气和介质的速度比。光通过介质的速度比通过空气要慢得多, 因此折光率大于 1。折光率的大小与化合物结构有关, 在一定波长和温度条件下是一个常数。直链烷烃的折光率随着碳链增长而增大。

第五节 烷烃的化学性质

烷烃分子中的 C—C 键和 C—H 键都是非极性或极性很弱的 σ 键, 所以烷烃的化学性质稳定。在一般情况下, 烷烃与强酸、强碱、强氧化剂、强还原剂等都不起反应。但在一定条件下, 即在适当的温度、压力和催化剂的作用下, C—C 键和 C—H 键也可断裂而发生化学反应。

一、卤代反应

分子中的原子或原子团被其他原子或原子团取代的反应称为取代反应 (substitution reaction), 其中被卤素原子取代的反应称为卤代 (化) 反应 (halogenation)。

在室温和黑暗中, 烷烃与卤素分子不起反应。但在高温或光照条件下可以发生反应, 生成卤代烷和卤化氢。

（一）氯代反应

在漫射光或热作用下，甲烷分子中的氢原子可以被卤素原子取代：

$$CH_4 + Cl_2 \xrightarrow[\text{或}\triangle]{h\nu} CH_3Cl + HCl$$

生成的一氯甲烷容易继续发生氯代反应，生成二氯甲烷、三氯甲烷（氯仿）和四氯化碳：

$$CH_3Cl + Cl_2 \xrightarrow[\text{或}\triangle]{h\nu} CH_2Cl_2 + HCl$$

$$CH_2Cl_2 + Cl_2 \xrightarrow[\text{或}\triangle]{h\nu} CHCl_3 + HCl$$

$$CHCl_3 + Cl_2 \xrightarrow[\text{或}\triangle]{h\nu} CCl_4 + HCl$$

因此，烷烃的氯代反应一般不能得到单一的产物。但反应条件对反应产物的组成有很大的影响，因而控制反应条件，可以生成以其中一种氯代烷为主的产物。工业上常采用热氯代方法，控制反应温度 400～450℃，CH_4 与 Cl_2 的物质的量比为 10：1，得到以 CH_3Cl 为主的产物；CH_4 与 Cl_2 的物质的量比为 0.263：1，得到以 CCl_4 为主的产物。

其他烷烃的氯代反应与甲烷基本相似，需在光照或加热条件下进行。但随着分子中的碳原子数增加，一卤代物往往不止一个，反应产物较为复杂。例如：

$$CH_3CH_2CH_3 \xrightarrow[25℃]{h\nu} \underset{45\%}{CH_3CH_2CH_2Cl} + \underset{55\%}{CH_3\underset{|}{\overset{}{C}}HCH_3}$$
Cl

$$CH_3\underset{\underset{CH_3}{|}}{C}HCH_3 + Cl_2 \xrightarrow[127℃]{h\nu} \underset{\underset{CH_3}{|}}{\underset{64\%}{CH_3CHCH_2Cl}} + \underset{\underset{CH_3}{|}}{\overset{\overset{Cl}{|}}{\underset{36\%}{CH_3CCH_3}}}$$

从丙烷氯代得到的两种产物比例可知，丙烷分子中伯氢（1°H）和仲氢（2°H）的反应活性是不相同的。如从两种氢被取代的平均概率考虑，1°H 有 6 个，2°H 有 2 个，丙烷的一氯代产物应分别为 75% 和 25%。但实验得到的两种一氯代产物分别是 45% 和 55%，即 2°H 的反应活性比 1°H 大，两种类型氢的相对反应活性比（2°H：1°H）为：（55/2）：（45/6）= 3.7：1。同样，在异丁烷分子中有 9 个 1°H 和 1 个 3°H，1°H 和 3°H 被取代的概率为 9：1，而实际上这两种产物分别为 64% 和 36%。3°H 和 1°H 的相对反应活性比为：（36/1）：（64/9）= 5.1：1。大量烷烃氯代反应实验表明，各种氢原子的活性次序为

$$3°H > 2°H > 1°H > CH_3—H$$

（二）溴代反应

溴代反应与氯代反应相似，也要在光照或高温下才能进行，并生成相应的溴代产物。但是烷烃的溴代反应比氯代反应慢得多，生成相应的溴代物的比例也不同。例如：

$$CH_3CH_2CH_3 + Br_2 \xrightarrow[127℃]{h\nu} \underset{3\%}{CH_3CH_2CH_2Br} + \underset{97\%}{CH_3\underset{|}{\overset{}{C}}HCH_3}$$
Br

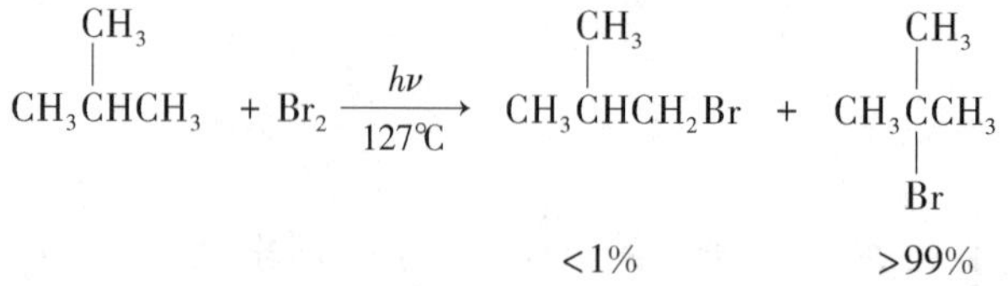

$$CH_3CHCH_3 + Br_2 \xrightarrow[127℃]{h\nu} CH_3CHCH_2Br + CH_3CCH_3$$

上面结构：左侧 CH_3 连在 CH_3CHCH_3 的中心碳；产物 CH_3CHCH_2Br 带 CH_3；产物 CH_3CCH_3 带 CH_3 和 Br。

<1%   >99%

由此可见，在烷烃的溴代反应中，各种氢原子的活性次序同样遵循 3°H>2°H>1°H 的规律。在 127℃时，三种氢（3°H、2°H、1°H）的相对反应活性比为：1600∶82∶1。溴代产物各种异构体的比例与氯代产物有显著的差别。氯代反应得到的混合物没有一种异构体占很大优势；而溴代产物中，有一种异构体占绝对优势。因此，溴代反应有高度选择性，是制备溴代烷的一条较佳的合成路线。

溴代反应有高度选择性是由溴的反应活性小造成的。一般而言，反应活性大，选择性就差；反应活性小，选择性就好。

（三）其他卤代反应

氟代反应非常猛烈，是强放热反应，以致反应难以控制，会引起爆炸，所以在实际应用中用途不大。

碘代反应是吸热反应，不利于烷烃碘代反应的进行，同时生成的碘化氢是还原剂，可把碘代烷还原成原来的烷烃。若使反应顺利进行，必须加入氧化剂破坏生成的碘化氢。

$$CH_4 + I_2 \rightleftharpoons CH_3I + HI$$

在烷烃的卤代反应中，有实际意义的通常是氯代和溴代。卤素分子与烷烃反应的相对活性次序为：$F_2 > Cl_2 > Br_2 > I_2$。

二、烷烃卤代反应的机制

一般的化学反应方程式只是表示反应物和产物之间的化学计量关系，并没有说明反应物是怎样变成产物的，在变化过程中要经历哪些中间步骤。要说明这些问题就要研究反应机制（reaction mechanism）。反应机制又称反应历程，是指反应物到产物经过的途径和过程。

反应机制是综合大量实验事实作出的理论假设，有些已得到公认，有些尚待完善，有些还不清楚。随着对有机反应研究的不断深入，反应机制将不断得到修正和发展，或者被新的理论假设所代替。研究反应机制的目的在于理解和掌握反应的本质，以便能动地控制反应条件，提高产物的产量，甚至改变反应的进程，得到另一种所需的产物。

（一）甲烷氯代反应机制

研究表明，烷烃的氯代反应属于自由基取代反应机制。以甲烷为例，具体反应过程如下：

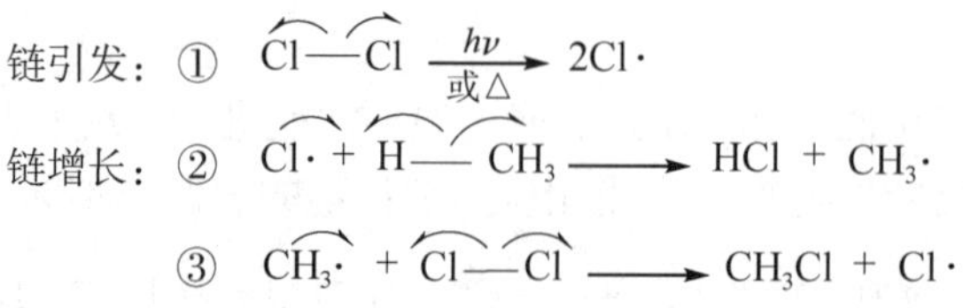

链引发：① $Cl{-}Cl \xrightarrow[\text{或}\triangle]{h\nu} 2Cl\cdot$

链增长：② $Cl\cdot + H{-}CH_3 \longrightarrow HCl + CH_3\cdot$

③ $CH_3\cdot + Cl{-}Cl \longrightarrow CH_3Cl + Cl\cdot$

再重复②、③、……

链终止：④ $\overset{\frown}{CH_3\cdot} + \overset{\frown}{Cl\cdot} \longrightarrow CH_3Cl$

⑤ $\overset{\frown}{CH_3\cdot} + \overset{\frown}{CH_3\cdot} \longrightarrow CH_3CH_3$

⑥ $\overset{\frown}{Cl\cdot} + \overset{\frown}{Cl\cdot} \longrightarrow Cl_2$

甲烷的氯代反应是分步进行的。首先，氯分子在光或热的作用下，均裂成两个氯自由基；氯自由基很活泼，一旦生成就与甲烷分子碰撞，夺取甲烷分子中的一个氢原子，生成甲基自由基和氯化氢；甲基自由基活泼性很高，与氯分子碰撞，夺取一个氯原子，生成氯甲烷和氯自由基；新生成的氯自由基继续与甲烷碰撞，生成氯化氢和甲基自由基，使反应②和③反复进行，直至两个自由基相互碰撞，生成稳定的分子为止。

自由基的形成，使下一步反应能够发生，并生成新的自由基，从而使整个反应连续不断进行下去，这种反应称为自由基链式反应（free radical chain reaction）。反应①产生活泼的氯自由基，引发反应②和③，称为链引发阶段。反应②和③反复进行，不断生成产物，称为链增长阶段。反应④、⑤和⑥使链反应停止，称为链终止阶段。由于反应系统中自由基的浓度很低，相互碰撞概率很小，因此反应②和③往往可以循环 10^4 次左右才终止。

CH_3Cl、CH_2Cl_2 和 $CHCl_3$ 分子中的 C—H 键的解离能分别为 $422.2kJ \cdot mol^{-1}$、$414.2kJ \cdot mol^{-1}$ 和 $400.81kJ \cdot mol^{-1}$，都小于甲烷的 C—H 键的解离能 $435.14kJ \cdot mol^{-1}$。所以，在甲烷的氯代反应中，CH_3Cl、CH_2Cl_2 和 $CHCl_3$ 更容易发生氯代反应，生成的产物是 CH_3Cl、CH_2Cl_2、$CHCl_3$ 和 CCl_4 的混合物。只有在大量甲烷存在下，才能得到以 CH_3Cl 为主的产物。

自由基链式反应包括链引发、链增长和链终止三个阶段。氯分子的 Cl—Cl 键解离能（$242.2kJ \cdot mol^{-1}$）较甲烷分子的 C—H 键解离能（$435.14kJ \cdot mol^{-1}$）低。因此，在光照或加热时，氯分子作为引发剂首先均裂成两个氯自由基，引发链式反应。

除了用光和热产生自由基引发反应外，也可用自由基引发剂。例如，四乙基铅也可以引发甲烷的氯代反应：

$$(CH_3CH_2)_4Pb \xrightarrow{140\sim150℃} CH_3CH_2\cdot + Pb$$
$$CH_3CH_2\cdot + Cl_2 \longrightarrow CH_3CH_2Cl + Cl\cdot$$

在无光条件下，甲烷氯代反应必须在 400℃以上才能发生，当加入 0.02%～0.1%四乙基铅时，温度降至 140～150℃即可引发反应。

自由基反应一般在气相或非极性溶剂中进行。当有氧气存在时，上述反应不能进行。因为氧分子极易与自由基反应生成过氧化物。只有当氧消耗尽后，反应才能正常进行，这段时间称为自由基反应的诱导期。

$$CH_3\cdot + O_2 \longrightarrow CH_3—O—O\cdot$$
$$CH_3—O—O\cdot + CH_3\cdot \longrightarrow CH_3—O—O—CH_3$$

（二）自由基的结构和稳定性

甲基自由基的结构与甲烷不同，它具有平面型结构。在甲基自由基中，碳原子采取 sp^2 杂化，三个 sp^2 杂化轨道与三个氢原子的 1s 轨道形成三个 C—H σ 键，具有平面正三角形结构，未参与杂化的 p 轨道垂直于三个 C—H σ 键所在的平面，单电子处于该 p 轨道上。其他自由基的结构与甲基自由基相似，也具有平面型结构。

甲基自由基　　乙基自由基　　　异丙基自由基　　　叔丁基自由基
　　　　　　　（伯碳自由基）　　（仲碳自由基）　　（叔碳自由基）

不同烷基自由基的稳定性是不同的，以上四种烷基自由基的稳定性大小次序为：

叔碳自由基＞仲碳自由基＞伯碳自由基＞甲基自由基

自由基的稳定性反映了 C—H 键的解离能，自由基越稳定，说明 C—H 键越容易解离，即相对应氢的活性就越大。从以下不同类型氢的解离能可以看出自由基的稳定性。

解离能/($kJ \cdot mol^{-1}$)

$$CH_3—H \longrightarrow CH_3 \cdot + H \cdot \qquad 435.14$$
$$RCH_2—H \longrightarrow RCH_2 \cdot + H \cdot \qquad 405.5$$
$$R_2CH—H \longrightarrow R_2CH \cdot + H \cdot \qquad 392.9$$
$$R_3C—H \longrightarrow R_3C \cdot + H \cdot \qquad 376.2$$

自由基的稳定性可用 σ-p 超共轭效应来解释。例如，叔丁基自由基有 9 个 C—H σ键与含单电子的 p 轨道发生 σ-p 超共轭效应，异丙基自由基和乙基自由基分别有 6 个和 3 个 C—H σ键发生 σ-p 超共轭效应，而甲基自由基不存在 σ-p 超共轭效应。因此，它们的稳定性次序为：叔丁基自由基＞异丙基自由基＞乙基自由基＞甲基自由基。

叔丁基自由基　　　　异丙基自由基　　　　乙基自由基

（三）甲烷氯代反应中的能量变化

反应热又称热焓差（ΔH），是在标准状态下反应物与生成物的热焓之差。化学反应涉及旧键的断裂和新键的形成，断裂共价键需要提供能量，生成共价键会释放能量，反应热是这两种能量的总和，利用键的解离能数据可以估算出一个化学反应的反应热。例如，在甲烷氯代反应链增长阶段的两步反应中，ΔH 分别为 +4kJ · mol^{-1} 和 −109kJ · mol^{-1}，这一阶段总的结果是放热的（−105kJ · mol^{-1}）。

$$CH_3—H + Cl \cdot \longrightarrow CH_3 \cdot + H—Cl \qquad \Delta H = +4kJ \cdot mol^{-1}$$
　　+435kJ · mol^{-1}（吸热）　　−431kJ · mol^{-1}（放热）

$$CH_3 \cdot + Cl—Cl \longrightarrow CH_3—Cl + Cl \cdot \qquad \Delta H = -109kJ \cdot mol^{-1}$$
　　+243kJ · mol^{-1}（吸热）　　−352kJ · mol^{-1}（放热）

总反应　　　$CH_4 + Cl_2 \longrightarrow CH_3Cl + HCl$ 　　　　　$\Delta H = -105kJ \cdot mol^{-1}$

用同样的方法计算甲烷的溴代反应，结果也是放热的（−30.1kJ · mol^{-1}）。

$$CH_3—H + Br \cdot \longrightarrow CH_3 \cdot + H—Br \qquad \Delta H = +70.4kJ \cdot mol^{-1}$$
　　+435kJ · mol^{-1}（吸热）　　−364.6kJ · mol^{-1}（放热）

$$Br—Br + CH_3 \cdot \longrightarrow Br \cdot + CH_3—Br \qquad \Delta H = -100.5kJ \cdot mol^{-1}$$
　　+192.6kJ · mol^{-1}（吸热）　　−293.1kJ · mol^{-1}（放热）

总反应　　　$CH_4 + Br_2 \longrightarrow CH_3Br + HBr$ 　　　　　$\Delta H = -30.1kJ \cdot mol^{-1}$

甲烷氟代反应和碘代反应的 ΔH 分别为–426.4kJ·mol^{-1}和+54.3kJ·mol^{-1}。可见，甲烷的氯代反应比溴代反应快得多，而氟代反应由于释放大量热而使反应无法控制，易引起爆炸。碘代反应是吸热反应，所以一般情况难以进行。

化学反应是由反应物逐渐变成产物的连续过程，而这一过程中间需要经历一个过渡态（transition state）。从反应物到过渡态，是一个能量逐渐升高的过程，达到过渡态时体系的能量最高，此后，体系能量迅速下降。反应物与过渡态之间的能量差称为活化能（activation energy），用 E_a 表示。反应物和产物之间的能量差称为反应热，用 ΔH 表示（图 4-4）。

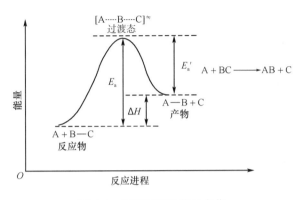

图 4-4 反应过程的能量变化

活化能决定反应速率的大小，活化能越小，反应速率越大。在分步进行的反应中，可以有几个过渡态，每两个过渡状态之间的能量最低点相当于反应的活性中间体（reactive intermediate）。活化能最大的反应步骤速率最慢，是速率控制步骤。

在甲烷的氯代反应中，氯原子与甲烷分子接近时，H 与 Cl 之间逐渐开始成键，C—H 键开始伸长，体系能量随之上升，到达过渡态时体系能量达最大值。随着 C—Cl 键的逐渐形成，体系能量不断降低，C—H 键进一步拉长，最后形成平面型的甲基自由基和 HCl。

$$\underset{H}{\overset{H}{\underset{|}{\overset{|}{C}}}}\text{—H} + \text{Cl·} \rightleftharpoons \left[\, \overset{H}{\underset{H}{\overset{|}{\underset{|}{C}}}}\text{—H·····Cl} \right]^{\neq} \rightleftharpoons \overset{H}{\underset{H}{\overset{|}{\underset{|}{C}}}}\text{·} + \text{HCl}$$

甲基自由基和氯分子的反应过程与氯原子和甲烷的反应过程类似。

$$\overset{H}{\underset{H}{\overset{|}{\underset{|}{C}}}}\text{·} + \text{Cl}_2 \rightarrow \left[\, \overset{H}{\underset{H}{\overset{|}{\underset{|}{C}}}}\text{—Cl·····Cl} \right]^{\neq} \rightarrow \overset{H}{\underset{H}{\overset{|}{\underset{|}{C}}}}\text{—Cl} + \text{Cl·}$$

甲烷氯代反应的能量变化，第一步反应的活化能 E_a 比第二步 E_a' 大，因而第一步反应速率最慢，是速率控制步骤。活性中间体甲基自由基处于两个过渡态之间的谷底，比过渡态稳定，但其能量比反应物甲烷高得多，很活泼，所以它一经生成就进行下一步反应。

中间体自由基的稳定性，与形成自由基的过渡态的稳定性是一致的，即生成的自由基稳定，它的过渡态也稳定，反应的活化能就低（图 4-5）。

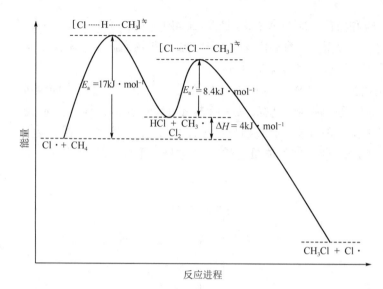

图 4-5　甲烷氯代反应的能量变化

三、燃烧和氧化反应

在空气或氧气存在下点燃烷烃，完全燃烧生成二氧化碳和水，同时放出大量的热。

$$C_nH_{2n+2} + \frac{3n+1}{2}O_2 \longrightarrow nCO_2 + (n+1)H_2O + 能量$$

烷烃燃烧时放出的热量是人类应用的重要能源之一。如果烷烃在燃烧时供氧不足，燃烧不完全，就有大量的一氧化碳等有毒物质产生。

在标准状态下，1mol 烷烃完全燃烧所放出的热量称为燃烧热（combustion heat）。不同的烷烃，燃烧热不同。直链烷烃每增加一个 CH_2 系差，其燃烧热的变化值基本恒定，平均增加 $658.6kJ \cdot mol^{-1}$。例如：

	CH_3CH_3	$CH_3CH_2CH_3$	$CH_3CH_2)_2CH_3$	$CH_3(CH_2)_3CH_3$
燃烧热 $\Delta H^{\ominus}$ / $(kJ \cdot mol^{-1})$	1560.8	2221.5	2878.2	3539.1

在烷烃的同分异构体中，支链烷烃比直链烷烃燃烧热小。例如，

	$CH_3(CH_2)_6CH_3$	$(CH_3)_2CH(CH_2)_4CH_3$	$(CH_3)_3C(CH_2)_3CH_3$
燃烧热 $\Delta H^{\ominus}$ / $(kJ \cdot mol^{-1})$	5474.2	5469.2	5462.1

燃烧热的差别反映了分子内能的高低和稳定性的大小。燃烧热越大，表明分子内能越高；反之，燃烧热越小，说明分子内能越低。所以，三种辛烷异构体稳定性大小顺序为：$(CH_3)_3C(CH_2)_3CH_3 > (CH_3)_2CH(CH_2)_4CH_3 > CH_3(CH_2)_6CH_3$。

四、热裂解反应

烷烃在没有氧气存在下进行的热分解反应称为热裂解反应（pyrolysis reaction）。烷烃的热裂解反应是一个很复杂的过程。烷烃分子中所含的碳原子数越多，热裂解反应产物越复杂。反

应条件不同,产物也不同,但都是由烷烃分子中的 C—C 键和 C—H 键在热裂解反应中均裂形成复杂的混合物,其中既含有较低级烷烃,也含有烯烃和氢。例如:

$$CH_3CH_2CH_2CH_3 \xrightarrow{500℃} \begin{cases} CH_4 + CH_3CH=CH_2 \\ CH_2=CH_2 + CH_3CH_3 \\ H_2 + CH_3CH_2CH=CH_2 \end{cases}$$

利用热裂解反应,可以提高汽油的产量和质量。一般由原油经分馏而得到的汽油只占原油的 10%～20%,且质量不好。在炼油工业中,通过热裂解反应,原油中含碳原子数较多的烷烃断裂成含碳原子数较少的汽油组分（C_6～C_9）,可以大大增加汽油的产量。石油分馏得到的煤油、柴油、重油等馏分均可作为热裂解反应的原料,但以热裂解重油为多。

第六节 烷烃的制备

烷烃可以看作其他有机化合物的母体,一般不经人工合成来制备,而是从天然气和石油中获得。但由于天然来源的烷烃是一个相当复杂的混合物,难以分离出纯品,当需要某种烷烃时,可以通过人工合成来制备。工业生产可以采用柯尔柏（Kolbe）电解羧酸盐的方法制备,实验室多采用武兹（Wurtz）合成法和科里-豪思（Corey-House）合成法。

1. 武兹合成法 卤代烃（RX）在金属钠作用下合成烷烃的反应称为武兹反应。

$$2RX + 2Na \longrightarrow R—R + 2NaX$$

此反应只适用于同一种卤代烃制备增长一倍碳链的烷烃,不适用于两种以上卤代烃的偶合。所用原料也只能是伯卤代烷。

2. 科里-豪思合成法 卤代烃和二烃基铜锂（R_2CuLi）作用制备烷烃的反应称为科里-豪思反应。

$$R_2CuLi + R'X \longrightarrow R—R' + RCu + LiX$$

其中的 R 与 R′可以相同,也可以不相同。R 和 R′可以是各种烃基。二烃基铜锂的制备见第九章第二节。

第七节 常用烷烃

1. 甲烷 在自然界分布很广,是天然气、沼气、油田气及煤矿坑道气的主要成分。它可用作燃料及制造氢气、炭黑、一氧化碳、乙炔、氢氰酸及甲醛等物质的原料。

2. 石油醚 为轻质石油产品,是 C_5～C_8 低级烷烃的混合物,其沸程为 30～150℃。收集不同温度区间的馏分,一般为 30～60℃、60～90℃和 90～120℃等沸程规格,即为常用的石油醚。石油醚主要作为化工原料用于有机合成（如制取合成橡胶、塑料、锦纶单体、合成洗涤剂、农药等）,也是很好的有机溶剂。

3. 液体石蜡 是 C_{18}～C_{24} 烷烃的混合物,为无色透明液体,不溶于水和醇,溶于醚和氯仿中。医药上用作滴鼻或喷雾剂的溶剂或基质,也用作缓泻剂。实验室可作为测熔点的导热液体。

4. 石蜡 石蜡是 C_{25}～C_{34} 固体烷烃的混合物,医药上用作蜡疗和成药密封材料,也是制造蜡烛的原料。

5. 凡士林　是 $C_{16}\sim C_{34}$ 液体和固体石蜡的混合物，呈软膏状半固体，不溶于水，溶于醚和石油醚。它不被皮肤吸收，化学性质稳定，不易与软膏中药物作用，因此医药上用作软膏基质。

6. 汽油　汽油在常温下为无色至淡黄色的易流动液体，主要成分为 $C_5\sim C_{12}$ 脂肪烃和环烷烃类，由原油分馏及重质馏分裂化制得。很难溶解于水，易燃，馏程为 30～220℃，空气中含量为 74～123g·m^{-3} 时遇火爆炸。

7. 柴油　柴油为复杂烃类（碳原子数 10～22）混合物，主要由原油蒸馏、催化裂化、热裂解、加氢裂化、石油焦化等过程生产的柴油馏分调配而成；也可由页岩油加工和煤液化制取。分为轻柴油（沸点范围 180～370℃）和重柴油（沸点范围 350～410℃）两大类。广泛用于大型车辆、铁路机车、船舰。

小 结

1. 烃的分类。
2. 烷烃的通式、同系列、同系物。
3. 烷烃的结构和异构，伯、仲、叔、季碳原子和伯、仲、叔氢原子。
4. 烷烃的命名：普通命名法和系统（IUPAC）命名法。
5. 烷烃的物理性质：沸点、熔点、密度等的变化规律。
6. 烷烃的化学性质：卤代反应以及反应机制（自由基的结构和稳定性、反应过程中的能量变化），氧化和燃烧反应（燃烧热），热裂解反应。
7. 烷烃的制备：武兹合成法和科里-豪思合成法。
8. 常用烷烃：甲烷、石油醚、液体石蜡、石蜡、凡士林等。

（南京中医药大学）

本章 PPT

烯　烃

　　分子中含有碳碳双键的碳氢化合物称为烯烃（alkenes），仅含一个双键的烯烃也称为单烯烃。链状单烯烃比相同碳原子数的烷烃少两个氢原子，因此其分子通式为 C_nH_{2n}。烯烃的化学反应多发生在碳碳双键上，碳碳双键是烯烃的官能团。

第一节　烯烃的命名

　　烯烃的命名常采用衍生物命名法和系统命名法。

　　衍生物命名法通常以乙烯作为母体，将其他烯烃看作乙烯的衍生物，命名时将取代基名称放在"乙烯"名称之前。例如：

$$CH_3{-}CH{=}CH_2 \qquad \begin{array}{c} H_3C \\ \diagdown \\ C{=}CH_2 \\ \diagup \\ H_3C \end{array} \qquad CH_3CH{=}CHCH_2CH_3$$

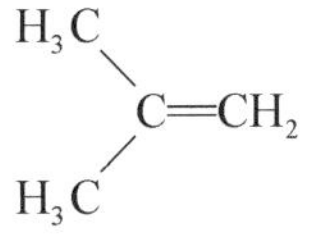

甲基乙烯　　　　　不对称二甲基乙烯　　　　对称甲基乙基乙烯

　　此种命名法只适用于结构比较简单的烯烃。

　　烯烃的系统命名与烷烃类似：分子中碳原子数在十以下用天干表示，超过十则用中文数字表示；命名时在表示碳原子数目的词干后注明双键在主链的位置，最后加"烯"字；含碳数在十一及以上的烯烃命名时，应在"烯"字前加"碳"字，如 $C_{11}H_{22}$ 称为十一碳烯。

　　烯烃去掉一个氢生成的一价基在命名时，只需在相应的母体名称后加"基"字即可，编号从游离价所在的碳原子开始。烯烃分子中去掉两个氢后，形成的双键基团（两根游离价键连接分子骨架中的同一个原子），称为"亚基"。

$CH_2{=}CH{-}$	$CH_3CH{=}CH{-}$	$CH_2{=}CH{-}CH_2{-}$	$CH_3CH{=}CHCH_2{-}$
乙烯基	丙-1-烯-1-基（丙烯基）	丙-2-烯-1-基（烯丙基）	丁-2-烯-1-基
vinyl	prop-1-en-1-yl（propenyl）	prop-2-en-1-yl（allyl）	but-2-en-1-yl

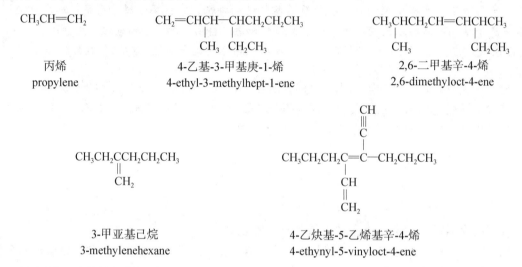

$$CH_2=\overset{\underset{\mid}{CH_3}}{C}- \qquad CH_2= \qquad CH_3CH= \qquad (CH_3)_2C=$$

丙-1-烯-2-基（异丙烯基）　　甲亚基　　乙亚基　　丙-2-亚基
prop-1-en-2-yl（isopropenyl）　methylene　ethylidene　propan-2-ylidene

对于结构复杂的烯烃，可根据下列步骤进行命名：

（1）选择最长碳链为主链，若两个双键碳已包含在主链中，则按主链所含碳原子数称为"某（主链碳原子数）几（双键在主链的位置）烯"，作为该化合物的母体名称。

（2）含双键碳的主链上，从距离双键最近的一端开始编号，以双键上位次较低的数字表示双键的位次。在有选择的情况下，应兼顾使支链有尽可能低的位次。

（3）支链作为取代基，依次将其位次、数目和名称放在母体名称之前，排列次序根据各取代基首字母在英文字母表中的顺序，靠前的先列出。

丙烯　　4-乙基-3-甲基庚-1-烯　　2,6-二甲基辛-4-烯
propylene　4-ethyl-3-methylhept-1-ene　2,6-dimethyloct-4-ene

3-甲亚基己烷　　4-乙炔基-5-乙烯基辛-4-烯
3-methylenehexane　4-ethynyl-5-vinyloct-4-ene

具有顺反异构体的烯烃命名时，应根据第三章中所列方法标明其双键的构型。例如，

顺丁-2-烯　　反丁-2-烯
(Z)-丁-2-烯　　(E)-丁-2-烯
(Z)-but-2-ene　　(E)-but-2-ene

第二节　烯烃的结构和异构

一、烯烃的结构

单烯烃的结构中含有一个碳碳双键，双键碳原子为 sp^2 杂化。

在成键时，两个 sp^2 杂化碳原子各以一个 sp^2 杂化轨道沿键轴方向重叠构成碳碳 σ 键（图5-1），同时，又各以一个未参与杂化的 p 轨道"肩并肩"重叠构成 π 键。碳碳双键是由一根 σ 键和一根 π 键组成。每个双键碳原子上其余的 sp^2 杂化轨道再通过与氢原子或其他碳原子成键而形成各种烯烃分子。

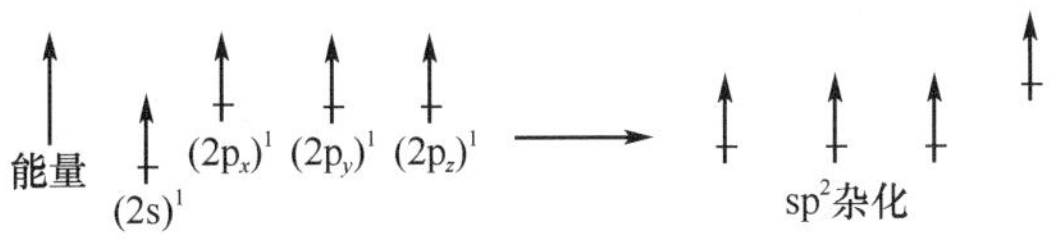

图 5-1　sp^2 杂化形成 σ 键

烯烃中碳碳双键的平均键能为 611kJ·mol^{-1}，比一个正常的碳碳单键键能 348kJ·mol^{-1} 只多 263kJ·mol^{-1}，由此可见双键中的 π 键比 σ 键弱得多，容易发生断裂。

由于 sp^2 杂化轨道比 sp^3 杂化轨道具有更多的 s 轨道成分，所以伸展度比 sp^3 杂化轨道小，更靠近原子核。同时，双键是由两对电子构成，核对电子的引力增加。以上因素均使碳碳双键键长比单键键长短。

图 5-2 是乙烯分子的结构示意图。

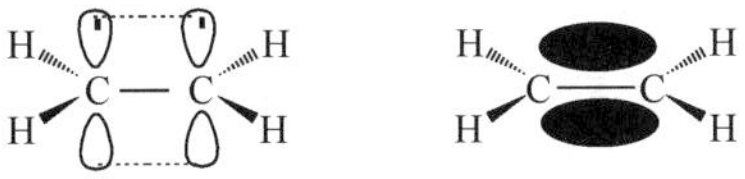

图 5-2　乙烯分子的结构

π 键与 σ 键相比具有以下特征：

（1）形成 π 键的 p 轨道由于采取的是"肩并肩"重叠，因而其重叠程度小，键的牢固性差。

（2）π 键的电子云离核较远，受原子核的束缚较小，电子云流动性大，易极化。加之 π 键电子云的分布比较暴露，因而易受到缺电子（亲电）试剂的进攻而发生反应。

（3）π 键是通过侧面重叠形成的，双键碳原子不能再以碳碳 σ 键为轴"自由"旋转，否则将会导致 π 键断裂。因此，当每个双键碳原子都与两个不同的原子或基团连接时，就会导致烯烃产生顺反异构。

二、烯烃的异构

烯烃的异构现象比烷烃复杂。含相同数目碳原子的烯烃，除与烷烃一样存在碳链异构外，还有因双键在碳链中的位置不同而引起的位置异构，也有因原子或基团在空间位置排布不同而产生的顺反异构。因此，烯烃的异构体要比相应的烷烃多。例如，丁烷有两种异构体，而丁烯有四种异构体。

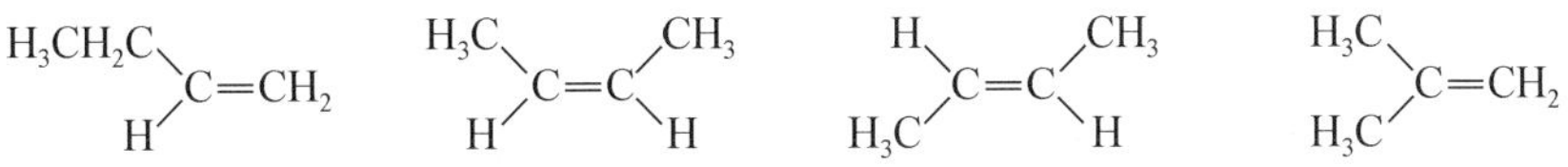

丁-1-烯　　　(Z)-丁-2-烯　　　(E)-丁-2-烯　　　异丁烯

当烯烃分子中存在手性碳原子而导致整个分子具有手性时，烯烃也有对映异构现象存在。例如：

(S)-3-甲基戊-1-烯　　　　　　　(R)-3-甲基戊-1-烯

第三节　烯烃的物理性质

烯烃在许多物理性质方面与烷烃类似，如烯烃的沸点和密度也随其相对分子质量的增加而升高。常温常压下，C_4 以下的烯烃是气体，$C_5 \sim C_{15}$ 的烯烃是易挥发的液体，高级烯烃则为固体。所有烯烃均难溶于水。一些烯烃的物理常数见表 5-1。

表 5-1　部分烯烃的物理常数

名称	结构	沸点/℃	熔点/℃	密度/（$g \cdot cm^{-3}$）
乙烯	$CH_2{=}CH_2$	−104	−160	0.00126（0℃）
丙烯	$CH_2{=}CHCH_3$	−48.2	−185	0.609（−47℃）
丁-1-烯	$CH_2{=}CHCH_2CH_3$	−6.3	−185.4	0.594（20℃）
戊-1-烯	$CH_2{=}CH(CH_2)_2CH_3$	29.2	−138	0.644（20℃）
己-1-烯	$CH_2{=}CH(CH_2)_3CH_3$	64	−68.5	0.673（20℃）
庚-1-烯	$CH_2{=}CH(CH_2)_4CH_3$	95	−119	0.703（19℃）
辛-1-烯	$CH_2{=}CH(CH_2)_5CH_3$	121.3	−101.7	0.714（20℃）
壬-1-烯	$CH_2{=}CH(CH_2)_6CH_3$	146	−81.7	0.731（20℃）
癸-1-烯	$CH_2{=}CH(CH_2)_7CH_3$	170.3	−66.3	0.740（20℃）
十一碳-1-烯	$CH_2{=}CH(CH_2)_8CH_3$	189	−49.2	0.763（20℃）
十二碳-1-烯	$CH_2{=}CH(CH_2)_9CH_3$	213.4	−35.2	0.758（20℃）
二十四碳-1-烯	$CH_2{=}C(CH_2)_{21}CH_3$	390	45	0.804（20℃）
甲基丙-2-烯	$CH_2{=}C(CH_3)_2$	−6.6	−140.4	0.594（20℃）
2-甲基戊-1-烯	$CH_2{=}C(CH_2)_2CH_3$ 丨 CH_3	61.5	−135.7	0.681（20℃）
顺丁-2-烯	$\begin{array}{c} H_3C \quad CH_3 \\ C{=}C \\ H \qquad H \end{array}$	3.7	−138.9	0.621（20℃）
反丁-2-烯	$\begin{array}{c} H \qquad CH_3 \\ C{=}C \\ H_3C \qquad H \end{array}$	0.9	−105.6	0.640（20℃）

烯烃比烷烃易于极化，是一类有偶极矩的分子。以丙烯为例，甲基与双键碳相连的键共用电子对偏向于 sp^2 杂化碳原子，而偏离于 sp^3 杂化碳原子，正极位于甲基一边，负极则位于双键端，使得分子形成偶极。当烷基与不饱和碳原子相连时，由于分子中存在诱导效应与超共轭效应，烷基成为供电子基团。如果分子中没有相反的作用将其完全抵消，分子就会成为一个有偶极矩的分子。

$$\begin{array}{c} H_3C \qquad\quad H \\ C \\ \| \\ C \\ H \qquad H \end{array}$$

$\mu{=}0.35D$

烯烃的顺反异构体在偶极矩方面也表现出一定差异。结构对称的反式烯烃分子的偶极矩为零，这是因为偶极矩为一矢量，反式异构体偶极的向量和为零。其相应的顺式异构体则具有一定的偶极矩。一般情况下，顺式异构体因其偶极矩较大，沸点总是要高于反式异构体。例如，顺丁-2-烯的沸点就比反丁-2-烯的高。

$\mu=0.33D$
顺丁-2-烯
沸点 3.7℃

$\mu=0$
反丁-2-烯
沸点 0.9℃

第四节 烯烃的化学性质

烯烃的结构特征是含有碳碳双键，由于组成碳碳双键的 π 键易断裂，碳碳双键成为这类化合物的反应中心，易于发生加成、氧化、聚合等反应。此外，烯烃分子中 α-碳上的氢原子受双键官能团的影响，也可在一定条件下发生自由基取代反应。

一、加成反应

（一）催化加氢

烯烃可与氢分子加成，结构中的碳碳双键转变成碳碳单键，得相应的饱和烃。

烯烃与氢的加成反应活化能较高，没有催化剂时，反应很难发生。加入催化剂可降低氢化反应活化能，使反应易于进行，所以烯烃加氢反应也称为催化氢化。常用的催化剂有高度分散的铂、钯、镍，还有铑、钌等金属，其中铂与钯的催化活性很高，镍的活性较差。一般工业上使用具有多孔海绵状结构的金属镍微粒，称为雷尼镍（Raney Ni），其催化活性较高，反应可在较低条件下进行。以上催化剂均为固体，且不溶于有机溶剂，称为异相催化剂。异相催化还原通常在催化剂的表面进行，氢的加成多数为顺式加成。

近几十年来发展了一些可溶于有机溶剂的催化剂，如氯化铑或氯化钌与三苯基膦的络合物 $[(C_6H_5)_3P]_2RhCl$、$[(C_6H_5)_3P]_3RuCl_2$ 等，称为均相催化剂。这类催化剂可使反应在均相条件下进行，对含不同取代基的烯烃混合物的还原具有较高的选择性。这种催化剂催化下的加氢通常也是顺式加成。

烯烃氢化可定量地得到烷烃，根据反应中消耗的氢气量可以测定分子中双键的数目。烯烃的催化氢化是一个放热反应，每一个双键约放出 $126kJ \cdot mol^{-1}$ 的热量，称为氢化热。通过测定氢化热，可以比较具有相似结构烯烃的稳定性。氢化热小的烯烃分子内能低，较稳定，氢化热大的烯烃分子内能高，较不稳定。例如，顺丁-2-烯和反丁-2-烯在相同条件下催化氢化，消耗等量的氢气后都生成丁烷，前者的氢化热（$119.7kJ \cdot mol^{-1}$）比后者氢化热（$115.5kJ \cdot mol^{-1}$）

大，说明顺丁-2-烯不如反丁-2-烯稳定。这是因为在顺式异构体中两个体积较大的甲基位于双键同侧，比反式异构体中的两个甲基相距更近，分子的拥挤程度加剧，使顺式异构体的内能升高，表现为氢化热值较大。表 5-2 列出了一些常见烯烃的氢化热。

表 5-2　部分烯烃的氢化热

烯烃	氢化热/（kJ·mol^{-1}）	烯烃	氢化热/（kJ·mol^{-1}）
乙烯	137.2	反丁-2-烯	115.5
丙烯	125.9	异丁烯	118.8
丁-1-烯	126.8	顺戊-2-烯	119.7
戊-1-烯	125.9	反戊-2-烯	115.5
庚-1-烯	125.9	2-甲基丁-1-烯	119.2
3-甲基丁-1-烯	126.8	2,3-二甲基丁-1-烯	117.2
3,3-二甲基丁-1-烯	126.8	2-甲基丁-2-烯	112.5
4,4-二甲基戊-1-烯	123.4	2,3-二甲基丁-2-烯	111.3
顺丁-2-烯	119.7		

从表中还可以看出，烯烃的稳定性除了受双键构型的影响外，还与双键在分子中所处的位置有关，双键碳上连接的烷基数目越多，烯烃就越稳定。烯烃的稳定性往往能决定卤代烃或醇的消除反应的取向。

在工业上，可利用烯烃的催化加氢将植物油催化氢化，使其分子饱和，熔点升高，成为固态脂肪。又如石油加工制得的粗汽油中，含有少量烯烃，因易氧化聚合影响汽油的质量，若进行加氢处理，可提高汽油的质量。

（二）亲电加成

烯烃 π 键平均键能比碳碳 σ 键的平均键能小，π 键比 σ 键易于断裂。π 键电子云不是集中在两个碳原子之间，而是分布在分子的上下方，比较暴露于分子外表，易受带正电试剂的进攻。此种试剂往往是一些正离子或中性分子中电子云密度较小的部位，对电子有明显的亲和力，在反应过程中其接受或共享原来属于作用中心的电子，所以又称为亲电试剂（electrophilic reagent）。由亲电试剂进攻不饱和键而引起的加成反应称为亲电加成（electrophilic addition）反应。

烯烃亲电加成反应可按照"碳正离子中间体机制""环正离子中间体机制""四中心过渡态机制"等途径进行。烯烃可与卤素、卤化氢、浓硫酸、次卤酸、硼氢化物等多种亲电试剂作用，生成各自相应的加成产物。

1. 加卤素　烯烃可与卤素进行加成反应，生成邻二卤代烷。该反应可用于制备邻二卤化物。

$$\begin{array}{c}\diagdown \\ \diagup\end{array}C=C\begin{array}{c}\diagup \\ \diagdown\end{array} \quad + \quad X_2 \longrightarrow \begin{array}{c}\diagdown \\ \diagup\end{array}\underset{X}{C}—\underset{X}{C}\begin{array}{c}\diagup \\ \diagdown\end{array}$$

实验表明，不同卤素与烯烃反应活性不同，活性次序为

$$F_2 > Cl_2 > Br_2 > I_2$$

氟的活性过大，与烯烃反应剧烈，放出的大量热可使碳碳键断裂；碘活性小，与烯烃较难

反应。这两种卤素与烯烃加成无实用价值。

不同结构的烯烃发生亲电加成的活性也不一样，反应的活泼性次序大致如下：

$$\underset{R}{\overset{R}{C}}{=}\underset{R}{\overset{R}{C}} \; > \; \underset{R}{\overset{R}{C}}{=}CH_2 \; > \; R{-}CH{=}CH_2 \; > \; CH_2{=}CH_2 \; > \; CH_2{=}CHCl \; > \; \underset{F}{\overset{F}{C}}{=}\underset{F}{\overset{F}{C}}$$

烯烃与卤素（如 Cl_2）、卤化氢、浓硫酸等的亲电加成通常按以下反应历程进行。反应分两步：第一步，小分子试剂产生带正电荷的亲电试剂 E^+，与烯烃的 π 键结合，生成碳正离子，这是决速步；第二步，体系中带负电荷的 Nu^- 与碳正离子结合形成产物。

碳正离子　　　　　　　反式加成产物　顺式加成产物

烯烃与溴、次溴酸等的亲电加成反应，一般按环正离子中间体机制进行。反应也分两步：第一步，非极性的溴分子与烯烃的 π 电子云靠近，受 π 电子的影响溴分子发生极化（靠近 π 电子的溴原子带部分正电荷，离 π 电子远些的溴原子带部分负电荷），带正电荷的溴与其中一个双键碳结合，该溴原子的孤对电子所占的轨道与略带正电的另一个双键碳结合，形成环状正离子中间体——溴鎓正离子，这一步是决定反应速率的步骤；第二步，溴负离子从环正离子背面进攻碳，生成反式加成产物。

环正离子（溴鎓正离子）　　　反式加成产物

此类反应中 π 键异裂生成碳正离子中间体或环正离子，属于离子型亲电加成反应。

通过上述何种中间体完成反应，取决于形成两种中间体的难易程度。由于形成环正离子后增加了一个共价键，除氢原子外分子中每个原子的最外层都达到八隅电子结构，在能量上是有利的。但形成三元环，存在角张力，同时使电负性较大的卤原子带正电等，则在能量上是不利的。

当卤素为溴或碘时，由于它们的原子半径较大，形成三元环时张力会相对较小，加之它们的电负性较小，较易给出电子而成环。卤素中的氟和氯由于原子半径小、电负性大，通过环正离子历程完成反应是能量上不利的途径，所以它们不通过或很少通过此途径进行反应，而主要是通过碳正离子中间体完成反应。质子酸类亲电试剂也主要是通过碳正离子中间体的途径与烯烃进行亲电加成。

从上述过程可以看出，由于碳正离子为平面构型，当它与 Nu^- 结合时，Nu^- 可从此平面的上方或下方进攻，因此既可以生成顺式加成产物，也可以生成反式加成产物。至于具体是以反式产物为主还是以顺式产物为主，这要视反应物和反应条件而定。通过环正离子中间体反应时，Nu^- 从位阻较小的环背面进攻完成反应，立体化学结果为反式加成。

2. 加卤化氢　烯烃可与卤化氢加成生成相应的卤代烷。通常是将干燥的卤化氢气体直接与烯烃混合进行反应，有时也使用某些中等极性的化合物如乙酸等作溶剂，一般不使用卤化氢水溶液，因为使用卤化氢水溶液有可能导致水与烯烃加成这一副反应发生。

$$\underset{}{\diagdown}C=C\underset{}{\diagup} + HX \longrightarrow \underset{H\ \ X}{\diagdown C-C\diagup}$$

实验结果表明，不同卤化氢在这一反应中的活性次序是：HI＞HBr＞HCl，这与其酸性强度次序一致。

卤化氢与对称烯烃如乙烯等加成时，只能生成一种加成产物：

$$CH_2=CH_2\ +\ HX\ \longrightarrow\ CH_3CH_2X$$

但与丙烯等不对称烯烃加成时，则有可能生成两种不同的加成产物：

$$CH_3CH=CH_2+HX\begin{cases}\longrightarrow \underset{X}{CH_3CHCH_3}\\ \longrightarrow CH_3CH_2CH_2X\end{cases}$$

实验结果表明，卤化氢与不对称烯烃的加成具有择向性，即在这一离子型加成反应中，卤化氢中的氢总是加到不对称烯烃中含氢较多的双键碳上。这一规律是俄国化学家马尔科夫尼科夫（Markovnikov）于 1869 年提出的，称为马尔科夫尼科夫规则，简称马氏规则。例如，

$$CH_3CH_2CH=CH_2 + HBr \longrightarrow \underset{\underset{(80\%)}{Br}}{CH_3CH_2CHCH_3}$$

$$\underset{H_3C}{\overset{H_3C}{\diagup}}C=CH_2 + HCl \longrightarrow \underset{\underset{(约100\%)}{Cl}}{\underset{H_3C}{\overset{H_3C}{\diagup}}C-CH_3}$$

反应择向性规律的解释：在不对称烯烃与卤化氢等极性试剂的加成反应中，反应方向一般服从马氏规则。这可从反应中间体——碳正离子稳定性的角度在理论上加以解释。例如，不对称烯烃与不对称试剂 HNu 加成时，有以下两种反应途径：

$$RCH=CH_2+H^+\begin{cases}\overset{(a)}{\underset{慢}{\longrightarrow}} \underset{(Ⅰ)}{R-\overset{+}{CH}-CH_2} \overset{Nu^-}{\underset{快}{\longrightarrow}} R-\overset{Nu}{\underset{}{CH}}-\overset{H}{\underset{}{CH_2}}\\ \overset{(b)}{\underset{慢}{\longrightarrow}} \underset{(Ⅱ)}{R-\overset{H}{\underset{}{CH}}-\overset{+}{CH_2}} \overset{Nu^-}{\underset{快}{\longrightarrow}} R-\overset{H}{\underset{}{CH}}-\overset{Nu}{\underset{}{CH_2}}\end{cases}$$

这是两个相互竞争的反应，产物的分配取决于它们的反应速率。若途径(a)快，产物主要是遵从马氏规则的 RCHNuCH$_3$；若途径(b)快，产物主要是反马氏规则的 RCH$_2$CH$_2$Nu。在这两个反应中，生成的中间体——碳正离子结构存在差异，且生成碳正离子这步均为两种反应途径的决速步。生成的碳正离子中间体越稳定，则相应过渡态的能量也越低，该途径反应的活化能较小，反应速率就较快。因此，质子加成的方向，取决于生成的碳正离子的稳定性。由于碳正离子的稳定性次序为

3°碳正离子＞2°碳正离子＞1°碳正离子＞CH$_3^+$

在上述反应中，碳正离子(Ⅰ)属于 2°碳正离子，碳正离子(Ⅱ)属于 1°碳正离子，(Ⅰ)的稳定性好于(Ⅱ)，因而途径(a)的反应速率要比途径(b)快，所以这一反应的主要产物是 RCHNuCH$_3$，符合马氏规则。

综上所述，不对称烯烃与极性试剂进行的亲电加成反应，之所以按马氏规则的方向进行，

是由于此方向生成的中间体稳定性较好，相应过渡态的势能低，反应所需的活化能低，因而反应速率快。这就是马氏规则的理论解释。

碳正离子的稳定性取决于正电荷的分散程度，正电荷越分散，碳正离子的稳定性越好。碳正离子有如上的稳定性次序，原因有以下两个方面：一是烷基是弱的供电子基，能够分散碳正离子的正电荷。二是碳正离子为 sp^2 杂化，与碳正离子直接相连的烷基上的 C—H σ 键，可与碳正离子未杂化 p 轨道形成 σ-p 超共轭，C—H σ 键的数目越多，超共轭效果越强，对正电荷的分散效果也越好。3° 碳正离子如叔丁基碳正离子，由于带正电荷的碳上连有 3 个供电子的甲基，并且 9 个 C—H σ 键与之形成的 σ-p 超共轭作用也最强，对正电荷分散的贡献大，叔丁基碳正离子稳定性较好。

双键碳上连有强吸电子基的取代乙烯与不对称小分子试剂加成时，也会通过两个不同的中间体生成两种不同的产物。例如：

$$F_3C—CH=CH_2 + H^+$$

(a) → $F_3C—\overset{H}{\underset{}{CH}}—\overset{+}{CH_2}$ (Ⅰ) $\xrightarrow{Nu^-}$ $F_3C—\overset{H}{\underset{}{CH}}—\overset{Nu}{\underset{}{CH_2}}$ (Ⅲ)

(b) → $F_3C—\overset{+}{CH}—\overset{H}{\underset{}{CH_2}}$ (Ⅱ) $\xrightarrow{Nu^-}$ $F_3C—\overset{Nu}{\underset{}{CH}}—\overset{H}{\underset{}{CH_2}}$ (Ⅳ)

比较碳正离子(Ⅰ)与(Ⅱ)的结构即可看出：(Ⅱ)由于带正荷的碳直接与三氟甲基相连，后者的强吸电性强化了碳正离子的正电性，从而使该碳正离子更不稳定；而(Ⅰ)中带正电荷的碳距离三氟甲基相对较远，受其吸电作用的影响也稍小，因而稳定性要大于(Ⅱ)。所以三氟甲基乙烯与小分子试剂加成的主产物是(Ⅲ)而不是(Ⅳ)。这一反应从结果看是反马氏规则，但该反应也主要是循着能生成更稳定的碳正离子的途径完成。这类连有吸电子基的烯烃，亲电加成反应速率也较慢。

当双键碳原子上连有 X、O、N 等具有孤对电子的原子或基团时，即使该原子或基团的总电子效应是吸电子的，加成产物仍然符合马氏规则。例如：

$$BrCH=CH_2 + HCl \longrightarrow Br—\overset{Cl}{\underset{H}{C}}—CH_3$$

上述结果同样可以用碳正离子的稳定性解释。按马氏规则生成的碳正离子，可写出 A、B 两种极限式。极限式 B 中溴原子的孤对电子与带正电荷碳的 p 轨道间存在共轭效应，电子均匀化使正电荷分散，该极限式对共振杂化体贡献大，体系较稳定。

$$\overset{..}{Br}—\overset{+}{CH}—CH_3 \quad\longleftrightarrow\quad \overset{+}{Br}=CH—CH_3 \qquad \overset{..}{Br}—CH_2—\overset{+}{CH_2}$$
$$\text{A} \qquad\qquad\qquad \text{B} \qquad\qquad\qquad \text{C}$$

按反马氏规则方向生成的碳正离子结构，可用 C 式表示，带正电荷的碳由于没有完整的价电子层而不稳定。所以，这类烯烃进行亲电加成的主要产物为 $XCH(Nu)CH_3$ 型，但反应速率较乙烯慢。

氯化氢与 3-甲基丁-1-烯的加成，不仅得到预期产物 3-氯-2-甲基丁烷，而且还得到 2-氯-2-甲基丁烷：

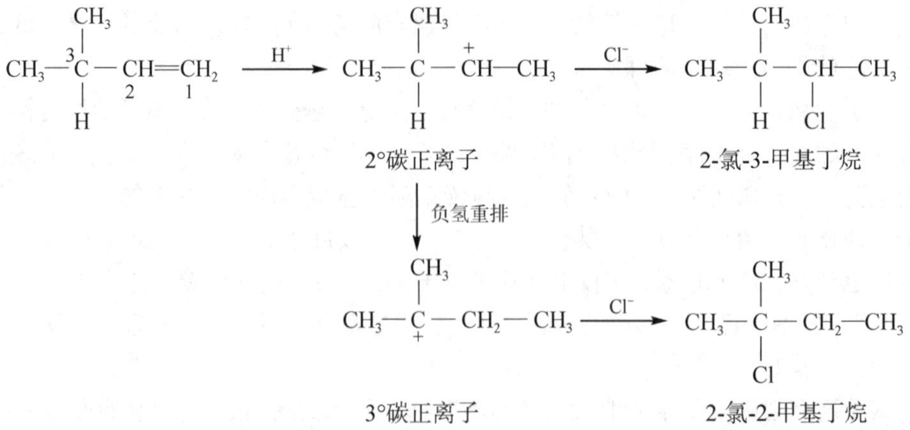
H⁺
Cl⁻
2°碳正离子
2-氯-3-甲基丁烷
负氢重排
Cl⁻
3°碳正离子
2-氯-2-甲基丁烷

3 位碳上的氢带着一对电子发生 1, 2-迁移（迁移的相对位置），能使最初的 2°碳正离子转变为更为稳定的 3°碳正离子，这种重排在能量上是有利的，反应中的主产物由重排后形成的新的碳正离子与氯离子结合而成。此产物中氯原子结合的碳，已不是原来的双键碳。

重排是碳正离子常发生的特征反应，不仅氢原子能发生重排，有时烃基也能发生类似的重排，从而得到骨架发生改变的产物。例如：

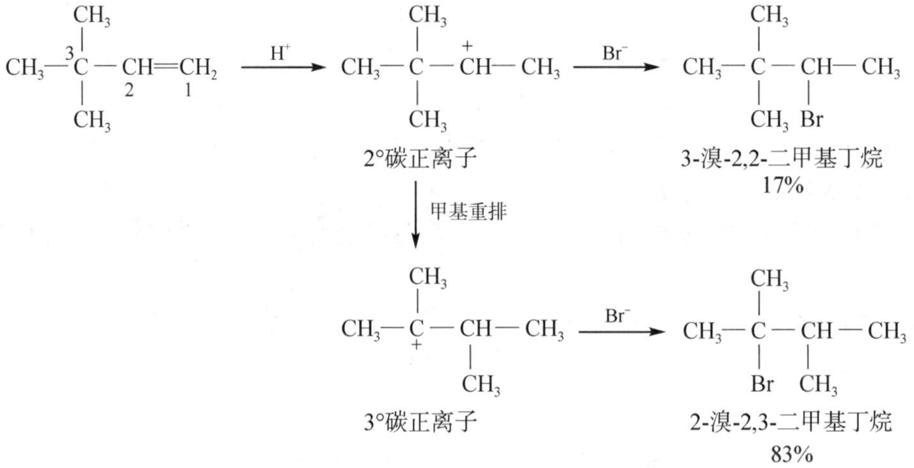
H⁺
Br⁻
2°碳正离子
3-溴-2,2-二甲基丁烷
17%
甲基重排
Br⁻
3°碳正离子
2-溴-2,3-二甲基丁烷
83%

此外，烯烃与溴化氢的加成，当有过氧化物存在时，则表现出反马氏规则的特征。例如：

$$CH_3CH{=}CH_2 + HBr \xrightarrow{\text{过氧化物}} CH_3CH_2CH_2Br$$

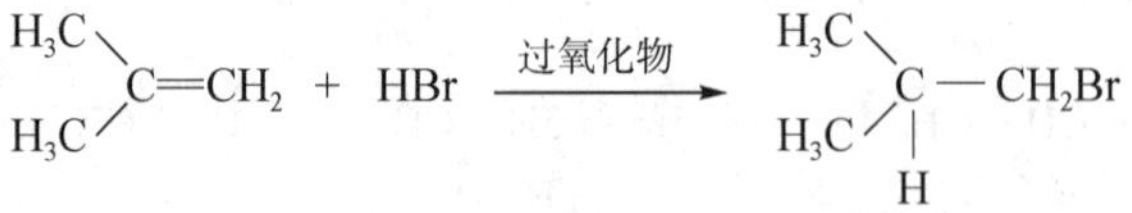
过氧化物

不对称烯烃与溴化氢的加成存在过氧化物效应。即有过氧化物存在时，溴化氢与不对称烯烃的加成是反马氏规则的。该反应是因为过氧化物在光照下发生均裂产生自由基，烯烃受自由基进攻而引起。例如，有过氧化物存在时，丙烯与溴化氢的反应历程如下：

$$ROOR \longrightarrow 2RO\cdot \quad (RO\cdot\text{表示自由基})$$

$$RO\cdot + HBr \longrightarrow Br\cdot + RO:H$$

$$CH_3CH=CH_2 + \dot{B}r\cdot \longrightarrow CH_3\dot{C}HCH_2Br + CH_3\overset{\displaystyle Br}{\underset{\displaystyle |}{C}}HCH_2\cdot$$
$$(I) \qquad\qquad (II)$$

$$CH_3\dot{C}HCH_2Br + HBr \longrightarrow CH_3CH_2CH_2Br + Br\cdot$$

反马氏加成产物

决定反应方向的关键因素是丙烯与溴自由基碰撞生成的自由基中间体的稳定性。由于自由基的稳定性次序是

$$3°自由基 > 2°自由基 > 1°自由基 > \cdot CH_3$$

自由基(I)(2°自由基)比(II)(1°自由基)稳定性大,所以反应按反马氏规则进行。氯化氢和碘化氢不能进行上述自由基加成,前者因为氢氯键键能大,不易均裂成自由基而阻碍反应,后者则由于氢碘键均裂后生成的碘原子与双键反应的活化能较高,且碘原子之间易自相成键,而难以反应。

从以上烯烃的种种加成来看,虽然反应结果有符合马氏规则的,也有反马氏规则的,但它们都有一个共同点,即反应都是循着能形成更稳定的中间体的途径进行(此途径历经的过渡态能量也相对较低)。因此,不对称烯烃发生加成时,反应优先按照能生成稳定中间体的方向进行,这就是广义的马氏规则。无论是一般烯烃的亲电加成,还是连有强吸电子基烯烃的亲电加成,或是烯烃的自由基加成反应,其反应方向的择向规律,均可用这种广义的马氏规则解释。

3. 与浓硫酸加成 烯烃与硫酸加成生成硫酸氢酯,该酯经过水解后得醇。例如:

$$CH_2=CH_2 \xrightarrow[0\sim15℃]{98\% H_2SO_4} CH_3CH_2OSO_3H \xrightarrow[90℃]{H_2O} CH_3CH_2OH + H_2SO_4$$

$$\underset{H_3C}{\overset{H_3C}{>}}C=CH_2 \xrightarrow[25℃]{50\% H_2SO_4} \underset{H_3C}{\overset{H_3C}{>}}\underset{OSO_3H}{\overset{|}{\underset{|}{C}}}-CH_3 \xrightarrow[\triangle]{H_2O} \underset{H_3C}{\overset{H_3C}{>}}\underset{OH}{\overset{|}{\underset{|}{C}}}-CH_3$$

利用这一过程可由烯烃制得醇,称为烯烃的间接水合法。由于生成的硫酸氢酯可溶于浓硫酸,所以实验中也常利用这一性质以硫酸来除去烷烃等某些不活泼有机化合物中少量的烯烃杂质。

烯烃与水的加成通常要用酸催化,先生成碳正离子,再与水结合后失去质子生成醇。例如,乙烯与水蒸气混合,在磷酸-硅藻土催化剂催化下,于 $280\sim300℃$、$7\sim8MPa$ 时反应,可发生加成而生成乙醇。

$$CH_2=CH_2 + H_2O \xrightarrow[280\sim300℃,7\sim8MPa]{H_3PO_4-硅藻土} CH_3CH_2OH$$

这一方法也称为烯烃直接水合法。不对称烯烃与硫酸或水的加成也服从马氏规则。

4. 与次卤酸加成 烯烃可与次氯酸或次溴酸进行加成反应,生成 β-卤代醇。例如:

$$CH_2=CH_2 + HOCl \longrightarrow H_2\overset{\displaystyle |}{\underset{\displaystyle Cl}{C}}-\overset{\displaystyle |}{\underset{\displaystyle OH}{C}}H_2$$

2-氯乙醇

$$CH_3CH=CH_2 + HOBr \longrightarrow CH_3\overset{\displaystyle |}{\underset{\displaystyle OH}{C}}H-\overset{\displaystyle |}{\underset{\displaystyle Br}{C}}H_2$$

1-溴丙-2-醇

卤素的水溶液常用来代替次卤酸进行反应。例如:

$$CH_3CH=CH_2 \xrightarrow{H_2O,Cl_2} CH_3\underset{\underset{\text{（90%）}}{|}}{\underset{OH}{C}}HCH_2Cl$$

这一反应仍服从马氏规则，试剂中带正电荷的部分（X^+，相当于酸或水中的 H^+）加到含氢较多的双键碳上。

碘通常难与一般烯烃加成，但氯化碘（ICl）及溴化碘（IBr）等卤间化合物比较活泼，可定量地与双键加成。

$$\underset{}{C=C} \ + \ IX \ \longrightarrow \ \underset{\underset{I \quad X}{|\quad|}}{C-C}$$

这一反应常用于测定油脂或石油中不饱和化合物的含量。

5. 硼氢化反应　烯烃能与硼氢化合物发生加成，一般是以乙硼烷（B_2H_6）与烯烃反应，生成的产物是烷基硼烷。这一反应称为硼氢化（hydroboration）反应。

$$RCH=CH_2 \ + \ B_2H_6 \xrightarrow{0℃} 2(RCH_2CH_2)_3B$$
乙硼烷　　　三烷基硼烷

这一反应是分步进行的。反应时，乙硼烷首先解离成甲硼烷（BH_3），甲硼烷随即与烯烃加成。

$$RCH=CH_2 + B_2H_6 \longrightarrow \underset{\text{一烷基硼烷}}{RCH_2CH_2BH_2} \xrightarrow{RCH=CH_2} \underset{\text{二烷基硼烷}}{(RCH_2CH_2)_2BH} \xrightarrow{RCH=CH_2} \underset{\text{三烷基硼烷}}{(RCH_2CH_2)_3B}$$

由于反应非常迅速，通常分离不出一烷基硼烷和二烷基硼烷，只能得到三烷基硼烷。如果双键碳原子上取代基的数目较多，位阻增大，调节试剂的用量比也可使反应停止在生成一烷基硼烷或二烷基硼烷阶段。例如：

$$(CH_3)_2C=C(CH_3)_2 \ + \ BH_3 \longrightarrow (CH_3)_2-\underset{\underset{CH_3}{|}}{\overset{\overset{CH_3}{|}}{C}}HCBH_2$$

$$2(CH_3)_2C=CHCH_3 \ + \ BH_3 \longrightarrow [(CH_3)_2CHCH_2]_2BH$$

一烷基硼烷和二烷基硼烷可代替乙硼烷作为硼氢化反应的试剂使用。

不对称烯烃与硼烷加成时，反应具有择向性，硼原子主要加到烷基取代较少的双键碳上，这一加成反应从结果看为反马氏规则。因为硼原子的外层有缺电子的空轨道，是亲电活泼中心，加之硼烷体积较大，因此加成时硼加到电子云密度较大而空间位阻较小的即含氢较多的双键碳上。

实验证明，烯烃的硼氢化并不生成碳正离子中间体，反应是通过形成一个四中心过渡态历程进行的：

$$\underset{}{C=C} \xrightarrow[\underset{H-BH_2}{\overset{\delta^-\ \delta^+}{}}]{} \underset{}{\overset{H\cdots B-}{\underset{|}{C-C}}} \longrightarrow \underset{}{\overset{B-}{C-C}}$$
四中心过渡态

因而在这一反应中不会发生重排，而且它是一个典型的顺式加成反应。

烷基硼烷是一类非常活泼的有机化合物，可用于许多不同类型化合物的制备。例如，将烷基硼烷在碱性条件下进行氧化和水解可得到醇：

$$(RCH_2CH_2)_3B \xrightarrow{H_2O_2, OH^-} 3RCH_2CH_2OH + H_3BO_3$$

这一反应与硼氢化反应合起来称为烯烃的硼氢化-氧化反应。其反应方向与烯烃的酸催化水合反应方向正好相反。例如：

$$R-CH=CH_2 \xrightarrow[\text{②}H_2O_2, OH^-]{\text{①}B_2H_6} RCH_2CH_2OH$$

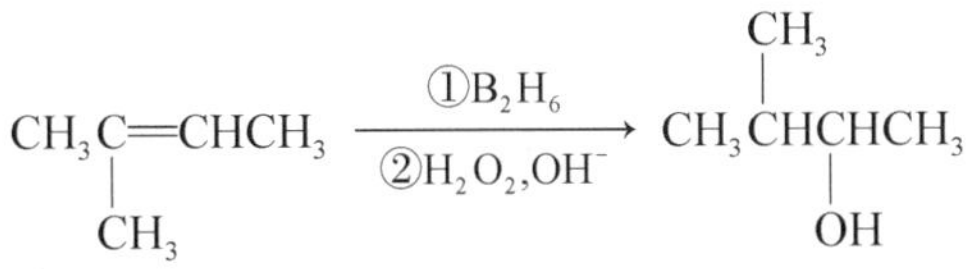

烯烃的硼氢化-氧化反应是一个非常有用的反应，它被广泛用于由碳碳双键化合物来制备醇。从反应产物来看，它相当于烯烃与水的反马氏规则加成。用这一方法所制得的醇是不能用其他方法从烯烃得到的，因此，这一反应正好可以与烯烃的酸催化水合反应互补。

二、氧化反应

有机化学中的氧化反应通常是指有机化合物分子获得氧或失去氢的反应。烯烃的碳碳双键很容易被氧化，其氧化产物随所用氧化剂和具体氧化条件的不同而不同。

（一）高锰酸钾氧化

在中性或碱性条件下，烯烃可被冷的稀高锰酸钾溶液氧化生成邻位二元醇。例如：

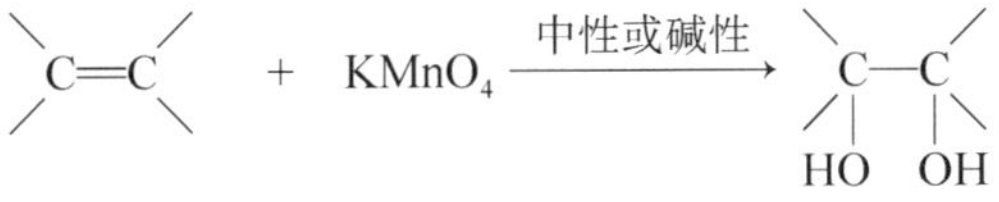

由于条件不易控制，反应一般难以停留在生成邻二醇这一步，而是会进一步氧化生成羟基酮或使碳碳键断裂。因此，这一反应用于合成邻二醇意义不大，但随着氧化反应的发生，高锰酸钾溶液的紫色会逐渐褪去，可根据这一颜色的变化来鉴别化合物中是否有碳碳双键或其他不饱和键存在。用碱性高锰酸钾溶液鉴别碳碳双键的反应称为拜耳试验（Baeyer test）。如果使用氧化性很强的酸性高锰酸钾溶液氧化烯烃，则分子中的碳碳双键全部断裂，依烯烃结构的不同可生成酮、酸及二氧化碳等。根据氧化产物，有助于推测烯烃的结构。例如：

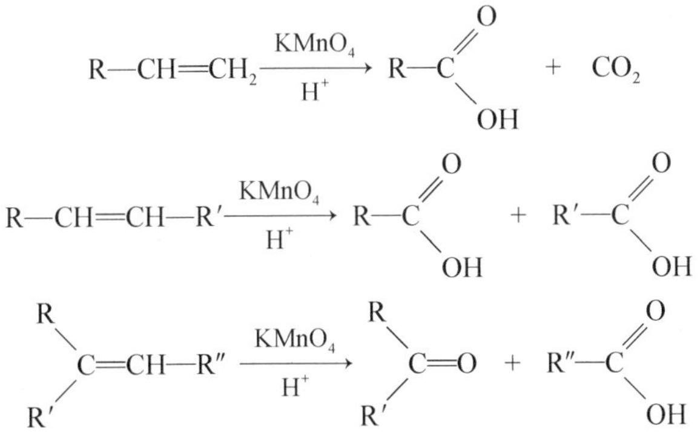

（二）臭氧氧化

臭氧是亲电试剂，在低温（-80℃）下将含有臭氧的氧气通入液体烯烃或烯烃的非水溶液（如二氯甲烷、甲醇等），烯烃即与臭氧发生加成，生成臭氧化物。将臭氧化物在还原剂存在下进行水解，可得到醛、酮等羰基化合物，这一反应称为烯烃的臭氧氧化反应。

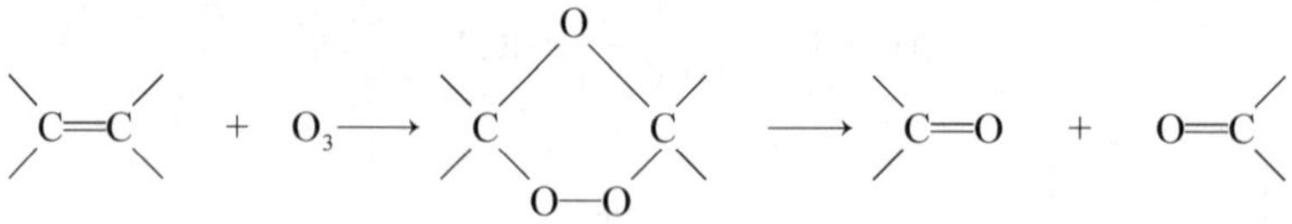

臭氧化物

不同烯烃经臭氧氧化、水解后，得不同的醛酮，例如：

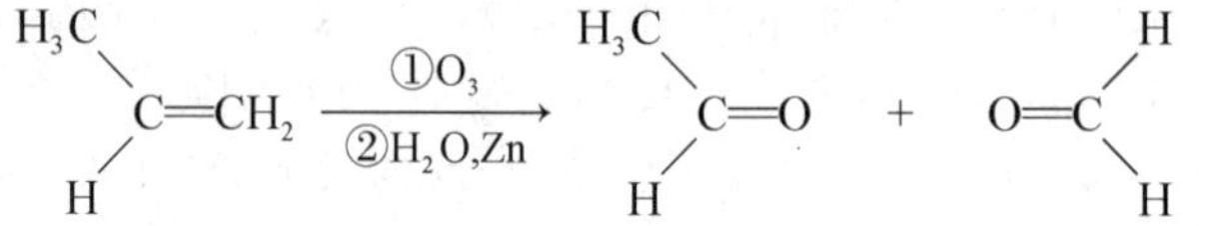

根据所生成的醛、酮的结构，可推测原来烯烃的结构或双键的位置，这是烯烃臭氧氧化的重要用途。

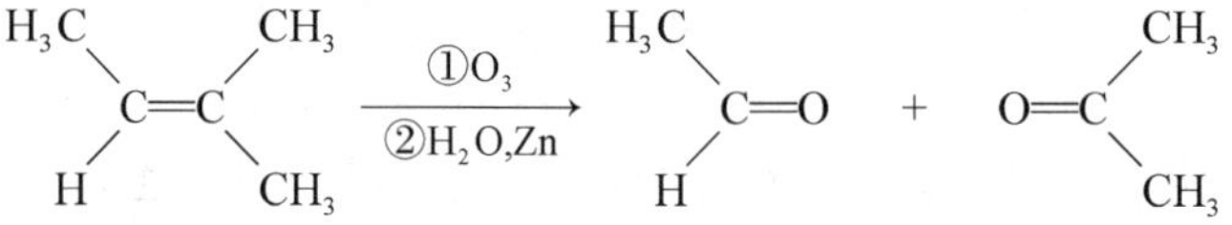

此外，烯烃双键还可被四氧化锇（OsO_4）氧化生成顺式邻二醇，以及被有机过酸氧化生成环氧化物等。

（三）催化氧化

在催化剂的催化下，烯烃可被空气中的氧氧化，其氧化产物随使用的催化剂不同而不同。烯烃的这类氧化反应称为催化氧化。

在氯化钯与氯化铜的催化下，烯烃可被空气中的氧氧化生成羰基化合物。这一氧化反应又称为瓦克尔（Wacker）反应，它可用于制备醛酮。例如，

$$CH_2{=}CH_2 \ + \ 1/2O_2 \xrightarrow[\text{CuCl}_2]{\text{PdCl}_2} CH_3CHO$$

$$CH_3CH{=}CH_2 \ + \ 1/2O_2 \xrightarrow[\text{CuCl}_2]{\text{PdCl}_2} CH_3\overset{\text{O}}{\overset{\|}{C}}CH_3$$

除乙烯外，其他烯烃的这一反应产物均为酮。

在特殊活性银的催化下，乙烯可被氧化生成环氧化物。

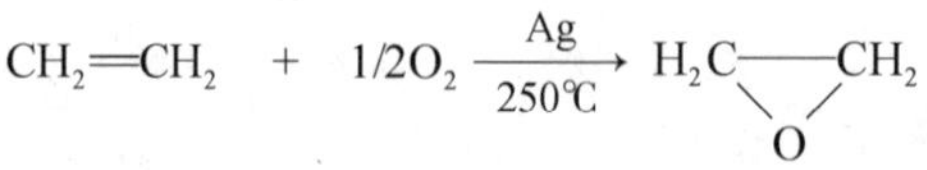

环氧乙烷

这是工业上制备环氧乙烷的方法之一，反应中必须严格控制温度，如果温度超过300℃，则主要产物将是二氧化碳和水。

环氧乙烷是一种非常重要的化合物,有关它在合成方面的用途可参见第十章中环醚的有关内容。

三、聚合反应

由小分子化合物通过加成、缩合、开环等方式,聚合生成大分子或高分子化合物的反应称为聚合反应。

烯烃分子在一定条件下（如催化剂存在下）,可通过自身加成方式而聚合,其聚合产物为聚烯烃。例如:

$$n\text{CH}_2\!\!=\!\!\text{CH}_2 \xrightarrow[\text{O}_2]{200\sim300℃} \text{—}(\text{CH}_2\text{—}\text{CH}_2)_n\text{—}$$

聚乙烯

$$n\text{CH}_2\!\!=\!\!\underset{\text{CH}_3}{\text{CH}} \xrightarrow[50\sim60℃,\text{加压}]{\text{TiCl}_4\text{-}\text{Al}(\text{C}_2\text{H}_5)_3} \text{—}(\text{CH}_2\text{—}\underset{\text{CH}_3}{\text{CH}})_n\text{—}$$

聚丙烯

聚乙烯是一种用途广泛的塑料,聚丙烯则既是性能良好的塑料,又可作合成纤维（丙纶）使用,它们均属于相对分子质量很大的高分子化合物。常用的齐格勒-纳塔催化剂（Ziegler-Natta catalyst）是由烷基铝和四氯化钛组成的,它几乎可以使所有 $\underset{\text{R}}{\overset{\text{R}}{\text{C}}}\!\!=\!\!\text{CH}_2$ 结构的烯烃进行聚合。

四、α-H 的取代反应

与碳碳双键相邻的饱和碳原子上的氢称为 α-氢,又称烯丙位氢,由于受双键的影响,其活性比烯烃分子中其他位置上的氢要高。在一定条件下,它可以被卤素取代。例如,丙烯与氯在常温、液相下主要发生亲电加成反应,但在高温、气相下却以 α-氢的卤代为主:

$$\text{CH}_3\text{CH}\!\!=\!\!\text{CH}_2 + \text{Cl}_2 \xrightarrow{500℃} \text{ClCH}_2\text{CH}\!\!=\!\!\text{CH}_2 + \text{HCl}$$

3-氯丙烯（82%）

这一反应与烷烃在光照下的卤代反应相似,属于自由基取代反应。

第五节 烯烃的制备

在工业上,大量的烯烃如乙烯、丙烯等主要靠石油的裂解（高温分解）反应制备。在实验室,一般通过某些饱和化合物的消除反应来制备烯烃。以下是几种实验室常用的制备烯烃的方法。

（一）醇的分子内脱水

醇在催化剂的存在下加热,可发生分子内的脱水反应生成烯烃。例如:

$$CH_3CH_2OH \xrightarrow[170℃]{浓\ H_2SO_4} CH_2=CH_2 + H_2O$$

$$\underset{H_3C}{\overset{H_3C}{>}}\underset{OH}{\overset{|}{\underset{|}{C}}}-CH_3 \xrightarrow[85℃]{20\%\ H_2SO_4} \underset{H_3C}{\overset{H_3C}{>}}C=CH_2 + H_2O$$

常用的催化剂除了硫酸外，还有 Al_2O_3、P_2O_5 等，一般的醇在 Al_2O_3 的催化下加热到 350℃ 以上，可以很容易地脱水生成烯烃。

（二）卤代烷脱卤化氢

卤代烷与强碱（如氢氧化钾、乙醇钠等）的醇溶液共热时，可发生脱卤化氢反应而生成烯烃。

$$\underset{Br}{\overset{|}{\underset{|}{CH_3CH_2CHCH_3}}} \xrightarrow[80℃]{KOH,C_2H_5OH} CH_3CH=CHCH_3 + CH_3CH_2CH=CH_2$$

		80%	20%
2-溴丁烷		丁-2-烯	丁-1-烯

实验表明，在反应中使用强碱，以醇（而不是以水）为溶剂加热到比较高的温度对生成烯烃有利。

（三）邻位二卤代烷脱卤素

在两个相邻的碳上各连有一个卤原子的卤烷称为邻位二元卤代烷。这类卤代烷与锌粉一起在醇溶液中共热，可脱去卤素生成烯烃。例如：

$$\underset{Br\ \ Br}{\overset{|\ \ \ |}{CH_3CHCH_2}} \xrightarrow[\triangle]{Zn,C_2H_5OH} CH_3CH=CH_2 + ZnBr_2$$

1,2-二溴丙烷　　　　丙烯

这种方法一般很少用于制备烯烃，因为邻位二元卤代烷一般都是通过烯烃与卤素的加成来制备，但在某些情况下，它仍可作为在分子中引入碳碳双键的方法使用。

（四）炔烃的还原

炔烃以林德拉（Lindlar）催化剂催化氢化或硼氢化-还原法，可制得顺式烯烃；在 Na/液氨体系中还原或以 $LiAlH_4$ 还原，可得反式烯烃。

第六节　个别化合物

（一）乙烯

乙烯是石油化工的龙头产品，由其派生出的衍生物非常多。乙烯的工业用途主要是生产各种类型的聚乙烯，包括高密度聚乙烯、低密度聚乙烯、共聚乙烯，此外还大量用于苯乙烯、乙酸乙烯、环氧乙烷、乙二醇的生产。它是植物生长调节剂，可加速水果的成熟，但同时也可使花凋谢与树叶衰老和脱落。

（二）聚异戊二烯

聚异戊二烯（ $\left[\begin{array}{c} H_3C \\ H_2C \end{array} C=C \begin{array}{c} H \\ CH_2 \end{array} \right]_n$ ）是异戊二烯（2-甲基丁二烯）的聚合物。

自然界只存在两种异构体，即顺-1,4-聚异戊二烯（天然橡胶，三叶橡胶）和反-1,4-聚异戊二烯（杜仲胶，巴拉塔胶）。工业上重要的是顺-1,4-聚异戊二烯，又称合成天然橡胶或异戊橡胶，于 1958 年合成。

天然橡胶的主要化学成分是异戊二烯的顺式聚合物，其中橡胶烃（聚异戊二烯）为 91%～94%，主要用于制造轮胎；其他用途也很广泛，如用于制作鞋靴、机械、医药、体育器材、胶乳及其他工业制品。反式聚异戊二烯可做高尔夫球壳。

（三）维生素 A

维生素 A 主要有维生素 A_1（ ）和维生素 A_2（ ）；其中维生素 A_1 主要存在于动物肝脏、血液和眼球的视网膜中，又称视黄醇，熔点 64℃；维生素 A_2 主要存在于淡水鱼中，熔点只有 17～19℃。

1913 年，美国科学家台维斯等发现鱼肝油可以治愈眼干燥症，并从鱼肝油中提纯出一种黄色黏稠液体。1920 年，英国科学家曼俄特将其正式命名为维生素 A。人体缺乏维生素 A，会导致夜盲症等病症。

小　结

1. 烯烃的命名和结构
（1）烯烃的系统命名、衍生物命名、常见的烯基、顺反异构产生的条件、Z/E 构型命名。
（2）碳碳双键的组成、特点。
2. 烯烃的物理性质：沸点、偶极矩与分子极性。
3. 烯烃的离子型亲电加成反应：与卤素、卤化氢、硫酸、次卤酸等的加成。
马氏规则、碳正离子结构及特征反应、碳正离子反应机制、环正离子中间体机制。
4. 烯烃的硼氢化反应、自由基加成：反应的结果为反马氏规则。
四中心过渡态、自由基加成反应机制。
5. 烯烃的氧化反应、α-H 卤代。
被高锰酸钾、臭氧氧化以及催化氧化；自由基取代反应。
6. 烯烃制备的常用方法。

（安徽中医药大学）

本章 PPT

第六章
炔烃和二烯烃

学习目的　炔烃和二烯烃与烯烃一样属于不饱和链烃，分子中都存在π键，化学性质与烯烃具有相似之处。由于结构上的差异，炔烃和二烯烃又有各自特殊的化学性质。本章重点学习炔烃和二烯烃结构特征及化学性质，掌握其系统命名，理解共轭体系，从而进一步认识有机化合物的结构特征、理化性质及其之间的相互关系，为后续内容的学习打下基础。

学习要求　熟悉叁键的结构特点，掌握炔烃的命名，了解炔烃的物理性质，掌握炔烃的化学性质；了解二烯烃的分类，掌握共轭二烯烃的结构和共轭效应，掌握共轭二烯烃的1,2-加成和1,4-加成以及双烯合成反应，了解周环反应。

炔烃（alkyne）是指分子中含有碳碳叁键（C≡C）的不饱和链烃，二烯烃（alkadiene）是指分子中含有两个碳碳双键（C═C）的不饱和脂肪烃。开链炔烃和二烯烃比同碳数目的烯烃少两个氢原子，其通式均为 C_nH_{2n-2}，相同碳原子数目的炔烃和二烯烃互为官能团异构体。

第一节　炔　烃

一、炔烃的结构与异构

（一）炔烃的结构

乙炔是最简单的炔烃。现代物理方法证明，乙炔分子中所有原子都在一条直线上，碳碳叁键（C≡C）的键长为 120pm，碳氢键（C—H）的键长为 106pm，各键角均为 180°，乙炔是线型分子（图 6-1）。炔烃中的碳碳叁键（C≡C）由一个 σ 键和两个 π 键组成。

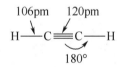

图 6-1　乙炔分子中的键长和键角

根据杂化轨道理论，乙炔分子中的两个碳原子以 sp 杂化轨道互相重叠形成碳碳（C—C）σ 键，并各与一个氢原子的 s 轨道重叠各生成一个碳氢（C—H）σ 键（图 6-2）。此外每个碳原子上还有两个相互垂直的未参与杂化的 2p 轨道，其对称轴彼此平行，相互"肩并肩"重叠形成两个相互垂直的碳碳 π 键，从而构成了碳碳叁键。碳碳 σ 键的电子云集中于两个碳原子间的中心处，而两个 π 键电子云位于键轴的上下和前后部位，以 C—C 键为轴对称分布，形成了一个中空的圆柱体，π 电子云分布在圆柱体上，如图 6-3 所示。

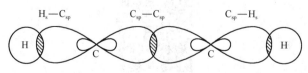

图 6-2　乙炔分子中的 σ 键

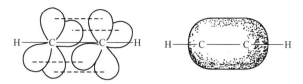

图 6-3 乙炔分子中 π 键的形成及电子云分布

炔烃中叁键碳原子为 sp 杂化，s 成分占 1/2，比 sp^3 和 sp^2 杂化轨道中的 s 成分都大（分别为 1/4 及 1/3），由于 s 轨道上的电子比 p 轨道上的电子更接近原子核，所以杂化轨道的 s 成分越多，C—H 键或 C—C 键的键长越短。同时碳原子的电负性也随 s 成分的增多而增大，其电负性顺序为 $sp > sp^2 > sp^3$。

（二）炔烃的异构

炔烃的异构有碳链异构和碳碳叁键位置异构。由于叁键的几何形状为直线形，叁键碳上只可能连有一个取代基，因此炔烃不存在顺反异构现象，炔烃异构体的数目比含相同碳原子数目的烯烃少。例如：

丁炔有两种异构体，

$$CH_3—C≡C—CH_3 \qquad CH_3—CH_2—C≡CH$$

戊炔有三种异构体，

$$CH_3—C≡C—CH_2—CH_3 \qquad HC≡C—CH_2—CH_2—CH_3 \qquad (CH_3)_2CH—C≡CH$$

二、炔烃的命名

（一）系统命名法

炔烃的系统命名原则与烯烃相似，主链的选择取决于链长，而不是不饱和度。例如：

$$CH_3C≡CH \qquad CH_3C≡CCH_3 \qquad (CH_3)_2CHC≡CH$$

丙炔 　　　 丁-2-炔 　　　 3-甲基丁-1-炔
propyne 　　 but-2-yne 　　 3-methylbut-1-yne

$$\overset{5}{C}H_2\overset{6}{C}H_2\overset{7}{C}H_2\overset{8}{C}H_3$$
$$\overset{1}{C}H_3\overset{2}{C}H_2\overset{3}{C}H_2\overset{4}{C}HC≡CH$$

4-乙炔基辛烷
4-ethynyloctane

$$\overset{3}{C}H_2\overset{2}{C}H_2\overset{1}{C}H_3$$
$$\overset{9}{C}H_3\overset{8}{C}H_2\overset{7}{C}H_2\overset{6}{C}H_2\overset{5}{C}\overset{4}{C}C≡CH$$
$$CH_2CH=CH_2$$

5-烯丙基-4-乙炔基壬-4-烯
5-allyl-4-ethynylnon-4-ene

炔烃分子中去掉一个氢原子即为炔基，称为某炔基。炔基的系统命名原则与烯基一致。例如：

$$—C≡CH \qquad —C≡CCH_3 \qquad —CH_2C≡CH$$

乙炔基 　　 丙-1-炔-1-基（丙炔基） 　　 丙-2-炔-1-基（炔丙基）
ethynyl 　　 prop-1-yn-1-yl（propynyl） 　　 prop-2-yn-1-yl（propargyl）

若分子中同时含有双键和叁键，选择主链时同样优先考虑链的链长，其次再考虑所含重键的数量。编号从靠近重键的一端开始，若有不同选择时，采用最低的数字位次组，若数字位次相同时，采用双键具有低位次的编号方式，书写时先烯后炔。例如：

$$\overset{5}{C}H_3\overset{4}{C}H=\overset{3}{C}H\overset{2}{C}\equiv\overset{1}{C}H$$

戊-3-烯-1-炔

pent-3-en-1-yne

$$\overset{1}{H}C\equiv\overset{2}{C}\overset{3}{C}\equiv\overset{4}{C}CH_2\overset{6}{C}=\overset{7}{C}H_2$$
$$\underset{CH_3}{|}$$

6-甲基庚-6-烯-1,3-二炔

6-methylhepta-6-en-1,3-diyne

$$\overset{6}{H}C\equiv\overset{5}{C}\overset{4}{C}H\overset{3}{C}H_2\overset{2}{C}H=\overset{1}{C}H_2$$
$$\underset{CH_3}{|}$$

4-甲基己-1-烯-5-炔

4-methylhex-1-en-5-yne

$$\overset{5}{H}C\equiv\overset{4}{C}\overset{3}{C}H\overset{2}{C}H=\overset{1}{C}HCH=CH_2$$
$$\underset{\overset{6}{C}H=\overset{7}{C}H_2}{|}$$

5-乙炔基庚-1,3,6-三烯

5-ethynylhepta-1,3,6-triene

（二）衍生物命名法

简单的炔烃习惯上还可采用衍生命名法进行命名，即把它们看作乙炔的一个或两个氢原子被烃基取代的衍生物来命名。例如：

$CH_3C\equiv CCH_3$	$CH_3CH_2C\equiv CCH_3$	$CH_2=CHC\equiv CH$	$(CH_3)_2CHC\equiv CH$
二甲基乙炔	乙基甲基乙炔	乙烯基乙炔	异丙基乙炔
dimethylethyne	ethylmethylethyne	vinylethyne	isopropylethyne

三、炔烃的物理性质

炔烃的物理性质基本上和烷烃、烯烃相似，沸点比对应的烯烃高 10～20℃，并随着碳链增长而增加：$C_2\sim C_4$ 的炔烃是气体，$C_5\sim C_{18}$ 的炔烃是液体，多于 18 个碳原子的炔烃是固体；另外，叁键位于碳链末端的炔烃（又称末端炔烃）的沸点低于叁键位于碳链中间的异构体。炔烃的密度比水小，稍大于对应的烯烃，不溶于水，易溶于苯、丙酮、石油醚和四氯化碳等有机溶剂中。表 6-1 列出了一些炔烃的物理性质。

表 6-1 炔烃的物理性质

名称	熔点/℃	沸点/℃	相对密度（液态时）（d_4^{20}）
乙炔	−81.5（118.7kPa）	−83.4	0.6179
丙炔	−102.7	−23.2	0.6714
丁-1-炔	−125.8	8.7	0.6682
丁-2-炔	−32.2	27.0	0.6937
戊-1-炔	−98	39.7	0.6950
戊-2-炔	−101	55.5	0.7127
3-甲基丁-1-炔	−89.7	29.4	0.6660
己-1-炔	−132	71	0.7195
己-2-炔	−89.6	84	0.7305
己-3-炔	−105	82	0.7255
3,3-二甲基丁-1-炔	−81	38	0.6686
庚-1-炔	−81	99.7	0.7328
辛-1-炔	−79.3	125.2	0.7470

续表

名称	熔点/℃	沸点/℃	相对密度（液态时）(d_4^{20})
壬-1-炔	−50.0	150.8	0.7600
癸-1-炔	−36.0	174.0	0.7650
十八碳-1-炔	28	180（12.7kPa）	0.8025

四、炔烃的化学性质

炔烃的化学性质和烯烃类似，易发生加成、氧化和聚合等反应。但是碳碳叁键官能团中叁键碳原子的杂化和电子分布与双键有所不同，所以炔烃和烯烃的化学性质又有差异，即炔烃的亲电加成反应活泼性不如烯烃，且炔烃叁键碳上的氢显一定的酸性。

炔烃的主要化学反应如下：

$$R—C≡C—H$$
炔氢的弱酸性
炔烃的加成、聚合反应
炔烃的氧化反应

（一）炔氢的反应

碳原子的电负性随杂化时 s 成分的增加而增大，顺序为：$sp^3 < sp^2 < sp$。由于 sp 杂化碳原子的电负性较大，在—C≡C—H 中，C—H 键的极性增加，从而使氢原子具有一定的弱酸性而可以被金属置换。

$$\overset{\delta^-}{H}C≡\overset{\delta^+}{C}—H$$

乙炔或末端炔烃可以和活泼金属反应生成金属炔化物并放出氢气。

$$HC≡CH + 2Na \xrightarrow{110℃} HC≡C^-Na^+ + H_2$$
乙炔钠

$$2RC≡CH + 2Na \longrightarrow 2RC≡CNa + H_2\uparrow$$

乙炔或末端炔烃可在液氨中与氨基钠作用得到炔钠，放出氨气。

$$HC≡CH + NaNH_2 \xrightarrow{液氨} HC≡CNa + NH_3$$

$$RC≡CH + NaNH_2 \xrightarrow{液氨} RC≡CNa + NH_3$$

乙炔钠遇水立即放出乙炔，产生氢氧化钠，说明水的酸性比乙炔强。

$$HC≡C^-Na^+ + H_2O \rightleftharpoons HC≡CH + NaOH$$

酸性次序为

$$H_2O > HC≡CH > NH_3$$

乙炔的酸性很弱，不能使石蕊试纸变红。乙炔与乙烯、乙烷的酸性比较如下：

	H_2O	$HC≡CH$	$CH_2=CH_2$	$CH_3—CH_3$
pK_a	15.7	25	44	50

乙炔或末端炔烃可与硝酸银的氨溶液或氯化亚铜的氨溶液作用，立即生成白色的炔化银沉淀或红棕色的炔化亚铜沉淀。

$$HC\equiv CH + 2[Ag(NH_3)_2]^+ \longrightarrow AgC\equiv CAg\downarrow + 2NH_4^+ + 2NH_3$$

乙炔银（白色）

$$HC\equiv CH + 2[Cu(NH_3)_2]^+ \longrightarrow CuC\equiv CCu\downarrow + 2NH_4^+ + 2NH_3$$

乙炔亚铜（红棕色）

$$RC\equiv CH + [Ag(NH_3)_2]^+ \longrightarrow RC\equiv CAg\downarrow + NH_4^+ + NH_3$$

该反应灵敏，现象明显，可以用于乙炔及末端炔烃的定性鉴别。这些重金属炔化物在干燥状态下受热或震动易发生爆炸，所以反应后应及时加稀硝酸使之分解。

（二）加成反应

1. 加氢反应 炔烃可以用催化加氢或化学试剂还原的方法转变成烯烃。

（1）催化加氢 在常用的催化剂如铂或钯的催化下，炔烃和足够量的氢气反应，首先生成烯烃，进一步反应生成烷烃，反应难以停止在烯烃阶段：

$$R-C\equiv C-R' \xrightarrow[Pd]{H_2} R-HC=CH-R' \xrightarrow[Pd]{H_2} RH_2C-CH_2R'$$

在活性较低的 Lindlar 催化剂（将金属钯的细粉沉淀在碳酸钙上，再用乙酸铅溶液处理而制成）存在下，可以使炔烃的加氢反应停留在生成烯烃的阶段，获得收率较高的顺式烯烃。其他一些催化剂也可以起同样的作用，如沉淀在硫酸钙上的钯粉等。

$$CH_3CH_2C\equiv CCH_2CH_3 \xrightarrow[H_2]{Lindlar催化剂} \begin{matrix} CH_3CH_2 \\ \diagdown \\ H \end{matrix} C=C \begin{matrix} CH_2CH_3 \\ \diagup \\ H \end{matrix}$$ 顺式加成（90%）

(Z)-己-3-烯

由于吸附在催化剂表面的氢分子在炔烃的同侧，所以得到的是顺式烯烃。

（2）还原氢化 炔烃在液氨（-33℃）中用碱金属（锂、钠、钾）还原，生成反式烯烃。

$$CH_3CH_2C\equiv CCH_2CH_3 \xrightarrow[液氨]{Na} \begin{matrix} CH_3CH_2 \\ \diagdown \\ H \end{matrix} C=C \begin{matrix} H \\ \diagup \\ CH_2CH_3 \end{matrix}$$ 反式加成

(E)-己-3-烯

2. 亲电加成 炔烃同烯烃一样，也能与卤素、卤化氢、水等试剂发生亲电加成反应。

（1）与卤素加成 炔烃与卤素的加成反应主要是反式加成，分两步进行，首先与卤素加成生成邻二卤代烯，然后继续加成得到四卤代烷烃。

微课：炔烃的
亲电加成

$$H_3C-C\equiv CH \xrightarrow{Br_2/CCl_4} \begin{matrix} CH_3 \\ \diagdown \\ Br \end{matrix} C=C \begin{matrix} Br \\ \diagup \\ H \end{matrix} \xrightarrow{Br_2/CCl_4} CH_3-\overset{\overset{\displaystyle Br}{|}}{C}-\overset{\overset{\displaystyle Br}{|}}{C}-H$$

反-1,2-二溴丙烯   1,1,2,2-四溴丙烷

由于加成后生成的邻二卤代烯中，两个卤原子都连接在双键碳原子上，其产生的吸电子诱导效应（-I）使碳碳双键的 π 电子云密度降低，亲电加成活性减弱，所以反应可以停留在第一步，得到反式邻二卤代烯。

炔烃与卤素加成的反应机制和烯烃与卤素加成的反应机制相似。

$$R-C\equiv C-R' + Br_2 \longrightarrow R-\overset{+}{C}=C-R' \longrightarrow \underset{Br}{\overset{R}{\underset{}{}}}C=C\overset{Br}{\underset{R'}{}}$$

由于 sp 杂化的碳原子的电负性比 sp² 杂化的碳原子的电负性大，因而电子受到原子核的束缚较强，尽管叁键比双键多一对电子，但与烯烃相比，不易给出电子与亲电试剂结合，因此炔烃与卤素的亲电加成反应活性比烯烃小，反应速率慢。例如，烯烃可使溴的四氯化碳溶液立即褪色，炔烃却需要几分钟才能使之褪色。当分子中同时存在双键和叁键，卤素首先加成到双键上。例如：

$$CH_2\!=\!CH\!-\!CH_2\!-\!C\equiv CH + Br_2 \longrightarrow CH_2\!-\!CH\!-\!CH_2\!-\!C\equiv CH$$
$$\underset{Br\quad Br}{|\quad\ |}$$

4,5-二溴戊-1-炔

（2）与卤化氢加成　炔烃与烯烃一样，可与卤化氢加成。炔烃与卤化氢加成的速率比烯烃小，反应分两步进行，首先与卤化氢加成得到卤代烯烃，继续反应后得到偕二卤代烷烃。炔烃与卤化氢加成大多数为反式加成，不对称炔烃与卤化氢加成，两步均符合马氏规则。

$$CH\equiv CR \xrightarrow{HX} \underset{H}{\overset{H}{}}C=C\underset{X}{\overset{R}{}} \xrightarrow{HX} H-\overset{H}{\underset{H}{C}}-\overset{X}{\underset{X}{C}}-R \quad X=I, Br, Cl$$

卤素的吸电子诱导效应导致卤代烯烃继续加成变得困难，因此反应可停留在生成卤代烯烃的阶段。

$$CH_3CH_2C\equiv CR \xrightarrow{HBr} CH_3CH_2C\!=\!CH_2 \xrightarrow{HBr} CH_3CH_2-\overset{Br}{\underset{Br}{C}}-CH_3$$
$$\underset{Br}{|}$$

2-溴丁-1-烯　　　　　　2,2-二溴丁烷

乙炔和氯化氢的加成要在氯化汞催化下才能顺利进行。例如：

$$CH\equiv CH + HCl \xrightarrow{HgCl_2} CH_2\!=\!CHCl \xrightarrow{HCl} CH_3CHCl_2$$

氯乙烯　　　　　1,1-二氯乙烷

氯乙烯是合成聚氯乙烯塑料的单体。

和烯烃相似，炔烃与溴化氢的反应也存在过氧化物效应，反应机制为自由基加成，得到反马氏规则产物。例如：

$$n\text{-}C_4H_9C\equiv CH \xrightarrow[\text{过氧化物}]{HBr} n\text{-}C_4H_9CH\!=\!CHBr \xrightarrow[\text{过氧化物}]{HBr} n\text{-}C_4H_9\overset{Br}{\underset{}{CH}}CH_2Br$$

（3）与水加成　在稀硫酸溶液中，用汞盐作催化剂，炔烃可以和水发生加成反应。反应首先生成烯醇，这种羟基直接和双键碳原子相连的烯醇很不稳定，很快会发生异构化，形成稳定的羰基化合物。例如，乙炔在 10%硫酸和 5%硫酸汞水溶液中发生加成反应，生成乙醛。这是工业上生产乙醛的方法之一：

$$CH \equiv CH + H_2O \xrightarrow[H_2SO_4]{HgSO_4} \left[\begin{array}{c} OH \\ | \\ H_2C = CH \end{array} \right] \longrightarrow CH_3 - \overset{O}{\overset{\|}{C}} - H$$

乙烯醇   乙醛

烯醇中羟基氢可以转移到相邻的双键碳上形成醛或酮,而醛或酮的 α-碳原子上的活泼氢原子也可以转移到羰基氧上形成烯醇,烯醇和醛或酮的结构上只是一个氢原子的位置和电子分布不同。活泼 α-H 以质子(H$^+$)形式相互转移的现象称为互变异构。烯醇式和酮式这两个结构之间存在着一个平衡,可相互转化。由于酮式结构比烯醇式结构稳定得多,所以在平衡体系中,绝大多数是醛或酮。

$$CH_3\overset{O-H}{\overset{|}{C}} = CHCH_3 \Longleftrightarrow CH_3\overset{O}{\overset{\|}{C}} - CHCH_3$$

烯醇式   酮式

不对称炔烃与水的加成反应遵从马氏规则,乙炔加水生成醛,其他炔烃与水加成均生成酮。例如:

$$RC \equiv CH + H_2O \xrightarrow[H_2SO_4]{HgSO_4} \left[\begin{array}{c} H_2C = CR \\ | \\ OH \end{array} \right] \xrightarrow{重排} H_3C - \overset{O}{\overset{\|}{C}} - R$$

$$\text{苯基}-C \equiv CH + H_2O \xrightarrow[HgSO_4]{H_2SO_4} \text{苯基}-\overset{O}{\overset{\|}{C}} - CH_3$$

苯乙酮

(4)硼氢化反应   炔烃也可通过硼氢化的方法得到羰基化合物。炔烃和乙硼烷发生加成反应得到三烯基硼烷。不对称炔烃与硼烷加成时具有立体选择性,通常硼烷中的硼原子加在含炔氢的碳原子上,得到顺式加成产物。

三烯基硼烷用碱性过氧化物处理生产烯醇,然后通过互变异构得到醛或酮。

$$6RC \equiv CH \xrightarrow{B_2H_6} 2 \left[\begin{array}{c} R \quad H \\ C=C \\ H \quad H \end{array} \right]_3 B \xrightarrow[OH^-]{H_2O_2} 6 \left[\begin{array}{c} R \quad H \\ C=C \\ H \quad OH \end{array} \right] \longrightarrow 6RCH_2CHO$$

$$\text{苯基}-C \equiv CH + H_2O \xrightarrow[②H_2O_2, OH^-]{①B_2H_6} \text{苯基}-CH_2-\overset{O}{\overset{\|}{C}}H$$

苯乙醛

三烯基硼烷用乙酸处理后生成顺式烯烃。

$$3 \ C_2H_5C \equiv CC_2H_5 \xrightarrow{B_2H_6} \left[\begin{array}{c} H_5C_2 \quad C_2H_5 \\ C=C \\ H \end{array} \right]_3 B \xrightarrow{3CH_3COOH} 3 \begin{array}{c} H_5C_2 \quad C_2H_5 \\ C=C \\ H \quad H \end{array}$$

顺己-3-烯

3. 亲核加成   炔烃还能与 HCN、ROH、RCOOH 等试剂作用发生加成反应。这类试剂的活性中心是带负电荷部分或电子云密度较大的部位,其具有亲核性,称为亲核试剂(nucleophilic reagent)。由亲核试剂引起的加成反应称为亲核加成 (nucleophilic addition) 反应。烯烃通常不发生此类反应。

（1）加氢氰酸　乙炔与氢氰酸进行加成反应，生成丙烯腈。丙烯腈是合成聚丙烯腈纤维（商品名"腈纶"，俗称"人造羊毛"）的重要单体，也是制备某些药物的原料。

$$HC\equiv CH + HCN \xrightarrow{CuCl_2} CH_2=CH-CN$$
丙烯腈

（2）加醇　乙炔与乙醇在碱催化，一定的温度和压力下反应生成乙烯基乙醚：

$$HC\equiv CH + CH_3CH_2OH \xrightarrow[150\sim180℃\ 加压]{碱} H_2C=CH-O-C_2H_5$$
乙烯基乙醚

乙烯基乙醚聚合后得到聚乙烯基乙醚，常用作黏合剂。

（3）加羧酸　将乙炔通入乙酸锌的乙酸溶液中，在一定温度下反应得到乙酸乙烯酯：

$$HC\equiv CH + CH_3COOH \xrightarrow[170\sim210℃]{Zn(OAc)_2/活性炭} H_2C=CH-O-\overset{\displaystyle O}{\overset{\displaystyle \|}{C}}-CH_3$$
乙酸乙烯酯

乙酸乙烯酯是制备各种聚合物的原料,这种聚合物主要以胶乳形式用于乳胶漆、表面涂料、黏合剂等。

（三）氧化反应

炔烃经臭氧或高锰酸钾氧化，可发生碳碳叁键的断裂，生成羧酸或二氧化碳。例如，

$$CH_3CH_2CH_2C\equiv CCH_3 \xrightarrow[②H_2O]{①O_3} CH_3CH_2CH_2COOH + CH_3COOH$$

$$RC\equiv CH \xrightarrow{KMnO_4}{H^+} RCOOH + CO_2$$

$$RC\equiv CR' \xrightarrow{KMnO_4}{H^+} RCOOH + R'COOH$$

根据氧化后所得产物的结构可推测反应物炔烃的结构。

（四）聚合反应

乙炔在不同的催化剂作用下，可有选择地聚合成链形或环状化合物。与烯烃不同，炔烃一般不形成高聚物。例如，在氯化亚铜和氯化铵的作用下，乙炔可以发生二聚或三聚反应，这种聚合反应可以看作乙炔的自身加成反应：

$$CH\equiv CH + CH\equiv CH \xrightarrow[NH_4Cl]{CuCl_2} CH_2=CH-C\equiv CH \xrightarrow[NH_4Cl]{CuCl_2} CH_2=CH-C\equiv C-CH=CH_2$$
乙烯基乙炔　　　　　　　　二乙烯基乙炔

乙炔在高温（400～500℃）可以发生环形聚合作用，生成苯，产量很低。用三苯基膦羰基镍[(C₆H₅)₃PNi(CO)₂]作催化剂，在60～70℃、1.5MPa于苯中反应，苯的产率可达80%。

$$\begin{array}{c}HC{\nwarrow}^{CH} \\ HC{\swarrow}_{CH}\end{array} + \begin{array}{c}CH \\ \| \\ CH\end{array} \xrightarrow[60\sim70℃,1.5MPa]{[Ph_3PNi(CO)_2]} \bigcirc$$

除了三聚环状物外，乙炔在四氢呋喃中，经氰化镍催化，在一定温度、压力下可生成环辛四烯：

$$\underset{\substack{\text{Ni(CN)}_2,\ \text{THF} \\ 80\sim120^{\circ}\text{C},\ 1.5\text{MPa}}}{\longrightarrow}$$

第二节　二　烯　烃

一、二烯烃的分类和命名

分子中含有两个碳碳双键的碳氢化合物称为双烯烃或二烯烃，开链二烯烃的通式为 C_nH_{2n-2}，与碳原子数相同的炔烃是同分异构体。二烯烃的性质与分子中两个双键的相对位置有密切的关系，根据两个双键的相对位置可将二烯烃分为三类。

（一）分类

1. 累积二烯烃（cumulative diene）　两个双键连在同一个碳原子上的二烯烃如丙二烯（ CH_2＝C＝CH_2 ）。含有此结构的化合物不稳定，比较少见。

2. 共轭二烯烃（conjugated diene）　两个双键被一个单键隔开的二烯烃，如丁-1,3-二烯（ CH_2＝CH—CH＝CH_2 ）。由于两个双键的相互影响，它们有一些独特的物理性质和化学性质。

3. 隔离二烯烃（isolated diene）　两个双键之间隔着两个或两个以上单键的二烯烃。例如，戊-1,4-二烯（ CH_2＝CH—CH_2—CH＝CH_2 ），由于两个双键相距较远，彼此间的影响较小，因此化学性质与单烯烃相似。

（二）命名

二烯烃的系统命名与烯烃相似。例如：

$$\underset{\substack{|\\ CH_3}}{CH_2\text{＝}CCH\text{＝}CH_2}$$

2-甲基丁-1,3-二烯（异戊二烯）
2-methylbuta-1,3-diene（isoprene）

$$\underset{\substack{|\\ CH_3}}{CH_3CHCH\text{＝}CHCH\text{＝}CH_2}$$

5-甲基己-1,3-二烯
5-methylhexa-1,3-diene

双键不在链端的二烯烃若有顺反异构，通常用"(Z)/(E)"表明双键的构型。例如：

(2E,4Z)-3-甲基庚-2,4-二烯
(2E,4Z)-3-methylhepta-2,4-diene

(2Z,4E)-3-甲基庚-2,4-二烯
(2Z,4E)-3-methylhepta-2,4-diene

(2E,4E)-3-甲基庚-2,4-二烯
(2E,4E)-3-methylhepta-2,4-diene

(2Z,4Z)-3-甲基庚-2,4-二烯
(2Z,4Z)-3-methylhepta-2,4-diene

在共轭二烯烃中两个双键中的单键存在着一些双键的特征，所以单键的旋转也受到一定的

阻碍，围绕共轭双键间的单键旋转，可产生两种构象，命名时可用 s-顺和 s-反表示，"s"取自英语"单键"（single bond）的第一个字母。

以丁-1,3-二烯为例，一个构象是分子中的两个双键位于 C2—C3 单键的同侧，用 s-顺表示，另一个构象是分子中的两个双键位于 C2—C3 单键的异侧，用 s-反表示。通常 s-反构型比 s-顺构型稳定。

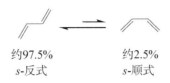

约97.5%　　　　　　约2.5%
s-反式　　　　　　　s-顺式

二、共轭二烯烃的结构

丁-1,3-二烯是最简单的共轭二烯烃，以其为例说明共轭二烯烃的结构特点。在丁-1,3-二烯分子中，四个碳原子均为 sp² 杂化，相邻碳原子之间均以 sp² 杂化轨道轴向重叠形成 C—C σ键，其余的 sp² 杂化轨道分别与氢原子的 1s 轨道形成 C—H σ键。由于每个碳原子的三个 sp² 杂化轨道都处于同一平面上，所以丁-1,3-二烯是一个平面型分子。每个 sp² 杂化的碳原子还有一个未参与杂化的 p 轨道，这些 p 轨道均垂直于分子平面且彼此间互相平行。分子中的两个 π 键是由 C1—C2 及 C3—C4 之间 p 轨道分别侧面重叠形成的，这两个 π 键靠得很近，在 C2 和 C3 间可发生一定程度的重叠，这使得两个 π 键不是孤立存在，而是相互结合成一个整体，称为 π-π 共轭体系，通常把这个整体称为大 π 键，见图 6-4。

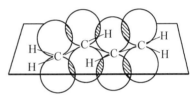

图 6-4　丁-1,3-二烯分子中 p 轨道重叠示意图

由于 π 电子不再局限（定域）在 C1 和 C2 或 C3 和 C4 两个原子之间，而是在整个分子中运动，即 π 电子发生了离域，每个 π 电子均受到四个碳原子核的吸引，分子内能降低，稳定性增强，这可从氢化热数据反映出来。例如，戊-1-烯的氢化热为 126kJ·mol⁻¹，戊-1,4-二烯的氢化热为 254kJ·mol⁻¹，而具有共轭体系的戊-1,3-二烯的氢化热为 226kJ·mol⁻¹，比戊-1,4-二烯的氢化热小 28kJ/mol，说明戊-1,3-二烯比戊-1,4-二烯的内能低，具有较高的稳定性。这种能量差值是由共轭体系内电子离域引起的，所以称为离域能或共轭能（delocalization energy）。共轭体系越长，离域能越大，体系的能量越低，化合物越稳定。

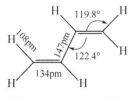

图 6-5　丁-1,3-二烯分子中的键长和键角

同时，由于电子的离域，分子中碳原子之间的键长发生了改变，单键缩短，单键和双键的键长有平均化的趋势（图 6-5）。

三、共轭二烯烃的化学性质

（一）加成反应

与烯烃类似，共轭二烯烃可以与卤素、卤化氢等亲电试剂发生加成反应。与烯烃加成反应不同的是，共轭二烯烃的加成产物有两种：1,2-加成产物和1,4-加成产物。例如，丁-1,3-二烯与溴反应时，既得到 3,4-二溴丁-1-烯，还得到了 1,4-二溴丁-2-烯：

$$CH_2=CH-CH=CH_2 + Br_2 \longrightarrow CH_2=CH-\underset{\underset{Br}{|}}{C}H-\underset{\underset{Br}{|}}{C}H_2 + H_2C-CH=CH-\underset{\underset{Br}{|}}{C}H_2$$
$$\qquad\qquad\qquad\qquad\qquad\qquad\qquad \underset{Br}{|}$$

$$CH_2=CH-CH=CH_2 + HBr \longrightarrow CH_2=CH-\underset{\underset{Br}{|}}{C}H-CH_3 + H_2C-CH=CH-CH_3$$
$$\qquad\qquad\qquad\qquad\qquad\qquad\qquad \underset{Br}{|}$$

1,2-加成产物　　　　　　1,4-加成产物

当共轭二烯烃和亲电试剂加成时,有两种加成方式。一种是亲电试剂只和共轭二烯烃中的一个单独的双键反应,反应的结果是亲电试剂的两部分加在两个相邻的碳原子上,称为 1,2-加成,得到的产物为 1,2-加成产物。另一种是亲电试剂的两部分加在共轭二烯两端的碳原子上,同时在中间两个碳原子之间形成一个新的双键,称为 1,4-加成,得到的产物为 1,4-加成产物。1,4-加成是共轭二烯烃的特征反应。1,2-加成和 1,4-加成反应总是伴随进行,哪种产物为主,受共轭二烯烃的结构、试剂和反应温度等反应条件的影响。

1. 反应机制　共轭二烯烃与卤素、卤化氢的加成按亲电加成机制进行,反应分两步,以丁-1,3-二烯与溴化氢的加成为例说明。

第一步:首先生成碳正离子中间体。亲电试剂 H⁺ 进攻双键碳原子,加成可能发生在 C1 或 C2 上,分别生成活性中间体烯丙基碳正离子(Ⅰ)或伯碳正离子(Ⅱ):

$$H_2\overset{4}{C}=\overset{3}{C}H-\overset{2}{C}H=\overset{1}{C}H_2 + HBr \longrightarrow \begin{cases} H_2C=CH-\overset{+}{C}H-CH_3 + Br^- \quad (Ⅰ) \\[2ex] H_2C=CH-CH_2-\overset{+}{C}H_2 + Br^- \quad (Ⅱ) \end{cases}$$

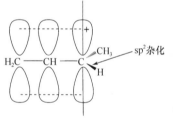

在烯丙基碳正离子(Ⅰ)中 C2 是 sp² 杂化,它的空 p 轨道可以和 C3、C4 间的 π 键重叠,形成 p-π 共轭体系,π 电子离域到空的 p 轨道上,使正电荷得到分散,碳正离子趋向稳定(图 6-6)。

而在伯碳正离子(Ⅱ)中,带正电荷碳原子的空 p 轨道不能和 π 键的 p 轨道发生重叠,所以正电荷得不到分散,体系能量较高。因此,碳正离子(Ⅰ)比碳正离子(Ⅱ)稳定,加成反应的第一步主要是通过形成更稳定的碳正离子(Ⅰ)活性中间体进行的。

图 6-6　烯丙基碳正离子的 p-π 共轭

第二步:溴负离子与活性中间体反应生成加成产物。由于 π 电子离域,共轭体系内极性交替存在。在碳正离子(Ⅰ)中的 π 电子云不是平均分布在这三个碳原子上,而是正电荷主要集中在 C2 和 C4 上,所以 Br⁻ 可以加在共轭体系的两端(C2 和 C4),分别生成 1,2-加成产物和 1,4-加成产物。

$$\underset{4}{H_2C}=\underset{3}{\overset{+}{C}H}-\underset{2}{C}H-\underset{1}{CH_3} \longleftrightarrow \underset{4}{H_2\overset{+}{C}}-\underset{3}{C}H=\underset{2}{C}H-\underset{1}{CH_3}$$

$$\underset{4}{H_2\overset{\delta^+}{C}}\text{---}\underset{3}{C}H\text{---}\underset{2}{\overset{\delta^+}{C}H}-\underset{1}{CH_3} + Br^- \longrightarrow \begin{cases} \xrightarrow{1,2\text{-加成}} H_2C=CH-\underset{\underset{Br}{|}}{C}H-CH_3 \\[3ex] \xrightarrow{1,4\text{-加成}} H_2C-CH=CH-CH_3 \\ \underset{Br}{|} \end{cases}$$

2. 两种加成产物的比率　共轭二烯烃的 1,2-加成和 1,4-加成反应是同时进行的,两种反

应的产物比率取决于反应物的结构、反应温度等条件。例如，丁-1,3-二烯和溴化氢加成，一般低温有利于 1,2-加成，高温有利于 1,4-加成：

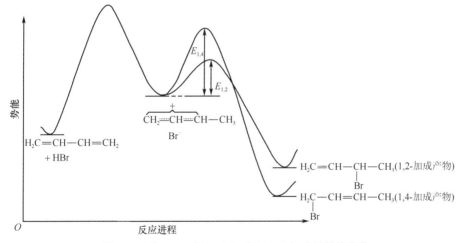

以上反应中，1,2-加成和 1,4-加成的第一步是相同的，都生成稳定的烯丙基碳正离子中间体，而反应条件对产物比率的影响主要体现在第二步。用共振论来解释：烯丙基碳正离子的实际结构为共振杂化体，用共振式表示如下：

其中(I)为仲碳离子，(II)为伯碳离子，(I)比(II)稳定，对共振杂化体贡献更大。因此，第二步反应中 C2 比 C4 容易接受 Br^- 进攻，这样 1,2-加成所需的活化能（E）就比 1,4-加成所需的活化能小（图 6-7），反应速率大。在低温下，该加成反应以 1,2-加成为主，可见反应比率是由反应速率决定的。这种化学反应向多种产物方向转变时，在反应未达到平衡时，由反应速率控制产物比率的现象称为动力学控制。

图 6-7 丁-1,3-二烯 1,2-加成和 1,4-加成的势能变化

由于加成产物烯丙基溴中 C—Br 键在较高温度下能电离生成烯丙基碳正离子和溴负离子，1,2-加成和 1,4-加成产物之间通过烯丙基碳正离子相互转化，并形成动态平衡，且 1,4-加成产物比 1,2-加成产物稳定：

所以，在较高温度下产物由两个异构体之间的平衡决定，即产物比率是由产物的稳定性决定的。这种利用达到平衡时产物的稳定性控制产物比率的现象称为热力学控制。

（二）双烯合成

1928 年，德国化学家第尔斯（Diels）和阿尔德（Alder）发现：共轭二烯烃可与含双键或叁键的不饱和化合物发生 1,4-加成反应，生成具有六元环状结构的化合物，人们将这种特殊的环加成反应称为第尔斯-阿尔德反应，也称双烯合成（diene synthesis）。

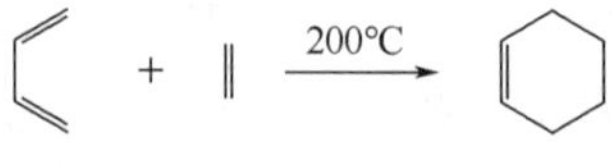

$$\text{（反应式）} \xrightarrow{200℃} \text{环己烯}$$

反应中，含有共轭二烯结构的化合物称为双烯体（diene）。与共轭二烯烃发生反应的含双键或叁键的化合物称为亲双烯体（dienophile）。当亲双烯体的不饱和键上连有—CHO、—COR、—COOR、—CN、—NO$_2$ 等吸电子基团时反应有利。

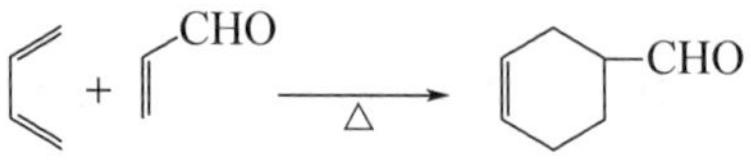

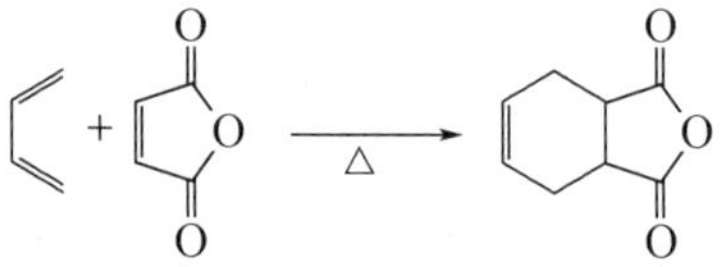

第尔斯-阿尔德反应是立体专一的顺式加成反应，加成产物仍保持双烯体和亲双烯体原来的构型。例如：

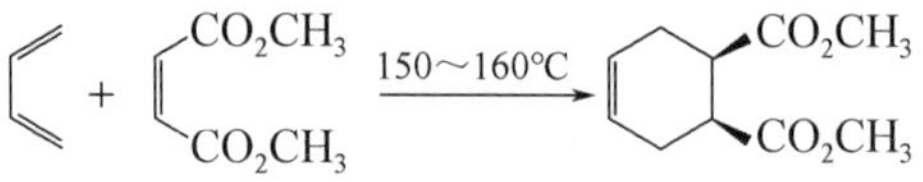

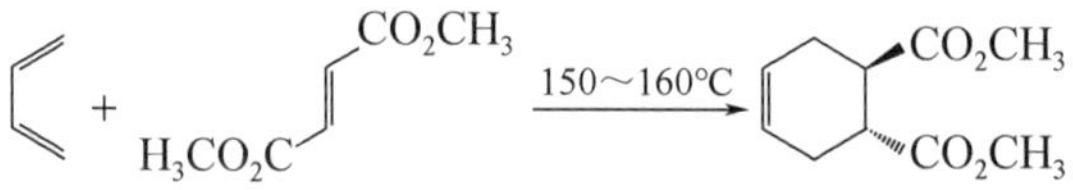

第尔斯-阿尔德反应是一步完成的。反应时，反应物分子彼此靠近，相互作用，形成一个环状过渡态，然后逐渐转化为产物分子。即旧键的断裂和新键的形成是相互协调地在同一步骤中完成，没有活泼的中间体产生，具有这种特点的反应称为协同反应（synergistic reaction）。协同反应的机制要求双烯体的两个双键必须取 s-顺式构象，s-反式构象的双烯体不能发生此类反应。

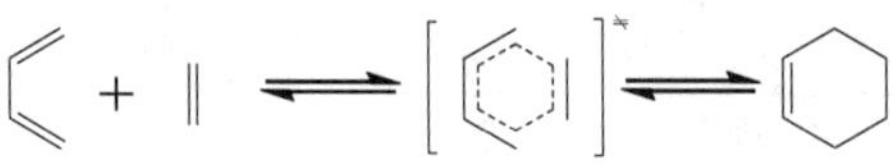

在化学反应过程中，能形成环状过渡态的协同反应统称为周环反应（pericyclic reaction）。这类反应与前面章节中学过的自由基反应机制或离子反应机制不同，反应是由电子重新组织，经过四或六电子中心环的过渡态而进行。

周环反应主要包括电环化反应、环加成反应及 σ 键迁移反应，共轭二烯烃的第尔斯-阿尔德反应就属于其中的环加成反应。

周环反应具有如下特点。

（1）反应过程中，化学键的断裂和形成是相互协调地同时发生于过渡态结构中，为多中心的一步反应。

（2）反应过程中没有自由基或离子这一类活性中间体产生。

（3）反应速率极少受溶剂的极性和酸、碱催化剂的影响，也不受自由基引发剂或抑制剂影响。

（4）反应条件一般只需要加热或光照，而且在加热条件下得到的产物和在光照条件下得到的产物具有不同的立体选择性，是高度空间定向反应。

（三）聚合反应

天然橡胶是由三叶橡胶树的白色胶乳经加工制得的，其基本化学组成是顺-1,4-聚异戊二烯。

$$\left(\underset{H_3C}{\overset{}{\diagup}}\diagdown\diagup\underset{H_3C}{\overset{}{\diagdown}}\diagup\diagdown\right)_n$$

天然橡胶软且发黏，需要经过"硫化"处理后才能进行加工，制成橡胶制品。

合成橡胶是由一种共轭二烯烃聚合或由共轭二烯烃与其他烯烃共同聚合得到的高分子聚合物。合成橡胶的出现不但弥补了天然橡胶在数量上的不足，而且在某些性能方面还胜过天然橡胶，如顺丁橡胶的耐磨性和耐寒性比天然橡胶好。顺丁橡胶是由丁-1,3-二烯在齐格勒-纳塔催化剂作用下得到的。

$$n\,H_2C{=}CH{-}CH{=}CH_2 \xrightarrow[60℃]{Na} {\left(CH_2{-}CH{=}CH{-}CH_2\right)}_n$$

聚丁二烯(丁钠橡胶)

$$n\,H_2C{=}CH{-}CH{=}CH_2 \xrightarrow{催化剂} \left[\begin{array}{c}H_2C\quad\ CH_2\\ \diagup\!\diagdown\ \diagup\!\diagdown\\ H\qquad\ H\end{array}\right]_n$$

顺-1,4-聚丁二烯(顺丁橡胶)

小　结

1. 炔烃的结构：碳原子的 sp 杂化，碳碳叁键。
2. 炔烃的异构现象；掌握炔烃的命名（系统命名与烯烃相似）。
3. 炔烃的物理性质；掌握炔烃的化学性质：炔氢的反应，催化氢化，与 X_2、HX、H_2O 亲电加成，硼氢化反应，亲核加成，氧化反应，聚合反应。
4. 二烯烃的分类；掌握二烯烃的命名（与烯烃相似）。
5. 共轭二烯烃的结构：碳原子 sp^2 杂化，碳碳双键，π-π 共轭。
6. 共轭二烯烃的化学性质：1,2-加成，1,4-加成，双烯合成；了解周环反应。

（河北中医学院）

本章 PPT

第七章

脂 环 烃

学习目的　本章内容是学习后续章节必备的基础知识，重点阐述脂环烃的分类和命名、环烷烃的性质、环烷烃的结构及其稳定性等基本知识、基本理论和基本概念，以此掌握脂环烃的结构与性质，为以后学习有机环状化合物（包括甾体、萜类、环酮或大环内酯等）的结构特征、理化性质奠定基础。

学习要求　了解脂环烃的分类；掌握脂环烃的命名。了解环己烷的构象（船式和椅式）。掌握环烷烃的化学性质，以及取代和加成。了解重要的脂环烃。

第一节　脂环烃的分类和命名

结构上具有环状碳架，性质上与链烃相似的烃类，称为脂环烃（alicyclic hydrocarbons）。脂环烃及其衍生物广泛存在于自然界。

一、脂环烃的分类

（1）根据环上是否有不饱和键可分为环烷烃、环烯烃和环炔烃。例如：

　　　　环戊烷　　　　　环戊烯　　　　　环辛炔

（2）根据分子中碳环的数目可分为单环、双环和多环脂环烃。

单环脂环烃根据成环碳原子数可分为：小环（3~4个碳原子）、普通环（5~7个碳原子）、中环（8~11个碳原子）、大环（12个碳原子及以上）。

在双环和多环脂环烃中，根据分子内两个或两个以上碳环共用的碳原子数分为：螺环烃、稠环烃和桥环烃。

两个碳环共用一个碳原子的脂环烃称为螺环烃。例如：

两个碳环共用两个碳原子的脂环烃称为稠环烃。例如：

两个或两个以上碳环共用两个或两个以上碳原子的脂环烃称为桥环烃。例如：

二、脂环烃的命名

（一）单环脂环烃

单环脂环烃（monocyclic hydrocarbons）的命名与链烃类似，只需要在相应的链烃名称前加"环"字。

环上有支链时，一般以环为母体、支链为取代基进行命名。例如：

环己烷　　　　　甲基环己烷　　　　　乙基环戊烷
cyclohexane　　methylcyclohexane　　ethylcyclopentane

若环上有多个取代基，要对环碳原子进行编号，编号遵守最低位次组原则。例如：

2-乙基-1,4-二甲基环己烷
2-ethyl-1,4-dimethylcyclohexane

环上有不饱和键时，编号从不饱和碳原子开始，并使取代基编号较小。例如：

4-甲基环己烯　　　　　5-甲基环戊-1,3-二烯
4-methylcyclohexene　　5-methylcyclopenta-1,3-diene

环上取代基比较复杂时，可将链作母体、环作取代基进行命名。例如：

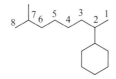

2-环己基-7-甲基辛烷
2-cyclohexyl-7-methyloctane

（二）螺环烃

两个碳环共用一个碳原子的脂环烃称为螺环烃（spiro hydrocarbons），共用的碳原子称为螺原子。根据所含螺原子的数目，螺环烃可分为单螺、双螺等。

1. 单螺的命名

母体：根据成环碳原子总数称为"螺［　］某烃"。方括号内，列出每个碳环除螺原子外的环碳原子数，由小到大，数字之间用圆点隔开。

编号：从小环的紧邻螺原子的环碳原子开始，通过螺原子编到大环。若环上有取代基，应使取代基编号尽可能小。例如：

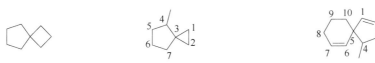

螺[3.4]辛烷　　　4-甲基螺[2.4]庚烷　　　4-甲基螺[4.5]癸-1,6-二烯
spiro[3.4]octane　　4-methylspiro[2.4]heptane　　4-methylspiro[4.5]deca-1,6-diene

2. 多螺的命名

母体：根据成环碳原子总数称为"双螺［ ］某烃"、"三螺［ ］某烃"等。

编号：从较小的端环中紧邻螺原子的环碳原子开始，顺次编号，并使螺原子的编号较小。按照编号顺序，在方括号内依次列出除螺原子外的环碳原子数及各螺原子间所夹的碳原子数，并在最后两个碳原子数右上方标注两个螺原子的位次。例如：

双螺[5.1.6^8.2^6]十六烷

dispiro[5.1.6^8.2^6]hexadecane

（三）桥环烃

两个或两个以上碳环共用两个或两个以上碳原子的脂环烃，称为桥环烃（bridged hydrocarbons）。将桥环烃变为链形时需要断裂碳链，根据断裂碳链的数目确定环数。如需断裂两次称为双环，断裂三次称为三环等。

1. 双环烃的命名

母体：将环数冠于词头，根据成环的碳原子总数称为"双环［ ］某烃"。方括号内列出每桥所含碳原子数（桥头碳除外），由大到小，数字之间用圆点隔开。

编号：从第一个桥头碳原子（即两个环连接处的碳原子，双环有两个桥头碳原子）开始沿最长的桥编到另一个桥头碳原子，再沿次长桥回到第一个桥头碳原子，最短的桥最后编。并使取代基有较小位次。

双环[2.2.1]庚烷

bicyclo[2.2.1]heptane

2,7,7-三甲基双环[2.2.1]庚烷

2,7,7-trimethylbicyclo[2.2.1]heptane

5-甲基双环[3.2.1]辛-2-烯

5-methylbicyclo[3.2.1]oct-2-ene

2. 三环烃的命名

母体：将环数冠于词头，根据成环的碳原子总数称为"三环［ ］某烃"。

编号：先确定主环，取含碳数最多的环为主环（例中最大的环为七元环，是主环，C1 和 C5 为主桥头碳），从第一个主桥头碳原子开始沿最长桥编到另一个主桥头碳原子，再沿次长桥回到第一个桥头碳原子，最短的桥最后编。并使取代基有较小位次。在三环烃中，除一对主桥头碳原子外，还有一对次桥头碳原子（例中 C2 和 C4 为次桥头碳）。方括号内列出每桥所含碳原子数（桥头碳除外），由大到小，数字之间用圆点隔开（例中方括号内的前三个数字 3、2、1 为主桥的碳原子数；最后一个数字 0 为次桥的碳原子数，上标为次桥头碳编号，中间用逗号隔开）。

三环[3.2.1.0^{2,4}]辛烷

tricyclo[3.2.1.0^{2,4}]octane

（四）稠环烃

两个碳环共用两个碳原子的脂环烃称为稠环烃。它可以当作相应芳烃的氢化物来命名，也可以按照桥环烃的命名方法命名。例如：

双环[1.1.0]丁烷　　　　　　　　　双环[4.4.0]癸烷（十氢萘）

bicyclo[1.1.0]butane　　　　　　　bicyclo[4.4.0]decane（decalin）

对于一些结构复杂的化合物常用俗名。例如：

立方烷　　　金刚烷

cubane　　　adamantane

第二节　环烷烃的性质

一、环烷烃的物理性质

常温常压下，脂环烃中的小环一般为气态，普通环为液态，中环及大环为固态。环烷烃的熔点、沸点和相对密度均比碳原子数相等的开链烷烃高。表 7-1 是几种环烷烃的物理常数。

表 7-1　环烷烃的物理常数

名称	熔点/℃	沸点/℃	相对密度（d_4^{20}）
丙烷	−187.1	−42.2	0.5824
环丙烷	−127.6	−32.9	0.7200
丁烷	−135.0	−0.5	0.5788
环丁烷	−80.0	12.0	0.7038
戊烷	−129.3	36.1	0.6264
环戊烷	−93.9	49.3	0.7457
己烷	−94.0	68.7	0.6594
环己烷	6.5	80.8	0.7786
庚烷	−90.5	98.4	0.6837
环庚烷	−12.0	118.5	0.8098
辛烷	−56.8	125.6	0.7028
环辛烷	14.3	150.0	0.8349

二、环烷烃的化学性质

小环烷烃与烯烃相似。分子不稳定，比较容易发生开环反应。五环以上的环烷烃，化学性质与链烷烃相似，对一般试剂表现不活泼，也不易发生开环反应。

（一）加成反应

1. 催化加氢　环烷烃催化加氢，加氢时环破裂而成为开链烷烃。

$$\triangle \quad + \quad H_2 \quad \xrightarrow[80℃]{Ni} \quad CH_3CH_2CH_3$$

$$\square \quad + \quad H_2 \quad \xrightarrow[200℃]{Ni} \quad CH_3CH_2CH_2CH_3$$

五元以上的环烷烃在上述条件下很难发生开环反应。

2. 与卤素加成　环丙烷、环丁烷与烯烃类似，能与卤素发生亲电加成反应。

$$\triangle \quad + \quad Br_2 \quad \xrightarrow[室温]{CCl_4} \quad \underset{Br}{CH_2CH_2CH_2} \underset{Br}{}$$

$$\square \quad + \quad Br_2 \quad \xrightarrow[\triangle]{CCl_4} \quad \underset{Br}{CH_2CH_2CH_2CH_2} \underset{Br}{}$$

五元以上的环烷烃很难与溴加成，随着温度的升高可发生自由基取代反应。

3. 与卤化氢加成　环丙烷、环丁烷及其衍生物很容易与卤化氢发生加成反应，开环发生在含氢最多和含氢最少的两个碳原子之间，加成反应符合马氏规则。

$$\triangle \quad + \quad HBr \quad \longrightarrow \quad CH_3CH_2CH_2Br$$

$$\overset{|}{\underset{|}{\triangle}} \quad + \quad HBr \quad \longrightarrow \quad \underset{Br}{\overset{CH_3}{CH_3CCH_2CH_3}}$$

$$\square \quad + \quad HBr \quad \longrightarrow \quad \underset{Br}{CH_3CH_2CH_2CHCH_3}$$

五元以上的环烷烃在室温下很难与卤化氢发生加成反应。

从以上的例子可以看到，开环反应活性为：三元环＞四元环＞五、六元环。

（二）取代反应

在光照或高温的作用下，环烷烃能与卤素发生自由基取代反应。

$$\triangle \quad + \quad Cl_2 \quad \xrightarrow{h\nu} \quad \triangle\text{—Cl} + HCl$$

$$\hexagon \quad + \quad Br_2 \quad \xrightarrow{300℃} \quad \hexagon\text{—Br} + HBr$$

（三）氧化反应

环烷烃与烷烃相似，在通常条件下不易发生氧化反应。如室温下环烷烃不与高锰酸钾水溶液反应，这可作为环烷烃与烯烃、炔烃的鉴别反应。但在高温和催化剂的作用下，脂环烃也可被氧化。

环烯烃的化学性质与烯烃相似，很容易被氧化开环。

第三节 环烷烃的结构及其稳定性

一、张力学说

从环烷烃的化学性质可以看出，三元碳环最不稳定，四元碳环稍稳定，五、六元碳环都较稳定。为了解释这一现象，1885 年德国化学家拜耳（Baeyer）提出了张力学说。该学说认为：所有环形化合物都具有平面结构。因此可根据公式：偏转角度=（109°28′−正多边形的内角）/2 来计算不同碳环化合物中 C—C—C 键角与 sp³ 杂化轨道的正常键角 109°28′的偏离程度。三元至六元的环烷烃的 C—C—C 键角及每个 C—C 键的偏离程度如下所示：

偏转角度：+24°44′　　+9°44′　　+0°44′　　−5°16′

偏离正常键角的结果，使分子内产生张力，即恢复正常键角的力，称为角张力或拜耳张力。分子的偏转角度越大，角张力越大，分子内能越高，稳定性越差。所以脂环烃的稳定性为：五元环＞四元环＞三元环。这就是拜耳张力学说，它能解释小环的不稳定性。

按照张力学说，五元环最稳定，从六元环开始，随着环的逐渐增大，化合物的稳定性应逐渐降低。从表 7-2 中环烷烃的燃烧热数据可以看到：从环丙烷到环戊烷，每个 CH₂ 的燃烧热逐渐降低，说明环越小能量越高，越不稳定。但从环戊烷起，各种环烷烃的每个 CH₂ 的燃烧热几乎是一个常数。这说明分子中并没有角张力存在，稳定性是相近的。事实也确实如此，五、六元环以及后来合成的一些大环化合物都是稳定的，不存在角张力，这是与拜耳张力学说不符合的。

表 7-2　环烷烃的燃烧热（kJ·mol⁻¹）

名称	环丙烷	环丁烷	环戊烷	环己烷	环庚烷	环辛烷	环壬烷	环癸烷	环十五烷	开链烃
每个 CH₂ 的平均燃烧热	697.0	686.2	664.0	658.6	662.3	664.2	664.4	663.6	659.0	658.6

现在已经清楚：除三元环具有平面结构外，其他脂环烃体系都不具有平面结构，因此拜耳张力学说的正确性是存在问题的。但拜耳提出的分子内的键角由于偏离正常键角而产生张力的现象却是存在的。现在仍将这种张力称角张力。

二、近代电子理论的解释

近代共价键理论认为，共价键的形成是成键原子轨道相互重叠的结果，重叠程度越大，形成的共价键就越稳定。在丙烷分子中，碳碳 σ 键是由两个原子轨道的 sp³ 杂化轨道，以两个原子核的连线为对称轴相互重叠形成的。在环丙烷分子中，由于受分子几何形状的影响，两个碳原子的

sp³杂化轨道不可能在两个原子核连线上重叠，只能偏离一定角度在连线外侧重叠，形成弯曲的键，称为香蕉键，如图7-1所示。环丙烷电子云重叠程度很小，键的稳定性差，所以环丙烷很不稳定。

通过量子力学计算出环丙烷的碳碳键角为 105.5°，因为键角从正常键角 109.5°压缩到105.5°，所以存在角张力。另外，环丙烷分子中还存在另一种张力——扭转张力（由于偏离交叉式构象而引起的张力）。环中碳氢键为重叠式，因此具有较高的能量，易发生开环。

随着环的增大，受环几何形状影响的程度逐渐减小，电子云重叠程度增大，键的稳定性增加。

近代研究表明，环丁烷的四个碳原子不在同一平面内，是一种蝶式构象，见图7-2。C1、C2、C4 所在的平面与 C2、C3、C4 所在的平面之间的夹角约为 35°。两"翼"可上下摆动，使角张力和扭转张力有所降低。

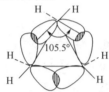

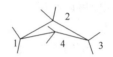

图 7-1　环丙烷的原子轨道重叠图　　　图 7-2　环丁烷蝶式构象图

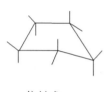

信封式　　　　　　半椅式

图 7-3　环戊烷构象图

环戊烷的碳原子如果在同一平面上，所有的氢都成重叠式，扭转张力很大。为减小这种张力，形成一微微折叠的环。有信封式和半椅式两种折叠的环系。在信封式构象中，四个碳原子处在同一平面中，另一个碳原子在该平面上方约 50pm 处。在半椅式构象中，三个碳原子在同一平面内，另外两个碳原子一上一下，位于该平面两侧。两种构象不断相互转换，如图 7-3 所示。

环己烷中，碳原子为 sp³ 杂化，六个碳原子不在同一平面上，碳碳键之间夹角可以保持109°28′，因此环很稳定。其存在两种典型构象：椅式构象和船式构象。两者可互相转变，但以椅式为稳定构象。

大环化合物一般都是稳定的，因为随着成环碳原子数的增加，碳环逐渐增大，分子变得松动，有了活动的余地，形成正常键角的可能性就会增大，角张力降低，碳原子成键轨道达到最大程度的重叠，基本上形成没有张力的环。经 X 射线分析，碳环都呈皱褶状，成环的碳原子不在同一平面上，而是形成两条被封闭起来的平行长链。例如，二十二烷的结构如下：

第四节　环烷烃的立体化学

一、环烷烃的顺反异构

脂环烃由于环的存在，限制了碳碳 σ 键沿键轴自由旋转，这样环上碳原子所连的原子或基团在空间的排布被固定。若两个成环的碳原子各连有不同的原子或基团时，与烯烃一样，会有顺反异构。两个取代基在环平面同侧为顺式，异侧为反式。例如：

顺-1,2-二甲基环丙烷　　　　　反-1,2-二甲基环丙烷

二、环烷烃的对映异构

环烷烃和开链化合物类似，可以根据分子中是否有对称因素判断有无对映异构体及旋光性。例如，2-甲基环丙基甲酸有下列四种立体异构体。

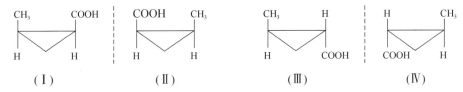

（Ⅰ）　　　　　　　（Ⅱ）　　　　　　　（Ⅲ）　　　　　　　（Ⅳ）

（Ⅰ）和（Ⅱ）是顺式异构体，它们是一对对映体。（Ⅲ）和（Ⅳ）是反式异构体，它们也是一对对映体。顺式和反式异构体互为非对映体。

在环烷烃中顺反异构现象和对映异构现象往往同时存在，可先判断是否存在顺反异构，然后再看它是否是手性分子，判断它是否存在对映体，有无旋光性。

三、取代环己烷的构象

（一）一取代环己烷的构象

一取代环己烷的取代基可以占据 a 键，也可以占据 e 键，这两种构象异构体可以互相转换，达到平衡。在平衡体系中稳定的构象是优势构象。一般情况下，e 键取代的构象为优势构象。这是由于处在 a 键上的取代基与 C3、C5 上的处于 a 键的氢原子相距较近，小于其范德瓦耳斯半径，存在着较大的空间斥力，能量较高，不稳定；而处于 e 键上的取代基是向外伸的，它与C3、C5 上的处于 a 键的氢原子以及其他碳上的氢原子都相距较远，斥力较小，能量较低，较稳定。例如，在甲基环己烷构象中，甲基处于 e 键（Ⅱ）的分子能量比处于 a 键（Ⅰ）的少 $7.5kJ \cdot mol^{-1}$。随着取代基的增大，能量差也会增加。在常温下，（Ⅱ）约占 95%，（Ⅰ）约占 5%。而在叔丁基环己烷中，叔丁基处于 e 键位置的构象接近 100%。

常温

5%　　　　　　　　　　　　　95%

（Ⅰ）　　　　　　　　　　　　（Ⅱ）

（二）二取代环己烷的构象

1,2-二甲基环己烷有一个顺式和两个反式共三种构型异构体。顺-1,2-二甲基环己烷的两种椅式构象可以分别用 ae 和 ea 表示，它们互为构象对映体，所以内能相等，常温下可迅速转换。

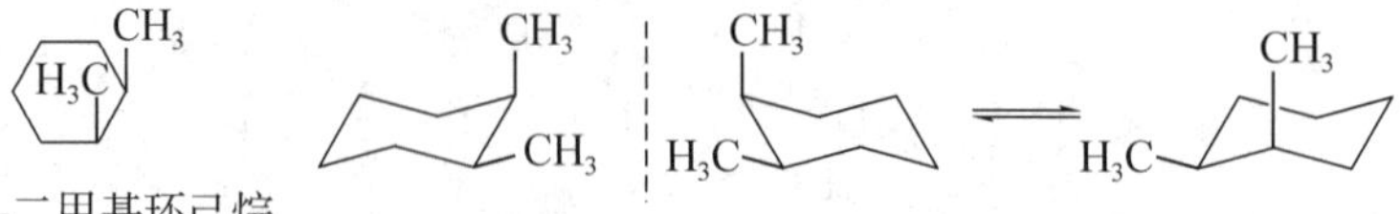

顺-1,2-二甲基环己烷　　　　ae　　　　　　　ea

反-1,2-二甲基环己烷的两种椅式构象都可以分别用 ee 和 aa 表示，其中 ee 构象中两个甲基都处于 e 键，是反-1,2-二甲基环己烷的优势构象。

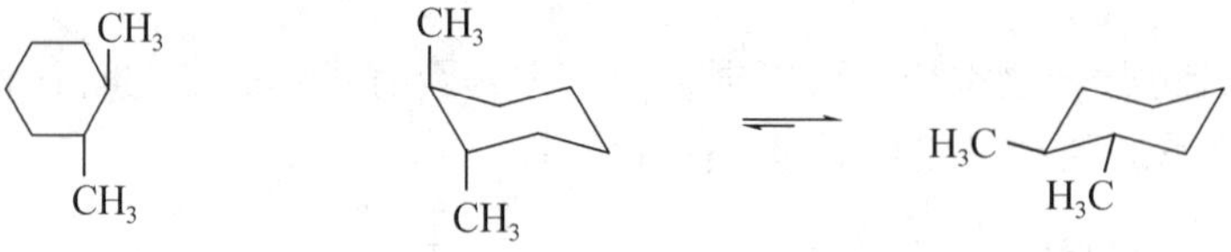

反-1,2-二甲基环己烷　　　　　aa　　　　　ee（优势构象）

1,4-二甲基环己烷的情况与 1,2-二甲基环己烷类似。

1,3-二甲基环己烷也有一个顺式和两个反式共三种构型异构体。顺-1,3-二甲基环己烷的构象异构中，优势构象为 ee 型。而反-1,3-二甲基环己烷的两种椅式构象分别为 ae 和 ea，所以内能相等。

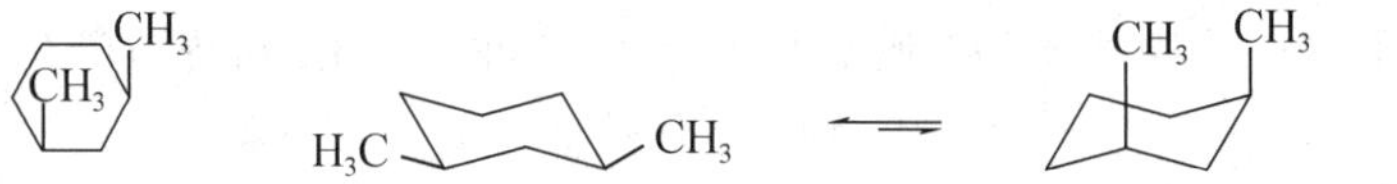

顺-1,3-二甲基环己烷　　　　ee　　　　　　　　aa

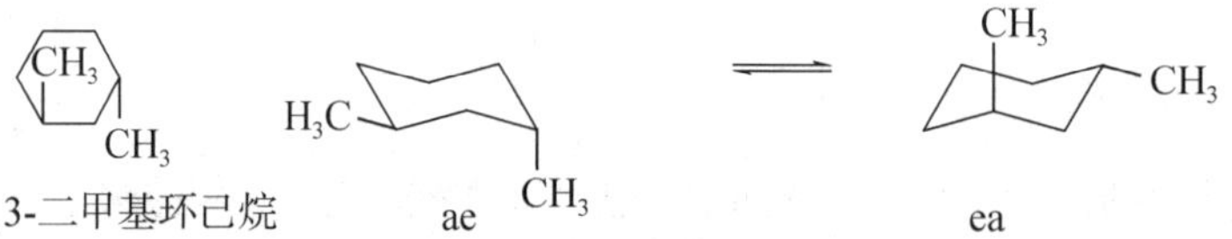

反-1,3-二甲基环己烷　　　　ae　　　　　　　　ea

在二取代环己烷中，若两个取代基不同，则体积较大的基团位于 e 键的椅式构象为优势构象。例如：

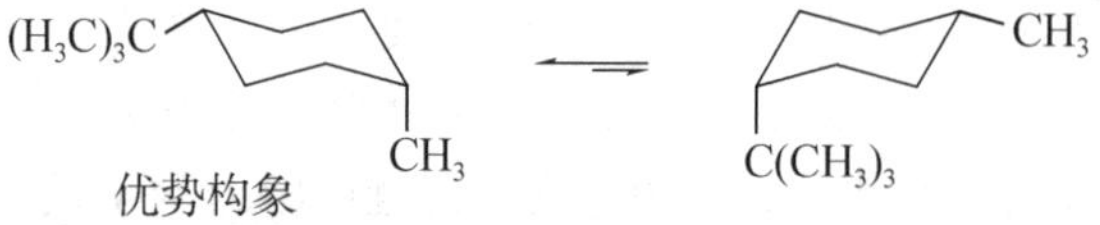

优势构象

若环上有多个取代基时，则以 e 键取代最多的构象为优势构象。

综上所述，环己烷及其衍生物的椅式构象比船式构象稳定，在常温下，主要以椅式构象存在；单取代环己烷，取代基在 e 键上的构象为优势构象；多取代环己烷，e 键上连接的取代基越多越稳定，为优势构象；当环上有不同取代基时，体积大的基团在 e 键上的构象为优势构象。

四、十氢萘的结构

十氢萘是由两个环己烷稠合而成的，它有顺、反两种异构体，常用平面投影式表示，用楔形线或黑点表示氢在纸面前方，虚线或未标黑点表示氢在纸面后方。

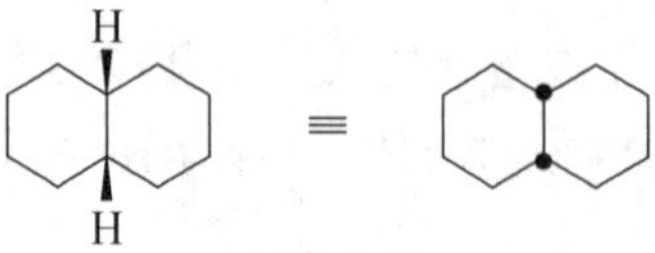

顺十氢萘 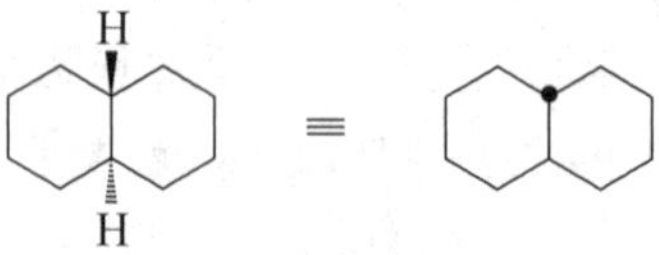　　　　　　　　　　反十氢萘

如果将一个环看作另一个环上的两个取代基，顺十氢萘分子中的一个环用一个 e 键和一个 a 键与另一个环连接，为 ae 型，两个桥头碳原子上连接的氢原子处于环的同侧；而反十氢萘分子中的一个环用两个 e 键与另一个环连接，为 ee 型，两个桥头碳原子上连接的氢原子处于环的异侧。因此，反十氢萘比较稳定，它们的能量差为 8.7kJ·mol^{-1}。

顺十氢萘（ae型）   反十氢萘（ee型）

第五节　个别化合物

（一）环己烷

环己烷（　）为无色有刺激性气味的液体。不溶于水，溶于多数有机溶剂，极易燃烧。对眼和上呼吸道有轻度刺激作用，持续吸入可引起头晕、恶心、嗜睡和其他一些麻醉症状，接触皮肤可引起痒感。一般用作溶剂、色谱分析标准物质，也是有机合成常用的原料。

（二）α-蒎烯

α-蒎烯（　），其系统命名法名称为 2, 6, 6-三甲基双环[3.1.1]庚-2-烯，为无色透明液体，有松木、针叶及树脂样的气息，微溶于水，溶于无水乙醇、乙醚、氯仿等有机溶剂，是松节油的主要成分，松节油具有外部止痛作用，可用作外部止痛药。

━━━━━━ 知 识 链 接 ━━━━━━

在脂环化合物研究中作出杰出贡献的化学家奥托·瓦拉赫

德国化学家奥托·瓦拉赫（Otto Wallach, 1847 年 3 月 27 日—1931年 2 月 26 日）。他奠定了脂环族和萜烯化学研究的基础，是人造香精和合成树脂工业的奠基人。1867 年起奥托·瓦拉赫在韦勒、许布纳等的指导下进行有机化学的研究工作，1869 年以《甲苯同系物的位置异构现象》的论文获博士学位。他首先发现用亚硝酰氧等试剂能和萜烯类化合物形成固体加成物，从而能系统地制备纯净的萜烯类化合物。他首先对萜烯加以命名，又测定出萜烯的结构是由若干异戊二烯单位构成，指出在强酸和高温作用下，萜烯能从一种类型转变成另一种类型，这为以后人工合成萜烯打下了基础。在萜烯的研究中，他发表过100 多篇论文，1909 年将一生对萜烯研究成果写成《萜和樟脑》一书。他分离和提纯出香精油，并确定其结构成分，1895～1905 年，他首次成功合成香料。由于上述杰出贡献，他于 1910 年被授予诺贝尔化学奖。

小 结

1. 脂环烃分为单环和多环两大类，多环按共用碳原子数不同而分为螺环、稠环和桥环三类。

2. 单环烃命名方法与链烃相似，螺环、稠环和桥环的命名有专门的规定，天然来源的复杂脂环烃按来源命名。

3. 环烷烃的化学性质依环大小不同而有明显差异。小环不稳定，易发生开环加成反应；普通环、中环、大环较稳定，不易发生开环加成，在一定条件下可发生取代、氧化、异构化、芳构化等反应。

4. 小环不稳定的原因是 sp^3 杂化轨道在成键时，不能达到最大重叠，而是形成具有一定角张力的"弯曲键"。

5. 脂环烃的立体异构有顺反异构、对映异构、构象异构。取代环己烷以取代基特别是空间位阻大的取代基尽可能在 e 键的构象为优势构象。

（安徽新华学院）

本章 PPT

第八章

芳 烃

学习目的 通过本章学习使学生理解芳香性的内涵，并在理解苯及其同系物结构的基础上，掌握芳烃的主要化学性质，了解芳烃在医药学中的应用。

学习要求 熟悉芳烃的结构和稳定性、休克尔规则和芳香性的定义，掌握苯和萘衍生物的命名及其化学性质、亲电取代定位规则及其应用、芳香性的判断，了解芳烃的物理性质及其应用。

芳烃（aromatic hydrocarbon）又称芳香烃，是芳香族碳氢化合物的简称，如苯（C_6H_6）、甲苯（$C_6H_5CH_3$）、萘（$C_{10}H_8$）等。这类化合物从碳氢比例看似乎具有高度的不饱和性，但是它们有特殊的稳定性。这类化合物比较容易进行取代反应，不易发生加成和氧化反应，这些特征是芳香性的标志。因此，把分子中具有苯环结构和有着与苯相似的化学性质、电子结构的一类有机化合物，称为芳香性化合物。

苯是最简单的芳香烃，根据芳香烃分子中是否含有苯环和所含苯环的数目、连接方式的不同，芳香烃可分为三类。

（1）单环芳烃 分子中只含有一个苯环，其中包括苯、苯的同系物和苯基取代的不饱和烃，如苯、甲苯、苯乙烯等。

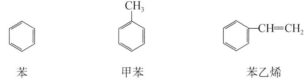

苯　　　　　　　甲苯　　　　　　　苯乙烯

（2）多环芳烃 分子中含有两个或多个苯环，如联苯、萘、蒽等。

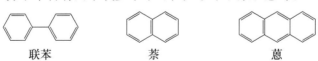

联苯　　　　　　　萘　　　　　　　蒽

（3）非苯芳烃 不含苯环，但含有结构和性质与苯环相似的环，并具有芳香化合物的共同性质，如环戊二烯负离子、环庚三烯正离子、薁等。

环戊二烯负离子　　环庚三烯正离子　　　薁

第一节　苯的结构和同系物

一、苯同系物的异构和命名

苯是最简单的单环芳烃。苯环上的一个氢被烷基取代的一元取代物没有同分异构，命名时以苯为母体，把烷基作为取代基，如甲苯、乙苯、（正）丙苯、异丙苯等。

CH₃	CH₂CH₃	CH₂CH₂CH₃	CH—CH₃ / CH₃
甲苯	乙苯	（正）丙苯	异丙苯
toluene	ethylbenzene	propylbenzene	isopropylbenzene

苯的二元取代物有三种异构体。由于取代基的位置不同，在命名时应在名称前注明邻（o-）、间（m-）、对（p-）等字，或用1,2-、1,3-、1,4-表示。例如：

1,2-二甲基苯	1,3-二甲基苯	1,4-二甲基苯
邻二甲苯或 o-二甲苯	间二甲苯或 m-二甲苯	对二甲苯或 p-二甲苯
o-xylene	m-xylene	p-xylene

取代基相同的三元取代物有三种异构体，命名时可分别用阿拉伯数字表示取代基的位置，也可用"连"、"偏"、"均"等字头表示。例如：

1,2,3-三甲基苯（连三甲苯）	1,2,4-三甲基苯（偏三甲苯）	1,3,5-三甲基苯（均三甲苯）
1,2,3-trimethylbenzene	1,2,4-trimethylbenzene	1,3,5-trimethylbenzene

当苯环上连有不同官能团时，有两种情况：①苯作为母体，尽量使所有取代基具有最小编号；②苯作为取代基，从母体官能团（羧酸＞磺酸＞酸酐＞酯＞酰卤＞酰胺＞腈＞醛＞酮＞醇＞胺）开始编号。例如：

2-甲基-1,3,5-三硝基苯（2,4,6-三硝基甲苯）	对甲基苯磺酸
2-methyl-1,3,5-trinitrobenzene（2,4,6-trinitrotoluene，TNT）	p-methylbenzenesulfonic acid

对于结构复杂或支链上有官能团的化合物也可以把支链作为母体，把苯环作为取代基来命名。例如：

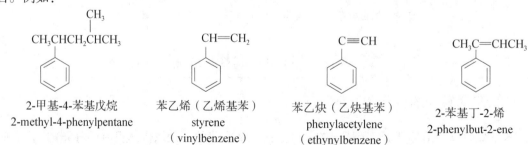

2-甲基-4-苯基戊烷	苯乙烯（乙烯基苯）	苯乙炔（乙炔基苯）	2-苯基丁-2-烯
2-methyl-4-phenylpentane	styrene	phenylacetylene	2-phenylbut-2-ene
	（vinylbenzene）	（ethynylbenzene）	

芳烃的苯环上去掉一个氢原子所剩下的基团称为芳基（aryl），可以用"Ar—"表示。常见的芳基有苯基（Ph—）和苄基（Bn—）。

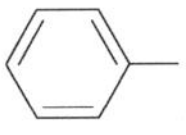

苯基
phenyl（Ph）

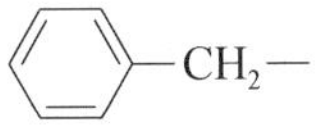

苯甲基（苄基）
benzyl（Bn）

甲苯分子中苯环上去掉一个氢原子后所剩下的基团称为甲苯基（$CH_3C_6H_4$—），根据甲苯基位置不同，又有邻（o-$CH_3C_6H_4$—）、间（m-$CH_3C_6H_4$—）、对（p-$CH_3C_6H_4$—）三类。

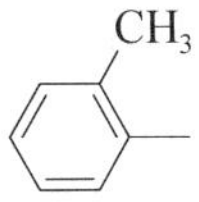

2-甲苯基（邻甲苯基）
o-tolyl

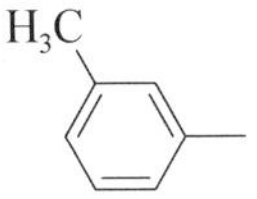

3-甲苯基（间甲苯基）
m-tolyl

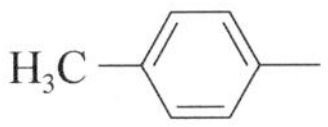

4-甲苯基（对甲苯基）
p-tolyl

二、苯的结构

（一）凯库勒（Kekulé）结构式

苯的分子式为 C_6H_6，它应显示高度不饱和性。然而在一般条件下，苯不使溴水和高锰酸钾水溶液褪色，即不易进行加成和氧化反应。只有在加压下，催化加氢才能生成环己烷。

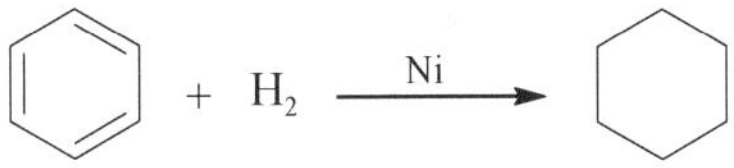

环己烷

这说明苯具有六碳环的结构，根据苯的一元取代产物只有一种，碳环上的六个氢的地位是等同的。据此，1865 年凯库勒提出，苯的结构是一个对称的六碳环，每个碳上都连有一个氢，碳的四个价键则用碳原子间的交替单双键来满足，这种结构式称为苯的凯库勒式。

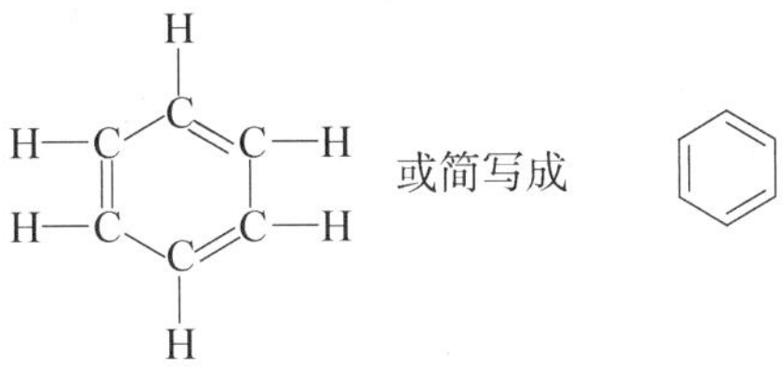

或简写成

凯库勒式虽然可以说明苯分子的组成以及原子间的次序，但是这个式子仍存在着缺点，主要有两点：①苯的凯库勒式中含有三个双键，为什么苯不能发生类似烯烃的加成反应呢？②根据苯的凯库勒式，苯的邻二元取代物应有两种：（Ⅰ）和（Ⅱ），然而，实际上只有一种。

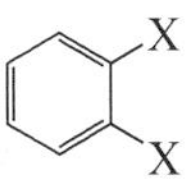

（Ⅰ）

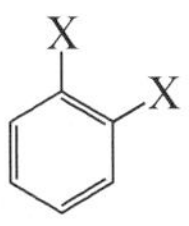

（Ⅱ）

总之，凯库勒式不能确切反映苯分子的真实结构。

（二）分子轨道理论对苯分子结构的研究

物理方法研究的结果证明苯分子是平面的正六边形结构。苯分子中的六个碳和六个氢都分布在同一平面上，相邻碳碳键之间的夹角都为 120°。所以碳碳键都完全相同，键长也完全相等，为 139pm，它们既不是一般的碳碳单键（154pm），也不是一般的碳碳双键（134pm）。

分子轨道理论认为，苯分子中六个碳原子都以 sp^2 杂化轨道成键，六个轨道之间的夹角各为 120°，六个碳原子之间以 sp^2 杂化轨道形成六个碳碳 σ 键，又各以一个 sp^2 杂化轨道和六个

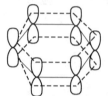

图 8-1 苯分子中 p 轨道的重叠

氢原子的 s 轨道形成六个碳氢 σ 键，这样就形成一个正六边形，所有的碳原子和氢原子在同一平面上。每一个碳原子都还保留一个和这个平面垂直的 p 轨道，它们彼此平行，这样每一个碳原子的 p 轨道可以和相邻的碳原子的 p 轨道平行重叠而形成 π 键。由于一个 p 轨道可以和左右相邻的两个碳原子的 p 轨道同时重叠，因此形成的分子轨道是一个包含六个碳原子在内的封闭的或连续不断的共轭体系，如图 8-1 所示。p 轨道中的 π 电子能够高度离域，使 π 电子云完全平均化，从而使能量降低，苯分子得到稳定。

根据分子轨道理论，六个原子 p 轨道通过线性组合，可组成六个分子轨道。其中三个是成键轨道以 ψ_1、ψ_2 和 ψ_3 表示，三个反键轨道以 ψ_4^*、ψ_5^* 和 ψ_6^* 表示，如图 8-2 所示。

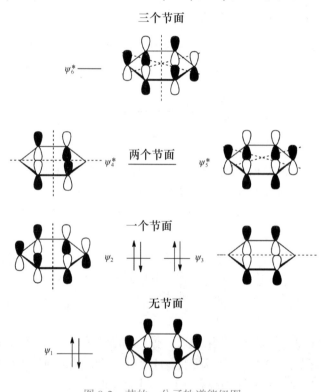

图 8-2 苯的 π 分子轨道能级图

图中虚线表示节面。三个成键轨道中，ψ_1 没有节面，能量是最低的，而 ψ_2 和 ψ_3 都有一个节面，能量相等，但比 ψ_1 高，这两个能量相等的轨道称为简并轨道。反键轨道 ψ_4^* 和 ψ_5^* 各有两个节面，它们的能量也彼此相等，但比成键轨道要高。ψ_6^* 有三个节面，是能量最高的反键轨道。很明显，苯分子的六个 π 电子都在成键轨道上。这六个离域的 π 电子总能量，和它们分别处在孤立的即定域的 π 轨道中的能量相比，要低得多。因此苯的结构很稳定。

由于处于该 π 轨道中的六个 π 电子能够高度离域，π 电子云完全平均化，因此苯分子中所有碳碳键都完全相同，键长也完全相等，一般用图 8-3 表示苯的离域 π 分子轨道。

从以上讨论可以看出，苯环中并没有一般的碳碳单键和碳碳双键，所以凯库勒式并不能满意地表示苯的结构。近年来也有采用六边形中画一个圆圈 ⬡ 作为苯结构的表示方法，圆圈表示苯的闭合 π 轨道的特征结构。但用单双键交替的结构式 ⬡ 来研究苯取代反应机制，表示反应中间体的结构更直观，因此常被采用。

图 8-3　苯的离域 π 分子轨道

（三）共振论对苯分子结构的解释

苯分子和丁二烯类似，也不能圆满地只用一个结构式来表示它的结构。为了解决这种难以正确表达分子真正结构的困难，有机化学文献资料中比较普遍地采用几个共振结构式来表示结构的方法。即苯可以写出具有同样碳环而只是电子排列不同的若干个共振式，它们都有三对可以成对的 π 电子，并认为苯的真实结构是由这些共振结构式共振而成的共振杂化体。

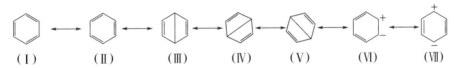

（Ⅰ）式和（Ⅱ）式结构相似，能量最低，其余共振式的能量都比较高。能量最低而结构又相似的共振式在真实结构中参与最多，或称贡献最大。因此，可以说苯的真实结构主要是（Ⅰ）式和（Ⅱ）式的共振杂化体。

苯的两个共振结构式，仅在电子排布上不同，而原子核的排列顺序未改变，这种结构共振所产生的共振杂化体，其稳定性较大。这也可以从苯和假想的环己-1, 3, 5-三烯的氢化热数值看出。环己烯加一分子的氢时，氢化热是 $119.5kJ \cdot mol^{-1}$，环己二烯的氢化热就大致是它的 2 倍（$231.6kJ \cdot mol^{-1}$）。而实际上苯的氢化热是 $208.16kJ \cdot mol^{-1}$，苯比环己三烯少 $150.5kJ \cdot mol^{-1}$ 的能量，因此苯比较稳定。苯、环己二烯和环己烯的氢化热以及它们的稳定性如图 8-4 所示。

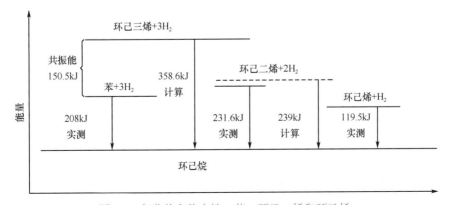

图 8-4　氢化热和稳定性：苯、环己二烯和环己烯

这个 $150.5kJ \cdot mol^{-1}$ 的能量被称为苯的共振能或离域能。由于共振，苯的稳定性增强，以致分子中的 π 键一般不易断裂，从而解释了苯为何对加成反应缺乏活性。

第二节　芳烃的性质

一、单环芳烃的物理性质

芳烃多为无色液体，不溶于水，易溶于有机溶剂，如乙醚、四氯化碳、石油醚等。一般单环芳烃密度都比水小，沸点随相对分子质量升高而升高。熔点除与相对分子质量大小有关外，还与结构有关，通常对位异构体由于分子对称，晶格能较大，熔点较高，溶解度也较小。另外，液态芳烃也是一种良好的溶剂。表 8-1 列出了常见芳烃的物理性质。

表 8-1　常见芳烃的物理性质

化合物	熔点/℃	沸点/℃	相对密度	化合物	熔点/℃	沸点/℃	相对密度
苯	5.5	80.1	0.879	乙苯	-95.0	136.2	0.867
甲苯	-95.0	110.6	0.867	丙苯	-99.6	159.3	0.862
邻二甲苯	-25.2	144.4	0.880	异丙苯	-96.0	152.4	0.862
间二甲苯	-47.9	139.1	0.864	苯乙烯	-33.0	145.8	0.906
对二甲苯	13.2	138.4	0.861				

单环芳烃的蒸气有毒，能损坏造血器官和神经系统，大量使用要十分注意。

二、苯及其同系物的化学性质

苯的特征反应是取代反应，其中因共振而稳定的苯环保持不变。哪一类试剂易导致这种取代反应呢？由于在苯环的上下有电子暴露，而且这些 π 电子结合得较松，苯环充当着电子的一个来源，也就是说起着路易斯碱的作用，所以苯环易与缺电子的化合物发生反应，即亲电子试剂或路易斯酸。因此苯环的典型反应是亲电取代反应。

（一）亲电取代反应

亲电取代（electrophilic substitution）反应不仅是苯自身的特征反应，而且也是苯系或非苯系芳烃的特征反应，包括卤代反应、硝化反应、磺化反应和弗里德-克拉夫茨反应。

1. 卤代反应　苯与卤素在三卤化铁等催化剂作用下，使苯环上的一个氢原子被卤素（X）取代，生成卤苯，这类反应称为卤代（halogenation）反应。

$$\underset{}{\bigcirc} + Br_2 \xrightarrow[55\sim66℃]{Fe或FeBr_3} \underset{}{\bigcirc}{-}Br + HBr$$

卤代反应的活泼次序是：氟＞氯＞溴＞碘，其中氟化反应激烈不易控制，碘化反应活性不够，因此氟化物和碘化物通常不用此法制备。

无催化剂存在下，苯和溴或氯不发生反应，因为溴或氯的反应活性都不足以对较稳定的苯环发生亲电性进攻，因此需要用一种催化剂，通常是路易斯酸或质子酸，以利于形成一个较强

的亲电试剂 Br^+ 或 Cl^+，当溴分子与像三溴化铁一类的路易斯酸反应时，首先形成带正电荷的正溴离子和络合阴离子（$FeBr_4^-$），然后正溴离子进攻苯环，形成 σ-络合物，络合物失去一个质子生成溴苯。与此同时，从 σ-络合物中分离出来的质子与络合阴离子作用生成 HBr，并使催化剂三溴化铁再生。现将苯溴化反应机制的三个步骤概括如下。

（1）形成活性较强的亲电试剂。

$$Br_2 + FeBr_3 \longrightarrow Br^+ + FeBr_4^-$$

（2）亲电试剂进攻苯环形成中间体 σ-络合物。

（3）σ-络合物失去质子，苯环恢复稳定结构，即生成取代产物。

2. 硝化反应　　苯与浓硝酸和浓硫酸的混合物作用，苯环上的氢原子被硝基取代，生成硝基苯。有机化合物分子中引入硝基的反应称为硝化反应（nitration），常用的硝化剂有稀硝酸、浓硝酸、发烟硝酸和混酸。

浓硫酸在反应中不仅是脱水剂，而且与硝酸作用生成硝酰正离子 NO_2^+（或称硝基正离子）。

硝基正离子（NO_2^+）是进攻苯环的试剂，反应过程如下：

所以硝化反应也是亲电取代反应。

反应温度和酸的用量对硝化程度的影响很大。例如，硝基苯在过量的混酸存在下能够继续被硝化，生成间二硝基苯，但是这个第二次硝化反应要比第一次慢得多，需要比较高的温度。

硝化反应是一个放热反应。引进一个硝基，放出约 $152.7kJ \cdot mol^{-1}$ 的热量。因此，硝化反应必须使其缓慢进行。

3. 磺化反应　　苯与98%浓硫酸在75～80℃时发生作用，苯环的氢原子被磺酸基（—SO_3H）取代生成苯磺酸。有机化合物分子中引入磺酸基的反应称为磺化反应（sulfonation）。磺化反应与卤代、硝化反应不同，它是一个可逆反应，反应中生成的水使硫酸浓度变小，磺化速率变小，水解速率加快，因此常用发烟硫酸在室温下进行磺化反应。

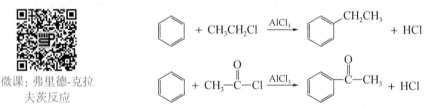

$$\text{苯} \xrightarrow[30\sim50℃]{H_2SO_4,SO_3} \text{苯磺酸}(SO_3H)$$

磺化反应也是亲电取代反应，通常认为亲电试剂是三氧化硫。磺化时，三氧化硫中的硫原子显正电性（即缺电子），反应就是通过带部分正电荷的硫进攻苯环而产生的。在浓硫酸中，磺化反应机制如下：

$$2H_2SO_4 \Longrightarrow SO_3 + H_3O^+ + HSO_4^-$$

4. 弗里德-克拉夫茨反应　在三氯化铝等酸性催化剂的作用下，芳烃与卤烷或酰卤作用，苯环上的氢原子被烷基（R—）或酰基（$\underset{\text{R—C}}{\overset{O}{\parallel}}$）取代的反应，分别称为烷基化（alkylation）反应和酰基化（acylation）反应，统称弗里德-克拉夫茨（Friedel-Crafts）反应。例如：

微课：弗里德-克拉夫茨反应

常用的催化剂有三氯化铝、三氯化铁、氯化锌、三氟化硼等，其中三氯化铝的催化活性最高。

常用的烷基化试剂有卤代烷、烯烃和醇。烷基化反应是在苯环上引入烷基的重要方法，如异丙苯和十二烷基苯等的合成都采用此法。

注意当苯环上连有强吸电子基，如硝基、磺酸基、酰基和氰基等时，一般不发生烷基化和酰基化反应。

卤代烷在三氯化铝的存在下与苯反应，生成烷基苯，催化剂三氯化铝的作用是形成反应活性较高的亲电试剂，即碳正离子，以氯乙烷与苯的反应为例说明反应机制。

（1）形成活性较强的亲电试剂 $CH_3CH_2^+$：

$$CH_3CH_2Cl + AlCl_3 \Longrightarrow CH_3CH_2^+ + AlCl_4^-$$

（2）亲电试剂进攻苯环形成 σ-络合物：

（3）σ-络合物失去质子生成取代产物：

在烷基化反应时，如所用卤代烷含有三个或多个碳原子时，烷基往往发生重排，如正氯丙烷和苯反应，主要生成物是异丙苯。

这是因为一级碳正离子（$CH_3CH_2\overset{+}{C}H_2$）发生 1，2-H 迁移，重排成较稳定的二级碳正离子（$CH_3\overset{+}{C}HCH_3$）：

异丙基碳正离子进攻苯环，发生亲电取代反应生成异丙苯。

5. 芳烃亲电取代反应机制　在亲电取代反应中，首先是亲电试剂 E^+ 进攻苯环，与离域的 π 电子相互作用形成不稳定的中间体 π-络合物或称电荷迁移络合物。

这时并没有生成新的键，π-络合物仍然保持着苯环结构，紧接着亲电试剂从苯环的 π 体系中获得两个电子，与苯环的一个碳原子形成 σ 键，从而生成 σ-络合物。

这时这个碳原子的 sp^2 杂化轨道也变成 sp^3 杂化轨道，于是它就不再有 p 轨道，苯环上只剩下四个 π 电子，这四个 π 电子只离域分布在环的五个碳原子上，仍然是一个共轭体系，但原来苯环上六个碳原子形成的闭合共轭体系被破坏了。从共振的观点看，σ-络合物是三个环状的碳正离子共振结构式的杂化体。

σ-络合物

因此，σ-络合物的能量比苯高而不稳定。它很容易从 sp^3 杂化碳原子上失去一个质子，从而恢复原来的 sp^2 杂化状态，结果又形成六个 π 电子离域的闭合共轭体系——苯环，从而降低了体系的能量，生成的产物取代苯比较稳定。

综上所述，芳烃亲电取代反应机制可概括表示如下：

$$\text{苯} + E^+ \xrightarrow{\text{快}} \pi\text{-络合物} \xrightarrow[\text{慢}]{} \sigma\text{-络合物} \xrightarrow[-H^+]{\text{快}} \text{苯-E}$$

（二）烷基苯侧链卤代反应

烷基苯在日光照射下，与卤素作用可在支链烷基上发生自由基取代反应。例如：

$$\text{苯—CH}_2\text{CH}_3 \xrightarrow[h\nu]{\text{Br}_2} \text{苯—CHBrCH}_3$$

（三）氧化反应

苯环不易氧化，但是烃基苯的烃基可被高锰酸钾或酸性重铬酸钾等强氧化剂氧化。在通常情况下，氧化反应发生在 α-碳原子上，因为 α-H 受苯环的影响活泼性增加，氧化时无论烃基侧链长短，最后都被氧化生成苯甲酸。当 α-C 上没有 H 原子时，这种侧链就难被氧化。

$$\text{苯—CH}_3 \xrightarrow[\triangle]{\text{KMnO}_4} \text{苯—COOH}$$

$$\text{苯—CH}_2\text{CH}_3 \xrightarrow[\triangle]{\text{KMnO}_4} \text{苯—COOH}$$

苯环在一般条件下不被氧化，但在特殊条件下也能被氧化而使苯环开裂。例如，在五氧化二钒存在下，高温时苯可以被空气氧化生成顺丁烯二酸酐。

$$\text{苯} + \text{O}_2 \xrightarrow[400\sim500℃]{\text{V}_2\text{O}_5} \text{顺丁烯二酸酐}$$

（四）加成反应

苯比一般的不饱和烃要稳定得多，难发生加成反应，但在特殊条件下也能发生反应。

（1）加氢　通常在高温高压下，采用铂或镍等催化剂催化，苯加氢生成环己烷。

$$\text{苯} + 3\text{H}_2 \xrightarrow[\text{高温、高压}]{\text{Pt (Pd,Ni,Ru,Rh)}} \text{环己烷}$$

（2）加氯　在紫外光照射下，苯与氯加成生成六氯环己烷（杀虫剂六六六）。

$$\text{苯} + 3\text{Cl}_2 \xrightarrow{\text{紫外光}} \text{六氯环己烷}$$

第三节　苯环的亲电取代定位规则

一、亲电取代定位规则

当苯环上已有一个取代基（X）时，再引入第二个取代基时可能进入它的邻位、间位或对位。它们的进攻机会如下：

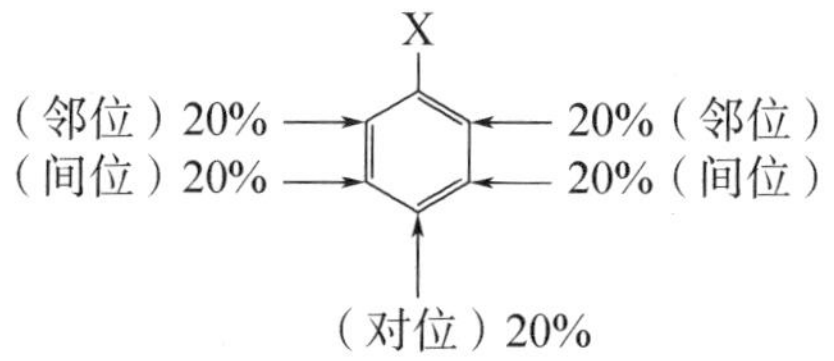

（邻位）20% →　　　← 20%（邻位）　　　进入邻位的机会 40%
（间位）20% →　　　← 20%（间位）　　　进入间位的机会 40%
　　　　　　（对位）20%　　　　　　　　进入对位的机会 20%

对比下列苯、甲苯和硝基苯的硝化条件和反应物可以看出甲苯比苯容易硝化，硝基主要进入甲基的邻、对位；硝基苯比苯难硝化，第二个硝基主要进入间位。

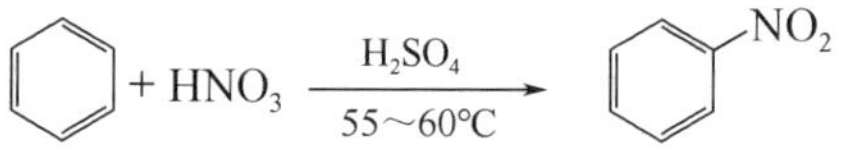

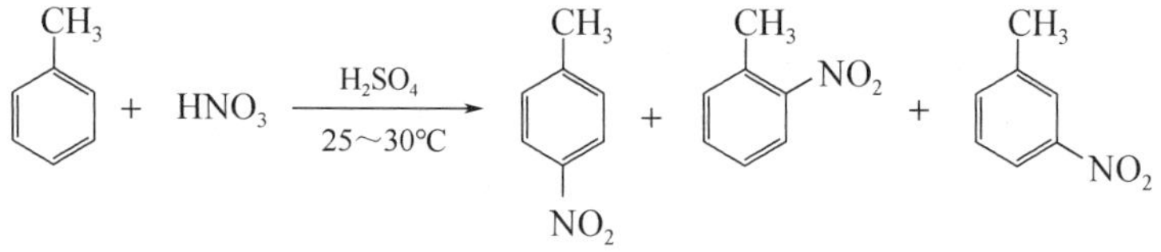

37%　　　　　59%　　　　　4%

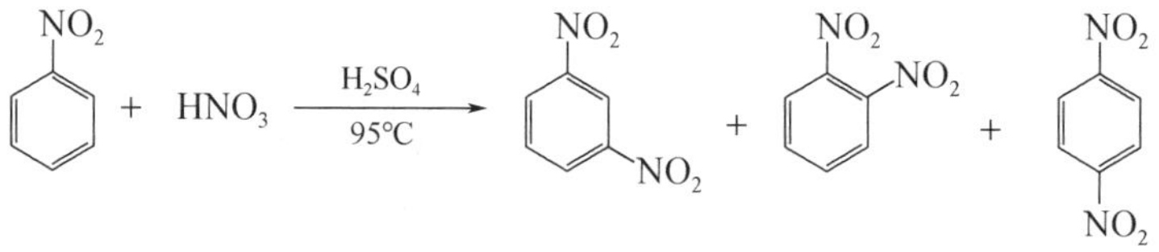

93%　　　　　6%　　　　　1%

由此可见，第二个取代基进入苯环的位置，是受苯环上原有基团的影响，这种影响包括取代反应的速率和新取代基进入苯环的位置两个方面。这种原来连在苯环上的基团如甲基、硝基等都称为定位基，1895 年霍莱曼（Hollemann）等从大量实验事实中归纳出这一规律，称为苯环亲电取代定位规则（又称定位效应）。

常见的定位基可以归纳为下面两大类：

1. 邻、对位定位基　这类定位基使第二个取代基主要进入它的邻位和对位，致活作用的定位基使苯环活化，并使取代反应较苯容易进行；致钝作用的定位基使苯环钝化，并使取代反应较苯难以进行。邻、对定位基在结构上的特征是：定位基中直接与苯环相连的原子一般不含双键或叁键，多数具有未共用电子对，常见的邻、对位定位基及其反应活性（相对苯而言）如下：

强烈致活作用：$—NH_2$（$—NHR$、$—NR_2$），$—OH$。

中等致活作用：$—OCH_3$（$—OC_2H_5$ 等），$—NHCOCH_3$。

弱致活作用：$—C_6H_5$，$—CH_3$（$—C_2H_5$ 等）。

致钝作用：$—F$，$—Cl$，$—Br$，$—I$。

2. 间位定位基　间位定位基使第二个取代基主要进入间位，并使取代反应比苯困难，即它们可使苯环钝化。这类定位基在结构上的特征是：定位基中与苯环直接相连的原子一般都含有双键或叁键，或者有正电荷。常见的间位定位基及其反应活性如下：

强烈致钝作用：$—N^+(CH_3)_3$，$—NO_2$，$—CN$，$—COOH(—COOR)$，$—SO_3H$，$—CHO$，$—COR$。

二、取代定位基的理论解释

苯环上的定位基如何影响和决定新取代基进入的位置以及取代反应的难易,这是分子中原子与原子团之间的相互影响、相互作用的结果。

通过前面芳烃亲电取代反应机制的讨论,已知环状的碳正离子 σ-络合物是芳烃亲电取代反应的中间体。生成 σ-络合物需要一定的活化能,这一步反应速率是慢的,它是决定整个反应速率的一步(见前面反应机制)。

中间体 σ-络合物的稳定性必定是由这一步在速率上的差异而造成的。为此,必须研究取代基在亲电反应中对中间体 σ-络合物的生成有何影响,对中间体碳正离子的相对稳定性有何影响。如果能使碳正离子趋向稳定,那么 σ-络合物的生成比较容易,也就是需要的活化能较小。如果这样,则决定整个反应速率的这一步比苯快,当然,整个取代反应的速率也就比较快,这种取代基的影响就是使苯环活化。反之,若取代基的影响使碳正离子的稳定性降低,那么生成碳正离子就需要较高的活化能,表明这步反应较难进行,反应速率也就比苯慢,这种取代基的影响是使苯环钝化。因此在芳香亲电取代中要注意碳正离子的相对稳定性。

下面分别讨论两类定位基对苯环的影响及其定位效应。现以甲基、羟基、硝基和卤原子为例说明。

(一)邻、对位定位基的影响

这类取代基的特点是对苯环有供电子效应,从而使苯环电子云密度增加。

1. 甲基　甲基与苯环相连时,可以通过它的诱导效应(+I)和超共轭效应(+C)把电子云推向苯环,使整个苯环的电子云密度增加。甲基的这种供电子性,有利于中和碳正离子中间体的正电性,同时使自身也带有部分正电荷,这一电荷的分散作用使碳正离子获得了稳定性。因此甲基可使苯环活化,所以甲苯比苯容易进行亲电取代反应。但亲电试剂进攻甲基的邻、对位与进攻间位相比,生成的碳正离子的稳定性是不同的。

进攻邻位时,生成的碳正离子从共振观点看,它是碳正离子(Ⅰ)、(Ⅱ)和(Ⅲ)三种共振结构式的杂化体:

特别稳定

三种共振结构式中,(Ⅲ)是叔碳正离子,而且带正电荷的碳原子和甲基直接相连,虽然甲基的供电子效应是遍及整个苯环的,但这个碳上的正电荷可直接被中和而分散,因此这个共振式具有较低的能量,是一个特别稳定的结构,由于它的贡献,邻位取代物容易生成。

进攻对位时,生成碳正离子(Ⅳ)、(Ⅴ)和(Ⅵ)三种共振结构式,与进攻邻位的情况相似,(Ⅴ)是叔碳正离子,是一个特别稳定的结构,由于(Ⅴ)的贡献,对位取代物也比较容易生成。

特别稳定

但在进攻间位时，生成的碳正离子(Ⅶ)、(Ⅷ)和(Ⅸ)三种共振结构式都是仲碳正离子，而且带正电荷的碳原子都不直接和甲基相连，因此正电荷分散较差，能量比较高，而使间位取代物较难生成。

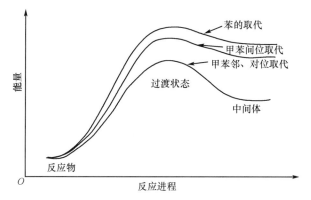

如图 8-5 所示，甲苯的邻、对位取代反应所需活化能小，反应速率快；而甲苯的间位取代反应所需活化能大，反应速率慢。因此，甲苯的亲电取代反应主要得到邻、对位产物。

图 8-5　甲苯与苯相比在邻、对和间位反应时的能量变化

2. 羟基　羟基与苯环直接相连时，氧上的未共用电子对和苯环 π 电子云形成 p-π 共轭体系，电子离域的结果使苯环的电子云密度升高，苯环活化。当亲电试剂进攻苯酚的邻、对或间位时，分别得到以下碳正离子：

从上述共振结构式可以看出，苯酚的邻、对位受亲电试剂进攻时不仅使碳正离子的正电荷分散到环上氧原子，而且还生成两个特别稳定的共振结构式(Ⅰ)和(Ⅱ)，每个原子（除氢原子外）都有完整的八隅体结构。这样的共振结构式对共振杂化体的贡献最大，也特别稳定，比进攻苯环

所生成的碳正离子要稳定得多，而且容易生成。进攻间位时则得不到这种特别稳定的共振结构式。所以羟基的存在，可以使亲电取代反应不仅比苯容易进行，而且主要发生在羟基的邻、对位。

（二）间位定位基的影响

这类取代基的特点是对苯环有吸电子效应，使苯环电子云密度降低，这种碳正离子中间体能量比较高，稳定性低，不容易生成，因此使苯环钝化。但是间位定位基对苯环不同位置的影响也是不同的。例如，硝基对苯环有强的吸电子诱导效应（$-I$）和共轭效应（$-C$），两者都使苯环上的电子云密度降低。当硝基苯受亲电试剂进攻时，形成的中间体碳正离子可以用下列共振结构式表示：

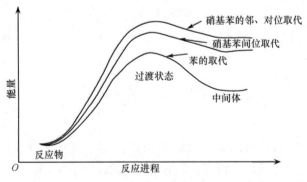

在硝基苯的邻位和对位受到进攻时所生成的碳正离子共振结构式中，（Ⅲ）和（Ⅴ）带有正电荷的碳原子都直接和强吸电子的硝基相连，使正电荷更加集中，能量特别高，不稳定而不容易形成。但在亲电试剂进攻间位的共振结构式中，带正电荷的碳原子都不直接和硝基相连，因此进攻硝基间位生成的碳正离子中间体比进攻邻、对位生成的碳正离子中间体的能量低，比较稳定。所以在硝基间位上发生的亲电取代反应要比在邻、对位上快得多，取代产物以间位为主。因此，硝基苯进行亲电取代反应的速率比苯慢，如图8-6所示。

图 8-6　硝基苯与苯相比在邻、对和间位反应时的能量变化

（三）卤原子的定位效应

卤原子的定位效应比较特殊，它能使苯环钝化，但却又是邻、对位定位基，卤素是强吸电子基，通过诱导效应（−I）可增加碳正离子中间体的正电荷，从而降低碳正离子的稳定性，反应变慢，从而使苯环钝化。但是另一方面，卤原子上未共用电子对和苯环的大 π 键共轭而向苯环离域，但共轭效应（+C）较诱导效应弱，当亲电试剂进攻卤原子的邻、对位时，生成的碳正离子是四种共振结构式的杂化体，其中有一个共振结构式具有完整的八隅体结构，此式对杂化体起着重要贡献，因此比较稳定，容易形成。进攻间位则不能得到相似的共振结构式。

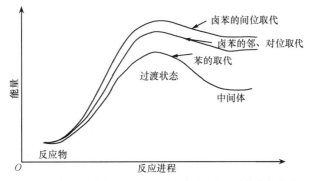

因为进攻邻、对位的中间体碳正离子比较容易生成，也比较稳定，所以取代主要发生在卤原子的邻、对位。由此可见，卤原子较强的诱导效应控制了反应活泼性，能使苯环钝化，而定位效应则是由共轭效应控制，两种效应的综合结果，使卤原子成为一个使苯环钝化的邻、对位定位基。

卤苯在亲电取代反应时的能量变化如图 8-7 所示。

图 8-7　卤苯与苯相比在邻、对和间位反应时的能量变化

三、取代定位规则的应用

学习取代定位规则，不仅要懂得取代定位规则，还要应用这个规则来预测反应的主要产物

是什么，以及如何选择适当的反应途径等。

（一）预测反应的主要产物

根据定位基的性质，就可判断新引入取代基的位置。如果苯环上已经有了两个取代基时，第三个取代基进入苯环的位置就取决于原有两个取代基的性质和位置。

（1）两个定位基定位效应一致，第三个基团进入它们共同确定的位置。例如：

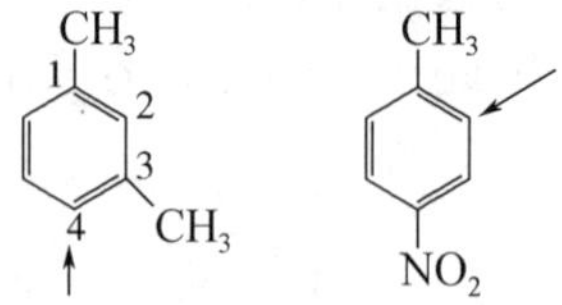

在上面例子中箭头所示的为第三个取代基进入的位置，在考虑定位基性质的同时，还要考虑空间位阻对取代基导入苯环的位置也有一定的影响。例如，在间二甲苯的取代反应中2位和4位都受到两个甲基的致活作用，但2位受到两个甲基的空间位阻作用，所以在磺化、硝化等反应中，主要生成4位取代物。

（2）如果原有的两个取代基不是同一类的，第三个取代基进入的位置主要受邻、对位定位基的支配，因为邻、对位定位基的定位能力强于间位定位基。例如：

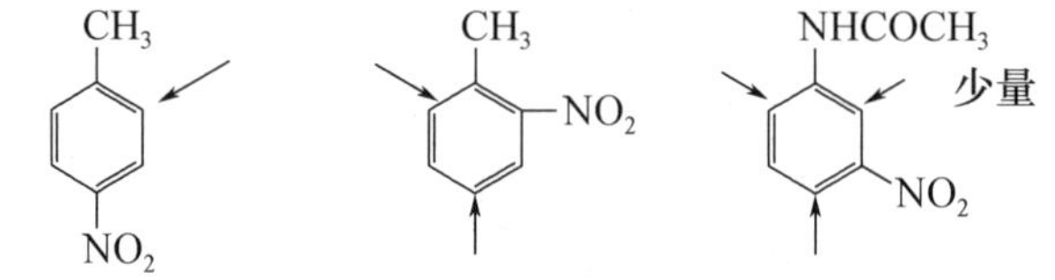

$—CH_3>—NO_2$ 　　　 $—NHCOCH_3>—NO_2$

（3）若原有两个取代基是同一类的，则第三个取代基进入的位置主要受强的定位基支配。例如：

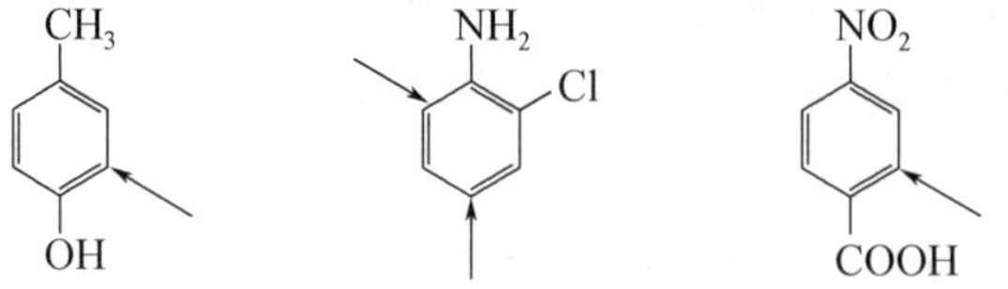

$—OH>—CH_3$ 　　 $—NH_2>—Cl$ 　　 $—NO_2>—COOH$

（二）选择适当的合成路线

应用定位规则不仅可以解释某些现象，还可以通过它来指导多官能团取代苯的合成，下面举两个例子来说明。

1. 由甲苯合成对硝基苯甲酸

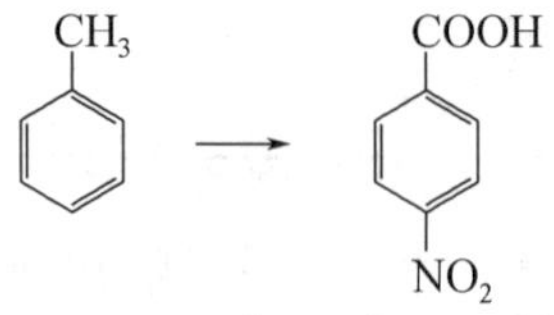

比较原料和产物的结构，可以看出，反应需要经过两步，即硝化和支链（—CH₃）氧化。但哪一步反应先进行呢？

由于产物中的两个取代基处于对位，而甲基是邻、对位定位基，羧基是间位定位基，所以硝化必须先进行，而后再进行氧化反应，才能得到预期的产物。全部反应可概括如下：

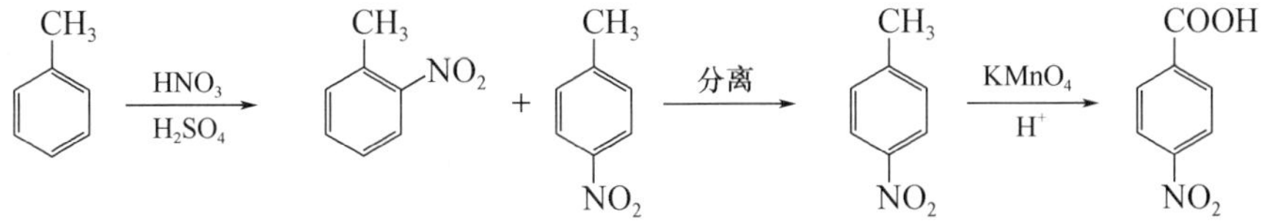

4-硝基苯甲酸
4-nitrobenzoic acid

2. 由苯合成间硝基对氯苯磺酸

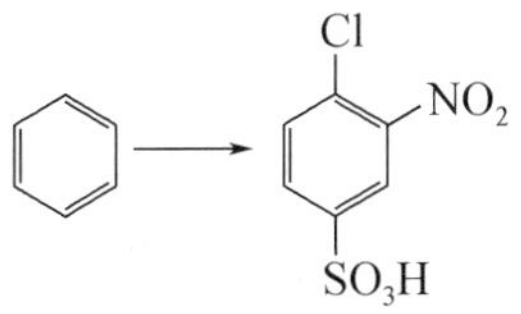

对比原料和产物的结构，可以看出反应至少要进行硝化、磺化和氯化三步。

反应的第一步不能是硝化和磺化，因为硝基和磺酸基都是间位定位基，而产物中的氯原子是在硝基的邻位和磺酸基的对位。显然第一步只能是氯化。

硝化和磺化，哪一步先进行呢？氯原子虽为邻、对位定位基，但它使苯环钝化，所以进行硝化和磺化，比苯所需要的条件高。已经知道，磺化反应在较高温度下进行时产物以对位为主。若氯苯在 100℃磺化，则几乎全部生成对氯苯磺酸，这正是所需要的反应。如果先硝化，则将得到邻和对硝基氯苯两种异构体，所以应先磺化后硝化。

中间体对氯苯磺酸硝化时，由于对氯苯磺酸分子中氯和磺酸基的定位效应是一致的，所以是最适宜位置。

全部反应顺序为：氯化→磺化→硝化。

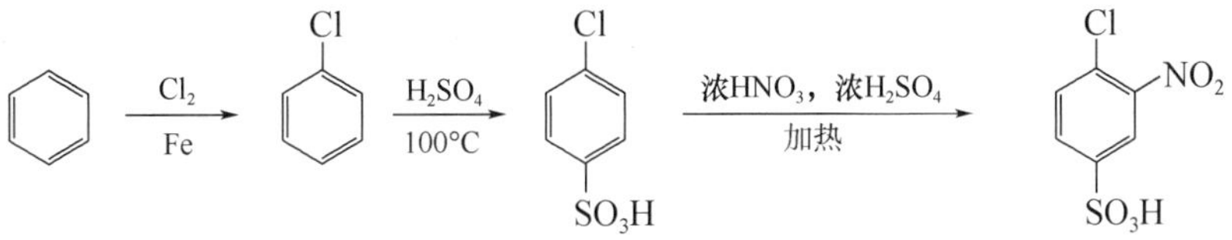

4-氯苯磺酸

4-氯-3-硝基苯磺酸
4-chloro-3-nitrobenzenesulfonic acid

第四节　稠环芳烃

多环芳香烃（polycyclic aromatic hydrocarbons）是指分子中含有两个以上苯环的烃类。按照苯环相互连接的不同方式，可以分成三大类。

第一类是分子中有两个或两个以上的苯环直接以单键相连接，如联苯、三联苯等。这类化合物可以看作一个苯环上的氢原子被另一个苯环取代。因此每一个苯环上的化学行为和单独的苯环类似。

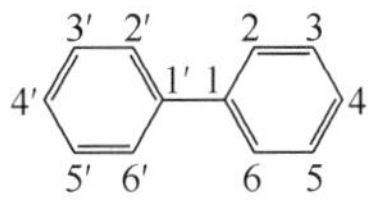

（二）联苯
biphenyl

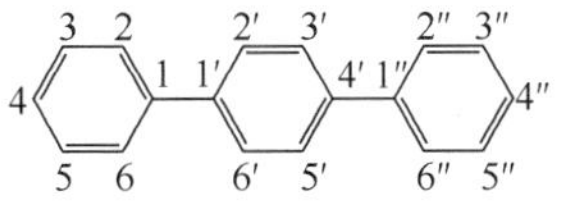

p-三联苯
p-terphenyl

第二类可以看作苯环取代了烷烃中的氢。例如：

二苯（基）甲烷　　　三苯（基）甲烷　　　四苯（基）甲烷
diphenylmethane　　triphenylmethane　　tetraphenylmethane

烷烃被苯环取代后，烷基上的氢可被活化，同时苯环上的氢也被活化。例如，二苯甲烷两环之间的—CH₂—很容易被氧化。

第三类稠环化合物是更重要的一类多环芳香化合物，是本节讲述的重点。这类化合物的结构特点是分子中有两个或更多个苯环共用两个相邻的碳原子相互稠合，如萘、蒽和菲。它们都存在于煤焦油的高温分馏产物中。

萘　　　　　　蒽　　　　　　　菲
naphthalene　　anthracene　　phenanthrene

一、萘

（一）萘的结构和命名

萘（naphthalene）的分子式为 $C_{10}H_8$，它是由两个苯环稠合而成，萘分子中每个碳原子也是以 sp^2 杂化轨道与相邻碳原子的 sp^2 杂化轨道和氢原子的 s 轨道重叠而形成 σ 键。十个碳原子都处在同一个平面上，连接成两个稠合的六元环，八个氢原子也在同一平面上。每一个碳原子未参与杂化的 p 轨道的对称轴垂直于 σ 键所在的平面，它们的对称轴相互平行并在侧面相互重叠，形成一个闭合的共轭体系（图 8-8）。

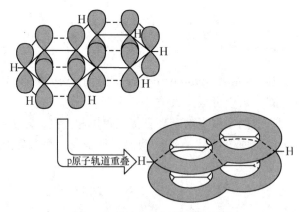

图 8-8　萘的 π 分子轨道示意图

萘分子中的碳碳键长既不等于碳碳单键，也不等于碳碳双键的键长，但又与苯不同，碳碳键长并不完全相等。

萘一般常用下面的结构式表示:

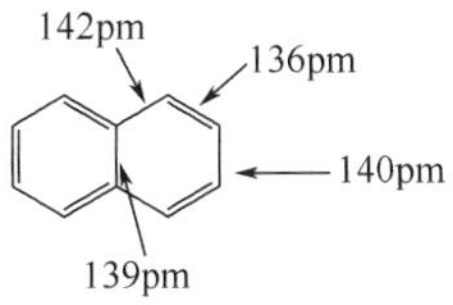

萘分子的键长 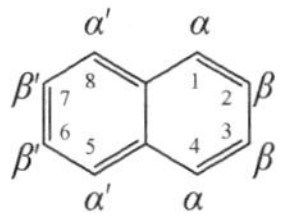   萘结构式

萘的共振结构式如下:

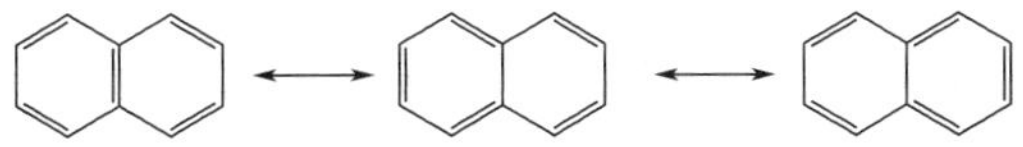

萘分子中碳原子的位置可按上列次序编号。其中 1、4、5、8 四个位置是等同的,称为 α-碳原子,2、3、6、7 四个位置也是等同的,称为 β-碳原子。因此萘的一元取代物有两种: α-取代物(1-取代物)和 β-取代物(2-取代物)。例如:

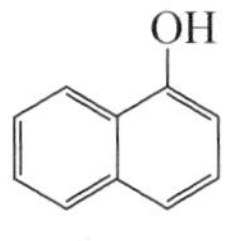

萘-1-酚   萘-2-酚
naphthalen-1-ol   naphthalen-2-ol

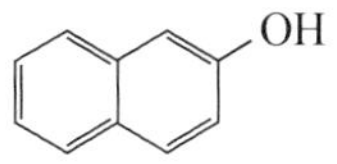

萘衍生物的命名举例如下:

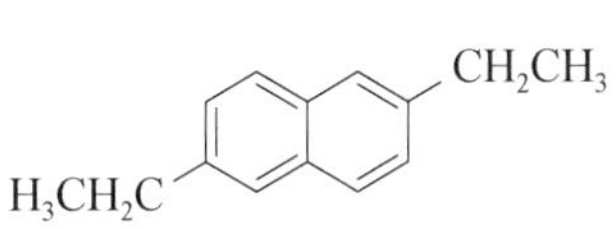

2,6-二乙基萘   4-甲基萘-1-磺酸   1,2,3,4-四氢(化)萘
2,6-diethylnaphthalene   4-methylnaphthalene-1-sulfonic acid   1,2,3,4-tetrahydronaphthalene

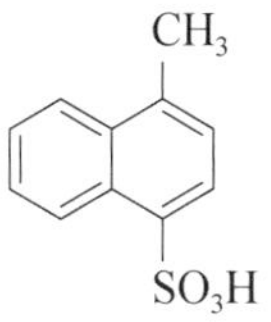

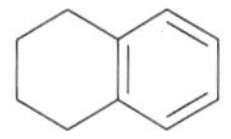

（二）萘的性质

萘是无色片状晶体,熔点 80.5℃,沸点 218℃,有特殊的气味,易升华。不溶于水,易溶于热的乙醇和乙醚。萘是重要的化工有机原料,也常用作防蛀剂。

萘的结构与苯相似,也是一个封闭的共轭体系。在萘环上 p 电子的离域并不像苯环那样完全平均化,而是在 α-碳原子上的电子云密度较高,β-碳原子上的次之,中间共用的两个碳原子上则更小,因此亲电取代反应一般发生在 α-位。

从共振概念看,当萘的 α-位和 β-位被取代时,形成不同的中间体碳正离子,可分别用下列共振结构式表示。

取代 α-位

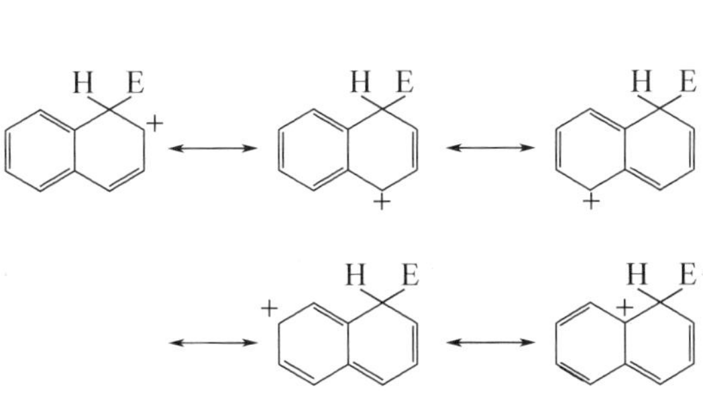

取代 β-位

1. 取代反应

（1）卤代　将氯气通入萘的苯溶液中，在催化剂三氯化铁的作用下，主要得到 α-氯萘。

（2）硝化　萘用混酸硝化，主要产物为 α-硝基萘。其反应速率比苯的硝化要快得多，室温即可进行反应。

α-硝基萘是黄色针状结晶，熔点为 61℃，不溶于水，溶于有机溶剂，用于制备萘-1-胺。

（3）磺化　萘的磺化反应也是可逆的，磺酸基进入的位置和反应温度有关。萘与浓硫酸在 80℃以下作用，主要产物为萘-1-磺酸；在较高温度（165℃）作用，主要产物为萘-2-磺酸。萘的磺化是可逆的，又是 α-位和 β-位的竞争反应。

2. 加成反应

萘在乙醇和钠的作用下，很容易被还原成 1,4-二氢萘，或 1,2,3,4-四氢萘。

若要再进一步还原，则需要更强烈的条件，如在 1216～1520kPa 下，用催化氢化法可直接得到十氢萘。

十氢萘有两种构象异构体，即两个环己烷分别以顺式或反式相稠合。顺式沸点 194℃，反式沸点 185℃。

3. 氧化反应 萘比苯容易氧化，根据反应条件可得到不同的氧化产物。例如，萘在乙酸溶液中用三氧化铬进行氧化，其中一个环被氧化成醌，但产率很低。

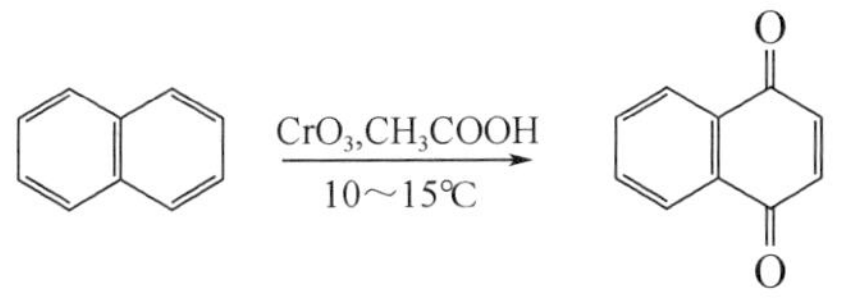

萘-1,4-醌

在强烈条件下氧化，则其中一个环被氧化断裂，生成邻苯二甲酸酐。

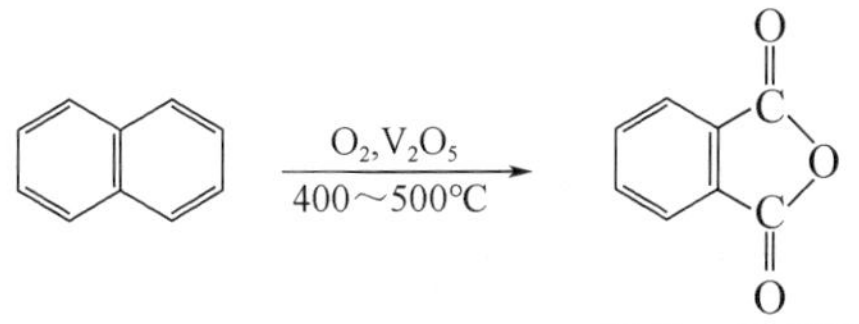

邻苯二甲酸酐

邻苯二甲酸酐是一种重要的化工原料，它是许多合成树脂、增塑剂、染料等的原料。

取代的萘氧化时，哪一个环被氧化断裂，取决于环上取代基的性质。氧化时，两个环中电子云密度较高的环（即比较活泼的环）易被氧化断裂，生成邻苯二甲酸或其衍生物。这也说明萘是由两个苯环共用两个相邻碳原子而成的。例如：

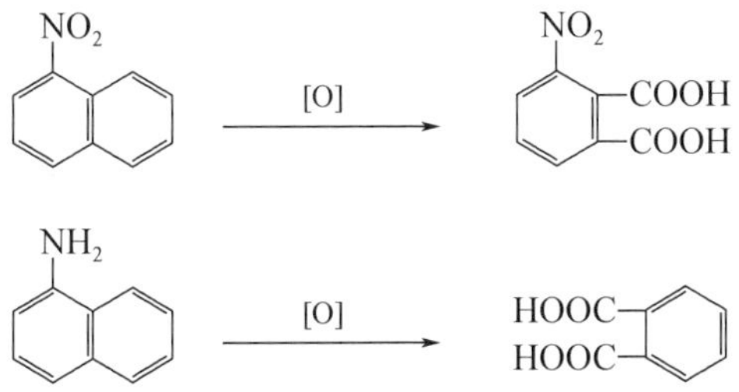

这是因为硝基是吸电子基，可使苯环钝化，而氨基是供电子基，能使苯环活化。

二、蒽

（一）蒽的结构

蒽（anthracene）的分子式为 $C_{14}H_{10}$，含有三个稠合的苯环，分子中所有的原子都在同一平面上。环上相邻的碳原子的未参与杂环的 p 轨道侧面相互重叠，形成包含 14 个碳原子在内的 π 分子轨道。蒽和萘相似，碳碳键长也并不完全相同。

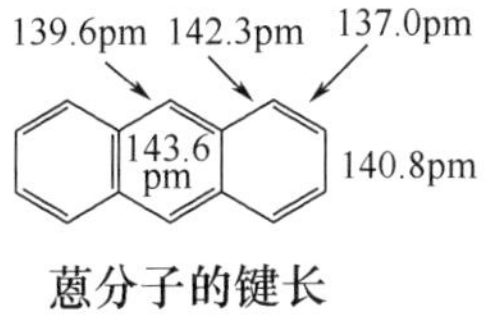

蒽分子的键长

蒽的结构式可表示如下：

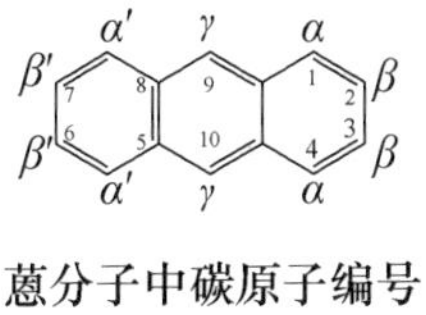

蒽分子中碳原子编号

蒽分子中的 1、4、5、8 位是相同的，称为 α-位；2、3、6、7 也相同，称为 β-位；9、10 两位是相同的，称为 γ-位，或称中位。因此，蒽的一元取代物有三种异构体。

（二）蒽的性质

蒽比萘更容易发生化学反应，尤其是 γ-位，所以反应一般都发生在 γ-位，苯、萘和蒽的共振能如下：

共振能（kJ·mol^{-1}）	150.5	255	351.1
每个环共振能（kJ·mol^{-1}）	150.5	127.5	117

随着分子中稠合环的数目增加，每个环的共振能数值逐渐下降，所以稳定性也逐渐降低，与此相反，它们进行氧化和加成反应的性能却在依次递增。

蒽容易在 9、10 位上发生加成、氧化反应。例如：

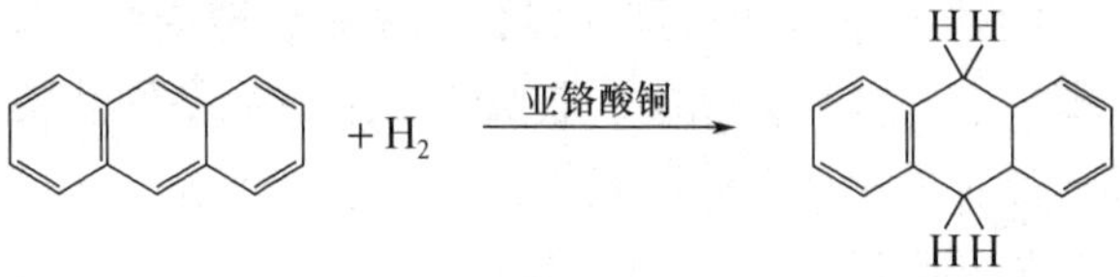

9,10-二氢蒽

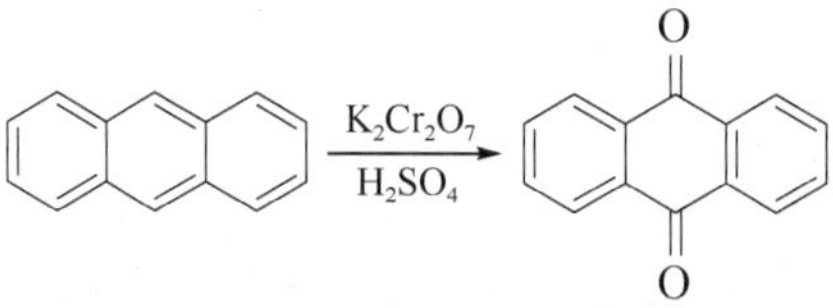

蒽-9,10-醌

蒽存在于煤焦油中，为白色晶体，不溶于水，能溶于苯。它的衍生物非常重要，如蒽醌是一类重要的染料，中药中的一类重要活性成分，如大黄、番泻叶等的有效成分，都属于蒽醌类衍生物。

三、菲

（一）菲的结构

菲（phenanthrene）也存在于煤焦油中，分子式为 $C_{14}H_{10}$，是蒽的同分异构体，菲的结构式及其碳原子编号如下所示：

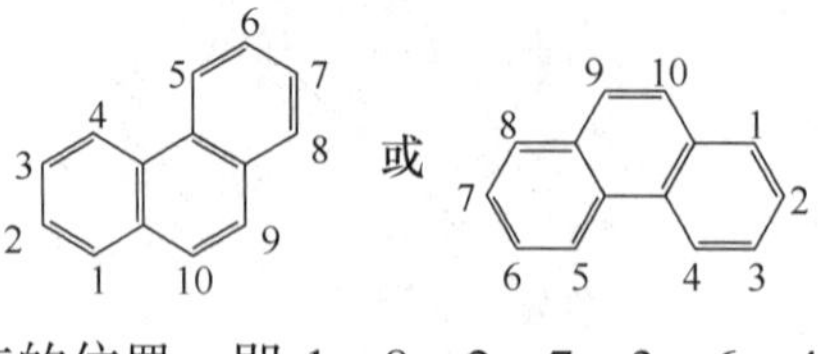

或

在菲分子中有五对相对应的位置，即 1、8，2、7，3、6，4、5 和 9、10。因此菲的一元取代物有五种异构体。

（二）菲的衍生物

菲的某些衍生物具有特殊的生理作用，如甾醇、生物碱、维生素、性激素分子中都含有一个环戊烷并多氢菲的结构。

环戊烷并多氢菲　　　　　雌酮　　　　　　　胆固醇

第五节 非苯芳烃

一、休克尔规则和芳香性

芳香烃不一定都含有苯环。对非苯芳烃预见分子芳香性的重要规则是休克尔（Hückel）规则。该规则表明，对完全共轭的、单环的、平面多烯来说，具有 $4n+2$（$n \geqslant 0$，正整数）个 π 电子的分子，可能具有特殊芳香稳定性。核磁共振实验方法的出现，对判断一个化合物是否具有芳香性起了重要的作用，并对芳香性的本质有了进一步的了解。因此，芳香性更广泛的含义为：分子必须是共平面的封闭共轭体系；键长发生了平均化；体系较稳定（有较大的共振能）；从实验看，易发生环上的亲电取代反应，不易发生加成反应；在磁场中，能产生感磁环流；从微观上看，π 电子数符合 $4n+2$ 规则。

二、轮烯

含最大非累积双键数的单环不饱和烃，通式为 C_nH_n（当 n 为偶数时）或 C_nH_{n+1}（当 n 为奇数时）（$n>6$），通称为轮烯（annulene），如环辛四烯、环十八碳九烯、环二十二碳十一烯可分别称为环辛熛（[8]轮烯）、环十八(碳)熛（[18]轮烯）和环二十二(碳)熛（[22]轮烯）。

根据休克尔规则，环丁二烯应没有芳香性。因为环丁二烯分子有四个 π 电子，不符合休克尔规则。它有一个成键轨道、两个非键轨道和一个反键轨道。在基态时，四个 π 电子中两个占据成键轨道，还有两个 π 电子分别各占据一个非键轨道，它是一个很不稳定的双自由基，实验证明，环丁二烯只有在极低温度下才能存在。

环辛四烯有八个 π 电子，不符合休克尔规则。环丁二烯和环辛四烯中的 π 电子数与休克尔规则要求的 π 电子数都相差两个电子，即都是 $4n$ 个 π 电子数。已知凡具有 $4n$ 个 π 电子数的一类环烃，不但没有芳香性，而且它们的能量一般还比相应的直链多烯烃高，即它们的稳定性很差，通常称为反芳香性化合物。

轮烯中大环体系化合物是否为芳香体系，主要取决于下列条件：①分子具有共平面性或接近于一个平面，平面扭转不大于 100pm；②环内氢原子没有或有很小的空间排斥作用；③π 电子数目符合休克尔规则。

环癸熛和环十四(碳)熛，它们的 π 电子数目虽然符合休克尔规则（π 电子数目分别为 10 和 14），本应具有芳香性，但轮内的氢原子有强烈的排斥作用致使环不能在同一平面上，所以没有芳香性。在环十八(碳)熌分子中，有 18 个 π 电子，符合休克尔规则，经 X 射线衍射证明，环中碳碳键长几乎相等，整个分子基本上处于同一平面上（偏差小于 100pm），说明环内氢原子的排斥力是很微弱的，在化学性质上受热至 230℃时仍稳定，是一个典型的芳香大环化合物。

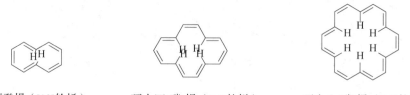

环癸熌（[10]轮烯）　　　环十四(碳)熌（[14]轮烯）　　　环十八(碳)熌（[18]轮烯）
cyclodecine（[10]annulene）　cyclotetradecine（[14]annulene）　cyclooctadecine（[18]annulene）

三、环烯离子

某些烯烃虽然没有芳香性，但转变成正离子和负离子后，则可显示芳香性。例如，前面已讨论的环辛四烯是非芳香性的，但除去两个电子得到的二价正离子（相当于六个 π 电子体系），或加入两个电子得到的二价负离子（相当于十个 π 电子体系），它们都具有 $4n+2$ 的 π 电子数，两者都已制得，并证明具有芳香性。原因是这些电子在基态下正好填满如图 8-9 所示的成键轨道。环辛四烯转变成环辛四烯二负离子后，构成环的碳原子由原来的"马鞍形"转变成平面正八边形，从而使张力大大降低。

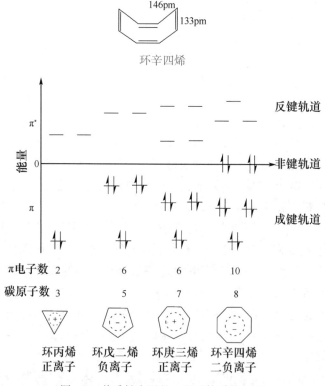

图 8-9　芳香性离子的 π 电子轨道能级图

又如环丙烯正离子：

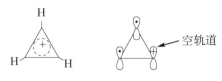

环丙烯正离子

它的 π 电子数为 2，符合 4n+2 休克尔规则。经测定，环丙烯正离子的三元环中碳碳键的键长都是 140pm。这说明环丙烯正离子的两个 π 电子是完全离域而分布在三个碳原子上的，从图 8-9 可看出，它有三个分子轨道，其中一个是成键轨道，两个是反键轨道。基态下两个 π 电子正好填满一个成键轨道。

再如环戊二烯和环庚三烯都没有芳香性，但转变为环戊二烯负离子和环庚三烯正离子后，它们都具有六个 π 电子，符合休克尔规则。这六个 π 电子都离域分布在所有的环碳原子上。

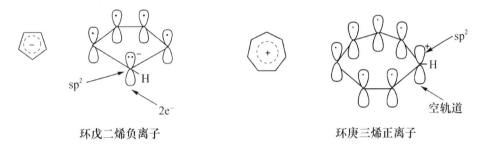

环戊二烯负离子　　　　　　　　环庚三烯正离子

四、薁

（一）薁的结构

薁（azulene）又称蓝烃，是蓝色的片状物质，熔点 90℃。它是由一个七元环和一个五元环稠合而成的。成环原子的环内有十个 π 电子，符合休克尔规则，所以具有芳香性，可以发生某些芳香亲电取代反应。

（二）薁的亲电取代反应

薁的偶极矩为 1.0D，其中七元环有把电子给予五元环的趋势，这样七元环上带一个正电荷，五元环上带一个负电荷，结果每一个环上都分别有六个 π 电子，符合 4n+2 的休克尔规则，与萘恰好具有相同的电子结构，是一个典型的非苯芳烃，在基态时，用下式表示比较合适。

五、草酚酮

草酚酮（tropolone）具有芳香性，表现为难以加成，而易于发生亲电取代反应，由于分子中羰基氧原子的诱导效应，这种化合物在分子中可以形成一个带部分正电荷的七元环。

一般来说，在分子中产生极性的两性离子结构是不稳定的，对共振的贡献可以忽略，但是如果这种环变成 6 个 π 电子体系的共振结构，由于芳香性而趋稳定，这时对共振的贡献就不能忽略。

草酚酮碳氧双键中的一对 π 电子转移到氧上使其带负电，碳原子带正电，使环变为 6π 电子体系，同时氧负离子可以和羟基中的氢原子形成氢键，使草酚酮的两性离子结构更加稳定。

这些符合休克尔规则而具有芳香性，又不含苯环的烃类化合物，称为非苯芳香烃（nonbenzenoid hydrocarbon）。

第六节　个别化合物

芳烃主要来源于煤焦油和石油，芳烃主要用作化工原料及有机溶剂。大多数芳烃的生物活性很小，但是它们的衍生物具有一定的生物活性。

（一）甲苯

甲苯是无色、易燃、易挥发的液体，主要用来制造硝基甲苯、TNT、苯甲醛和苯甲酸等重要物质。甲苯也用作溶剂。

甲苯和混酸在较高温度下生成 2-甲基-1,3,5-三硝基苯，俗称 TNT。TNT 为黄色结晶，是一种烈性炸药。有毒，味苦，不溶于水，而溶于有机溶剂。

$$\text{甲苯} + 3HONO_2 \xrightarrow[100^{\circ}C]{H_2SO_4} \text{TNT} + 3H_2O$$

（二）苯乙烯

苯乙烯是合成高分子化合物的重要单体。苯乙烯是无色、带有辛辣气味的易燃液体，沸点 145.2℃，相对密度 0.906，难溶于水。苯乙烯有毒，人体吸入过多的苯乙烯蒸气时会引起中毒，在空气中的允许浓度在 $0.1mg \cdot L^{-1}$ 以下。

二乙烯苯用于合成离子交换树脂，主要起交联剂作用，使树脂维持一定的立体骨架。

（三）联苯

联苯为无色晶体，熔点 71℃，沸点 255.9℃，相对密度 0.886，不溶于水，能溶于有机溶剂。对热很稳定，广泛用作高温传热液体。

（四）苯乙酮、对茴香醛

它们都可看作苯的衍生物，都具有一定的生物活性。例如，苯乙酮具有催眠的作用，还可作为香料；对茴香醛具有抑制真菌作用，其气味类似于香豆素，可用来制造香精和香皂，同时也用于有机合成。

苯乙酮　　　　　　　对茴香醛

小 结

1. 苯是最简单的芳香烃。苯分子中，碳原子都以 sp^2 杂化轨道组成碳碳 σ 键和碳氢 σ 键，六个碳原子和六个氢原子都在同一平面上，每个碳原子都用未参与杂化的 p 轨道从侧面重叠构成闭合的共轭大 π 体系，苯环是碳碳键长和电子云完全平均化，易发生取代反应而不易发生加成反应的稳定体系。

2. 苯环上易发生卤化、硝化、磺化、弗里德-克拉夫茨烷基化和酰基化等亲电取代反应。取代苯在发生亲电取代反应时，苯环上原有取代基的性质直接影响新取代基的进入位置和反应活性，这就是定位效应，定位基可分为邻、对位定位基和间位定位基两类。苯环难以氧化，当有 α-H 的烷基苯被氧化时，无论烷基长短，都是 α-C 被氧化成羧基。

3. 萘是最简单的稠环芳烃，分子中也形成闭合的共轭大 π 体系，但环上碳碳键长和电子云没有完全平均化，萘的芳香性比苯小。

4. 凡是具有单环共平面的共轭体系中，其 π 电子数为 $4n+2$（n=0，1，2，3，⋯）时，即符合休克尔规则，则体系具有芳香性。

（天津中医药大学）

本章 PPT

第九章

卤 代 烃

学习目的　卤代烃是一类重要的烃的衍生物，可以发生多种化学反应转变成其他类型的化合物。通过本章学习，可以从卤代烃的结构特点认识卤代烃的亲核取代反应、消除反应以及与金属的反应特点；通过分析亲核取代反应与消除反应的机制及影响因素，进一步理解亲核取代反应与消除反应的实质以及亲核取代反应与消除反应的竞争。

学习要求　了解卤代烃的分类，熟悉卤代烃的命名，掌握卤代烃的结构；了解卤代烃的物理性质，熟悉卤代烃的还原反应，掌握卤代烃的亲核取代反应、消除反应以及与金属的反应；掌握卤代烃亲核取代反应机制及影响因素、消除反应机制及影响因素，熟悉亲核取代反应与消除反应的竞争；掌握双键位置对卤原子活泼性的影响；熟悉碳正离子和碳负离子的形成、结构及反应；熟悉卤代烃的制备，了解个别化合物。

烃分子中的氢原子被卤原子取代后生成的化合物称为卤代烃（halohydrocarbon），简称卤烃，常用通式 RX 表示，R 表示烃基，X 表示卤原子氟（fluoro）、氯（chloro）、溴（bromo）、碘（iodo）。

卤代烃是一类重要的有机化合物，可用作溶剂、灭火剂、制冷剂、麻醉剂、农药等。卤代烃的化学性质比较活泼，在有机合成、药物合成中起着重要的作用。

第一节　卤代烃的分类、命名和结构

一、卤代烃的分类

卤代烃主要是根据卤原子种类、卤原子数目、烃基结构和 α-碳原子类型不同进行分类的。

根据卤原子种类不同可将卤代烃分为氟代烃、氯代烃、溴代烃和碘代烃，其中最重要的是氯代烃和溴代烃。

根据卤原子数目不同可将卤代烃分为一卤代烃、二卤代烃和多卤代烃。

$$RCH_2X \qquad RCHX_2 \qquad RCX_3$$
一卤代烃　　　二卤代烃　　　三卤代烃

根据烃基结构不同可将卤代烃分为饱和卤代烃、不饱和卤代烃和卤代芳烃。不饱和卤代烃中的卤代烯烃根据卤原子与双键的相对位置不同分为乙烯型卤代烯烃、烯丙型卤代烯烃和孤立型卤代烯烃。卤原子与双键直接相连的为乙烯型卤代烯烃，卤原子与双键相隔一个碳原子的为烯丙型卤代烯烃，卤原子与双键相隔两个或两个以上碳原子的为孤立型卤代烯烃。卤代芳烃根据卤原子与芳环的相对位置不同也可分为卤苯型卤代芳烃、苄基型卤代芳烃和孤立型卤代芳烃。

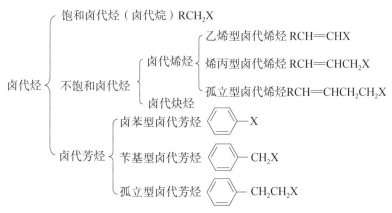

根据 α-碳原子类型不同可将卤代烃分为伯（一级）卤代烃、仲（二级）卤代烃和叔（三级）卤代烃。

$$RCH_2—X \qquad \begin{array}{c} R \\ | \\ R'—CH—X \end{array} \qquad \begin{array}{c} R \\ | \\ R'—C—X \\ | \\ R'' \end{array}$$

伯（一级）卤代烃　　　仲（二级）卤代烃　　　叔（三级）卤代烃

其中 R、R' 和 R" 可以相同，也可以不相同。

二、卤代烃的命名

（一）普通命名法

简单的卤代烃可以根据相应的烃基称为卤（代）某烃。例如：

$$CH_3I \qquad\qquad CH_2=CHCl \qquad\qquad C_6H_5Cl$$

碘甲烷　　　　　　氯乙烯　　　　　　氯（代）苯
iodomethane　　　　chloroethene　　　　chlorobenzene

具有异构体的简单卤代烃，可将烃基名称放在卤素名称的前面。例如：

$$CH_3CH_2CH_2CH_2Br \qquad\qquad (CH_3)_2CHCH_2Br \qquad\qquad (CH_3)_3CCl$$

正丁基溴（溴代正丁烷）　　　异丁基溴（溴代异丁烷）　　　叔丁基氯（氯代叔丁烷）
n-butylbromide　　　　　　isobutylbromide　　　　　　*tert*-butylchlorine

（二）系统命名法

复杂的卤代烃采用系统命名法。系统命名法是以烃为母体，按最低位次组原则对母体进行编号（若按最低位次组原则编号相同时，取代基英文字母排列在前的应有较小位次），然后将烃基、卤素按其英文字母顺序依次写在某烃名称的前面。例如：

$$\begin{array}{c} CH_3CHCH_2CHCH_2CH_3 \\ \;\;\;| \qquad\quad | \\ \;\;Br \qquad CH_3 \end{array} \qquad \begin{array}{c} CH_3CHCHCH_3 \\ \;\;| \quad\; | \\ \;Br \;\; CH_3 \end{array} \qquad \begin{array}{c} CH_3CHCH=CHCH_3 \\ | \\ Cl \end{array}$$

2-溴-4-甲基己烷　　　　　　2-溴-3-甲基丁烷　　　　　　4-氯戊-2-烯
2-bromo-4-methylhexane　　2-bromo-3-methylbutane　　4-chloropent-2-ene

卤代芳烃是以芳烃为母体来命名的。例如：

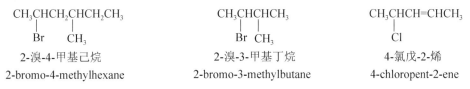

CH₂Cl

氯甲基苯（苄氯或氯苄）
（chloromethyl）benzene
（benzyl chloride）

CH₃
Cl

1-氯-2-甲基苯
1-chloro-2-methylbenzene

Br

1-溴萘（α-溴萘）
1-bromonaphthalene
（α-bromonaphthalene）

如果分子中含有手性碳原子时要标出其构型。例如：

CH₃
H——Br
CH₂CH₃

(S)-2-溴丁烷
(S)-2-bromobutane

Br
Cl

(1S,2R)-1-溴-2-氯环己烷
(1S,2R)-1-bromo-2-chlorocyclohexane

三、卤代烃的结构

卤代烷的 α-碳原子为 sp³ 杂化，与卤原子以 σ 键相连。卤原子的电负性比碳原子的大，C—X 键的一对成键电子偏向于卤原子，使卤原子带有部分负电荷（δ^-），α-碳原子带有部分正电荷（δ^+），碳卤键成为极性共价键，偶极方向由碳原子指向卤原子 $\overset{\longrightarrow}{\underset{}{C}{-}X}$。键的极性大小用偶极矩（$\mu$）来度量，卤代烷中 C—X 键的偶极矩、键长和键能见表 9-1。

表 9-1 C—X 键的偶极矩、键长和键能

C—X	偶极矩/（10^{-30}C·m）	键长/pm	键能/（kJ·mol⁻¹）
C—F		142	485.6
C—Cl	6.838	178	339.1
C—Br	6.772	190	284.6
C—I	6.371	212	217.8

带部分正电荷的 α-碳原子是一个缺电子的反应中心，容易受到亲核试剂的进攻而发生取代反应。卤原子是典型的吸电子基，存在明显的负诱导效应，这不仅使 α-碳原子带有部分正电荷，也使 β-氢受到一定的影响而使其酸性增强，容易受到碱的进攻而发生消除反应。

$$R{-}\underset{\beta}{\overset{H}{C}}{-}\underset{\alpha}{\overset{\delta^+}{C}}{-}\overset{\delta^-}{Cl} \quad B^- \quad Nu^-$$

第二节 卤代烃的性质

一、卤代烃的物理性质

常温下，四个碳原子以下的氟代烷、两个碳原子以下的氯代烷以及溴甲烷是气体，其他常

见的卤代烷为液体，十五个碳原子以上的卤代烷为固体。

除氟代烃外，烃基相同的卤代烃的沸点随卤素原子序数的增大而升高，同系列中卤代烃的沸点随碳链增长而升高，同分异构体中卤代烃支链越多，沸点越低。

除氟代烃和某些氯代烃的密度比水小外，大多数卤代烃的密度都比水大。一些卤代烃的沸点和相对密度见表9-2。

表 9-2　一些卤代烃的沸点和相对密度

卤代烃	沸点/℃	相对密度（d_4^{20}）	卤代烃	沸点/℃	相对密度（d_4^{20}）
CH_3F	–78		$CH_3CH_2CH_2F$	–3	
CH_3Cl	–24		$CH_3CH_2CH_2Cl$	47	
CH_3Br	4		$CH_3CH_2CH_2Br$	71	1.34
CH_3I	42	2.28	$CH_3CH_2CH_2I$	103	1.75
CH_3CH_2F	–38		$(CH_3)_2CHF$	–9	
CH_3CH_2Cl	12		$(CH_3)_2CHCl$	35	
CH_3CH_2Br	38	1.44	$(CH_3)_2CHBr$	59	1.31
CH_3CH_2I	72	1.93	$(CH_3)_2CHI$	90	1.71
CH_2Cl_2	40	1.34	$CH_3CH_2CH_2CH_2F$	33	0.78
$CHCl_3$	61	1.50	$CH_3CH_2CH_2CH_2Cl$	78	
CCl_4	77	1.60	$CH_3CH_2CH_2CH_2Br$	102	1.28
C_6H_5Cl	132	1.11	$CH_3CH_2CH_2CH_2I$	131	1.62

尽管多数卤代烃分子为极性分子，但所有的卤代烃都不溶于水，而易溶于醇、醚等有机溶剂，一些液体卤代烃也常用作溶剂，如氯仿、四氯化碳等。

卤代烃多有香味，但对肝脏有毒害作用。卤代烃在铜丝上灼烧时会出现绿色火焰，这是鉴别卤代烃的简单方法。

二、卤代烃的化学性质

卤代烷的化学性质比较活泼，容易发生亲核取代反应、消除反应、与金属的反应及还原反应。

（一）亲核取代反应

卤代烷的 α-碳原子带有部分正电荷，容易受到负离子（如 OH^-、RO^-、CN^-、NO_3^-）和具有未共用电子对的中性分子（如 H_2O、$\overset{..}{N}H_3$）等亲核试剂的进攻而发生取代反应，这种由亲核试剂进攻所引起的取代反应称为亲核取代（nucleophilic substitution）反应，以 S_N 表示。卤代烷的亲核取代反应一般可用下列通式表示：

微课：卤代烃的亲核取代反应

$$Nu^- + \overset{\delta^+}{R} - \overset{\delta^-}{X} \longrightarrow R-Nu + X:^-$$

$$Nu: + \overset{\delta^+}{R} - \overset{\delta^-}{X} \longrightarrow R-\overset{+}{Nu} + X:^-$$

亲核试剂　底物　　　产物　离去基团

卤代烷是受亲核试剂（Nu^-）进攻的对象，称为底物，卤原子带着原来与 α-碳原子共用的一对成键电子从分子中离去，称为离去基团。

卤代烷重要的亲核取代反应主要有以下几种。

1. 水解反应　卤代烷与水作用生成醇的反应称为水解反应，该反应可逆。

$$R—X + H_2O \rightleftharpoons R—OH + HX$$

卤代烷的水解反应进行得很慢，通常采用卤代烷与氢氧化钠（钾）的水溶液共热。OH^- 比水的亲核性强，而且反应中产生的 HX 可被碱中和，从而可以加速反应并提高产率。

$$R—X + NaOH \xrightarrow{H_2O} R—OH + NaX$$

该反应一般没有制备价值，因为自然界少有卤代物存在，多数卤代烷由相应的醇来制备。但如果在某些复杂分子中引入羟基比引入卤原子困难时，也可以采用卤代烷水解的方法来制备相应的醇。

2. 腈的形成　卤代烷与氰化钠（钾）反应生成腈。

$$R—X + NaCN \longrightarrow R—CN + NaX$$

氰化钠（钾）有剧毒，使用时需特别注意。产物腈易水解成羧酸，有机合成上常用于制备增加一个碳原子的羧酸。

$$RCN \xrightarrow{H_2O/H^+} RCOOH$$

3. 成醚反应　卤代烷与醇钠或酚钠反应生成醚，这是合成醚的常用方法——威廉逊（Williamson）合成法。

$$R—X + R'ONa \longrightarrow R—OR' + NaX$$

该反应一般以伯卤代烷为原料合成相应的醚，若使用叔卤代烷则容易发生消除反应生成烯烃。

4. 与炔基负离子的反应　伯卤代烷与强碱性炔基碳负离子的反应常用于制备增长碳链的炔烃，仲卤代烷、叔卤代烷容易发生消除反应生成烯烃。

$$R—X + R'C{\equiv}CNa \longrightarrow RC{\equiv}CR' + NaX$$

5. 碘化物的形成　RCl 或 RBr 与碘化钠（钾）的丙酮溶液作用，氯或溴被碘取代生成碘代烷，常用于碘代烷的制备。

$$R—Cl(Br) + NaI \xrightarrow{丙酮} R—I + NaCl(Br)$$

这是一个可逆平衡反应，NaCl 或 NaBr 在丙酮中的溶解度比 NaI 小得多，易从无水丙酮中析出沉淀，从而破坏平衡使反应向着生成碘代烷的方向进行。

6. 与硝酸银的反应　卤代烷与硝酸银醇溶液反应生成硝酸酯和卤化银沉淀。

$$R—X + AgNO_3 \xrightarrow{C_2H_5OH} R—ONO_2 + AgX\downarrow$$

不同卤代烷反应活性有差异。烷基相同而卤原子不同的卤代烷反应活性顺序为 RI＞RBr＞RCl，卤原子相同而烷基不同的卤代烷反应活性顺序为叔卤代烷＞仲卤代烷＞伯卤代烷。根据反应析出沉淀的快慢和析出沉淀的颜色不同可以鉴别不同结构的卤代烷。

7. 与氨的反应　卤代烷与氨反应生成伯胺（RNH_2），但生成的伯胺（RNH_2）可继续与卤代烷反应生成各级胺的混合物，分离、纯化比较困难，因而这一方法用于制备胺类化合物受到很大的限制。

$$R—X + \overset{\cdot\cdot}{N}H_3 \longrightarrow R—\overset{\cdot\cdot}{N}H_2 + HX$$

$$R—\overset{\cdot\cdot}{N}H_2 \xrightarrow{RX} R_2\overset{\cdot\cdot}{N}H \xrightarrow{RX} R_3\overset{\cdot\cdot}{N} \xrightarrow{RX} R_4N^+X^-$$

（二）消除反应

卤代烷与强碱（如氢氧化钠、氢氧化钾、醇钠、醇钾、氨基钠等）在极性较小的溶剂（如醇类）中共热脱去卤化氢生成烯烃。从有机分子中脱去小分子生成含不饱和键化合物的反应称为消除（elimination）反应，以 E 表示，由于脱去的是 β-氢，所以又称 β-消除反应。通过消除反应可以在分子中引入碳碳双键或碳碳叁键，这是制备烯烃或炔烃的方法之一。例如：

$$\overset{\alpha}{C}H_3\overset{\beta}{C}H—CH_2 \xrightarrow[\triangle]{KOH/C_2H_5OH} CH_3CH=CH_2$$
$$\underset{\underset{Cl}{|}}{} \quad \underset{\underset{H}{|}}{}$$

$$CH_3CH—CH_2 \xrightarrow[\triangle]{NaNH_2/C_2H_5OH} CH_3C\equiv CH$$
$$\underset{\underset{Br}{|}}{} \quad \underset{\underset{Br}{|}}{}$$

（三）与金属的反应

卤代烃在一定条件下可以与金属反应，生成含碳金属键（C—M）的化合物，称为金属有机化合物。金属有机化合物非常活泼，在有机合成中起重要的作用。

1. 与碱金属的反应　卤代烃与金属锂、金属钠作用生成烃基锂（RLi）、烃基钠（RNa）。

$$RX + 2Li \longrightarrow RLi + LiX$$

$$RX + 2Na \longrightarrow RNa + NaX$$

RNa 非常活泼，生成后立即与 RX 发生偶联反应得到 R—R 型烷烃，称为武兹（Wurtz）反应。

$$RNa + RX \longrightarrow R—R$$

RLi 与 CuX 作用可以生成二烃基铜锂（R_2CuLi），R_2CuLi 是很好的烃基化试剂，可以与 R'X 发生偶联反应得到 R—R'型烷烃，称为科里-豪思（Corey-House）反应。反应条件温和，其可以与活性低的乙烯型卤代烯烃或卤苯型卤代芳烃反应。

$$2RLi + CuX \longrightarrow R_2CuLi + LiX$$
$$R_2CuLi + R'X \longrightarrow R—R'$$

2. 格氏试剂的生成　卤代烃与金属镁反应生成有机金属镁化合物（RMgX），RMgX 称为格利雅（Grignard）试剂，简称格氏试剂。

$$RX + Mg \xrightarrow{无水乙醚} RMgX$$

以乙醚作为制备格氏试剂的溶剂是因为它可以与格氏试剂形成络合物而使格氏试剂稳定。

格氏试剂生成的难易与烃基的结构及卤原子的种类有关。烃基相同时 RX 的活性顺序为 RI＞RBr＞RCl，RI 比较贵，RCl 的反应活性最差，所以常用活性中等的 RBr。卤原子相同而烃基结构不同时卤代烃的活性顺序为烯丙型卤代烯烃或苄基型卤代芳烃＞伯卤代烷＞仲卤代烷＞叔

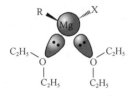

图 9-1　乙醚对格氏试剂
的络合稳定作用

卤代烷>乙烯型卤代烯烃或卤苯型卤代芳烃。其中叔卤代烷在强碱条件下主要发生消除反应，难以制备格氏试剂；烯丙型卤代烯烃及苄基型卤代芳烃非常活泼，容易生成格氏试剂，但生成的格氏试剂又可以与未作用的卤代烃发生偶联反应；活性低的乙烯型卤代烯烃与卤苯型卤代芳烃也可以用于制备格氏试剂，但要求较高的反应温度及用四氢呋喃（THF）代替乙醚作为反应的溶剂，这是因为环醚中的氧比直链醚中的氧更为暴露在外，容易和格氏试剂络合而使格氏试剂稳定（图 9-1）。例如：

$$\text{PhCl} + \text{Mg} \xrightarrow{\text{THF}} \text{PhMgCl}$$

格氏试剂很活泼，可与空气中的二氧化碳、氧及含活泼氢的化合物（如水、醇、酸、胺等）发生反应，因此，在制备格氏试剂时，除保持试剂的干燥外，还应隔绝空气及避免使用含活泼氢的化合物作溶剂。

$$\text{RMgX} \xrightarrow{\text{CO}_2} \text{RC}-\text{OMgX}$$
$$\text{RMgX} \xrightarrow{\text{O}_2} \text{R}-\text{O}-\text{MgX}$$

$$\text{RMgX} \begin{cases} \xrightarrow{\text{H}_2\text{O}} \text{R}-\text{H} + \text{HOMgX} \\ \xrightarrow{\text{R'OH}} \text{R}-\text{H} + \text{R'OMgX} \\ \xrightarrow{\text{R'COOH}} \text{R}-\text{H} + \text{R'COOMgX} \\ \xrightarrow{\text{NH}_3} \text{R}-\text{H} + \text{H}_2\text{NMgX} \\ \xrightarrow{\text{R'C}\equiv\text{CH}} \text{R}-\text{H} + \text{R'C}\equiv\text{CMgX} \end{cases}$$

RMgX 是一种强的亲核试剂，可以与卤代烃发生亲核取代反应生成烃类，也可以与醛、酮发生亲核加成反应制备醇（见第十一章）。

$$\text{CH}_2=\text{CHCH}_2\text{Cl} + \text{RMgBr} \longrightarrow \text{CH}_2=\text{CHCH}_2\text{R}$$

（四）还原反应

卤代烃可以通过多种途径还原成烃类化合物。催化氢化是还原方法之一，常用的催化剂是 Pd、Ni 等，Pd 为首选催化剂，Ni 易受卤离子的毒化需增大用量。

$$\text{PhCH}_2\text{Cl} \xrightarrow{\text{H}_2/\text{Pd}} \text{PhCH}_3$$

某些金属如锌在乙酸等酸性条件下能还原卤代烃成烃。

$$\text{CH}_3\text{CH}_2\text{CHBrCH}_3 \xrightarrow{\text{Zn/CH}_3\text{COOH}} \text{CH}_3\text{CH}_2\text{CH}_2\text{CH}_3$$

氢化锂铝（LiAlH$_4$）或硼氢化钠（NaBH$_4$）是提供氢负离子的还原剂，不会影响碳碳重键。其中 LiAlH$_4$ 是很强的还原剂，各种类型的卤代烃都可以被还原。利用 LiAlH$_4$ 作还原剂时，反应需在无水介质（如乙醚、四氢呋喃等）中进行，因为 LiAlH$_4$ 遇水立即分解放出氢气。

$$n\text{-C}_8\text{H}_{17}\text{Br} \xrightarrow[\text{THF}]{\text{LiAlH}_4} n\text{-C}_8\text{H}_{18}$$

NaBH$_4$ 是比较温和的还原剂，卤代烃分子中同时存在—COOH、—COOR、—CN、—NO$_2$等易被还原的基团时，不能使用 LiAlH$_4$，因为这些基团会被还原，但可以使用 NaBH$_4$。NaBH$_4$几乎不溶于 THF，可在水溶液中反应而不被分解，但在酸性溶液中易分解。

$$BrCH_2COOCH_3 \xrightarrow{NaBH_4} CH_3COOCH_3$$

（五）多卤代烃的特性

多个卤原子连在不同碳原子上的多卤代烃，其C—X键的性质与单卤代烃的相似，多个卤原子连在同一个碳原子上的多卤代烃，C—X键的活性明显降低，如同碳多卤代烃与硝酸银醇溶液不会生成卤化银沉淀。同碳多卤代烃的活性随卤原子数目的增加而降低，如一氯甲烷、二氯甲烷、三氯甲烷、四氯化碳水解反应所需温度随分子中氯原子数目的增加而升高。

$$CH_3Cl+H_2O \xrightarrow[\text{加压}]{100℃} CH_3OH+HCl$$

$$CH_2Cl_2+H_2O \xrightarrow[\text{加压}]{165℃} \left[CH_2 \begin{array}{c} OH \\ OH \end{array} \right] \xrightarrow{-H_2O} H-\overset{O}{\underset{}{C}}-H$$

$$CHCl_3+H_2O \xrightarrow[\text{加压}]{225℃} \left[HC \begin{array}{c} OH \\ -OH \\ OH \end{array} \right] \xrightarrow{-H_2O} H-\overset{O}{\underset{}{C}}-OH$$

$$CCl_4+H_2O \xrightarrow[\text{加压}]{250℃} \left[HO-\overset{OH}{\underset{OH}{C}}-OH \right] \xrightarrow{-H_2O} CO_2\uparrow$$

第三节　亲核取代反应机制及影响因素

一、亲核取代反应机制

卤代烃水解反应的动力学研究表明，溴甲烷在 80%乙醇水溶液中反应很慢，但在其溶液中加入 NaOH 后，反应加快，而且反应速率与溴甲烷和氢氧化钠的浓度成正比。

$$反应速率= k\,[\,CH_3Br\,]\,[\,OH^-\,]$$

溴甲烷的水解反应遵循二级动力学规律，反应速率涉及两分子的浓度，所以称为双分子亲核取代反应，用 S_N2 表示。但溴代叔丁烷的水解反应不随 NaOH 的加入而加快，反应速率只与溴代叔丁烷的浓度成正比。

$$反应速率=k\,[(CH_3)_3CBr\,]$$

溴代叔丁烷的水解反应遵循一级动力学规律，反应速率只涉及一分子的浓度，所以称为单分子亲核取代反应，用 S_N1 表示。

（一）双分子亲核取代反应机制

目前认为溴甲烷在碱性条件下的水解反应是按以下机制进行的：

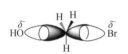

图 9-2　溴甲烷 S_N2 反应过渡态结构

亲核试剂氢氧负离子从离去基团溴的背面进攻底物，氧原子与 α-碳原子之间的距离逐渐缩短，溴原子与 α-碳原子之间的距离逐渐伸长，整个过程是连续的，α-碳原子的杂化形式变化为 $sp^3 \rightarrow sp^2 \rightarrow sp^3$。在过渡态中，C—OH 键已部分形成，C—Br 键已部分断裂，氧原子和溴原子都带有部分负电荷，α-碳原子和三个氢原子基本在同一平面上，将要键合的亲核试剂和即将离去的离去基团在同一 p 轨道的两侧，理想的过渡态是 α-碳原子具有五配位的三角形平面结构，见图 9-2。

反应过程中随着反应物结构的变化，体系的能量也在不断变化。氢氧负离子从溴原子的背面进攻 α-碳原子时，要克服氢原子的空间阻碍，另外随着反应的进行，三个 C—H 键键角发生改变也使体系的能量升高，到达过渡态时，五个原子同时挤在 α-碳原子的周围，能量达到最高值，然后随着溴原子的离去，张力减小，体系的能量逐渐降低。溴甲烷 S_N2 反应能量变化见图 9-3。

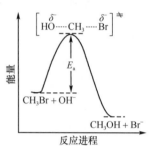

图 9-3　溴甲烷 S_N2 反应能量变化图

（二）单分子亲核取代反应机制

溴代叔丁烷在碱性条件下的水解反应分两步进行。

$$第一步：(CH_3)_3C\!-\!Br \rightleftharpoons \left[(CH_3)_3\overset{\delta^+}{C}\cdots\overset{\delta}{Br}\right]^{\neq} \longrightarrow (CH_3)_3C^+ + Br^- \quad 慢$$

$$第二步：(CH_3)_3C^+ + {}^-OH \rightleftharpoons \left[(CH_3)_3\overset{\delta^+}{C}\cdots\overset{\delta^-}{OH}\right]^{\neq} \longrightarrow (CH_3)_3COH \quad 快$$

第一步是溴代叔丁烷在溶剂的作用下 C—X 键解离生成叔丁基正离子和溴负离子，这一步是速率控制步骤；第二步是叔丁基正离子与氢氧负离子迅速结合生成叔丁醇。

随着反应的进行，溴代叔丁烷分子中的 C—Br 键逐渐伸长，键的可极化性也增强，碳原子所带部分正电荷和溴原子所带部分负电荷逐渐增加，C—Br 键的部分断裂使体系能量上升；另外，随着正负电荷分离程度的增强，溶剂化程度也在增强，带电质点的溶剂化会释放能量，所以当 C—Br 键的极化达到一定程度时，体系的能量达到最高峰，相应于第一步反应的过渡态。生成的中间体叔丁基正离子是溶剂化的，要与氢氧负离子结合，必须脱去部分溶剂分子，这就使体系的能量再度上升，达到第二个最高峰，即第二步反应的过渡态，然后随着 C—O 键的逐渐形成，体系的能量又开始下降。溴代叔丁烷 S_N1 反应能量变化见图 9-4。第一步反应的活化能 E_{a1} 远远大于第二步反应的活化能 E_{a2}，因此 S_N1 反应的速率取决于第一步反应的活化能 E_{a1}，即第一步是 S_N1 反应的速率控制步骤。

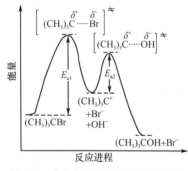

图 9-4　溴代叔丁烷 S_N1 反应能量变化图

S_N1 反应是通过中间体碳正离子进行的，所以可能有重排产物生成。例如：

$$\underset{\underset{Br}{|}}{\underset{|}{CH_3CH}\!-\!CHCH_3} \xrightarrow{C_2H_5OH} \underset{\underset{OC_2H_5}{|}}{\underset{CH_3}{|}}{CH_3CH\!-\!CHCH_3} + \underset{\underset{OC_2H_5}{|}}{\underset{CH_3}{|}}{CH_3C\!-\!CH_2CH_3}$$

重排产物

反应时卤代烷中 C—X 键解离生成 2°碳正离子，然后邻位碳上氢带着一对电子迁移重排成 3°碳正离子，再由 3°碳正离子反应生成重排产物。碳正离子的稳定性顺序为 3°＞2°＞1°，通常情况下是由不稳定的碳正离子重排成稳定的碳正离子。重排产物的生成一般可以说明反应是经过碳正离子中间体进行的。

$$
\underset{\underset{Br}{|}}{CH_3CH}-CHCH_3 \xrightleftharpoons{-Br^-} \underset{\underset{H}{|}}{CH_3\overset{+}{C}}-CHCH_3 \xrightleftharpoons{重排} CH_3-\overset{+}{C}-CH_2CH_3
$$

2°碳正离子   3°碳正离子

$$\downarrow C_2H_5OH \qquad \downarrow C_2H_5OH$$

$$
\underset{\underset{OC_2H_5}{|}}{CH_3CH}-CHCH_3 \qquad \underset{\underset{OC_2H_5}{|}}{CH_3C}-CH_2CH_3
$$

二、亲核取代反应的立体化学

亲核取代反应具有相应的立体化学特征，当反应发生在手性碳原子上时，生成的产物构型与反应物的构型具有一定的关系。

（一）双分子亲核取代反应的立体化学

在 S_N2 反应中，亲核试剂从离去基团的背面进攻 α-碳原子，所得产物的构型和反应物的构型完全相反，如同被大风吹翻的雨伞，这种构型的转化称为瓦尔登（Walden）转化。构型完全转化是 S_N2 反应的立体化学特征，如有光学活性的(S)-2-溴丁烷在碱性条件下水解得到构型完全转化的产物(R)-丁-2-醇。

$$
HO^- + CH_3CH_2\overset{CH_3}{\underset{H}{C}}Br \xrightleftharpoons{慢} \left[HO\cdots\overset{\delta^-}{\underset{CH_2CH_3}{\overset{CH_3}{|}}}\overset{sp^2}{\underset{H}{C}}\cdots Br^{\delta^-} \right]^{\neq} \xrightarrow{快} HO-\overset{CH_3}{\underset{H}{C}}CH_2CH_3 + Br^-
$$

(S)-2-溴丁烷   (R)-丁-2-醇

手性 α-碳原子的这种转化可以引起产物与反应物 R、S 构型符号的改变，如(S)-2-溴丁烷转变成(R)-丁-2-醇，也可以不引起改变，因为这里所指的构型转化是指 α-碳原子的四个共价键构成的骨架构型的转化。例如：

$$
CH_3O^- + \underset{\underset{H_5C_2O}{|}\,\overset{CH_3}{|}}{\underset{H}{C}}Cl \longrightarrow CH_3O-\overset{CH_3}{\underset{OC_2H_5}{C}}H + Cl^-
$$

$$R \qquad\qquad\qquad R$$

根据 S_N2 反应的机制和立体化学特征归纳出卤代烃 S_N2 反应的特点如下。

（1）反应一步完成，旧键的断裂和新键的形成同时进行，只有一个决定反应速率的过渡态。

（2）反应速率与卤代烃和亲核试剂的浓度有关。

（3）反应产物构型完全转化。

（二）单分子亲核取代反应的立体化学

在 S_N1 反应中，亲核试剂进攻的是碳正离子。碳正离子通常是 sp^2 杂化态下的平面三角形结构，亲核试剂可以从平面的两边分别进攻，生成构型保持和构型转化两种产物。例如：

(S)-3-溴-3-甲基己烷

(R)-3-甲基己-3-醇　　　(S)-3-甲基己-3-醇
构型转化　　　　　　　构型保持

理论上亲核试剂从碳正离子平面两边进攻的概率相等，如果 α-碳原子是手性碳原子，应该生成外消旋体，但实际上构型转化产物比例大于构型保持产物，这种现象可以通过卤代烃中 C—X 键的解离过程进行解释：

$$RX \rightleftharpoons R^+X^- \rightleftharpoons R^+ \parallel X^- \rightleftharpoons R^+ + X^-$$
卤代烃　　紧密离子对　　松散离子对　　自由离子

卤代烃中 C—X 键解离形成的 X^- 并没有迅速离开底物，而是通过静电吸引与碳正离子形成紧密离子对，紧密离子对进一步被溶剂隔开形成松散离子对，最后形成自由离子。亲核试剂可以与不同阶段的离子发生反应。

（1）在紧密离子对阶段，由于 R^+ 与 X^- 结合紧密，离去基团阻碍了亲核试剂的正面进攻，因而只得到背面进攻的构型转化产物。

（2）在松散离子对阶段，离去基团尚未完全离去，亲核试剂从背面进攻的概率大于正面进攻的概率，因而得到的构型转化产物多于构型保持产物。

（3）在自由离子阶段，亲核试剂从碳正离子两边进攻的概率相等，因而得到的构型转化产物等于构型保持产物。

根据 S_N1 反应的机制和立体化学特征归纳出卤代烃 S_N1 反应的特点如下。

（1）反应分两步完成，有两个过渡态，其中第一步是速率控制步骤。

（2）反应速率只与卤代烃的浓度有关。

（3）有中间体碳正离子生成，所以可能有重排产物生成。

（4）反应产物可能是外消旋体，但实际上往往得到的构型转化产物多于构型保持产物。

三、影响亲核取代反应的因素

亲核取代反应的活性和反应机制与卤代烃的结构、亲核试剂及溶剂的性质有关。

（一）烃基的影响

卤代烃发生 S_N2 反应时，亲核试剂从卤素背面进攻 α-碳原子而将卤素"挤走"，反应速率主要由卤代烃分子的空间（立体）效应决定，空间位阻越小，反应越容易进行。几种溴代烷在无水丙酮中与碘化钾按 S_N2 机制进行反应时的相对反应速率见表 9-3。

表 9-3　几种溴代烷与碘化钾进行 S_N2 反应时的相对反应速率

RBr	相对反应速率	RBr	相对反应速率
CH_3Br	30	$CH_3CH_2CH_2Br$	0.82
CH_3CH_2Br	1	$(CH_3)_2CHCH_2Br$	0.036
$(CH_3)_2CHBr$	0.02	$(CH_3)_3CCH_2Br$	约 0
$(CH_3)_3CBr$	约 0		

表中数据表明：α-碳原子上取代基数目越多，S_N2 反应越不容易进行；伯卤代烷 β-碳原子上取代基数目越多，S_N2 反应越不容易进行。

因此，卤代烷 S_N2 反应的活性顺序是：$CH_3X>$伯卤代烷$>$仲卤代烷$>$叔卤代烷，且伯卤代烷随 β-碳原子上取代基数目增多反应减慢。

S_N1 反应活性由电子效应和空间效应决定。卤代烃发生 S_N1 反应时，决定反应速率的是第一步，即碳正离子的生成，而碳正离子的稳定性顺序是 $3°>2°>1°>CH_3^+$，越是稳定的碳正离子越容易生成，反应也就越快，所以从电子效应考虑，卤代烷 S_N1 反应的活性顺序是：叔卤代烷$>$仲卤代烷$>$伯卤代烷$>CH_3X$。几种溴代烷在甲酸溶液中按 S_N1 机制进行水解反应时的相对反应速率见表 9-4。

表 9-4　几种溴代烷按 S_N1 机制进行水解反应时的相对反应速率

RBr	CH_3Br	CH_3CH_2Br	$(CH_3)_2CHBr$	$(CH_3)_3CBr$
相对反应速率	1	1.7	45	10^8

叔卤代烷活性强的另一个原因是空间效应。因为叔卤代烷中三个烷基相互排斥力较大，即空间张力较大，发生 S_N1 反应形成碳正离子时，α-碳原子由 sp^3 杂化转变成 sp^2 杂化，键角将由 $109°28'$ 变为 $120°$，空间张力大大减小，内能降低，从而有利于 $3°$ 碳正离子的形成。从空间效应考虑，卤代烷 S_N1 反应的活性顺序也是叔卤代烷$>$仲卤代烷$>$伯卤代烷$>CH_3X$。

综上所述，烃基结构对亲核取代反应的影响可归纳为

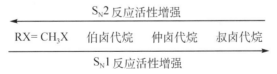

一般伯卤代烷主要按 S_N2 机制进行反应，叔卤代烷主要按 S_N1 机制进行反应，仲卤代烷既可以按 S_N1 机制，也可以按 S_N2 机制进行反应，这还要取决于溶剂和亲核试剂的性质。

（二）卤素的影响

卤负离子是卤代烃发生亲核取代反应时的离去基团。离去基团离去能力强，对 S_N1 反应和 S_N2 反应都是有利的，尤其对 S_N1 反应有利，因为 S_N1 反应的速率主要取决于离去基团从底物中离去这一步。

离去基团在离去时要带走一对电子，所以离去基团的碱性越弱，离去能力就强；或者说带着一对电子从底物中离去所形成的负离子或电中性分子越稳定，离去能力就越强。这就是说卤负离子的离去能力为 $I^->Br^->Cl^->F^-$，即烃基相同的卤代烃发生亲核取代反应活性顺序为 $RI>RBr>RCl>RF$。

卤负离子离去能力的强弱从 C—X 键的可极化性和 C—X 键异裂的解离能也能说明。C—X 键的可极化性越大，在化学反应中越容易断裂。C—X 键的可极化性强弱顺序为 C—I>C—Br> C—Cl，C—I 键的可极化性最强是因为 I 的原子半径最大，电负性最小，原子核对核外电子的束缚能力差，电子流动性大。C—X 键异裂的解离能越小，C—X 键越容易异裂，卤负离子也就越容易离去，C—X 键异裂的解离能大小顺序为 C—Cl>C—Br>C—I。卤甲烷中的 C—X 键异裂的解离能见表 9-5。

表 9-5　卤甲烷中的 C—X 键异裂的解离能

CH_3—X	CH_3—I	CH_3—Br	CH_3—Cl	CH_3—F
解离能/($kJ \cdot mol^{-1}$)	239	297	356	460

氟代烃反应活性低且不容易获得，所以很少用于合成。碘代烃的活性最高，但价格最高。氯代烃价格便宜，但活性较低。因此溴代烃在有机合成中应用最广。

（三）亲核试剂的影响

亲核试剂的浓度和亲核性强弱变化对 S_N1 反应速率影响不大，因为决定反应速率的是卤代烃中 C—X 键的解离能，与亲核试剂无关。亲核试剂的浓度和亲核性强弱变化对 S_N2 反应影响较大，因为发生 S_N2 反应时决定反应速率的步骤中有亲核试剂的参与。亲该试剂的浓度越高、亲核性越强，卤代烃发生 S_N2 反应的速率越快。

亲核试剂在多数情况下同时具有亲核性和碱性。碱性是指试剂与氢质子的结合能力，而亲核性是指试剂与碳的结合能力。试剂的亲核性和碱性之间关系如下。

（1）同种元素为反应中心的亲核试剂，其亲核性与碱性的强弱一致。例如，

碱性：$C_2H_5O^- > OH^- > PhO^- > CH_3COO^- > NO_3^-$

亲核性：$C_2H_5O^- > OH^- > PhO^- > CH_3COO^- > NO_3^-$

所以中性分子 H_2O、ROH 等都是弱亲核试剂，而相应的负离子 OH^-、$C_2H_5O^-$ 等都是强亲核试剂。

（2）同周期元素为反应中心的亲核试剂，其亲核性与碱性的强弱一致。例如，

碱性：$R_3C^- > R_2N^- > RO^- > F^-$

亲核性：$R_3C^- > R_2N^- > RO^- > F^-$

（3）同主族元素为反应中心的亲核试剂，在非质子性溶剂中亲核性与碱性的强弱一致。例如，

碱性：$F^- > Cl^- > Br^- > I^-$

亲核性：$F^- > Cl^- > Br^- > I^-$

（4）同主族元素为反应中心的亲核试剂，在质子性溶剂中亲核性与碱性的强弱相反。例如，

碱性：$F^- > Cl^- > Br^- > I^-$

亲核性：$I^- > Br^- > Cl^- > F^-$

这是因为在质子性溶剂中，一些体积较小且电荷比较集中的亲核试剂（如 F^-），与质子性溶剂形成氢键而降低了它们的活性，而体积较大的 I^- 与质子性溶剂形成氢键的作用较小，所以亲核性较强。一些常见的亲核试剂在质子性溶剂中的亲核性强弱顺序为

$RS^- \approx ArS^- > CN^- > I^- > NH_3（RNH_2）> RO^- \approx OH^- > Br^- > PhO^- > Cl^- > H_2O > F^-$

（四）溶剂的影响

溶剂对亲核试剂及卤代烃都有影响。溶剂根据是否含有可以形成氢键的氢原子分为质子性

溶剂（如水、醇、酸等）和非质子性溶剂（如己烷、苯、乙醚、丙酮、氯仿、DMF、DMSO等）。非质子性溶剂根据极性又可分为非极性溶剂（如己烷、苯、乙醚等）和极性非质子性溶剂（又称偶极溶剂，如丙酮、氯仿、DMF、DMSO等），偶极溶剂的偶极正端埋在分子内部。

$$
\begin{array}{cc}
\overset{O\delta^-}{\underset{\underset{H\quad N(CH_3)_2}{\|}}{C}} & \overset{O\delta^-}{\underset{\underset{CH_3\quad CH_3}{\|}}{S}} \\
\delta^+ & \delta^+ \\
\text{DMF（}N,N\text{-二甲基甲酰胺）} & \text{DMSO（二甲基亚砜）}
\end{array}
$$

质子性溶剂可以溶剂化负离子，如水可以在卤负离子周围形成氢键而分散负电荷，起到稳定卤负离子的作用，一般体积越小、电荷越集中的负离子被溶剂化程度越高。

增加质子性溶剂的极性，有利于 S_N1 反应而不利于 S_N2 反应。因为在 S_N1 反应中，速率控制步骤是中性底物中 C—X 键解离成碳正离子这一步，其过渡态的极性比反应物大，质子性溶剂能更好地溶剂化过渡态，降低反应 E_a 而有利于反应的进行。而在 S_N2 反应中，过渡态的电荷与反应物相比较更为分散，质子性溶剂更大程度地溶剂化 Nu^-，Nu^- 被溶剂分子包围，反应时要先付出去溶剂化能量而不利于反应的发生。

$$
S_N1：R\!-\!X \longrightarrow \left[\overset{\delta^+}{R}\cdots\overset{\delta^-}{X}\right]^{\ddagger} \longrightarrow R^+ + X^-
$$

极性较小　　极性较大

$$
S_N2：Nu^- + R\!-\!X \longrightarrow \left[\overset{\delta^-}{Nu}\cdots R\cdots\overset{\delta^-}{X}\right]^{\ddagger} \longrightarrow R\!-\!Nu + X^-
$$

电荷较集中　　　　电荷较分散

极性非质子性溶剂有利于 S_N2 反应。因为极性非质子性溶剂的偶极正端埋在分子内部，影响了对负离子的溶剂化，使亲核试剂处于自由状态，亲核试剂的亲核性比在质子性溶剂中强而有利于 S_N2 反应的发生。

第四节　消除反应机制及影响因素

一、消除反应机制

消除反应与亲核取代反应类似，也有双分子消除反应和单分子消除反应两种机制。

微课：卤代烃的双分子消除反应机制

（一）双分子消除反应机制

双分子消除反应和 S_N2 反应相似，反应一步完成，经过一个能量较高的过渡态，不同的是试剂（碱）进攻的是 β-氢而不是 α-碳原子。反应时 β-位上碳氢键的断裂和 α-位上碳卤键的断裂同时进行，并在 α-碳和 β-碳之间形成碳碳双键。反应速率与底物的浓度和试剂的浓度成正比，反应速率涉及两分子的浓度，遵循二级动力学规律，所以称为双分子消除反应，用 E2 表示。

$$
HO^-\!\!\cdots\!H\!\underset{\beta}{C}\!-\!\underset{\underset{X}{|}}{\underset{\alpha}{C}} \rightleftharpoons \left[\underset{\delta^-}{HO}\cdots H\cdots\underset{\underset{X}{|}}{C}\!=\!\!C\overset{\delta^-}{}\right]^{\ddagger} \longrightarrow C\!=\!C + H_2O + X^-
$$

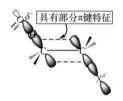

图 9-5　E2 反应过渡态中的轨道结合状态

E2 反应的过渡态有严格的空间要求，离去基团和 β-氢必须处于反式共平面的位置，这可以用图 9-5 所示的 E2 反应过渡态中的轨道结合状态解释。两个分别与卤素和氢成键的碳原子的 sp³ 杂化轨道逐渐变成 p 轨道，并相互重叠形成 π 键时，只有两个 p 轨道共平面才能达到最大程度重叠。

离去基团与 β-氢处于反式共平面位置时，过渡态的构象是能量最低的对位交叉式。离去基团和 β-氢处于较远的对位，这样空间位阻最小，反应最容易发生。所以 E2 反应具有高度的立体选择性，即 E2 反应以反式共平面消除为主。例如：

$$H \underset{\underset{Ph}{|}}{\overset{\overset{Ph}{|}}{\underset{|}{\overset{|}{-}}}} Br \quad \equiv \quad \xrightarrow{\text{E2反应}} \quad C = C$$

（第一组反应式）

$$H \underset{\underset{Ph}{|}}{\overset{\overset{Ph}{|}}{\underset{|}{\overset{|}{-}}}} Br \quad \equiv \quad \xrightarrow{\text{E2反应}} \quad C = C$$

（第二组反应式）

（二）单分子消除反应机制

单分子消除反应和 S_N1 反应相似，反应分两步进行。第一步是卤代烃中 C—X 键解离生成碳正离子，这一步是反应速率控制步骤，形成的碳正离子的稳定性决定了反应速率。第二步是试剂（碱）夺取 β-氢而在 α-碳和 β-碳之间形成碳碳双键：

第一步：

$$-\underset{\beta}{C}-\underset{\underset{X}{\overset{\alpha}{|}}}{C}- \quad \rightleftharpoons \quad -C-\overset{+}{C}- \; + \; X^- \qquad 慢$$

第二步：

$$-C-\overset{+}{C}- \quad \overset{OH^-}{\longrightarrow} \quad C=C \; + H_2O \qquad 快$$

速率控制步骤与碱的浓度无关，反应速率只涉及一分子的浓度，遵循一级动力学规律，所以称为单分子消除反应，用 E1 表示。E1 反应和 S_N1 反应一样都是经过中间体碳正离子进行的，所以反应可能生成碳正离子重排后的产物。

二、消除反应的取向

卤代烃分子中存在两种或两种以上可以消除的 β-氢时，消除反应产物就不止一种。如 2-溴-2-甲基丁烷在碱性条件下的消除反应就有可能生成 2-甲基丁-1-烯和 2-甲基丁-2-烯两种烯烃，实验证明 2-甲基丁-2-烯为主要产物。

$$\underset{\beta}{CH_3}-\underset{\underset{Br}{\overset{\overset{CH_3}{|}}{\underset{|}{C}}}}{\overset{\alpha}{\underset{}{C}}}-CH_2CH_3 \quad \xrightarrow[\triangle]{NaOH/C_2H_5OH} \quad \underset{\underset{CH_3}{|}}{CH_2=CCH_2CH_3} \; + \; (CH_3)_2C=CHCH_3$$

$$\qquad\qquad\qquad\qquad\qquad\qquad\qquad\quad 2\text{-甲基丁-1-烯} \qquad 2\text{-甲基丁-2-烯}$$

$$\qquad\qquad\qquad\qquad\qquad\qquad\qquad\qquad (30\%) \qquad\qquad\quad (70\%)$$

1875 年俄国化学家札依采夫（Saytzeff）根据大量实验总结出经验规则：当分子中存在两种或两种以上可以消除的 β-氢时，主要生成双键碳原子上连有最多取代基的烯烃，这个经验规则称为札依采夫规则。消除反应的这种取向规律与生成的烯烃稳定性有关，生成的烯烃越稳定，反应就越容易发生，而双键碳原子上取代基数目越多的烯烃越稳定。

三、影响消除反应的因素

1. 烃基结构的影响 卤代烷进行 E1 反应和 E2 反应的活性顺序都是叔卤代烷＞仲卤代烷＞伯卤代烷。对于 E1 反应来说，与中间体碳正离子的稳定性是一致的，当试剂碱性不是很强时，叔卤代烷倾向于按 E1 机制进行反应。对于 E2 反应来说，与烯烃的稳定性是一致的，凡是能够稳定烯烃结构的因素都能够加速反应。

$$\xrightarrow[\text{E1和E2反应活性增强}]{\text{RX = 伯卤代烷, 仲卤代烷, 叔卤代烷}}$$

2. 试剂的影响 试剂的浓度和碱性强弱变化对 E1 反应速率影响不大，因为决定反应速率的是卤代烃中 C—X 键的解离，与试剂无关。试剂的碱性强、浓度高有利于 E2 反应，因为浓的强碱有利于夺取 β-氢，也有利于过渡态的形成。

3. 溶剂的影响 增强溶剂的极性，有利于 E1 反应，因为增强溶剂的极性能加速 C—X 键的解离。低极性溶剂有利于 E2 反应，因为 E2 反应的过渡态中负电荷更为分散，即极性小，低极性溶剂能更好地稳定低极性的 E2 过渡态，从而有利于 E2 反应。

第五节 亲核取代反应与消除反应的竞争

卤代烃的亲核取代反应与消除反应是一对竞争性的反应，反应主要以何种方式进行与卤代烃结构、试剂、溶剂和反应温度有关。

一、烃基结构

卤代烷与同一试剂反应，当试剂进攻 α-碳原子时得到的是亲核取代反应产物，当试剂进攻 β-氢时得到的是消除反应产物，即 S_N2 反应与 E2 反应是相互竞争的反应，S_N1 反应与 E1 反应在第一步生成相同的中间体碳正离子后进行的第二步是相互竞争的反应。

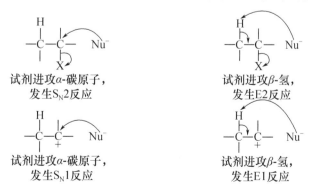

直链伯卤代烷主要发生 S_N2 反应，E2 反应产物较少，但在强碱如 $NaNH_2$ 存在下可以发生消除反应。β-碳原子上连有支链的伯卤代烷 S_N2 反应产物比例减少，E2 反应产物比例增

加，因为支链的空间效应阻碍了亲核试剂对 α-碳原子的进攻，转为夺取 β-氢发生消除反应。例如：

$$CH_3CH_2CH_2Br \xrightarrow[C_2H_5OH]{C_2H_5ONa} CH_3CH_2CH_2OC_2H_5 + CH_3CH{=\!\!=}CH_2$$
$$\phantom{CH_3CH_2CH_2Br \xrightarrow[C_2H_5OH]{C_2H_5ONa} } 91\% \qquad\qquad 9\%$$

$$(CH_3)_2CHCH_2Br \xrightarrow[C_2H_5OH]{C_2H_5ONa} (CH_3)_2CHCH_2OC_2H_5 + (CH_3)_2C{=\!\!=}CH_2$$
$$\phantom{(CH_3)_2CHCH_2Br \xrightarrow[C_2H_5OH]{C_2H_5ONa} } 38\% \qquad\qquad 62\%$$

仲卤代烷由于空间位阻导致 S_N2 反应减慢，在极性非质子性溶剂、强亲核试剂条件下有利于 S_N2 反应，在低极性溶剂、强碱性试剂条件下有利于 E2 反应。

叔卤代烷难以发生 S_N2 反应，在强碱条件下有利于 E2 反应，无强碱存在时得到 S_N1 反应和 E1 反应混合物，S_N1 反应与 E1 反应混合物之比主要取决于空间效应，β-碳原子上的支链越多，越不利于 S_N1 反应而有利于 E1 反应。例如，下列叔卤代烷在 25℃时与 80%乙醇作用所得烯烃的产率随 β-碳原子上的支链增多而增大。

$$CH_3{-}\underset{\underset{CH_3}{|}}{\overset{\overset{CH_3}{|}}{C}}{-}Cl \qquad C_2H_5{-}\underset{\underset{CH_3}{|}}{\overset{\overset{CH_3}{|}}{C}}{-}Cl \qquad (CH_3)_2CH{-}\underset{\underset{CH_3}{|}}{\overset{\overset{CH_3}{|}}{C}}{-}Cl \qquad (CH_3)_2CH{-}\underset{\underset{CH(CH_3)_2}{|}}{\overset{\overset{CH_3}{|}}{C}}{-}Cl$$

$$\quad 16\% \qquad\qquad\quad 34\% \qquad\qquad\qquad 62\% \qquad\qquad\qquad\qquad 78\%$$

另外，卤代烷的 β-碳原子上连有苯基或烯基时，由于 β-氢活性增强，且消除后生成稳定的共轭烯烃而加速消除反应并提高产率。例如：

$$CH_3CH_2Br \xrightarrow[55℃]{C_2H_5ONa/C_2H_5OH} CH_3CH_2OC_2H_5 + CH_2{=\!\!=}CH_2$$
$$\phantom{CH_3CH_2Br \xrightarrow[55℃]{C_2H_5ONa/C_2H_5OH} } 99\% \qquad\quad 1\%$$

$$ 4.4\% \qquad\qquad\qquad\qquad 95.6\%$$

二、试剂

试剂的影响主要是对双分子反应而言的，浓度高、亲核性强的试剂有利于 S_N2 反应，浓度高、碱性强的试剂有利于 E2 反应。例如：

$$(CH_3)_2CHCl \xrightarrow[CH_3COOH]{CH_3COONa} (CH_3)_2CHOOCCH_3$$
$$\phantom{(CH_3)_2CHCl \xrightarrow[CH_3COOH]{CH_3COONa} (CH_3)_2CHOOCCH_3xx} 100\%$$

$$(CH_3)_2CHCl \xrightarrow[C_2H_5OH]{C_2H_5ONa} (CH_3)_2CHOC_2H_5 + CH_3CH{=\!\!=}CH_2$$
$$\phantom{(CH_3)_2CHCl \xrightarrow[C_2H_5OH]{C_2H_5ONa} (CH_3)_2CHOC_2H_5 } 25\% \qquad\qquad 75\%$$

CH_3COONa 的碱性较弱，反应只得亲核取代反应产物；而 C_2H_5ONa 的碱性很强，主要发生消除反应生成烯烃。

空间位阻大的试剂不易于进攻位于中间的 α-碳原子，但进攻 β-氢影响不大，所以有利于 E2 反应。例如：

$$(CH_3)_2CHCH_2Br \xrightarrow[\text{C}_2\text{H}_5\text{OH}]{\text{C}_2\text{H}_5\text{ONa}} (CH_3)_2CHCH_2OC_2H_5 + (CH_3)_2C{=}CH_2$$
$$\qquad\qquad\qquad\qquad\qquad\qquad\quad 38\% \qquad\qquad\qquad 62\%$$

$$(CH_3)_2CHCH_2Br \xrightarrow[\text{(CH}_3)_3\text{COH}]{\text{(CH}_3)_3\text{COK}} (CH_3)_2CHCH_2OC(CH_3)_3 + (CH_3)_2C{=}CH_2$$
$$\qquad\qquad\qquad\qquad\qquad\qquad\qquad 8\% \qquad\qquad\qquad 92\%$$

三、溶剂

增强溶剂的极性，有利于 S_N1 和 E1 反应，更有利于 S_N1 反应。低极性溶剂有利于 E2 反应，溶剂的极性增强使 S_N2 反应比例增加，因为 E2 反应的过渡态比 S_N2 反应的过渡态中负电荷更为分散，即极性更小，低极性溶剂能更好地稳定低极性的 E2 反应过渡态，从而有利于 E2 反应。例如，卤代烃在氢氧化钠（钾）的水溶液中主要发生亲核取代反应得到醇，而在氢氧化钠（钾）的醇溶液中主要发生消除反应得到烯烃。

$$CH_3CH_2Br + NaOH \begin{cases} \xrightarrow{\text{H}_2\text{O}} CH_3CH_2OH + NaBr \\ \xrightarrow{\text{C}_2\text{H}_5\text{OH}} CH_2{=}CH_2 + NaBr + H_2O \end{cases}$$

四、温度

低温有利于亲核取代反应，高温有利于消除反应。在消除反应中不仅有 C—X 键的断裂，还涉及 C—H 键的断裂，需要更高的活化能，所以升高温度有利于消除反应。

第六节　双键位置对卤原子活泼性的影响

卤代烯烃中双键对卤原子活泼性的影响随两者之间的相对位置不同而有很大的差异。孤立型卤代烯烃中卤原子与双键相隔较远，相互影响较小，这类卤代烯烃反应活性基本上与卤代烷相似。乙烯型卤代烯烃的化学性质非常不活泼，烯丙型卤代烯烃的化学性质非常活泼。

一、乙烯型卤代烯烃

乙烯型卤代烯烃无论是在 S_N1 还是 S_N2 反应条件下，卤原子的反应活性都特别低，与金属镁反应制备格氏试剂也比较困难。例如，溴乙烷与乙醇钠发生 S_N2 反应，1h 即可生成乙醚，但溴乙烯在相同条件下不发生反应，如果在较高温度下则发生消除反应生成乙炔。

$$CH_3CH_2Br \xrightarrow{\text{C}_2\text{H}_5\text{ONa/C}_2\text{H}_5\text{OH}} CH_3CH_2OC_2H_5$$

$$CH_2{=}CHBr \xrightarrow[\triangle]{\text{C}_2\text{H}_5\text{ONa/C}_2\text{H}_5\text{OH}} CH{\equiv}CH$$

氯乙烯与硝酸银醇溶液加热数天也不发生反应，与金属镁反应需要四氢呋喃代替乙醚作溶剂才能制备格氏试剂。这是因为卤原子的一对 p 电子与双键中的 π 键形成了 p-π 共轭，电子离域，内能降低，键长平均化，碳卤之间除了 σ 键外还有部分 π 键特征，致使 C—X 键难于解离，所以很不活泼。氯乙烯分子中的 p-π 共轭如图 9-6 所示。

卤苯型卤代芳烃结构与乙烯型卤代烯烃相似，卤原子的一对 p 电子与苯环中的大 π 键形成 p-π 共轭，导致碳卤之间除了 σ 键外还有部分 π 键特征，C—X 键难以解离，所以很不活泼。氯苯分子中的 p-π 共轭如图 9-7 所示。

 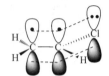 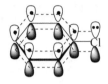

图 9-6　氯乙烯分子中的 p-π 共轭示意图　　　　　图 9-7　氯苯分子中的 p-π 共轭示意图

二、烯丙型卤代烯烃

烯丙型卤代烯烃化学性质很活泼，如 3-氯丙-1-烯在室温下立即与硝酸银醇溶液反应生成氯化银沉淀，这是因为 C—X 键容易解离生成很稳定的碳正离子。这类碳正离子的空 p 轨道和 π 键形成了 p-π 共轭，电子离域使碳正离子的正电荷分散而稳定。例如，3-氯丙-1-烯解离后生成的烯丙基正离子，其电子离域情况如图 9-8 所示。

苄基型卤代芳烃与烯丙型卤代烯烃相似，C—X 键也很容易解离生成稳定的碳正离子，如苄基氯解离生成的苄基正离子，与烯丙基正离子类似存在 p-π 共轭，其电子离域情况如图 9-9 所示。

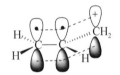 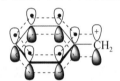

图 9-8　烯丙基碳正离子的电子离域示意图　　　　　图 9-9　苄基碳正离子的电子离域示意图

综上所述，卤代烃按 S$_N$1 机制进行反应时的活性顺序为：烯丙型卤代烯烃、苄基型卤代芳烃＞叔卤代烷＞仲卤代烷＞伯卤代烷＞卤甲烷＞乙型烯卤代烯烃、卤苯型卤代芳烃。例如，烯丙型卤代烯烃或苄基型卤代芳烃在室温时立即与硝酸银醇溶液反应生成卤化银沉淀，伯卤代烷（除碘代烷外）在室温时一般不生成沉淀，加热条件下慢慢反应生成沉淀，而乙烯型卤代烯烃或卤苯型卤代芳烃即使加热也不生成沉淀。因此，利用卤代烃与硝酸银醇溶液反应可以鉴别不同结构的卤代烃。

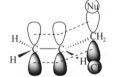

图 9-10　3-氯丙-1-烯 S$_N$2 反应的过渡态

烯丙型卤代烯烃和苄基型卤代芳烃的亲核取代反应一般都是按 S$_N$1 机制进行的。烯丙型卤代烯烃和苄基型卤代芳烃在 S$_N$2 反应中也具有较大的反应活性，这是因为过渡态 sp^2 杂化碳上的 p 轨道（这时的 p 轨道还处在与部分亲核试剂和离去基团结合的状态）与相邻 π 轨道平行重叠，从而稳定了过渡态。3-氯丙-1-烯进行 S$_N$2 反应时过渡态的轨道模型如图 9-10 所示。

微课:碳正离子的形成、结构和稳定性

第七节　碳正离子和碳负离子的形成、结构和反应

一、碳正离子的形成

碳正离子（carbocation）是有机化学反应常见的活性中间体，很多离子型反

应是通过碳正离子活性中间体进行的。有机化学反应中，碳正离子可以通过不同方法产生，其中主要有以下三种方法。

1. 直接离子化 有机化合物共价键解离过程中，与碳原子相连的基团带着一对电子离去，发生共价键的异裂而产生碳正离子。最常见的有卤代烃分子中 C—X 键的异裂，卤原子带着一对电子离去而产生碳正离子。

$$R—X \rightleftharpoons R^+ + X^-$$

极性溶剂的溶剂化作用是生成碳正离子的重要条件。溴代叔丁烷在水溶液中解离为叔丁基正离子和溴负离子所需解离能约为 83.72kJ·mol^{-1}，而在气相中则需要 837.2kJ·mol^{-1}。这是因为溶剂水分子中的未共用电子对进攻带部分正电荷的烷基而促使 Br 解离，并形成较稳定的溶剂化碳正离子。

$$\overset{..}{H_2}O + R—Br \longrightarrow H_2OR^+ + Br^-$$

反应生成难溶物质可影响平衡，使反应向右进行而有利于碳正离子的生成。例如，Ag^+ 可起到催化碳正离子生成的作用。

$$R—Br + Ag^+ \longrightarrow R^+ + AgBr\downarrow$$

SbF_5 作为路易斯酸可以生成稳定的 SbF_6^-，也会使反应向右进行而有利于碳正离子的生成。

$$R—F + SbF_5 \longrightarrow R^+ + SbF_6^-$$

较好的离去基团有利于共价键异裂产生碳正离子，如对甲苯磺酸基、苯磺酸基等都是很好的离去基团，当分子中含有这些基团时很容易形成碳正离子。OH^- 和 RO^- 是强的亲核试剂，所以醇和醚难以直接被取代，但质子化可以促进解离形成碳正离子。

$$R—OH \overset{H^+}{\rightleftharpoons} R—\overset{+}{O}H_2 \rightleftharpoons R^+ + H_2O$$

利用酸性特强的超酸甚至可以从非极性化合物如烷烃中夺取氢负离子而生成碳正离子。超酸是指比 96%～100%硫酸酸性还强的酸，常见的超酸有 FSO_3H（氟磺酸）、FSO_3H-SbF_5（魔酸）、HF-SbF_5（氟锑酸）。

$$CH_3—\overset{\overset{\displaystyle CH_3}{|}}{\underset{\underset{\displaystyle CH_3}{|}}{C}}—H + FSO_3H\text{-}SbF_5 \longrightarrow CH_3—\overset{\overset{\displaystyle CH_3}{|}}{\underset{\underset{\displaystyle CH_3}{|}}{C^+}} + FSO_3^- + SbF_5 + H_2$$

2. 间接离子化 间接离子化主要是由其他正离子对中性分子加成产生碳正离子，最常见的有烯烃的亲电加成反应和芳环上的亲电取代反应。例如，烯烃与 HCl 的加成，第一步生成碳正离子；芳香烃的硝化反应是由 $\overset{+}{N}O_2$ 进攻形成 σ-络合物，这是离域化的碳正离子。

3. 由其他正离子转化　由其他较容易获得的正离子转化而生成碳正离子，最常见的有重氮基正离子脱氮形成碳正离子（详见第十五章）。

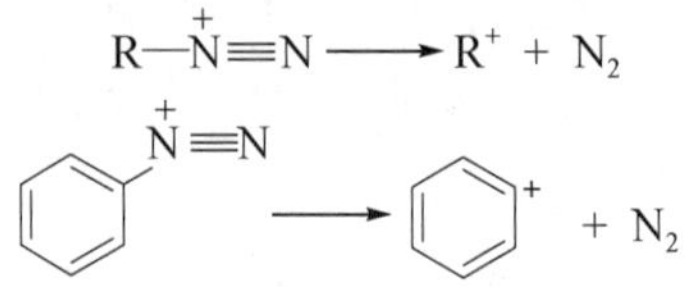

$$R-\overset{+}{N}\equiv N \longrightarrow R^+ + N_2$$

二、碳正离子的结构

碳正离子是中心碳原子带有正电荷的离子，中心碳原子外层只有六个电子。碳正离子有两种可能结构，即中心碳原子处于 sp^2 杂化态下的平面三角形结构和处于 sp^3 杂化态下的角锥形结构，如图 9-11 所示。不论是 sp^2 杂化还是 sp^3 杂化，中心碳原子都是以三个杂化轨道与三个成键原子或基团形成三个 σ 键，都余下一个空轨道。不同的是前者余下的空轨道是未参与杂化的 p 轨道，后者是 sp^3 杂化轨道。

sp^2 杂化平面三角形结构　　　　sp^3 杂化角锥形结构

图 9-11　碳正离子的结构

碳正离子的这两种结构，其中平面三角形结构比较稳定。一是因为平面三角形结构中与碳原子相连的三个基团相距最远，空间位阻最小而更稳定；二是 sp^2 杂化轨道的 s 成分较多，电子更靠近原子核，体系能量较低而更稳定；三是空的 p 轨道伸展于平面的两侧，便于溶剂化而更稳定。因此，碳正离子一般是 sp^2 杂化态的平面三角形结构，正电荷集中在未参与杂化且垂直于该平面的空 p 轨道上。但是也有例外，如三苯甲基正离子的三个苯基由于空间作用并不处在同一平面上，而是彼此互成 54° 角，呈螺旋桨形结构；苯基正离子和炔基正离子的正电荷不可能处在 p 轨道上，而是分别处在 sp^2 和 sp 杂化轨道上。

三、碳正离子的稳定性和反应

我们熟悉的烯烃的亲电加成反应、芳香烃的亲电取代反应、卤代烃和醇的单分子取代反应与单分子消除反应产生中间体碳正离子，其稳定性决定了化学反应的活性，即决定了化学反应的方向和反应速率。

碳正离子的中心碳原子是缺电子的，任何使中心碳原子上电子云密度增加的结构因素将使正电荷分散，碳正离子的稳定性增强。简单烷基正离子的正电荷集中于中心碳原子上，但随着中心碳原子连有的供电子烷基增多，由于烷基的+I 和 σ-p 超共轭效应，正电荷的分散程度增强，碳正离子的稳定性增强，即简单烷基碳正离子稳定性顺序为 $3°>2°>1°>^+CH_3$。

当碳正离子的平面三角形结构受阻时，碳正离子的稳定性迅速降低，碳正离子就很难形成。

例如，化合物 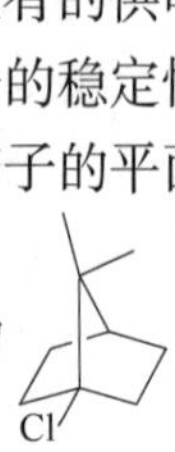 亲核取代反应表现出惰性，就是因为在桥头位置上形成碳正离子时所出

现的张力，不允许碳正离子的中心碳原子采取平面三角形结构。

乙烯基正离子和苯基正离子的中心碳原子采用 sp^2 杂化，p 轨道参与形成 π 键，空轨道是 sp^2 杂化轨道（图 9-12），使正电荷集中不稳定。

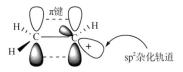

图 9-12　乙烯基正离子的结构

具有轨道共轭的碳正离子稳定性比没有轨道共轭的碳正离子稳定性强，如烯丙基氯、苄基氯的水解反应比较容易进行。这是由于反应形成的中间体烯丙基正离子、苄基正离子的中心碳原子的 p 轨道与不饱和键上的 π 键发生 p-π 共轭，正电荷不再集中于中心碳原子上，而是离域到整个共轭体系。

$$CH_2{=}CH{-}\overset{+}{C}H_2 \longleftrightarrow \overset{+}{C}H_2{-}CH{=}CH_2$$

碳正离子如果与具有未共用电子对的氧原子、氮原子或卤原子形成共轭体系，碳原子上的正电荷与相邻的氧原子、氮原子或卤原子上的未共用电子对共轭，使正电荷分散而稳定。

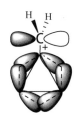

环丙甲基正离子比较稳定，因为中心碳原子的空 p 轨道与环丙基的弯曲键轨道侧面重叠（图 9-13），发生共轭离域使正电荷分散而稳定。

环状正离子的稳定性取决于芳香性，芳香正离子为稳定的碳正离子。

图 9-13　环丙甲基正离子的结构

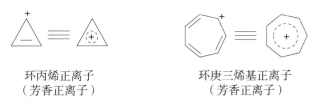

环丙烯正离子
（芳香正离子）

环庚三烯基正离子
（芳香正离子）

烯烃的亲电加成反应遵循马氏规则，其实质就是在烯烃的亲电加成反应过程中，作为中间体生成的是较稳定的碳正离子或形成的过渡态是较稳定的结构体系，碳正离子的稳定性越强，反应速率越快。卤代烃和醇的消除反应遵循札依采夫规则，其实质也是反应中间体是较稳定的碳正离子或过渡态是较稳定的结构体系，无论是卤代烃发生 E1 反应脱卤化氢还是醇脱水，其反应活性顺序均为 3°>2°>1°，这与碳正离子的稳定性相符合。芳香烃的亲电取代反应定位规则也可以从碳正离子的稳定性获得圆满解释。另外，碳正离子的重排反应的推动力也是形成更为稳定的碳正离子。

碳正离子作为有机化学反应的活性中间体,一旦形成立即发生各种类型的反应而生成稳定的产物,或重排成更稳定的碳正离子再继续反应以得到稳定的产物。碳正离子参与的反应主要有以下几种。

(1)单分子亲核取代反应 碳正离子与亲核试剂结合。

$$R^+ + Nu^- \longrightarrow R{-\!\!}Nu$$

(2)单分子消除反应 消除碳正离子邻位原子上的质子生成不饱和化合物。

(3)加成反应 与不饱和键加成形成新的较大的碳正离子。

(4)芳香烃的亲电取代反应 芳香烃的烷基化反应。

(5)重排反应 碳正离子邻位碳上的烷基、芳基或氢原子带着一对电子迁移到带正电荷中心碳原子上,形成新的更稳定的碳正离子。

四、碳负离子的结构和稳定性

碳负离子(carbanion)是中心碳原子带有负电荷的离子,中心碳原子除与三个原子或基团相连外,还具有一对未共用电子对。碳负离子与碳正离子一样,也有两种可能结构,即中心碳原子处于 sp^2 杂化态下的平面三角形结构和处于 sp^3 杂化态下的角锥形结构,如图 9-14 所示。

sp²杂化平面三角形结构　　　　sp³杂化角锥形结构

图 9-14　碳负离子的结构

一般简单的烃基负离子是 sp^3 杂化态下的角锥形结构,未共用电子对处于 sp^3 杂化轨道。一方面是因为碳负离子的未共用电子对处于 sp^3 杂化轨道时,与未共用电子对处于 p 轨道比较,处于 sp^3 杂化轨道的未共用电子对更靠近原子核,体系能量较低,比较稳定。另一方面是碳负离子未共用电子对处于 sp^3 杂化轨道时,与其他三对成键电子所处的轨道之间近似,而处于 p 轨道时,则与三个杂化轨道之间互为垂直,即 sp^3 杂化态的角锥形结构中未共用电子对与三对成键电子之间的排斥作用较小而更为稳定。

由具有光学活性的 2-碘辛烷制备光学活性的 2-辛基锂的研究证明，该反应生成的碳负离子为角锥形结构。

2-辛基锂在 $-70℃$ 时与 CO_2 作用得到 20% 的光学活性产物，即反应产物 60% 为构型保持，40% 发生了构型转化。这说明产生的碳负离子是由一对角锥形结构组成的动态平衡（与胺类似）。升高温度至 $0℃$ 时，两种角锥形结构碳负离子达到平衡，此时反应产物为外消旋体。

环丙基正离子由于环张力不利于平面三角形结构而很不稳定，但环丙基负离子确实是存在的，因为角锥形结构对碳负离子是相对有利的。桥头碳正离子是很不稳定的，但对桥头碳负离子来说，角锥形结构则是相对有利的，所以桥头碳负离子是稳定的，是可以存在的。例如，桥头卤代烃很容易形成金属有机化合物并与亲电试剂顺利反应，这也为碳负离子的角锥形结构提供了进一步的证据。

具有共轭体系的碳负离子则为 sp^2 杂化态下的平面三角形结构。中心碳原子采取 sp^2 杂化，未共用电子对处在 p 轨道上，通过共轭作用分散负电荷而使碳负离子更稳定。

碳负离子从广义上可以理解为一种强的路易斯碱，其相对稳定性可由其共轭酸的酸性强弱来表示，共轭酸的酸性越强则碳负离子的稳定性越强。碳负离子的相对稳定性与化学结构和外界条件有关。简单的烷基负离子稳定性顺序与碳正离子相反，即 1°>2°>3°，这是由于烷基的 +I 使碳负离子中心负电荷集中而不稳定，从而随着烷基数目的增加稳定性减弱。

碳负离子的未共用电子对处在 s 成分越多的杂化轨道就越靠近原子核，受核束缚力越大，负离子就越稳定。

负离子稳定性		$CH\equiv \bar{C}$	>	$CH_2=\bar{C}H$	>	$CH_3\bar{C}H_2$
碳原子杂化形式		sp		sp^2		sp^3
共轭酸pK_a		25		36.5		42

当碳负离子的未共用电子对与 π 键共轭时，负电荷分散到整个共轭体系，负离子趋于稳定，因而烯丙基型和苄基型负离子较稳定。

$$Y=\overset{|}{\underset{|}{C}}-\bar{C} \equiv \left[Y=\overset{|}{=}\overset{|}{C}=\overset{|}{\underset{|}{C}} \right]^-$$

负离子稳定性　　$CH_2=CH-\bar{C}H_2 > CH_3CH_2\bar{C}H_2$

当碳负离子中心碳原子与电负性更大的不饱和基团相连，或与更多的不饱和基团相连时，这些不饱和基团的–I 和–C 都会使负电荷更分散或离域程度更大，从而使碳负离子的稳定性增强。例如，甲烷分子中的氢被电负性较大的—NO_2、—CN 取代都会大大增强化合物的酸性及其共轭碱的稳定性。

	$CH_2(NO_2)_2$	CH_3NO_2	$CH_2(CN)_2$	CH_3CN	CH_4
pK_a	3.6	10.2	11.2	29	40

当一个化合物的负离子具有芳香稳定结构时，其稳定性增强，如环戊二烯负离子（$pK_a=16$）。

若所用溶剂能与负离子发生溶剂化作用，则溶剂分子通过偶极-偶极相互作用分散负电荷起到稳定负离子的作用。极性溶剂对正、负离子均能起到稳定作用，但不同溶剂对正、负离子的稳定作用有选择性。质子性极性溶剂（H_2O、ROH 等）对正、负离子均有稳定作用，碳正离子与 ROH 中未共用电子对通过偶极相互作用而溶剂化，而碳负离子则通过氢键溶剂化。非质子性极性溶剂则只能使碳正离子溶剂化而稳定。

五、碳负离子的形成和反应

与碳正离子相似，碳负离子也是一种常见的活性中间体。有机化学反应中，碳负离子主要通过以下途径产生。

1. 直接离子化　与碳相连的原子或基团不带电子对离去，离去基团通常是氢质子。

$$R-H \rightleftharpoons R^- + H^+$$

该反应是简单的酸碱反应，碳负离子就是有机化合物分子中 C—H 键脱去氢质子形成的共轭碱。反应常需要碱来脱去氢质子，亲质子能力较强的碱有 H^-、NH_2^-、Et_2N^-、BuLi 等，也可以用 RONa 脱去氢质子。

一般 α-碳上连有吸电子基团（如—NO_2、—CN、—CHO、—COR、—COOH、—COOR 等）的活性甲基、甲亚基化合物，由于吸电子基团的存在，使得 α-碳原子上的氢（α-H）具有一定的酸性，在碱的催化下 α-H 容易解离下来形成碳负离子。

$$\underset{\substack{|\\}}{-C}\overset{O}{\underset{\substack{\|\\}}{}}\underset{\substack{|\\}}{-C}\overset{H}{\underset{\substack{|\\}}{}}- \xrightarrow{B^-} \left[-\overset{O}{\underset{\substack{\|\\}}{C}}-\bar{C}- \longleftrightarrow -\overset{O^-}{\underset{\substack{|\\}}{C}}=\bar{C}- \right]$$

离去基团也可以不是氢。α-位有不饱和基团或 α，β-不饱和羧酸及其盐的脱羧反应中有碳负离子生成。

$$\begin{array}{c} O=C-O^- \\ | \\ CH_2 \\ | \\ COOH \end{array} \xrightarrow{\triangle} \begin{array}{c} \bar{C}H_2 \\ | \\ COOH \end{array} + CO_2$$

2. 间接离子化　由其他负离子与碳碳双键或叁键加成产生碳负离子。

$$-\overset{|}{C}=\overset{|}{C}- + Y^- \longrightarrow \begin{array}{c} Y \\ | \\ -\overset{|}{C}-\bar{C}- \\ | \quad | \end{array}$$

当碳碳双键与不饱和基团（如—NO₂、—CN、—CHO、—COR、—COOH、—COOR 等）相连时，则可与亲核试剂发生亲核加成反应产生碳负离子（见第十一章）。

$$-\overset{|}{C}=\overset{|}{C}-\overset{|}{C}-O + Nu^- \longrightarrow \left[\begin{array}{c} | \quad | \quad | \\ -C-C=C-O^- \\ | \\ Nu \end{array} \longleftrightarrow \begin{array}{c} | \quad | \quad | \\ -C-\underline{C}-C=O \\ | \\ Nu \end{array} \right]$$

碳负离子还可以通过卤代烃与活泼金属反应来制备，金属有机化合物如格氏试剂、烃基锂（钠）试剂可以看作碳负离子的来源。

与碳正离子一样，碳负离子也是一种活性中间体，一旦形成立即发生各种类型的反应生成稳定的产物。碳负离子在有机合成中有着极其重要的地位，参与的反应主要有以下几种。

（1）碳负离子与质子、其他正离子或外层有空轨道的化合物相结合：

$$R^- + Y^+ \longrightarrow R-Y$$

例如，碳负离子与卤代烷的反应，丙二酸二乙酯或乙酰乙酸乙酯的烃基化反应（详见第十三章）。

$$\begin{array}{c} | \\ -C^- \\ | \end{array} + \begin{array}{c} | \\ -C-X \\ | \end{array} \longrightarrow \begin{array}{c} | \quad | \\ -C-C- \\ | \quad | \end{array} + X^-$$

$$H_2C\begin{array}{c} \diagup COOEt \\ \diagdown COOEt \end{array} \xrightarrow[EtOH]{EtONa} H\bar{C}\begin{array}{c} \diagup COOEt \\ \diagdown COOEt \end{array} \xrightarrow{CH_3-X} CH_3-HC\begin{array}{c} \diagup COOEt \\ \diagdown COOEt \end{array}$$

（2）碳负离子与 $\diagdown C=O$ 加成反应：

$$R^- + \diagup\diagdown C=O \longrightarrow R-\overset{|}{\underset{|}{C}}-O^-$$

碳负离子作为一种亲核性碱可与羰基发生亲核加成反应，广泛用于 C—C 键形成。例如，羟醛缩合反应过程中生成的碳负离子与醛、酮的亲核加成反应（详见第十一章）。

$$CH_3CHO \xrightarrow{OH^-} \bar{C}H_2CHO \xrightarrow{CH_3-\overset{O}{\overset{\|}{C}}-H} CH_3\overset{OH}{\overset{|}{C}H}CH_2CHO$$

第八节 卤代烃的制备

一、由醇制备

醇分子中的羟基被卤素取代生成相应的卤代烃，这是制备卤代烃最普遍的方法，常用的试剂有氢卤酸、三卤化磷和氯化亚砜（又称亚硫酰氯）。

$$ROH + HX \rightleftharpoons RX + H_2O$$

$$3ROH + PX_3 \longrightarrow 3RX + P(OH)_3$$

$$ROH + SOCl_2 \longrightarrow RCl + SO_2\uparrow + HCl\uparrow$$

醇与氢卤酸的反应可逆，而且容易生成重排产物，所以醇与氢卤酸的反应不是制备卤代烃的好方法。醇与三溴化磷或三碘化磷反应是制备溴代烃或碘代烃的常用方法，实际操作是用红磷和溴或碘直接加入醇中反应。醇与氯化亚砜反应是制备氯代烃最常用的方法，反应速率快，产率高，而且生成的副产物都是气体，容易除去，所以产品的纯度高。

二、由烃制备

烷烃在加热或光照条件下与卤素发生自由基取代反应，生成一卤、二卤及多卤代烃，因产物是混合物很难分离而无制备意义，但烯丙型卤代烯烃或苄基型卤代芳烃可以通过自由基卤代反应而获得。例如：

$$CH_2=CH-CH_3 \xrightarrow{Cl_2}{500℃} CH_2=CH-CH_2Cl$$

芳烃在催化剂 $AlCl_3$、$FeCl_3$、$FeBr_3$ 的作用下，芳环上的氢原子被卤原子取代，生成卤代芳烃。例如：

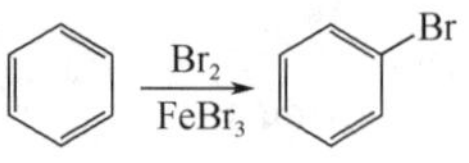

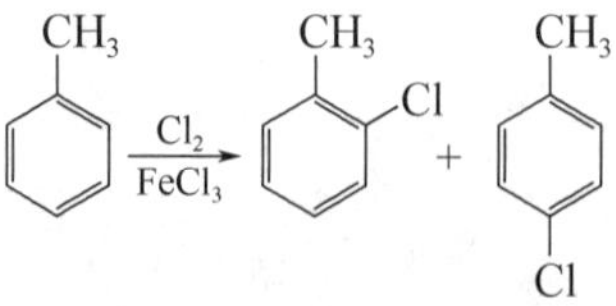

烯烃与卤化氢加成可以制得一卤代烃，反应遵循马氏规则，但与 HBr 的加成反应存在过氧化物效应。例如：

$$CH_2\!\!=\!\!CHCH_3 \xrightarrow{HBr} CH_3\underset{\underset{\displaystyle Br}{|}}{C}HCH_3$$

$$CH_2\!\!=\!\!CHCH_3 \xrightarrow[ROOR]{HBr} CH_3CH_2CH_2Br$$

烯烃与卤素加成可以制得邻二卤代烃，炔烃与卤化氢加成可以制得偕二卤代烃，反应遵循马氏规则。例如：

$$CH_2\!\!=\!\!CHCH_3 \xrightarrow{Br_2} CH_2\underset{\underset{\displaystyle Br}{|}}{C}\!\!\underset{\underset{\displaystyle Br}{|}}{H}CH_3$$

$$CH\!\!\equiv\!\!CCH_3 \xrightarrow{HBr} CH_3\underset{\underset{\displaystyle Br}{|}}{\overset{\overset{\displaystyle Br}{|}}{C}}CH_3$$

三、由卤代烃制备

氯代烃或溴代烃与碘化钠的丙酮溶液作用，氯或溴被碘取代生成碘代烃。卤代烷的反应活性顺序为伯卤代烷＞仲卤代烷＞叔卤代烷，这是从廉价的氯代烃制备碘代烃的简便方法，产率很高。

$$RCl（Br）+ NaI \underset{丙酮}{\rightleftharpoons} RI + NaCl（Br）$$

第九节 个别化合物

（一）三氯甲烷

三氯甲烷又称氯仿，是一种无色、透明、味微甜的挥发性液体，沸点为 61.7℃，相对密度为 1.433，是一种不燃烧也不溶于水的有机溶剂。它可溶解有机玻璃、橡胶和油脂等高分子化合物。纯净的氯仿曾在医学上用作吸入性麻醉剂，但因对心脏、肝脏毒性太大，目前临床上已很少使用。氯仿在光照下会被逐渐氧化成剧毒的光气，所以氯仿应该使用棕色瓶避光保存，也可加入 1%乙醇破坏可能生成的光气。

（二）四氯化碳

四氯化碳是一种无色液体，沸点为 76.8℃，相对密度为 1.595。四氯化碳本身不燃烧，其蒸气的密度又比水大，能使着火物与空气隔离而灭火，所以常用作灭火剂，主要用于油类和电器设备灭火。四氯化碳是重要的有机溶剂，医药上曾用作驱虫剂，因为其对肝脏损害较大，现只用作兽药。

（三）四氟乙烯

四氟乙烯是无色气体，沸点为-76.3℃，不溶于水，易溶于有机溶剂。四氟乙烯聚合得到的聚四氟乙烯（Teflon）是一种性能良好的塑料，化学稳定性高，具有耐酸、耐碱、耐高温和不溶于有机溶剂的特性，所以有塑料王之称，可用作人造血管等医用材料、实验室仪器及不粘锅的材料。

（四）氟利昂

氟利昂（Freon）是几种氟氯代甲烷和氟氯代乙烷的总称，包括 CCl_3F（F-11）、CCl_2F_2（F-12）、$CClF_3$（F-13）、$CHCl_2F$（F-21）、$CHClF_2$（F-22）、$FCl_2C—CClF_2$（F-113）、$F_2ClC—CClF_2$（F-114）、$C_2H_4F_2$（F-152）、C_2ClF_5（F-115）、$C_2H_3F_3$（F-143）等，它们的商业代号 F 表示氟代烃，第一个数字是碳原子数减 1（如果是零就省略），第二个数字是氢原子数加 1，第三个数字是氟原子数目，氯原子数目不列出。氟利昂在常温下都是无色气体或易挥发液体，略有香味，低毒，化学性质稳定。其中最重要的二氯二氟甲烷 CCl_2F_2（F-12）常温常压下为无色气体，熔点为 –158℃，沸点为 –29.8℃，相对密度为 1.486（–30℃）；微溶于水，易溶于乙醇、乙醚等有机溶剂；与酸、碱不反应。氟利昂主要用作制冷剂，由于会破坏大气臭氧层，现已限制使用。

（五）敌敌畏

敌敌畏（DDVP）是常用的有机磷农药，常用来防治棉蚜等农业害虫，其化学名称是 *O, O*-二甲基-*O*-(2, 2-二氯乙烯基)磷酸酯，结构式如下：

$$CH_3O \underset{CH_3O}{\overset{O}{\underset{|}{\overset{\parallel}{P}}}}—O—CH{=}CCl_2$$

敌敌畏是无色油状液体，有挥发性，对热稳定，但能水解，在碱性溶液中水解更快，生成无杀虫效率的物质，因此盛过敌敌畏的器皿可用肥皂水洗涤除去，敌敌畏中毒也可用肥皂水洗胃而解毒。

小 结

1. 卤代烃的分类、命名和结构。
2. 卤代烃的物理性质。
3. 卤代烃的化学性质：亲核取代反应、消除反应、与金属的反应、还原反应。
4. 亲核取代反应机制及影响因素。
S_N2、S_N1 反应机制。
亲核取代反应立体化学：S_N2 反应产物构型完全转化，S_N1 反应产物构型转化比例大于构型保持的。
影响亲核取代反应的因素：烃基的影响、卤素的影响、亲核试剂的影响及溶剂的影响。
5. 消除反应机制及影响因素。
E2、E1 反应机制。
消除反应取向：遵循札依采夫规则。
影响消除反应的因素：烃基结构的影响、试剂的影响及溶剂的影响。
6. 亲核取代反应与消除反应的竞争。
7. 双键位置对卤原子活泼性的影响。
8. 碳正离子和碳负离子的形成、结构和反应。
碳正离子的形成、结构、稳定性和反应。
碳负离子的形成、结构、稳定性和反应。
9. 卤代烃的制备：由醇制备、由烃制备、由卤代烃制备。
10. 个别化合物：三氯甲烷、四氯化碳、四氟乙烯、氟利昂、敌敌畏。

本章 PPT

（江西中医药大学）

第十章

醇、酚、醚

学习目的 了解醇、酚、醚不仅与生产、生活密切相关，而且在医学、药学方面有广泛的应用。醇、酚与烯烃、炔烃关系密切，是其水解的重要产物和中间体。醇、酚、醚通过氧化也可以生成醛酮等化合物，是有机化合物中的重要中间物质，在有机合成及药物合成中占有重要地位。

学习要求 掌握醇、酚、醚的结构、分类、物理性质、化学性质。并熟悉以下内容。

　　醇：酸性，亲核取代反应，氧化和脱氢反应。

　　酚：酚羟基的反应，苯环上的取代反应，氧化反应。

　　醚：𬭚盐的生成，与 HI 的反应，醚的氧化反应，环氧乙烷的性质。

　　醇、酚、醚均是烃类的含氧衍生物。醇、酚可看作水分子的一个氢原子被烃基取代的化合物，氢原子被脂肪烃基取代的称为醇（alcohol）；氢原子被芳烃基取代的称为酚（phenol）。它们在结构上的共同特点是分子中都含有羟基（—OH）。醇中的羟基称为醇羟基，是醇的官能团；酚中的羟基称酚羟基，是酚的官能团。

　　醇的通式为 R—OH。例如：

$$CH_3OH$$

苯甲醇

甲醇

methanol

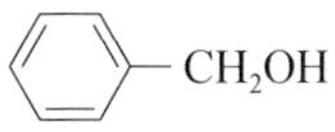

苯甲醇

phenyl methanol

　　酚的通式为 Ar—OH。例如：

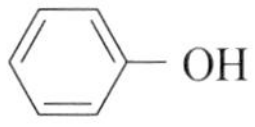

苯酚

phenol

对甲苯酚

4-methyl phenol

　　醚（ether）可看作水分子中的两个氢原子被烃基取代的化合物，通式：R(Ar)—O—R(Ar)。例如：

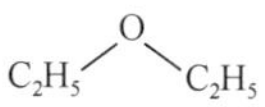

乙醚

diethyl ether

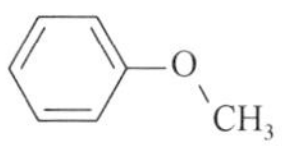

甲苯醚

methyl phenyl ether

第一节　醇

一、醇的分类和命名

（一）醇的分类

根据羟基所连的碳原子种类分为一级（伯）醇、二级（仲）醇、三级（叔）醇。例如：

根据分子中羟基的数目分为一元醇、二元醇、多元醇。例如：

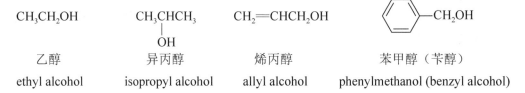

根据分子中羟基所连的烃基的结构分为饱和醇、不饱和醇、芳香醇。例如：

饱和醇   不饱和醇   芳香醇

（二）醇的命名

1. 普通命名法 适用于结构比较简单的醇，一般在烃基名称后加上"醇"字即可，"基"字可省去。例如：

乙醇	异丙醇	烯丙醇	苯甲醇（苄醇）
ethyl alcohol	isopropyl alcohol	allyl alcohol	phenylmethanol (benzyl alcohol)

2. 系统命名法 结构比较复杂的可采用系统命名法命名。命名原则如下。

（1）选择羟基所连的最长碳链为主链，根据碳原子个数称某醇；从离羟基最近的一端依次编号，并将取代基的位置、名称以及表示羟基位置的编号依次放在母体醇的前面。例如：

$$CH_3CHCH_2CH_2OH$$
$$|$$
$$CH_3$$

3-甲基丁-1-醇
3-methylbutan-1-ol

$$CH_3CHCHCH_3$$
$$|\ \ |$$
$$Cl\ \ OH$$

3-氯丁-2-醇
3-chlorobutan-2-ol

（2）芳醇的命名一般将芳基作为取代基。例如：

1-苯基乙醇
1-phenylethanol

4-苯基丁-2-醇
4-phenylbutan-2-ol

（3）多元醇的命名应尽可能选择含羟基最多的最长碳链为主链，不能包括在主链上的羟基可作为取代基，按羟基个数称某二醇、某三醇，并在醇的名称前标明羟基的位置。例如：

$$CH_3CHCH_2$$
$$|\ \ \ \ |$$
$$OH\ OH$$

丙-1,2-二醇
propane-1,2-diol

$$HOCH_2CHCH_2CH_2OH$$
$$|$$
$$CH_2OH$$

2-(羟甲基)丁-1,4-二醇
2-(hydroxymethyl)butane-1,4-diol

（4）不饱和一元醇的命名应选择含羟基和不饱和键在内的最长碳链为主链，根据碳原子数命名为某烯（炔）醇，编号时从靠近羟基一端开始编号，并在不饱和键和羟基前标明其位置。例如：

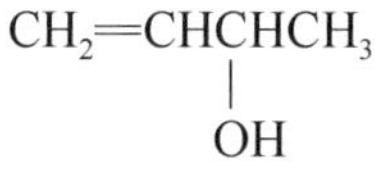

$$CH_2{=}CHCHCH_3$$
$$\underset{OH}{|}$$

丁-3-烯-2-醇
but-3-en-2-ol

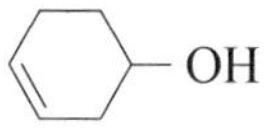

环己-3-烯醇
cyclohex-3-enol

二、醇的结构和物理性质

（一）醇的结构

醇的结构特点是羟基直接与饱和碳原子相连,醇羟基中的氧和水分子中的氧原子一样都是 sp^3 不等性杂化，两对未共用电子对分别位于两个 sp^3 杂化轨道中，其余两个 sp^3 杂化轨道分别与碳原子以及氢原子形成 C—O 和 O—H σ 键，如图 10-1 所示。

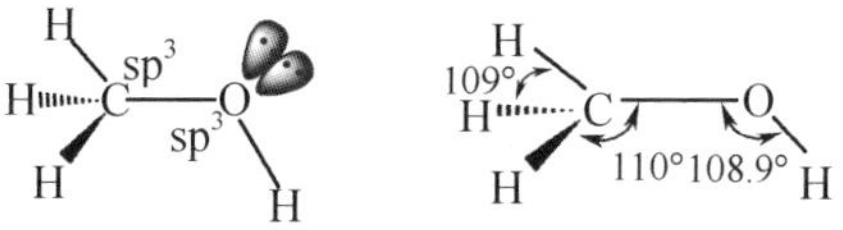

图 10-1 甲醇的分子结构示意图

（二）醇的物理性质

低级饱和一元醇为无色透明的液体,往往有特殊气味,能与水混溶。十二个碳原子以上的高级醇为蜡状固体。在醇的同分异构体中，直链伯醇的沸点最高，带有支链的醇支链越多，沸点越低。这些性质由表 10-1 可以看出。

表 10-1 一些常见醇的物理常数

化合物	熔点/℃	沸点/℃	在水中的溶解度/[g·(100g)⁻¹]	化合物	熔点/℃	沸点/℃	在水中的溶解度/[g·(100g)⁻¹]
甲醇	−97.9	65	8	仲丁醇	−114.7	99.5	12.5
乙醇	−114.7	78.5	8	叔丁醇	25.5	82.2	8
正丙醇	−126.5	97.4	8	正戊醇	−79	138	2.2
异丙醇	−88.5	82.4	8	正己醇	−46.7	158	0.6
正丁醇	−89.5	117.3	7.9	环己醇	25.2	161.1	3.6
异丁醇	−108	108	10.0				

醇的沸点比同碳原子数的烷烃高得多。例如，甲醇（相对分子质量 32）的沸点为 65℃，而乙烷（相对分子质量为 30）的沸点为−88.6℃，这是由于液态醇分子间可形成氢键，当醇从液态变为气态时要克服氢键的作用，提供氢键断裂所需的能量，因此醇的沸点比相应的烷烃高得多。

直链饱和一元醇随着相对分子质量的增加，沸点呈有规律的上升趋势，每增加一个系列差（CH_2）沸点升高 18～20℃。但随着碳链的增长，羟基在整个醇分子中所起的作用也逐渐减弱，长的碳链有可能对羟基产生屏蔽作用，影响其与水形成氢键，在水中的溶解度随之降低或完全不溶。多元醇分子间以及多元醇与水分子之间，有更多的机会形成氢键，因此它们的沸点更高，水溶性也会增大。

另外，低级醇能与某些无机盐（如无水氯化钙、无水氯化镁、无水硫酸铜等）形成配合物。因此，低级醇不能使用上述无机盐作为干燥剂。

三、醇的化学性质

醇的化学反应主要发生在羟基以及与羟基相连的碳原子上，在不同的条件下，氧氢键（O—H）和碳氧键（C—O）可断裂引起一系列的反应。此外，醇羟基在一定条件下还可以被氧化生成氧化态更高的化合物。

（一）氧氢键断裂引起的反应

醇类化合物具有弱酸性，酸性比水弱，低级醇酸性稍强，能与钠、钾、镁、铝等活泼金属反应生成醇盐，放出氢气。

$$ROH + Na(K) \longrightarrow RONa(K) + 1/2H_2\uparrow + 热量$$
$$醇钠（钾）$$

$$6ROH + 2Al \longrightarrow 2(RO)_3Al + 3H_2\uparrow + 热量$$
$$醇铝$$

低级醇反应很快，高级醇反应较慢。金属与醇的反应相对而言没有与水的反应剧烈，放出的热量不足以使氢气燃烧。

不同种类的醇与金属反应的快慢有一定的差异，伯醇反应最快，叔醇反应最慢，仲醇居中。这表明醇的异构体在水溶液中的酸性强弱顺序为：伯醇＞仲醇＞叔醇。

醇在水中电离成 RO^- 和 H_3O^+，生成的正、负离子可以发生溶剂化，溶剂化程度越高，正负离子重新结合成 ROH 和水的可能性就越小，即良好的溶剂化效应，有利于电离平衡向右移动。叔醇电离生成烷氧负离子 R_3CO^-，其 α-C 上烷基多、空间位阻大，水分子难以充分接近氧负离子，溶剂化程度低，负离子稳定性差，不利于叔醇的电离平衡向右移动，因此叔醇不容易给出质子，酸性较弱。

醇钠是一种白色固体，碱性比氢氧化钠还强，能溶于醇。不同结构的醇钠，碱性强弱次序为：$R_3CONa＞R_2CHONa＞RCH_2ONa$。醇钠遇水甚至潮湿空气能水解成氢氧化钠和醇，因此醇钠保存时需要特别保管。

$$RONa + H_2O \rightleftharpoons ROH + NaOH$$

醇钠在有机合成中既可以作为碱性缩合剂，也可以作为烷氧基试剂。例如：

$$RONa + R'—I \longrightarrow R—O—R' + NaI$$

（二）碳氧键断裂引起的反应

1. 取代反应 醇分子中的 C—O 键是极性共价键，在亲核试剂的作用下易断裂，发生类似卤代烷的亲核取代反应。

（1）与氢卤酸反应 醇与氢卤酸反应，生成卤代烷和水，即醇分子中的羟基被卤原子取代。

$$ROH + HX \rightleftharpoons RX + H_2O \quad (X = Cl, Br \text{ 或 } I)$$

在强酸性介质中，醇羟基首先被质子化生成 $R—O^+H_2$，一方面增强了 C—O 键的极性，有利于亲核试剂进攻 α-碳原子；另一方面氢氧负离子（OH^-）不是良好的离去基团，质子化醇的离去基团为中性水分子，比氢氧负离子容易离去，使得醇与氢卤酸的反应能顺利进行。

醇与氢卤酸的反应活性与醇的结构以及氢卤酸种类有关。对于同一种醇来说，氢卤酸的活性次序是：HI＞HBr＞HCl（HF 一般不反应）。对于相同的氢卤酸来说，醇的活性次序是：烯丙型醇或苄基型醇＞叔醇＞仲醇＞伯醇。无水氯化锌能促进反应的进行，用浓盐酸与无水氯化锌配成的试剂称为 Lucas 试剂，醇与 Lucas 试剂反应生成的卤代烃在该体系中不溶而出现混浊。不同结构的醇与 Lucas 试剂反应的速率不同，可作为五个碳原子以下伯、仲、叔醇的鉴别反应。例如：

$$R_3COH \xrightarrow{\text{Lucas试剂}} R_3CCl + H_2O \quad \text{立即混浊}$$

$$R_2CHOH \xrightarrow{\text{Lucas试剂}} R_2CHCl + H_2O \quad \text{几分钟后混浊}$$

$$RCH_2OH \xrightarrow{\text{Lucas试剂}} RCH_2Cl + H_2O \quad \text{不出现混浊，加热后出现混浊}$$

醇与氢卤酸的亲核取代反应，因醇的结构不同机制各异。一般情况下，烯丙型醇、苄基型醇、叔醇、大多数仲醇按 S_N1 历程进行反应。在此过程中羟基先被质子化，然后断裂 C—O 键，形成碳正离子中间体后再与卤负离子结合，生成卤代烃。

$$R—\overset{\cdot\cdot}{O}H + H^+ \rightleftharpoons R—\overset{+}{O}H_2 \rightleftharpoons R^+ + H_2O \xrightarrow{X^-} R—X$$

醇按 S_N1 机制是涉及碳正离子的反应，往往导致碳架发生重排，有时重排产物占优势。例如：

在主产物中，溴不是连在原羟基所在的位置，而是经历下列重排连在相邻的碳原子上。

大多数伯醇按 S_N2 机制进行反应。在此过程中，羟基先质子化，亲核试剂进攻质子化醇形成过渡态，随着反应的进行，水分子作为离去基团离去，完成整个取代反应。醇按 S_N2 机制反应时，一般不发生碳架重排反应。但 β-碳原子上连有较多取代基时，亲核试剂从背面进攻的位阻增大，不利于亲核试剂进攻中心碳原子，也不利于 S_N2 过渡态的形成。因此，一些伯醇也可能按 S_N1 机制进行反应。例如，新戊醇虽然是伯醇，但反应后会得到重排产物。

$$\underset{\underset{CH_3}{|}}{\overset{\overset{CH_3}{|}}{H_3C-C-CH_2OH}} + HBr \longrightarrow \underset{\underset{Br}{|}}{\overset{\overset{CH_3}{|}}{H_3C-C-CH_2CH_3}}（主）$$

（2）与卤化磷（PX_3 或 PX_5）或氯化亚砜（$SOCl_2$）反应　为了避免重排反应的发生，常使用卤化磷或氯化亚砜作为醇的卤代试剂，分子中的醇羟基被卤原子取代，生成相应的卤代烷。

$$3ROH + PX_3 \longrightarrow 3RX + H_3PO_3(X = Br, I)$$

在实际操作中，三溴化磷或三碘化磷常用红磷与溴或碘作用而产生。

伯醇、仲醇与三氯化磷作用时，由于 Cl^- 的亲核性较差，主要产物不是氯代烃，而是亚磷酸酯，所以该反应不适合于制备氯代烃。例如：

$$3RCH_2OH + PCl_3 \longrightarrow (RCH_2O)_3P + 3HCl$$

叔醇与 PCl_3 作用是按 S_N1 机制进行的，不受亲核试剂的影响，所以叔醇与 PCl_3 反应也能得到主要产物氯代烃。例如：

$$R_3C-OH + PCl_3 \xrightarrow{-HCl} R_3C-OPCl_2 \xrightarrow{S_N1} R_3C^+ \xrightarrow{Cl^-} R_3CCl$$

醇与 PX_5 可以发生类似反应，但与 PCl_5 反应时，因副产物磷酸酯较多，不易分离，不是制备氯代烃的好方法，一般用于制备溴代烃和碘代烃。

$$ROH + PBr_5 \longrightarrow RBr + POBr_3 + HBr$$

$$ROH + PCl_5 \longrightarrow RCl + POCl_3 + HCl \quad 产率低$$

$$3ROH + POCl_3 \longrightarrow (RO)_3PO + 3HCl \quad 磷酸酯(副产物)$$

由醇制备氯代烃的最常用的方法是用 $SOCl_2$，醇与 $SOCl_2$ 反应除生成氯代烷外，其余都是气体，产物分离较方便。

$$ROH + SOCl_2 \xrightarrow[\triangle]{醚} RCl + SO_2\uparrow + HCl\uparrow$$

醇与 $SOCl_2$ 反应的立体化学特征与反应条件有关。当与羟基相连的碳原子有手性时，在醚等非极性溶剂中反应，产物中手性碳原子的构型保持；如果在醇与 $SOCl_2$ 混合液中加入吡啶，则得到构型转化的产物。例如：

（3）与含氧无机酸反应　醇与硫酸、硝酸或亚硝酸、磷酸等无机酸反应生成无机酸酯。这些无机酸酯中，硫、氮、磷等都是通过氧原子与烷基相连。例如：

$$CH_3CH_2OH + H_2SO_4 \xrightarrow{100℃} CH_3CH_2OSO_3H + H_2O$$
硫酸氢乙酯

$$2CH_3CH_2OSO_3H \xrightarrow{蒸馏} CH_3CH_2OSO_2OCH_2CH_3$$
硫酸二乙酯

硫酸二甲酯和硫酸二乙酯是有机合成中常用的甲基化试剂和乙基化试剂。硫酸二甲酯有毒，对呼吸器官和皮肤有强烈的刺激作用。

$$\begin{array}{c} CH_2OH \\ | \\ CHOH \\ | \\ CH_2OH \end{array} + 3HNO_3 \longrightarrow \begin{array}{c} CH_2ONO_2 \\ | \\ CHONO_2 \\ | \\ CH_2ONO_2 \end{array} + 3H_2O$$

多元醇的硝酸酯（如三硝酸甘油酯），受热易爆炸，可作为炸药，临床上也用作扩张心血管与缓解心绞痛的药物。

由于磷酸的酸性比硫酸、硝酸弱，所以它不易与醇直接成酯。磷酸酯一般是由醇和 $POCl_3$ 作用制得的。

$$3C_4H_9OH + Cl\!-\!\overset{\displaystyle Cl}{\underset{\displaystyle Cl}{\overset{|}{\underset{|}{P}}}}\!=\!O \xrightarrow{碱} (C_4H_9O)_3PO + 3HCl$$
磷酸三丁酯

磷酸酯是一类重要的化合物，常用作萃取剂、增塑剂和杀虫剂。生物体内具有生物能源库功能的腺苷三磷酸（ATP）以及遗传物质基础的 DNA 中，均有磷酸酯结构。

2. 醇的脱水反应　醇可按两种方式发生脱水反应，即分子内脱水和分子间脱水。反应条件对产物影响较大。

（1）分子内脱水生成烯烃　例如，乙醇在硫酸存在下加热到 170℃或将乙醇的蒸气在 360℃通过三氧化二铝催化剂可脱水生成乙烯。

$$CH_3CH_2OH \xrightarrow[或 Al_2O_3,360℃]{H_2SO_4,170℃} CH_2\!\!=\!\!CH_2 + H_2O$$

不同结构的醇，分子内脱水难易不同，叔醇最容易，仲醇次之，伯醇最难。例如：

$$H_3C\!-\!\overset{\displaystyle CH_3}{\underset{\displaystyle OH}{\overset{|}{\underset{|}{C}}}}\!-\!CH_3 \xrightarrow[85\sim90℃]{20\% \ H_2SO_4} \overset{H_3C}{\underset{H_3C}{>}}C\!\!=\!\!CH_2 + H_2O$$

$$CH_3CH_2\overset{\displaystyle }{\underset{\displaystyle OH}{\overset{}{\underset{|}{C}}}HCH_3 \xrightarrow[99\sim100℃]{66\% \ H_2SO_4} CH_3CH\!\!=\!\!CHCH_3 + H_2O$$

$$CH_3CH_2CH_2CH_2OH \xrightarrow[140℃]{75\% \ H_2SO_4} CH_3CH_2CH\!\!=\!\!CH_2 + H_2O$$

醇在酸催化下的脱水反应按 E1 机制进行，经过碳正离子中间体，可能有重排产物生成。

$$CH_3-\underset{\underset{CH_3}{|}}{\overset{\overset{CH_3}{|}}{C}}-CHCH_3 \xrightarrow[\triangle]{H_2SO_4} \underset{CH_3}{\overset{CH_3}{}}C=C\underset{CH_3}{\overset{CH_3}{}} + CH_3-\underset{\underset{CH_3}{|}}{\overset{\overset{CH_3}{|}}{C}}-CH=CH_2$$

（主）　　　　　　　　（次）

醇在 Al_2O_3 催化下脱水，不易发生重排。

$$CH_3CH_2CH_2CH_2OH \begin{cases} \xrightarrow[\triangle]{H_2SO_4} CH_3CH=CHCH_3\text{（重排产物为主）} \\ \\ \xrightarrow{Al_2O_3} CH_3CH_2CH=CH_2\text{（主）} \end{cases}$$

分子内脱水与卤代烷脱卤化氢类似，遵循札依采夫规则，即主要生成双键碳原子上连有较多烃基的烯烃。

$$CH_3CH_2-\underset{\underset{OH}{|}}{\overset{\overset{CH_3}{|}}{C}}-CH_3 \xrightarrow[80℃]{H_2SO_4} CH_3CH=C\underset{CH_3}{\overset{CH_3}{}} + CH_3CH_2C\underset{\underset{CH_3}{|}}{=}CH_2$$

90%　　　　　　　10%

烯丙型、苄基型醇脱水以形成稳定共轭体系的烯烃为主要产物。

$$\underset{\underset{OH}{|}}{C_6H_5}CH_2CHCH_3 \xrightarrow[\triangle]{H_2SO_4} C_6H_5CH=CHCH_3$$

当脱水产物有顺反异构体时，一般以稳定的反式产物为主。

$$CH_3CH_2\underset{\underset{OH}{|}}{C}HCH_2CH_3 \xrightarrow[\triangle]{H_2SO_4} \underset{H}{\overset{H_3C}{}}C=C\underset{CH_2CH_3}{\overset{H}{}} + \underset{H}{\overset{H_3C}{}}C=C\underset{H}{\overset{CH_2CH_3}{}}$$

(E)-戊-2-烯　　　　　(Z)-戊-2-烯
75%　　　　　　　　25%

（2）分子间脱水生成醚　例如，乙醇在硫酸存在下加热到140℃发生分子间脱水生成乙醚。

$$2C_2H_5OH \xrightarrow[140℃]{H_2SO_4} C_2H_5OC_2H_5 + H_2O$$

醇的分子间脱水是亲核取代反应，伯醇按 S_N2 机制，仲醇按 S_N1-S_N2 机制，而叔醇则以消除反应为主。工业上利用醇的脱水反应生产低级醚类。

在酸性条件下加热，醇是发生分子间亲核取代反应生成醚还是发生分子内消除反应生成烯烃，与醇的结构及反应条件有关。一般来说，较低温度有利于生成醚，较高温度有利于生成烯烃，但相对于叔醇来说，因为消除反应倾向大，其主要产物总是烯烃而不会是醚。

（三）氧化和脱氢反应

由于羟基的影响，醇分子中 α-氢原子比较活泼，可以被多种氧化剂所氧化。醇的结构不同，氧化剂不同，所得产物不同。

1. $K_2Cr_2O_7$（$Na_2Cr_2O_7$）-H_2SO_4 或 $KMnO_4$ 等强氧化剂氧化　伯醇先被氧化成醛，但醛比醇更容易被氧化，在此条件下进一步氧化成酸。要使反应停留在醛阶段较为困难，除非生成的醛相对分子质量较小，一旦生成后，将它从反应系统中蒸出，才可以防止醛进一步被氧化。

$$R{-}CH_2OH \xrightarrow[\text{或 KMnO}_4]{\text{K}_2\text{Cr}_2\text{O}_7\text{ -H}_2\text{SO}_4} RCOOH$$

仲醇被氧化成酮，少数情况可进一步氧化成酸。

$$\text{环己醇} \xrightarrow[\text{H}^+]{\text{KMnO}_4} \text{环己酮} \xrightarrow[\triangle]{\text{KMnO}_4} \begin{array}{l} \text{CH}_2\text{CH}_2\text{COOH} \\ \text{CH}_2\text{CH}_2\text{COOH} \end{array}$$

醇的氧化反应可能与 α-H 的存在有关，叔醇分子中由于不含 α-H，因此不易被氧化。在剧烈条件和强氧化剂存在下，也会发生碳碳键断裂，但产物较复杂。

2. 欧芬脑尔氧化　在异丙醇铝或叔丁醇铝存在下，仲醇和丙酮一起反应，仲醇被氧化成酮，而丙酮被还原成异丙醇的反应，专称欧芬脑尔（Oppenauer）氧化反应。

$$R_2CHOH + CH_3\overset{\overset{\text{O}}{\|}}{C}CH_3 \xrightarrow{\text{Al[OCH(CH}_3)_2]_3} R\overset{\overset{\text{O}}{\|}}{-C-}R + CH_3\overset{\overset{\text{OH}}{|}}{C}HCH_3$$

欧芬脑尔氧化反应中，分子中存在的不饱和键不受影响，这是由不饱和仲醇制备不饱和酮的较好方法。此反应为可逆反应，为了使反应向着生成酮的方向进行，一般使用过量丙酮。例如：

$$\underset{\text{紫罗兰醇}}{\overset{\text{CH}=\text{CHCHCH}_3}{\underset{\text{OH}}{}}} \xrightarrow[\text{丙酮（过量）、苯}]{\text{Al[OCH(CH}_3)_2]_3} \underset{\text{紫罗兰酮}}{\overset{\text{CH}=\text{CHCCH}_3}{\underset{\text{O}}{}}} + CH_3\overset{\overset{}{|}}{C}HCH_3$$

3. 选择性氧化剂氧化　醇的分子中还同时存在其他可被氧化的基团（如 C=C、C≡C）时，若只希望醇羟基被氧化，可采用选择性氧化剂氧化。

（1）沙瑞特（Sarrett）试剂氧化　沙瑞特试剂表示为 $CrO_3 \cdot (C_5H_5N)_2$，用于氧化醇，不影响分子中的不饱和键，生成醛的收率较高。

（2）琼斯（Jones）试剂氧化　将三氧化铬溶于稀硫酸中，写作 $CrO_3 \cdot H_2SO_4$，反应时将该试剂滴加到被氧化醇的丙酮溶液中，也不影响分子中的不饱和键。

（3）活性二氧化锰（MnO_2）试剂氧化　活性二氧化锰需新鲜制备，可选择性将烯丙位的伯醇、仲醇氧化成相应的不饱和醛或酮，产率较高。

$$CH_2{=}CHCH_2OH \xrightarrow[25℃]{\text{活性 MnO}_2} CH_2{=}CHCHO$$

4. 醇的脱氢反应　将含 α-H 的伯醇或仲醇蒸气在高温下通过活性催化剂铜（银或镍）进行脱氢反应，分别生成醛或酮。

$$CH_3CH_2OH \xrightarrow[300℃]{\text{Cu}} CH_3CHO + H_2$$

$$\underset{\text{OH}}{\overset{\text{CH}_3\text{CHCH}_3}{}} \underset{\text{500℃, 0.3MPa}}{\overset{\text{Cu}}{\rightleftharpoons}} \underset{\text{O}}{\overset{\text{CH}_3\text{CCH}_3}{}} + H_2$$

叔醇分子中由于无 α-H，也不能脱氢。

脱氢反应是可逆的，为使脱氢反应顺利进行，需同时通入空气，将脱下的氢转化成水。脱氢反应得到的产品较纯。由于这些反应需要专门设备和较高反应条件，实验室中很少采用，主要用于工业生产。

（四）多元醇的特殊反应

根据二元醇分子中两个羟基的位置不同，有 1,2-二醇、1,3-二醇和 1,4-二醇等。

$$
\begin{array}{ccc}
\overset{\text{OH}}{|}\ \overset{\text{OH}}{|} & \overset{\text{OH}}{|}\qquad\overset{\text{OH}}{|} & \overset{\text{OH}}{|}\qquad\qquad\overset{\text{OH}}{|} \\
\text{H}_2\text{C}-\text{CH}_2 & \text{CH}_2\text{CH}_2\text{CH}_2 & \text{CH}_2\text{CH}_2\text{CH}_2 \\
\text{1,2-二醇} & \text{1,3-二醇} & \text{1,4-二醇}
\end{array}
$$

多元醇的化学性质大多与饱和一元醇类似，具有一元醇的一般性质，多元醇还具有某些特殊的性质，在此只讨论 1,2-二醇（邻二醇）的特殊反应。

1. 氧化反应　用高碘酸或四乙酸铅氧化邻二醇使两个羟基之间的碳碳键断裂，生成两分子羰基化合物。

$$
\underset{\substack{|\\ \text{HO}}}{\text{RCH}}-\underset{\substack{|\\ \text{OH}}}{\text{CHR}'} \xrightarrow{\text{HIO}_4} \text{RCHO} + \text{R}'\text{CHO} + \text{H}_2\text{O} + \text{HIO}_3
$$

$$
\underset{\substack{|\\ \text{OH}}}{\overset{\substack{\text{R}\\|}}{\text{R}'\text{C}}}-\underset{\substack{|\\ \text{OH}}}{\text{CH}}-\text{R} \xrightarrow{\text{HIO}_4} \overset{\text{R}}{\underset{\text{R}'}{\diagdown}}\text{C}=\text{O} + \text{RCHO} + \text{H}_2\text{O} + \text{HIO}_3
$$

反应是定量的，每断裂一个碳碳键消耗一分子 HIO_4，根据消耗的 HIO_4 的量和产物结构，可推测邻二醇的结构。例如：

$$
\underset{\substack{|\qquad|\ |\\ \text{OH}\ \text{OH OH}}}{\text{CH}_2\text{CHCHCH}_3} \xrightarrow{2\text{HIO}_4} \text{HCHO} + \text{HCOOH} + \text{CH}_3\text{CHO}
$$

分子中有—NO_2 或—CHO 与羟基相邻，也能发生类似的氧化反应。

2. 邻二醇的重排反应　化合物 2,3-二甲基丁-2,3-二醇俗称频哪醇。频哪醇在酸性催化剂作用下脱去一分子水生成碳正离子后会发生重排，生成的化合物称为频哪酮，这类反应称为频哪醇重排。例如：

$$
\underset{\substack{|\qquad|\\ \text{OH}\ \ \text{OH}}}{\overset{\substack{\text{CH}_3\ \ \text{CH}_3\\|\qquad|}}{\text{CH}_3-\text{C}-\text{C}-\text{CH}_3}} \xrightarrow{\text{H}_2\text{SO}_4} \underset{\substack{|\qquad\ \|\\ \text{CH}_3\ \ \text{O}}}{\overset{\substack{\text{CH}_3\\|}}{\text{CH}_3-\text{C}-\text{C}-\text{CH}_3}}
$$

频哪醇　　　　　　　　　　　　频哪酮

上述重排反应可能采用如下机制。

在酸性条件下，首先是羟基质子化，脱去一分子水形成碳正离子，然后邻位碳原子上的甲基带着一对电子发生 1,2-迁移，消去氢质子得到频哪酮。

$$
\underset{\substack{|\quad|\\\text{OH OH}}}{\overset{\substack{\text{CH}_3\text{CH}_3\\|\quad|}}{\text{CH}_3-\text{C}-\text{C}-\text{CH}_3}} \underset{}{\overset{\text{H}^+}{\rightleftharpoons}} \underset{\substack{|\quad|\\\text{OH O}^+\\ \quad\ \ \text{H}_2}}{\overset{\substack{\text{CH}_3\text{CH}_3\\|\quad|}}{\text{CH}_3-\text{C}-\text{C}-\text{CH}_3}} \xrightarrow{-\text{H}_2\text{O}} \underset{\substack{|\quad\ +\\\text{OH}}}{\overset{\substack{\text{CH}_3\text{CH}_3\\|\quad|}}{\text{CH}_3-\text{C}-\text{C}-\text{CH}_3}} \underset{}{\overset{-\text{CH}_3\text{迁移}}{\rightleftharpoons}} \underset{\substack{|\quad\ |\\\text{OH CH}_3}}{\overset{\substack{+\qquad\text{CH}_3\\\ \quad\ \ |}}{\text{CH}_3-\text{C}-\text{C}-\text{CH}_3}}
$$

$$
\underset{}{\overset{-\text{H}^+}{\rightleftharpoons}}\ \underset{\substack{\|\qquad\ |\\\text{O}\qquad\text{CH}_3}}{\overset{\substack{\text{CH}_3\\|}}{\text{CH}_3-\text{C}-\text{C}-\text{CH}_3}}
$$

两个羟基都连在叔碳原子上的邻二醇称为频哪醇类（pinacols）。当邻二醇的碳原子上连不同的烃基时，基团的迁移能力通常为：芳基＞烷基＞氢。例如：

$$
\underset{\underset{OH \ OH}{|}}{\overset{\overset{C_6H_5 \ C_6H_5}{|}}{CH_3-C-C-CH_3}} \underset{-H_2O}{\overset{H^+}{\rightleftharpoons}} \underset{\underset{OH}{|}}{\overset{\overset{C_6H_5 \ C_6H_5}{|}}{CH_3-\underset{+}{C}-C-CH_3}} \xrightarrow{-C_6H_5迁移} \overset{-H^+}{\rightleftharpoons} \underset{\underset{C_6H_5}{|}}{\overset{\overset{C_6H_5 \ O}{|}}{CH_3-C-C-CH_3}}
$$

四、醇的制备

工业上一些简单醇,如乙醇,以前是用粮食发酵的方法生产。但因要耗费大量的粮食,已逐渐被淘汰。随着石油化工的发展,大多数的醇由烯烃制备。

(一) 由烯烃制备

1. 直接水合法

$$
R-CH=CH_2 + H_2O \xrightarrow[高温,高压]{H_3PO_4} \underset{\underset{CHCH_3}{|}}{\overset{OH}{R}}
$$

2. 间接水合法

$$
CH_2=CH_2 \xrightarrow{H_2SO_4} \xrightarrow{H_2O} CH_3CH_2OH
$$

3. 硼氢化-氧化反应

$$
CH_3CH=CH_2 \xrightarrow{B_2H_6 / THF} \xrightarrow[NaOH]{H_2O_2} CH_3CH_2CH_2OH
$$

4. 羟汞化-脱汞反应

$$
\underset{H_3C}{\overset{H}{>}}C=C\underset{H}{\overset{H}{<}} \xrightarrow{Hg(OAc)_2, H_2O} \underset{\underset{CH_3 \ HgOAc}{|\quad\ |}}{H-\overset{\overset{OH \ H}{|\ \ \ |}}{C-C}-H} \xrightarrow{NaBH_4, \ OH^-} \underset{\underset{CH_3 \ H}{|\quad |}}{H-\overset{\overset{OH \ H}{|\ \ \ |}}{C-C}-H}
$$

反应由两部分组成,第一部分是 $Hg(OAc)_2$ 对双键的加成,生成羟基和 C—Hg 键化合物(羟汞化);第二部分是 $NaBH_4$ 将 C—Hg 键还原为 C—H 键,汞从有机分子上掉下来(脱汞),所以整个反应称为羟汞化-脱汞反应。反应的最终结果是向双键加上了一分子的水。

反应特点:产物符合马氏定则,不发生重排反应,反式加成。羟汞化-脱汞反应是一种较好的实验室制备醇的方法。

(二) 由羰基化合物制备

$$
RMgBr + HCHO \xrightarrow[②H_3O^+]{①无水醚} R-CH_2OH
$$

$$
R'MgBr + RCHO \xrightarrow[②H_3O^+]{①无水醚} \underset{\underset{R}{|}}{\overset{\overset{R'}{|}}{CHOH}}
$$

$$
R'MgBr + R-\overset{\overset{O}{||}}{C}-R'' \xrightarrow[②H_3O^+]{①无水醚} \underset{\underset{R''}{|}}{\overset{\overset{R'}{|}}{R-COH}}
$$

这些反应是增长碳链的好方法。通过格氏试剂可以合成各类伯醇、仲醇和叔醇,是实验室制备醇的重要方法。

（三）卤代烃的水解

$$RX + NaOH \rightleftharpoons R—OH + NaX$$

一般情况下，醇比相应的卤代烃容易获得，卤代烃多数是由醇类制备的，非特殊情况不用此方法制备醇类化合物。只有卤代烃比醇更容易获得的情况下才有价值。

五、硫醇

烃分子中的氢原子被巯基（—SH）取代得到的化合物称为硫醇（R—SH），其中 $R \neq H$。也可看作硫原子取代醇分子中的氧原子所得的化合物。巯基（—SH）是硫醇的官能团。

硫醇的命名方法与醇相似，只需在醇名称中的"醇"字前加上"硫"字即可。例如：

CH_3SH	CH_3CH_2SH	$HSCH_2CH_2OH$
甲硫醇	乙硫醇	2-巯基乙醇
methanethiol	ethanethiol	2-sulfanylethanol

由于分子中的硫原子和氧原子的电负性不同，硫醇和醇的性质也存在差异。

1. 弱酸性 硫醇的酸性比醇强，能与氢氧化钠（钾）生成硫醇盐。

$$RSH + NaOH \rightleftharpoons RSNa + H_2O$$

硫醇还可与重金属离子形成不溶于水的盐，可作为硫醇的鉴定反应。

$$2RSH + HgO \longrightarrow (RS)_2Hg \downarrow + H_2O$$
$$\text{白色}$$

重金属中毒是体内酶上的巯基与某些重金属离子发生反应，导致酶失去活性而显示中毒症状。治疗这种中毒，可以用硫醇作为解毒剂，如二巯基丙醇等与重金属离子生成络合物排出体外，起到解毒的作用。

$$\underset{OH\ SH\ SH}{CH_2CHCH_2} + Hg^{2+} \longrightarrow \underset{S\quad S}{CH_2CHCH_2\ OH}$$
$$Hg$$

2. 氧化 硫醇中的硫氢键容易断裂，硫醇很容易被氧化，空气中的氧、H_2O_2、I_2 等弱氧化剂能将硫醇氧化生成二硫化合物。

$$RSH + \frac{1}{2}O_2 \longrightarrow R—S—S—R + H_2O$$

$$RSH + I_2 \longrightarrow R—S—S—R + HI$$

此反应在生物体多肽的形成中很重要，体内含有巯基的肽，可以通过氧化形成含二硫键的蛋白质。

强氧化剂高锰酸钾、硝酸等可将硫醇氧化成磺酸。

$$RSH \xrightarrow{[O]} RSO_3H$$

低级硫醇有毒，有极其难闻的味道，人们对此特别敏感，所以液化气和管道煤气混有微量的此类化合物，可以起到预警作用。

第二节 酚

酚可以看成芳环上的氢原子被羟基取代生成的化合物,最简单的酚为苯酚。

一、酚的分类和命名

(一)酚的分类

根据羟基所连芳基种类分为苯酚、萘酚、蒽酚等;根据直接连接在芳环上羟基的数目分为一元酚、二元酚、三元酚等。

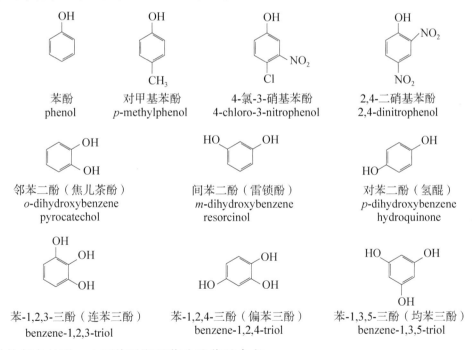

苯酚 | 对苯二酚 | 均苯三酚
(一元酚) | (二元酚) | (三元酚)

(二)酚的命名

酚的命名常以苯酚或萘酚为母体化合物,多元酚的命名需对环上的羟基位置进行编号。

苯酚
phenol

对甲基苯酚
p-methylphenol

4-氯-3-硝基苯酚
4-chloro-3-nitrophenol

2,4-二硝基苯酚
2,4-dinitrophenol

邻苯二酚(焦儿茶酚)
o-dihydroxybenzene
pyrocatechol

间苯二酚(雷锁酚)
m-dihydroxybenzene
resorcinol

对苯二酚(氢醌)
p-dihydroxybenzene
hydroquinone

苯-1,2,3-三酚(连苯三酚)
benzene-1,2,3-triol

苯-1,2,4-三酚(偏苯三酚)
benzene-1,2,4-triol

苯-1,3,5-三酚(均苯三酚)
benzene-1,3,5-triol

结构复杂的酚,也可将酚羟基作为取代基命名。

3-(3-羟基丙基)苯酚
3-(3-hydroxypropyl)phenol

4-羟基苯甲酸
4-hydroxybenzoic acid

4-羟基-3-甲氧基苯甲醛
4-hydroxy-3-methoxybenzaldehyde

二、酚的物理性质

大多数酚是结晶性固体，少数烷基酚为高沸点的液体，具有特殊的气味，有一定毒性。酚分子间能形成氢键，也能与水分子间形成氢键，所以在水中有一定的溶解度。常见酚的物理常数见表10-2。

表 10-2　常见酚的物理常数

名称	熔点/℃	沸点/℃	在水中的溶解度（25℃）/[g·(100g)$^{-1}$]	pK$_a$（25℃）
苯酚	43	182	9.3	10.0
邻甲苯酚	30	191	2.5	10.20
间甲苯酚	11	201	2.6	10.01
对甲苯酚	35	201	2.3	10.17
对氯苯酚	43	220	2.8	9.20
邻硝基苯酚	45	217	0.2	7.17
间硝基苯酚	96	197.7（分解）	1.4	8.28
对硝基苯酚	114	279（分解）	1.7	7.15
2,4-二硝基苯酚	113	205（分解）	0.6	3.96
2,4,6-三硝基苯酚（苦味酸）	122	分解（330℃爆炸）	1.4	0.38
α-萘酚	94	279	难	9.31
β-萘酚	123	286	0.1	9.55

三、酚的化学性质

最简单的酚是苯酚，苯酚的分子结构如图 10-2 所示。从结构上看，酚羟基直接与芳环碳

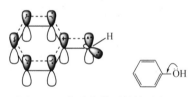

图 10-2　苯酚的分子结构示意图

原子相连，氧原子 p 轨道中的孤对电子与苯环芳香大 π 键之间形成 p-π 共轭，在该共轭体系中，氧原子的孤对电子离域到苯环上，增加了苯环的电子云密度，同时也导致碳氧键键能增大，不易断裂。因此，苯酚发生亲电取代反应的活性远高于苯，并且难以与氢卤酸、三卤化磷和氯化亚砜等发生碳氧键断裂的亲核取代反应。

与乙醇相比，苯酚中氧氢键极性增大，酚羟基中氢原子的电离倾向变大，同时，电离后生成的氧负离子的负电荷向苯环分散，负离子的稳定性增强，所以酚的酸性比醇强。

（一）酚羟基的反应

1. 酸性　酚酸性比醇酸性强得多，能与氢氧化钠（钾）等强碱作用生成盐。

$$\text{苯酚} + \text{NaOH} \longrightarrow \text{苯酚钠} + \text{H}_2\text{O}$$

苯酚酸性（pK$_a$=10）比水酸性（pK$_a$=15.7）强，但比碳酸（pK$_a$=6.37）和乙酸的酸性（pK$_a$=4.76）弱。因此，苯酚不溶于碳酸氢钠水溶液。苯酚钠溶液通入二氧化碳，可使苯酚游离出来。

$$\text{苯酚钠} + \text{CO}_2 + \text{H}_2\text{O} \longrightarrow \text{苯酚} + \text{NaHCO}_3$$

当酚类与其他有机化合物混在一起时，可利用酚的弱酸性，先加碱液将其转化成水溶性的酚钠，将它与非酸性有机化合物分开。

当苯环上连有取代基时，取代基的性质不同，将会对酚的酸性产生不同的影响。表 10-3 列出了一些取代苯酚的 pK_a 值。

表 10-3　一些取代苯酚的 pK_a 值

取代基	邻位	间位	对位
H	10.0	10.0	10.0
CH$_3$	10.20	10.01	10.17
Cl	8.11	8.80	9.20
NO$_2$	7.17	8.28	7.15
OCH$_3$	9.98	9.65	10.21

当苯环上连有吸电子取代基时，苯环上电子云密度降低，酚的酸性增强；当苯环上连有供电子取代基时，则苯环上电子云密度增加，酚的酸性减弱。

例如，对硝基苯酚电离生成对硝基苯氧负离子，与苯环直接相连的硝基具有强的吸电子诱导效应和吸电子共轭效应，氧负离子上的负电荷通过苯环向硝基转移，使得氧负离子上的负电荷得到很好分散。所以对硝基苯酚的酸性比苯酚的酸性强。邻、对硝基苯酚的酸性比间硝基苯酚的酸性强，邻位和对位上硝基越多，则酸性越强。

pK_a	10.0	7.17	7.15	8.28	3.96	0.38

甲基酚的酸性则比苯酚弱。甲基是弱供电子基团，能使苯环上电子云密度增加，不利于苯氧负离子中负电荷的分散，使三种甲基苯氧负离子的稳定性都比苯氧负离子小，因此酸性均比苯酚弱。

苯环上氯原子也是吸电子基团，但它的这种吸电子作用是吸电子诱导效应和供电子共轭效应两种作用综合的结果。当氯处在酚羟基的间位时，供电子共轭作用很弱；当它处于对位时，供电子共轭作用较强。两种情况下，它们的吸电子诱导作用基本相当。总体来看，氯在间位的吸电子作用比对位强，间氯苯酚的酸性比对氯苯酚高。邻氯苯酚的酸性较高，原因比较复杂，可能是邻位效应所致。

2. 酚酯的生成与弗莱斯重排　酚类化合物直接与酸生成酯比较困难，一般用酰化能力更强的酸酐或酰卤使其成酯。

生成的酚酯在三氯化铝等路易斯酸存在时受热，酰基可重排至酚羟基的邻位或对位，得到酚酮，此重排称为弗莱斯（Fries）重排。

生成邻、对位异构体的比例与温度有关，低温有利于生成对位产物，高温有利于生成邻位产物。例如：

多数情况下，重排反应可以得到较好的单一产物，这是制备酚酮的一种方法。

3. 酚醚的生成与克莱森重排　在强酸条件下，醇分子间可以脱水成醚，而酚的分子间脱水生成芳醚较困难。由于 p-π 共轭，酚的 C—O 键结合得特别牢固，很不容易断裂，如果脱水成醚，需要用特殊的装置。

在碱性条件下，由于苯酚转变为苯氧负离子，增强了亲核能力，可以与卤代烃或硫酸二烷基酯发生亲核取代反应。例如，甲基苯基醚常用苯酚与 CH_3I 或 $(CH_3)_2SO_4$ 在碱性条件下反应制得。

酚的稳定性差，易被氧化。成醚反应是保护酚羟基的常见方法。

将苯酚溶于丙酮，在 $KHCO_3$ 存在下和 3-溴丙烯反应，可生成烯丙基苯基醚。后者加热到 190～200℃可发生克莱森（Claisen）重排。

克莱森重排是经过六元环状过渡态完成的一种协同反应，反应过程中不形成活性中间体，旧键的断裂与新键的形成是同步进行的，结果烯丙基的 γ-碳原子连接到羟基的邻位碳原子上。

若两个邻位均被占据，则会发生两次重排，先重排在邻位，再重排到对位，生成对位产物。由于经过了两次重排，所以 α-碳原子连接在芳环上。如果邻、对位均被占据，重排不会发生。

4. 与三氯化铁显色反应 酚与三氯化铁溶液能发生显色反应，可以作为酚类的定性鉴定反应。

$$6C_6H_5OH + FeCl_3 \Longrightarrow H_3[Fe(OC_6H_5)_6] + 3HCl$$

蓝紫色

具有烯醇结构的化合物均有类似反应。

（二）苯环上的取代反应

1. 卤代反应 苯酚用溴水处理，立即生成三溴苯酚的白色沉淀，反应很灵敏，溶液中苯酚浓度达 10ppm（$1ppm=1mg/L=1mg/kg=10^{-6}$）时即可检出。此反应定量完成，因此可作为测定苯酚含量的方法。

如果溴水过量，则生成四溴化合物，此化合物用亚硫酸氢钠溶液处理即可转变为白色三溴苯酚。

2,4,4,6-四溴-2,5-环己二烯酮

如果要得到单溴代苯酚，可在低温、非极性溶剂（CS_2、CCl_4）中控制溴不过量，则主要生成对溴苯酚。

单氯代苯酚可不用溶剂、在控制温度和氯用量的条件下进行氯代反应制得。

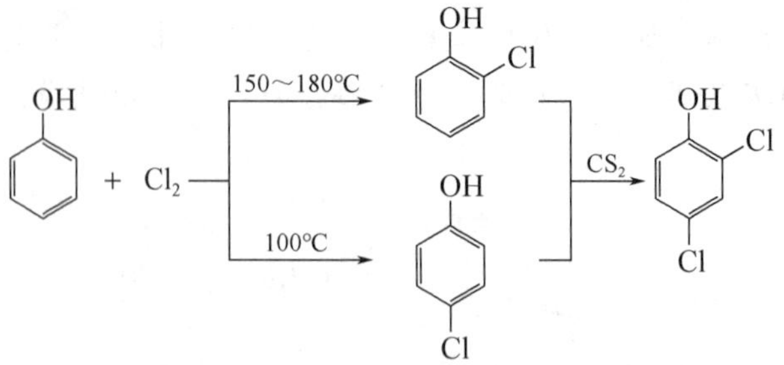

2. 磺化反应 苯酚容易发生磺化反应，通常在低温时，磺酸基主要进入邻位，高温时则有利于进入对位，进一步磺化，则生成 4-羟基苯-1,3-二磺酸。

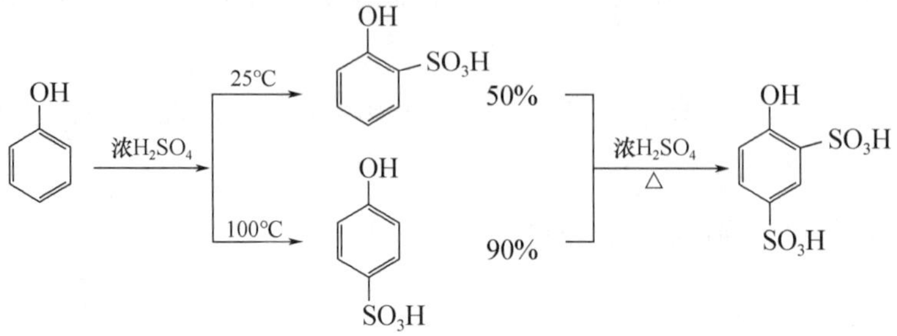

磺酸基的引入，能降低苯环上电子云密度，可保护苯酚不易被氧化。

3. 硝化反应 苯酚在室温下用稀硝酸处理，生成邻位和对位硝基苯酚。

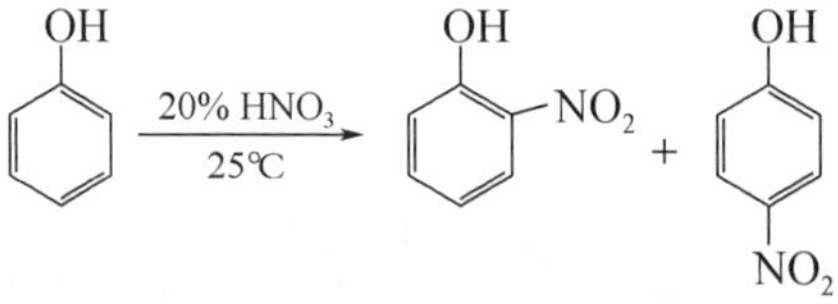

邻位产物可形成分子内氢键，水溶性小、挥发性大，能随水蒸气蒸出；对位产物通过分子间氢键形成缔合分子，挥发性小，不能随水蒸气蒸出。因此，邻位和对位硝基苯酚可用水蒸气蒸馏方法分离。

苯酚与较浓的硝酸反应，虽然可生成二硝基取代产物，但硝酸的强氧化性使产率降低，所以多硝基苯酚可用如下方法制备：

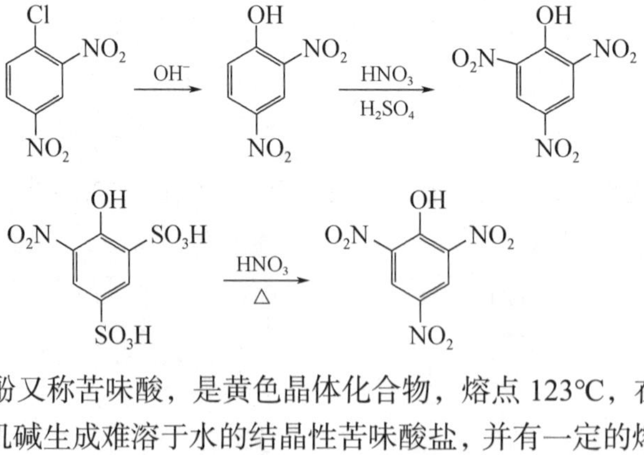

2,4,6-三硝基苯酚又称苦味酸，是黄色晶体化合物，熔点 123℃，在 300℃高温时会发生爆炸。它能与多种有机碱生成难溶于水的结晶性苦味酸盐，并有一定的熔点，可用于有机碱的鉴定。

4. 弗里德-克拉夫茨反应 酚类可以发生弗里德-克拉夫茨（Friedel-Crafts）烷基化反应，但收率普遍较低，合成上意义不大。有些酚若以醇或烯为烷基化试剂、H⁺为催化剂进行弗里德-克拉夫茨烷基化反应，效果较好。

酚类也可发生弗里德-克拉夫茨酰基化反应，常用无水三氯化铝为催化剂，由于酚与三氯化铝可形成酚盐，所以此反应须使用较多的三氯化铝。产物为邻位和对位的混合物，由于邻位产物易形成分子内氢键，极性较对位产物小，所以可通过重结晶的方法将邻、对位异构体分开。也可选用 BF_3 为催化剂，酚与乙酸直接发生弗里德-克拉夫茨酰基化反应。例如：

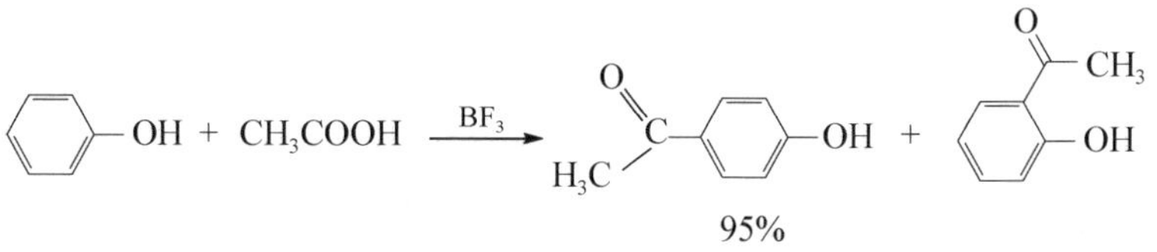

而酚酞的制备则如下：

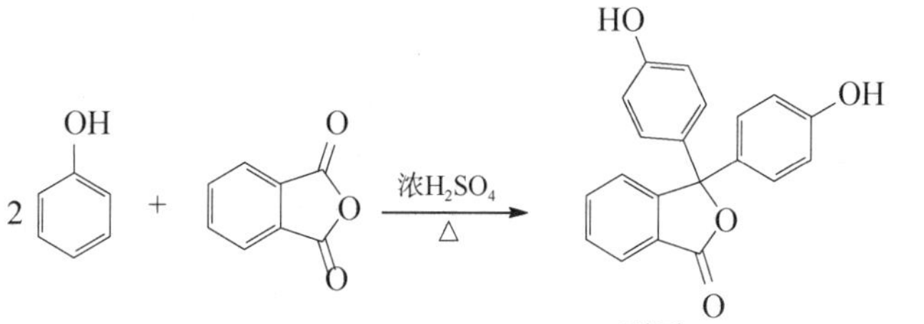

酚酞溶液在 pH＜8.5 时没有颜色，在 pH＞9 时显红色，因此可用作指示剂。

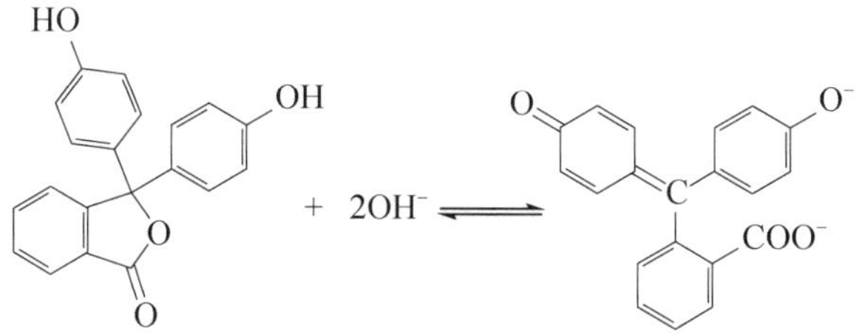

无色　　　　　　　　　　　红色

5. 与甲醛的缩合反应　苯酚与甲醛在酸或碱的催化下反应，先生成邻位或对位羟基苯甲醇，继续反应得到二元取代物，二元取代物分子之间还可以继续脱水发生缩合反应，形成高聚物——酚醛树脂。

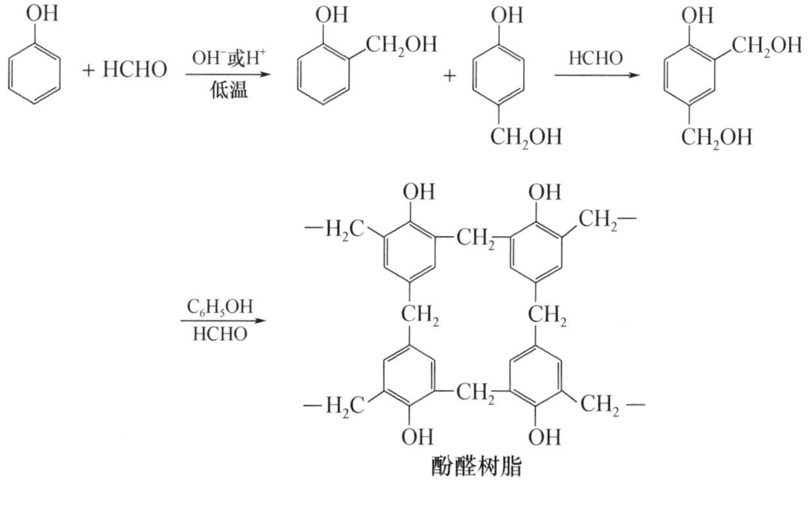

酚醛树脂

不同的物料配比，在不同的酸碱性条件下，所得酚醛树脂结构有所不同。酚醛树脂是具有网状结构的大分子聚合物，俗称电木，具有良好的绝缘性和热塑性。

6. 赖默-蒂曼反应 酚的碱性水溶液与氯仿共热，在苯环上引入醛基，反应中醛基一般主要进入羟基的邻位，只有当邻位被占据时才会生成对位取代为主的产物。

这是工业上生产水杨醛的方法。赖默-蒂曼反应也可用于香兰素（调味品）的合成。

赖默-蒂曼反应的收率不高，一般不超过 50%，且苯环上有吸电子基时对反应不利。

7. 科尔柏-施密特反应 干燥的苯酚钠与二氧化碳加热到 120～150℃，可在苯环上引入羧基，主要生成邻羟基苯甲酸即水杨酸。

反应中有少量的对位异构体，用水蒸气蒸馏法可将异构体分开。如果反应温度超过 150℃则以对位异构体为主。

水杨酸是医药工业上制备解热镇痛药阿司匹林的原料，印染工业上也用作合成染料的原料。

（三）酚的氧化

酚类化合物很容易被氧化，多元酚（polyhydric phenol）更容易被氧化，空气中的氧就能使之氧化成醌。

日常生活中，绿茶放置变成暗色，茶水放置出现棕红色，主要是因为其中含有的多酚类化合物被氧化。

四、酚的制备

（一）磺酸盐碱熔法

萘酚也可用此方法制备。磺酸盐碱熔法对于固体碱的用量及能耗都较高。

（二）异丙苯法

本反应的原料异丙苯可由苯和丙烯作用制得，氧化剂是空气，最后可得苯酚与丙酮两种重要的化工原料，工业上应用较广。

（三）氯苯水解

此法生产苯酚的设备要求较高，反应条件较为苛刻。当氯原子的邻、对位连有吸电子基时，水解比较容易，不需要高压，甚至可用弱碱。

（四）重氮盐水解

第三节 醚和环氧化合物

醚可以看作水分子中的两个氢原子分别被烃基取代的化合物，表示为 R—O—R，也可以看成醇分子中羟基上的氢原子被烃基取代的化合物。

一、醚的分类和命名

（一）醚的分类

根据醚分子中两个烃基结构分为以下三类。

简单醚（两个烃基相同）：R—O—R，Ar—O—Ar，如 CH_3OCH_3。

混合醚（两个烃基不同）：R—O—R'，Ar—O—Ar'，R—O—Ar，如 $CH_3OCH_2CH_3$、。

环醚：。

（二）醚的命名

醚的命名通常是烃基名加"醚"字即可。"基"字可省去，相同烷基"二"字可省去。混合醚命名，将烃基按英文名称首字母顺序排列在"醚"字前。例如：

H₃C—O—CH₃
甲醚
dimethyl ether

二苯醚
diphenyl ether

H₃C—O—C₂H₅
乙甲醚
ethyl methyl ether

甲苯醚
methyl phenyl ether(anisole)

结构复杂的醚一般以烃为母体命名。例如：

CH₃CH₂CH₂CHCH₃
　　　　　OCH₃

2-甲氧基戊烷
2-methoxypentane

CH₃O——CH₃

对甲氧基甲苯
1-methoxy-4-methylbenzene

环氧化合物命名，可按照杂环来命名，把氧原子编为 1 号，也可把 "—O—" 看作取代基，将词头 "环氧" 写在母体名称前面，命名为 "环氧某烷"，例如：

氧杂环丙烷
环氧乙烷
oxirane

2-甲基氧杂环丙烷
1,2-环氧丙烷
2-methyloxirane

1,4-二氧杂环己烷
1,4-二氧六环
1,4-dioxane

二、醚的物理性质

醚的氧原子两边均与烃基相连，没有活泼氢原子，醚分子之间不能发生氢键缔合，所以醚的沸点比相对分子质量相近的醇低得多，如正丁醇沸点为 117.3℃，而乙醚沸点为 34.5℃。常温下除甲醚、乙醚、甲基乙烯基醚为气体外，其他均为无色液体。

醚可以通过它的氧原子和水分子中的氢原子形成氢键，所以醚在水中的溶解度比烷烃大，与同碳数醇相近。例如，甲醚和乙醇一样，可与水混溶；乙醚和正丁醇在水中的溶解度都为 $8g \cdot (100g)^{-1}$ 左右。环醚在水中溶解度要大些，四氢呋喃、1,4-二氧六环可与水互溶。常见的醚物理常数见表 10-4。

表 10-4　常见的醚物理常数

化合物	熔点/℃	沸点/℃	相对密度（20℃）
甲醚	−138.5	−23	
乙醚	−116.6	34.5	0.714
正丙醚	−12.2	90.1	0.736
异丙醚	−85.9	68	0.724
正丁醚	−95.3	142	0.769
甲苯醚	−37.5	155	0.996
二苯醚	26.84	257.9	1.075
四氢呋喃	−65	67	0.889
1,4-二氧六环	11.8	101	1.034

醚常用作有机反应中的溶剂，但低级醚具有高度挥发性，且容易着火，例如，乙醚不仅易着火，而且蒸气与空气可形成爆炸性混合气体。因此，使用时要特别小心。

三、醚的化学性质

醚分子中虽然含有极性的碳氧键，但其氧原子的两端均与碳原子相连，整个分子极性并不大。因此醚的化学性质较为稳定，通常情况下与氧化剂、还原剂、稀酸、强碱均不反应，是许多有机化学反应常用的溶剂。室温时，醚不与金属钠反应，实验室中常用金属钠除去乙醚中的微量水分。不过，醚遇到强酸性物质也可发生某些化学反应，这与分子中氧原子上的未共用电子对有关。

（一）𬭼盐的形成

醚分子的氧原子具有未共用电子对，可作为一种路易斯碱，与浓酸形成盐。例如：

$$C_2H_5\ddot{O}C_2H_5 \xrightleftharpoons[H_2O]{浓H_2SO_4} C_2H_5-\overset{H}{\underset{+}{O}}-C_2H_5 + HSO_4^-$$

𬭼盐很不稳定，遇水立即分解成醚和酸。利用此性质，可将醚从烃、卤代烃等不含氧的化合物中分离出来。

醚与路易斯酸如三氟化硼、三氯化铝等也可形成配合物。

$$C_2H_5\ddot{O}C_2H_5 + BF_3 \rightleftharpoons C_2H_5O\overset{\overset{\displaystyle BF_3}{\uparrow}}{C_2H_5}$$

（二）醚键的断裂

醚与浓氢卤酸（如氢碘酸）共热，醚键发生断裂生成卤代烃和醇。如有过量氢卤酸存在，醇将继续转变为卤代烃。例如：

$$R-O-R' + HI \xrightarrow{\triangle} RI + R'OH$$
$$\downarrow{过量HI}$$
$$R'I + H_2O$$

醚键断裂属于亲核取代反应。由于 X^- 的亲核性大小是 $I^->Br^->Cl^-$，所以断裂醚键的氢卤酸活性顺序为：$HI>HBr>HCl$。

HI 的活性最高，所以它是醚键断裂反应的常用试剂，生成的碘代烃在水中不溶。生成的碘代烃如果是四个碳原子以下的化合物，在加热至 130℃左右时便气化，蒸气遇到硝酸汞湿润试纸会出现橙红或鲜红的碘化汞（或者使 KI-淀粉试纸变蓝）以表明醚键发生了断裂。

醚与氢碘酸的反应是定量完成的，将生成的碘甲烷蒸出用 $AgNO_3$ 的乙醇液吸收，称量生成的碘化银，可计算出原来化合物分子中甲氧基的含量。这一原理可用于天然产物分子中甲氧基的含量测定。

由于醚的结构不同，醚键断裂生成卤代烃有如下规律。

当两个烃基均为脂肪烃基时，一般小的烃基先形成卤代烃；芳基脂肪烃基醚一般是脂肪烃基优先形成卤代烃。

$$CH_3OCH(CH_3)_2 \xrightarrow{HI}{\triangle} CH_3I + (CH_3)_2CHOH$$

醚分子中多于四个碳原子的烃基不易发生断裂。甲基、乙基、苄基醚易形成，也易被酸分解，所以在有机合成中常用成醚反应来保护酚羟基。例如：

$$\text{(结构式反应流程图)} \quad \xrightarrow[\text{NaOH}]{(CH_3)_2SO_4} \quad \xrightarrow{KMnO_4} \quad \xrightarrow[\triangle]{HBr}$$

当醚中氧原子上所连接的两个碳原子有一个是叔碳原子时,醚键断裂反应得到的主要产物是烯烃。例如:

$$(CH_3)_3C\text{—}O\text{—}CH_3 \xrightarrow[\triangle]{\text{浓}H_2SO_4} CH_3OH + (CH_3)_2C\text{=}CH_2$$

反应可能是按以下机制进行:

$$(CH_3)_3C\text{—}O\text{—}CH_3 \xrightarrow{\text{浓}H_2SO_4} (CH_3)_3C\text{—}\overset{+}{O}H\text{—}CH_3$$

$$(CH_3)_3C\overset{+}{\frown}OH\text{—}CH_3 \longrightarrow (CH_3)_3C^+ + CH_3OH$$

$$(CH_3)_2\overset{+}{C}\frown CH_2\text{—}H \longrightarrow (CH_3)_2C\text{=}CH_2$$

（三）过氧化物的生成

醚一般对氧化剂是比较稳定的，但在空气中久置会慢慢发生自动氧化反应而生成过氧化物，因此醚类应尽量避免暴露于空气中。一般认为氧化反应发生在醚的 α-碳原子上。

$$R\text{—}CH_2\text{—}O\text{—}R' \xrightarrow{[O]} \begin{array}{c} H \\ R\text{—}\overset{|}{C}\text{—}O\text{—}R' \\ \overset{|}{O}\text{—}O\text{—}H \end{array}$$

$$\text{过氧化醚}$$

一定量的过氧化醚遇热有爆炸的危险。因此，久置的醚类在使用前应该检查是否存在过氧化物。可取少量样品与硫酸亚铁和硫氰化钾的水溶液一起振摇，如有过氧化物存在，则可将 Fe^{2+} 氧化成 Fe^{3+}，后者与硫氰化钾可生成 $[Fe(SCN)_6]^{3-}$ 而呈红色。要除去醚类中的过氧化物，可用硫酸亚铁水溶液充分洗涤醚，以破坏过氧化物。

四、醚的制备

（一）醇分子间脱水

$$2ROH \xrightarrow[\triangle]{H^+} R\text{—}O\text{—}R + H_2O$$

这种方法只适合制备对称醚（简单醚）。如用两个不同的醇反应，将得到复杂的产物，没有实际应用价值。此外，叔醇易发生消除反应，很难生成醚。

（二）威廉逊合成法

卤代烃与醇钠作用生成醚的反应称为威廉逊（Williamson）合成。

$$R\text{—}ONa + R'X \longrightarrow R\text{—}O\text{—}R' + NaX$$

此法既可用于简单醚的制备，也可用于混合醚的制备。但要注意，卤代烃应该使用伯或仲卤代烃，因为叔卤代烃在此反应条件下将主要发生消除反应。

五、环氧化合物与冠醚

（一）环氧化合物

1,2-环氧化合物简称环氧化合物，其中最简单的是环氧乙烷。因为是三元环，环张力较大，所以同环丙烷类似，容易开环。

1. 开环反应 环氧乙烷比开链醚或其他环醚性质活泼，容易与多种亲核试剂反应而开环。

$$
\triangle\!\!\!\!\!\underset{O}{}
\begin{cases}
\xrightarrow{\text{H}_2\text{O/H}^+} \text{HOCH}_2\text{CH}_2\text{OH} \\
\xrightarrow{\text{C}_2\text{H}_5\text{OH/H}^+} \text{CH}_3\text{CH}_2\text{OCH}_2\text{CH}_2\text{OH} \\
\xrightarrow[\text{H}^+\text{或OH}^-]{\text{C}_6\text{H}_5\text{OH}} \text{C}_6\text{H}_5\text{OCH}_2\text{CH}_2\text{OH} \\
\xrightarrow{\text{HX}} \text{XCH}_2\text{CH}_2\text{OH} \\
\xrightarrow{\text{NH}_3} \text{NH}_2\text{CH}_2\text{CH}_2\text{OH} + \text{HN(CH}_2\text{CH}_2\text{OH)}_2 + \text{N(CH}_2\text{CH}_2\text{OH)}_3 \\
\xrightarrow{\text{HCN}} \text{CNCH}_2\text{CH}_2\text{OH} \xrightarrow{\text{H}_3\text{O}^+} \text{HOOCCH}_2\text{CH}_2\text{OH} \\
\xrightarrow{\text{RMgX}} \text{R—CH}_2\text{CH}_2\text{OMgX} \xrightarrow{\text{H}_3\text{O}^+} \text{RCH}_2\text{CH}_2\text{OH}
\end{cases}
$$

实验表明：环氧乙烷的开环反应，是按 S_N2 机制进行的。反应既可以是酸催化的，又可以是碱催化的。

因为酸催化时，不对称环氧化合物质子化后，环碳原子具有部分碳正离子的作用，所以连有 R 的环碳原子能够容纳较多的正电荷，容易接受亲核试剂的进攻。

2. 开环反应的取向 结构不对称的环氧化合物进行开环反应时，由于氧环中的两个碳原子不是等同的，就存在开环的取向问题。

酸性条件下的开环反应，亲核试剂进攻取代基较多的碳原子，此时主要受电性因素控制。

碱性条件下的开环反应，亲核试剂进攻位阻小即取代基少的碳原子，此时主要受立体因素控制。

3. 开环反应的立体化学 从开环反应的机制可知，无论是酸性条件下开环还是碱性条件下开环，环氧化合物的开环反应均属于 S_N2 机制，所以亲核试剂总是由离去基团的背面进攻中心碳原子，导致中心碳原子构型转化。

$$(R)\text{-}1,2\text{-环氧丁烷} + C_2H_5OH \xrightarrow{H^+} (S)\text{-}2\text{-乙氧基丁-}1\text{-醇}$$

（二）冠醚

冠醚（crown ether）是分子中具有 $\text{+CH}_2\text{CH}_2\text{+}$ 重复单位的大环多醚。由于其构象像皇冠，所以称为冠醚。

冠醚的系统命名比较复杂，一般用简单方法命名。其形式是"X-冠-Y"，X 代表环上的原子总数，Y 代表氧原子数。例如：

15-冠-5   18-冠-6   二苯并-18-冠-6

冠醚分子中有空穴，结构不同，空穴的大小也不同，按照空穴的孔径可选择性地络合金属离子。这种选择性的络合特性可用于分离或对金属离子的测定，只有与空穴直径大小相当的金属离子才能进入而被络合，因此具有较高的选择性。例如，18-冠-6 中的空穴直径是 $0.26\sim 0.32\text{nm}$，和钾离子的直径 0.266nm 相近，因此，18-冠-6 可与 $KMnO_4$ 中的 K^+ 形成络合物。裸露的 MnO_4^- 具有很高的氧化活性，当它随 K^+ 一起从水相转移到有机相时，便能有效地和烯烃发生氧化反应，使反应速率增大，产率提高。

冠醚还可用作相转移催化剂（phase transfer catalyst，PTC）。因为分子结构中含氧的内层能与水形成氢键，有亲水性，外层是亲脂性，这样它就可以将水相中的试剂包在内部带到有机相中，加速该试剂和有机化合物之间的反应。例如，环己烯用 $KMnO_4$ 氧化生成己二酸的反应，不仅需要较高的反应温度，而且反应时间较长，用冠醚作催化剂，在室温和较短时间内反应便完成。

$$\bigcirc + KMnO_4 \xrightarrow[\text{苯}]{\text{二环己基-18-冠-6}} HOOCCH_2CH_2CH_2CH_2COOH$$
$$100\%$$

近年来，相转移催化剂在有机合成中的应用越来越广泛，但是冠醚毒性较大，对皮肤和眼睛都有较强刺激性，使用时要特别小心。

第四节　个别化合物

（一）甲醇

甲醇最初由木材干馏制得，所以俗名为木精。甲醇为无色透明液体，沸点 64.5℃，能与水及多数有机溶剂混溶。甲醇有毒，误服 10ml 能使双目失明，30ml 能中毒致死。甲醇可用作溶剂，也是一种重要的化工原料。

（二）乙醇

乙醇是酒的主要成分，所以俗名为酒精，可通过淀粉或糖类物质的发酵而得。沸点 78.5℃，用途广泛，是一种重要的有机合成原料和溶剂。临床使用的是 70%～75%乙醇水溶液作外用消毒剂，因为它能使细菌蛋白质脱水变性。长期卧床患者用 50%乙醇溶液涂擦皮肤，有收敛作用，并能促进血液循环，可预防褥疮。在医药上常用乙醇配制酊剂，如碘酊，俗称碘酒，就是碘和碘化钾的乙醇溶液。乙醇也用于制取中草药浸膏以提取其中的有效成分。

（三）丙三醇

丙三醇（ $\underset{OH\ OH\ OH}{CH_2CHCH_2}$ ）俗名为甘油，为无色、吸湿性强、有甜味的黏稠液体，沸点 290℃，能与水或乙醇混溶。甘油有润肤作用，但它的吸湿性很强，会对皮肤产生刺激，所以在使用时须先用适量水稀释。在医药上甘油可用作溶剂，如酚甘油、碘甘油等。对便秘患者，常用甘油栓剂或 50%甘油溶液灌肠，它既有润滑作用，又能产生高渗压，可引起排便反射。甘油三硝酸酯（俗称硝酸甘油）是缓解心绞痛药物，它受到震动或撞击能猛烈分解引起爆炸，所以可用作炸药。

（四）山梨醇和甘露醇

山梨醇（ $\begin{matrix} CH_2OH \\ H-C-OH \\ HO-C-H \\ H-C-OH \\ H-C-OH \\ CH_2OH \end{matrix}$ ）和甘露醇（ $\begin{matrix} CH_2OH \\ HO-C-H \\ HO-C-H \\ H-C-OH \\ H-C-OH \\ CH_2OH \end{matrix}$ ）都是六元醇，两者是异构体。它们都是白色的结晶性粉末，有甜味。易溶于水，它们的 20%～25%溶液，在临床上用作渗透性利尿药，能将周围组织及脑组织的水分吸入血中随尿排出，从而降低颅内压，消除水肿，对治疗脑水肿与循环衰竭有效。

（五）肌醇

肌醇（环己六醇）为白色结晶性粉末，味甜，易溶于水。肌醇为某些酵母生长的必需的营养素，也参与体内蛋白质的合成、二氧化碳的固定和氨基酸的转移等过程，促进肝及其他组织中的脂代谢，降低血脂，可作为肝炎的辅助治疗药物。

（六）苯甲醇

苯甲醇（苄醇）为无色液体，有芳香气味，能溶于水，极易溶于乙醇等有机溶剂。它既能镇痛又能防腐。医疗上使用的青霉素稀释液就是 2%苯甲醇的灭菌液，又称无痛水。

（七）甲酚

甲酚（煤酚）来源于煤焦油，是邻、间、对三种甲酚异构体的混合物。常配成 50%的肥皂溶液，称为来苏儿，用于环境卫生消毒。

（八）苯二酚

苯二酚的三种异构体均为无色结晶。邻苯二酚和间苯二酚易溶于水，对苯二酚在水中溶解度小。间苯二酚具有抗菌作用，刺激性小，其 2%～10%的油膏和洗剂用于治疗皮肤病。对苯二酚的还原能力较强，可将底片上的银离子还原成金属银，常用作冲洗照片时的显影剂。

（九）麝香草酚

麝香草酚（百里酚）是百里草和麝香草中的香气成分，无色晶体或白色粉末，微溶于水，熔点 48～51℃，用于制造香料、药物和指示剂等。麝香草酚的杀菌作用比苯酚强，且毒性低，对口腔、咽喉黏膜有杀菌作用。能促进气管纤毛运动，有利于气管黏液的分泌，易起祛痰作用，而且有杀菌作用，所以可用于治疗气管炎、百日咳等。

（十）乙醚

乙醚是无色透明的特殊气味的液体，沸点 34.6℃，挥发性极强，易着火。乙醚广泛用作溶剂，在医疗上作麻醉剂，可引起恶心呕吐等不良反应。

小 结

1. 醇的分类和命名，醇的结构和物理性质。
2. 醇的化学性质：氧氢键断裂引起的反应、碳氧键断裂引起的反应、氧化和脱氢反应、多元醇的特殊反应等。
3. 硫醇的名称和化学性质。
4. 酚的分类和命名，了解酚的物理性质。
5. 酚的化学性质：酚羟基的反应、苯环上的取代反应和酚的氧化等。
6. 醚的分类和命名，熟悉醚的物理性质。
7. 醚的化学性质：锌盐的形成、醚键的断裂、过氧化物的生成。
8. 环氧化物和冠醚的性质。

（湖南中医药大学）

本章 PPT

第十一章

醛、酮、醌

学习目的　本章重点阐述羰基化合物的羰基亲核加成反应、氧化还原反应、α-H 的反应、羟醛缩合反应、亲核加成反应历程及影响因素，深刻理解羰基化合物的结构特征与理化性质之间的关系。

学习要求　熟悉羰基的结构；掌握醛酮的化学性质；掌握醛、酮亲核加成反应历程及影响因素；了解醛酮醌的结构、分类、命名及物理性质。

第一节　醛　和　酮

碳原子与氧原子通过双键连接而成的基团称为羰基（$\text{C}=\text{O}$）。羰基碳分别与氢和烃基相连的化合物称为醛（RCHO），—CHO 称为醛基；羰基碳与两个烃基相连的化合物称为酮（$R_2C=O$），酮分子中的羰基也称为酮基。醛和酮的结构特征是分子中都有羰基，因此又称为羰基化合物。其通式为

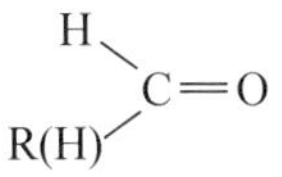

$$\begin{array}{c} H \\ R(H) \end{array}\!\!C=O \qquad\qquad \begin{array}{c} R' \\ R \end{array}\!\!C=O$$

醛 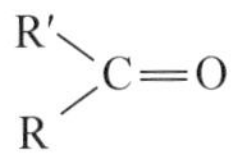　　　　　　　　酮

式中，R 和 R′可以是脂肪族基团，也可以是芳香族基团。

一、分类、命名、异构和结构

（一）分类

按不同的分类方式，可以将醛、酮作如下分类。

（1）根据酮分子中羰基所连的两个烃基是否相同，将酮分为简单酮和混合酮。

两个烃基相同时，即 R=R′，称为简单酮；两个烃基不相同时，即 R≠R′，称为混合酮。例如：

简单酮　$CH_3CH_2-\overset{\displaystyle O}{\overset{\|}{C}}-CH_2CH_3$　　　　　$CH_3-\overset{\displaystyle O}{\overset{\|}{C}}-CH_3$

混合酮　$CH_3CH_2CH_2-\overset{\displaystyle O}{\overset{\|}{C}}-CH_3$　　　　　$\langle\bigcirc\rangle-\overset{\displaystyle O}{\overset{\|}{C}}-CH_2CH_3$

（2）根据醛、酮分子中羰基数目可将醛、酮分为以下几种。

1）一元醛、酮：分子中只含有一个羰基的醛、酮。

　　一元醛：CH_3CH_2CHO、$HCHO$、C_6H_5CHO、$CH_3CH_2CH=CHCHO$。

一元酮：$CH_3CH_2COCH_2CH_3$、$C_6H_5COCH_3$、$CH_3CH{=}CHCOCH_3$。

2）二元醛、酮：分子中含有两个羰基的醛、酮。

二元醛：$OHC{-}CHO$、$OHCCH_2CH_2CHO$。

二元酮：$CH_3COCH_2COCH_3$、$CH_3CH_2COCH_2CH_2COCH_2CH_3$。

二元醛酮：$CH_3COCH_2CH_2CHO$。

（3）根据醛、酮分子中烃基的结构，可将醛、酮分为以下几种。

1）脂肪族醛、酮：烃基为脂肪族烃基的醛、酮，简称脂肪醛、酮。

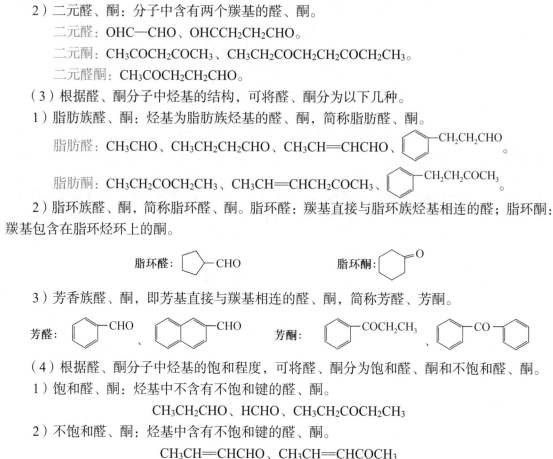

脂肪醛：CH_3CHO、$CH_3CH_2CH_2CHO$、$CH_3CH{=}CHCHO$、

脂肪酮：$CH_3CH_2COCH_2CH_3$、$CH_3CH{=}CHCH_2COCH_3$、

2）脂环族醛、酮，简称脂环醛、酮。脂环醛：羰基直接与脂环族烃基相连的醛；脂环酮：羰基包含在脂环烃环上的酮。

脂环醛：   脂环酮：

3）芳香族醛、酮，即芳基直接与羰基相连的醛、酮，简称芳醛、芳酮。

芳醛：   、   芳酮：   、

（4）根据醛、酮分子中烃基的饱和程度，可将醛、酮分为饱和醛、酮和不饱和醛、酮。

1）饱和醛、酮：烃基中不含有不饱和键的醛、酮。

$$CH_3CH_2CHO、HCHO、CH_3CH_2COCH_2CH_3$$

2）不饱和醛、酮：烃基中含有不饱和键的醛、酮。

$$CH_3CH{=}CHCHO、CH_3CH{=}CHCOCH_3$$

（二）命名

1. 习惯命名法

（1）醛：用前缀来区分醛的异构体。

$CH_3(CH_2)_nCH_2{-}$ 正   如 $CH_3CH_2CH_2CHO$ 正丁醛

$(CH_3)_2CH{-}$ 异   如 $(CH_3)_2CHCHO$ 异丁醛

$(CH_3)_3C{-}$ 新   如 $(CH_3)_3CCH_2CHO$ 新己醛

三个碳及三个碳以下的醛无异构体，不必加前缀"正"。

（2）酮：可根据羰基所连的两个烃基来命名，母体为甲酮。命名时将烃基按英文名称首字母顺序排列放在前面。

CH_3COCH_3	$CH_3CH_2COCH_3$	$CH_3CH{=}CHCOCH_3$	$C_6H_5COCH_3$
二甲基甲酮	乙基甲基甲酮	甲基丙烯基甲酮	甲基苯基甲酮
二甲基酮	乙基甲基酮	甲基丙烯基酮	甲基苯基酮
二甲酮	乙甲酮		甲苯酮

2. 系统命名法

（1）选主链：选择包含羰基的最长碳链作主链，根据主链上碳原子的数目，母体化合物称为某醛或某酮。

（2）编号：编号从靠近羰基一端开始，使羰基有最小位次，在此前提下，使不饱和键和取代基有较小位次。对于醛，醛基总是在第一位。

（3）命名：将取代基位次、数目和名称写在母体之前，并把羰基的位次写在酮的前面；有立体异构体的需将其构型写在名称之前。

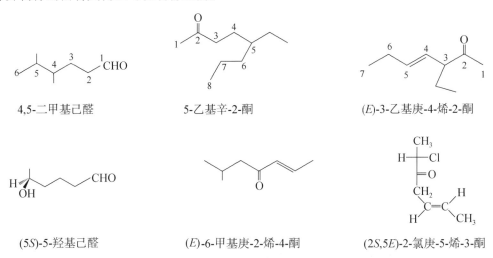

4,5-二甲基己醛   5-乙基辛-2-酮   (E)-3-乙基庚-4-烯-2-酮

(5S)-5-羟基己醛   (E)-6-甲基庚-2-烯-4-酮   (2S,5E)-2-氯庚-5-烯-3-酮

醛、酮分子中取代基的位置还可以用希腊字母来表示。直接与羰基相连的碳原子表示为 α，紧接着的依次表示为 β、γ、δ、ε 等。酮分子中有两个 α 碳原子，为了以示区别，分别用 α 和 α' 表示；同理，有 β 和 β'，γ 和 γ' 等。

$$\begin{array}{ccccc}\varepsilon & \delta & \gamma & \beta & \alpha \\ 6 & 5 & 4 & 3 & 2 & 1 \\ \mathrm{CH_3-CH_2-CH-CH_2-CH_2-CHO} \\ & & | \\ & & \mathrm{CH_3} \end{array}$$

γ-甲基己醛
4-甲基己醛

α,α'-二甲基戊-3-酮
2,4-二甲基戊-3-酮

（4）醛、酮分子的主链上连接的脂环、芳环、杂环一般看作取代基。

（5）单环内酮的命名与链酮相似，但要在名称前加"环"字，分子中碳环的编号总是从羰基开始，并首先使环上的羰基编号较小，然后使不饱和键编号较小，最后使取代基编号较小。多环内酮的母体是酮，命名应首先满足环（螺环、稠环、桥环等）的编号原则，然后依次使羰基、不饱和键、取代基有较小编号。

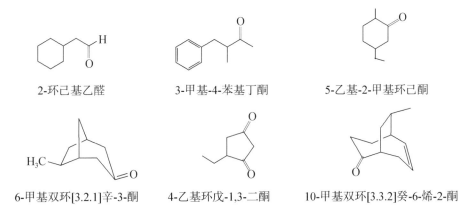

2-环己基乙醛   3-甲基-4-苯基丁酮   5-乙基-2-甲基环己酮

6-甲基双环[3.2.1]辛-3-酮   4-乙基环戊-1,3-二酮   10-甲基双环[3.3.2]癸-6-烯-2-酮

若分子中有多个羰基，则应选取含羰基最多的、最长碳链作主链，不能包括在主链上的羰基就看作取代基，命名为某酰基。

戊烷-1,3,5-三甲醛   3-乙酰基壬-2,8-二酮   4-甲基-5-氧亚基己醛

（三）异构

醛分子的异构只有碳链异构；酮分子除了碳链异构外，还有羰基的位置异构。碳原子数相同的饱和一元醛、酮互为官能团异构体。

（四）结构

羰基是醛、酮的官能团，由碳和氧以双键结合而成，羰基中碳原子采取 sp^2 杂化形式，以其中的三个 sp^2 杂化轨道分别形成三个σ键；碳原子以一个 p 轨道与氧原子的一个 p 轨道形成π键，π键与三个σ键所形成的平面垂直，因此，羰基的碳氧双键是由一个σ键和一个π键形成的。

这样的成键方式与烯烃中的碳碳双键相似，但是又与碳碳双键有较大的差别，碳碳双键的电子分布比较均匀。而羰基中，氧原子电负性比碳大，成键电子偏向氧原子，所以羰基是一个极性基团，具有偶极矩，方向指向氧原子。

羰基主要有以下几方面特点。

（1）电子云分布   由于氧原子的电负性较大，引起羰基的 π 电子分布不均匀，电子严重偏向氧原子一边，使氧原子带部分负电荷，碳原子带部分正电荷，见图 11-1。带部分正电荷的羰基碳原子易受带负电荷或未共用电子对的亲核试剂的进攻，因此，亲核加成反应是醛、酮最重要的化学性质之一。

图 11-1   羰基 π 电子云分布示意图

同时，羰基是一个极性基团，醛、酮是极性分子，有一定的偶极矩，如甲醛的偶极矩为 2.27D，丙酮为 2.85D。

（2）羰基对相邻原子的影响   羰基碳原子带有较多的正电荷，受此影响，羰基的 α-碳原子的碳氢键发生极化，使 α-H 呈现较强的酸性；而且羰基碳原子带正电荷，可以容纳较多的负电荷，因而失去 α-H 所形成的 α-碳负离子较稳定，所以 α-H 有较强的活泼性。

（3）键角   碳氧双键键长较短，氧原子半径较大，由于空间位阻效应，羰基碳原子的σ-键的键角与正常键角（120°）偏差较大，见图 11-2。

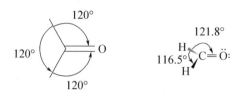

图 11-2   甲醛分子中的羰基

二、物理性质

常温下除甲醛是气体外，十二个碳原子以下的脂肪醛、酮类都是无色液体，高级脂肪醛、酮和芳香酮多为固体。低级醛具有刺激性气味，某些中级醛、酮和芳香醛具有特殊的香味，可用于化妆品和食品工业。例如：

CH₃(CH₂)₇CHO

壬醛（玫瑰油）　　　　　茉莉酮　　　　　胡椒醛

（1）熔、沸点　　由于羰基具有较强的极性，分子之间偶极的静电引力使醛、酮分子之间的范德瓦耳斯作用力较相对分子质量相近的烃和醚大，但醛、酮分子间不能形成氢键，所以醛、酮的熔、沸点一般比相对分子质量相近的烃和醚高但比相对分子质量相近的醇、羧酸低，见表11-1。

表 11-1　相对分子质量相近的烷烃、醚、醛、酮、羧酸的沸点比较

	戊烷	乙醚	丁醛	丁酮	正丁醇	丙酸
相对分子质量	72	72	72	72	74	74
沸点/℃	36	35	76	81	180	141

（2）溶解性　　醛、酮分子中羰基的氧原子能与水分子形成氢键，所以低级醛、酮在水中有较大的溶解度。甲醛、乙醛、丙酮都能与水混溶。其他醛、酮在水中的溶解度随相对分子质量增加而减小。六个碳原子以上的醛、酮几乎不溶于水但易溶于一般的有机溶剂。常见醛、酮的物理性质见表11-2。

表 11-2　常见醛、酮的物理性质

化合物	熔点/℃	沸点/℃	在水中的密度/(g·cm⁻³)	溶解度/[g·(100g)⁻¹]
甲醛	−92	−21	0.815（−20℃）	55
乙醛	−121	20	0.7951（10℃）	溶
丙醛	−81	49	0.7966（25℃）	16
丙烯醛	−87	52	0.8410	溶
丁醛	−99	76	0.8170	7
异丁醛	−66	64	0.7938	溶
苯甲醛	−26	178	1.0415（15℃）	0.3
苯乙醛	33～34	194	1.0272	微溶
丙酮	−94	56	0.7899	溶
丁酮	−86	80	0.8054	26
戊-2-酮	−78	102	0.8089	6.3
戊-3-酮	−41	101	0.8138	5
环己酮	−16	156	0.9478	微溶
苯乙酮	21	202	1.0250	微溶
二苯甲酮	48	306	1.0980	不溶

三、化学性质

羰基是醛、酮的官能团，也是醛酮类化合物的化学反应中心。醛、酮具有相似的化学性质；根据醛、酮的结构，它们可发生如下反应：

$$\text{R—C—C} \overset{\text{H(R'')}}{\underset{\text{H(R')}}{\diagdown}} \text{O}$$

- 酸和亲电试剂进攻多电子的氧 ⎫
- 碱和亲核试剂进攻缺电子的碳 ⎬ 羰基的亲核加成反应 ⎭
- 醛的反应
- α-氢的反应

但是醛的羰基上连有一个烃基和一个氢原子，而酮的羰基上连着两个烃基，以致醛、酮的化学性质也存在明显差异。

（一）羰基的亲核加成反应

醛、酮分子中羰基的 π 键和碳碳双键中的 π 键相似，也易断裂，因此与碳碳双键类似，羰基也可以通过断裂 π 键而发生加成反应；但醛、酮分子中的羰基极性较大，由于氧原子电负性比碳原子大，因此氧原子带部分负电荷，碳原子带部分正电荷，带正电荷的碳原子是反应的活性中心，发生加成反应时，首先试剂中富电子的亲核中心（Nu：）进攻带正电荷的羰基碳，导致 π 键断裂，然后缺电子的亲电中心（常是 H⁺）很快加成到羰基的氧原子上，这就是醛、酮的典型反应——亲核加成反应。

$$\underset{\text{(H)R'}}{\overset{\text{R}}{\diagup}} \text{C=O} \quad \text{NuA} \longrightarrow \left[\underset{\text{(H)R'}}{\overset{\text{R}}{\diagdown}} \underset{\text{Nu}}{\overset{|}{\text{C—O}^-}} \right] \xrightarrow{\text{A}^+} \underset{\text{(H)R'}}{\overset{\text{R}}{\diagdown}} \underset{\text{Nu}}{\overset{|}{\text{C—OA}}}$$

亲核部分

1. 与含碳亲核试剂的加成

（1）与氢氰酸加成　氰基负离子的碳，作为亲核试剂，与醛、酮发生加成反应后生成 α-羟基腈（又称氰醇）：

$$\diagdown\text{C=O} + \text{HCN} \longrightarrow \underset{\text{CN}}{\overset{|}{-\text{C—OH}}} \xrightarrow[\text{H}^+\text{或OH}^-]{\text{H}_2\text{O}} \underset{\text{OH}}{\overset{\text{OH}}{-\text{C—COOH}}}$$

　　　　　　　　　　　　α-羟基腈　　　　　　α-羟基酸

羟基腈易于转化为多种化合物，是重要的有机合成中间体。例如，α-羟基腈可以水解成 α-羟基酸，有 β-H 的 α-羟基酸可进一步发生消去反应，失水变成 α,β-不饱和酸。例如：

$$\text{丙酮} + \text{HCN} \xrightarrow{\text{NaOH}} \underset{\text{OH}}{\overset{\text{CN}}{\diagup}} \xrightarrow[\triangle]{\text{H}_2\text{SO}_4} \underset{\text{OH}}{\overset{\text{COOH}}{\diagup}} \xrightarrow{-\text{H}_2\text{O}} \overset{\text{COOH}}{\diagup}$$

有机玻璃的制备就是利用了丙酮与氢氰酸的加成反应：

$$\underset{\text{H}_3\text{C}}{\overset{\text{H}_3\text{C}}{\diagdown}}\text{C=O} + \text{HCN} \xrightarrow{\text{NaOH}} \underset{\text{H}_3\text{C}}{\overset{\text{H}_3\text{C}}{\diagdown}}\underset{\text{CN}}{\overset{\text{OH}}{\diagup}} \xrightarrow[\text{H}_2\text{SO}_4]{\text{CH}_3\text{OH}} \overset{\text{COOCH}_3}{\diagup} \longrightarrow \left[\text{CH}_2\text{—C} \right]_n \overset{\text{COOCH}_3}{\underset{\text{CH}_3}{|}}$$

丙酮氰醇(78%)　　　　甲基丙烯酸甲酯　　　有机玻璃
　　　　　　　　　　　　(90%)

对醛、酮与氢氰酸加成的反应机制进行研究发现，当加入适量的氢氧化钠，反应速率会大大加快；如果加酸，反应速率减慢。氢氧化钠在这个反应中起的作用显然是增加了亲核试剂 CN⁻ 的浓度，从而加快了反应速率：

$$HCN + OH^- \rightleftharpoons H_2O + CN^-$$

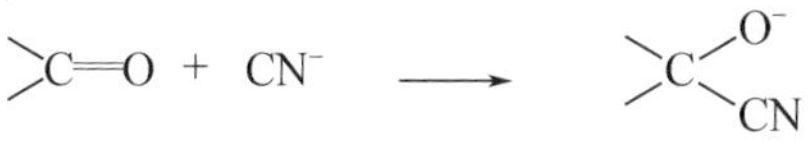

$$\text{\\large >C=O} + CN^- \longrightarrow \text{\\large >C}\begin{smallmatrix}O^-\\CN\end{smallmatrix}$$

氢氰酸极易挥发（沸点 26.5℃）且有剧毒，所以一般不直接用氢氰酸进行反应，所以操作要特别小心，需要在通风橱内进行。一般常将醛、酮与氰化钾或氰化钠的水溶液混合，然后缓缓加入硫酸使产生的 HCN 立即与醛、酮反应生成羟基腈。

（2）与炔化物的加成　金属炔化物（R—C≡C⁻—M⁺）是一种很强的碳亲核试剂，能和羰基发生加成作用。常用的炔化物有炔化锂、炔化钾、炔化钠等。例如：

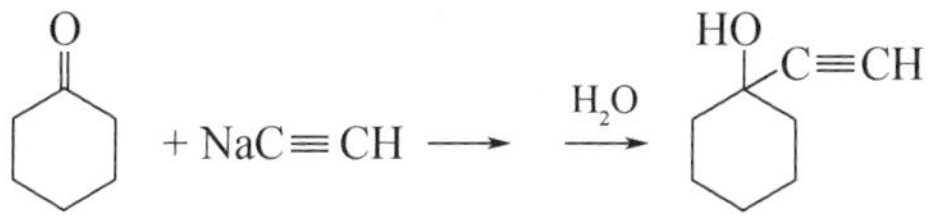

又如，异戊二烯的合成：

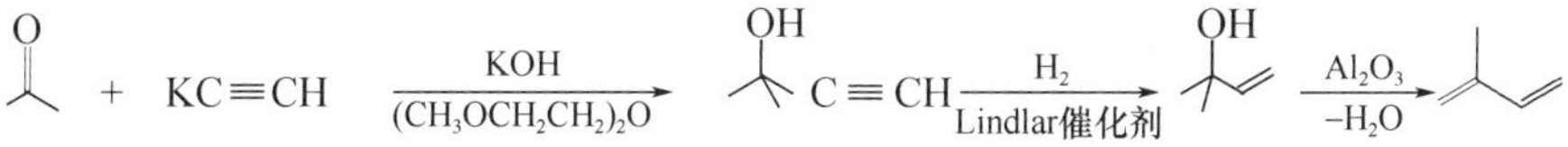

（3）与格氏试剂加成　格氏试剂 RMgX 中的 R⁻可看作碳负离子（R⁻），它所起的作用与 CN⁻、⁻OH、⁻OR 等相似。由于碳负离子的亲核性很强，格氏试剂可以和大多数醛、酮发生加成反应；其加成产物在酸性水溶液中水解即得到醇：

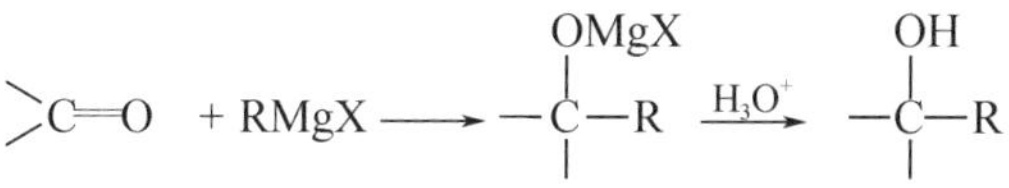

格氏试剂与甲醛作用生成伯醇，与其他醛作用生成仲醇，而与酮作用则生成叔醇。

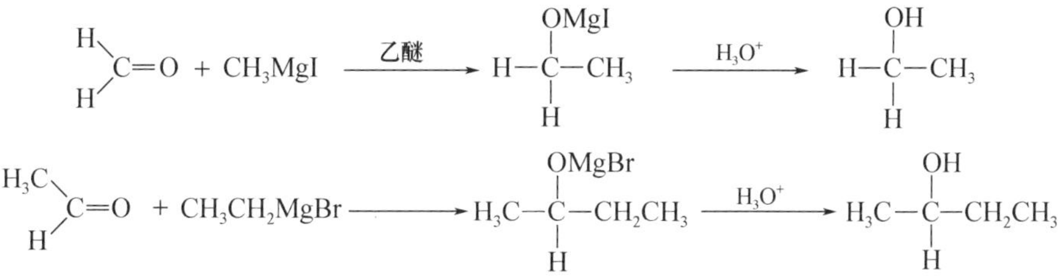

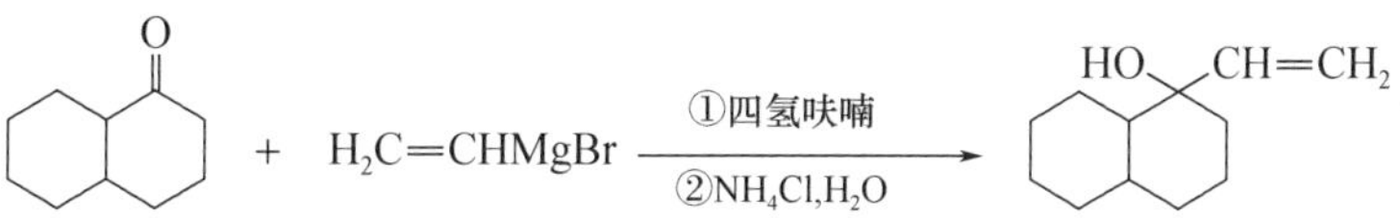

格氏试剂是活性很高的试剂，所以格氏试剂与羰基加成这一步，必须在绝对无水的条件下进行。一般用经过干燥处理的乙醚作溶剂，极其微量的水存在都会导致反应的失败。

当酮分子中的两个烃基和格氏试剂中的烃基体积都很大时，格氏试剂对羰基的加成因空间位阻增加而大大减慢，副反应会增多。例如，二异丙基酮与异丙基溴化镁加成时有两种副反应产生，一种是二异丙基酮烯醇化得烯醇的镁化物：

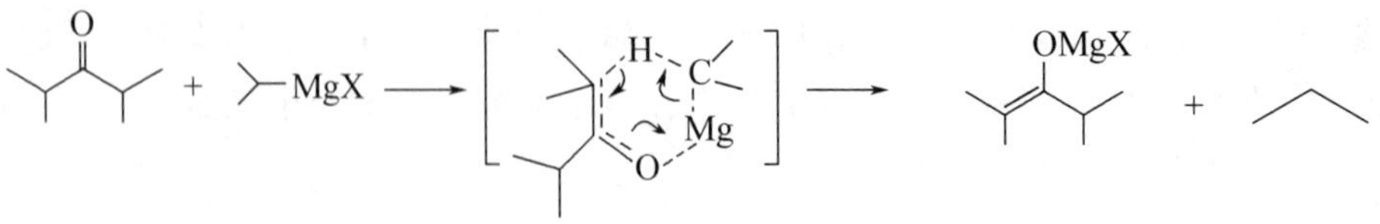

另一种副反应是羰基被还原成仲醇，格氏试剂中的烃基失去氢变成烯烃：

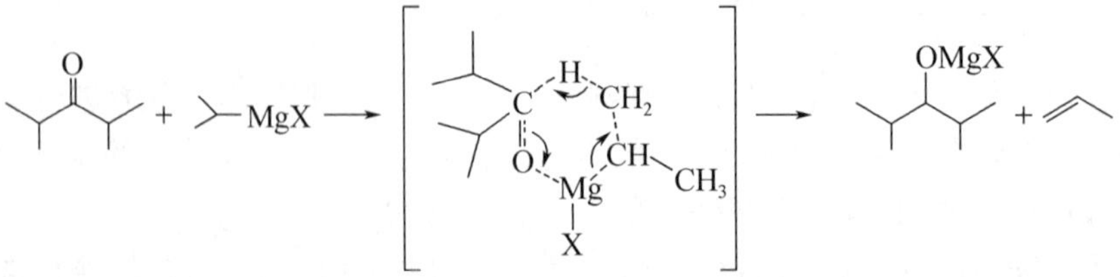

2. 与氨及其衍生物加成 氨及其某些衍生物的分子中的氮原子上都带有未共用电子对，因此都是含氮的亲核试剂，能与醛、酮发生亲核加成。

反应的第一步是羰基的亲核加成，但加成产物不稳定，立即进行第二步反应，即分子内失去一分子水生成具有 $\rangle C{=}N-$ 结构的产物。

它们与醛、酮的反应可用如下通式表示：

$$\rangle C{=}O \ + \ H_2N-Y \longrightarrow \rangle \underset{OH}{\underset{|}{C}}-\underset{H}{\underset{|}{N}}-Y \xrightleftharpoons{-H_2O} \rangle C{=}N-Y$$

（1）醛、酮与氨或胺的加成 醛、酮与氨或胺反应，很难得到稳定的产物，只有个别的才形成稳定的复杂化合物。

$$\rangle C{=}O + H_2N{-}H \longrightarrow \rangle C{=}N{-}H \quad \text{亚胺（大部分不稳定）}$$

如甲醛与氨作用生成一个特殊的笼状化合物，称为环六甲亚基四胺，商品名称为 Urotropine（乌洛托品），白色结晶，熔点 263℃，易溶于水，有甜味，在医药上作为尿道消毒剂；另外它还是合成树脂和炸药的原料。

$$HCHO + NH_3 \rightleftharpoons \left[H-\underset{H}{\underset{|}{\overset{OH}{\overset{|}{C}}}}-NH_2 \right] \xrightleftharpoons{-H_2O} \left[H_2C{=}NH \right]$$

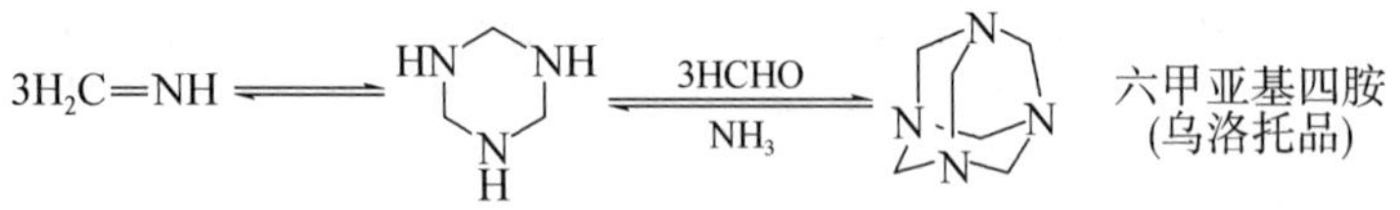

醛、酮与伯胺作用生成席夫（Schiff）碱：

$$\rangle C{=}O + \begin{cases} H_2N-R \longrightarrow \rangle C{=}N-R & \text{席夫碱(不稳定，易分解)} \\ H_2N-Ar \longrightarrow \rangle C{=}N-Ar & \text{席夫碱(稳定，可分离出来)} \end{cases}$$

（2）醛、酮与氨衍生物的加成 氨衍生物可表示为 H_2N-X。醛、酮与常用的氨衍生物的加成反应产物分别如下：

$$H_2N-OH \quad 羟胺 \quad \longrightarrow \quad \diagup\!\!\!\!C=N-OH \quad 肟$$

$$H_2N-NH_2 \quad 肼 \quad \longrightarrow \quad \diagup\!\!\!\!C=N-NH_2 \quad 腙$$

$$H_2N-NH\!\!-\!\!\bigcirc \quad 苯肼 \quad \longrightarrow \quad \diagup\!\!\!\!C=N-\overset{H}{N}\!\!-\!\!\bigcirc \quad 苯腙$$

$$H_2N-NH\!\!-\!\!\bigcirc\!\!-NO_2 \quad \longrightarrow \quad \diagup\!\!\!\!C=N-\overset{H}{N}\!\!-\!\!\bigcirc\!\!-NO_2$$
$$\underset{O_2N}{} \quad 2,4-二硝基苯肼 \qquad \underset{O_2N}{} \quad 2,4-二硝基苯腙$$

$$H_2N-NH-\overset{\overset{O}{\|}}{C}-NH_2 \quad 氨基脲 \quad \longrightarrow \quad \diagup\!\!\!\!C=N-NH-\overset{\overset{O}{\|}}{C}-NH_2 \quad 缩氨脲$$

$\diagup\!\!\!\!C=O +$

反应的结果是，$\diagup\!\!\!\!C=O$ 变成了 $\diagup\!\!\!\!C=N$，分别生成肟、腙、苯腙和缩氨脲等新的化合物。反应中，都是碱性的氮原子进攻羰基中带部分正电荷的碳原子，所以称为亲核加成。而氨衍生物都是和羰基作用，所以又把它们称为羰基试剂。但这些试剂的亲核性不如 CN^-、R^- 强，所以，反应一般需要酸催化以增强羰基的亲电性，有利于亲核试剂的进攻。但 H^+ 也能使羰基试剂（H_2N-Y）质子化形成取代铵离子，从而失去亲核能力。

$$\diagup\!\!\!\!C=O + H^+ \rightleftharpoons \diagup\!\!\!\!C=\overset{+}{O}H \quad 增强了羰基的亲电性，利于亲核反应$$

$$H_2N-X + H^+ \rightleftharpoons H_3\overset{+}{N}-X \quad 使氨质子化，失去亲核能力$$

由此可见，反应介质必须要有足够的酸性使醛、酮的羰基质子化，但酸性又不能太强，以避免亲核试剂因质子化而浓度降得太低。反应的最佳 pH 值，取决于羰基试剂的碱性及醛、酮的结构。酸催化过程如下：

$$\diagup\!\!\!\!C=O + H-A \rightleftharpoons \overset{\delta^+}{\diagup\!\!\!\!C}=\overset{\delta^-}{O}\cdots H-A \overset{H_2\ddot{N}-X}{\rightleftharpoons} \underset{O\cdots H-A}{\overset{\overset{+}{N}H_2X}{C}}$$
$$弱酸催化剂$$

$$\rightleftharpoons \underset{OH\cdots H-A}{\overset{NHX}{C}} \rightleftharpoons \diagup\!\!\!\!C=\overset{+}{N}HX \overset{-H^+}{\longrightarrow} \diagup\!\!\!\!C=NX$$

醛、酮与氨衍生物反应的生成物肟、腙、苯腙及缩氨脲大多数是固体，具有固定的结晶形状和熔点，因此可用于鉴别醛、酮。而肟、腙、苯腙及缩氨脲在稀酸作用下，可水解得到原来的醛、酮，因此又可用于分离纯化醛、酮。

3. 与含氧亲核试剂的加成

（1）与水的加成　水是亲核试剂（水分子中氧上有孤对电子），在酸性条件下，可以和醛、酮发生亲核加成反应，生成醛或酮的水合物，反应是可逆的，平衡大大偏向反应物一边。

$$\diagup\!\!\!\!C=O + H_2O \rightleftharpoons \overset{OH}{\underset{|}{-\!\!-C-OH}}$$
$$偕二醇$$

由于醛、酮水合物中两个羟基连在同一个碳上，很容易失水重新转变成原来的醛、酮，因此醛、酮的水合物不稳定。只有个别醛，如甲醛在水溶液中几乎全部变成水合物，但不可能把它们分离出来，原因是水合物在分离过程中即失水生成原来的醛。

若羰基与强吸电子基相连，则羰基碳的正电性大大增加，与水反应生成水合物的平衡常数也大大增加。例如：

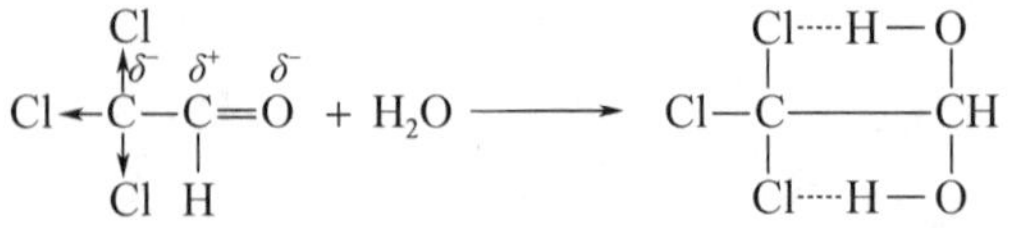

三氯乙醛 + H_2O ⇌ 水合三氯乙醛

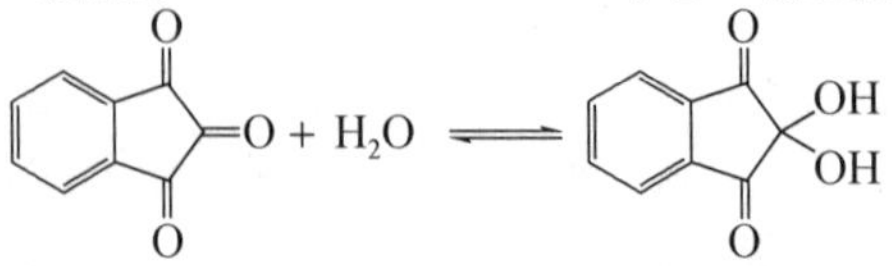

茚三酮 + H_2O ⇌ 水合茚三酮

（2）与醇的加成　醇分子中羟基上的氧原子，有孤对电子，也具有亲核性。在干燥氯化氢存在下，一分子醛与一分子醇发生加成反应生成半缩醛（hemiacetal），该反应是可逆反应，且半缩醛一般不稳定，易分解成醛和醇；半缩醛既是醚又是醇，半缩醛羟基一般比较活泼，在酸性条件下，与过量的醇进一步反应，失去一分子水得到稳定的缩醛（acetal）：

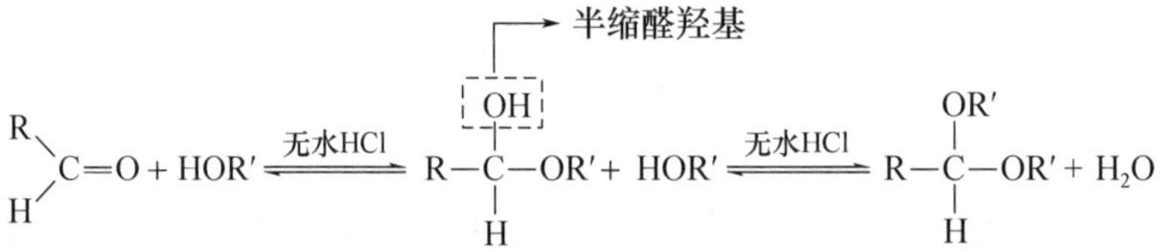

半缩醛羟基

$$R-CHO + HOR' \underset{无水HCl}{\rightleftharpoons} R-C(OH)(OR')H + HOR' \underset{无水HCl}{\rightleftharpoons} R-C(OR')_2H + H_2O$$

半缩醛　　　　　　　　缩醛

缩醛的生成经过许多中间步骤：首先是羰基的质子化，质子化的结果是带正电的羰基氧电负性更大，从而增加了羰基碳原子的正电性，使其更容易受到亲核试剂的进攻；然后是亲核性较弱的醇分子对质子化羰基的加成，再失去一个氢离子，生成不稳定的半缩醛；半缩醛在酸的催化下，失去一分子水，形成一个碳正离子，碳正离子与醇结合脱去氢最后得到稳定的缩醛。

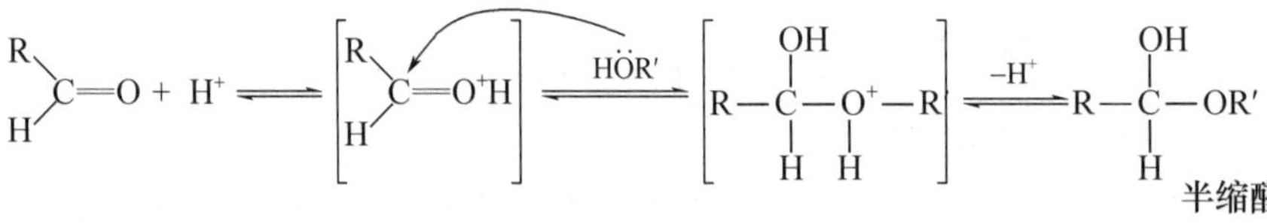

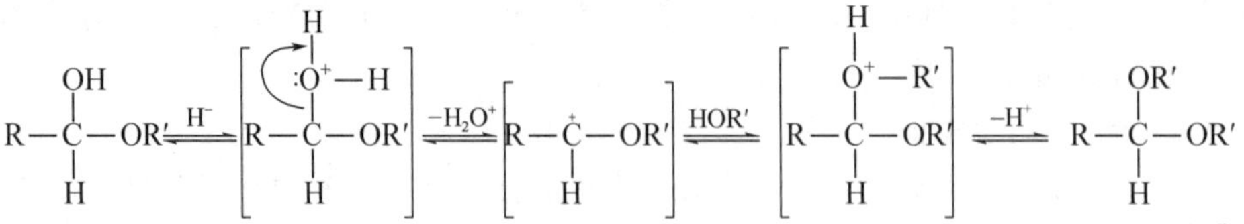

缩醛可以看作同碳二元醇的醚，性质与醚相似，对碱及氧化剂都比较稳定。但它在稀酸中易水解变成原来的醛和醇。因此在有机合成上常先将醛转变成缩醛，再进行分子中其他基团的转化反应，然后水解恢复成原来的醛，以保护活泼的醛基避免在反应中被氧化剂

或碱性试剂破坏。

酮在上述条件下，平衡反应偏向于反应物一边，一般得不到半缩酮（hemiketal）和缩酮（ketal）；但在特殊装置中操作，设法除去反应产生的水，也可制得缩酮。例如，在酸催化下，使酮与乙二醇作用，并设法除去反应生成的水，可得到环状缩酮，这种方法常被用来保护酮分子中的羰基。

$$\begin{array}{c} R \\ C=O \end{array} + \begin{array}{c} H_2C-OH \\ | \\ H_2C-OH \end{array} \xrightleftharpoons{H^+} \begin{array}{c} R \\ C \\ R \end{array}\begin{array}{c} O-CH_2 \\ O-CH_2 \end{array} + H_2O$$

此外，使用特殊的试剂如原甲酸三乙酯和酮在酸的催化作用下进行反应，也可以得到较高产率的缩酮。

$$\begin{array}{c} R \\ C=O \\ R \end{array} + \begin{array}{c} OC_2H_5 \\ | \\ H-O-OC_2H_5 \\ | \\ OC_2H_5 \end{array} \xrightleftharpoons{H^+} \begin{array}{c} R \\ C \\ R \end{array}\begin{array}{c} OC_2H_5 \\ OC_2H_5 \end{array} + HCOOC_2H_5$$

4. 与含硫亲核试剂的加成——与亚硫酸氢钠加成 醛、脂肪族甲基酮及八元以下的环酮可以与饱和亚硫酸氢钠水溶液（约 40%）发生加成反应，生成醛、酮的亚硫酸氢钠加成物：

$$C=O + HO-\overset{O}{\underset{O}{\overset{||}{S}}}-O^-Na^+ \xrightleftharpoons{} \begin{array}{c} O^-Na^+ \\ | \\ SO_3H \end{array} \longrightarrow \begin{array}{c} OH \\ | \\ SO_3Na \end{array}$$

该加成物为无色结晶，不溶于饱和的亚硫酸氢钠水溶液和有机溶剂，因而可加入过量的亚硫酸氢钠和有机溶剂而使产物结晶析出；反应是可逆的，加成物与稀酸或稀碱共热时，又可分解得到原来的醛、酮。因此利用这一反应可鉴别醛、脂肪族甲基酮和八元以下的环酮，也可分离提纯这些化合物。

$$\begin{array}{c} OH \\ | \\ -C-SO_3^-Na^+ \\ | \end{array} \begin{array}{c} \xrightarrow{HCl} \quad C=O + NaCl + SO_2 + H_2O \\ \\ \xrightarrow{NaOH} \quad C=O + Na_2SO_3 + H_2O \end{array}$$

5. 与维蒂希试剂反应 三苯基膦与卤代烷作用，生成季鏻盐：

$$Ph_3P + CH_3X \longrightarrow Ph_3P^+CH_3X^-$$

磷原子 α 位的氢被带正电荷的磷活化，能与强碱（如苯基锂或乙醇钠等）结合，生成维蒂希（Wittig）试剂：

$$Ph_3P^+CH_3X^- + PhLi \longrightarrow Ph_3P^+CH_2^- + PhH + LiX$$

维蒂希试剂又称磷叶立德（phosphorus ylide），其结构式可用下式表示：

$$\left[Ph_3P^+-\overset{H}{\underset{H}{C^-}} \longleftrightarrow Ph_3P=\overset{H}{\underset{H}{C}} \right]$$

维蒂希试剂是良好的亲核试剂，与醛、酮作用，首先发生亲核加成反应，加成产物形成一个四元环中间体，随后在温和的条件下消除氧化三苯基膦（Ph₃PO）生成烯烃，这一反应过程称为维蒂希反应：

$$\begin{array}{c} \diagdown \\ \diagup \end{array} C=O \quad Ph_3P^+{-}\overset{\diagup}{\underset{\diagdown}{C}}{<}\begin{array}{c}R \\ R'\end{array} \longrightarrow \begin{array}{c} \diagup\diagdown C{-}O^- \\ R{-}\overset{|}{\underset{|}{C}}{-}P^+Ph_3 \\ R'\end{array} \longrightarrow \begin{array}{c} \diagup\diagdown C{-}O\colon \\ R{-}\overset{|}{\underset{|}{C}}{-}PPh_3 \\ R'\end{array} \longrightarrow \begin{array}{c} \diagup\diagdown C \\ \parallel \\ R\diagup\diagdown R'\end{array} + \begin{array}{c} O \\ \parallel \\ PPh_3\end{array}$$

例如，用维蒂希试剂与环己酮反应可合成甲亚基环己烷，反应结果是醛、酮分子中羰基上的氧原子被甲亚基取代。

$$\begin{array}{c}O \\ \parallel \\ \end{array} + Ph_3P^+{-}\overset{H}{\underset{H}{C}} \longrightarrow \begin{array}{c}O^-{\cdots}P^+Ph_3 \\ \diagup\diagdown CH_2 \end{array} \longrightarrow \begin{array}{c}CH_2 \\ \parallel \\ \end{array}$$
$$35\%{\sim}40\%$$

维蒂希反应的条件温和，产率较高，双键位置固定，可在某些"困难的"位置引入双键，广泛用于烯烃的合成，尤其是具有一定构型的天然产物的合成。

（二）α-氢的反应

醛、酮羰基的 α-碳原子上的氢原子因受羰基的吸电子效应的影响而具有较大的活泼性，呈现出较强的酸性。例如，丙酮（$pK_a=20$）的酸性大于乙烷（$pK_a=42$）。原因是，醛、酮失去 α-氢形成碳负离子，碳负离子上的未共用电子对与羰基上的 π 键形成 p-π 共轭，负电荷不完全在 α-碳原子上，可以分散在碳氧原子之间，也就是说电子发生了离域作用，致使这个碳负离子要比一般的碳负离子（如 $CH_3CH_2^-$）稳定，所以 α-H 的解离平衡比烷烃上氢的解离平衡更有利，即醛、酮的 α-H 有较大的活泼性（表 11-3）。

表 11-3 一些官能团的 α-H 的 pK_a 值

化合物	—NO$_2$	—CHO，—COR，—COX	—CN	$\overset{\displaystyle O}{\underset{\displaystyle \parallel}{-S-}}$
α-H 的 pK_a 值	10	20~30	25	33

醛酮的 α-H 离去之后形成 α-碳负离子，其电子分配情况可用两个共振结构式表示：

$$-\overset{H}{\underset{H(R)}{C}}-C=O \xrightarrow{-H^+} \left[-\overset{-}{\underset{H(R)}{C}}-C=O \longleftrightarrow -\overset{}{\underset{H(R)}{C}}=C-\overset{-}{O} \right] \equiv -\overset{\delta-}{\underset{H(R)}{C}}{\cdots}C{\cdots}\overset{\delta-}{O}$$
$$（Ⅰ）\qquad\qquad （Ⅱ）$$

碳负离子(Ⅰ)和烯醇负离子(Ⅱ)是两个极限式，不能独立存在，碳负离子的真实结构介于这两个极限式之间。

由于碳和氧上都带有部分负电荷，所以接受质子时就有两种可能：若碳上接受质子，就形成醛、酮；若氧上接受质子，就形成烯醇。这种转变是可逆的，表示如下：

$$-\overset{H}{\underset{H(R)}{C}}-C=O \underset{H^+}{\overset{-H^+}{\rightleftharpoons}} -\overset{\delta-}{\underset{H(R)}{C}}{\cdots}C{\cdots}\overset{\delta-}{O} \underset{-H^+}{\overset{H^+}{\rightleftharpoons}} -\overset{}{\underset{H(R)}{C}}=C-OH$$
$$\text{醛、酮}\qquad\qquad\qquad\qquad\qquad \text{烯醇}$$

在稀酸或稀碱溶液中，有 α-H 的醛、酮可以与相应的烯醇相互转化而处于一平衡体系中（表 11-4）。

表 11-4 一些醛酮转化为烯醇式的化学平衡常数

化合物	$\overset{O}{\underset{\parallel}{CH_3CCH_3}}$	CH_3CHO	$\overset{O}{\underset{\parallel}{Ph-C-CH_3}}$	$\overset{O\ \ O}{\underset{\parallel\ \parallel}{CH_3CCH_2CCH_3}}$	$\overset{O\ \ O}{\underset{\parallel\ \parallel}{CH_3CCH_2C-OR}}$
K=烯醇式/酮（醛）	$\leq 10^{-6}$	$< 10^{-7}$	4×10^{-4}	3.2	74

α-H 的活性主要体现在两类反应：其一，碳负离子受亲电试剂如卤素的进攻，即 α-H 被卤素取代，即发生卤代反应；其二，碳负离子也是一个亲核试剂，可以与另一分子的羰基化合物发生亲核加成反应，生成羟醛或羟酮，称为羟醛或羟酮缩合。

1. 卤代及卤仿反应 醛、酮羰基的 α-H 在酸或碱催化下容易被卤素取代，生成 α-卤代醛、酮。

$$-\overset{O}{\underset{\parallel}{C}}-\overset{|}{\underset{}{CH}}- + X_2 \xrightarrow{\text{酸或碱}} -\overset{O}{\underset{\parallel}{C}}-CX- + HX$$

酸催化反应机制如下：

酸催化的反应特点如下。

（1）决定反应速率的步骤是生成烯醇这一步。

（2）只需要有一点酸就可以继续进行，因为反应过程中产生酸。

（3）酸催化时一取代速率比二取代快，二取代比三取代快，所以反应可以控制在一元卤代阶段。

酸催化可以控制在一元卤代阶段，基于以下两方面原因：其一，卤素原子电负性较大，一元卤代物中卤原子的吸电子效应，导致羰基氧原子上电子云密度降低，使进一步质子化变困难；其二，一元卤代物的烯醇式也因卤素原子的存在使双键上的电子云密度降低，从而继续与卤素反应的速率减小。所以酸催化时一取代速率比二取代快，二取代比三取代快，可通过控制反应条件（如酸和卤素的用量、反应温度等），使生成的产物主要是一卤代物、二卤代物或三卤代物。

（4）酸催化时，不同 α-位置上，卤代反应的优先次序是

$$-\overset{O}{\underset{\parallel}{C}}-\overset{/}{CH} \quad > \quad -\overset{O}{\underset{\parallel}{C}}-CH_2 \quad > \quad -\overset{O}{\underset{\parallel}{C}}-CH_3$$

因为酸催化时属于热力学控制反应，优先生成更稳定的烯醇式；而 α-碳上取代基越多，形成的烯醇式结构中，超共轭效应更大，烯醇式更稳定，因此这个碳上的氢就越容易离开而进

行卤代反应。

$$\text{（图：丙酮 + Br}_2 \xrightarrow[\triangle]{\text{HOAc,H}_2\text{O}} \text{溴代丙酮 + HBr）}$$

碱催化的反应历程为

$$-\overset{\displaystyle O}{\overset{\|}{C}}-CH- \xrightarrow{OH^-} \left[-\overset{\displaystyle O}{\overset{\|}{C}}-\overset{-}{C}- \longleftrightarrow -\overset{\displaystyle O^-}{\overset{|}{C}}=C- \right] \xrightarrow{X-X} -\overset{\displaystyle O}{\overset{\|}{C}}-\overset{X}{\overset{|}{C}}-$$

首先是 OH^- 夺取质子，形成烯醇式负离子，然后再与卤素发生反应，生成 α-卤代物。

碱催化的反应特点如下。

（1）决定反应速率的步骤是生成烯醇这一步。

（2）碱必须过量（超过 1mol），因为除了碱作催化剂外，还需要不断中和反应中产生的酸。

（3）碱催化时，一取代速率比二取代慢，二取代比三取代慢，所以无法控制在一取代或二取代，因此发生多取代。其原因是：当引入一个卤素原子后，由于卤素的吸电子效应，α-氢原子更加活泼，即酸性更强，更容易被 OH^- 夺取，形成新的碳负离子更加容易，且形成的碳负离子更加稳定，所以碱催化难以停留在生成一卤代物或二卤代物阶段。

（4）碱催化时，不同 α-位置上，卤代反应的优先次序是

$$-\overset{\displaystyle O}{\overset{\|}{C}}-CH_3 \quad > \quad -\overset{\displaystyle O}{\overset{\|}{C}}-CH_2 \quad > \quad -\overset{\displaystyle O}{\overset{\|}{C}}-CH$$

因为碱催化时属于动力学控制反应，α-氢原子的酸性越大，越容易被取代，反应越快；而氢原子酸性为：$-CH_3 > -CH_2 > -CH$。

凡具有 $\underset{H_3C \quad H(R)}{\overset{\displaystyle O}{\overset{\|}{C}}}$ 结构的醛、酮（乙醛和甲基酮类）与次卤酸或卤素碱溶液作用时，甲基上的三个 α-H 都被卤原子取代，生成三卤代物；而这种三卤代物，由于卤素的强吸电子效应，碳的正电性大大加强，在碱的作用下，发生碳碳键的断裂，分裂生成三卤甲烷（俗称卤仿）和羧酸盐。通常把这种反应称为卤仿反应（haloform reaction）。

$$\underset{}{\overset{\displaystyle O}{\overset{\|}{R\,CH_2C\,H_3}}} + NaOH + X_2 \longrightarrow RCOONa + CHX_3$$

反应首先是甲基酮在碱性条件下发生 α-卤代反应，重复三次，得三卤甲基酮，再被碱进攻，发生加成-消除反应，生成羧酸和三卤甲基负离子，最终生成卤仿。反应机制如下：

$$R-\overset{\displaystyle O}{\overset{\|}{C}}-CH_3 \xrightarrow{\overset{OH^-}{X_2}} R-\overset{\displaystyle O}{\overset{\|}{C}}-CX_3 \xrightarrow[\text{加成}]{OH^-} R-\overset{\displaystyle O^-}{\overset{|}{\underset{OH}{C}}}-CX_3$$

$$\alpha\text{-卤代反应}$$

$$\xrightarrow{\text{消除}} RCOOH + {}^-CX_3 \xrightarrow{\text{酸碱反应}} RCOO^- + CHX_3$$

由于次卤酸钠是一个氧化剂，它可以使具有 $\underset{H_3C \quad \overset{|}{H} \quad H(R)}{\overset{\displaystyle OH}{\overset{|}{C}}}$ 结构的醇氧化为具有 $\underset{H_3C \quad H(R)}{\overset{\displaystyle O}{\overset{\|}{C}}}$

结构的醛或酮。因此具有

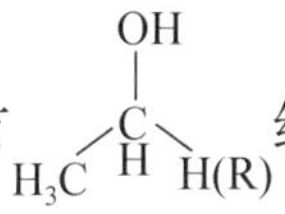

$$H_3C-\overset{\overset{\displaystyle OH}{|}}{\underset{\underset{\displaystyle H(R)}{|}}{C}}$$

结构的醇也都能发生卤仿反应。

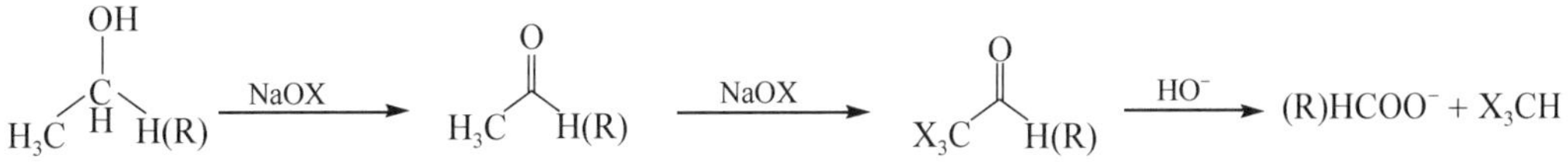

$$H_3C-\overset{\overset{\displaystyle OH}{|}}{\underset{\underset{\displaystyle H(R)}{|}}{C}} \xrightarrow{\text{NaOX}} H_3C-\overset{\overset{\displaystyle O}{\|}}{C}-H(R) \xrightarrow{\text{NaOX}} X_3C-\overset{\overset{\displaystyle O}{\|}}{C}-H(R) \xrightarrow{\text{HO}^-} (R)HCOO^- + X_3CH$$

如果用次碘酸钠（碘加氢氧化钠）作试剂，生成难溶于水且具有特殊臭味的黄色结晶碘仿（ CHI_3 ），即为碘仿反应。

碘仿反应常用来鉴别具有

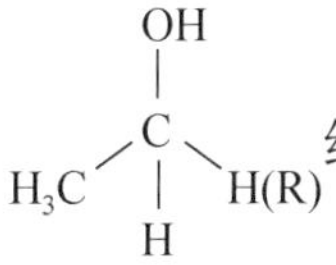

$$H_3C-\overset{\overset{\displaystyle OH}{|}}{\underset{\underset{\displaystyle H}{|}}{C}}-H(R)$$

结构的醇和具有

$$H_3C-\overset{\overset{\displaystyle O}{\|}}{C}-H(R)$$

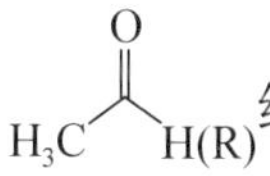

结构的醛、酮。《中国药典》利用此反应来鉴别甲醇和乙醇。

$$CH_3CH_2OH + I_2 + NaOH \longrightarrow HCOOH + KI + CHI_3\downarrow$$

2. 羟醛缩合 含 α-氢的醛、酮，在稀碱或稀酸的作用下，可以发生自身的加成反应，生成 β-羟基醛（酮），这个反应就称为羟醛缩合或醇醛缩合（aldol condensation）。

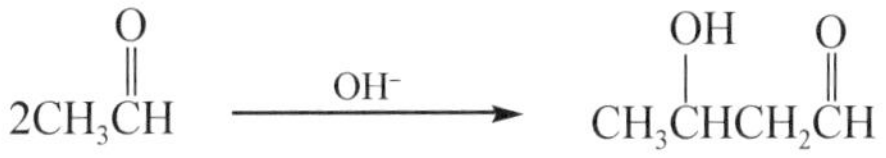

$$2CH_3\overset{\overset{\displaystyle O}{\|}}{C}H \xrightarrow{OH^-} CH_3\overset{\overset{\displaystyle OH}{|}}{C}HCH_2\overset{\overset{\displaystyle O}{\|}}{C}H$$

稀碱催化的反应历程为：一分子醛（酮）在碱作用下失去 α-H 形成一个碳负离子，碳负离子作为亲核试剂再对另一分子醛（酮）的羰基碳原子进行亲核加成生成烷氧负离子，烷氧负离子从水中夺取一个氢得到 β-羟基醛（酮）。

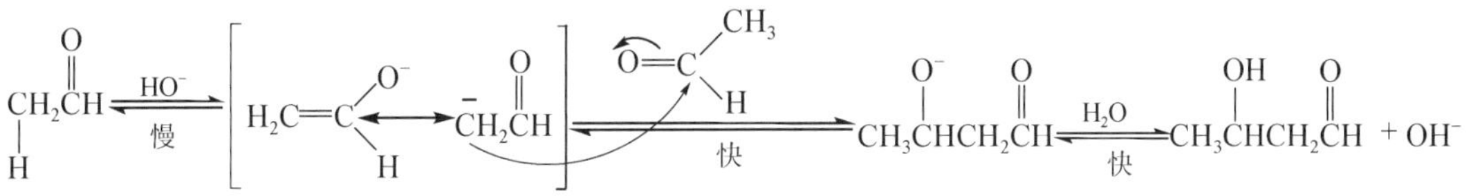

稀酸也能催化这个反应，但反应历程不同：

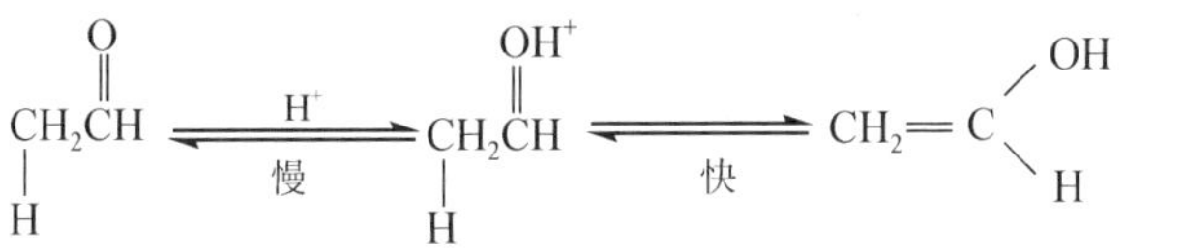

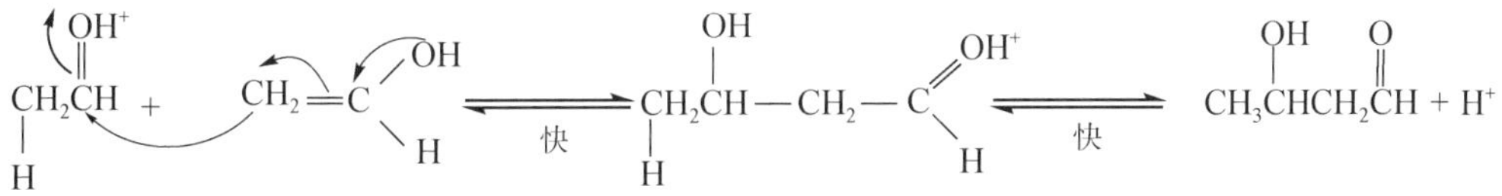

生成物分子中凡 α-碳上有氢原子的，由于这个 α-H 被羰基和 β 碳上的羟基活化，受热很容易脱水得到 α、β 不饱和醛、酮。

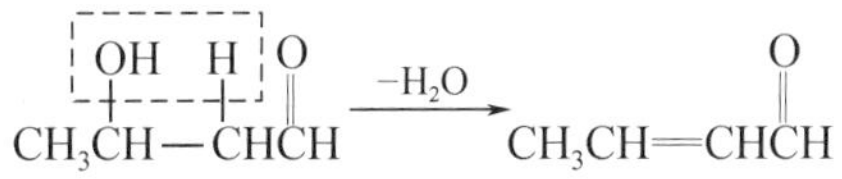

$$CH_3CH-CHCH \xrightarrow{-H_2O} CH_3CH=CHCH$$

羟醛缩合反应在有机合成上有重要用途，它可以用来制备增长碳链的多种化合物。

由于电子效应和空间效应的影响，具有 α-H 的酮在稀碱作用下的缩合反应比较困难。例如，丙酮在稀碱作用下平衡混合物中只有 5% 的缩合产物，为了得到更多的二丙酮醇，必须将产物立即脱离碱催化剂以破坏平衡，使反应向右进行。二丙酮醇在碘的催化作用下，受热失水可生成 α，β 不饱和酮。

$$\underset{H_3C}{\overset{H_3C}{>}}C=O + H-CH_2CCH_3 \xrightarrow{OH^-} \underset{H_3C}{\overset{OH}{\underset{CH_3}{C-CH_2CCH_3}}} \overset{O}{\overset{\|}{}} \xrightarrow{I_2} H_2C=\underset{CH_3}{\overset{}{C}}-\overset{O}{\overset{\|}{CHCCH_3}}$$

在不同的醛、酮分子间发生的缩合反应称为交叉羟醛缩合。如果两个都含有 α-H 的不同醛、酮进行缩合反应，最少得到四种产物的混合物，不具有合成的价值。一些不含 α-H 的醛、酮（但它们有羰基），如 HCHO、R_3CCHO、ArCHO、R_3CCOCR$_3$、ArCOAr 等，可以和含 α-H 的醛、酮反应生成 β 羟基醛（酮）。反应时始终保持不含 α-H 的醛、酮过量，就能得到单一的产物。

$$HCHO + (CH_3)_2CHCHO \xrightarrow{Na_2CO_3} HOCH_2\underset{CH_3}{\overset{CH_3}{\overset{|}{C}}}CHO$$

芳香醛与含有 α-H 的醛、酮在稀碱作用下发生羟醛缩合反应，产物脱水得到产率很高的 α，β 不饱和醛、酮，这一类型的反应称为克莱森-施密特（Claisen-Schmidt）缩合反应。

$$C_6H_5CHO + CH_3CHO \xrightarrow{NaOH} C_6H_5\overset{OH}{\overset{|}{CH}}CH_2CHO \xrightarrow{-H_2O} C_6H_5CH=CHCHO$$

（三）氧化还原反应

1. 氧化反应 醛和酮都可以被氧化。醛的羰基碳原子上连有氢原子，而酮没有，所以醛更容易被氧化，甚至空气中的氧也可以使醛氧化成含有同数目碳原子的羧酸。例如，工业上制备乙酸常用乙醛在锰盐催化下通过空气氧化而制得的。

$$CH_3CHO + O_2 \xrightarrow[60\sim70℃]{Mn(CH_3COO)_2} CH_3COOH$$

酮的氧化比较困难，反应需要在强烈条件下进行，而且常断键，当结构允许时可在羰基的两侧断键，生成几种相对分子质量较小的羧酸的混合物：

$$\underset{①②}{\overset{O}{\overset{\|}{}}} + HNO_3 \longrightarrow \begin{cases} ① \quad CH_3CH_2COOH + HCOOH \xrightarrow{[O]} CO_2 + H_2O \\ ② \quad 2CH_3COOH \end{cases}$$

但环己酮在强氧化剂作用下只得一种产物己二酸，这是工业生产上常采用的方法。

$$\langle\;\rangle=O \xrightarrow[\triangle]{HNO_3} HOOC(CH_2)_4COOH$$

在醛、酮的氧化反应中，更值得重视的是一些弱氧化剂的氧化反应。常用的弱氧化剂有托伦（Tollen）试剂、费林（Fehling）试剂及本尼迪克特（Benedict）试剂。它们可以氧化醛，但不能氧化酮，这是区别醛和酮常用的方法之一。

（1）**托伦试剂** 是氢氧化银与氨溶液反应制得的银氨络合离子 $[Ag(NH_3)_2]^+$，醛被氧化时，Ag^+ 被还原为金属银，并以银镜的形式沉淀出来，这个反应常称为银镜反应。

$$RCHO + 2[Ag(NH_3)_2]^+OH^- \xrightarrow{\triangle} RCOONH_4 + 2Ag\downarrow + 3NH_3 + H_2O$$

（2）费林试剂　费林试剂是由甲液和乙液两种溶液组成，甲液为酒石酸钾钠与 NaOH 配制而成的溶液；乙液为硫酸铜溶液；临用时将甲、乙液混合使用，它在加热条件下与醛基反应。

脂肪醛被费林试剂氧化时，Cu^{2+}被还原为砖红色的 Cu_2O 沉淀，芳香醛不被费林试剂氧化，以此可以鉴别脂肪醛和芳香醛。甲醛被氧化时，Cu^{2+}可被还原为 Cu，甚至铜镜，所以这一反应也用于区别甲醛和其他脂肪醛。

$$RCHO + Cu^{2+} + NaOH + H_2O \longrightarrow RCOONa + H^+ + Cu_2O \downarrow$$

（3）本尼迪克特试剂　本尼迪克特试剂是费林溶液的改良试剂，它与醛或醛（酮）糖反应也生成 Cu_2O 砖红色沉淀。它是由硫酸铜、枸橼酸钠和无水碳酸钠配制成的蓝色溶液，可以存放备用，避免费林溶液必须现配现用的缺点。

本尼迪克特试剂和费林试剂，都是二价铜与醛基在沸水浴加热条件下反应而生成砖红色沉淀，两者反应现象一样。

2. 还原反应　醛、酮可以被还原，在不同条件下，用不同的试剂可得到不同的产物。

（1）催化加氢　在金属催化剂（Ni、Cu、Pt、Pd 等）的作用下加氢，醛可被还原为一级醇，酮可被还原为二级醇。

醛、酮的催化加氢产率较高，但是其缺点是催化剂较贵，并且还能将分子中的其他不饱和键同时还原。因此常采用其他方法将醛、酮还原为醇。

（2）用金属氢化物还原　还原性强、选择性好的金属氢化物还原剂有 $NaBH_4$、$LiAlH_4$ 等。它们只还原羰基而不影响孤立的 $\diagup C = C \diagup$、$—C \equiv C—$ 及其他可被催化加氢的基团，因此在还原不饱和醛、酮成为不饱和醇时是很有用的。

在一定的条件下，$NaBH_4$ 也可将 α,β-不饱和醛、酮中的碳碳双键和羰基同时还原。因此在用 $NaBH_4$ 还原 α,β-不饱和醛、酮时要指出反应的条件。

$$C_6H_5CH = CHCHO \xrightarrow[\textcircled{2}H_3O^+]{\overset{NaBH_4}{\textcircled{1}CH_3OH,H_2O,OH^-}} C_6H_5CH = CHCH_2OH$$

$NaBH_4$ 的还原反应可以在水或醇溶液中进行，至今尚未弄清楚其机制。

$LiAlH_4$ 也可用来还原醛或酮，其还原性较 $NaBH_4$ 强，并能与水猛烈反应，因此反应需要用干燥乙醚作溶剂，反应完毕后，再小心地加入水以分解产物，便得到醇，产率也较高。

$LiAlH_4$ 还可还原—COOH、RCO—以及除碳碳重键以外的一些不饱和基团（如—NO_2、—$C \equiv N$）。

（3）米尔文-庞道夫（Meerwein-Ponndorf）反应　将羰基化合物和异丙醇铝或叔丁醇铝，在苯或甲苯中加热，羰基化合物则被还原成醇。

$$3 \begin{matrix} R \\ (H)R' \end{matrix} C=O + Al[OCH(CH_3)_2]_3 \rightleftharpoons \left[\begin{matrix} R & H \\ (H)R' \end{matrix} \begin{matrix} H \\ C-O- \end{matrix} \right]_3 Al + 3 \begin{matrix} H_3C \\ H_3C \end{matrix} C=O$$

$$\downarrow H_3O^+$$

$$\begin{matrix} R & H \\ (H)R' \end{matrix} C-OH$$

这个反应的特点是使羰基还原成醇羟基的选择性也很强，而其他不饱和基团不受影响。

$$\text{（图：丁烯醛 } \xrightarrow{Al[OCH(CH_3)_2]_3} \text{ 丁烯醇）}$$

（4）克莱门森（Clemmensen）反应　将醛、酮与锌汞齐和浓盐酸一起回流反应，醛、酮的羰基被还原为甲亚基，这个反应称为克莱门森反应。

$$\begin{matrix} R \\ (H)R' \end{matrix} C=O \xrightarrow[\triangle]{Zn-Hg, HCl} \begin{matrix} R \\ (H)R' \end{matrix} CH_2$$

此法用于还原芳酮效果较好。芳烃的酰基化反应得到烷基芳基酮，然后将羰基还原成甲亚基，通过这样一系列反应能间接地把直链的烷基连到芳环上，这是合成带侧链芳烃纯品的一种方法。

$$\text{（图：苯乙酮 } \xrightarrow[\triangle]{Zn-Hg, HCl} \text{ 乙苯）}$$

此法只适用于对酸稳定的化合物，对酸不稳定而对碱稳定的羰基化合物的还原，可用下面的方法。

（5）沃尔夫（Wolff）-基希纳（Kishner）-黄鸣龙反应　将醛、酮与肼作用生成腙，然后把生成的腙与乙醇钠及无水乙醇在封管或高压釜中加热到 180℃左右，羰基被还原为甲亚基，这个反应称为沃尔夫-基希纳反应。

$$\begin{matrix} R \\ (H)R' \end{matrix} C=O \xrightarrow{NH_2NH_2} \begin{matrix} R \\ (H)R' \end{matrix} C=NNH_2 \xrightarrow[\triangle]{Na+CH_3CH_2OH} \begin{matrix} R \\ (H)R' \end{matrix} CH_2 + N_2$$

此法的条件较苛刻，操作不方便，反应需要 50～100h。我国化学家黄鸣龙对此法作了改进，他将醛（酮）、氢氧化钠（钾）、肼的水溶液和一个高沸点的水溶性溶剂[如一缩二乙二醇（$HOCH_2CH_2OCH_2CH_2OH$，沸点 245℃）]一同加热反应，使醛、酮变成腙，之后将水和过量的肼蒸出，待温度达到腙开始分解的温度（195～200℃）时，再回流 3～4h，使反应完全。这样反应可在常压下进行，操作简便，产率提高，反应时间也缩短至 3～5h。这种改良方法称为黄鸣龙还原法。此方法的应用范围很广泛。近年来改用二甲基亚砜（CH_3SOCH_3）作溶剂，反应温度降低至约 100℃，更适于工业生产。

$$\text{（图：苯丙酮 } \xrightarrow[(HOCH_2CH_2)_2O]{NH_2NH_2, NaOH, \triangle} \text{ 丙苯）}$$

克莱门森还原法和黄鸣龙改良法都是把醛、酮的羰基还原成甲亚基。前者在强酸条件下进行，而后者在强碱条件下进行，这两种方法可以互相补充。

（6）坎尼扎罗（Cannizzaro）反应　在浓碱作用下，不含 α-氢的醛（如 HCHO、R_3CCHO、ArCHO 等）自身发生氧化还原反应，一分子醛被氧化成羧酸盐，另一分子被还原为醇。这种反应称为坎尼扎罗反应，也称为歧化反应。

$$2HCHO \xrightarrow{NaOH} HCOONa + CH_3OH$$

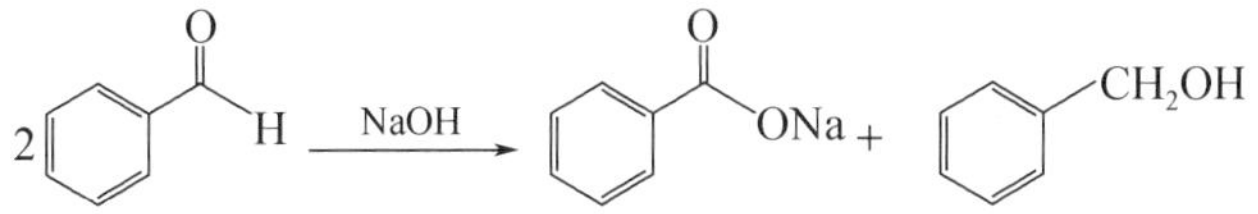

反应可能的历程可能属于负氢离子转移反应：首先由 OH⁻进攻羰基发生亲核加成生成负氧离子中间体；负电荷的存在使碳上的氢易以负氢离子的形式转移到另一分子醛的羰基碳原子上，即浓碱促使一分子醛成为负氢离子给予体对另一分子醛进行加成。

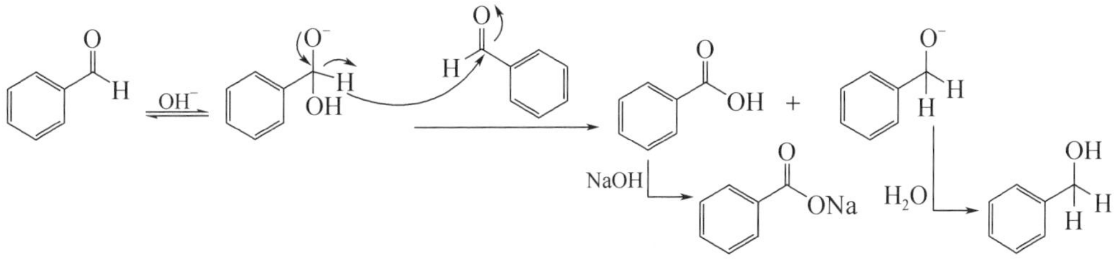

两种不含 α-氢的醛在浓碱条件下也能进行歧化反应，但产物复杂，包括两种羧酸和两种醇，称为交叉歧化反应。但若两种之一为甲醛，甲醛易被氧化，反应结果总是另一种醛被还原成醇而甲醛被氧化成甲酸。例如，芳醛和甲醛在强碱作用下共热，得到芳香醇和甲酸。

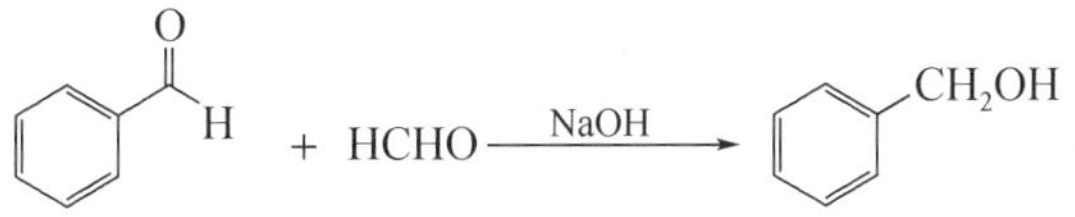

有甲醛参与的交叉歧化反应在有机合成上是很有用的。例如，甲醛与乙醛在氢氧化钙或氢氧化钠的作用下制备季戊四醇，就是利用这种反应：

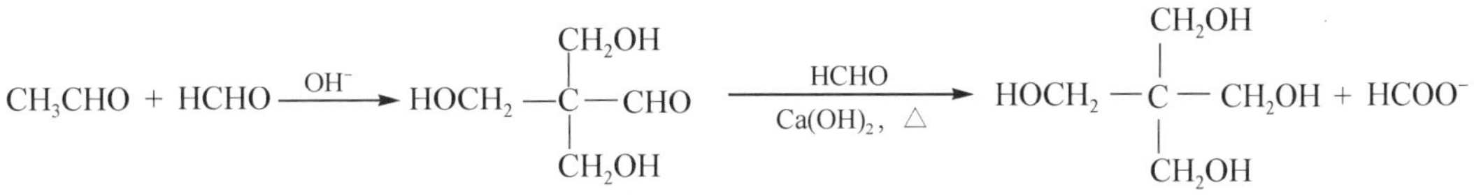

季戊四醇是一种重要的化工原料，多用于高分子工业。它的硝酸酯即季戊四醇四硝酸酯，是一种心血管扩张药物。

（四）贝克曼重排

酮和羟胺的亲核加成产物是肟。酮肟在五氧化二磷、浓硫酸（或其他酸性催化剂）作用下，发生分子重排转变为酰胺，这种由肟变为酰胺的重排是一种常见反应，称为贝克曼（Beckmann）重排。反应需要在酸性催化剂的作用下进行，酸有利于羟基的脱去和缺电子氮的形成，因为反应是通过缺电子的氮原子进行的，所以这一类重排也称缺电子的正离子型的重排。反应历程为

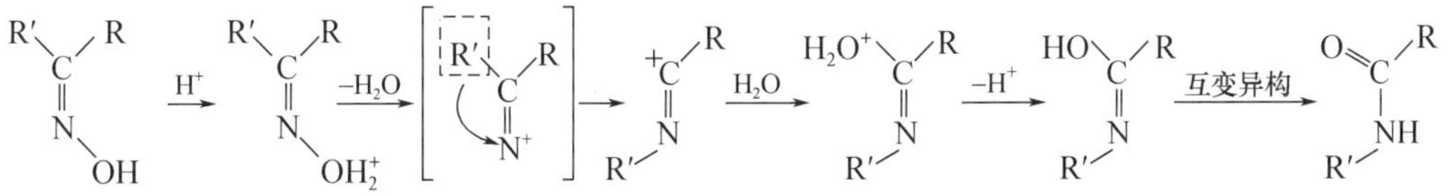

酮肟在酸性催化剂的作用下失去一分子水，形成氮正离子，紧接着与氮正离子相邻的烃基迁移到氮原子上，形成碳正离子（实际上，水分子的失去和烃基迁移是同时进行的）；碳正离

子再与水分子结合。然后消去氢离子，最后发生异构化即生成酰胺。立体化学分析表明，总是酮肟中与羟基处于反式的烃基发生迁移。例如，双环[4.3.0]壬-7-酮肟的 Z 和 E 异构体重排得到不同的产物。

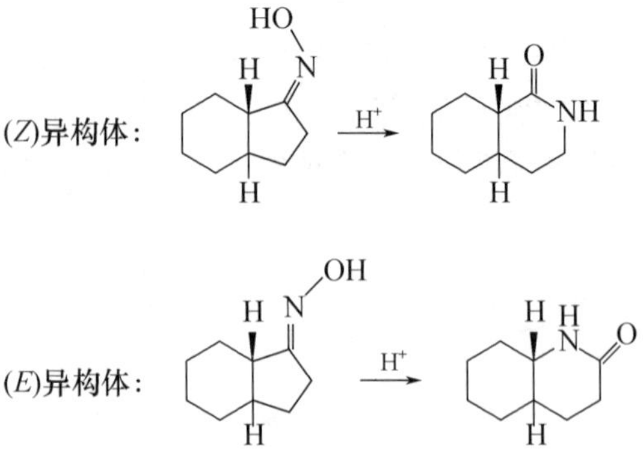

(Z)异构体：

(E)异构体：

贝克曼重排应用范围很广，其中一个重要的应用是从环己酮合成环状的己内酰胺。己内酰胺经聚合得到高聚物尼龙-6，尼龙-6 是一种用途广泛的合成纤维。

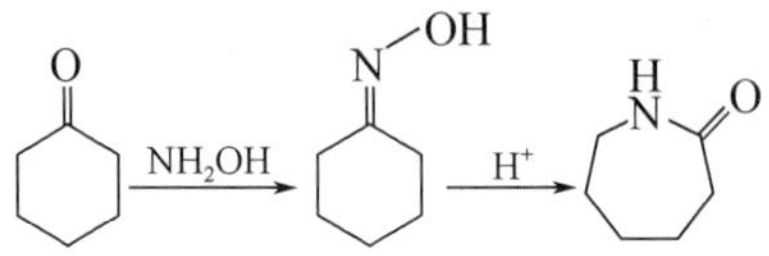

（五）安息香缩合

两分子苯甲醛在氰化钾的稀乙醇溶液中受热（氰离子是催化剂）缩合生成安息香（benzoin）的反应称为安息香缩合反应。安息香是无色结晶，熔点 137℃。

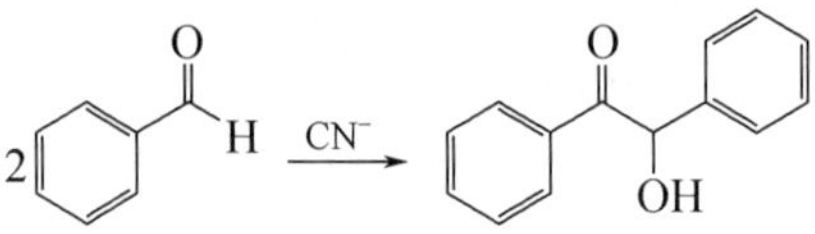

反应历程为：CN⁻作为亲核试剂与羰基进行亲核加成，生成的氧负离子中间体中由于氰基的强吸电子诱导效应使其邻近碳氢键的酸性增强，促使质子转移生成碳负离子，碳负离子与另一分子的苯甲醛发生亲核加成，CN⁻离去，得到安息香。氰离子的催化作用是高度专一的。

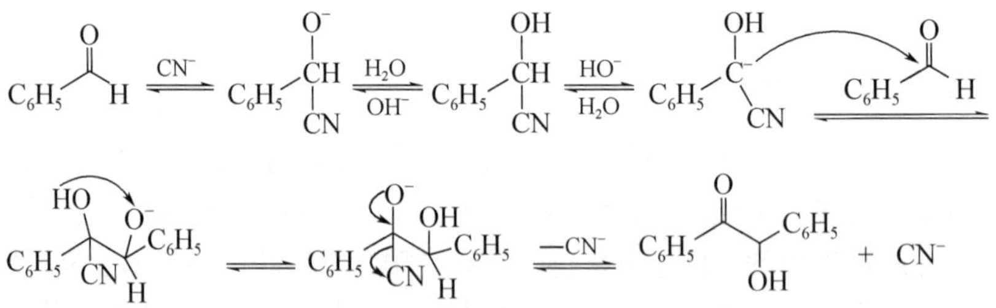

（六）α, β-不饱和醛、酮的反应

不饱和醛、酮分子中除含有羰基外还含有不饱和键。根据羰基和不饱和键的相对位置，可将不饱和醛、酮分为如下三类。

（1）烯酮类 羰基和碳碳双键直接相连的化合物称为烯酮，如 $H_2C=C=O$（乙烯酮）。烯酮分子中具有 $C=C=O$ 的结构，性质较一般的不饱和酮活泼。

（2）α, β-不饱和醛、酮类 分子中的羰基和碳碳双键成为共轭体系的醛、酮称为 α, β-不饱和醛、酮，如 H_2C=CH—CH=O（丙烯醛）。这类化合物性质特殊，是不饱和醛、酮中最重要的一类化合物。

（3）一般的不饱和醛、酮类　分子中的羰基和碳碳双键至少相隔一个碳原子，如 RCH=CH(CH_2)_nCHO（$n \geqslant 1$）。这类醛、酮的碳碳双键和羰基相隔较远，相互间的影响较小，所以其性质与单独的烯烃和醛、酮相似。

本书只讨论 α,β-不饱和醛、酮的性质。

α,β-不饱和醛、酮具有 >C=C—C=O 型的结构，羰基和碳碳双键形成共轭体系。由于受极性羰基的影响，碳碳双键上电子云密度分布不均匀，β-碳上带有部分正电荷，表示如下：

由于 α,β-不饱和醛、酮中的碳碳双键和羰基处于共轭状态，所以这类化合物在发生加成反应时，可以发生三种反应：

（1）碳碳双键上的亲电加成（1,2-亲电加成）。

（2）碳氧双键上的亲核加成（1,2-亲核加成）。

（3）1,4-共轭体系加成。

1. 与卤素和次卤酸反应　一般情况下，卤素和次卤酸与 α,β-不饱和醛、酮反应时，在碳碳双键上发生亲电加成，如

（图：巴豆醛酮 + Br_2 加成产物）

（图：巴豆醛酮 + HOBr 加成产物）

2. 与氨和氨的衍生物、HX、H_2SO_4、HCN、H_2O、ROH 反应　在酸的催化下，α,β-不饱和醛、酮与上述化合物的反应通常以 1,4-共轭加成为主，如

（图：+ HCl ⇌ 互变异构 产物）

（图：+ HCN ⇌ 互变异构 产物）

（图：+ RNH_2 ⇌ 互变异构 产物）

3. 与格氏试剂的加成　有机金属化合物与 α,β-不饱和醛、酮反应时，既可以发生 1,2-亲核加成，也可以发生 1,4-亲核加成，到底以什么反应为主，与羰基旁的基团大小有关，也与试剂的空间大小有关。

（图：>C=C—C=O + Nu⁻ → 1,2-加成 / 1,4-加成 产物）

本书主要讨论与格氏试剂的加成：

格氏试剂和 α,β-不饱和醛、酮反应，能发生 1,2-或 1,4-加成。具体反应取向由试剂中烃基的结构和醛、酮的结构决定。

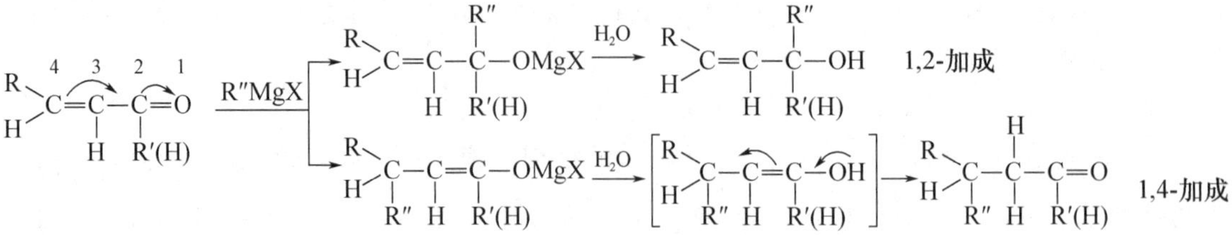

（1）α,β-不饱和醛的羰基旁空间位阻小，因此它与格氏试剂反应时，以 1,2-亲核加成为主。例如：

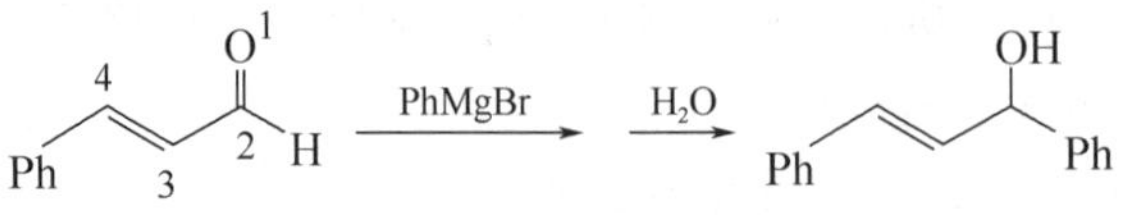

1,2-加成100%

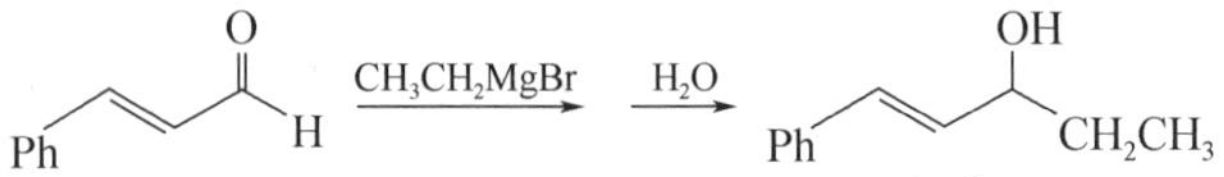

1,2-加成100%

（2）α,β-不饱和酮在反应时，要根据亲核试剂的体积大小具体分析。例如：

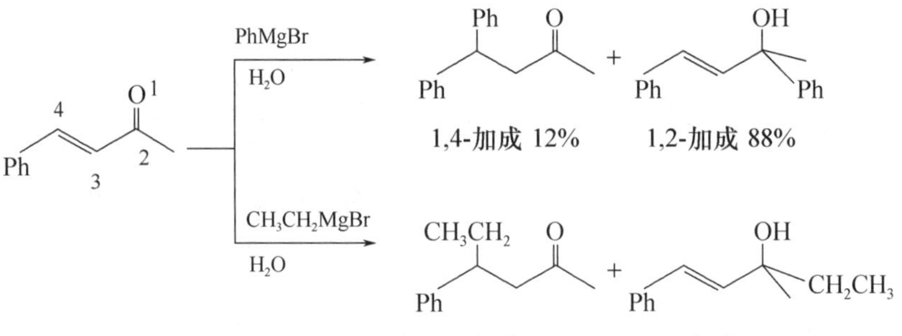

1,4-加成 12%　　　1,2-加成 88%

1,4-加成 60%　　　1,2-加成 40%

可以看出，格氏试剂 PhMgBr 中，Ph—的位阻比较大，酮分子中 4-位上有大的基团 Ph—，所以主要是 1,2-加成产物；而 CH_3CH_2MgBr 作为亲核试剂时，CH_3CH_2—的位阻比 Ph—小，结果主要生成 1,4-加成产物。

（3）如果一个 α,β-不饱和酮的羰基与一个很大的基团如叔丁基相连，无论用哪种格氏试剂，都得到 1,4-加成产物，如

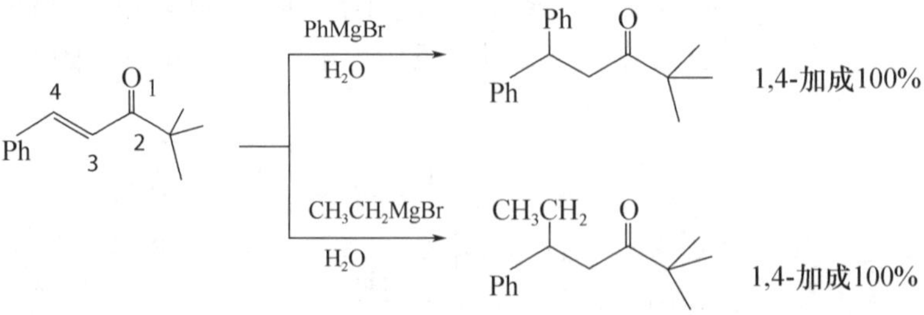

1,4-加成100%

1,4-加成100%

4. 1,4-共轭加成的反应机制　1,4-共轭加成反应可以在酸催化下进行，也可以在碱催化下进行。

（1）酸性条件下的反应机制：

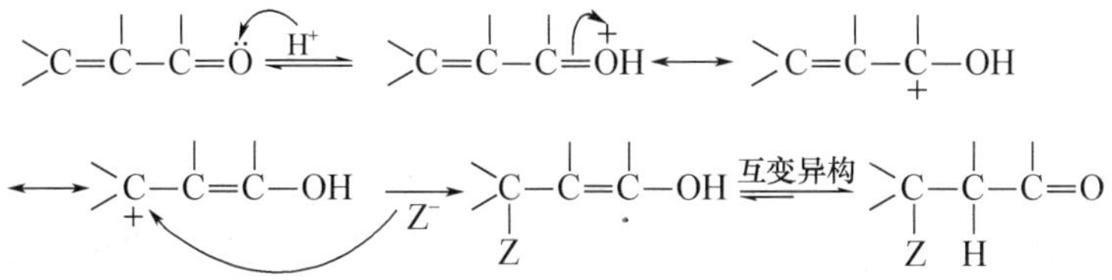

（2）碱性条件下的反应机制：

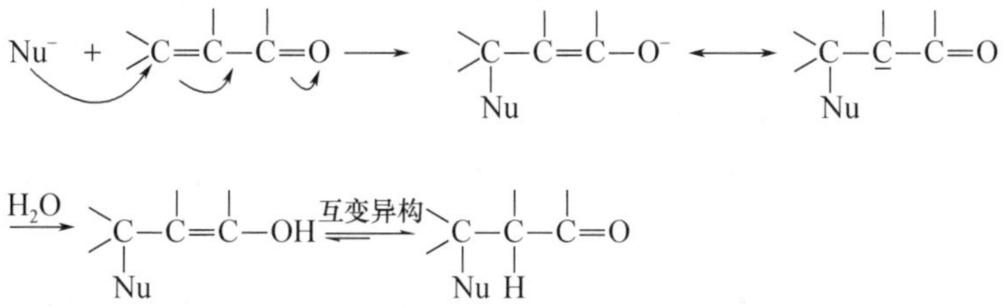

5. 迈克尔（Michael）加成　具有活泼 α-氢原子的化合物，在碱的作用下形成碳负离子，此碳负离子可作为亲核试剂对 α,β-不饱和醛、酮进行 1,4-亲核加成，这种反应称为迈克尔加成。

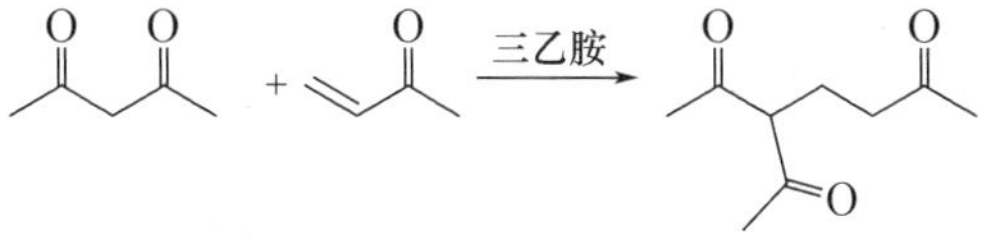

反应的历程是：在碱催化下，具有活泼 α-氢原子的化合物首先生成碳负离子，然后再对 α,β-不饱和醛、酮进行 1,4-亲核加成。

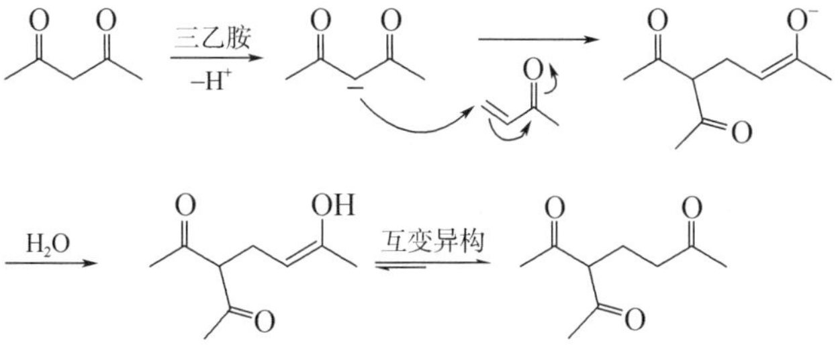

丙二酸二乙酯也有活泼的 α-氢，也能发生迈克尔加成，反应机制如下：

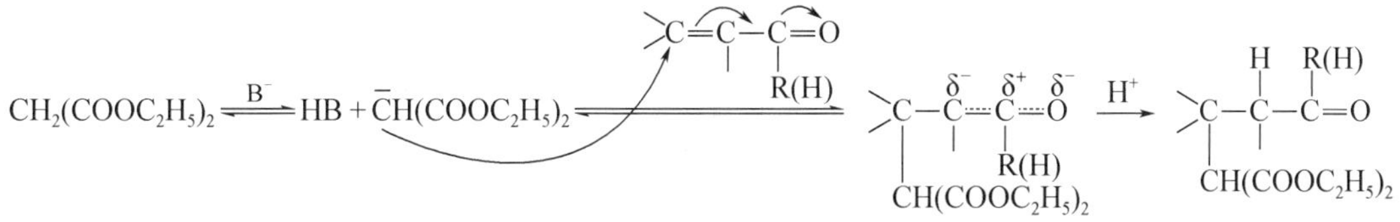

例如，

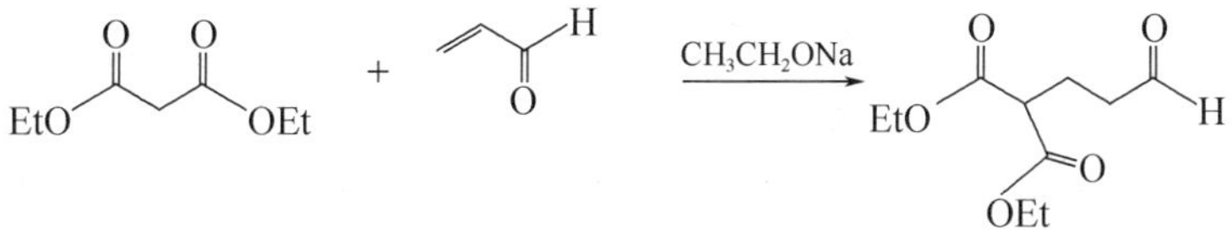

产生碳负离子的亲核试剂，当甲亚基两侧连有两个吸电子基，如酯基、氰基、羰基等或一个强吸电子基如硝基时，这些吸电子基团可以帮助容纳碳负离子的负电荷，使碳负离子稳定而易于产生。

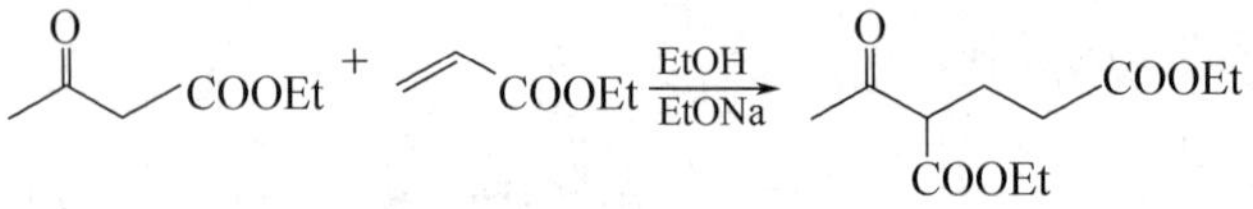

$$\overset{O}{\underset{}{\parallel}}\text{COOEt} + \diagup\text{COOEt} \xrightarrow[\text{EtONa}]{\text{EtOH}} \overset{O}{\underset{\text{COOEt}}{\parallel}}\diagdown\text{COOEt}$$

6. 插烯规律　在乙醛分子中的羰基与甲基之间插入一个或多个乙烯基（—CH=CH—）变为 $CH_3(CH=CH)_n CHO$ 后，原来的 CH_3 和—CHO 间的互相影响依然存在，甲基上的氢原子依然是活泼的，也就是说这两个基团仍然保持着没有加入—CH=CH— 时同样的关系。这类化合物可表示为：$A(CH=CH)_n B$。

像这样在化合物 A—B 的 A 和 B 之间插入一个或多个乙烯基生成 $A(CH=CH)_n B$ 型化合物后（$n=0，1，2，3，\cdots$），原来 A 和 B 间的互相影响依然存在的现象极为普遍，称为插烯规律。例如，巴豆醛 $CH_3CH=CHCHO$ 分子中甲基和—CHO 的关系与 CH_3CHO 相似，甲基上的 α-氢原子仍较活泼，能起一系列取代反应和缩合反应。巴豆醛为乙醛的插烯物。

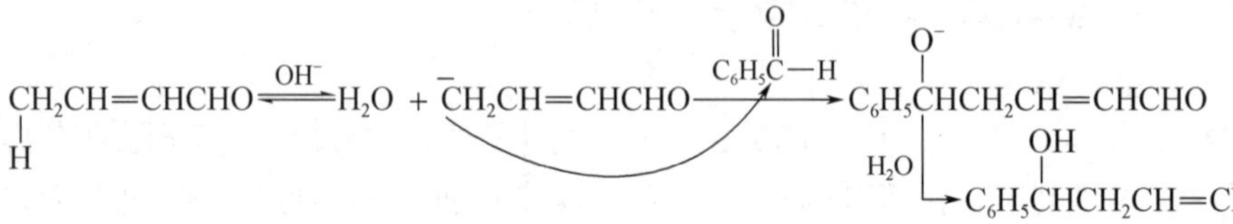

$$\underset{\text{H}}{\overset{|}{C}}\text{H}_2\text{CH=CHCHO} \xrightarrow{\text{OH}^-} \text{H}_2\text{O} + {}^-\text{CH}_2\text{CH=CHCHO} \xrightarrow{\overset{O}{\underset{}{\parallel}}\atop C_6H_5\overset{}{C}-H} C_6H_5\text{CHCH}_2\text{CH=CHCHO}$$

$$\overset{O^-}{\underset{}{|}}$$

$$\xrightarrow[\text{H}_2\text{O}]{} \underset{C_6H_5\text{CHCH}_2\text{CH=CHCHO}}{\overset{OH}{\underset{|}{}}}$$

四、亲核加成反应历程

醛、酮的亲核加成反应，在多数情况下是试剂中的亲核部分（Nu^-）首先进攻平面三角形的羰基碳原子，形成一个带负电荷的四面体中间体，然后试剂的亲电部分 H^+（或其他亲电基团）与中间体带负电荷的氧相结合，从而生成加成产物，决定反应速率的是加 Nu^- 一步。

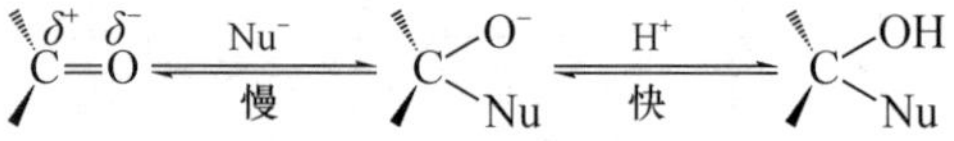

$$\overset{\delta^+\ \delta^-}{\underset{}{C}=O} \xrightarrow[\text{慢}]{Nu^-} \underset{Nu}{\overset{O^-}{\underset{}{C}}} \underset{\text{快}}{\overset{H^+}{\rightleftharpoons}} \underset{Nu}{\overset{OH}{\underset{}{C}}}$$

平面三角形反应物　　四面体中间体　　四面体加成产物

羰基的亲核加成反应一般可分为两类：一类是简单的加成反应，另一类是复杂的加成反应，也称加成-消除反应，即加成物要进一步发生消除反应。下面以醛、酮与 HCN 的加成作为简单的亲核加成反应的代表，以醛、酮和氨及其衍生物的加成作为复杂的加成反应的代表，对醛、酮的亲核加成反应历程作如下简介。

1. 简单的亲核加成反应历程　醛、酮和 HCN、$NaHSO_3$、H_2O、ROH 等的加成属于简单的亲核加成反应。历程为

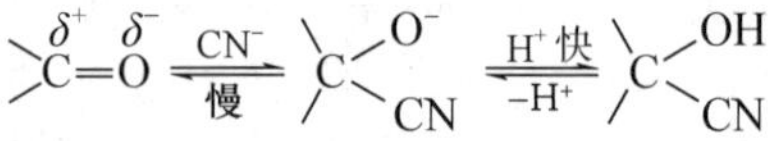

$$\overset{\delta^+\ \delta^-}{\underset{}{C}=O} \xrightarrow[\text{慢}]{CN^-} \underset{CN}{\overset{O^-}{\underset{}{C}}} \underset{-H^+}{\overset{H^+ 快}{\rightleftharpoons}} \underset{CN}{\overset{OH}{\underset{}{C}}}$$

反应的第一步是 CN^- 进攻羰基碳原子，第二步是 H^+ 与中间体带负电荷的氧结合，从而生成氰醇。CN^- 进攻羰基碳的一步，是反应中最慢的一步，是决定整个反应速率的一步。

氢氰酸（HCN）是一个很弱的酸，不容易解离成 H^+ 和 CN^-。加碱有利于 CN^- 的生成，从而加快加成的反应速率；加酸则抑制氢氰酸的解离，不利于 CN^- 的生成，也就不利于加成的进行。例如，HCN 与丙酮反应，在没有碱存在的条件下，3～4h 内才有一半反应物发生反应；如果加上一滴 KOH 溶液，则只需 2～3min 就能完成反应。但加入酸，反应速率就大大下降，加入大量的酸，放置很多天，也不起反应。因此，一般认为，反应的亲核试剂是 CN^-。

$$HCN \underset{H^+}{\overset{OH^-}{\rightleftharpoons}} H_2O + CN^-$$

$$\underset{(H)R_2}{\overset{R_1}{>}}C=O + HCN \rightleftharpoons \underset{R_2}{\overset{R_1}{>}}C\underset{CN}{\overset{OH}{<}}$$

加入一滴KOH，2～3min反应完全；

不加酸、碱，3～4h反应50%；

加入酸，反应速率减小；酸过多则不反应。

2. 复杂的加成反应历程 醛、酮在发生亲核加成反应时，有些加成产物在催化剂作用下或受热时，容易发生消除反应生成含有双键的化合物，称为加成-消除反应，又称复杂的加成反应。醛、酮与氨及其衍生物的加成反应属于加成-消除反应历程。此外，羟醛缩合、一些含有活性甲亚基化合物和羰基的反应等也属于此类反应历程。

$$>C=O \xrightarrow[快]{H^+} \left[\overset{+}{>}OH \leftrightarrow \overset{+}{>}C-OH \right] \xrightarrow[慢]{NH_2-Y} \underset{OH}{\overset{N^+H_2-Y}{>}}C \rightleftharpoons \underset{OH_2^+}{\overset{NH-Y}{>}}C$$

$$\xrightarrow[快]{-H_2O} >C=\overset{Y}{\underset{H}{N^+}} \xrightarrow[-H^+]{快} >C=N-Y$$

上式中的 Y 可以是—H、—OH、—NH₂、—NHAr、—NHCONH₂ 等，反应为 H^+ 所催化。反应第一步是羰基的质子化，结果是加大了羰基碳原子的正电性，使其更容易受到亲核试剂的进攻；第二步是亲核试剂对质子化羰基的加成，加成产物不稳定，迅速发生质子转移，然后失去一分子水和一个质子，最后生成具有 $>C=N-$ 结构的加成-消除产物。但是应当注意的是，质子同时也能与 NH₂—Y 中含未共用电子对的氮结合，形成铵离子的衍生物，使其失去亲核性，不能再进攻羰基的碳原子，不利于加成反应。

$$NH_2Y \xrightarrow{H^+} N^+H_3Y$$

酸催化一方面提高了羰基的反应性能，另一方面又降低了亲核试剂的浓度。所以反应中一定要控制适宜的 pH 值，使相当一部分的羰基化合物质子化，又使游离的含氮化合物有一定的浓度。例如，羟胺与丙酮的加成反应，pH=4～5 时，反应速率最大（图 11-3）。

$$\underset{H_3C}{\overset{H_3C}{>}}C=O + H_2NOH \longrightarrow \underset{H_3C}{\overset{H_3C}{>}}C=\underset{OH}{\overset{N}{|}} + H_2O$$

3. 醛、酮亲核加成反应的影响因素

（1）电子效应对亲核加成的影响 羰基亲核加成的关键一步是亲核试剂对羰基的进攻，形成负氧离子中间体。羰基碳的正性越高越容易受到亲核试剂的进攻；形成的负氧离子中间体，负电荷越容易得到，分散越稳定，反应就越容易进行。所以当羰基碳原子连接有吸电子基团时，吸电子诱导效应使羰基碳原子的电子云密度下降，正电性增大，有利于亲核试剂的进攻，同时也减弱了负氧离子中间体氧上的负电荷，增加了稳定性，反应易于进行。相反，如果羰基碳原子连有供电子基团时，反应难以进行。

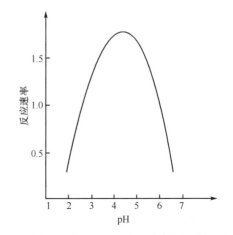

图 11-3 羟胺和丙酮反应速率与 pH 关系图

1）CH$_3$—、R—、C$_6$H$_5$—等基团具有+I、+C 效应，使羰基碳原子正电荷减少，降低其反应活性。醛类中甲醛的活性最大。

2）-I 或-C 效应的基团使羰基碳原子的正电荷增加，反应活性增强。生成的水合物稳定性也增加（表 11-5）。例如，三氯乙醛和六氟丙酮能和水形成稳定的水合物，能以晶体的形式析出。

表 11-5　一些羰基化合物的水合平衡常数（25℃）

羰基化合物	平衡常数	羰基化合物	平衡常数
HCHO	2.3×10^3	CH$_3$COCH$_3$	1.4×10^{-3}
CH$_3$CHO	1.06	ClCH$_2$COCH$_3$	0.11
CH$_3$CH$_2$CHO	0.85	CF$_3$COCH$_3$	35
(CH$_3$)$_3$CCHO	0.23	C$_6$H$_5$COCF$_3$	78
Cl$_3$CCHO	2.9×10^4	CF$_3$COCF$_3$	1.2×10^6

（2）空间效应对亲核加成的影响　醛、酮的羰基上连有的大体积的基团会阻碍亲核试剂的进攻，大体积的进攻试剂也不容易接近羰基的碳原子。此外，当亲核试剂进攻羰基碳原子时，碳原子的杂化状态由 sp^2 杂化变成 sp^3 杂化，键角由 120°变为 109°，羰基所连基团越大，在键角变小过程中，基团之间就变得越拥挤，反应就越困难，甚至不发生反应。因此，羰基所连的基团越大、进攻试剂的体积越大，中间体就越不容易形成，反应就越困难。所以，如果仅从空间效应来分析，醛、酮发生亲核加成的活性有如下顺序：

$$HCHO > RCHO > CH_3COCH_3 > CH_3COR > RCOR > ArCOR$$

醛、酮发生亲核加成反应的活性，受电子效应和空间效应两方面因素的综合影响，对于各种化合物的反应活性，应综合分析。

例如，下列化学反应的平衡常数见表 11-6。

$$\begin{matrix} R_1 \\ R_2 \end{matrix}C{=}O + HCN \rightleftharpoons \begin{matrix} R_1 \\ R_2 \end{matrix}C\begin{matrix} OH \\ CN \end{matrix}$$

表 11-6　一些醛酮的化学平衡常数（20℃，96%乙醇溶液）

	1	2	3	4	5	6	7
化合物							
R$_1$	C$_6$H$_5$	p-CH$_3$C$_6$H$_5$	C$_6$H$_5$	CH$_3$	CH$_3$	CH$_3$	CH$_3$
R$_2$	H	H	CH$_3$	CH$_3$	C$_2$H$_5$	i-C$_3$H$_7$	t-C$_4$H$_9$
平衡常数							
K	220	110	0.77	33	38	64	32

可以看出，醛、酮亲核加成反应活性，有如下基本规律：

1）醛＞酮。

2）脂肪族酮＞芳香族酮。

3）比较化合物 4、5、6，可知，当羰基周围基团体积不大时，电子效应是影响反应的主要因素。羰基旁的 α-H 越少，反应活性越强。因为 α-H 与羰基形成 σ-π 超共轭体系，α-H 表现出向羰基供电子，从而减弱反应活性。

4）由化合物 7 可知，当羰基周围基团体积较大时，空间效应是影响反应的主要因素。

表 11-7 列出了一些醛、酮与 $1mol \cdot L^{-1}$ $NaHSO_3$ 溶液作用 1h 后，各种相应加成物的产率。

表 11-7 一些醛、酮与 $1mol \cdot L^{-1}$ $NaHSO_3$ 溶液对不同酮的加成产率

羰基化合物	反应 1h 后的产率/%	羰基化合物	反应 1h 后的产率/%
乙醛	89	3-甲基丁酮	12
丙酮	56	3,3-二甲基丁酮	6
丁酮	36	戊-3-酮	2
戊-2-酮	23	苯乙酮	1

此外，醛、酮的反应活性还与亲核试剂有关，亲核试剂的亲核性越强，加成越容易进行，亲核试剂的体积越大，反应越不容易进行。

五、羰基加成反应的立体化学

对于具有平面结构的羰基化合物的亲核加成，亲核试剂可以从平面上或平面下进攻，在统计学上按理是相等的。

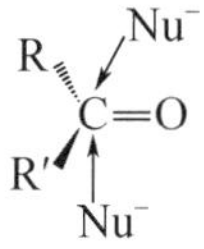

（1）甲醛以及两个烃基相同的简单酮，加成产物只有一种：

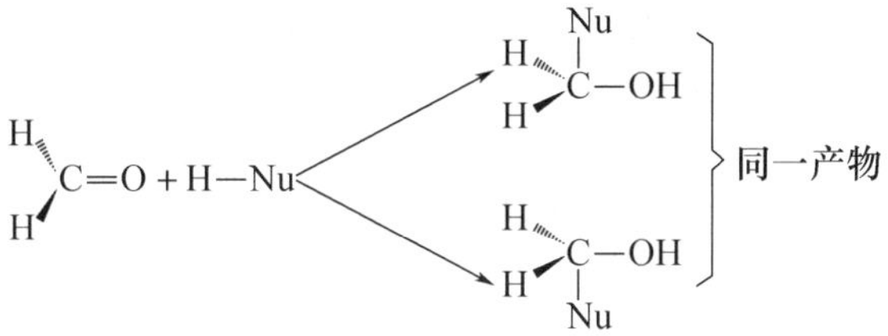

（2）如果羰基化合物是开链的，又没有其他结构因素的影响，则 Nu^- 从羰基所在平面的上面或下面进攻的机会也是均等的，得到外消旋体。

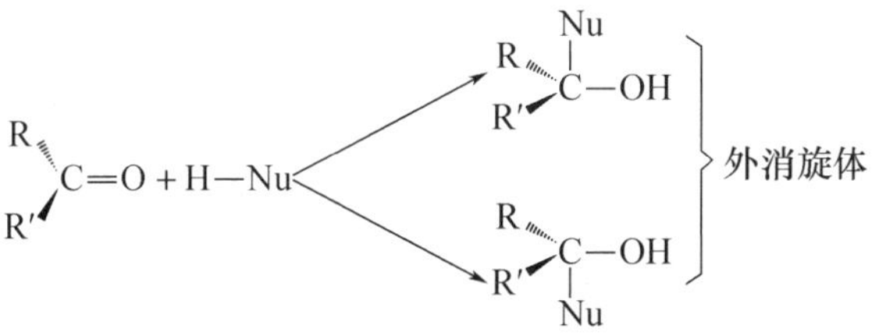

例如：

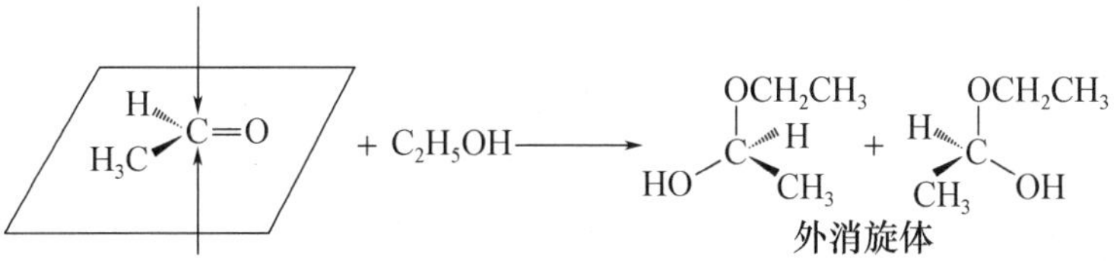

（3）若醛、酮分子中羰基与一个手性碳原子直接相连时，亲核试剂 Nu^- 从平面上或平面下进攻的机会就不再相等了，生成两个非对映体的量不一定相等。可利用克拉姆（Cram）规

则预言哪一种非对映体占优势。

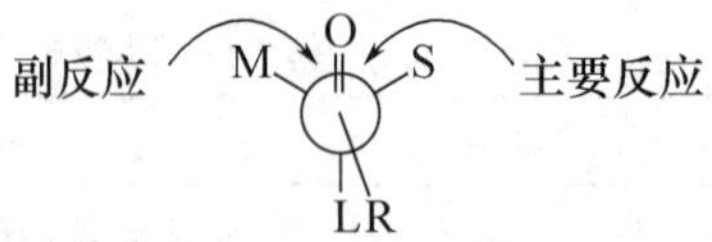

根据大量实验事实，克拉姆提出一个规则：羰基和手性碳原子直接相连的化合物发生加成反应时，过渡态的最有利构象是羰基氧原子处于两个较小的基团之间，亲核试剂主要从立体障碍最小的一边进攻羰基碳原子。这个手性碳原子连接的三个基团分别为 L、M、S（分别代表大、中、小基团）。

例如，(S)-3-苯基丁酮与 C_2H_5MgX 的加成：

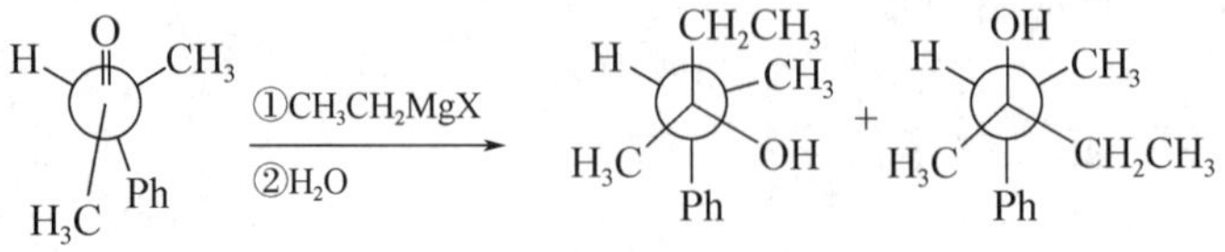

又如(R)-2-甲基丁醛和 HCN 的加成：

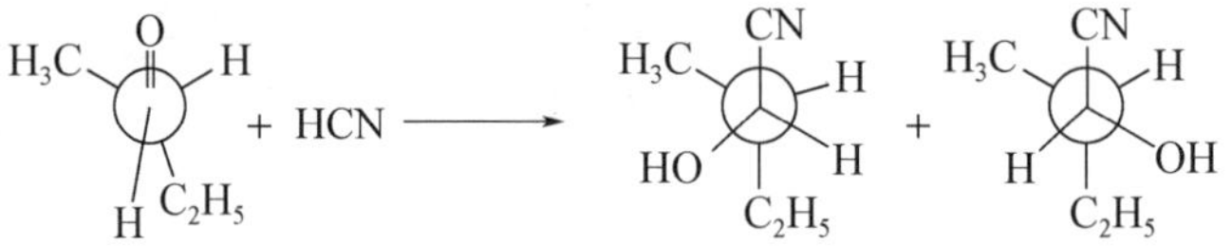

克拉姆规则适用于羰基与 RMgX、HCN 等反应，对于同一作用物而言，试剂基团越大，产物混合物中，主要产物的比例越高。

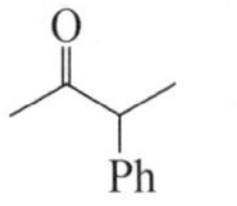

		按克拉姆规则
		主产物 + 副产物
$R = -CH_3$		2 : 1
$R = -CH_2CH_3$		3 : 1
$R = -Ph$		5 : 1

六、醛、酮的制备

醛、酮广泛存在于自然界，很多中药中含有醛、酮，不少还具有生理活性。天然的复杂的醛、酮可从动植物中提取，但由于受原料来源的限制，不能满足经济发展的需求，大多已采用人工合成的方法。一般醛、酮的制备都用合成方法。

1. 醇的氧化或脱氢　伯醇和仲醇经氧化或脱氢分别生成醛和酮。在实验室常用的氧化剂为重铬酸钾加硫酸。

$$CH_3CH_2CH_2OH \xrightarrow[60℃]{K_2Cr_2O_7+H_2SO_4} CH_3CH_2CHO$$

$$CH_3(CH_2)_5CHCH_3 \xrightarrow[H_2O,100℃]{K_2Cr_2O_7+H_2SO_4} CH_3(CH_2)_5CCH_3 \quad 96\%$$

醛比醇更容易被氧化，生成的醛还会被继续氧化生成羧酸，所以伯醇氧化制备醛的产率较低，为了提高醛的产率，需将生成的醛尽快与氧化剂分离；而酮不易被氧化，不必立即分离，产率较高，因此酮更适于用此法制备。

将伯醇或仲醇的蒸气通过加热的催化剂（铜粉、银粉等），可以使伯醇脱氢生成醛，仲醇脱氢生成酮。

$$CH_3CH_2OH \xrightarrow[275\sim300℃]{Cu} CH_3CHO + H_2\uparrow$$

$$\overset{OH}{\underset{|}{CH_3CHCH_3}} \xrightarrow[300℃]{Cu} CH_3\overset{O}{\overset{||}{C}}CH_3 + H_2\uparrow$$

工业上常用催化去氢和氧化的方法制备低级醛、酮。

2. 炔烃水合法 在含有硫酸汞的稀硫酸溶液的催化下，炔烃可以和水加成，生成醛、酮。例如：

$$HC\equiv CH + H_2O \xrightarrow[HgSO_4]{H_2SO_4} \left(\overset{HO}{\underset{H_2C=CH}{}} \right) \xrightarrow{分子重排} CH_3CHO$$

过去工业上长期都是利用这个反应来制备乙醛。其他炔烃水化时，则得到酮；若叁键在末端者，可制得甲基酮。

$$RC\equiv CH + H_2O \xrightarrow[HgSO_4]{H_2SO_4} \overset{OH}{\underset{RC=CH_2}{}} \xrightarrow{分子重排} RC\overset{O}{\overset{||}{C}}CH_3$$

3. 同碳二卤烃水解 同碳二卤烃水解生成醛或酮，在原料容易制备时，这是制备醛、酮的一种很好的方法。例如，甲苯支链经氯化生成二氯化亚苄，再用铁粉使它水解，加石灰中和后，将苯甲醛蒸出，其产率达 70%。

$$\text{C}_6\text{H}_5\text{CH}_3 \xrightarrow{Cl_2} \text{C}_6\text{H}_5\text{CHCl}_2 \xrightarrow[Fe]{H_2O} \text{C}_6\text{H}_5\text{CHO}$$

又如，苯和四氯化碳在三氯化铝催化下，生成二苯基二氯甲烷，然后通水蒸气使二苯基二氯甲烷水解，即生成二苯甲酮。

$$2\,\text{C}_6\text{H}_6 + CCl_4 \xrightarrow{AlCl_3} \text{(二苯基二氯甲烷)} \xrightarrow{水蒸气} \text{(二苯甲酮)}$$

由于苯环支链上的 α-氢原子容易被卤代，所以上述反应一般主要用于制备芳香醛和酮。

4. 弗里德-克拉夫茨酰基化反应 弗里德-克拉夫茨酰基化反应是在芳环上导入酰基制备芳香酮最常用的方法。

$$\text{C}_6\text{H}_6 + \text{C}_6\text{H}_5\text{C}\overset{O}{\overset{||}{}}\text{—Cl} \xrightarrow{AlCl_3} \text{（二苯甲酮）}$$

$$\text{C}_6\text{H}_6 + (CH_3CO)_2O \xrightarrow{AlCl_3} \text{（苯乙酮）}$$

酰基是一个间位定位基，当引入一个酰基后，苯环就钝化了，难以引入第二个酰基，因此反应停止在一酰化物的阶段，生成的芳酮不能继续酰化，也不发生重排，产率一般比较高。

在催化剂无水三氯化铝和氯化亚铜存在下，通入一氧化碳和氯化氢混合物，可以在环上有甲基、甲氧基等活化取代基的苯环上引入一个甲酰基，得到相应的芳醛。这种反应称为盖特曼-科赫（Gattermann-Koch）合成法。

$$\text{C}_6\text{H}_6 + CO + HCl \xrightarrow{AlCl_3} \text{C}_6\text{H}_5\text{CHO}$$

七、个别化合物

（一）甲醛

甲醛又称蚁醛，是具有强烈刺激性的无色气体，沸点–21℃，易溶于水。37%～40%的甲醛水溶液商品名为福尔马林，能使蛋白质凝结，可用作消毒剂、防腐剂，用于农作物种子的消毒及标本的保存。在工业上甲醛是合成药物、染料和塑料的原料。

甲醛分子中的羰基与两个氢原子相连，其化学性质比其他醛活泼，容易被氧化，易聚合，其浓溶液（60%）在室温下长期放置就能自动聚合成三分子的环状聚合物。

$$3HCHO \underset{解聚}{\overset{H^+聚合}{\rightleftharpoons}} \text{三聚甲醛}$$

三聚甲醛为白色结晶，熔点 62℃，无还原性，加热时容易解聚成甲醛。因此可以应用聚合和解聚这两个反应来保存或精制甲醛。蒸发甲醛的水溶液，则多个甲醛分子聚合成链状的聚合物——多聚甲醛：

$$n\,HCHO \longrightarrow HO(CH_2O)_nH$$

多聚甲醛为白色固体，聚合度 n 为 8～100，在酸催化下，也能解聚成甲醛。因此，常将甲醛以聚合体形式进行储存和运输。甲醛水溶液放置过久也容易析出多聚甲醛。

纯甲醛在 BF_3 乙醚络合物催化剂的催化下，在石油醚中进行聚合，可生成聚合度为 1000～5000 的高相对分子质量的聚合物，常称为聚甲醛。聚甲醛具有较高的机械强度和化学稳定性。经过适当处理，便可成为性能优良的工程塑料，可以代替钢、铜等金属加工成齿轮或机械零件。

甲醛是重要的有机合成原料，在工业上通常由甲醇的催化氧化法制备，即将甲醇与空气的混合物在常压下，通过加热的铜、银等催化剂生成甲醛。

（二）鱼腥草素

鱼腥草素（又称癸酰乙醛）是鱼腥草中的一种有效成分，为白色鳞片状结晶。经实验室抑菌试验、临床验证以及机体免疫方面的观察，初步认为其对呼吸道炎症有一定的疗效。鱼腥草素已能通过化学途径人工合成：由癸酸与乙酸脱酸得到甲壬酮，甲壬酮与甲酸乙酯缩合，再与亚硫酸钠加成即得。

（三）香草醛

香草醛（ H_3CO、HO——苯环——CHO ）又称香荚兰醛、香荚兰素或香草素。熔点 80～81℃，白色结晶。香草醛同时兼有酚、芳香醚和芳香醛的性质。因有特殊的香味，其可以作饮料、食品的香料或药剂中的矫味剂；也用作合成原儿茶酸的原料。

（四）丙酮

丙酮是具有令人愉快气味的无色液体，沸点 56℃，密度 0.7899g·cm^{-3}，能与水、乙醇、乙醚、氯仿等混溶，具有酮的典型性质。

丙酮常用作溶剂，而且还是一种重要的有机合成原料，如丙酮和氢氰酸的反应物可制备有机玻璃；另外，还可以用来生产环氧树脂、橡胶、氯仿、碘仿、乙烯酮等。例如，环氧树脂的合成：丙酮和苯酚缩合得 2,2-(4,4'-二羟基二苯基)丙烷，简称双酚 A。

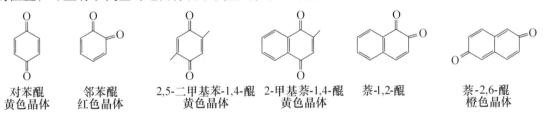

双酚 A 是生产环氧树脂的原料。凡是含有两个酚羟基的化合物都能和环氧氯丙烷（Cl—CH—CH₂，中间带环氧基）发生一系列的缩合反应，从而生成在分子的首尾两端含有环氧基的高分子热固性树脂，此类树脂即为环氧树脂。其有很强的黏结性，能牢固地黏合各种材料，如金属、玻璃、木材、陶瓷等，常称为万能胶。

第二节 醌

醌（quinone）是一类特殊的不饱和环状二酮，分子中都具有（邻醌式）或

O═⬡═O（对醌式）结构，即醌型结构。醌类化合物大多有颜色，主要存在于多种植物色素、染料和指示剂中。

醌可作为相应的芳香烃的衍生物来命名，在醌字前加上相应的芳香烃的名字，并注明羰基的位置，环上有取代基时还需标明取代基的位次和名称。

对苯醌
黄色晶体

邻苯醌
红色晶体

2,5-二甲基苯-1,4-醌
黄色晶体

2-甲基萘-1,4-醌
黄色晶体

萘-1,2-醌

萘-2,6-醌
橙色晶体

一、苯醌

苯醌是最简单的醌，有邻苯醌和对苯醌两种异构体。

邻苯醌　　　　　　对苯醌

X 射线分析证明，对苯醌中碳碳键的键长为 0.149nm 和 0.132nm，分别接近于一般的碳碳单键（0.154nm）和碳碳双键（0.134nm）。这说明对苯醌分子中有明显的单双键之分，无苯环存在。苯醌的性质与 α, β-不饱和酮相似也说明了这一点。

1. 亲电加成 苯醌分子中的碳碳双键可以进行亲电加成，如与溴的加成：

2. 亲核加成 对苯醌能进行羰基的 1, 2-亲核加成，也能进行 1, 4-共轭加成。与羟胺加成得到单肟或二肟：

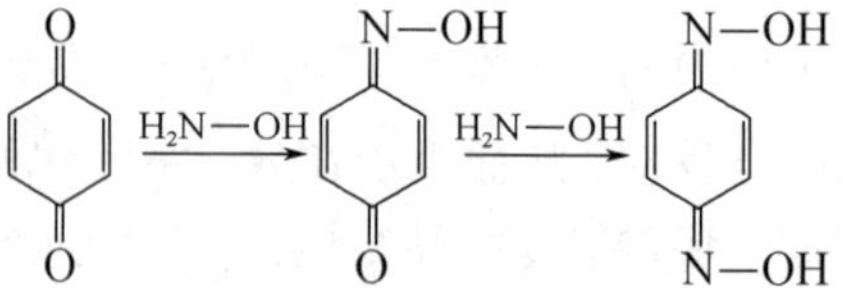

对苯醌能与卤化氢、氢氰酸、亚硫酸氢钠等发生 1, 4-共轭加成。例如，与氯化氢或氢氰酸加成，产物再重排得 2-氯苯-1, 4-二酚或 2-氰基苯-1, 4-二酚。

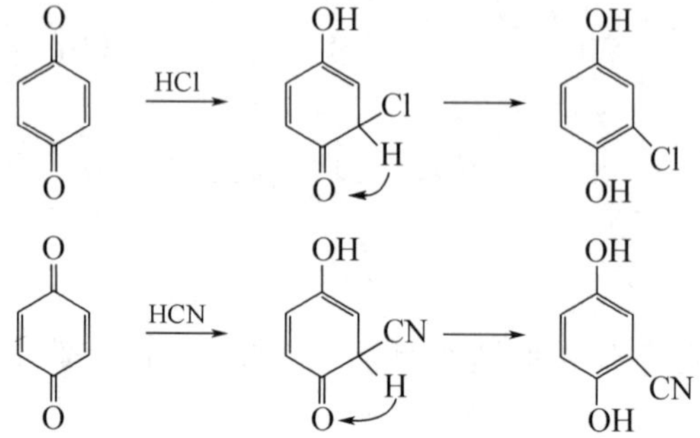

3. 电荷转移络合物的生成 醌作为电子受体很容易形成电荷转移络合物。例如，将对苯醌的乙醇溶液和对苯二酚的乙醇溶液混合，便得到一种棕色溶液，并立即有深绿色的晶体析出。这种晶体称为醌氢醌，即π电子由对苯二酚转移给醌，使两个分子结合在一起形成的分子络合物。

醌氢醌溶于热水又大量解离成对苯醌和对苯二酚，这种缓冲作用使醌氢醌可作标准参比电极。

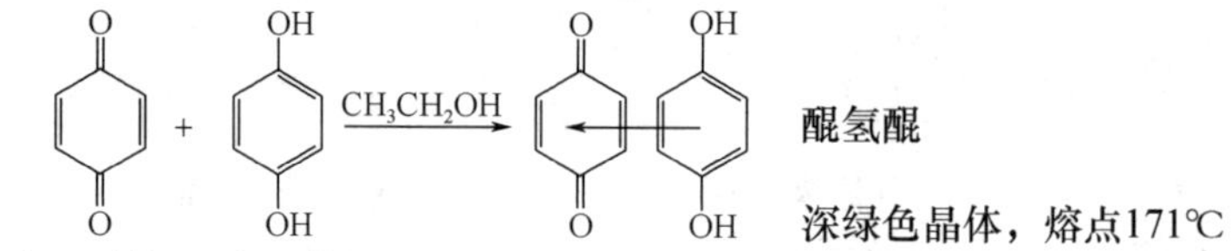

苯醌类化合物广泛存在于自然界，如泛醌，又称辅酶 Q，是生物体内氧化还原极为重要的物质，其结构为

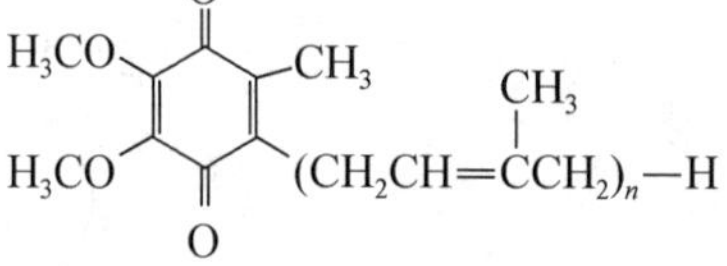

二、萘醌

萘醌有三种异构体：

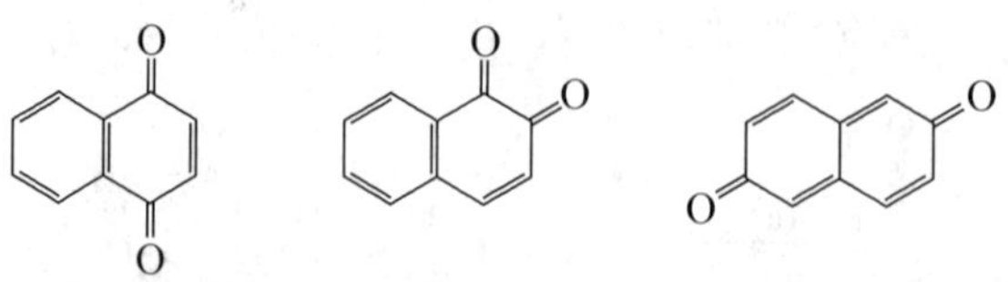

萘-1,4-醌   萘-1,2-醌   萘-2,6-醌

萘-1, 4-醌是黄色晶体，熔点 125℃，微溶于水，能溶于乙醇和醚，具有刺鼻性。萘-1, 2-醌是黄色针状（醚中结晶）或片状（苯中结晶）晶体，113～120℃分解。

许多重要的生物活性物质都具有萘醌的结构，如具有凝血作用的维生素 K_1、K_2 和 K_3。

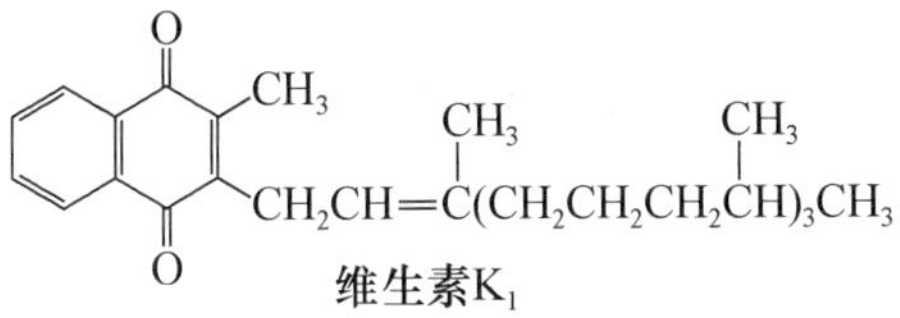

维生素K_1

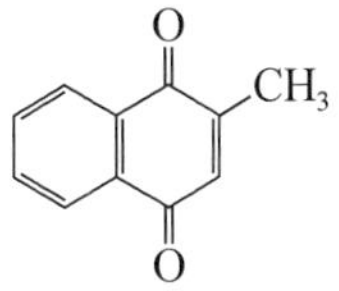

维生素K_3

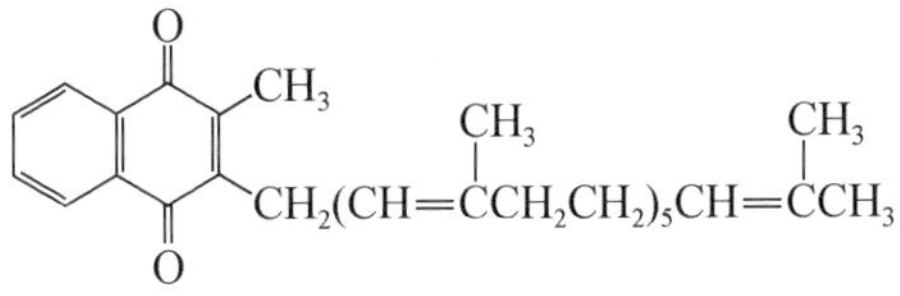

维生素K_2

三、蒽醌

目前存在的蒽醌有以下三种异构体，以蒽-9, 10-醌及其衍生物较为重要。

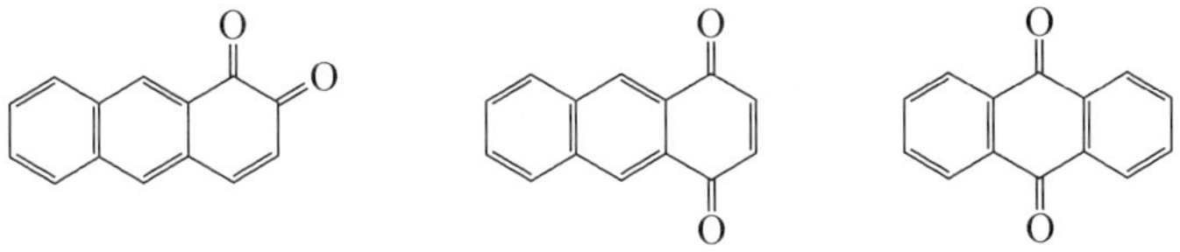

蒽-1,2-醌

蒽-1,4-醌

蒽-9,10-醌
淡黄色晶体

蒽醌可由蒽氧化得到

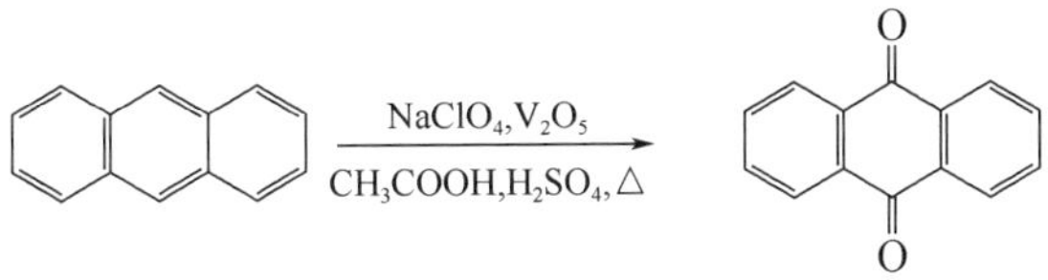

也可由下式得到：

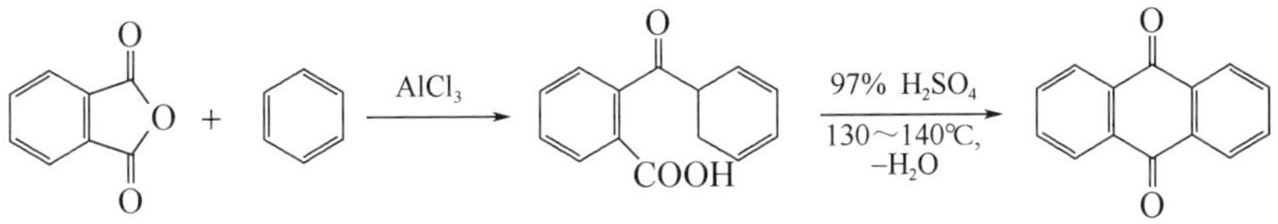

我国应用最早的天然染料之一茜素就具有蒽醌的结构，其衍生物也可作为染料，总称茜素染料。中药大黄中的有效成分大黄酚、大黄酸也是蒽醌类化合物。

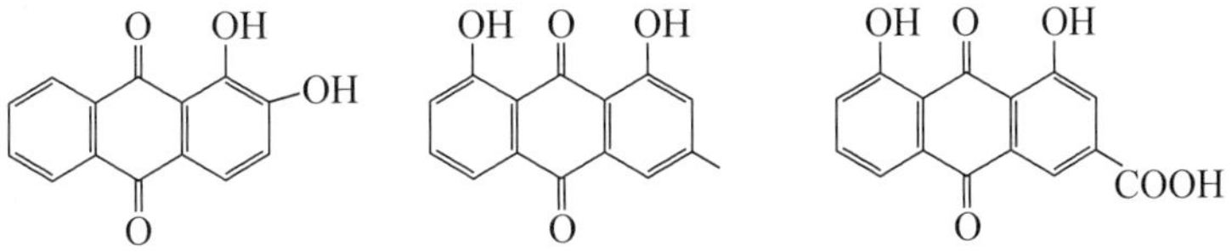

茜素

大黄酚

大黄酸

四、菲醌

一些中药的有效成分分子中具有菲醌的结构，如中药丹参中的丹参醌甲、丹参醌乙和隐丹参醌。

菲醌　　　　丹参醌甲　　　　丹参醌乙　　　　隐丹参醌

五、插烯酸

醌环上连着羟基属于插烯酸结构，由于受到邻近醌式羰基的影响，从而表现出与羧基相似的酸性，如 2-羟基苯-1,4-醌、2-羟基萘-1,4-醌。

2-羟基苯-1,4-醌　　　　　　　2-羟基萘-1,4-醌

小　结

1. 醛、酮的分类、命名、结构和异构。

醛、酮是分子中都含有羰基的化合物。根据羰基所连的烃基又分为脂肪醛（酮）、芳香醛（酮）、饱和醛（酮）和不饱和醛（酮）。

2. 醛酮的物理性质。

3. 醛酮的化学性质：羰基的亲核加成反应、α-氢的反应、氧化还原反应、重排反应及 α,β-不饱和醛、酮的反应；亲核加成反应历程、羰基加成反应的立体化学等。

羰基是醛、酮的官能团，由碳氧双键组成的极性不饱和键。羰基碳原子为 sp^2 杂化，带部分正电荷，是亲核加成的反应中心；羰基的活性主要取决于羰基碳原子的正电性和空间位阻的大小。

受羰基的影响，醛酮分子中的 α-氢为活泼氢，在酸或碱催化下，能形成烯醇式结构，α-氢可被卤化，能发生羟醛缩合。

醛、酮可发生氧化还原反应，醛比酮容易被氧化，酮较难被氧化。托伦试剂能将脂肪醛和芳香醛都氧化成羧酸，而费林试剂只能氧化脂肪醛，芳香醛不被氧化。催化加氢、氢化锂铝、硼氢化钠等都能将醛、酮还原成醇。

没有 α-氢的醛在浓碱作用下，发生自身的氧化还原反应。

α,β-不饱和醛、酮分子由于存在碳氧双键和碳碳双键形成 π-π 共轭，可发生 1,2-加成和 1,4-加成，基于插烯原理，α,β-不饱和醛、酮的 γ-氢也是活泼氢，可以发生羟醛缩合反应。

4. 醌的结构和命名；掌握苯醌的性质。

醌是具有共轭环己二烯二酮结构特征的化合物，在分子中同时存在碳碳双键和碳氧双键，可以发生亲核加成和亲电加成。

5. 萘醌、蒽醌、菲醌的化合物的性质。

（成都中医药大学）

本章 PPT

第十二章

羧酸及羧酸衍生物

学习目的　羧酸及其衍生物广泛存在于自然界，与人类生活关系密切。其中有些是重要的生物活性物质，也是药物中常见的结构。因此，掌握羧酸及其衍生物的结构与性质，学会应用有机结构理论分析结构对性质的影响，对了解和认识生物代谢过程、植物化学成分的分离提取方法，以及药物的合成与理化性质等具有重要意义。

学习要求　掌握羧酸及其衍生物（酰卤、酸酐、酯、酰胺）的结构、命名及主要理化性质；学会分析电子效应与空间效应对羧酸及其衍生物性质的影响；了解碳酸衍生物代表性化合物的结构性质与应用；了解油脂、蜡和表面活性剂的组成、性质与应用。

第一节　羧　　酸

分子中含有羧基（—COOH）的有机化合物称为羧酸（carboxylic acid）。羧酸的通式可表示为 R—COOH（甲酸中 R 为 H）。羧基是羧酸的官能团。

一、结构、分类和命名

（一）羧酸的结构

羧基从结构上看是由羰基（ $-\overset{\displaystyle O}{\underset{\displaystyle \parallel}{C}}-$ ）和羟基（—OH）组成的，但是它与醛、酮的羰基和醇的羟基在性质上有非常明显的差异。羧基中碳原子的杂化方式是 sp²，三个 sp² 杂化轨道分别与羰基的氧原子、羟基的氧原子和烃基的碳原子（或一个氢原子）形成三个 σ 键，这三个 σ 键在同一平面上，所以羧基是平面结构，键角大约为 120°，羧基碳原子上未参与杂化的 p 轨道与羰基氧原子的 p 轨道形成一个 π 键。另外，羧基中羟基氧原子的 p 轨道上有一对未共用电子和 π 键形成 p-π 共轭体系。

X 射线和电子衍射测定已证明，在甲酸分子中，C＝O 键长是 123pm，C—OH 键长是 136pm，与典型的 C＝O 和 C—OH 的键长相比有明显的差异，如甲醛中 C＝O 键长是 120pm，甲醇分子中 C—OH 键长是 143pm。这说明由于 p-π 共轭的影响，羧基中 C＝O 和 C—OH 的键长存在一定程度的平均化。

羧酸解离后生成羧酸根负离子，羧酸根负离子的结构与羧酸中羧基的结构有所不同。在羧酸根负离子中每个氧原子都提供一个 p 轨道，它们和羰基碳的 p 轨道组成三中心（O—C—O）四电子的 π 分子轨道，羧酸根负离子的负电荷不是集中在一个氧原子上，而是平均分布在两个氧原子上，由于 π 电子的离域，羧酸根负离子的结构更为稳定。

X 射线衍射法对甲酸钠结构测定的结果表明：在甲酸根负离子中，两个 C—O 键的键长相等，都是 127pm。这说明在羧酸根负离子中由于 π 电子的离域而发生了键长的完全平均化。

羧酸之所以显示酸性，主要是因为羧酸能解离生成更为稳定的羧酸根负离子。另外，羟基氧原子 p 轨道上的未共用电子对与羰基形成 p-π 共轭，从而降低了羰基碳的正电性，所以不利于羰基发生亲核加成反应。

（二）分类和命名

根据羧基所连接的烃基不同，可将羧酸分为脂肪族、脂环族和芳香族羧酸；根据烃基是饱和的或不饱和的可分为饱和羧酸和不饱和羧酸；根据羧酸分子中羧基的数目不同，还可分为一元羧酸和多元羧酸。

羧酸的命名常见的有两种方法。

（1）俗名　常见的羧酸，根据它的来源命名。例如，甲酸最初是由蒸馏蚂蚁而得，因而得名蚁酸。而乙酸最初是由食醋中获得，所以乙酸又称醋酸。

HCOOH　　　　　CH_3COOH　　　　　HOOCCOOH

甲酸（蚁酸）　　　乙酸（醋酸）　　　乙二酸（草酸）
formic acid　　　acetic acid　　　oxalic acid

（2）系统命名　选择分子中含羧基的最长碳链为主链，按主链上碳原子的数目定为某酸。主链从羧基碳原子开始编号，用阿拉伯数字标明位次。简单的羧酸也常用希腊字母标位，从邻接羧基的碳原子开始，以 α、β、γ、δ、ε、…来定位，ω 是希腊字母的最后一个，常用于表示碳链末端位置。例如：

羧基　　　　　　　羧甲基
carboxy　　　　　carboxymethyl

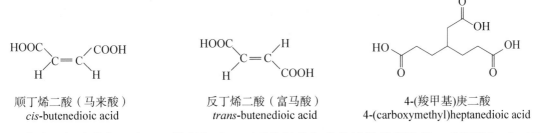

CH₃CHCHCH₂COOH | 3,4-二甲基戊酸（β,γ-二甲基戊酸）3,4-dimethylpentanoic acid

CH₃CH₂CHCH₂CH₂CH—COOH | 2-乙基-5-甲基庚酸（α-乙基-δ-甲基庚酸）2-ethyl-5-methylheptanoic acid

甲基丙烯酸 methacrylic acid

2-甲亚基丁酸 2-methylenebutanoic acid

2-乙基丁-3-炔酸 2-ethylbut-3-ynoic acid

脂肪族二元羧酸的命名是取分子中含两个羧基的最长碳链作主链，称为"某二酸"，例如：

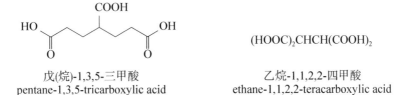

顺丁烯二酸（马来酸）
cis-butenedioic acid

反丁烯二酸（富马酸）
trans-butenedioic acid

4-(羧甲基)庚二酸
4-(carboxymethyl)heptanedioic acid

若直链烃直接与两个以上羧基相连，可看作母体氢化物被羧基所取代，采用诸如"-三甲酸（-tricarboxylic acid）"等后缀来表示。例如：

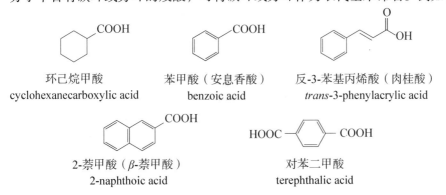

戊(烷)-1,3,5-三甲酸
pentane-1,3,5-tricarboxylic acid

(HOOC)₂CHCH(COOH)₂

乙烷-1,1,2,2-四甲酸
ethane-1,1,2,2-teracarboxylic acid

分子中含有碳环或芳环的羧酸，可将碳环或芳环作为取代基来命名。例如：

环己烷甲酸
cyclohexanecarboxylic acid

苯甲酸（安息香酸）
benzoic acid

反-3-苯基丙烯酸（肉桂酸）
trans-3-phenylacrylic acid

2-萘甲酸（β-萘甲酸）
2-naphthoic acid

对苯二甲酸
terephthalic acid

二、羧酸的物理性质

低级一元脂肪酸在常温下是液体，甲酸、乙酸和丙酸具有刺激性气味，而直链的正丁酸至正壬酸是具有腐败气味的油状液体。高级脂肪酸是无气味的蜡状固体。多元酸或芳香酸在常温下都是结晶固体。

饱和一元羧酸的沸点随相对分子质量的增加而升高,相对分子质量相近的羧酸比醇的沸点高。例如,甲酸和乙醇的相对分子质量相同,都是 46,甲酸的沸点为 101℃,而乙醇的沸点则为 78℃。又如,乙酸和丙醇的相对分子质量都是 60,乙酸的沸点为 118℃,而丙醇的沸点则为 97℃。这种沸点相差很大的原因,是羧酸分子间形成的氢键更稳定,并能通过氢键互相缔合起来,形成双分子缔合的二聚体。

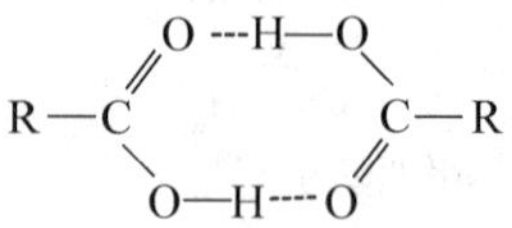

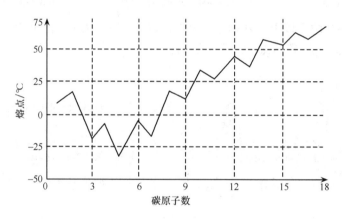

根据 X 射线对蒸气密度的测定,低级羧酸(甲酸、乙酸等)在蒸气状态时还保持双分子缔合。

羧酸的熔点表现出一种特殊的变化规律,即含偶数碳原子的羧酸的熔点比相邻两个奇数碳原子的羧酸的熔点高。在晶体中,羧酸分子的碳链是呈锯齿状排列的,含偶数碳的羧酸链端甲基和羧基分处在碳链的两边,而含奇数碳的羧酸的链端甲基和羧基则处在碳链的同一边,前者具有较高的对称性,在晶格中排列更紧密,分子间的吸引力更大,需要更高的温度才能使它们彼此分开,因而具有较高的熔点,如图 12-1 所示。

图 12-1　脂肪族饱和一元羧酸的熔点

由于羧酸分子中的羧基是亲水基,可与水形成氢键(图 12-2),因此甲酸至丁酸都能与水混溶,从戊酸开始,随着相对分子质量增加,疏水性的烃基越来越大,在水中的溶解度迅速减小,癸酸以上的羧酸都不溶于水。脂肪族一元羧酸一般都能溶于乙醇、乙醚、氯仿等有机溶剂。低级饱和二元羧酸能溶于水,随碳链的增长溶解度降低。芳香酸在水中的溶解度很小。

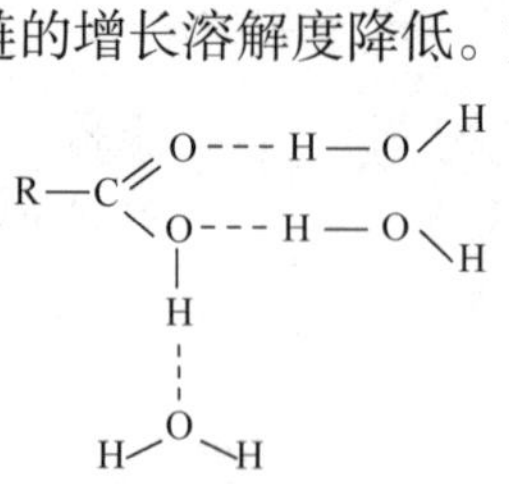

图 12-2　羧酸与水形成氢键示意图

甲酸、乙酸的密度大于 1,其他一元羧酸的密度都小于 1。二元羧酸和芳香族羧酸的密度都大于 1。一些常见羧酸的物理性质见表 12-1。

表 12-1　一些羧酸的物理常数

化合物	沸点/℃	熔点/℃	pKa	化合物	沸点/℃	熔点/℃	pKa
甲酸（蚁酸）	100.5	8.4	3.77	3-苯丙烯酸（肉桂酸）		133	4.44
乙酸（醋酸）	118	16.6	4.76	乙二酸（草酸）	101	189	1.46*
丙酸（初油酸）	141	−22	4.88				4.40**
正丁酸（酪酸）	162.5	−4.7	4.82	丙二酸	140***	185	2.85*
异丁酸	154.5	−47	4.85				5.85**
戊酸（缬草酸）	187	−34.5	4.81	丁二酸（琥珀酸）	235****	185	4.17*
2,2-二甲基丙酸	163.5	35.5	5.02				5.64**
己酸	205	−1.5	4.85	戊二酸	303	97.5	4.33*
庚酸（毒水芹酸）	223.5	−11	4.89				5.75**
辛酸	237	16	4.85	己二酸	337.5	151	4.84*
壬酸（天竺葵酸）	254	12.5	4.96				5.52**
癸酸	268.4	31.5		苯甲酸	249	121.7	4.17
十六酸（软脂酸）	269#	62.9		苯乙酸	265	78	4.31
十八酸（硬脂酸）	287#	70	6.37	邻羟基苯甲酸（水杨酸）	259	106	3.89
丙烯酸	141	13	4.26	间甲基苯甲酸	263	112	4.28
丁-3-烯酸	163	−89	4.35	邻苯二甲酸	275	180	2.89

*pK_{a1}；**pK_{a2}；***分解；****失水；#0.01MPa

三、羧酸的化学性质

羧酸的官能团羧基由羰基和羟基组成，但是羧基的性质并不是这两个基团性质的简单加和，由于两者在分子中的相互影响，羧基具有其特殊性质。羧基结构中存在 p-π 共轭体系，其中羟基氧原子上的电子云向羰基转移，使羰基失去了典型的羰基性质，所以羧基中的羰基不具有醛、酮的一般特性；同时，由于羟基中氧原子上的电子云向羰基转移，使氧原子上电子云密度降低，O—H 间的电子云更靠近氧原子，增强了 O—H 键的极性，有利于羟基中氢原子的解离，使羧酸比醇具有更强的酸性，因而羧基中羟基的性质和醇羟基的性质也不完全相同。

根据羧酸的结构，它可以发生如下反应：

（一）酸性

1. 成盐　羧酸具有明显的酸性，它在水溶液中，能解离出氢离子和羧酸根负离子。

$$R-\overset{O}{\underset{\|}{C}}-OH \rightleftharpoons RCOO^- + H^+$$

羧酸能与氢氧化钠、碳酸钠、碳酸氢钠或金属氧化物等作用生成羧酸盐。

$$RCOOH + NaOH \longrightarrow RCOONa + H_2O$$
$$RCOOH + NaHCO_3 \longrightarrow RCOONa + CO_2\uparrow + H_2O$$
$$2RCOOH + CaO \longrightarrow (RCOO)_2Ca + H_2O$$

大多数无取代基羧酸的 pK_a 在 $3.5\sim5$ 之间，属于弱酸，但比碳酸的酸性（$pK_a=6.38$）强。所以，羧酸可以分解碳酸盐，而苯酚（$pK_a=10$）不能分解碳酸盐，因此可利用这个性质区别羧酸和苯酚（表 12-2）。

表 12-2 部分常见化合物的酸性比较

化合物	RCOOH	H_2CO_3	ArOH	H_2O	ROH	$HC\equiv CH$	RH
pK_a	$3.5\sim5$	6.38	$9\sim10$	15.7	$16\sim19$	约 25	约 50

常用酸式电离平衡常数 K_a 的负对数 pK_a 值来表示酸性的强弱。

$$pK_a = -\lg K_a$$

羧酸的 pK_a 值越小，其酸性就越强。芳香酸的酸性较同碳数脂肪酸更强。

羧酸盐具有盐类的一般性质，为固体，不能挥发，是离子型化合物，其钾、钠、铵盐可溶于水，一般都不溶于有机溶剂。在羧酸盐中加入无机酸（强酸），可以使盐重新转化为羧酸而游离出来。

$$RCOONa + HCl \longrightarrow RCOOH + NaCl$$

此反应可用于分离、精制羧酸，也可用于从中草药中提取含羧基的有效成分。当羧酸和中性化合物混在一起时，首先将混合物用醚溶解，然后再用碱水溶液提取，这时羧酸则成盐而进入水层，中性化合物仍留在醚层里。分液后，将水层酸化，便得到游离的羧酸。

对一些含羧基的药物，可将它制成羧酸盐从而增加其在水中的溶解度，这样更便于制成水剂或注射使用。例如：

青霉素 G 钾

2. 影响酸性的因素

（1）诱导效应 羧酸酸性的强弱与其整个分子的结构有关。在羧酸分子中与羧基直接或间接相连的原子或取代基，对羧酸的酸性都有不同程度的影响。

在饱和一元羧酸分子中，烃基上的氢原子被卤素、氰基、硝基等电负性大的基团取代后，这些取代基具有吸电子诱导效应（$-I$），能通过碳链传递，使得分子中各原子之间的成键电子云密度降低，则氧氢键的电子云更靠近氧原子，有利于氢原子的解离。同时也使形成的羧酸负离子负电荷更为分散，稳定性增加，所以酸性增强。

$$Cl \longleftarrow CH_2 \longleftarrow \overset{\displaystyle O}{\overset{\|}{C}} \longleftarrow O \longleftarrow H$$

取代基的诱导效应越强，取代基的数目越多，对羧酸酸性的影响就越大。例如，卤素的吸电子诱导效应次序为：$F>Cl>Br>I$，在卤代乙酸中氟代乙酸的酸性最强，碘代乙酸的酸性最弱。α-碳原子上卤素原子的数目越多，吸电子的诱导效应就越大，则酸性越强，见

表 12-3 和表 12-4。

表 12-3　卤代乙酸的酸性（水溶液）

化合物	FCH$_2$COOH	ClCH$_2$COOH	BrCH$_2$COOH	ICH$_2$COOH	CH$_3$COOH
pK_a	2.57	2.87	2.90	3.16	4.76

表 12-4　氯代乙酸的酸性（水溶液）

化合物	Cl$_3$COOH	Cl$_2$CHCOOH	ClCH$_2$COOH	CH$_3$COOH
pK_a	0.66	1.25	2.87	4.76

取代基的诱导效应随着距离的增大而迅速减弱，通常经过三个原子后，诱导效应影响就很弱了，见表 12-5。

表 12-5　氯代丁酸的酸性（水溶液）

化合物	CH$_3$CH$_2$CHClCOOH	CH$_3$CHClCH$_2$COOH	CH$_2$ClCH$_2$CH$_2$COOH	CH$_3$CH$_2$CH$_2$COOH
pK_a	2.84	4.06	4.52	4.82

脂肪族饱和一元羧酸分子中的烷基具有供电子的诱导效应（+I），不利于羧基中氢原子的解离，也不利于所形成的羧基负离子负电荷的分散。烷基的+I 效应越强，相应羧酸的酸性越弱。

	HCOOH	CH$_3$COOH	CH$_3$CH$_2$COOH	(CH$_3$)$_2$CHCOOH	(CH$_3$)$_3$CCOOH
pK_a	3.77	4.76	4.88	4.85	5.02

诱导效应对酸性的影响还与取代基中碳原子的杂化方式及取代基的位置等因素有关。取代基的不饱和程度越高，其碳原子的杂化轨道中 s 轨道成分越多，吸电子能力越强。

–I 效应：　　—C≡CR　>　—C$_6$H$_5$　>　—CH=CHR　>—CH$_2$CH$_2$R

乙烯基、乙炔基或芳基连接在饱和碳原子上时，表现为吸电子基，使酸性增强。

	HC≡CCH$_2$COOH	H$_2$C=CHCH$_2$COOH	C$_6$H$_5$—CH$_2$COOH	CH$_3$CH$_2$CH$_2$COOH
pK_a	3.32	4.35	4.31	4.82

通常，不饱和羧酸的酸性比相应的饱和羧酸强。

二元羧酸分子中含两个羧基，分两步解离，有两个解离常数 K_{a1} 和 K_{a2}。

$$
\begin{matrix}
\text{COOH} \\
| \\
(\text{CH}_2)_n \\
| \\
\text{COOH}
\end{matrix}
\ \xrightleftharpoons{K_{a1}}\ \text{H}^+ +
\begin{matrix}
\text{COO}^- \\
| \\
(\text{CH}_2)_n \\
| \\
\text{COOH}
\end{matrix}
\ \xrightleftharpoons{K_{a2}}\ \text{H}^+ +
\begin{matrix}
\text{COO}^- \\
| \\
(\text{CH}_2)_n \\
| \\
\text{COO}^-
\end{matrix}
$$

由于羧基是较强的吸电子基，其中一个羧基可使另一个羧基更容易解离，这种影响随着两个羧基距离的增大而减弱，二元羧酸的 K_{a1} 一般都比乙酸的 K_a 要大。当二元羧酸的一个羧基发生解离后，形成羧酸根负离子，对另一个羧基产生供电子的诱导效应，使该羧基上的氢不易解离；同时，第一步电离形成的羧酸根负离子与另一个羧基之间存在场效应，也不利于第二个羧基的解离（图 12-3）；此外，第二步解离生成两个带负电荷的离子，负离子之间存在相互排斥作用，不稳定，所以第二步解离较难。因此，二元羧酸的 K_{a1} 比 K_{a2} 大。

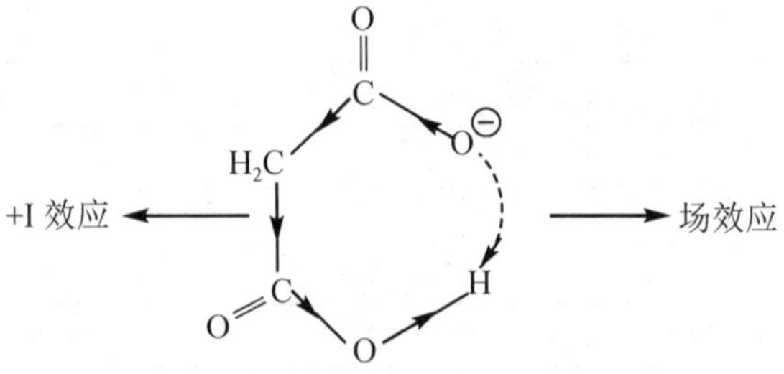

图 12-3　丙二酸诱导效应与场效应示意图

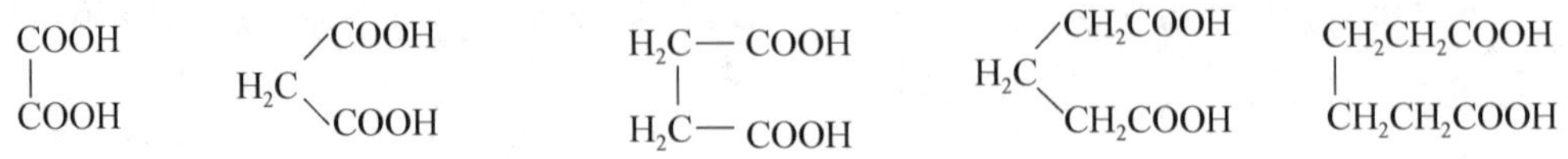

	COOH | COOH	H₂C‹COOH 　　COOH	H₂C—COOH H₂C—COOH	H₂C‹CH₂COOH 　　CH₂COOH	CH₂CH₂COOH | CH₂CH₂COOH
pK_{a1}	1.46	2.80	4.17	4.33	4.43
pK_{a2}	4.46	5.85	5.64	5.57	5.52

（2）共轭效应　芳香族羧酸的酸性比饱和一元羧酸强，但比甲酸弱。这是由于芳香酸分子中苯环的大 π 键可与羧基的 π 键形成 π-π 共轭，该共轭体系能分散芳酸羧基负离子的负电荷，使芳酸羧基负离子更稳定，从而呈现更强的酸性。随着羧基与苯环之间距离的增大，酸性逐渐接近于饱和一元酸。例如：

	HCOOH	C₆H₅COOH	C₆H₅CH₂COOH	C₆H₅(CH₂)₂COOH	C₆H₅(CH₂)₃COOH	CH₃COOH
pK_a	3.77	4.17	4.31	4.66	4.76	4.76

当芳香酸上的取代基为—NO₂、—CN、—COOH、—CHO、—COR 等基团时，这些基团中的不饱和键能与芳环的大 π 键形成 π-π 共轭体系，因基团中存在电负性较强的原子，能产生吸电子共轭效应（–C），同时也存在吸电子诱导效应（–I），二者方向一致，使取代芳酸的酸性增强。当芳香酸上的取代基为—NH₂、—NHR、—OH、—OR、—OCOR、—Cl、—Br 等基团时，N、O、Cl、Br 等原子 p 轨道上的未共用电子对可向芳环转移，表现为给（斥）电子的 p-π 共轭效应（+C）；同时，由于 N、O、Cl、Br 等原子的电负性较强，也存在吸电子诱导效应（–I），二者方向相反，分子的酸性取决于这两种电子效应的综合结果。

取代芳香酸的酸性除了与取代基的结构有关，还与取代基的位置等因素有关。例如，当硝基在苯甲酸对位时，既有吸电子共轭效应（–C），又有吸电子诱导效应（–I），二者方向一致，所以对硝基苯甲酸的酸性明显增强。当甲氧基在苯甲酸对位时，其共轭效应（p-π 共轭）是供电子的（+C），能使羧酸的酸性减弱；而诱导效应是吸电子的（–I），能使羧酸的酸性增强。两种效应的影响相反，由于共轭效应起主导作用，即+C＞–I，两种效应综合结果还是供电子的，所以对甲氧基苯甲酸的酸性减弱。

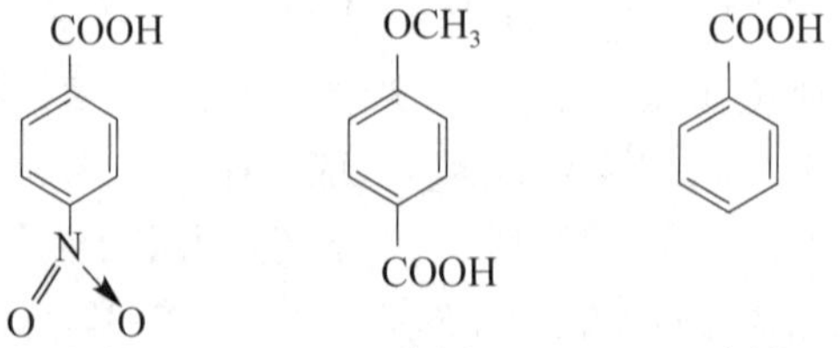

pK_a	3.40	4.47	4.17

当取代基在间位时，共轭效应受到阻碍，诱导效应起主导作用，但取代基与羧基相隔三个碳原子，影响较弱。例如，间硝基苯甲酸的酸性比苯甲酸的强，但比对硝基苯甲酸弱。间甲氧基苯甲酸分子中的甲氧基也表现为吸电子诱导效应，但其吸电子强度比硝基弱，所以间甲氧基苯甲酸的酸性比苯甲酸的酸性稍强，但比间硝基苯甲酸的酸性要弱。

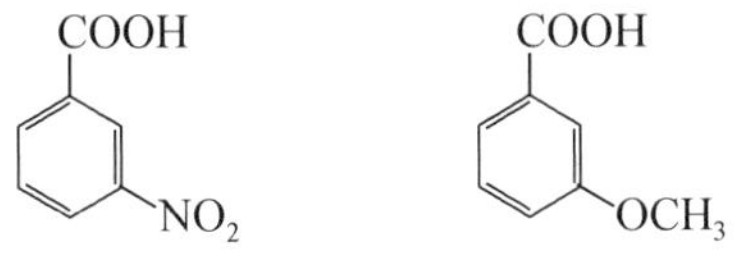

pKa   3.49   4.09

邻位取代的苯甲酸情况比较复杂，除共轭效应和诱导效应外，由于取代基与羧基的距离很近，还要考虑空间效应的影响。一般来说，邻位取代的苯甲酸，除氨基外，不管取代基是吸电子基还是供电子基，其酸性都比间位或对位取代的苯甲酸强，见表 12-6。

表 12-6 取代苯甲酸的 pK_a

取代基		—H	—CH$_3$	—Cl	—Br	—NO$_2$	—OH	—OCH$_3$	—NH$_2$
	o-	4.17	3.89	2.89	2.82	2.21	2.98	4.09	5.00
pK_a	m-	4.17	4.28	3.82	3.85	3.49	4.12	4.09	4.82
	p-	4.17	4.35	4.03	4.18	3.42	4.54	4.47	4.92

这种由于取代基位于邻位而表现出来的特殊影响称为邻位效应。邻位效应的作用因素复杂，仅从电子效应考虑，就无法解释为什么供电子的甲基和吸电子的硝基都使酸性显著增强。所以，邻位效应可能主要是由空间效应引起的，电子效应也起了一定的作用。

邻、间、对硝基苯甲酸解离的难易程度具有显著差异，它们的 pK_a 值如下：

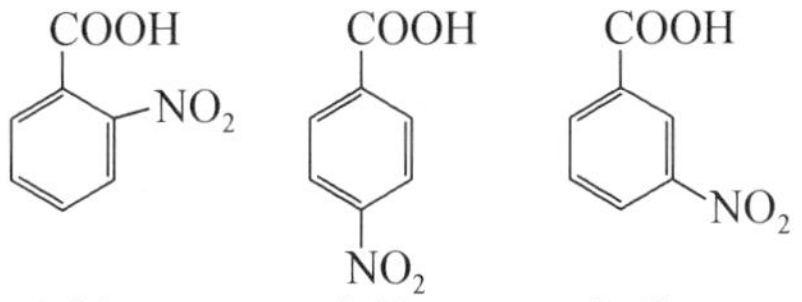

pK_a 2.21   3.42   3.49

其中，邻位异构体的酸性最强。在苯甲酸分子中，羧基与苯环共平面，形成共轭体系。可是，当邻位有取代基时，取代基与羧基存在一定程度的相互排挤，使羧基偏离苯环平面，这就削弱了苯环与羧基的共轭作用，减少了苯环的 π 键电子云向羧基偏移，从而使羧基氢原子较易解离；同时，由于解离后带负电荷的氧原子与硝基中显正电性的氮原子在空间相互作用，而使羧酸负离子更为稳定（图 12-4）；另外，邻硝基苯甲酸中硝基的–I 效应较强，有利于羧基氢原子的解离。基于以上三方面的原因，邻硝基苯甲酸具有较强的酸性。

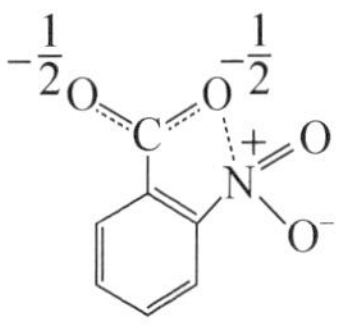

图 12-4 邻硝基苯甲酸中负氧离子与硝基中氮原子在空间的相互作用示意图

而对硝基苯甲酸以–C 为主，–I 效应很微弱，其酸性也较强，仅次于邻硝基苯甲酸。间硝基苯甲酸无共轭效应，仅有较弱的–I 效应，所以其酸性稍低于对硝基苯甲酸，但比未取代的苯甲酸强。

邻位上的取代基所占的空间越大，影响也就越大。另外，电子效应也同时在起作用，吸电子能力越强的取代基，酸性增强也就越多。例如：

$$\text{H}_3\text{C}\underset{\text{CH}_3}{\overset{\text{COOH}}{\bigcirc}} \quad \underset{\text{C(CH}_3)_3}{\overset{\text{COOH}}{\bigcirc}} \quad \underset{\text{CH}_3}{\overset{\text{COOH}}{\bigcirc}} \quad \underset{\text{Cl}}{\overset{\text{COOH}}{\bigcirc}} \quad \underset{\text{NO}_2}{\overset{\text{COOH}}{\bigcirc}} \quad \text{O}_2\text{N}\underset{\text{NO}_2}{\overset{\text{COOH}}{\bigcirc}}$$

pK_a 3.21 3.46 3.91 2.89 2.21 0.65

综上所述，影响羧酸酸性的因素有诱导效应、共轭效应、场效应、空间效应、邻位效应以及溶剂化作用等，有时这些因素共存于同一体系，分子整体的酸性取决于各种因素综合作用的结果。

（二）羧基上羟基的取代反应

羧酸分子中的羟基可以被卤素、酰氧基、烷氧基和氨基取代分别生成酰卤、酸酐、酯和酰胺等羧酸衍生物。

$$\underset{\text{酰卤}}{R-\overset{\overset{\text{O}}{\|}}{C}-X} \quad \underset{\text{酸酐}}{R-\overset{\overset{\text{O}}{\|}}{C}-O-\overset{\overset{\text{O}}{\|}}{C}-R} \quad \underset{\text{酯}}{R-\overset{\overset{\text{O}}{\|}}{C}-OR} \quad \underset{\text{酰胺}}{R-\overset{\overset{\text{O}}{\|}}{C}-NH_2}$$

羧酸分子中除去羟基后剩余的部分称为酰基（ $R-\overset{\overset{\text{O}}{\|}}{C}-$ ）

1. 酯的生成

（1）酯化反应　羧酸与醇在酸催化下加热作用而生成酯。

$$R-\overset{\overset{\text{O}}{\|}}{C}-OH + R'-OH \underset{\triangle}{\overset{H^+}{\rightleftharpoons}} \underset{\text{酯}}{R-\overset{\overset{\text{O}}{\|}}{C}-OR'} + H_2O$$

羧酸和醇作用生成酯的反应，称为酯化反应。在同样条件下，酯和水也可以作用生成醇和羧酸，称为水解反应。所以酯化反应是一个可逆反应。酯化反应的速率很慢，其平衡常数也很小，如果没有催化剂存在，即使在加热回流的情况下，也需要很长时间才能达到平衡。例如，乙醇与乙酸作用生成酯的反应，需回流数小时才能达到平衡，其平衡常数为 3.38，若使用等物质的量的乙醇与乙酸反应，当其达到平衡时只有 65% 转化成乙酸乙酯，为了提高酯的产率，可增加其中一种较便宜、易分离的原料用量，以便使平衡向生成物方向移动，如乙醇与乙酸中增加乙醇的用量，若用物质的量比为 1：10 的乙酸与乙醇反应，反应达到平衡时将有 97% 的乙酸转化成酯。另外也可采取不断从反应体系中除去一种生成物的方法，使平衡向生成物方向移动，如合成甲酸甲酯时，由于甲酸甲酯的沸点（32℃）比甲酸（沸点 100.5℃）、甲醇（沸点 65℃）和水都低，因此可以在酯化反应过程中加上精馏柱，将甲酸甲酯不断蒸出，从而提高酯的产率。

（2）酯化反应的机制　酯化反应随着羧酸和醇的结构以及反应条件的不同，可按不同的机制进行。

酯化时，酸和醇分子间的失水方式有两种可能性：

$$R-\overset{\overset{\text{O}}{\|}}{C}\underset{(\text{I})\text{酰氧键断裂}}{\boxed{+OH\ H}+OR'} \quad R-\overset{\overset{\text{O}}{\|}}{C}\underset{(\text{II})\text{烷氧键断裂}}{-O\boxed{H\ HO}+R'}$$

酯化反应到底是按（I）还是按（II）进行的，与反应的具体条件有关。实验证明，在大多数情况下，反应是按（I）式进行的，用含有 [18]O 标记的醇与酸作用，生成的酯含有 [18]O，而生成

的水并不含有 ^{18}O。

$$R-C{\overset{O}{\|}}{-}[OH + H]{-}^{18}OR' \underset{}{\overset{H^+}{\rightleftharpoons}} R-C{\overset{O}{\|}}{-}^{18}OR' + H_2O$$

酯化反应的历程比较复杂，常因其反应条件和反应物结构的不同而异。常见的酸催化酯化反应机制如下。

① $R-C{\overset{O}{\|}}{-}OH + H^+ \rightleftharpoons R-C{\overset{\overset{+}{O}H}{\|}}{-}OH$ ② $R-C{\overset{\overset{+}{O}H}{\|}}{-}OH + R'OH \rightleftharpoons R-C{\overset{OH}{|}}{\underset{\overset{+}{O}R'}{\underset{H}{|}}}{-}OH$

③ $R-C{\overset{OH}{|}}{\underset{\overset{+}{O}R'}{\underset{H}{|}}}{-}OH \rightleftharpoons R-C{\overset{OH}{|}}{\underset{OR'}{|}}{-}OH + H^+$ ④ $R-C{\overset{OH}{|}}{\underset{OR'}{|}}{-}OH + H^+ \rightleftharpoons R-C{\overset{OH}{|}}{\underset{OR'}{|}}{-}\overset{+}{O}H_2$

⑤ $R-C{\overset{OH}{|}}{\underset{OR'}{|}}{-}\overset{+}{O}H_2 \rightleftharpoons R-C{\overset{\overset{+}{O}H}{\|}}{-}OR' + H_2O$ ⑥ $R-C{\overset{\overset{+}{O}H}{\|}}{-}OR' \rightleftharpoons R-C{\overset{O}{\|}}{-}OR' + H^+$

H^+ 首先和羧酸中羰基氧原子形成锌盐①，使得羰基碳的电子云密度降低，有利于和醇分子发生亲核加成，形成中间体②，③和④为质子转移，⑤为消除反应，失去一分子水而形成锌盐，⑥失去 H^+ 生成酯。上述反应中，酰基和氧原子之间的键发生断裂，属于酰氧键断裂。反应最后结果是烃氧基置换了羧基上的羟基。

羧酸与伯、仲醇酯化时，绝大多数属于这个反应机制，但与叔醇酯化是按照烷氧键断裂的方式进行的。

$$R-C{\overset{O}{\|}}{-}O[H + HO]{-}CR'_3 \overset{H^+}{\rightleftharpoons} R-C{\overset{O}{\|}}{-}O-CR'_3 + H_2O$$

（3）羧酸和醇的结构对酯化反应速率的影响　酯化反应的速率也与参加反应的醇和酸的结构有关。一般来说，α-碳原子上没有支链的羧酸与伯醇所发生的酯化反应最快。羧酸的 α-碳原子上连有支链时，由于空间阻碍作用，酯化反应速率下降。例如，在盐酸催化下，下列羧酸和甲醇酯化的相对速率为

CH_3COOH	C_2H_5COOH	$(CH_3)_2CHCOOH$	$(CH_3)_3CCOOH$	$(C_2H_5)_3CCOOH$
1	0.85	0.33	0.027	0.0016

导致以上酯化反应速率差异的主要原因是空间阻碍。空间阻碍使得醇分子不易接近羧酸中羰基上的碳原子，使酯化反应难于进行。空间位阻越大，酯化反应速率越慢。

醇的结构同样会影响酯化反应速率，此外，醇的结构不同，酯化反应的机制也可能不同。通常，伯醇和仲醇酯化反应的机制是酰氧键断裂，醇分子的空间位阻越小，反应速率越快，因而伯醇的酯化速率比仲醇快。叔醇在酸性条件下易发生烷氧键断裂，形成稳定的叔碳正离子，因此叔醇的酯化反应机制如下：

$$R_3C-OH \underset{}{\overset{H^+}{\rightleftharpoons}} R_3C-\overset{+}{O}H_2 \overset{-H_2O}{\rightleftharpoons} R_3\overset{+}{C} \overset{R'COOH}{\rightleftharpoons} R'C{\overset{O}{\|}}{-}\underset{H}{\overset{+}{O}}CR_3 \rightleftharpoons R'-C{\overset{\overset{+}{O}H}{\|}}{-}OCR_3 \rightleftharpoons R'C{\overset{O}{\|}}{-}OCR_3 + H^+$$

叔醇酯化时，醇先与质子形成锌盐，然后失水生成碳正离子。碳正离子与羧酸反应生成新的锌盐，经过质子转移，再脱去质子生成酯。

2. 酰卤的生成　羧酸与三卤化磷（PX_3）、五卤化磷（PX_5）或亚硫酰氯（$SOCl_2$，也称氯化亚砜）作用时，羧基中的羟基被卤素原子取代生成酰卤。

$$\underset{\text{（沸点75℃）}}{3R\overset{O}{\overset{\|}{-C}}-OH} + PCl_3 \longrightarrow \underset{\substack{\text{（200℃分解）}\\ \text{亚磷酸}}}{3R\overset{O}{\overset{\|}{-C}}-Cl + H_3PO_3}$$

$$\underset{\text{（沸点162℃）}}{R\overset{O}{\overset{\|}{-C}}-OH} + PCl_5 \longrightarrow R\overset{O}{\overset{\|}{-C}}-Cl + \underset{\substack{\text{（沸点107℃）}\\ \text{三氯氧磷}}}{POCl_3} + HCl$$

$$\underset{\text{（沸点79℃）}}{R\overset{O}{\overset{\|}{-C}}-OH} + SOCl_2 \longrightarrow R\overset{O}{\overset{\|}{-C}}-Cl + SO_2 + HCl$$

酰氯很活泼，容易水解，因此必须用蒸馏法将产物分开。在制备酰氯的实际操作中，关键问题是选用何种试剂才能使产物容易分离提纯。通常，制备低沸点的酰氯，反应试剂可选用 PCl_3 作卤化剂；制备高沸点的酰氯，可选用 PCl_5 作卤化剂；亚硫酰氯法合成酰氯所得副产物都是气体，因此对上述两种情况都可采用。例如，丁酰氯的沸点为 102℃，用 PCl_5 作卤化剂是不恰当的，因为副产物 $POCl_3$ 的沸点为 107℃，用蒸馏法难分离，所以应选 $SOCl_2$ 或 PCl_3 作为试剂。

$$CH_3CH_2CH_2COOH + SOCl_2 \longrightarrow \underset{\text{（沸点102℃）}}{CH_3CH_2CH_2COCl} + SO_2 + HCl$$

又如乙酰氯可由乙酸与三氯化磷制得：

$$3CH_3\overset{O}{\overset{\|}{C}}-OH + PCl_3 \longrightarrow \underset{\text{（沸点52℃）}}{3CH_3\overset{O}{\overset{\|}{C}}-Cl} + H_3PO_3$$

3. 酸酐的生成　羧酸与脱水剂（如五氧化二磷或乙酸酐）共热时，两分子羧酸间能失去一分子水而形成酸酐（甲酸脱水时生成一氧化碳）。

$$\begin{matrix} R-\overset{O}{\overset{\|}{C}}-OH \\ R-\overset{O}{\underset{\|}{C}}-OH \end{matrix} \xrightarrow[\text{或}(CH_3CO)_2O]{P_2O_5} \underset{\text{酸酐}}{\begin{matrix} R-\overset{O}{\overset{\|}{C}} \\ R-\overset{O}{\underset{\|}{C}} \end{matrix}\Big\rangle O} + H_2O$$

酸酐还可用酰卤与羧酸盐共热制备，通常用来制备混合酸酐。

$$R-\overset{O}{\overset{\|}{C}}-ONa + R'COCl \overset{\triangle}{\longrightarrow} R\overset{O\ \ O}{\overset{\|\ \ \|}{COCR'}} + NaCl$$

4. 酰胺的生成　羧酸和氨（或碳酸铵）反应生成羧酸的铵盐，铵盐受热失去一分子水便得酰胺。

$$RC\overset{O}{\overset{\|}{}}-OH + NH_3 \longrightarrow RC\overset{O}{\overset{\|}{}}-ONH_4 \overset{\triangle}{\longrightarrow} RC\overset{O}{\overset{\|}{}}-NH_2 + H_2O$$

$$2CH_3C\overset{O}{\overset{\|}{}}-OH + (NH_4)_2CO_3 \longrightarrow 2CH_3C\overset{O}{\overset{\|}{}}-ONH_4 + CO_2\uparrow + H_2O$$

$$CH_3\overset{O}{\overset{\|}{C}}-ONH_4 \xrightarrow{\triangle} CH_3\overset{O}{\overset{\|}{C}}-NH_2 + H_2O$$

（三）还原

羧酸很难被一般的还原剂或催化氢化法还原，但用氢化铝锂（LiAlH$_4$）与乙硼烷（B$_2$H$_6$）等试剂就能顺利地把羧酸还原成伯醇，氢化铝锂对羧酸的还原条件很温和，在室温下就能进行，产率也高，例如：

$$CH_2=CHCH_2-COOH \xrightarrow[②H^+,H_2O]{①LiAlH_4} CH_2=CHCH_2-CH_2OH$$

氢化铝锂的还原性具有高度的选择性，可还原很多具有羰基结构的化合物，但是它不能还原碳碳双键。应用此法可将从油脂中得到的高级脂肪酸直接还原成高级脂肪醇。

（四）脱羧反应

羧酸分子中失去羧基放出二氧化碳的反应称为脱羧反应。一般情况下，羧酸中的羧基较为稳定，不易发生脱羧反应，但在特殊条件下，羧酸能脱去羧基（失去二氧化碳）而生成烃。最常用的脱羧方法是将羧酸的钠盐与碱石灰（CaO+NaOH）或固体氢氧化钠加强热。

$$RCOONa + NaOH \xrightarrow{强热} RH + Na_2CO_3$$

$$CH_3COONa + NaOH \xrightarrow{强热} CH_4 + Na_2CO_3$$

多数脂肪酸，特别是长链的脂肪酸，由于反应温度太高，产率低，加之不易分离，一般不用此反应来制备烷烃。但是若脂肪酸的 α-碳原子上带有吸电子基团如硝基、卤素、羰基、氰基等时，则脱羧容易而且产率也高。例如，三氯乙酸的钠盐在水中 50℃ 就可脱羧生成氯仿：

$$CCl_3COONa + H_2O \xrightarrow{50℃} CHCl_3 + Na_2CO_3$$

三氯乙酸的钠盐在水中完全解离成负离子，三个氯原子具有强的吸电子作用，就使得碳碳之间的电子云偏向三氯甲基，形成较稳定的碳负离子，然后和质子结合形成氯仿，而羧基负离子上的电子转移到碳氧之间形成碳酸盐。

β-酮酸脱羧是通过形成六元环过渡态而进行的协同反应，先生成烯醇，然后经重排得到酮。由于过渡态能量低，因而反应容易进行。例如：

此反应在合成上很重要，丙二酸型化合物以及 α, β-不饱和酸等的脱羧，一般都属于这一类型的反应。又如：

$$HOOCCH_2COOH \xrightarrow{\triangle} HO-\overset{\overset{H_2}{C}}{\underset{O}{C}}\overset{C=O}{\underset{O}{}} \xrightarrow{-CO_2} HO-\overset{CH_2}{\underset{OH}{C}} \xrightarrow{\text{重排}} CH_3\overset{O}{\overset{\|}{C}}OH$$

芳香酸的脱羧比脂肪酸容易进行，如苯甲酸在喹啉溶液中加少许铜粉作为催化剂，加热即可脱羧。

$$\text{（苯甲酸）} \xrightarrow[\text{喹啉}]{Cu, \triangle} \text{（苯）} + CO_2$$

特别是当羧基的邻位或对位连有吸电子基团时，反应更容易发生。例如：

$$\xrightarrow[\triangle]{H_2O} + CO_2$$

由于有三个强吸电子硝基的作用，羧基与苯环间的碳碳键更容易断裂，脱羧反应容易发生。

（五）α-氢的卤代反应

羧酸分子中 α-碳原子上的氢原子与醛、酮中 α-碳原子上的氢原子相似，比较活泼，但羧基的致活作用比羰基小得多，这是因为羧基中的羟基与羰基形成 p-π 共轭体系后，羧基碳原子的正电性因羟基氧原子 p 轨道上未共用电子对的离域而被部分抵消，从而减弱了 α-氢原子的活泼性。因此羧酸 α-氢的取代比醛、酮困难，取代反应不易进行。需在少量红磷等催化剂存在下，羧酸的 α-氢原子才可被卤素取代，生成一元或多元取代的卤代酸，此反应称为赫尔-福尔哈德-泽林斯基（Hell-Volhard-Zelinsky）反应。

$$R-CH_2-COOH + Cl_2 \xrightarrow{P} R-\underset{\underset{Cl}{|}}{CH}-COOH$$

$$CH_3CH_2CH_2CH_2COOH + Br_2 \xrightarrow[70℃]{PBr_3} CH_3CH_2CH_2\underset{\underset{Br}{|}}{CH}COOH$$
$$(80\%)$$

若卤素过量，反应可进一步发生，直至所有的 α-氢都被卤素原子取代。

$$R-\underset{\underset{Cl}{|}}{CH}-COOH + Cl_2 \xrightarrow{P} R-\underset{\underset{Cl}{|}}{\overset{\overset{Cl}{|}}{C}}-COOH$$

磷的作用是先和卤素生成三卤化磷，然后三卤化磷与羧酸作用生成酰卤，酰卤的 α-氢比羧酸的 α-氢更加活泼，因为—COX 比—COOH 吸电子能力强，所以酰卤比羧酸更容易烯醇化，烯醇化的酰卤容易和卤素发生加成反应转化成卤代酰卤，而且卤代酰卤又和羧酸发生交换反应形成卤代酸和酰卤，酰卤又可进行卤代，使得反应继续进行。该反应历程为

$$2P + 3X_2 \longrightarrow 2PX_3$$

$$RCH_2COOH + PX_3 \longrightarrow RCH_2\overset{\overset{\displaystyle O}{\|}}{C}-X + H_3PO_3$$

$$RCH_2\overset{\overset{\displaystyle O}{\|}}{C}-X \rightleftharpoons RCH=\overset{\overset{\displaystyle OH}{|}}{C}-X$$

$$RCH=\overset{\overset{\displaystyle OH}{|}}{C}-X + X_2 \longrightarrow R\overset{\overset{\displaystyle O}{\|}}{\underset{\underset{\displaystyle X}{|}}{CH}}-\overset{\overset{\displaystyle O}{\|}}{C}-X + HX$$

$$R\underset{\underset{\displaystyle X}{|}}{CH}-\overset{\overset{\displaystyle O}{\|}}{C}-X + RCH_2COOH \rightleftharpoons R\underset{\underset{\displaystyle X}{|}}{CH}-\overset{\overset{\displaystyle O}{\|}}{C}-OH + RCH_2COX$$

（六）二元羧酸的特有反应

二元羧酸能发生羧基所具有的一切反应。但某些反应取决于两个羧基间的距离。各种二元羧酸受热后，由于两个羧基位置不同，而发生不同的反应，有的发生失水反应，有的发生脱羧反应，有的失水、脱羧反应同时进行。

乙二酸或丙二酸受热时，脱去一个羧基，生成一元羧酸。

$$\underset{\displaystyle COOH}{\overset{\displaystyle COOH}{|}} \xrightarrow{\triangle} HCOOH + CO_2$$

$$H_2C\overset{\displaystyle COOH}{\underset{\displaystyle COOH}{\diagdown}} \xrightarrow{\triangle} CH_3COOH + CO_2$$

由于羧基是吸电子基团，两个羧基直接相连的乙二酸受热后很容易脱羧，而两个羧基连在同一个碳原子上的丙二酸也有类似的反应。反应历程大致如下：

$$H_2C\overset{\overset{\displaystyle HO}{\diagdown}\,C=O}{\underset{\diagup C}{\underset{\displaystyle O}{\|}}{\ \ \ H}} \xrightarrow{-CO_2} H_2C=\overset{\overset{\displaystyle OH}{|}}{C}-O-H \longrightarrow CH_3COOH$$

两个羧基间隔两个或三个碳原子的二元羧酸，如丁二酸或戊二酸，受热易发生分子内脱水，生成环状内酸酐。

$$\begin{array}{c} H_2C-\overset{\overset{\displaystyle O}{\|}}{C}-OH \\ | \quad\quad\ \ OH \\ H_2C-\overset{\displaystyle C}{\underset{\displaystyle O}{\|}} \end{array} \xrightarrow{\triangle} \begin{array}{c} H_2C-\overset{\overset{\displaystyle O}{\|}}{C} \\ | \quad\quad\ \ \diagdown O \\ H_2C-\overset{\displaystyle C}{\underset{\displaystyle O}{\|}}\diagup \end{array}$$

丁二酸酐（琥珀酸酐）

$$\overset{\displaystyle COOH}{\underset{\displaystyle COOH}{\diagup\!\!\!\diagdown}} \xrightarrow{\triangle} \text{（戊二酸酐结构）}$$

戊二酸酐

两个羧基间隔四个或五个碳原子的二元羧酸，如己二酸或庚二酸，受热则同时发生失水、脱羧反应，生成稳定的五元或六元环酮。

庚二酸以上的二元羧酸，在高温时发生分子间的失水作用，形成高分子的酸酐，而不形成大于六元的环酮。有机反应在有可能形成环状化合物的情况下，总是倾向于形成张力较小的五元环或六元环，这一规则称为勃朗克（Blanc）规则。

四、制备

（一）烃的氧化

近代工业上以石蜡（$C_{20} \sim C_{30}$ 正烷烃）等高级烷烃为原料，在高锰酸钾或二氧化锰等催化剂存在下，用空气或氧气进行氧化，可发生碳链断裂，制得高级脂肪酸的混合物。

$$RCH_2CH_2R' \xrightarrow[107\sim110℃]{MnO_2} RCOOH + R'COOH + 其他羧酸$$

烯烃也可以用来制备羧酸，如丙烯在催化剂存在下也可氧化得到丙烯酸。

$$CH_2{=\!=}CHCH_3 + O_2 \xrightarrow[550\sim750℃, \ 709\sim1418kPa]{磷酸铋} CH_2{=\!=}CHCOOH$$

含有 α-H 的取代芳烃能被高锰酸钾、重铬酸钾、硝酸等氧化剂氧化，也能在催化剂作用下被空气或氧气氧化。α-C 被氧化成羧基，不论烷基碳链的长短，一般都生成苯甲酸。

或

（二）伯醇或醛的氧化

伯醇或醛氧化可得相应的羧酸，这是制备羧酸最普通的方法。伯醇首先氧化生成醛，醛再氧化生成羧酸。常用的氧化剂是重铬酸钾（钠）和硫酸、三氧化铬和冰醋酸、高锰酸钾、硝酸等。

$$RCH_2OH \xrightarrow{[O]} RCHO \xrightarrow{[O]} RCOOH$$

$$CH_3CH_2CH_2OH \xrightarrow[H_2SO_4]{Na_2Cr_2O_7} CH_3CH_2COOH$$

$$CH_3(CH_2)_5CHO \xrightarrow[H_2SO_4]{KMnO_4} CH_3(CH_2)_5COOH$$

$$\underset{\text{(苯甲醇)}}{\text{C}_6\text{H}_5\text{CH}_2\text{OH}} \xrightarrow[\triangle]{\text{KMnO}_4/\text{H}_2\text{SO}_4} \text{C}_6\text{H}_5\text{CHO} \xrightarrow[\triangle]{\text{KMnO}_4/\text{H}_2\text{SO}_4} \text{C}_6\text{H}_5\text{COOH}$$

不饱和醇或醛也可以氧化生成相应的羧酸,但须选用适当的弱氧化剂,以免影响不饱和键。

$$\text{CH}_3\text{CH}{=\!=}\text{CHCHO} \xrightarrow[\text{[O]}]{\text{AgNO}_3,\text{NH}_3} \text{CH}_3\text{CH}{=\!=}\text{CHCOOH}$$

二元羧酸也可用相应的二元醇氧化制得:

$$\underset{\text{CH}_2\text{OH}}{\overset{\text{CH}_2\text{OH}}{(\text{CH}_2)_n}} \xrightarrow{\text{[O]}} \underset{\text{COOH}}{\overset{\text{COOH}}{(\text{CH}_2)_n}}$$

此外,脂环酮氧化也可生成二元酸。例如:

$$\text{环己酮} \xrightarrow{\text{HNO}_3} \underset{\text{COOH}}{\overset{\text{COOH}}{\bigcirc}}$$

(三)腈水解

腈类化合物在酸性或碱性水溶液中加热,即水解生成羧酸或羧酸盐。

$$\text{RCN} + 2\text{H}_2\text{O} + \text{HCl} \xrightarrow{\triangle} \text{RCOOH} + \text{NH}_4\text{Cl}$$

$$\text{RCN} + \text{H}_2\text{O} + \text{NaOH} \xrightarrow{\triangle} \text{RCOONa} + \text{NH}_3$$

$$\text{CH}_3\text{CH}_2\text{CH}_2\text{CH}_2\text{CN} \xrightarrow[\text{乙二醇}]{\text{KOH,H}_2\text{O}} \underset{(90\%)}{\text{CH}_3\text{CH}_2\text{CH}_2\text{CH}_2\text{COO}^-} \xrightarrow{\text{H}^+} \text{CH}_3\text{CH}_2\text{CH}_2\text{CH}_2\text{COOH}$$

$$\underset{}{\text{C}_6\text{H}_5\text{CH}_2\text{CN}} \xrightarrow[\triangle]{\text{H}_2\text{O,浓H}_2\text{SO}_4} \underset{78\%}{\text{C}_6\text{H}_5\text{CH}_2\text{COOH}}$$

腈水解的反应历程有下面两种情况。

1. 酸催化的反应历程

$$\text{RCN} \overset{\text{H}^+}{\rightleftharpoons} \text{RC}{\equiv}\overset{+}{\text{NH}} \underset{}{\overset{\text{H}_2\text{O}}{\rightleftharpoons}} \text{R}{-}\overset{\text{OH}}{\underset{}{\text{C}}}{=}\text{NH} \rightleftharpoons \text{R}{-}\overset{\text{O}}{\underset{}{\text{C}}}{-}\text{NH}_2 \xrightarrow[\text{H}_2\text{O}]{\text{OH}^-} \text{R}{-}\overset{\text{O}}{\underset{}{\text{C}}}{-}\text{OH}$$

氰基和羰基相似,也能质子化。氰基质子化后,氰基碳原子很容易与水发生亲核加成,之后再消除质子,通过烯醇式重排则生成酰胺,酰胺再水解得羧酸。

2. 碱催化反应历程

$$\text{RCN} \overset{\text{OH}^-}{\rightleftharpoons} \text{RC}{=}\overset{\text{OH}}{\underset{}{\text{N}^-}} \overset{\text{H}_2\text{O}}{\rightleftharpoons} \text{R}{-}\overset{\text{OH}}{\underset{}{\text{C}}}{=}\text{NH} \rightleftharpoons \text{R}{-}\overset{\text{O}}{\underset{}{\text{C}}}{-}\text{NH}_2 \xrightarrow[\text{H}_2\text{O}]{\text{OH}^-} \text{R}{-}\overset{\text{O}}{\underset{}{\text{C}}}{-}\text{OH}$$

氢氧根离子是一种强碱,进攻氰基的碳,生成氮负离子,然后夺取质子,通过重排生成酰胺,酰胺水解得羧酸。

二元羧酸也可用二腈水解制取:

$$CH_2\text{—}Br \quad CH_2 \quad CH_2\text{—}Br \xrightarrow{2NaCN} CH_2\text{—}CN \quad CH_2 \quad CH_2\text{—}CN \xrightarrow[H_2O]{H^+ \text{ 或 } OH^-} CH_2COOH \quad CH_2 \quad CH_2COOH$$

$$ClCH_2COONa \xrightarrow{NaCN} NCCH_2COONa \xrightarrow[H_2O]{NaOH} HOOCCH_2COOH$$

（四）格氏试剂与二氧化碳的反应

格氏试剂和二氧化碳作用，经水解生成羧酸。可将格氏试剂的乙醚溶液倒在过量的干冰（即固体二氧化碳）中，此时干冰既是反应试剂又是冷冻剂，或者将格氏试剂的乙醚溶液在冷却下通入二氧化碳，待二氧化碳不再被吸收后，把所得的混合物水解，就得到羧酸。

$$R\text{—}MgX + \overset{\delta^+}{C}\underset{\delta^-}{\overset{\delta^-}{\overset{O}{\|}}}O \xrightarrow[\text{低温}]{\text{干冰}} R\text{—}\overset{O}{\overset{\|}{C}}\text{—}O\text{—}MgX \xrightarrow{KOH} R\text{—}\overset{O}{\overset{\|}{C}}\text{—}O\text{—}H$$

$$CH_3CH_2CHCl + Mg \xrightarrow{\text{无水乙醚}} CH_3CH_2CHMgCl$$
$$\overset{|}{CH_3} \qquad\qquad\qquad \overset{|}{CH_3}$$

$$CH_3CH_2CHMgCl \xrightarrow{O=C=O} CH_3CH_2CHCOOMgCl \xrightarrow{H_2O,H^+} CH_3CH_2CHCOOH$$
$$\overset{|}{CH_3} \qquad\qquad\qquad \overset{|}{CH_3} \qquad\qquad\qquad \overset{|}{CH_3}$$

α-萘甲酸(70%)

格氏试剂可由伯、仲、叔卤代烷或卤代芳烃制得，但用叔卤烷时产率比较低。在制备格氏试剂时，应注意烃基上不能含有与格氏试剂发生作用的其他基团。用此法可合成较相应的卤烃多一个碳原子的羧酸。

五、个别化合物

1. 甲酸 甲酸的俗称蚁酸，存在于蜂类、某些蚁类及毛虫的分泌物中，同时也广泛存在于植物界，如荨麻、松叶及某些果实中。甲酸是具有刺激性气味的无色液体，沸点 100.5℃，能与水、乙醇和乙醚混溶，它的腐蚀性很强，能刺激皮肤起泡。

甲酸的工业制法是用一氧化碳和氢氧化钠在加压、加热下反应，制得甲酸的钠盐，再用硫酸酸化就制得甲酸：

$$CO + NaOH \xrightarrow[210℃]{608\sim1013kPa} HCOONa \xrightarrow{H_2SO_4} HCOOH$$

甲酸是羧酸中最简单的酸，它的结构比较特殊，分子中的羧基和氢原子相连。从结构上看，它既具有羧基的结构，同时又具有醛基的结构：

$$\text{醛基} \quad H\text{—}\overset{O}{\overset{\|}{C}}\text{—}OH \quad \text{羧基}$$

因此，甲酸具有与它的同系物不同的特性，即既有羧酸的一般性质，也有醛的某些性质。

例如，甲酸具有显著的酸性（ $pK_a=3.77$ ），其酸性比它的同系物强；甲酸又具有还原性，能与托伦试剂发生反应生成银镜，还能使高锰酸钾溶液褪色，这些反应常用于甲酸的定性鉴定。

甲酸与浓硫酸共热，则分解为水和一氧化碳：

$$HCOOH \xrightarrow[60\sim80℃]{浓H_2SO_4} CO + H_2O$$

这是实验室制备一氧化碳的一种常用方法。

工业上，甲酸可用来制备某些染料和用作酸性还原剂，也可作橡胶的凝聚剂，在医药上因甲酸有杀菌力还可用作消毒剂或防腐剂。

2. 乙二酸　乙二酸俗称草酸，常以钾盐或钙盐的形式存在于植物中。工业上最广泛的生产方法是用甲酸钠快速加热到 400℃，便得草酸钠，再经稀硫酸酸化而得草酸。

$$2\ HCOONa \xrightarrow{400℃} \begin{array}{c} COONa \\ | \\ COONa \end{array} \xrightarrow{H_2SO_4} \begin{array}{c} COOH \\ | \\ COOH \end{array}$$

草酸是无色结晶,常见的草酸含有两分子结晶水,熔点为 101.5℃,当其加热至 $100\sim105$℃就可失去结晶水而得无水草酸，熔点 189.5℃。草酸易溶于水，而不溶于乙醚等有机溶剂。草酸的酸性比甲酸及其他二元酸都强，这是由于草酸分子中两个羧基直接相连，一个羧基对另一个羧基有吸电子诱导效应。

草酸很容易氧化成二氧化碳和水。

$$\begin{array}{c} COOH \\ | \\ COOH \end{array} \xrightarrow{[O]} 2CO_2 + H_2O$$

因此草酸具有还原性。在定量分析中常用草酸来标定高锰酸钾的浓度。

$$5(COOH)_2 + 2KMnO_4 + 3H_2SO_4 \longrightarrow K_2SO_4 + 2MnSO_4 + 10CO_2 + 8H_2O$$

草酸与许多金属能生成可溶性的络离子，因此可用来除去铁锈和蓝墨水痕迹。此外，草酸还用于钙的定量测定和稀有金属的分离。

3. 十一碳-10-烯酸〔 $CH_2\!\!=\!\!CH(CH_2)_8COOH$ 〕　十一碳-10-烯酸为黄色液体，沸点 275℃，具有特殊的臭味，不溶于水，可溶于有机溶剂中。十一碳-10-烯酸可由干馏蓖麻油而得，其锌盐 $(C_{10}H_{19}COO)_2Zn$ 有抗真菌的作用，可外用治疗各种皮肤感染。

$$2CH_2\!\!=\!\!CH(CH_2)_8COOH + ZnO \longrightarrow (C_{10}H_{19}COO)_2Zn + H_2O$$

4.高级一元羧酸　高级一元羧酸都以甘油酯的形式存在于油脂中,常见的高级饱和一元羧酸和高级不饱和一元羧酸有以下几种：

十六酸(软脂酸或棕榈酸)　　　　　　　$CH_3(CH_2)_{14}COOH$

十八酸(硬脂酸)　　　　　　　　　　　$CH_3(CH_2)_{16}COOH$

(9Z)-十八碳-9-烯酸(油酸)　　　　　　$CH_3(CH_2)_7CH\!\!=\!\!CH(CH_2)_7COOH$

(9Z,12Z)-十八碳-9,12-二烯酸(亚油酸)　$CH_3(CH_2)_4CH\!\!=\!\!CHCH_2CH\!\!=\!\!CH(CH_2)_7COOH$

亚油酸在人体内具有降低血浆中胆固醇的作用，医学上可用于防治血脂过高症。

(5Z, 8Z, 11Z, 14Z)-二十碳-5,8,11,14-四烯酸：
$$CH_3(CH_2)_3(CH_2CH\!\!=\!\!CH)_4(CH_2)_3COOH$$
又称花生四烯酸，在体内可氧化环合成前列腺素 PGE_2，反应如下：

二十碳四烯酸   PGE$_2$

前列腺素（简称 PG）是近年来迅速发展的重要药物，具有广泛的药理作用，可刺激子宫收缩、溶解黄体、舒张气管、收缩鼻黏膜血管，还有降低血压、抑制胃酸分泌、抑制血小板凝聚、抑制甘油三酯分解等作用。在临床上已用于抗早孕和引产，引起了国内外有关方面的重视，被认为是一种较有发展前途的控制人类生育的药物。

目前已知的前列腺素有 16 种，它含有 20 个碳原子，并有一个五元环。按其结构和生物效能的差异，可分为 PGE、PGF、PGA、PGB、19-羟基 PGB 等五类。

PGE 类：C9 为酮基，C11、C15 为羟基。

PGF 类：C9、C11、C15 均为羟基。

PGA 类和 PGB 类都是从 PGE 类衍生而来。

现用于妇产科临床的主要是 PGE、PGE$_2$、PGF$_{2a}$。

5. 苯甲酸　苯甲酸是最简单的芳香酸。苯甲酸和苄醇以酯的形式存在于安息香胶及其他一些树脂中，所以又称安息香酸。它是白色有光泽的鳞片状或针状结晶，熔点 121.7℃，微溶于水，能升华，也能随水蒸气挥发。由于苯环的吸电子作用，苯甲酸的酸性比一般脂肪羧酸的酸性强。

苯甲酸是有机合成的原料，可以制染料、香料、药物等。苯甲酸具有抑菌防腐的能力，它的钠盐被用作食品防腐剂（有些国家认为它有毒性而禁止使用）。

6. 邻苯二甲酸　邻苯二甲酸是白色结晶，熔点 131℃，加热至 231℃就熔融分解，失去一分子水而生成分子内酸酐（邻苯二甲酸酐），俗称苯酐。

邻苯二甲酸酐   邻苯二甲酸二甲酯   邻苯二甲酸氢钾

邻苯二甲酸及其酸酐用于制造染料、树脂、药物和增塑剂等。邻苯二甲酸二甲酯有驱蚊作用，是防蚊油的主要成分。邻苯二甲酸氢钾是标定碱浓度的基准物质，常用于无机定量分析。

第二节　羧酸衍生物

一、羧酸衍生物的结构和命名

羧酸衍生物主要是指羧酸分子中羧基上的羟基被其他原子或基团取代后所生成的化合物。羧酸分子中除去羟基后，剩下的部分称为酰基。本节主要讨论酰基和—X、—OCOR、—OR'、

—NH$_2$ 相连而生成的羧酸衍生物——酰卤、酸酐、酯和酰胺。其通式为

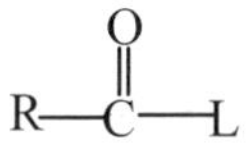

$$R-\overset{\overset{\displaystyle O}{\|}}{C}-L$$

（L＝X、OCOR、OR′、NH$_2$、NR$_2$ ）。

（一）结构

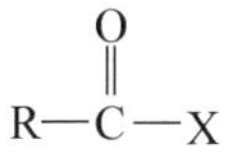

$$R-\overset{\overset{\displaystyle O}{\|}}{C}-X \qquad R-\overset{\overset{\displaystyle O}{\|}}{C}-O-\overset{\overset{\displaystyle O}{\|}}{C}-R' \qquad R-\overset{\overset{\displaystyle O}{\|}}{C}-OR' \qquad R-\overset{\overset{\displaystyle O}{\|}}{C}-NH_2$$

酰卤　　　　　　酸酐　　　　　　　酯　　　　　　　酰胺
(acyl balide)　　(acid anbydride)　(ester)　　　(amide)

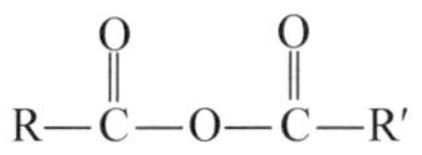

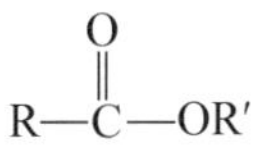

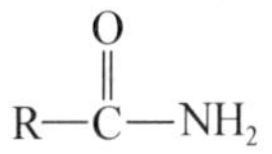

以上化合物均含有酰基，所以又称酰基化合物。酰基化合物的结构和羧酸相似，酰基中羰基的 π 键与取代基 L 的一对未共用电子对发生 p-π 共轭。

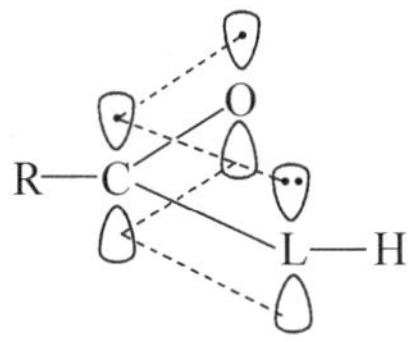

由于取代基 L 的结构不同，其共轭效应、诱导效应以及空间效应大小有所不同，表现出的化学性质也有差异。

（二）命名

羧酸衍生物的命名是由羧酸名称衍生而来。

以下是几种常见酰基的结构与名称：

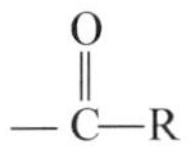

酰基　　　甲酰基　　　乙酰基　　　苯甲酰基
acyl　　　formyl　　acetyl（Ac）　benzoyl（Bz）

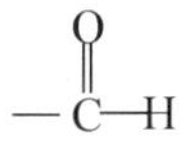

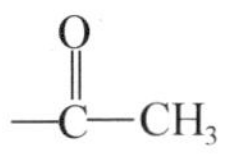

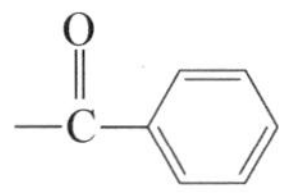

羧酸衍生物的官能团作为取代基时的名称如下：

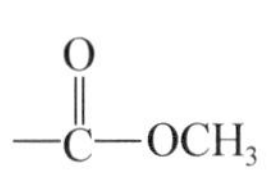

甲氧基羰基　　　氯羰基　　　氨基羰基　　　乙酰氧基　　　乙酰氨基
methoxycarbonyl　chlorocarbonyl　aminocarbonyl　acetoxy　　acetamido

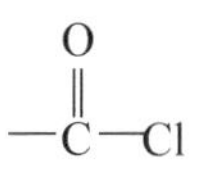

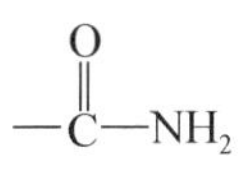

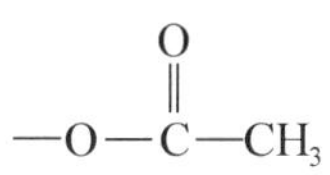

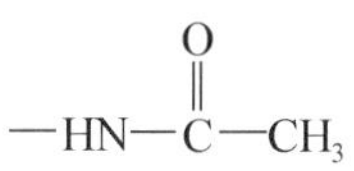

酰卤的命名是将酰基的名称加上卤素的名称，并把酰基的"基"字省略。例如：

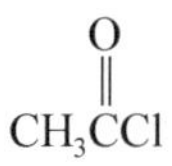

CH$_3$CCl　　　　　CH$_2$＝CHCBr　　　　　CH$_3$CHCH$_2$CH$_2$CBr

乙酰氯　　　　　　丙烯酰溴　　　　　　4-甲基戊酰溴（γ-甲基戊酰溴）
acetyl chloride　　acryloyl bromide　　4-methylpentanoyl bromide

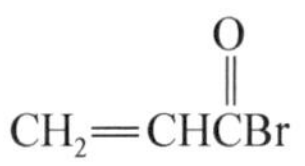

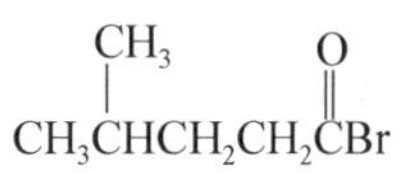

酸酐是根据相应的羧酸的名称来命名，称为"某酸酐"，不对称酸酐按相应羧酸的字母顺序排列。例如：

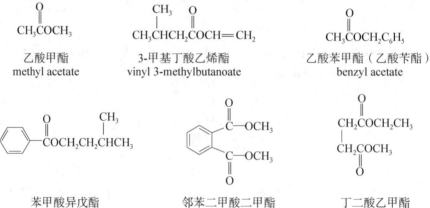

乙酸酐（醋酐）
acetic anhydride

乙丙酸酐
acetic propionic anhydride

顺丁烯二酸酐（马来酸酐）
cis-butenedioic anhydride

邻苯二甲酸酐
phthalic anhydride

酯是根据羧酸和醇的名称来命名，称为某"酸某（醇）酯"，一般把"醇"字省略。

乙酸甲酯
methyl acetate

3-甲基丁酸乙烯酯
vinyl 3-methylbutanoate

乙酸苯甲酯（乙酸苄酯）
benzyl acetate

苯甲酸异戊酯
isopentyl benzoate

邻苯二甲酸二甲酯
dimethyl phthalate

丁二酸乙甲酯
ethyl methyl succinate

多元醇的酯的命名，通常把多元醇的名称放前面，酸的名称放在后面，称为"某醇某酸酯"。例如：

乙二醇二乙酸酯
ethylene glycol diacetate

丙三醇三甲酸酯
glycerol triformate

丁-4-内酯（四氢呋喃-2-酮）
butano-4-lactone(tetrahy drofuran-2-one)

2-甲基戊-1,4-内酯
2-methylpentano-1,4-lactone

4-(甲氧基羰基)环己基乙酸
4-(methoxycarbonyl)cyclohexylacetic acid

3-甲酰基戊酸甲酯
methyl 3-formylpentanoate

酰胺是根据相应酰基的名称来命名，称为"某酰胺"。含有—CO—NH—基的环状结构的酰胺称为"内酰胺"，如氮原子上有取代基，则在名称前面加"*N*-某基"。例如：

$$CH_3\overset{\overset{\displaystyle O}{\|}}{C}NH_2$$

乙酰胺
acetamide

苯甲酰胺
benzamide

邻苯二甲酰亚胺
phthalmide

己-6-内酰胺
hexano-6-lactone

$$CH_3(CH_2)_3\overset{\displaystyle CH}{\underset{\underset{\displaystyle CH_3}{|}}{C}}\overset{\overset{\displaystyle O}{\|}}{C}NHCH(CH_3)_2$$

N-异丙基-2-甲基己酰胺
N-isopropyl-2-methylhexanamide

$$H\overset{\overset{\displaystyle O}{\|}}{C}N(CH_3)_2$$

N,N-二甲基甲酰胺
N,N-dimethylformamide（DMF）

在命名具有多种官能团的化合物时，需要选择一个官能团作为母体化合物，则其余的官能团作为取代基。选择作为母体化合物的优先顺序是：

$RCOOH>RSO_3H>(RCO)_2O>RCOOR'>RCOX>RCONH_2>RCN>RCHO>RCOR'>ROH>ArOH>RNH_2>ROR'$

二、物理性质

低级的酰卤和酸酐都是有刺激性气味的液体，高级的为固体。某些酯具有芳香气味，广泛分布于花和果实中，低级和中级的饱和一元羧酸酯是香精油的成分，可以用作香料。例如，乙酸异戊酯有香蕉的香味，戊酸异戊酯有苹果香味。十四碳羧酸的甲酯或乙酯都为液体。酰胺除甲酰胺和某些脂肪族 N-烷基取代酰胺为液体外，其余均为无味固体。

酰卤、酸酐和酯，由于它们分子中没有羟基，不能产生氢键，也就没有缔合现象，所以酰卤和酯的沸点比相应的羧酸要低；酸酐的沸点比相对分子质量相当的羧酸低，但是比相应的羧酸高。酰胺由于分子间可通过氨基上的氢原子形成氢键而缔合，所以其熔点和沸点都比相应的羧酸高，但是当酰胺氮上氢原子被烷基逐步取代后，则氢键缔合减少，因此熔点和沸点都降低。

酰卤、酸酐不溶于水，但低级的酰卤、酸酐遇水即分解。酯在水中溶解度较小。低级的酰胺可溶于水，N, N-二甲基甲酰胺（DMF）、N, N-二甲基乙酰胺都是很好的非质子性溶剂，能与水无限混溶。酰卤、酸酐、酯、酰胺一般都溶于有机溶剂如乙醚、氯仿、苯等。乙酸的乙酯、丁酯、戊酯等也常用作溶剂。表 12-7 列出了一些常见羧酸衍生物的物理常数。

表 12-7　羧酸衍生物的物理常数

化合物	沸点/℃	熔点/℃	相对密度	化合物	沸点/℃	熔点/℃	相对密度
乙酰氟	20.5		0.993	十八酰氯	176	21	
乙酰氯	52	−112	1.104	苯甲酰氯	197.2	−1	1.212
乙酰溴	76.7	−96	1.52	乙酸酐	139.6	−73	1.082
乙酰碘	108		1.98	丙酸酐	168	−45	1.012
丙酰氯	80	−94	1.065	丁酸酐	198	−75	0.969
丁酰氯	102	−89	1.028	戊酸酐	228	−56	0.929
戊酰氯	125	−110	1.016	丁二酸酐	261	119	1.104

续表

化合物	沸点/℃	熔点/℃	相对密度	化合物	沸点/℃	熔点/℃	相对密度
苯甲酸酐	360	42	1.199	甲酰胺	192	2.5	1.139
邻苯二甲酸酐	285	132	1.527	乙酰胺	222	82	1.159
甲酸甲酯	32	−99	0.974	丙酰胺	213	80	1.042
甲酸乙酯	54	−80	0.969	丁酰胺	216	116	1.032
乙酸甲酯	57	−98	0.924	己酰胺	255	101	0.999
乙酸乙酯	77.1	−84	0.901	苯甲酰胺	290	130	1.341
乙酸丙酯	101.7	−93	0.886	乙酰苯胺	305	114	1.21
乙酸戊酯	147.6	−78	0.879	N,N-二甲基甲酰胺	153	−61	0.948
乙酸异戊酯	142	−79	0.876	N,N-二甲基乙酰胺	165	−20	0.936
苯甲酸乙酯	213	−35	1.051	丁二酰亚胺	288*	125	
苯甲酸苄酯	324	20	1.114	邻苯二甲酰亚胺	359**	238	

注：*分解；**升华。

三、化学性质

羧酸衍生物的结构相似，均含有酰基，因此它们的化学性质相似，可发生酰基上的亲核取代反应，如与水、醇、氨（胺）等发生水解、醇解、氨解反应，羧酸衍生物中的羰基也能发生还原反应以及与有机金属化合物的加成反应等。但由于与羰基相连的原子或基团不同，它们在化学性质上又有所差异，某些羧酸衍生物还有其特殊的化学性质。

（一）亲核取代反应

羧衍生物中的羰基碳上带有部分正电荷，易受亲核试剂的进攻而发生亲核取代反应。

1. 水解反应 所有羧酸衍生物均可发生水解反应生成羧酸。

$$
\underset{\substack{\parallel \\ \text{O}}}{R\text{—}C}\text{—L} + HOH \longrightarrow \underset{\substack{\parallel \\ \text{O}}}{R\text{—}C}\text{—OH} + HL
$$

（1）酰卤的水解 低级的酰卤极易水解，如乙酰氯遇水反应很激烈；随着酰卤相对分子质量的增大，在水中的溶解度降低，水解速率逐渐减慢，必要时需加入适当溶剂（如二氧六环、四氢呋喃等），以增加其与水的接触，促进反应速率加快。例如：

$$
n\text{-}C_{19}H_{39}\underset{\substack{\parallel \\ \text{O}}}{C}\text{—L} + HOH \xrightarrow{} n\text{-}C_{19}H_{39}\underset{\substack{\parallel \\ \text{O}}}{C}\text{—OH} + HL
$$

（2）酸酐的水解 酸酐可以在中性、酸性或碱性溶液中水解，反应活性比酰卤稍缓和一些，但比酯易水解。由于酸酐不溶于水，室温下水解很慢，必要时需加热、酸碱催化或选择适当溶剂使之成均相而加速水解。例如：

$$
\text{H}_3\text{C}\text{—}\underset{\substack{}{}}{} + \text{H}_2\text{O} \xrightarrow{\triangle} \begin{array}{l} \text{H}_3\text{C} \quad \text{COOH} \\ \text{COOH} \end{array}
$$

（3）酯的水解　酯水解需在酸或碱催化下进行。

在酸催化下水解是酯化反应的逆反应。

$$\text{R—C(=O)—OR'} + \text{HOH} \overset{H^+}{\rightleftharpoons} \text{R—C(=O)—OH} + \text{R'OH}$$

在碱催化下反应，酯水解生成的羧酸与碱成盐，使平衡破坏，反应成为不可逆的。

$$\text{R—C(=O)—OR'} + \text{HOH} \overset{OH^-}{\longrightarrow} \text{R—C(=O)—O}^- + \text{R'OH}$$

因此，在碱过量的条件下，水解可进行完全，这是常采用的方法。反应中，碱不仅仅是催化剂，而且也是参加反应的试剂，反应速率与酯的浓度和碱的浓度成正比。

在水解反应中，酯分子可能在两处发生键的断裂，一种是酰氧断裂，另一种是烷氧断裂。

$$\text{R—C(=O)} \vdots \text{O—R'} \qquad\qquad \text{R—C(=O)—O} \vdots \text{R'}$$

酰氧键断裂　　　　　　　　　　**烷氧键断裂**

将 ^{18}O 标记的丙酸乙酯进行碱性水解，生成含有 ^{18}O 的乙醇，说明断裂的是酰氧键。

$$\text{CH}_3\text{CH}_2\text{—C(=O)—}^{18}\text{OC}_2\text{H}_5 + \text{H}_2\text{O} \overset{\text{NaOH}}{\longrightarrow} \text{CH}_3\text{CH}_2\text{—C(=O)—O}^- + \text{C}_2\text{H}_5{}^{18}\text{OH}$$

又如，具有旋光的乙酸-1-苯乙醇酯在碱性条件下水解后，生成具有旋光性的 1-苯乙醇，反应前后构型没有改变，再次证明碱性条件下水解是以酰氧断裂方式进行的。

$$\text{CH}_3\text{C—OC(H)(C}_6\text{H}_5)(\text{CH}_3) + \text{KOH} \overset{\text{EtOH/H}_2\text{O}}{\longrightarrow} \text{CH}_3\text{COOK} + \text{H—OC(H)(C}_6\text{H}_5)(\text{CH}_3)$$

(R)-(+)-乙酸-1-苯乙醇酯　　　　　　　　　　　　(R)-(+)-1-苯乙醇

1）酯在碱性条件下的水解反应机制　酯在碱性条件下的水解反应是通过亲核加成-消除机制进行的。具体过程如下：

$$\text{R—C(=O)—OR'} + \text{OH}^- \overset{慢}{\longrightarrow} \text{[R—C(O}^-)(\text{OH})(\text{OR'})] \overset{快}{\longrightarrow} \text{R—C(=O)—OH} + \text{R'O}^-$$

四面体中间体

OH^-进攻酯分子中的羰基碳原子，发生亲核加成反应，生成四面体中间体，再脱去烷氧负离子，总的结果相当于亲核取代。OH^-进攻羰基生成四面体中间体的反应是决定水解速率的一步，反应速率与带负电荷的四面体中间体稳定性有关。若酯分子中烃基上有吸电子基，有利于负电荷分散，使中间体稳定，反应速率加快，吸电子能力越强，反应速率越快。空间位阻对四面体中间体的稳定性也有较大的影响，酰基 α-碳上取代基体积越大，取代基数目越多，越不利于中间体形成，水解速率越慢（表 12-8）。烷氧基部分的空间位阻也有同样的影响。

表 12-8　酯的碱催化水解中电性效应及空间位阻对反应速率的影响

RCOOC$_2$H$_5$ H$_2$O，25℃		RCOOC$_2$H$_5$ 87.8% ROH，30℃		CH$_3$COOR 70%丙酮，25℃	
R	相对速率	R	相对速率	R	相对速率
CH$_3$	1	CH$_3$	1	CH$_3$	1
CH$_2$Cl	290	CH$_3$CH$_2$	0.470	CH$_3$CH$_2$	0.431
CHCl$_2$	6130	(CH$_3$)$_2$CH	0.100	(CH$_3$)$_2$CH	0.065
CH$_3$CO	7200	(CH$_3$)$_3$C	0.010	(CH$_3$)$_3$C	0.002
CCl$_3$	2315	C$_6$H$_5$	0.102	环己基	0.042

2）伯、仲醇酯在酸催化下水解反应机制　伯、仲醇与羧酸形成的酯在酸催化下的水解反应也是以酰氧断裂方式进行，反应机制如下：

$$R-\overset{O}{\overset{\|}{C}}-OR' + H^+ \rightleftharpoons R-\overset{\overset{+}{O}H}{\overset{\|}{C}}-OR' \xrightarrow{HOH} R-\overset{OH}{\underset{OR'}{\overset{|}{\underset{|}{C}}}}-OH \longrightarrow R-\overset{O}{\overset{\|}{C}}-OH + HOR'$$

首先是酸分子中羧基氧原子质子化，使羰基碳原子正电性增加，有利于弱亲核试剂水的进攻，生成活性中间体，然后质子转移到烷氧基氧上，再消除弱碱性的醇分子生成羧酸。

酸催化下酯水解速率的快慢也与中间体的稳定性有关，电性效应对水解速率的影响不如在碱催化水解中大，因为供电子基团对酯的质子化有利，但不利于水分子亲核进攻；而吸电子基团则不利于酯羧基氧原子的质子化，空间位阻对其影响较大（表 12-9）。

表 12-9　乙酸酯（CH$_3$COOR）在盐酸溶液中和 25℃时水解的相对速率

R	CH$_3$	CH$_3$CH$_2$	(CH$_3$)$_2$CH	(CH$_3$)$_3$C	C$_6$H$_5$CH$_2$	C$_6$H$_5$
相对速率	1	0.97	0.53	1.15	0.96	0.69

3）叔醇酯在酸催化下水解反应机制　由于酯的结构和反应条件的不同，水解的机制和键的断裂方式也会不同。同位素示踪实验表明：叔醇酯由于空间位阻较大，在酸催化下水解时，反应按烷氧断裂方式进行。

$$CH_3CH_2-\overset{O}{\overset{\|}{C}}-{}^{18}O\text{-}\!\!\!-\!\!\!-C(CH_3)_3 + H_2O \xrightarrow{H^+} CH_3CH_2-\overset{O}{\overset{\|}{C}}-{}^{18}OH + (CH_3)_3COH$$

4）酰胺的水解　酰胺比酯难水解，一般需在酸或碱催化、加热条件下进行。例如：

在酸或碱的催化下，酰胺的水解机制和酯的水解机制相似。

2. 醇解反应　酰卤、酸酐、酯和酰胺均能与醇反应生成酯。

$$R-\overset{O}{\overset{\|}{C}}-L + HOR' \longrightarrow R-\overset{O}{\overset{\|}{C}}-OR' + HL$$

（1）酰卤的醇解　酰卤与醇很快反应生成酯，是合成酯的常用方法之一，通常用来制备难以直接从羧酸与醇反应得到的酯。例如：

$$(CH_3)_3CC-Cl + HO- \underset{N}{\bigcirc} \xrightarrow{\underset{N}{\bigcirc}} (CH_3)_3CC-O- \bigcirc + \underset{N}{\bigcirc} \cdot HCl$$
$$80\%$$

$$CH_3COCl + (CH_3)_3COH \xrightarrow[\text{Et}_2O]{C_6H_5N(CH_3)_2} CH_3COOC(CH_3)_3 + C_6H_5N(CH_3)_2 \cdot HCl$$
$$68\%$$

碱可促进反应进行，其作用一方面是中和反应中产生的酸，另一方面起催化作用。

（2）酸酐的醇解　酸酐易与醇反应生成酯，反应较酰卤温和，可用少量酸或碱催化反应，这也是制备酯的常用方法。例如：

$$(CH_3CO)_2O + HO- \bigcirc \xrightarrow[\text{H}_2O]{NaOH} CH_3COO- \bigcirc + CH_3COOH$$
$$90\%$$

环状酸酐在不同的条件下醇解，可以得到单酯或二酯。例如：

$$\bigcirc + CH_3OH \xrightarrow{\text{回流}} \begin{matrix} COOCH_3 \\ COOCH_3 \end{matrix}$$

$$\bigcirc + C_2H_5OH \xrightarrow[\triangle]{C_6H_5SO_3H} \begin{matrix} COOC_2H_5 \\ COOC_2H_5 \end{matrix}$$
（过量）

（3）酯的醇解　在酸或碱存在下，酯与醇反应，酯中的烷氧基与醇中的烷氧基交换生成新的酯和醇，所以酯的醇解又称酯交换（ester exchange）反应。此反应是可逆的，需加入过量的醇或将生成的醇除去，才能使反应向生成新酯的方向进行。反应机制与酯的水解机制类似。

酯交换反应常用来制备难以合成的酯（如酚酯或烯醇酯）或从低沸点醇酯合成高沸点醇酯。例如：

$$H_3C-\overset{O}{\underset{\|}{C}}-OCH_3 + HO- \bigcirc \underset{}{\overset{p\text{-}CH_3C_6H_4SO_3H}{\rightleftharpoons}} H_3C-\overset{O}{\underset{\|}{C}}-O- \bigcirc + CH_3OH$$

$$CH_2=CHCOOCH_3 + n\text{-}C_4H_9OH \overset{p\text{-}CH_3C_6H_4SO_3H}{\rightleftharpoons} CH_2=CHCOOC_4H_9\text{-}n + CH_3OH$$

3. 氨解反应　酰卤、酸酐、酯和酰胺与氨（或胺）作用，均可生成酰胺。由于氨（或胺）的亲核性比水、醇强，所以羧酸衍生物的氨解反应比水解、醇解更容易进行。

$$R-\overset{O}{\underset{\|}{C}}-L + NH_3(NH_2R', NHR'_2) \longrightarrow R-\overset{O}{\underset{\|}{C}}-NH_2(NHR', NR'_2) + HL$$

（1）酰卤的氨解　酰卤与氨（或胺）迅速反应形成酰胺。在碱性条件下有利于反应的进行。例如：

$$C_6H_5COCl + HN \bigcirc \xrightarrow{NaOH} C_6H_5CO-N \bigcirc + NaCl + H_2O$$
$$81\%$$

（2）酸酐的氨解　酸酐氨解生成酰胺，反应比酰卤缓和。例如：

$$(CH_3CO)_2O + H_2N- \bigcirc -CH(CH_3)_2 \longrightarrow CH_3CO-NH- \bigcirc -CH(CH_3)_2 + CH_3COOH$$

环状酸酐与氨（或胺）反应，则开环生成单酰胺酸的铵盐，酸化后生成单酰胺酸；或在高温下加热，则生成酰亚胺（imide）。

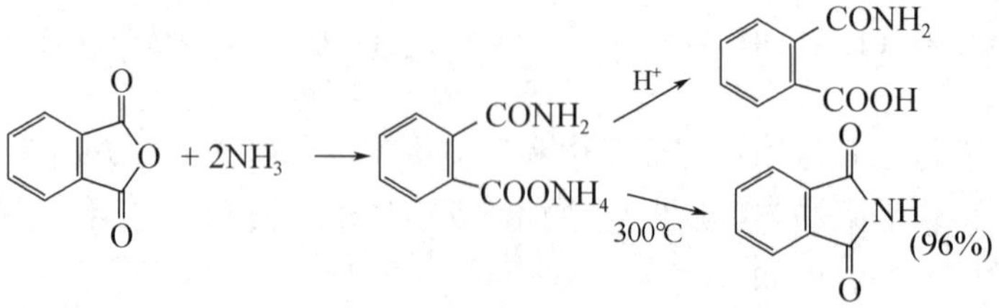

酰卤、酸酐的醇解和氨解又称为醇和胺的酰化（acylation）反应，是制备酯和酰胺的常用方法，酰卤和酸酐称为酰化剂（acylating agent）。醇或胺的酰化反应在有机和药物合成中有重要意义，如制备前体药物；增加药物的脂溶性，以改善体内吸收；降低毒性，提高疗效等。在有机合成中也常用于保护羟基或氨基。

（3）酯的氨解　酯与氨（或胺）及氨的衍生物（如肼、羟氨等）发生氨解反应生成酰胺或酰胺衍生物。例如：

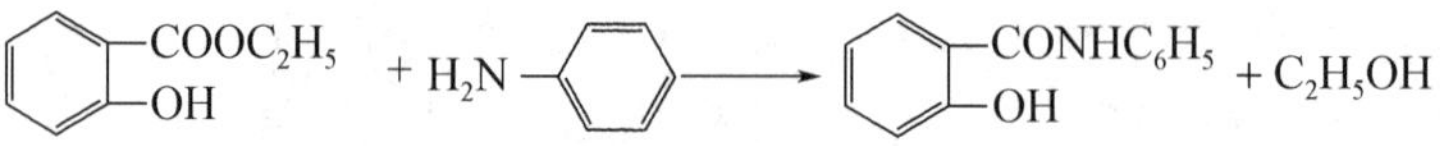

（4）酰胺的氨解　酰胺的氨解反应是酰胺的交换反应，反应时，作为反应物胺的碱性应比离去胺的碱性强，且需过量。

$$RCONH_2 + \underset{(过量)}{CH_3NH_2} \xrightarrow{\triangle} RCONHCH_3 + NH_3\uparrow$$

4. 羧酸衍生物亲核取代反应活性比较　羧酸衍生物亲核取代反应都是通过加成-消除机制来完成的。反应机制可用通式表示如下：

$$R-\overset{O}{\overset{\|}{C}}-L + Nu^- \underset{}{\overset{慢}{\rightleftharpoons}} R-\underset{L}{\underset{|}{\overset{O^-}{\overset{|}{C}}}}-Nu \overset{快}{\rightleftharpoons} R-\overset{O}{\overset{\|}{C}}-Nu + L^-$$

L(离去基团)：X、OCOR′、OR′、NH_2

Nu：OH^-、H_2O、R′OH、NH_3等亲核试剂

反应速率受羧酸衍生物结构中的电子效应和空间效应的影响。第一步亲核加成，形成四面体的氧负离子中间体。羰基碳上所连的基团吸电子效应越强，体积越小，则中间体越稳定，越有利于加成，反应速率就越快；反之则越不利于加成，反应速率就越慢。第二步消除反应的难易，取决于离去基团离去的难易程度，离去基团的碱性越弱，就越容易离去，反应速率也就越快。羧酸衍生物（$R-\overset{O}{\overset{\|}{C}}-L$）中不同取代原子或基团（L）对加成-消除反应活性的影响见表12-10。

表 12-10　羧酸衍生物中不同取代基对加成-消除反应活性的影响

L	–I	+C	L^-的稳定性	反应活性
—Cl 或—OCOR	大	小	大	大
—OR	中	中	中	中
—NH_2 或—NHR 或—NR_2	小	大	小	小

对酰氯来说，氯原子具有强的吸电子作用和较弱的 p-π 共轭效应，使羰基碳的正电性加强而易于被亲核试剂进攻，同时 Cl⁻ 稳定性高，易于离去，因此 RCOCl 表现出很高的反应活性。相反，酰胺分子中，氮原子的吸电子作用较弱，而 p-π 共轭效应较强，以及 NH_2^- 的不稳定性，使酰胺反应能力减弱。因此羧酸衍生物进行羰基碳的亲核取代的能力次序为

$$RCOX > RCOOCOR' > RCOOR' > RCONH_2$$
酰卤　　　酸酐　　　酯　　　酰胺

（二）与格氏试剂反应

羧酸衍生物均能与格氏试剂反应，首先进行加成-消除反应生成酮，酮与格氏试剂进一步反应生成叔醇。

酰卤的羰基比酮羰基活泼，控制适当的反应条件可使反应停留在生成酮的阶段；而酯的羰基活性比酮羰基弱，最终产物是叔醇。因此，常用酯与格氏试剂反应，制备羟基 α-碳原子上至少连有两个相同烷基的叔醇；若用甲酸酯与格氏试剂反应，则生成对称的仲醇；内酯也能发生类似反应，产物为二元醇。例如：

$$HCOOCH_3 + 2C_2H_5MgCl \xrightarrow[\text{② } H_2O, H^+]{\text{① EtOH}} C_2H_5\overset{\overset{\displaystyle OH}{|}}{C}HC_2H_5$$

（三）还原反应

和羧酸类似，羧酸衍生物分子中的羰基也可被还原。由于与羰基相连的基团不同，发生还原反应的难易程度也不同，通常由易到难的顺序为：酰卤＞酸酐＞酯＞酰胺＞羧酸。

1. 氢化锂铝还原 氢化锂铝可还原酰卤、酸酐、酯生成伯醇；还原酰胺生成胺。此法常用于酯和酰胺的还原。

$$R-\overset{\overset{O}{\|}}{C}-NH_2 \xrightarrow{\text{LiAlH}_4} RCH_2NH_2$$
$$(\text{NHR}', \text{NR}_2') \quad\quad (\text{NHR}', \text{NR}_2')$$

2. 罗森蒙德反应 酰卤用降低了活性的钯催化剂（Pd/BaSO₄），可选择性地氢化还原成醛，称为罗森孟德（Rosenmund）反应，这是制备醛的一种方法。在反应中硝基和酯基不受影响。例如：

$$C_2H_5O-\overset{\overset{O}{\|}}{C}-(CH_2)_2-\overset{\overset{O}{\|}}{C}-Cl + H_2 \xrightarrow[\text{二甲苯}]{\text{Pd/BaSO}_4, S\text{-喹啉}} C_2H_5O-\overset{\overset{O}{\|}}{C}-(CH_2)_2-\overset{\overset{O}{\|}}{C}-H$$

另一种能将酰氯转化为醛的选择性还原剂是三叔丁氧基氢化锂铝。例如：

$$\text{⟨⟩}-COCl \xrightarrow[\text{②H}_2\text{O, H}^+]{\text{①LiAl[OC(CH}_3)_3]_3\text{H}} \text{⟨⟩}-CHO$$

3. 其他还原 酯用金属钠和醇为试剂还原生成醇的反应，称为鲍维特-勃朗克（Bouveault-Blanc）还原反应。此反应条件较温和，不会影响分子中的不饱和键。例如：

$$CH_3CH\text{=}CHCH_2COOC_2H_5 \xrightarrow{\text{Na+EtOH}} CH_3CH\text{=}CHCH_2CH_2OH$$

酯可用催化加氢还原，一般在 200～300℃ 和 10～30MPa 的条件下，用铜铬催化剂可将酯还原成醇，反应转化率高。分子中若含 C=C 将一同被还原，但苯环不受影响。

$$\text{⟨⟩}-COOCH_2CH\text{=}CH_2 + H_2 \xrightarrow[\triangle, \text{加压}]{\text{CuO} \cdot \text{CuCr}_2\text{O}_4} \text{⟨⟩}-CH_2OH + HOCH_2CH_2CH_3$$

酰胺更不容易被还原，需在高温高压条件下催化加氢才可还原为胺。

（四）酯缩合反应

酯中的 α-氢显弱酸性，在醇钠作用下可与另一分子酯发生类似于羟醛缩合的反应，生成 β-酮酸酯，称为酯缩合反应或克莱森缩合反应（Claisen condensation）。例如，在乙醇钠作用下，两分子乙酸乙酯脱去一分子乙醇，生成 β-丁酮酸乙酯（乙酰乙酸乙酯）。

$$2CH_3COOC_2H_5 \xrightarrow[\text{② H}_3\text{O}^+]{\text{① C}_2\text{H}_5\text{ONa}} CH_3COCH_2COOC_2H_5 + C_2H_5OH$$

反应结果是一分子酯的 α-氢被另一分子酯的酰基取代。反应机制如下：

（1）$C_2H_5O^- + H\overset{\frown}{-}CH_2COOC_2H_5 \rightleftharpoons \bar{C}H_2COOC_2H_5 + C_2H_5OH$

（2）$CH_3-\overset{\overset{O}{\|}}{C}-OC_2H_5 + \bar{C}H_2COOC_2H_5 \rightleftharpoons CH_3-\overset{\overset{O^-}{|}}{\underset{OC_2H_5}{C}}-CH_2COOC_2H_5$

（3）$CH_3-\overset{\overset{O^-}{|}}{\underset{OC_2H_5}{C}}-CH_2COOC_2H_5 \rightleftharpoons CH_3\overset{\overset{O}{\|}}{C}CH_2COOC_2H_5 + C_2H_5O^-$

（4）$CH_3\overset{\overset{O}{\|}}{C}CH_2COOC_2H_5 + C_2H_5O^- \longrightarrow CH_3\overset{\overset{O}{\|}}{C}\bar{C}HCOOC_2H_5 + C_2H_5OH$
$$\xrightarrow{H^+} CH_3COCH_2COOC_2H_5$$

反应分四步进行，（1）～（3）步是可逆的。首先乙酸乙酯在醇钠作用下生成碳负离子，但乙酸乙酯 α-氢的酸性（pK_a=24.5）弱于乙醇（pK_a=16），反应向生成碳负离子的趋势很小；然后少量碳负离子对另一分子酯的羰基进行亲核加成；加成中间体再经消除生成 β-丁酮酸乙酯。β-丁酮酸乙酯（pK_a=11）是比较强的酸，与醇钠作用生成稳定的 β-丁酮酸乙酯盐，此步反应不可逆，从而使缩合反应不断进行直到完成。最后酸化得游离的 β-丁酮酸乙酯。

具有两个 α-氢原子的酯用乙醇钠处理。一般都可顺利地发生酯缩合反应，通式为

$$2RCH_2COOR' \xrightarrow[\text{② } H_3O^+]{\text{① } C_2H_5ONa} RCH_2COCHCOOR' + C_2H_5OH$$
$$\qquad\qquad\qquad\qquad\qquad\qquad\quad |$$
$$\qquad\qquad\qquad\qquad\qquad\qquad\quad R$$

只有一个 α-氢原子的酯在乙醇钠作用下，缩合反应难以进行，因为合成的 β-酮酸酯没有 α-氢原子，不能成盐，即缺乏使平衡向右移动的推动力。若采用一个很强的碱，如三苯甲基钠，则（1）步平衡向右移动，酯缩合反应也能完成。例如：

$$(CH_3)_2CHCOOC_2H_5 + (C_6H_5)_3\overset{-}{C}Na^+ \rightleftharpoons (CH_3)_2\overset{-}{C}COOC_2H_5 + (C_6H_5)_3CH$$

$$(CH_3)_2CHCOOC_2H_5 + (CH_3)_2\overset{-}{C}COOC_2H_5 \xrightarrow{-C_2H_5O^-} (CH_3)_2CHCO\underset{\underset{CH_3}{|}}{\overset{\overset{CH_3}{|}}{C}}COOC_2H_5 \quad 55\%$$

两种不同的酯之间的酯缩合，称为交叉酯缩合（crossed ester condensation）。理论上交叉酯缩合可得四种产物，在合成上没有意义。但不具有 α-H 的酯（如苯甲酸酯、甲酸酯、草酸酯和碳酸酯等）可以提供羰基，与具有 α-H 的酯进行酯缩合反应，可得到较纯的产物。例如：

$$C_6H_5COOC_2H_5 + CH_3COOC_2H_5 \xrightarrow[\text{② } H_3O^+]{\text{① } NaH} C_6H_5COCH_2COOC_2H_5 + C_2H_5OH$$

二元羧酸酯在碱作用下，可发生分子内或分子间的酯缩合反应。己二酸酯或庚二酸酯均可发生分子内酯缩合反应，生成五元或六元环的 β-酮酸酯。这种分子内的酯缩合反应称为迪克曼（Dieckmann）缩合。例如：

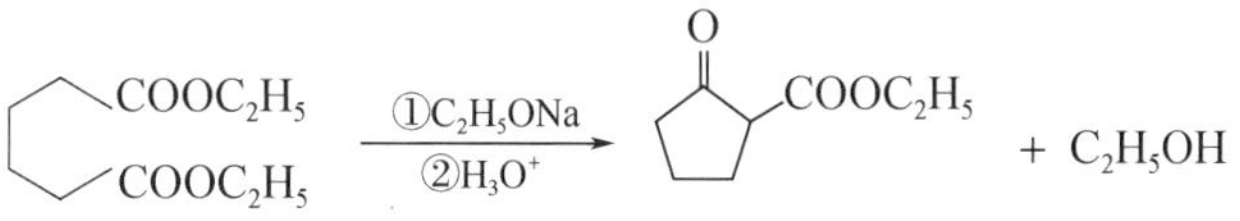

克莱森酯缩合与羟醛缩合很类似，都是碳负离子对缺电子羰基碳的亲核进攻，但前者导致取代，为羧酸衍生物典型的亲核取代反应；而后者则为加成，这是由于若醛、酮发生亲核取代反应，离去基团应为强碱性的氢负离子或烷基负离子，难以离去，所以醛、酮总是发生亲核取代反应。

酯缩合反应是形成 C—C 键的重要反应，在有机和药物合成方面具有很重要的价值。

（五）异羟肟酸铁反应

酸酐、酯以及 N-上无取代基的酰胺都能与羟胺反应，生成异羟肟酸，再与 $FeCl_3$ 反应生成红色到紫色的异羟肟酸铁。酰卤需先转化为酯才能发生此反应。

$$\underset{(L:\ OCOR',\ OR',\ NH_2)}{R-\overset{\overset{O}{\|}}{C}-L} + HNHOH \longrightarrow \underset{\text{异羟肟酸}}{R-\overset{\overset{O}{\|}}{C}-NHOH} + HL$$

$$
\begin{array}{c}
\text{O} \\
\parallel \\
\text{R—C—NHOH} + \text{FeCl}_3 \longrightarrow (\text{RCONHO})_3\text{Fe} + 3\text{HCl} \\
\text{异羟肟酸铁}
\end{array}
$$

异羟肟酸铁可用于羧酸衍生物的定性鉴别。

（六）酰胺的特性

1. 酰胺的酸碱性 酰胺分子中氮上的未共用电子对可与羰基发生 p-π 共轭，使氨基氮原子上的电子云密度降低，碱性明显减弱，在水溶液中呈近中性，可与强酸成盐。

$$
\text{CH}_3\text{CONH}_2 + \text{HCl} \xrightarrow{\text{Et}_2\text{O}} \text{CH}_3\text{CONH}_2 \cdot \text{HCl}
$$

在酰亚胺分子中，氮原子上连接两个酰基，氮上的电子云密度大大降低而不显碱性；同时氮氢键的极性增强，表现出明显的酸性，能与氧化钠（或氢氧化钾）水溶液成盐。例如：

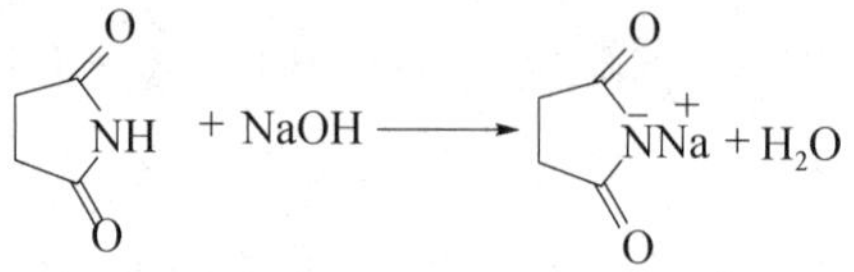

$\text{p}K_a$ 9.6

成盐后的氮负离子，其氮原子上的负电荷可被两个与之共轭的羰基分散而稳定。

酰亚胺在碱性溶液中可以和溴发生反应生成 N-溴代产物。例如，在水冷却条件下，将溴加到琥珀酰亚胺的碱性溶液中可制取 N-溴代琥珀酰亚胺（N-bromosuccinimide）：

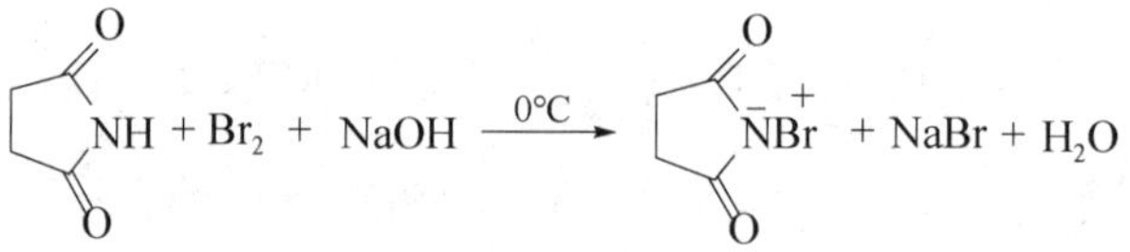

2. 霍夫曼降解反应 氮上未取代的酰胺在碱性溶液中与卤素（Cl_2 或 Br_2）作用，失去羰基而生成少一个碳原子的伯胺的反应，称为霍夫曼降解反应（Hofmann degradation reaction），也称霍夫曼重排（Hofmann rearrangement）。

$$
\text{RCONH}_2 + 4\text{OH}^- + \text{Br}_2 \longrightarrow \text{RNH}_2 + \text{CO}_3^{2-} + 2\text{Br}^- + 2\text{H}_2\text{O}
$$

反应机制如下：

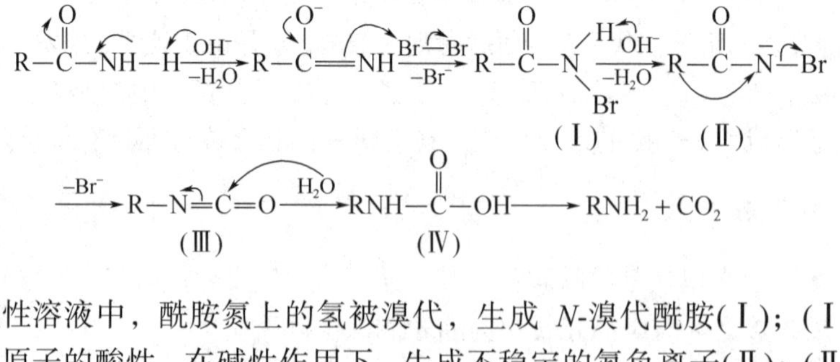

在溴的碱性溶液中，酰胺氮上的氢被溴代，生成 N-溴代酰胺（Ⅰ）；（Ⅰ）中的溴和酰基增强了氮上氢原子的酸性，在碱性作用下，生成不稳定的氮负离子（Ⅱ）；（Ⅱ）重排生成异氰酸酯（Ⅲ）。重排过程与 S_N2 机制类似，烃基带着一对电子作为亲核试剂进攻氮。同时，溴则带着一对电子离去。异氰酸酯水解，生成不稳定的 N-取代氨基甲酸（Ⅳ）；（Ⅳ）脱羧生成相应伯胺。

霍夫曼重排反应操作简单易行,产率较高。该反应常用于由羧酸制备少一个碳原子的伯胺,也可用来制备氨基酸。例如:

$$CH_3(CH_2)_4CONH_2 \xrightarrow[NaOH]{Br_2} CH_3(CH_2)_4NH_2 + Na_2CO_3 + NaBr + H_2O$$

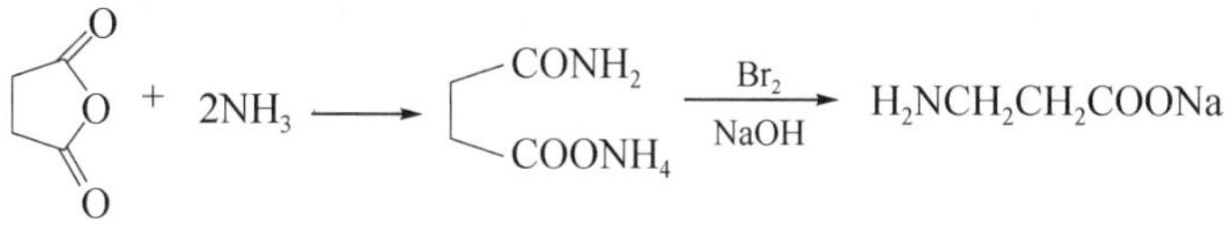

在霍夫曼重排反应中,如果酰胺分子中 α-碳原子是手性中心,反应后手性中心的构型保持不变。因为重排反应时,迁移基团从碳原子迁移到氮原子上,C—N 键的生成和 C—C 键的断裂是同时进行的,所以重排后迁移基团的构型保持不变。例如:

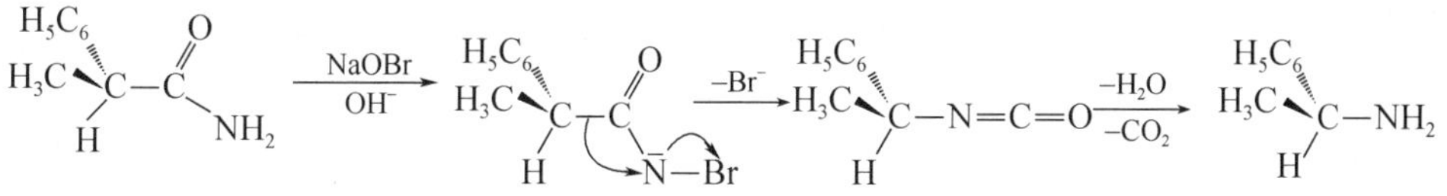

(S)-(+)-α-苯基丙酰胺   (S)-(+)-α-苯基乙胺

四、个别化合物

1. 穿心莲内酯 穿心莲内酯(andrographolide)为无色方形结晶,是中药穿心莲的主要有效成分。熔点 231℃,易溶于丙酮、甲醇、乙醇,微溶于氯仿、乙醚,难溶于水、石油醚。其结构式如下:

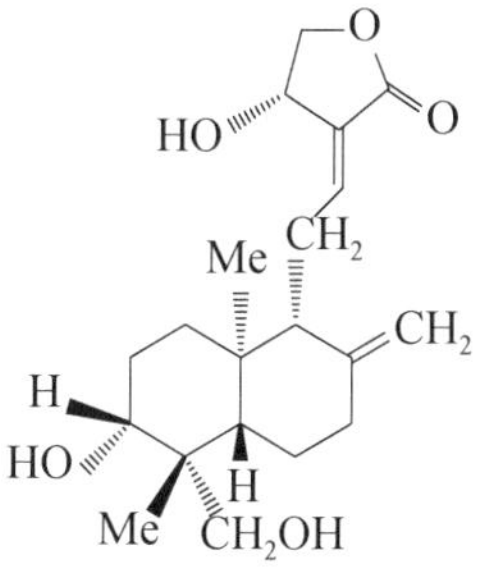

穿心莲内酯为穿心莲的抗菌成分之一。具有抑菌解热功效,临床上用于治疗细菌性呼吸道感染和痢疾,疗效较好。

2.五味子酯甲 五味子酯甲(Schisantherin A)为方形晶体,存在于五味子果实中。熔点123℃,易溶于苯、氯仿和丙酮,可溶于甲醇、乙醇,难溶于石油醚,不溶于水。其结构式如下:

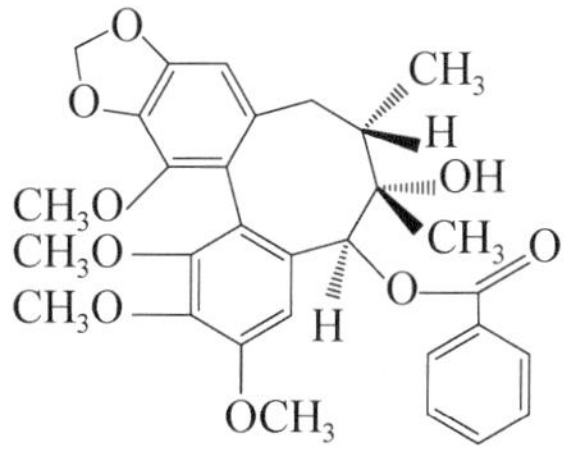

五味子酯甲具有抗肝毒活性,能改善四氯化碳引起的小鼠肝损害,具有降低转氨酶的作用。

第三节　碳酸衍生物

碳酸在结构上可以看作两个羧基共用一个羰基的二元羧酸，也可以看作羟基甲酸。

$$HO-\underset{\underset{O}{\|}}{C}-OH$$

碳酸分子中的羟基被其他原子或基团取代生成碳酸衍生物。碳酸是一个二元酸，有酸性和中性的衍生物，酸性衍生物（$HO-CO-Y$，$Y=X$，OR，NH_2 等）不稳定，易分解释放出 CO_2，不能游离存在；而中性衍生物（$Y-CO-Y'$）一般是稳定的。

碳酸衍生物中不少是重要的药物或合成药物的原料，部分重要的碳酸衍生物介绍如下。

一、碳酰氯

碳酰氯又称光气，可由一氧化碳和氯气在日光照射下作用而得，工业上用活性炭作催化剂，在 200℃条件下，用等体积一氧化碳和氯气的反应来制取。

$$CO + Cl_2 \xrightarrow[\text{或200℃/活性炭}]{\text{光照}} Cl-\underset{\underset{O}{\|}}{C}-Cl$$

碳酰氯在常温下为带有甜味的无色气体，沸点 8.2℃，熔点 –118℃，相对密度 1.432，易溶于苯及甲苯。

碳酰氯毒性很强，对人和动物的黏膜及呼吸道有强烈刺激作用，具有窒息性，侵入组织则产生盐酸。在第一次世界大战时曾被用作毒气。

碳酰氯具有酰氯的一般特性，是一种活泼试剂，在有机合成上是一个重要原料，可发生水解、醇解、氨解反应。

碳酰氯水解生成二氧化碳和氯化氢：

$$Cl-\underset{\underset{O}{\|}}{C}-Cl + H_2O \longrightarrow CO_2 + 2HCl$$

碳酰氯醇解首先生成氯代甲酸酯，然后进一步与醇作用得到碳酸酯：

$$Cl-\underset{\underset{O}{\|}}{C}-Cl \xrightarrow[-HCl]{ROH} Cl-\underset{\underset{O}{\|}}{C}-OR \xrightarrow[-HCl]{ROH} RO-\underset{\underset{O}{\|}}{C}-OR$$
氯代甲酸酯   碳酸酯

碳酰氯氨解生成尿素：

$$Cl-\underset{\underset{O}{\|}}{C}-Cl + 2NH_3 \longrightarrow H_2N-\underset{\underset{O}{\|}}{C}-NH_2 + 2HCl$$

二、碳酰胺

碳酸能形成两种酰胺。

$$H_2N{-}\overset{\overset{\displaystyle O}{\|}}{C}{-}OH \qquad H_2N{-}\overset{\overset{\displaystyle O}{\|}}{C}{-}NH_2$$

氨基甲酸   脲（尿素）

氨基甲酸本身很不稳定，但是氨基甲酸的盐、酯及酰氯都是稳定的。

$$H_2N{-}\overset{\overset{\displaystyle O}{\|}}{C}{-}M \qquad H_2N{-}\overset{\overset{\displaystyle O}{\|}}{C}{-}OR \qquad H_2N{-}\overset{\overset{\displaystyle O}{\|}}{C}{-}Cl$$

氨基甲酸盐   氨基甲酸酯   氨基甲酰氯

氨基甲酸酯是一类具有镇静和轻度催眠作用的化合物。例如：

$$H_2N{-}\overset{\overset{\displaystyle O}{\|}}{C}{-}OC_2H_5$$

$$\begin{array}{c}H_2NCOCH_2\\H_2NCOCH_2\end{array}\!\!\!\!\!\!\!C\!\!\!\!\!\!\!\begin{array}{c}CH_3\\CH_2CH_2CH_3\end{array}$$

氨基甲酸乙酯   2-甲基-2-丙基丙-1,3-二醇双氨基甲酸酯
（乌拉坦）   （眠尔通）

脲是多数动物和人类蛋白质代谢的最终产物。脲为白色晶体，熔点 132.7℃，易溶于水和乙醇。尿素的用途很广，是农业生产中重要的氮肥，也是工业上合成塑料及药物的重要原料。脲具有下列性质。

（1）弱碱性 脲具有弱碱性，其水溶液不使石蕊变色，能和强酸作用生成盐。在脲的水溶液中加入浓硝酸，可生成微溶于水不溶于浓硝酸的硝酸脲，利用这个性质可以从尿中分离出尿素。

$$H_2N{-}\overset{\overset{\displaystyle O}{\|}}{C}{-}NH_2 + HNO_3 \longrightarrow H_2N{-}\overset{\overset{\displaystyle O}{\|}}{C}{-}NH_2\cdot HNO_3\downarrow$$

硝酸脲（结晶）

（2）水解 脲与酰胺一样，能水解。在酸、碱或酶的存在下，水解反应更为迅速。

$$H_2N{-}\overset{\overset{\displaystyle O}{\|}}{C}{-}NH_2 \begin{cases} \xrightarrow{H_2O,HCl} CO_2 + NH_4Cl \\ \xrightarrow[H_2O]{NaOH} NH_3 + NaCO_3 \\ \xrightarrow{尿素酶} [CO(OH)_2] + NH_3 \longrightarrow CO_2 + H_2O + NH_3 \end{cases}$$

（3）加热反应 把固体脲慢慢加热到 135～190℃，则两分子的脲脱去一分子氨，生成缩二脲。

$$H_2N{-}\overset{\overset{\displaystyle O}{\|}}{C}{-}NH_2 + H_2N{-}\overset{\overset{\displaystyle O}{\|}}{C}{-}NH_2 \xrightarrow{\triangle} H_2N{-}\overset{\overset{\displaystyle O}{\|}}{C}{-}NH{-}\overset{\overset{\displaystyle O}{\|}}{C}{-}NH_2 + NH_3$$

缩二脲

缩二脲为无色针状结晶，熔点190℃，难溶于水，易溶于碱性溶液中。在缩二脲的碱性溶液中加微量硫酸铜，则有紫红色的颜色反应，称为缩二脲反应。凡分子结构中含有两个或两个以上—CO—NH 键（肽键）的化合物都可发生缩二脲反应。此反应常用于多肽和蛋白质的分析鉴定。

（4）酰基化 脲和酰氯、酸酐或酯作用，则生成相应的酰脲。例如，脲与乙酰氯作用可生成乙酰脲或二乙酰脲。

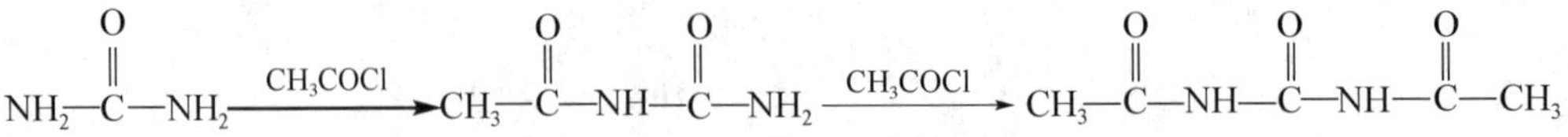

$$NH_2-\overset{\overset{O}{\|}}{C}-NH_2 \xrightarrow{CH_3COCl} CH_3-\overset{\overset{O}{\|}}{C}-NH-\overset{\overset{O}{\|}}{C}-NH_2 \xrightarrow{CH_3COCl} CH_3-\overset{\overset{O}{\|}}{C}-NH-\overset{\overset{O}{\|}}{C}-NH-\overset{\overset{O}{\|}}{C}-CH_3$$

乙酰脲   二乙酰脲

脲和丙二酸酯在醇钠的催化下互相缩合，生成环状的丙二酰脲。

脲和丙二酸酯在醇钠的催化下互相缩合，生成环状的丙二酰脲。

$$\underset{O}{\overset{O}{\|}}\overset{OC_2H_5}{\underset{OC_2H_5}{}} + \overset{H_2N}{\underset{H_2N}{}}C=O \xrightarrow{C_2H_5ONa} \text{环状丙二酰脲} + 2C_2H_5OH$$

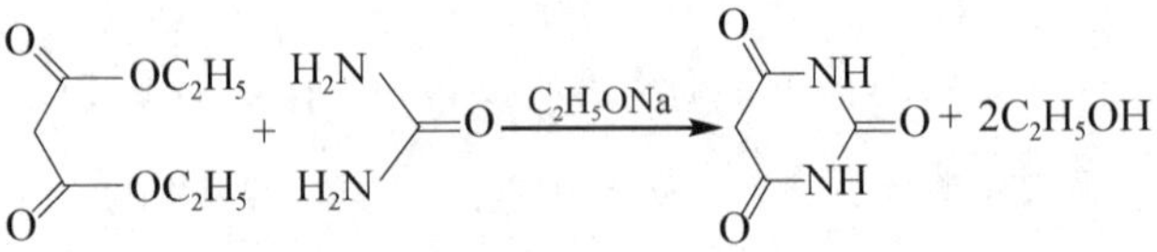

丙二酰脲为无色结晶，熔点 245℃，微溶于水。它的分子中含有一个活泼的甲亚基和两个二酰亚胺基，所以存在着烯醇型互变异构：

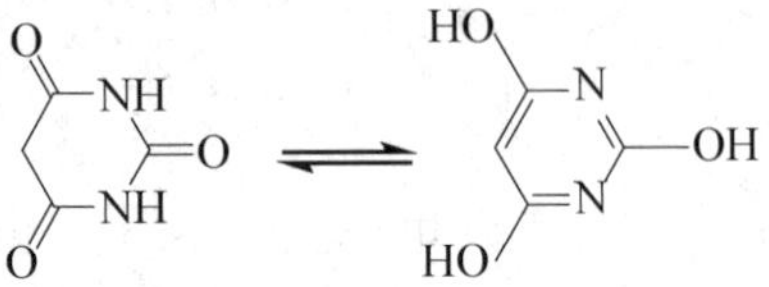

丙二酰脲又称巴比妥酸（barbituric acid），具有比乙酸（$pK_a=4.76$）还强的酸性（$pK_a=3.99$）。它的甲亚基上两个氢原子被烃基取代的衍生物是一类镇静安眠药，总称巴比妥（barbital）类药。可用如下通式表示：

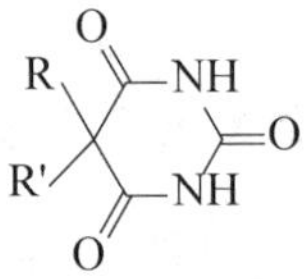

例如，5, 5-二乙基丙二酰脲（药名巴比妥）、5-乙基-5-苯基丙二酰脲（药名苯巴比妥 phenobarbital，又称鲁米那 Luminal）为常用的安眠药。

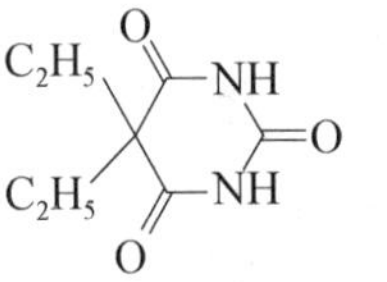

5,5-二乙基丙二酰脲
（巴比妥）

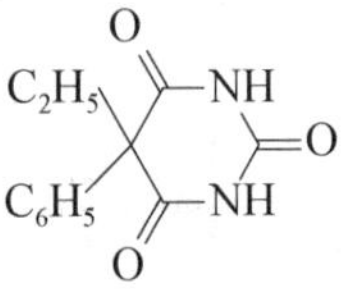

5-乙基-5-苯基丙二酰脲
（苯巴比妥）

三、硫脲和胍

（一）硫脲

硫脲（$H_2N-\overset{\overset{S}{\|}}{C}-NH_2$）可以看作脲分子中的氧被硫取代所生成的化合物。它可由硫氰酸铵加热得到。

$$NH_4SCN \xrightarrow{170\sim180℃} H_2N-\overset{\overset{S}{\|}}{C}-NH_2$$

硫脲为白色菱形晶体，熔点 180℃，能溶于水。

硫脲性质与脲相似，能与强酸生成盐，但不如脲盐稳定；在酸、碱存在下，容易发生水解：

$$H_2N-\overset{\overset{\displaystyle S}{\|}}{C}-NH_2 + 2H_2O \xrightarrow[\triangle]{H^+ \text{ 或 } OH^-} CO_2 + 2NH_3 + H_2S$$

硫脲可发生互变异构成为烯醇式的异硫脲，异硫脲的化学性质比较活泼，是硫脲的主要反应形式。例如，硫脲易生成 S-烷基衍生物，也易氧化形成二硫键。

$$H_2N-\overset{\overset{\displaystyle S}{\|}}{C}-NH_2 \Longleftrightarrow H_2N-\overset{\overset{\displaystyle SH}{|}}{C}=NH$$

异硫脲

$$H_2N-\overset{\overset{\displaystyle SH}{|}}{C}=NH + CH_3I \longrightarrow H_2N-\overset{\overset{\displaystyle SCH_3}{|}}{C}H=NH \cdot HI$$

S-甲基异硫脲碘酸盐

$$2H_2N-\overset{\overset{\displaystyle SH}{|}}{C}=NH \xrightarrow{[O]} H_2N-\underset{\underset{\displaystyle NH}{\|}}{C}-S-S-\underset{\underset{\displaystyle NH}{\|}}{C}-NH_2 + H_2O$$

脲则主要以酮型存在，所以脲就不易发生上述反应。

硫脲是一个重要的化工原料，可用来生产甲硫氧嘧啶等药物，药剂上又可用作抗氧化剂。

（二）胍

胍（$H_2N-\overset{\overset{\displaystyle NH}{\|}}{C}-NH_2$）可看作脲分子中的氧原子被氨亚基（=NH）取代而生成的化合物。胍分子中除去一个氢原子后的基团称为胍基（$H_2N-\overset{\overset{\displaystyle NH}{\|}}{C}-NH-$），除去一个氨基后的基团称为脒基（$H_2N-\overset{\overset{\displaystyle NH}{\|}}{C}-$）。

胍是吸湿性很强的无色结晶，熔点 50℃，易溶于水。胍为有机强碱，碱性与氢氧化钠相近，它能吸收空气中的二氧化碳生成碳酸盐。

$$2H_2N-\overset{\overset{\displaystyle NH}{\|}}{C}-NH_2 + H_2O + CO_2 \longrightarrow (H_2N-\overset{\overset{\displaystyle NH}{\|}}{C}-NH_2)_2 \cdot H_2CO_3$$

胍的碱性主要是由于能形成稳定的胍阳离子：

$$H_2N-\overset{\overset{\displaystyle NH}{\|}}{C}-NH_2 + H^+ \longrightarrow \left[H_2N-\overset{\displaystyle NH_2}{\underset{\displaystyle NH_2}{C}} \right]^+$$

胍阳离子

X 射线对胍盐晶体的研究证明，胍阳离子中的三个氮原子对称地分布在碳的周围，三个碳氮键长均为 118pm，比一般的 C—N 键（147pm）或 C=N 键（128pm）都短，这是由于胍阳离子中存在共轭效应，正电荷不集中在某一个氮原子上，而是平均分配在三个氮原子上，从而使键长完全平均化了。具有这种结构的化合物无疑是很稳定的，所以胍具有接受 H+，形成这种稳定结构的强烈倾向，从而表现出很强的碱性。

氢氧化钡溶液可使胍缓慢水解生成脲：

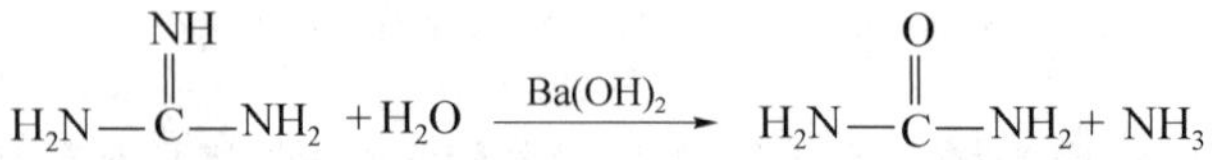

$$H_2N—C(\overset{NH}{\parallel})—NH_2 + H_2O \xrightarrow{Ba(OH)_2} H_2N—C(\overset{O}{\parallel})—NH_2 + NH_3$$

许多胍的衍生物都是重要的药物。例如，链霉素、苯乙双胍等都是含有胍的结构的药物。

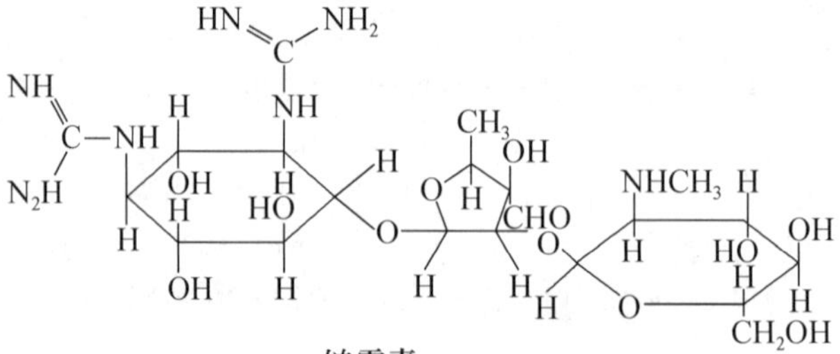

链霉素

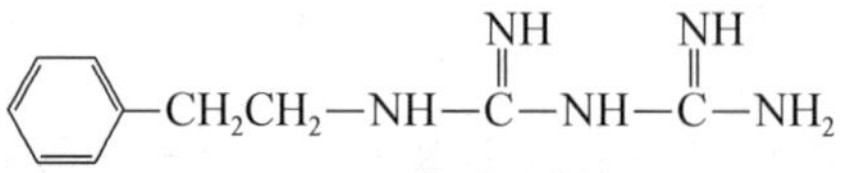

苯乙双胍

第四节　油脂、蜡和表面活性剂

油脂和蜡广泛存在于动植物体内，它们主要是直链高级脂肪酸的酯，是生物体维持正常生命活动不可缺少的物质，在生理及实际应用上都十分重要。

一、油脂

（一）油脂的组成和结构

油脂是直链高级脂肪酸甘油酯的混合物。通常把在常温下呈液态的称为油，呈固态或半固态的称为脂肪。其结构通式可表示为

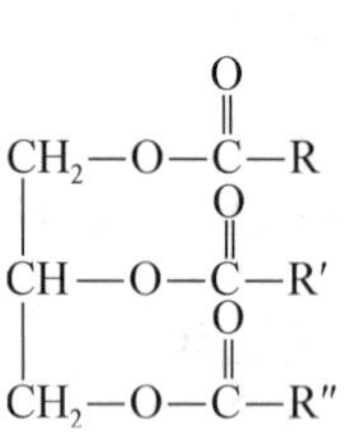

$$\begin{array}{l} CH_2—O—\overset{O}{\overset{\parallel}{C}}—R \\ CH—O—\overset{O}{\overset{\parallel}{C}}—R' \\ CH_2—O—\overset{O}{\overset{\parallel}{C}}—R'' \end{array}$$

如果 R、R′、R″ 相同，则称为单甘油酯，R、R′、R″ 不同则称为混合甘油酯。天然的油脂大都为混合甘油酯。

组成油脂的脂肪酸的种类很多，但主要是含偶数碳原子的饱和或不饱和的直链羧酸。常见的饱和酸以十六碳酸（棕榈酸）分布最广，几乎所有的油脂都含有；十八碳酸（硬脂酸）在动物脂肪中含量最多。不饱和酸以油酸、亚油酸分布最广。常见油脂所含的主要脂肪酸见表 12-11。

表 12-11 油脂中常见的脂肪酸

类别	俗称	系统命名	结构式	熔点/℃
饱和脂肪酸	月桂酸	十二酸	$CH_3(CH_2)_{10}COOH$	44
	豆蔻酸	十四酸	$CH_3(CH_2)_{12}COOH$	54
	软脂酸	十六酸	$CH_3(CH_2)_{14}COOH$	63
	硬脂酸	十八酸	$CH_3(CH_2)_{16}COOH$	70
	花生酸	二十酸	$CH_3(CH_2)_{18}COOH$	76.5
不饱和脂肪酸	油酸	十八碳-9-烯酸	$CH_3(CH_2)_7CH\!=\!CH(CH_2)_7COOH$	13
	亚油酸	十八碳-9, 12-二烯酸	$CH_3(CH_2)_4CH\!=\!CHCH_2CH\!=\!CH(CH_2)_7COOH$	−5
	蓖麻油酸	12-羟基十八碳-9-烯酸	$CH_3(CH_2)_5CH(OH)CH_2CH\!=\!CH(CH_2)_7COOH$	5.5
	亚麻油酸	十八碳-9, 12, 15-三烯酸	$CH_3(CH_2CH\!=\!CH)_3(CH_2)_7COOH$	−11
	桐油酸	十八碳-9, 11, 13-三烯酸	$CH_3(CH_2)_3(CH\!=\!CH)_3(CH_2)_7COOH$	49

脂肪酸越不饱和，由它所组成的油脂的熔点也越低。因此，固体的油脂含有较多的饱和脂肪酸甘油酯，而液体的油脂则含有较多的不饱和（或者不饱和程度大的）脂肪酸甘油酯。

（二）油脂的性质

油脂的密度比水小，在 0.9～0.95 之间。不溶于水，易溶于乙醚、汽油、苯、石油醚、丙酮、氯仿和四氯化碳等有机溶剂中。油脂没有明显的沸点和熔点，因为它们一般都是混合物。
油脂的主要化学性质如下。

1. 皂化　油脂在酸、碱或酶的催化下，易水解生成甘油和羧酸（或羧酸盐）。油脂进行碱性水解时，所生成的高级脂肪酸盐可作为肥皂，因此油脂的碱性水解又称皂化。

$$
\begin{array}{c}
CH_2\!-\!O\!-\!\overset{\displaystyle O}{\overset{\|}{C}}\!-\!R \\
| \\
CH\!-\!O\!-\!\overset{\displaystyle O}{\overset{\|}{C}}\!-\!R' \quad +\ 3NaOH \longrightarrow \\
| \\
CH_2\!-\!O\!-\!\overset{\displaystyle O}{\overset{\|}{C}}\!-\!R''
\end{array}
\qquad
\begin{array}{c}
CH_2OH \\
| \\
CHOH \\
| \\
CH_2OH \\
\text{甘油}
\end{array}
\ +\
\begin{array}{c}
RCOONa \\
R'COONa \\
R''COONa \\
\text{肥皂}
\end{array}
$$

工业上把水解 1g 油脂所需要的氢氧化钾的质量（以 mg 计）称为皂化值。各种油脂的成分不同，皂化时需要碱的量也不同，油脂的平均相对分子质量越大，单位质量油脂中含甘油酯的物质的量就越少，那么皂化时所需碱的量也越小，即皂化值越小。反之，皂化值越大，表示脂肪酸的平均相对分子质量越小。常见油脂的皂化值见表 12-12。

表 12-12 油脂中常见的脂肪酸

油脂名称	皂化值	碘值	脂肪酸组成/%					
			肉豆蔻酸	棕榈酸	硬脂酸	油酸	亚油酸	其他成分
椰子油	250～260	8～10	17～20	4～10	1～5	2～10	0～2	
奶油	216～235	26～45	7～9	23～26	10～13	30～40	4～5	
牛油	190～200	31～47	2～3	24～32	14～32	35～48	2～4	
蓖麻油	176～187	81～90		0～1		0～9	3～4	蓖麻油酸 80～92

续表

油脂名称	皂化值	碘值	脂肪酸组成/%					
			肉豆蔻酸	棕榈酸	硬脂酸	油酸	亚油酸	其他成分
花生油	185～195	83～93		6～9	2～6	50～70	13～26	
棉籽油	191～196	103～115	0～2	19～24	1～2	23～33	40～48	
豆油	189～194	124～136	0～1	6～10	2～4	21～29	50～59	
亚麻油	189～196	170～204		4～7	2～5	9～38	3～43	亚麻油酸 25～58
桐油	189～195	160～170				4～10	0～1	桐油酸 74～91

2. 加成 油脂的羧酸部分有的含有不饱和键,可发生加成反应。

（1）氢化 含有不饱和脂肪酸的油脂,在催化剂（如 Ni）作用下可以加氢,称为油脂的氢化。因为通过加氢后所得产物是由液态转化为固态的脂肪,所以这种氢化通常又称为油脂硬化。油脂硬化在工业上有广泛用途,如制肥皂、储运等都以固态或半固态的脂肪为好。

（2）加碘 利用油脂与碘的加成,可判断油脂的不饱和程度。工业上把 100g 油脂所能吸收的碘的质量（以 g 计）称为碘值。碘值越大,表示油脂的不饱和程度越大;反之,表示油脂的不饱和程度越小。一些常见油脂的碘值见表 12-12。

医药上使用的一些油脂,对其皂化值和碘值都有一定的标准,例如:

蓖麻油　　碘值 82～90　　　　皂化值 176～186

花生油　　碘值 84～100　　　　皂化值 185～195

3. 酸败和干化 油脂在空气中放置过久,逐渐变质,产生异味,这种变化称为酸败。酸败的原因是空气中氧、水或细菌的作用,使油脂氧化和水解而生成具有臭味的低级醛、酮、羧酸等。酸败产物有毒性或刺激性,所以《中国药典》规定药用的油脂都应没有异臭和酸败味。由于在水、光、热及微生物的条件下,油脂容易酸败,因此在储存油脂时,应保存在干燥、避光的密封容器中。

某些油脂在空气中放置可生成一层具有弹性而坚硬的固体薄膜,这种现象称为油脂的干化。例如,桐油暴露在空气中,容易在表面形成一层干硬而有韧性的膜。干化过程的机制尚不十分清楚,可能是一系列氧化聚合过程的结果。

根据油脂干化程度的不同,可分为干性油（桐油、亚麻油）、半干性油（向日葵油、棉籽油）及不干性油（花生油、蓖麻油）三类。经油脂分析:

干性油　　　　碘值大于 130

半干性油　　　碘值为 100～130

不干性油　　　碘值小于 100

4. 酸值 油脂酸败后有游离脂肪酸产生,油脂中游离脂肪酸的含量,可以用氢氧化钾中和来测定。中和 1g 油脂中游离脂肪酸所需氢氧化钾的质量（以 mg 计）称为酸值。酸值是油脂中游离脂肪酸的量度标准,酸值越小,油脂则越新鲜。一般情况下,酸值超过 6 的油脂不宜食用。

（三）油脂的用途

油脂广泛用于医药工业中,常见的有蓖麻油和麻油。蓖麻油一般用作泻剂,麻油则用作膏药的基质原料。实验证明麻油熬炼时泡沫较少,制成的膏药外观光亮,且麻油药性清凉,有消炎、镇痛等作用。此外，凡碘值在 100～130 左右的半干性油，如菜籽油、棉籽油和花生油等也都可代替麻油。但这些油较易产生泡沫，炼油时锅内应保留较大的空隙，以免溢出造成损失。干性油在高温时易聚合成高分子聚合物，而使脆性增加，黏性减弱，一般不适于熬制膏药。

薏苡酯是中药薏苡仁中所含的油脂，它是不饱和脂肪酸的丁-2,3-二醇的酯，据报道有抗癌作用，其结构式如下：

$$
\begin{array}{l}
CH_3 \quad\quad O \\
| \quad\quad\quad \| \\
CH-O-C-(CH_2)_9CH=CH(CH_2)_5-CH_3(反式) \\
| \\
CH-O-C-(CH_2)_7CH=CH(CH_2)_5-CH_3(顺式) \\
| \quad\quad\quad \| \\
CH_3 \quad\quad O
\end{array}
$$

二、蜡

蜡的主要成分是高级脂肪酸和高级一元醇所形成的酯，其中的脂肪酸和醇也都含偶数碳原子。最常见的酸是棕榈酸和二十六酸，最常见的醇为十六醇、二十六醇及三十醇。

蜡在常温下为固体，不溶于水，可溶于有机溶剂。蜡比油脂稳定，在空气中不易变质，难皂化，不能被人体内的脂肪酶所水解，所以无营养价值。

蜡广泛分布于动植物界，如自然界中的昆虫、植物的果实、幼枝和叶的表面常有一层蜡，可起保护作用。在医药上常用的重要蜡有蜂蜡、虫蜡和羊毛脂等。

蜂蜡又称黄蜡，存在于蜂巢中，主要成分为棕榈酸和三十醇所形成的酯，药剂上用于制蜡丸以及作为软膏的基质。其结构式为：$C_{15}H_{31}COOC_{30}H_{61}$。

虫蜡又称白蜡，主产于我国四川省，是寄生于女贞或白蜡树上的白蜡虫的分泌物，主要成分是二十六酸和二十六醇所形成的酯，可作为药片的抛光剂，也用作软膏的基质。其结构式为：$C_{25}H_{51}COO_{26}H_{53}$。

羊毛脂是羊的皮脂腺的分泌物，是甾醇、脂肪醇和三萜烯醇与等量脂肪酸（软脂酸、硬脂酸、油酸等）所形成的酯，为淡黄色软膏状物，不溶于水，但可与两倍量的水均匀混合。药剂上也用作软膏的基质。

三、肥皂和表面活性剂

（一）肥皂的去污原理

肥皂是高级脂肪酸的钠盐，它的分子可分为两部分：一部分是极性的羧基，称亲水基；另一部分是非极性的烃基，称为憎水基。可表示为

憎水部分　　　　　　　　　亲水部分

当水溶液中肥皂达到一定浓度时，憎水的烃基在范德瓦耳斯力作用下聚集在一起，而亲水的羧基包裹在外面，形成胶体大小的聚集粒子，称为胶束，形成胶束的最低浓度称为临界胶束

图 12-5 肥皂胶束示意图

浓度。肥皂的胶束呈球形,见图 12-5。

在洗涤衣物时,污垢中的油脂被搅动分散成细小的油滴,胶束憎水的烃基就溶解进入油污内,而亲水的羧基部分则伸在油污外面的水中,油污被肥皂分子包围形成稳定的乳浊液。通过机械搓揉和水的冲刷,油污等污物就脱离附着物分散成更小的乳浊液滴进入水中,随水漂洗而离去。这就是肥皂的洗涤原理,如图 12-6 所示。

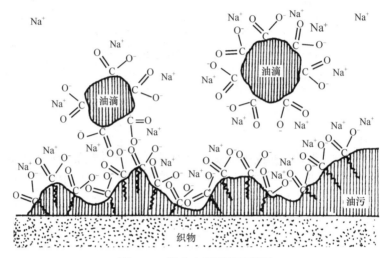

图 12-6 肥皂去污原理示意图

当肥皂浓度低于临界胶束浓度时,去污能力随肥皂浓度的下降而急剧下降;超过临界胶束浓度,去污能力几乎不随肥皂浓度而改变。其他的洗涤剂也是如此。

肥皂不宜在酸性或硬水中使用,因为在酸性水中能形成难溶于水的脂肪酸,而在硬水中能生成不溶于水的脂肪酸钙盐和镁盐。这样不仅浪费肥皂,而且去污能力也大大降低。近年来,根据肥皂的洗涤原理,合成了许多具有表面活性作用的物质,这些物质不仅可供洗涤用,还有其他方面的用途。

(二)表面活性剂

表面活性剂是能显著降低液体表面张力的物质。它是一类在分子中同时含有亲水基(如—COOH、—SO_3H、—OSO_3H、—OH、—NH_2)与憎水基(一般为十个碳原子以上的长链烷基)的有机化合物。根据其用途不同,可分为洗涤剂、乳化剂、润湿剂、起泡剂、分散剂、杀菌剂等。

表面活性剂可分为离子型和非离子型两大类,离子型又分为阳离子型和阴离子型。

1. 阴离子型表面活性剂 阴离子型表面活性剂是应用最广泛的一类合成洗涤剂,其组成和肥皂相似,溶于水时形成具有表面活性作用的阴离子。较常见的有烷基磺酸钠($R—SO_3^- Na^+$)和烷基苯磺酸钠(R—⬡—$SO_3 Na^+$)。它们在水中分别形成 RSO_3^- 及 R—⬡—SO_3^- 阴离子,R 一般为含 12~18 个碳原子的烃基,R 的碳数过多会使脂溶性太强,水溶性减弱,使表面活性剂的效率(使水的表面张力明显下降所需的表面活性剂的浓度)增加,但有效值(表面活性剂能使水的表面张力降低到的最小值)减小。如果烃基太小,则刚好相反,脂溶性减弱而水溶性增强,效率减小而有效值增加。二者都会直接影响洗涤剂的去污能力。目前我国生产的洗衣粉主要是十二烷基苯磺酸钠，一般是以煤油（180～280℃）或丙烯的四聚体为原料，通过氯化、烷基化、磺化、中和等程序制得。

$$RH + Cl_2 \xrightarrow[40\sim50℃]{\text{紫外线}} RCl \xrightarrow[30\sim50℃]{C_6H_6AlCl_3} R\text{-}C_6H_5 \xrightarrow[55℃]{\text{发烟}H_2SO_4} R\text{—}\underset{\text{磺化}}{\bigcirc}\text{—}SO_3H \xrightarrow[40\sim50℃]{NaOH} R\text{—}\bigcirc\text{—}SO_3Na$$

$$\underset{\text{氯化}}{} \quad \underset{\text{烷基化}}{} \quad \underset{\text{磺化}}{} \quad \underset{\text{中和}}{}$$

十二烷基苯磺酸钠是强酸盐，它的钙、镁盐在水中溶解度较大，所以可在酸性溶液或硬水中使用而不会影响去污效果。

2. 阳离子型表面活性剂 阳离子型表面活性剂是指溶于水时形成具有表面活性作用的是阳离子。属于这一类的主要为季铵盐，还有某些含硫或含磷的化合物。

十二烷基二甲基-2-苯氧乙基溴化铵 　　　　十二烷基二甲基苄基溴化铵
　　　（杜灭芬）　　　　　　　　　　　　　（新洁尔灭）

这类表面活性剂去污能力较差，但是它们都具有杀灭细菌和真菌的能力。例如，杜灭芬为常用的预防及治疗口腔炎、咽炎的药物。新洁尔灭主要用于外科手术时的皮肤及器械消毒。

3. 非离子表面活性剂 非离子表面活性剂在水中不解离，是中性化合物，不与金属离子或硬水作用，对酸碱也较稳定。可由醇或酚与环氧乙烷反应合成。例如：

$$R\text{—}\bigcirc\text{—}OH + n CH_2\text{—}CH_2 \xrightarrow[140\sim180℃]{NaOH(\text{少量})} R\text{—}\bigcirc\text{—}(OCH_2CH_2)_n OH$$

（R＝C_{16}～C_{18}的烷基，n＝6～12）

结构式中的羟基和聚醚（—OCH_2CH_2—）$_n$为亲水基团。此类化合物为黏稠液体，易溶于水，洗涤效果也很好，是目前使用较多的洗涤剂，也可用作乳化剂、润湿剂、印染固色剂和矿石浮选剂等。

小　结

1. 羧酸的结构、分类、命名。

2. 羧酸的物理性质：氢键对羧酸物理性质的影响。

3. 羧酸的化学性质：①酸性（电子效应对酸性的影响）；②羧基上羟基的取代反应；③还原；④脱羧；⑤α-H 卤代；⑥二元羧酸的特有反应。

4. 羧酸的制备：①烃的氧化；②伯醇或醛的氧化；③腈水解；④格氏试剂与二氧化碳的反应。

本章PPT

5. 羧酸衍生物的结构和命名。

6. 羧酸衍生物的物理性质：氢键对羧酸衍生物物理性质的影响。

7. 羧酸衍生物的化学性质：①亲核取代反应（电子效应、空间效应对亲电取代反应活性的影响）；②与格氏试剂反应；③还原反应；④酰胺的特性。

8. 碳酸衍生物：碳酰氯、碳酰胺、硫脲、胍。

9. 油脂、蜡和表面活性剂：组成、性质、原理。

（福建中医药大学）

第十三章
取代羧酸

> **学习目的**　本章内容重点阐述取代羧酸，主要包括卤代酸、羟基酸、羰基酸等基本知识和基本理论。重点掌握取代羧酸酸性，不同取代位置的卤代酸和羟基酸受热后反应规律，以及 β-羰基酸酯、乙酰乙酸乙酯、丙二酸二乙酯在有机合成中的应用。
>
> **学习要求**　掌握取代羧酸酸性变化规律；了解取代羧酸的制备方法；熟悉 α、β、γ 卤代酸和羟基酸受热后的反应；掌握乙酰乙酸乙酯、丙二酸二乙酯在合成中的应用。

第一节　取代羧酸的结构、分类和命名

一、结构和分类

羧酸分子中烃基上的氢原子被其他原子或基团取代所生成的化合物称为取代羧酸。根据取代基的种类，可分为卤代酸、羟基酸、羰基酸和氨基酸等，其中氨基酸在其他章节中重点介绍。根据特征基团的不同，羟基酸又可分为醇酸和酚酸，羰基酸又可分为醛酸和酮酸。例如：

$$\begin{array}{ccc} \overset{\text{Cl}}{\underset{|}{\text{CH}_2\text{COOH}}} & \overset{\text{OH}}{\underset{|}{\text{CH}_3\text{CHCOOH}}} & \text{HO}-\!\!\!\!\bigcirc\!\!\!\!-\text{COOH} \end{array}$$

氯乙酸	α-羟基丙酸	对羟基苯甲酸
chloroacetic acid	α-hydroxypropanoic acid	p-hydroxybenzoic acid

$$\begin{array}{ccc} \overset{\text{O}}{\overset{\|}{\text{HCCOOH}}} & \overset{\text{O}}{\overset{\|}{\text{CH}_3\text{CCOOH}}} & \overset{\text{NH}_2}{\underset{|}{\text{CH}_3\text{CHCOOH}}} \end{array}$$

乙醛酸	丙酮酸	α-氨基丙酸
glyoxylic acid	pyruvic acid	α-aminoxypropanoic acid

取代酸是具有两种或两种以上官能团的化合物，称为复合官能团化合物。它们不仅具有羧基和其他官能团的一些典型性质，而且还有这些官能团之间相互作用和相互影响而产生的一些特殊性质，这也充分地说明了分子中各原子或原子团并不是孤立存在的，而是在一定的化学结构中相互联系、相互影响的。

二、命名

取代羧酸的命名以羧酸作为母体，分子中的卤素、羟基、氨基、羰基等官能团作为取代基。取代基在分子主链上的位置以阿拉伯数字或希腊字母表示，ω 是希腊字母的最后一个，常用它表示主链较长的主链末端上的取代基的位置。许多取代酸是天然产物，所以多有根据来源命名

的俗名。

1. 卤代酸

ICH$_2$CH$_2$COOH

3-碘丙酸（β-碘丙酸或ω-碘丙酸）
3-iodopropanoic acid

CH$_3$CBr$_2$CH$_2$COOH

3,3-二溴丁酸（β,β-二溴丁酸）
3,3-dibromobutanoic acid

ClCH$_2$CH$_2$CH$_2$COOH

4-氯丁酸（γ-氯丁酸或ω-氯丁酸）
4-chlorobutanoic acid

3-溴苯甲酸（间溴苯甲酸或m-溴苯甲酸）
3-bromobenzoic acid

2. 羟基酸

（S)-α-羟基丙酸[(S)-乳酸]
(S)-2-hydroxypropanoic acid

2-羟基苯甲酸（水杨酸）
2-hydroxybenzoic acid

3,4-二羟基苯甲酸（原儿茶酸）
3,4-dihydroxybenzoic acid

在脂肪族二元羧酸中，碳链用希腊字母编号时，有两个 α 碳原子，为便于区别，分别用 α、α'表示，相应地有 β、β'、γ、γ'、δ、δ'、⋯，例如：

α-羟基丁二酸（苹果酸）
2-hydroxysuccinic acid

α,α'-二羟基丁二酸（酒石酸）
2,3-dihydroxysuccinic acid

2-羟基丙烷-1,2,3-三甲酸（柠檬酸）
2-hydroxypropane-1,2,3-tricarboxylic acid

3. 羰基酸　羰基酸命名时取含羰基和羧基的最长碳链作主链，称为某醛酸或某酮酸，或者称为氧亚基某酸。例如：

β-氧亚基丙酸或ω-氧亚基丙酸（丙醛酸）
3-oxopropanoic acid

ε-氧亚基己酸或ω-氧亚基己酸（己醛酸）
6-oxohexanoic acid

O
‖
CH$_3$CCH$_2$COOH

β-氧亚基丁酸（3-氧亚基丁酸或乙酰乙酸）
3-oxobutanoic acid

O
‖
CH$_3$CCH$_2$CH$_2$CH$_2$COOH

δ-氧亚基己酸（5-氧亚基己酸或乙酰丁酸）
5-oxohexanoic acid

NH$_2$
|
HOOCCH$_2$CH$_2$CHCOOH

α-氨基戊二酸（谷氨酸）
2-aminopentanedioic acid（glutamic acid）

NH$_2$
|
H$_2$NCH$_2$CH$_2$CH$_2$CH$_2$CHCOOH

α,ω-二氨基己酸（赖氨酸）
2,6-diaminohexanoic acid（lysine）

第二节 卤 代 酸

一、制备

卤代酸通常都是由人工合成,可以由卤素取代羧酸烃基上的氢原子而制得,也可以向卤素衍生物中引入羧基而制得。卤素和羧基的相对位置不同,制备方法也有所不同。

(一) α-卤代酸的制备

饱和一元羧酸与溴直接作用可以制得 α-溴代酸,但如果直接氯化,得到的往往是混合物。这是由于溴的活性比氯低,所以溴的反应选择性比氯高。例如:

$$CH_3CH_2COOH \xrightarrow{Cl_2} \underset{\underset{\alpha\text{-氯代丙酸}}{|}}{\underset{Cl}{CH_3CHCOOH}} + \underset{\underset{\beta\text{-氯代丙酸}}{|}}{\underset{Cl}{CH_2CH_2COOH}}$$

$$CH_3CH_2COOH \xrightarrow{Br_2} \underset{\underset{\alpha\text{-溴代丙酸}}{|}}{\underset{Br}{CH_3CHCOOH}}$$

上述反应进行得很慢,如果在日光作用下,或加入少量红磷(或卤代磷)作催化剂并加热,则反应能够顺利进行,该反应称为赫尔-福尔哈德-泽林斯基反应。

$$RCH_2COOH + Br_2 \xrightarrow{PBr_3} \underset{\underset{\alpha\text{-溴代酸}}{|}}{\underset{Br}{RCHCOOH}} + HBr$$

α-碘代酸一般不能用羧酸直接碘化法制备,但可以由碘化钾与 α-氯代酸或 α-溴代酸作用制得:

$$\underset{\underset{Cl}{|}}{RCHCOOH} + KI \longrightarrow \underset{\underset{I}{|}}{RCHCOOH} + KCl$$

(二) β-卤代酸的制备

α,β-不饱和酸和卤化氢加成,可制得 β-卤代酸。加成时,卤原子总是加到较远的不饱和碳原子上,这是由于羧基(—COOH)具有吸电子诱导效应(–I)和吸电子共轭效应(–C),α-碳原子上的电子云密度降低很多,从而使 α-碳正离子很不稳定,所以加成反应总是按照反马氏规则的方向进行。

$$RCH{=}CHCOOH + HX \longrightarrow \underset{\underset{X}{|}}{RCHCH_2COOH}$$

α,β-不饱和酸   β-卤代酸

$$CH_2{=}CHCOOH + HBr \longrightarrow \underset{\underset{Br}{|}}{CH_2CH_2COOH}$$

丙烯酸   β-溴代丙酸

用 β-羟基酸与氢卤酸或卤化磷作用，也可制得 β-卤代酸。

$$\underset{\underset{\text{OH}}{|}}{\text{RCHCH}_2\text{COOH}} + \text{HBr} \longrightarrow \underset{\underset{\text{Br}}{|}}{\text{RCHCH}_2\text{COOH}} + \text{H}_2\text{O}$$

$$\beta\text{-羟基酸} \qquad\qquad\qquad \beta\text{-卤代酸}$$

（三）γ、δ 或卤素离羧基更远的卤代酸的制备

γ、δ 或卤素离羧基更远的卤代酸可以由相应的二元酸单酯经亨斯狄克（Hunsdiecker）反应制备。

$$\text{CH}_3\text{OOC}(\text{CH}_2)_4\text{COOH} \xrightarrow[\text{KOH}]{\text{AgNO}_3} \text{CH}_3\text{OOC}(\text{CH}_2)_4\text{COOAg}$$

$$\xrightarrow[\text{CCl}_4]{\text{Br}_2} \text{CH}_3\text{OOC}(\text{CH}_2)_3\text{CH}_2\text{Br} \xrightarrow[\text{H}_2\text{O}]{\text{H}^+} \text{HOOC}(\text{CH}_2)_3\text{CH}_2\text{Br}$$

二、性质

卤代酸分子中含有羧基和卤素，所以卤代酸兼有羧酸和卤烃的一般反应（如羧基部分可以成盐、酯、酰卤、酸酐、酰胺等；卤原子可以被羟基、氨基等取代）。但由于羧基和卤素在分子内的相互影响，卤代酸还表现出一些特有的性质，如卤代酸的酸性比相应的羧酸强；在羧基的影响下，卤原子的性质也有一些改变，如 α-卤代酸中的卤原子很容易被取代等。

（一）酸性

当羧酸中烃基上的氢原子被电负性强的卤原子取代后，卤原子在羧酸分子中引起的–I效应，使卤代酸的酸性比相应的羧酸强，酸性的强弱与卤原子取代的位置、卤原子的种类和数目有关。

1. 卤原子的位置 卤原子对羧酸的影响随着所在的位置不同而有着明显差别。例如，羧酸分子中 α-碳原子上的氢原子被取代后，酸性增强很多，而 β-或 γ-碳原子上的氢原子被取代后，酸性有所增强，但与没有取代的羧酸差别不是很大，这是因为当卤原子离羧基较远时，诱导效应的影响逐渐减弱甚至消失。

2. 卤原子的数目 当羧酸被卤原子取代后，卤原子的数目越多，酸性就越强。

3. 卤原子的种类 卤原子种类不同，相应的卤代酸的酸性也不同，氟代酸的酸性最强，氯代酸和溴代酸次之，碘代酸最弱，这与卤原子的电负性是一致的，即各种卤原子影响酸性的大小次序为 $F > Cl > Br > I$。

（二）与碱反应

卤代酸与碱反应可因卤原子与羧基的相对位置不同而得到不同的产物。

1. α-卤代酸 α-卤代酸与水或稀碱溶液共煮，水解生成羟基酸。这是由于卤原子受羧基的影响变得更活泼，所以 α-卤代酸的水解比卤代烷的水解更容易。

$$\underset{\underset{\text{Cl}}{|}}{\text{H}_3\text{C}-\text{CH}-\text{COOH}} + \text{H}_2\text{O} \xrightarrow{\triangle} \underset{\underset{\text{OH}}{|}}{\text{H}_3\text{C}-\text{CH}-\text{COOH}} + \text{HCl}$$

2. β-卤代酸 β-卤代酸与氢氧化钠水溶液反应时，β-卤代酸失去一分子卤化氢，生成 α, β-不饱和羧酸。这是因为在 β-卤代酸中 α-氢原子受到两个吸电子基的影响而比较活泼，容易发

生消除反应。

$$H_2C-CH-COOH + NaOH \longrightarrow CH_2=CHCOOH + NaCl + H_2O$$
$$\quad |\quad |$$
$$\quad Cl\quad H$$

3. γ 与 δ-卤代酸 与水或碳酸钠溶液一起共煮时，生成不稳定的 γ-或 δ-羟基酸，γ-或 δ-羟基酸中的羧基和羟基立即发生分子内的酯化作用，生成稳定的五元环或六元环内酯。

$$CH_2CH_2CH_2COOH \xrightarrow{Na_2CO_3 \text{溶液}} CH_2CH_2CH_2COOH \xrightarrow{-H_2O}$$
$$\quad |\qquad\qquad\qquad\qquad\qquad\quad |$$
$$\quad Cl\qquad\qquad\qquad\qquad\qquad\quad OH$$

γ-羟基丁酸   丁-4-内酯

$$CH_2CH_2CH_2CH_2COOH \xrightarrow{Na_2CO_3 \text{溶液}} CH_2CH_2CH_2CH_2COOH \xrightarrow{-H_2O}$$
$$\quad |\qquad\qquad\qquad\qquad\qquad\qquad\quad |$$
$$\quad Cl\qquad\qquad\qquad\qquad\qquad\qquad\quad OH$$

δ-羟基戊酸   戊-5-内酯

（三）达则斯反应

含有 α-氢原子的 α-卤代酸酯在碱性试剂存在下（一般用醇钠或钠氨）与醛、酮发生类似克莱森酯缩合的反应，但不是生成 β-羟基酸酯，而是形成氧负离子中间体。该氧负离子迅速按 S_N2 反应将邻近的卤原子取代，生成环氧酸酯。这种由于邻近基团的直接参与促使反应迅速进行的现象称为邻基参与，该反应称为达则斯反应（Darzens reaction）。

$$ClCH_2COOC_2H_5 + C_6H_5COCH_3 \xrightarrow[\text{或}NaNH_2]{C_2H_5ONa} C_6H_5-\overset{CH_3}{\underset{O}{\overset{|}{C}}}-CHCOOC_2H_5$$

反应历程为

$$ClCH_2COOC_2H_5 + C_2H_5ONa \Longleftrightarrow {}^-CHClCOOC_2H_5 + C_2H_5OH$$

$${}^-CHClCOOC_2H_5 + C_6H_5COCH_3 \Longleftrightarrow \left[C_6H_5-\overset{CH_3}{\underset{O^-}{\overset{|}{C}}}-\overset{Cl}{\underset{}{\overset{|}{C}}HCOOC_2H_5} \right]$$

$$\longrightarrow C_6H_5-\overset{CH_3}{\underset{O}{\overset{|}{C}}}-CHCOOC_2H_5 + Cl^-$$

生成的 α,β-环氧酸酯经皂化便得 α,β-环氧酸盐，然后再酸化加热可失羧生成醛或酮，这也是制备醛、酮的一种方法。

$$C_6H_5-\overset{CH_3}{\underset{O}{\overset{|}{C}}}-CHCOOC_2H_5 \xrightarrow[H_2O]{OH^-} C_6H_5-\overset{CH_3}{\underset{O}{\overset{|}{C}}}-CHCOO^- + C_2H_5OH$$

$$C_6H_5-\overset{CH_3}{\underset{O}{\overset{|}{C}}}-CHCOO^- + H^+ \Longleftrightarrow C_6H_5-\overset{CH_3}{\underset{\overset{|}{O^+}}{\overset{|}{C}}}-CHCOO^- \Longleftrightarrow$$
$$\qquad\qquad\qquad\qquad\qquad\qquad\qquad\qquad\quad |$$
$$\qquad\qquad\qquad\qquad\qquad\qquad\qquad\qquad\quad H$$

$$\underset{\underset{OH}{|}}{\overset{\overset{CH_3}{|}}{C_6H_5-\overset{+}{C}-CHCOO^-}} \xrightarrow{-CO_2} \underset{OH}{\overset{CH_3}{C_6H_5-C=C}\overset{H}{}} \xrightarrow{\text{重排}} \underset{H}{\overset{\overset{CH_3}{|}}{C_6H_5-\overset{|}{C}-CHO}}$$

（四）雷福尔马茨基反应

α-卤代酸酯于惰性溶剂中在锌粉作用下与含羰基化合物（醛、酮、酯）发生反应，产物经水解后生成 β-羟基酸酯，这个反应称为雷福尔马茨基反应（Reformatsky reaction）。α-卤代酸酯不能与镁生成有机镁化合物（格氏试剂），但易与锌形成有机锌化合物。

$$BrCH_2COOC_2H_5 + Zn \xrightarrow{\text{醚}} BrZnCH_2COOC_2H_5$$

有机锌化合物与格氏试剂类似，也能起类似反应，但没有格氏试剂那样活泼。有机锌化合物只能与醛、酮发生反应，与酯反应缓慢，而格氏试剂与酯的反应则很快，因此在发生雷福尔马茨基反应时，金属锌不能用镁代替。有机锌化合物和醛、酮的反应与格氏试剂和醛、酮的反应相似，都能够生成 β-羟基酸酯，这也是制备 β-羟基酸酯的一种很好的方法。

$$BrZnCH_2COOC_2H_5 + C_6H_5CHO \longrightarrow \underset{OZnBr}{\overset{|}{C_6H_5CHCH_2COOC_2H_5}}$$

$$\underset{OZnBr}{\overset{|}{C_6H_5CHCH_2COOC_2H_5}} + H_2O \longrightarrow \underset{OH}{\overset{|}{C_6H_5CHCH_2COOC_2H_5}}$$

$$C_6H_5COCH_3 + BrCH_2COOC_2H_5 \xrightarrow{Zn} \underset{OH}{\overset{\overset{CH_3}{|}}{C_6H_5CCH_2COOC_2H_5}}$$

β-羟基酸酯再经水解得到 β-羟基酸，因此该反应也是合成 β-羟基酸的一种重要方法。β-羟基酸酯经脱水反应，可以得到 α, β-不饱和酸酯。

发生雷福尔马茨基反应时，不同 α-卤代酸酯的活性次序为

碘代酸酯＞溴代酸酯＞氯代酸酯＞氟代酸酯

由于碘代酸较难制备，而氟代酸和氯代酸不活泼，所以通常选用的是溴代酸酯。

有机锌试剂与不同种类的化合物反应活性次序为：醛＞酮＞酯。

雷福尔马茨基反应的溶剂为经钠丝处理过的绝对无水有机溶剂，最常用的有乙醚、苯、甲苯及二甲苯等。最适宜的反应温度为 $90\sim105℃$（回流条件下进行）。

三、个别化合物

（一）氟乙酸

氟乙酸（FCH_2COOH）在工业上由一氧化碳与甲醛及氟化氢作用而制得：

$$CO + HCHO + HF \xrightarrow[75.944kPa]{160℃} \underset{F}{\overset{|}{CH_2COOH}}$$

氟乙酸对哺乳动物的毒性很强，它的钠盐可用作杀鼠剂和扑灭其他啮齿动物的药剂。

（二）三氯乙酸

三氯乙酸（CCl_3COOH）可由三氯乙醛经硝酸氧化制取：

$$CCl_3CHO + [O] \xrightarrow{HNO_3} Cl_3CCOOH$$

三氯乙酸为无色结晶，熔点 57.5℃，有潮解性，极易溶于水、乙醇、乙醚。

三氯乙酸和水共煮时，失去二氧化碳而生成氯仿：

$$CCl_3COOH + H_2O \xrightarrow{\triangle} CO_2 + CHCl_3$$

三氯乙酸可以作除锈剂，在医药上用作腐蚀剂，其 20%溶液可用于治疗疣。

第三节 羟 基 酸

羟基酸中的羟基有醇羟基和酚羟基之分，所以羟基酸可分为醇酸和酚酸两类。它们都广泛存在于动植物界。

一、醇酸

（一）制备

1. 卤代酸水解　卤代酸水解可以得到羟基酸，这在卤代酸的性质中已介绍过。不同的卤代酸水解产物不同，只有 α-卤代酸水解直接得到 α-羟基酸，且产率较高。例如：

$$\underset{\underset{Cl}{|}}{CH_2COOH} + H_2O \xrightarrow{\triangle} \underset{\underset{OH}{|}}{CH_2COOH} + HCl$$

α-羟基乙酸

β-、γ-、δ-等卤代酸水解后，所得的主要产物往往不是羟基酸，因此这种方法只适宜于制取 α-羟基酸。

2. 羟基腈水解　醛或酮与氢氰酸发生加成反应，生成羟基腈，羟基腈再水解得到 α-羟基酸。这是制备 α-羟基酸的常用方法。

$$RCHO + HCN \longrightarrow \underset{\underset{H}{|}}{\overset{\overset{OH}{|}}{R-C-CN}} \xrightarrow[H_2O]{H^+} \underset{\underset{H}{|}}{\overset{\overset{OH}{|}}{R-C-COOH}}$$

α-羟基酸

$$\underset{}{\overset{\overset{O}{\|}}{R-C-R}} + HCN \longrightarrow \underset{\underset{R}{|}}{\overset{\overset{OH}{|}}{R-C-CN}} \xrightarrow[H_2O]{H^+} \underset{\underset{R}{|}}{\overset{\overset{OH}{|}}{R-C-COOH}}$$

α-羟基酸

用烯烃与次氯酸加成后再与氰化钾作用制得 β-羟基腈，β-羟基腈经水解得到 β-羟基酸。例如：

$$RCH{=}CH_2 \xrightarrow{HOCl} \underset{\underset{OH\quad Cl}{|\quad\;|}}{R-CH-CH_2} \xrightarrow{KCN} \underset{\underset{OH}{|}}{R-CH-CH_2CN} \xrightarrow[H_2O]{H^+} \underset{\underset{OH}{|}}{RCHCH_2COOH}$$

β-羟基酸

3. 雷福尔马茨基反应 β-羟基酸也可由 α-卤代酸酯与醛或酮通过雷福尔马茨基反应制得。首先得到的产物是 β-羟基酸酯。酯再经水解，就得到 β-羟基酸。

（二）性质

醇酸一般为结晶或黏稠液体，在水中的溶解度比相应的羧酸大，低级的醇酸可与水混溶，这是由于羟基、羧基都易与水形成氢键。熔点也比相应的羧酸高。此外，许多醇酸具有旋光性。

醇酸具有醇和酸的典型化学性质，但由于两个基团的相互影响而具有一些特殊的性质。

1. 酸性 醇酸具有醇和羧酸的一般反应（如成盐、酯化、酰化等反应）。醇酸分子中，羟基是一个吸电子基，它可以通过诱导效应使羧基的解离度增加，所以醇酸的酸性比相应的羧酸强，但羟基对酸性的影响不如卤素大。羟基距离羧基越近，对酸性的影响越大，酸性就越强。几种羟基酸的 pK_a 值见表 13-1。

表 13-1　几种羟基酸的 pK_a 值

羟基酸	pK_a	羟基酸	pK_a
COOH（苯甲酸）	4.17	COOH—OH（间羟基苯甲酸）	4.12
COOH—OH（邻羟基苯甲酸）	2.89	COOH—OH（对羟基苯甲酸）	4.54
CH_3COOH	4.76	$\underset{\underset{OH}{\vert}}{CH_2COOH}$	3.85
CH_3CH_2COOH	4.87	$\underset{\underset{OH}{\vert}}{CH_3CHCOOH}$	4.51
$\underset{\underset{OH}{\vert}}{CH_2CH_2COOH}$	3.86		

2. 氧化反应 醇酸中的羟基具有醇的性质，尤其是羧基酯化后主要按醇的方式反应。醇酸的羟基，可发生酯化和成醚等反应。

醇酸中羟基可以被氧化生成醛酸或酮酸。α-羟基酸中的羟基比醇中的羟基更易被氧化。

$$HOCH_2COOH \xrightarrow{[O]} \underset{\underset{O}{\Vert}}{HCCOOH} \xrightarrow{[O]} HOOC{-}COOH$$

羟基乙酸　　　　　　乙醛酸　　　　　　乙二酸

$$\underset{\underset{OH}{\vert}}{CH_3CHCOOH} \xrightarrow{[O]} \underset{\underset{O}{\Vert}}{CH_3CCOOH}$$

α-羟基丙酸　　　　　　　丙酮酸

$$CH_3CHCH_2COOH \xrightarrow{[O]} CH_3CCH_2COOH$$

$\quad\quad |\quad\quad\quad\quad\quad\quad\quad\quad\quad\quad\quad ||$

$\quad\quad OH \quad\quad\quad\quad\quad\quad\quad\quad\quad\quad O$

β-羟基丁酸 $\quad\quad\quad\quad\quad\quad\quad$ β-丁酮酸

3. 脱水反应 醇酸受热后能发生脱水反应，按照羧基和羟基的相对位置不同而得到不同的产物。α-醇酸受热发生两个分子间脱水反应而生成交酯。交酯是由一分子醇酸中羟基的氢原子和另一分子醇酸中羧基上的羟基失水而形成的环状的酯。

微课：羟基酸受热后的反应

$$R-CH-O\underline{H} \quad HO-C=O \atop O=C-OH \quad H-O-CH-R \xrightarrow{\triangle} \begin{matrix} R-CH & C=O \\ O=C & CH-R \end{matrix} + 2H_2O$$

交酯多为结晶物质，它和其他酯类一样，与酸或碱共热时，容易发生水解而生成原来的醇酸：

$$\begin{matrix} R-HC & C=O \\ O=C & CH-R \end{matrix} \xrightarrow[H^+或OH^-]{H_2O} 2R-CH-COOH \atop OH$$

β-醇酸受热不易形成四元环的内酯。但由于分子中的 α-氢同时受羧基和羟基的影响，比较活泼，所以在受热时容易和相邻碳原子上的羟基失水而生成 α,β-不饱和酸。

$$R-CH-CH_2-COOH \atop OH \xrightarrow{\triangle} R-CH=CH-COOH$$

γ-醇酸极易失去水，在室温时就能自动在分子内脱水生成五元环的内酯。

$$\begin{matrix} H_2C-CH_2 \\ | \quad\quad | \\ C=O \\ OH \quad OH \end{matrix} \longrightarrow \begin{matrix} H_2C-CH_2 \\ | \quad\quad | \\ C=O \\ O \end{matrix} + H_2O$$

因此，γ-醇酸只有变成盐后才是稳定的。有的 γ-醇酸不能得到，因为当它们游离出来时就立即失水而生成内酯。γ-内酯是稳定的中性化合物。内酯和酯一样，与碱溶液作用能水解而生成原来的醇酸盐。例如，丁-4-内酯遇到热的碱溶液时就能水解生成 γ-羟基酸盐。

$$\begin{matrix} H_2C-CH_2 \\ | \quad\quad | \\ H_2C \quad C=O \\ O \end{matrix} + NaOH \longrightarrow CH_2CH_2CH_2COONa \atop OH + H_2O$$

γ-羟基丁酸钠有麻醉作用，能用作麻醉剂。

δ-醇酸脱水生成六元环的 δ-内酯，但不如 γ-醇酸那样容易，需要在加热条件下进行。

$$\begin{matrix} CH_2 \\ H_2C \quad CH_2 \\ H_2C \quad C=O \\ OH \quad OH \end{matrix} \xrightarrow{\triangle} \begin{matrix} CH_2 \\ H_2C \quad CH_2 \\ H_2C \quad C=O \\ O \end{matrix}$$

由于五元环和六元环较稳定，也较易形成，因此 γ-和 δ-内酯也极易形成。

一些中药的有效成分中常含有内酯的结构。例如，中药白头翁及其类似植物中含有的有效成分白头翁脑和原白头翁脑，就是不饱和内酯结构的化合物：

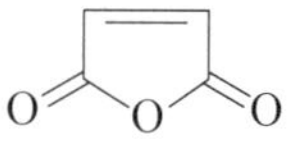

原白头翁脑

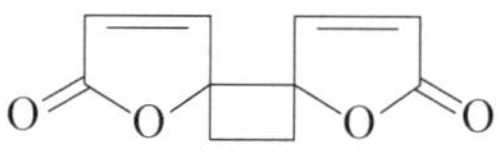

白头翁脑

又如，抗菌消炎药穿心莲的主要有效化学成分穿心莲内酯就含有一个 γ-内酯环：

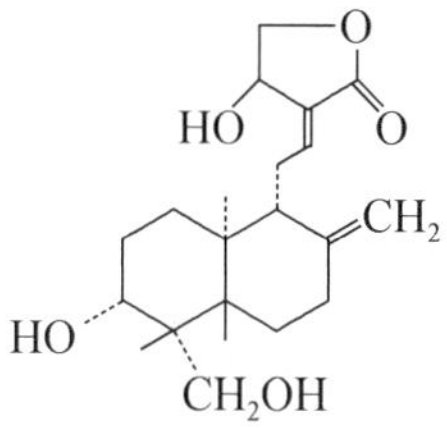

4. 分解反应　α-醇酸与稀硫酸或酸性高锰酸钾溶液加热，则分解为醛、酮和甲酸，甲酸可继续被氧化成碳酸：

$$R-\underset{\displaystyle OH}{\underset{|}{CH}}-COOH \xrightarrow[\triangle]{\text{稀硫酸}} RCHO + HCOOH$$

$$R-\underset{\displaystyle OH}{\underset{|}{CH}}-COOH \xrightarrow[H^+]{KMnO_4} RCHO + CO_2 + H_2O$$

$$RCHO \xrightarrow{[O]} RCOOH$$

$$R-\overset{\displaystyle R'}{\overset{|}{\underset{\displaystyle OH}{\underset{|}{C}}}}-COOH \xrightarrow[H^+]{KMnO_4} R-\underset{\displaystyle O}{\underset{\|}{C}}-R' + CO_2 + H_2O$$

此反应在有机合成上可用来使羧酸降解。

（三）个别化合物

1. 乳酸（$CH_3CHOHCOOH$）　乳酸最初是从变酸的牛奶中发现的，所以俗名为乳酸。乳酸也存在于动物的肌肉中，特别是肌肉经过剧烈活动后含乳酸更多，因此肌肉感觉酸胀，由肌肉中得来的乳酸称为肌乳酸。乳酸在工业上是由糖经乳酸菌作用发酵而制得。

$$C_6H_{12}O_6 \xrightarrow[30\sim40℃]{\text{乳酸菌}} H_3C-\overset{\displaystyle H}{\overset{|}{\underset{\displaystyle OH}{\underset{|}{C}}}}-COOH$$

乳酸是无色黏稠液体，溶于水、乙醇和乙醚中，但不溶于氯仿和油脂，吸湿性强。乳酸具有旋光性。

由酸牛奶得到的乳酸是外消旋的，由糖发酵制得的乳酸是左旋的，而肌肉中的乳酸是右旋的。

乳酸具有 α-羟基酸的一般化学性质。

乳酸有消毒防腐作用。乳酸的钙盐$(CH_3CHOHCOO)_2Ca \cdot 5H_2O$ 在临床上用于治疗佝偻病等一般缺钙症。此外，还大量用于食品、饮料工业。

2. 苹果酸（$HOOCCH_2CHOHCOOH$）　广泛存在于植物中，尤其是在未成熟的苹果中含量最多，所以称为苹果酸。其他果实如山楂、杨梅、葡萄以及番茄等都含有苹果酸。

苹果酸受热后，易脱水生成丁烯二酸：

$$H-CH-COOH \xrightarrow{\triangle} HC-COOH \parallel HC-COOH + H_2O$$

天然苹果酸为左旋体，熔点 100℃，合成的苹果酸熔点为 133℃，无旋光性。苹果酸的钠盐为白色粉末，易溶于水。用于制药及食品工业，也可作为食盐的代用品。

3. 酒石酸（HOOCCHOHCHOHCOOH） 广泛分布于植物中，尤其以葡萄中的含量最多，常以游离态或盐的形式存在。在制造葡萄酒的发酵过程中，溶液中的乙醇浓度增加时，存在于葡萄中的酸式酒石酸钾盐因难溶于水和乙醇而结成巨大的结晶，这种酸式钾盐称为酒石（HOOCCHOHCHOHCOOK），酒石再与无机酸作用，就生成游离的酒石酸，这是酒石酸的由来。自然界中的酒石酸是巨大的透明结晶，不含结晶水，熔点 170℃，极易溶于水，不溶于有机溶剂。

酒石酸常用于配制饮料，它的盐类如酒石酸氢钾是配制发酵粉的原料。用氢氧化钠将酒石酸氢钾中和，即得酒石酸钾钠（KOOCCHOHCHOHCOONa）。酒石酸钾钠可用作泻药和用于配制费林试剂。酒石酸锑钾（KOOCCHOHCHOHCOOSbO）又称吐酒石，为白色结晶粉末，能溶于水，医药上用作催吐剂，也广泛用于治疗血吸虫病。

4. 枸橼酸（HO—$\overset{\displaystyle CH_2COOH}{\underset{\displaystyle CH_2COOH}{\overset{\displaystyle |}{\underset{\displaystyle |}{C}}}}$—COOH） 存在于柑橘、山楂、乌梅等的果实中，尤以柠檬中含量最多，占 6%～10%，因此俗称柠檬酸。枸橼酸为无色结晶或结晶性粉末，无臭、味酸，易溶于水和醇，内服有清凉解渴作用，常用作调味剂、清凉剂。可用来配制饮料。

枸橼酸的钾盐（$C_6H_5O_7K_3 \cdot 6H_2O$）为白色结晶，易溶于水，用作祛痰剂和利尿剂。

枸橼酸的钠盐（$C_6H_5O_7Na_3 \cdot 2H_2O$）也是白色易溶于水的结晶，有防止血液凝固的作用。

枸橼酸的铁铵盐为棕红色而易溶于水的固体，用作贫血患者的补血药。

二、酚酸

酚酸多以盐、酯或苷的形式存在于自然界中。比较重要的酚酸是水杨酸和五倍子酸。

（一）制备

许多酚酸是从天然产物中提取出来的。合成酚酸的一般方法是采用柯尔贝-施密特（Kolbe-Schmidt）反应，此法是将干燥的苯酚钠与二氧化碳在 405～709kPa 和 120～140℃下作用，最后酸化产物，即可得到水杨酸。

产物中含有少量对位异构体。如果反应温度在 140℃ 以上，或用酚的钾盐为原料，则主要是对羟基苯甲酸：

其他的酚酸也可以用上述方法制备，只是反应的难易和条件有所不同。

（二）性质

酚酸为结晶体，具有酚和芳酸的典型反应。例如，与三氯化铁溶液反应时能显色（酚的特性），羧基和醇作用成酯（羧酸的特性）等。

酚酸中的羟基与羧基处于邻位或对位时，受热容易脱羧，这是它们的一个特性。例如：

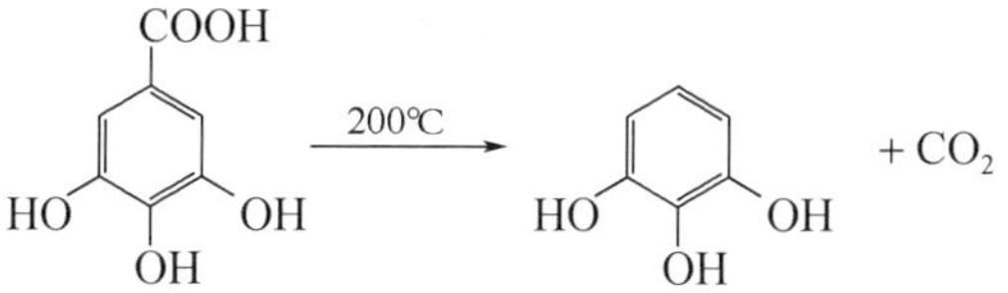

（三）个别化合物

1. 水杨酸及其衍生物

（1）水杨酸（） 即邻羟基苯甲酸，又称柳酸。柳树或杨树皮等都含有水杨酸。

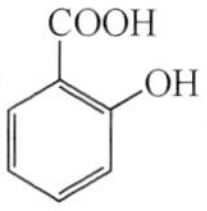

水杨酸为白色晶体，熔点 159℃，微溶于水，能溶于乙醇和乙醚，加热可升华，并能随水蒸气一同挥发，但加热到它的熔点以上时，就失去羧基而变成苯酚。

水杨酸分子中含有羟基和羧基，因此它具有酚和羧酸的一般性质，如容易氧化，遇三氯化铁溶液变为紫色，酚羟基可成盐、酰化，羧基也可以形成各种羧酸衍生物。

水杨酸是合成药物、染料、香料的原料。它本身就有杀菌作用，在医药上外用为防腐剂和杀菌剂，多用于治疗某些皮肤病。同时水杨酸还有解热镇痛和抗风湿作用，由于它对胃肠有刺激作用，不能内服。

水杨酸与碳酸钠作用，即生成水杨酸钠：

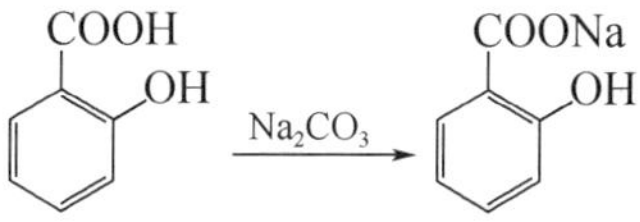

水杨酸钠的解热镇痛作用比非那西丁和氨基比林弱，同时它进入胃部后遇酸能释放出水杨酸，因此仍有刺激性，临床上一般已不作为解热镇痛药使用。但它对风湿热和风湿性关节炎的疗效相当肯定，在鉴别诊断上有一定价值。水杨酸和它的钠盐遇光或催化剂，特别是在碱性溶液中很容易氧化成颜色很深的醌型化合物，所以要避光储存。

（2）乙酰水杨酸（） 俗称阿司匹林（Aspirin），由水杨酸与乙酸酐在乙酸中

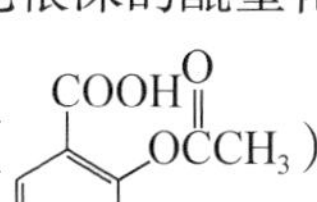

加热到80℃进行酰化而制得：

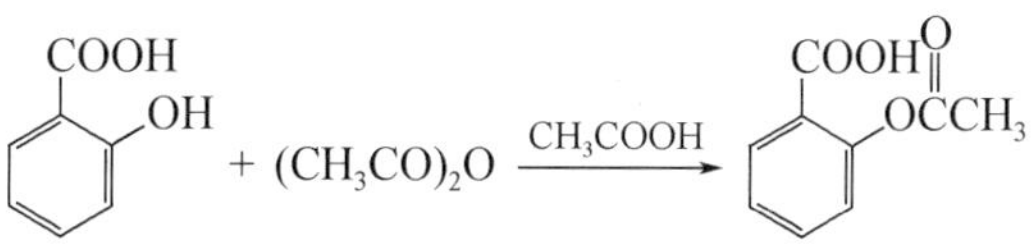

乙酰水杨酸为白色结晶，熔点135℃，微酸味，无臭，难溶于水，溶于乙醇、乙醚、氯仿。在干燥空气中稳定，但在湿空气中易水解为水杨酸和乙酸，所以应密闭在干燥处储存。

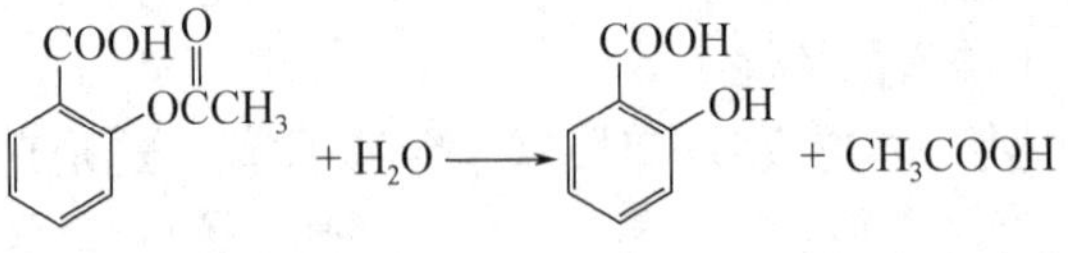

纯乙酰水杨酸分子中无游离的酚羟基，所以不与三氯化铁溶液起颜色反应，但乙酰水杨酸水解后产生了水杨酸，就可以与三氯化铁呈紫色，所以常用于检查阿司匹林中游离水杨酸的存在。

阿司匹林有退热、镇痛和抗风湿痛的作用，而且对胃的刺激作用小，所以常用于治疗发烧、头痛、关节痛、活动性风湿病等。它与非那西丁、咖啡因等合用称为复方阿司匹林，简称APC。

（3）水杨酸甲酯（）　水杨酸甲酯是冬绿油的主要成分，可由水杨酸直接酯化而制得：

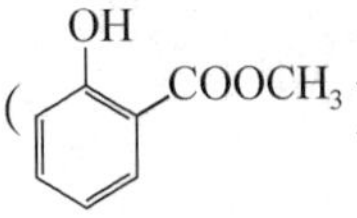

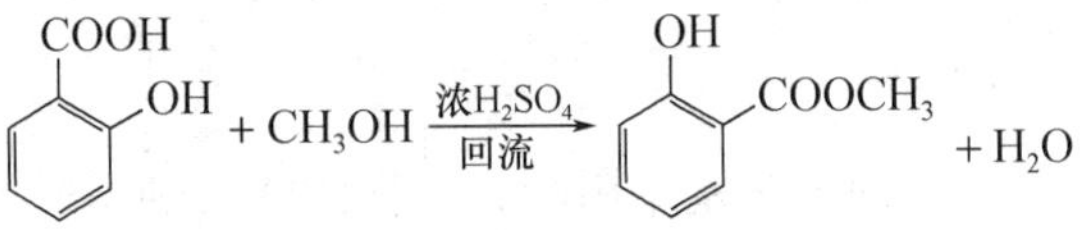

水杨酸甲酯是无色或淡黄色具有香味的油状液体，沸点为223.3℃，微溶于水。外用为局部镇痛剂或抗风湿药物。

（4）对氨基水杨酸（）　对氨基水杨酸简称PAS，可在间氨基苯酚和碳酸氢钠的溶液中通入二氧化碳后加热加压制得：

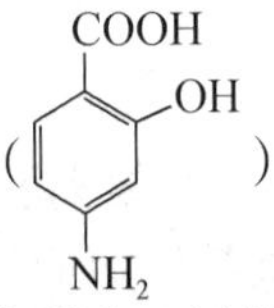

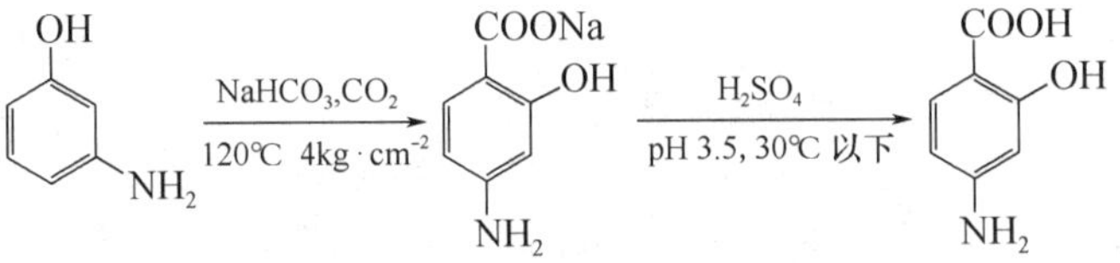

对氨基水杨酸为白色粉末，熔点146～147℃，微溶于水，能溶于乙醇，是一种抗结核病药物。

PAS呈酸性，能和碱作用生成盐，它与碳酸氢钠作用生成对氨基水杨酸钠（PAS-Na）：

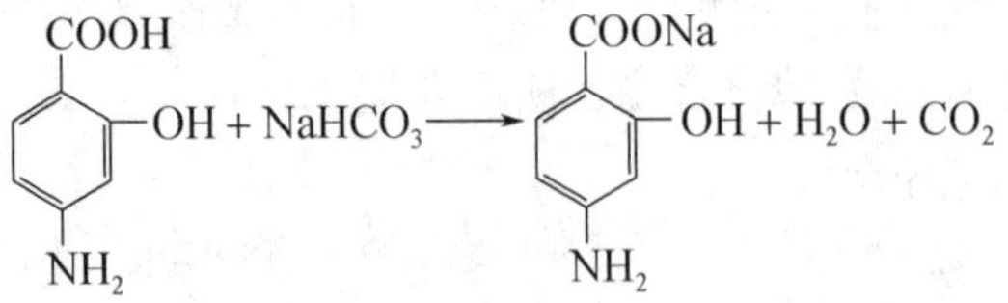

PAS-Na为白色或淡黄色结晶粉末，易溶于水，微溶于乙醇。

PAS-Na的水溶性比PAS大，刺激性比PAS小，所以一般注射都用PAS-Na。PAS-Na用于治疗各种结核病，对肠结核、胃结核以及渗透性肺结核的效果较好，使用时一般都与链霉素、异烟肼等抗结核病药合用，以增强疗效、延缓耐药性的产生。

PAS和PAS-Na的水溶液都不稳定，遇光、热或露置在空气中颜色变深，这是因为发生了脱羧反应而生成间氨基苯酚，进一步氧化会生成联苯醌类有色物质。颜色变深后，不能供药用。

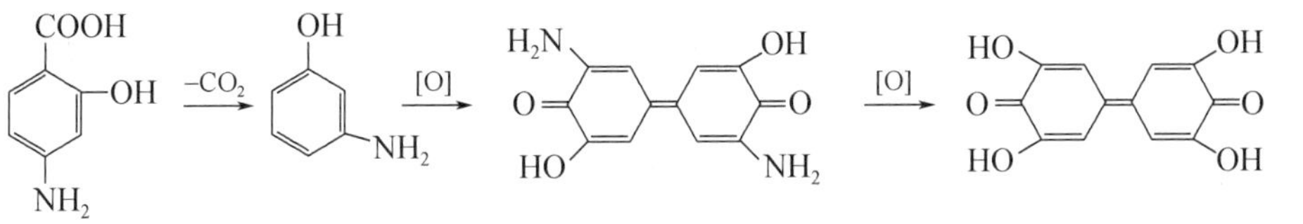

2. 对羟基苯甲酸（HO—⬡—COOH） 对羟基苯甲酸是水杨酸的同分异构体。在苯酚钾盐中通入二氧化碳，如果温度到 200℃以上时，反应的主要产物是对羟基苯甲酸盐，经酸化后，则得对羟基苯甲酸。

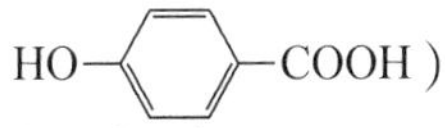

对羟基苯甲酸是一种优良的防腐剂，商品名为尼泊金（nipagin）。它有抑制细菌、真菌和酶的作用，毒性较苯甲酸或水杨酸及其衍生物小。因此广泛用于食品，特别是各种药物制剂的防腐剂。常用的尼泊金类防腐剂有下述几种：

学名	结构式	商品名称
对羟基苯甲酸甲酯	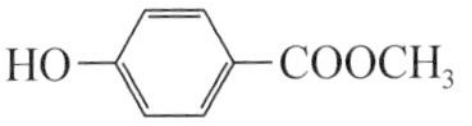 HO—⬡—COOCH₃	尼泊金
对羟基苯甲酸乙酯	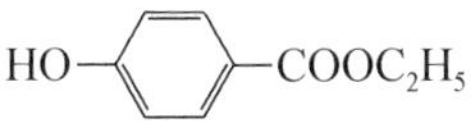 HO—⬡—COOC₂H₅	尼泊金A
对羟基苯甲酸丙酯	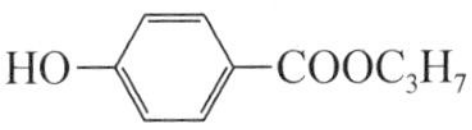 HO—⬡—COOC₃H₇	尼泊索(nipasol)

尼泊金类防腐剂在酸性溶液中效用最好，在微碱性溶液中效用减弱。对羟基苯甲酸甲酯、乙酯、丙酯常合并应用，因为它们有协同作用，可以增加效果。

3. 没食子酸 没食子酸又称五倍子酸，化学名称为 3,4,5-三羟基苯甲酸，是自然界分布很广的一种有机酸。它以游离状态存在于茶叶等植物中，或组成鞣质存在于五倍子等植物中。水解五倍子（没食子）中所含的鞣质，可生成没食子酸。

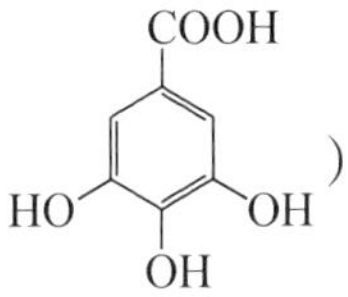

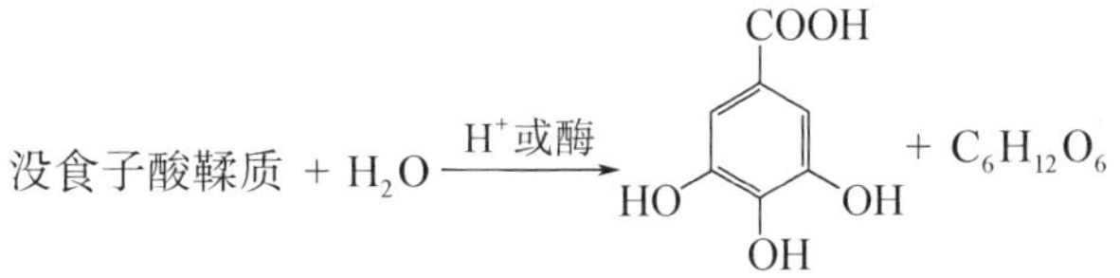

没食子酸为白色的结晶，在空气中氧化成棕色，熔点 253℃，能溶于水。加热至 200℃以上时，失去一分子二氧化碳而变成没食子酚（又称焦性没食子酸）：

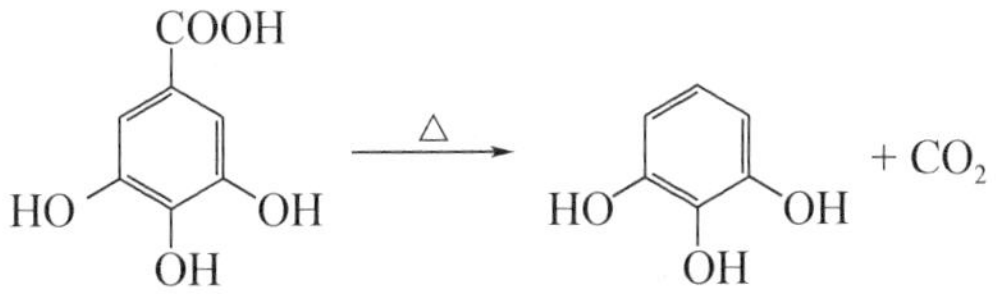

没食子酸很容易被氧化，有强还原性，能从银盐溶液中把银沉淀出来，因此在照相中用作显影剂。没食子酸水溶液遇三氯化铁显蓝黑色，所以也是制墨水的原料。

没食子酸在碱性条件下，与三氯化锑反应生成的络合物没食子酸锑钠，又称锑-273，是治疗血吸虫病的有效药物。

碱性没食子铋又称没食子酸铋，有收敛防腐作用，内服为胃肠黏膜的保护剂，外用为防腐收敛剂。其结构式为

$$HO-、HO-、HO-\diagdown COOBi(OH)_2$$

我国四川省五倍子的产量极为丰富，所以没食子酸的来源很广。

4. 原儿茶酸（结构式） 原儿茶酸化学名称为 3,4-二羟基苯甲酸，是中药四季青中的有效成分之一。四季青在临床上治疗烧伤有较好的效果，此外，可用于治疗细菌性痢疾、肾盂肾炎及某些溃疡病等。

5. 咖啡酸（$HO-、HO-\diagdown CH=CH-COOH$） 咖啡酸为 3,4-二羟基桂皮酸，它存在于许多中药中，如野胡萝卜（南鹤虱）、光叶水苏、荞麦、木半夏等。有些中药虽不含咖啡酸，但含有咖啡酸所形成的酯——绿原酸（为金银花的抗菌有效成分之一，此外，苎麻、桑叶、缬草等也含有绿原酸），绿原酸水解后即生成咖啡酸。绿原酸的结构式如下：

咖啡酸为白色结晶，分解点 223～225℃，不溶于冷水，溶于沸水。

咖啡酸具有酚酸的一般化学性质。因结构中含有不饱和双键，所以容易氧化，尤其是在碱性溶液中不稳定，它的水溶液遇三氯化铁显绿色。

咖啡酸有止血作用，对内脏的止血效果较好，毒性较小。

6. 咖啡酸胺（$HO-、HO-\diagdown CH=CH-COOH \cdot HN(C_2H_5)_2$） 咖啡酸胺是咖啡酸二乙胺盐。药理试验、毒性试验和临床观察证明，咖啡酸胺对各种类型的出血有良好止血作用，且具有毒性低、用药安全等优点，对增加白细胞和血小板含量也有一定作用，因此值得进一步研究。

第四节 羰 基 酸

羰基酸分子中羰基在碳链末端的是醛酸，在碳链中间的是酮酸。醛酸并不重要，酮酸中以 β-酮酸的酯类最为重要。

一、α-羰基酸

丙酮酸是最简单的 α-羰基酸。它是动植物体内碳水化合物和蛋白质代谢过程的中间产物。乳酸氧化可制得丙酮酸：

$$CH_3CHOHCOOH \xrightarrow{[O]} CH_3\overset{\text{O}}{\underset{||}{C}}COOH + H_2$$

丙酮酸是无色、有刺激性臭味的液体，沸点 165℃（分解）。易溶于水、乙醇和醚，除有一般羧酸和酮的典型性质外，还具有 α-酮酸的特殊性质。

在一定条件下，丙酮酸可以脱羧或脱去一氧化碳（即脱羰）分别生成乙醛或乙酸。例如，和稀硫酸共热则发生脱羧作用，得到乙醛：

$$CH_3\overset{\text{O}}{\underset{||}{C}}COOH \xrightarrow[\triangle]{\text{稀} H_2SO_4} CH_3CHO + CO_2$$

但是与浓硫酸共热就发生脱羰作用，得到乙酸：

$$CH_3\overset{\text{O}}{\underset{||}{C}}COOH \xrightarrow[\triangle]{\text{浓} H_2SO_4} CH_3COOH + CO_2$$

这是因为 α-酮酸中羰基和羧基直接相连，由于氧原子有较强的电负性，羰基和羧基碳原子间的电子云密度较低，这个碳碳键就容易断裂，所以丙酮酸可脱羧或脱羰。

另外，丙酮酸极易被氧化，弱氧化剂如 Fe^{2+} 与 H_2O_2 就能把丙酮酸氧化成乙酸，并放出二氧化碳。在同样的条件下，酮和羧酸都难以发生上述反应，这是 α-酮酸的特有反应。

二、β-羰基酸

乙酰乙酸（$CH_3\overset{\text{O}}{\underset{||}{C}}CH_2COOH$）又称 3-氧亚基丁酸或 β-丁酮酸，是最简单的 β-酮酸。乙酰乙酸是生物体内脂肪代谢的中间产物，为黏稠的液体。β-丁酮酸很不稳定，受热时容易脱羧生成丙酮。这是 β-酮酸的共同反应。

$$CH_3\overset{\text{O}}{\underset{||}{C}}CH_2COOH \xrightarrow{\triangle} CH_3\overset{\text{O}}{\underset{||}{C}}CH_3 + CO_2$$
$$R\overset{\text{O}}{\underset{||}{C}}CH_2COOH \xrightarrow{\triangle} R\overset{\text{O}}{\underset{||}{C}}CH_3 + CO_2$$

β-丁酮酸被还原则生成 β-羟基丁酸。丙酮、β-丁酮酸和 β-羟基丁酸总称为酮体。酮体存在于糖尿病患者的尿液和血液中，并能引起患者的昏迷和死亡。所以临床上对于进入昏迷状态的糖尿病患者，除检查小便中含葡萄糖外，还需要检查是否有酮体。

β-丁酮酸本身并不重要，但 β-丁酮酸的酯在理论及应用上都具有重要意义。

三、乙酰乙酸乙酯

乙酰乙酸乙酯（$CH_3\overset{\text{O}}{\underset{||}{C}}CH_2\overset{\text{O}}{\underset{||}{C}}OC_2H_5$）又称 3-氧亚基丁酸乙酯。它是具有清香气的无色透明液体，熔点 45℃，沸点 181℃，稍溶于水，易溶于乙醇、乙醚、氯仿等有机溶剂。

（一）制备

1. 二乙烯酮与醇作用　二乙烯酮与乙醇作用生成乙酰乙酸乙酯：

$$H_2C=C-O \quad + C_2H_5OH \xrightarrow{H_2SO_4} CH_3-\overset{O}{\overset{\|}{C}}-CH_2-\overset{O}{\overset{\|}{C}}-OC_2H_5$$

反应历程可能如下：

$$H_2C=C-O \quad + \quad C_2H_5OH \longrightarrow H_2C=C-O$$

$$\longrightarrow \left[H_2C=\overset{\bar{O}\cdots H-\overset{+}{O}-C_2H_5}{\overset{|}{C}-CH_2-\overset{|}{C}=O} \right] \longrightarrow \left[H_2C=\overset{O-H\cdots O}{\overset{|}{C}-CH_2-\overset{|}{C}-OC_2H_5} \right]$$

$$\longrightarrow H_3C-\overset{O}{\overset{\|}{C}}-CH_2-\overset{O}{\overset{\|}{C}}-OC_2H_5$$

2. 克莱森缩合反应 乙酸乙酯在乙醇钠或金属钠的作用下，发生酯缩合反应，生成乙酰乙酸乙酯。

$$H_3C-\overset{O}{\overset{\|}{C}}-OC_2H_5 + H_3C-\overset{O}{\overset{\|}{C}}-OC_2H_5 \xrightarrow{C_2H_5ONa} H_3C-\overset{O}{\overset{\|}{C}}-CH_2-\overset{O}{\overset{\|}{C}}-OC_2H_5$$

（二）乙酰乙酸乙酯的酸性和互变异构现象

1. 活泼甲亚基上 α-氢的酸性 乙酰乙酸乙酯及 β-二羰基化合物的甲亚基，由于有两个羰基的影响，α-氢原子的酸性比一般的醛、酮、酯的酸性强，见表 13-2。

微课：乙酰乙酸乙酯的性质

表 13-2 β-羰基酸酯及 β-二羰基化合物 α-氢的酸性

结构式	名称	pK_a
$N\equiv CCH_2COCH_3$	氰乙酸甲酯	9
$CH_3CCH_2CCH_3$	戊-2,4-二酮	9
$CH_3CCH_2COC_2H_5$	乙酰乙酸乙酯	11
$CH_3CCHCCH_3$ CH_3	3-甲基戊-2,4-二酮	11
$N\equiv CCH_2C\equiv N$	丙二腈	11
CH_3-C-CH_3	丙酮	20
$CH_3COCH_2CH_3$	乙酸乙酯	25

为什么甲亚基上 α-氢的酸性比一般的醛、酮、酯的酸性大呢？这是因为失去 α-氢后形成的碳负离子，其负电荷可以分散到两个羰基氧上，使其稳定性比一般的醛、酮、酯形成的碳负离子更加稳定。这些化合物的甲亚基就称为活泼甲亚基。失去 α-氢的碳负离子可用共振式表示：

$$\left[CH_3-\overset{O}{\underset{\|}{C}}-\overset{..}{\underset{..}{C}}H-\overset{O}{\underset{\|}{C}}-OC_2H_5 \longleftrightarrow CH_3-\overset{:\overset{-}{O}}{\underset{\|}{C}}=CH-\overset{O}{\underset{\|}{C}}-OC_2H_5 \longleftrightarrow CH_3-\overset{O}{\underset{\|}{C}}-CH=\overset{:\overset{-}{O}}{\underset{\|}{C}}-OC_2H_5 \right]$$

$$\left[:CH_2-\overset{O}{\underset{\|}{C}}-OC_2H_5 \longleftrightarrow CH_2=\overset{:\overset{-}{O}}{\underset{\|}{C}}-OC_2H_5 \right]$$

$$\left[:CH_2-\overset{O}{\underset{\|}{C}}-CH_3 \longleftrightarrow CH_2=\overset{:\overset{-}{O}}{\underset{\|}{C}}-CH_3 \right]$$

乙酰乙酸乙酯负离子有三个共振式，而乙酸乙酯负离子和丙酮负离子只有两个共振式，所以乙酰乙酸乙酯负离子比乙酸乙酯负离子、丙酮负离子稳定，因此乙酰乙酸乙酯的酸性比醛、酮和酯都强。

从表 13-2 还可以看出戊-2,4-二酮的 pK_a 为 9，但当活泼甲亚基上的一个氢被烷基（CH_3）取代后 α-氢的酸性就有一点降低，pK_a 为 11，这与烷基的供电子效应和负离子溶剂化时的空间位阻有关。

2. 乙酰乙酸乙酯的互变异构　乙酰乙酸乙酯具有酮的性质，例如，它能与羰基试剂（苯肼、羟胺等）反应，与氢氰酸、亚硫酸氢钠等发生加成反应。但是还有一些反应是不能用分子中含有羰基来解释的。例如，在乙酰乙酸乙酯中加入溴的四氯化碳溶液，可使溴的颜色消失，说明分子中有碳碳双键存在；它可以与金属钠反应放出氢气，生成钠的衍生物，这说明分子中含有活泼氢；与乙酰氯作用生成酯，说明分子中有醇羟基；乙酰乙酸乙酯还能与三氯化铁水溶液作用呈紫红色，说明分子中具有烯醇式结构。根据上述实验事实，可以认为乙酰乙酸乙酯是酮式和烯醇式两种结构以动态平衡而同时存在的互变异构体。

无论用化学方法或物理方法都已证明乙酰乙酸乙酯是酮式和烯醇式的混合物所形成的平衡体系，它们能互相转变。在室温下的丙酮溶液中，酮式占 93%，烯醇式占 7%。

$$H_3C-\overset{O}{\underset{\|}{C}}-CH_2-\overset{O}{\underset{\|}{C}}-OC_2H_5 \rightleftharpoons H_3C-\overset{OH}{\underset{|}{C}}=CH-\overset{O}{\underset{\|}{C}}-OC_2H_5$$

酮式（93%）　　　　　烯醇式（7%）

这样凡是两种或两种以上的异构体可以互相转变并以动态平衡而存在的现象就称为互变异构（tautomerism）现象。

乙酰乙酸乙酯的酮式和烯醇式异构体在室温时彼此互变很快，但在低温时互变速度很慢，因此可以用低温冷冻的方法进行分离。例如，把乙酰乙酸乙酯的乙醇溶液冷至−78℃时，得到一种结晶形的化合物，熔点−39℃，这种物质不和溴发生加成，不与三氯化铁发生颜色反应，但具有酮的特征反应（如与羰基试剂发生反应），这种化合物是酮式异构体。例如，在−78℃时，将理论量的干燥氯化氢通入乙酰乙酸乙酯钠衍生物的石油醚悬浮液中，滤去生成的氯化钠，再在减压和低温下蒸发溶剂，得到另一种结晶化合物，它不和羰基试剂反应，能和三氯化铁作用呈紫红色，也能使溴的四氯化碳溶液褪色，这种化合物是烯醇式异构体。这证明了酮式和烯醇式在低温时互变的速度很慢，因此，在低温时纯的酮式或烯醇式可以保留一段时间。如温度升高，互变速度就加快，所以在室温时得不到纯的烯醇式或酮式。

乙酰乙酸乙酯的酮式和烯醇式异构体的平衡，是由于在两个羰基的影响下，活泼甲亚基上的氢原子在一定程度的质子化作用下，氢原子在 α-碳原子和羰基氧原子之间进行可逆的重排。活泼甲亚基上的氢原子，主要转移到乙酰基的氧原子上，而不是转移到羧基中羰基的氧原子上，这是因为羰基氧原子的电负性更强，而羧基中羰基上的氧原子由于 O—C—O 之间发生共轭而使其电负性减弱。

从理论上讲，凡是具有 结构的化合物，都应当存在两种形式的互变异构体。但是不同的化合物达到平衡时烯醇式所占的比例有着很大的差别。一些羰基化合物烯醇式的含量见表 13-3。

表 13-3　一些羰基化合物烯醇式的含量

化合物	互变平衡	烯醇式含量/%
丙酮	$CH_3-\overset{O}{\overset{\|}{C}}-CH_3 \rightleftharpoons H_3C-\overset{OH}{\overset{\|}{C}}=CH_2$	0.00025
3-甲基乙酰乙酸乙酯	$CH_3\overset{O}{\overset{\|}{C}}CHCOC_2H_5 \rightleftharpoons CH_3\overset{OH}{\overset{\|}{C}}=CCOC_2H_5$	4
乙酰乙酸乙酯	$CH_3\overset{O}{\overset{\|}{C}}CH_2COC_2H_5 \rightleftharpoons CH_3\overset{OH}{\overset{\|}{C}}=CHCOC_2H_5$	7
戊-2,4-二酮	$CH_3\overset{O}{\overset{\|}{C}}CH_2CCH_3 \rightleftharpoons CH_3\overset{O}{\overset{\|}{C}}CH=CCH_3$	80
苯甲酰丙酮	$C_6H_5\overset{O}{\overset{\|}{C}}CH_2CCH_3 \rightleftharpoons C_6H_5\overset{OH}{\overset{\|}{C}}=CHCCH_3$	99
醛	$RCH_2\overset{O}{\overset{\|}{C}}H \rightleftharpoons RCH=\overset{OH}{\overset{\|}{C}}H$	痕量

β-二羰基化合物的烯醇式含量较高，这可能是由于通过分子内氢键形成一个较稳定的六元环，另外烯醇式中的碳氧双键与碳碳双键形成了一个较大的共轭体系，发生电子的离域，从而降低了分子的能量。这些都使得烯醇式的稳定性增加，所以平衡时烯醇式的含量增加。

此外，溶剂、浓度、温度等也可影响烯醇式的含量。乙酰乙酸乙酯在达到平衡状态的混合物中，其异构体含量随溶剂、浓度、温度的差异而有所不同：在水或其他含质子的极性溶剂中，烯醇式含量较少；而在非极性溶剂中，烯醇式含量较多。

表 13-4 中列出了 18℃时，在不同溶剂的稀溶液中烯醇式异构体的含量。

表 13-4　乙酰乙酸乙酯烯醇式异构体在各种溶剂中的含量

溶剂	烯醇式含量/%	溶剂	烯醇式含量/%
水	0.4	戊醇	13.3
乙酸	6.0	乙醚	27.1
甲醇	6.9	二硫化碳	32.4
乙醇	10.5	正己烷	46.4

（三）乙酰乙酸乙酯的酸式分解和酮式分解

1. 酸式分解 乙酰乙酸乙酯在浓碱溶液中共热，则 α-和 β-碳原子之间发生断裂，生成两分子羧酸盐，经酸化后得羧酸。一般 β-羰基酸酯都有这个反应，称为酸式分解。

$$CH_3-\overset{O}{\overset{||}{C}}\vdots CH_2-\overset{O}{\overset{||}{C}}\vdots OC_2H_5 \xrightarrow[\text{酸式分解}]{40\% \text{ NaOH}} 2CH_3-\overset{O}{\overset{||}{C}}-OH + C_2H_5OH$$

2. 酮式分解 乙酰乙酸乙酯在稀碱溶液中共热，则酯基水解。在稀碱中水解时生成乙酰乙酸钠，加酸酸化，生成乙酰乙酸。乙酰乙酸不稳定，在加热下立即脱羧生成酮，所以称为酮式分解。易发生脱羧反应是 β-酮酸的又一个特性。

$$CH_3-\overset{O}{\overset{||}{C}}-CH_2-\overset{O}{\overset{||}{C}}-OC_2H_5 \xrightarrow[\text{分解}]{5\% \text{ NaOH}} CH_3\overset{O}{\overset{||}{C}}CH_2COONa \xrightarrow[\text{② } -CO_2, \triangle]{\text{① }H^+} CH_3\overset{O}{\overset{||}{C}}CH_3$$

这就是乙酰乙酸乙酯在稀碱和浓碱中的两种不同的分解方式。

（四）α-甲亚基上的烷基化和酰基化

乙酰乙酸乙酯分子中活泼甲亚基上的氢原子受相邻两个羰基的影响，特别活泼，也就是说活泼甲亚基上的氢原子具有较强的酸性，容易以质子的形式离去。所以乙酰乙酸乙酯在乙醇钠或金属钠的作用下，活泼甲亚基上的氢原子可以被钠取代生成乙酰乙酸乙酯的钠盐，这个盐可以和卤代烷或酰卤发生取代反应，生成烷基或酰基取代的乙酰乙酸乙酯：

$$CH_3-\overset{O}{\overset{||}{C}}-CH_2-\overset{O}{\overset{||}{C}}-OC_2H_5 \xrightarrow{C_2H_5ONa} [CH_3-\overset{O}{\overset{||}{C}}-CH-COOC_2H_5]^-Na^+$$

$$[CH_3-\overset{O}{\overset{||}{C}}-CH-COOC_2H_5]^-Na^+ \begin{cases} \xrightarrow{RX} \underset{\underset{R}{|}}{CH_3\overset{O}{\overset{||}{C}}CHCOC_2H_5} \xrightarrow[\text{②R'X}]{\text{①}C_2H_5ONa} \underset{\underset{R'}{|}}{CH_3\overset{O}{\overset{||}{C}}\overset{R}{\overset{|}{C}}COC_2H_5} \\ \qquad\qquad\qquad \text{一烷基乙酰乙酸乙酯} \qquad\qquad \text{二烷基乙酰乙酸乙酯} \\ \xrightarrow{\underset{RCX}{\overset{O}{\overset{||}{}}}} \underset{\underset{\underset{C=O}{|}}{\overset{|}{C}}}{CH_3\overset{O}{\overset{||}{C}}CHCOC_2H_5} \\ \qquad\qquad\qquad \text{酰基乙酰乙酸乙酯} \end{cases}$$

烷基化取代反应中所用的卤烷为伯卤烷，不能使用芳卤烃和乙烯型卤烃，因为这些卤烃不活泼而不能得到所需的产物；也不能使用叔卤烷，因为叔卤烷在强碱性条件下很易发生消除反应；同样仲卤烷也因伴随消除反应的发生使产量大幅度地降低而不宜采用。

上述取代的乙酰乙酸乙酯能进行酮式分解或酸式分解。可表示如下：

$$CH_3-\overset{O}{\overset{||}{C}}-\overset{R}{\overset{|}{C}}-\overset{O}{\overset{||}{C}}OC_2H_5 \begin{cases} \xrightarrow{\text{酮式分解}} \underset{\underset{R'}{|}}{CH_3\overset{O}{\overset{||}{C}}-CHR} \qquad \text{甲基酮} \\ \xrightarrow{\text{酸式分解}} \underset{}{\overset{\overset{R'}{|}}{RCH}-COOH} \qquad \text{一元羧酸} \end{cases}$$

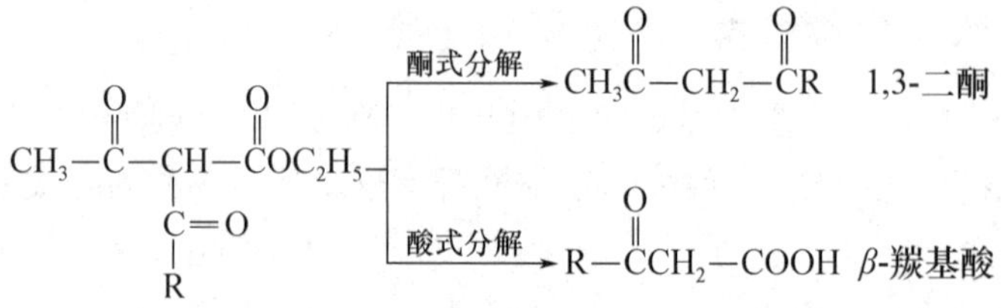

另外，α-卤代酮、卤代酯等也可以与乙酰乙酸乙酯发生类似的反应。

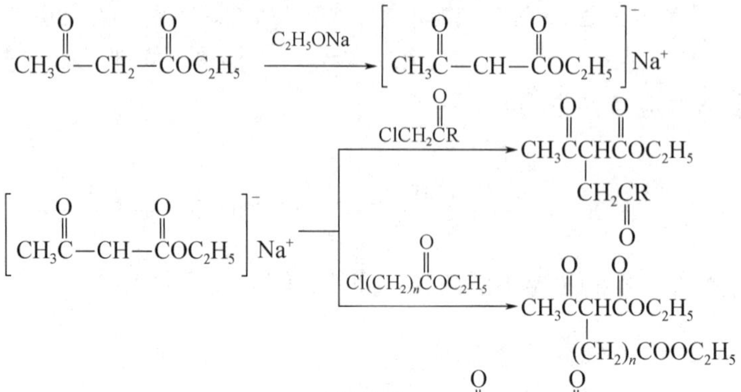

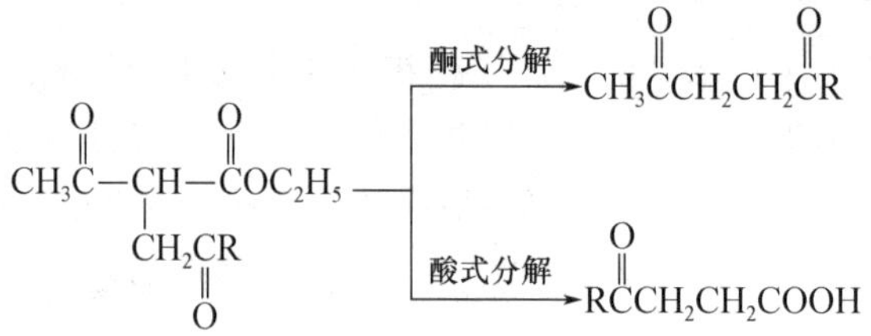

用此反应可以制备 1,4-二酮和 γ-羰基酸。

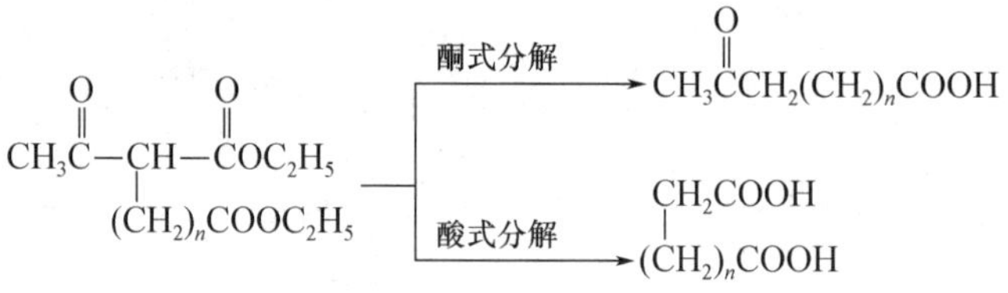

用此反应可以制备二元羧酸和羰基酸。

（五）乙酰乙酸乙酯在合成上的应用

乙酰乙酸乙酯活泼甲亚基上的氢原子在金属钠或醇钠的存在下可被其他许多基团取代，取代的乙酰乙酸乙酯再进行酮式分解和酸式分解，就可制备出具有各种结构的酮、羧酸或酮酸。所以乙酰乙酸乙酯是有机合成的重要试剂。下面举例说明乙酰乙酸乙酯在合成上的应用：

1. 甲基酮的合成 卤烷与乙酰乙酸乙酯在强碱作用下生成烷基或二烷基乙酰乙酸乙酯，经酮式分解便得甲基酮。

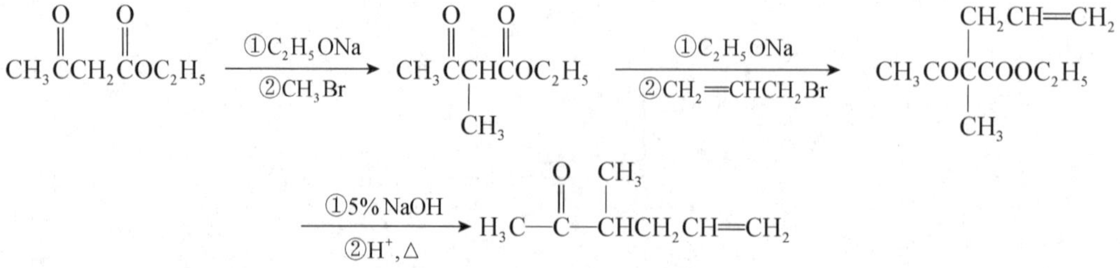

2. 一元羧酸的合成 烷基取代后的乙酰乙酸乙酯经酸式分解即可得到一元羧酸。

$$CH_3\overset{O}{\overset{\|}{C}}CH_2\overset{O}{\overset{\|}{C}}OC_2H_5 \xrightarrow[\text{②}CH_3CH_2CH_2Br]{\text{①}C_2H_5ONa} CH_3\overset{O}{\overset{\|}{C}}\underset{CH_2CH_2CH_3}{\overset{|}{C}}H\overset{O}{\overset{\|}{C}}OC_2H_5 \xrightarrow[\text{②}CH_3Br]{\text{①}C_2H_5ONa} CH_3\overset{O}{\overset{\|}{C}}\overset{CH_2CH_2CH_3}{\underset{CH_3}{\overset{|}{\underset{|}{C}}}}COOC_2H_5$$

$$\xrightarrow[\text{②}H^+]{\text{①}40\% NaOH} CH_3CH_2CH_2\underset{CH_3}{\overset{|}{C}}HCOOH$$

合成羧酸时，一般常用丙二酸酯合成法，因为用乙酰乙酸乙酯合成，在进行酸式分解时总是伴随着酮式分解的发生，产率不高。

3. 酮酸的合成 乙酰乙酸乙酯负离子与卤代烷、卤代酸酯或 α, β-不饱和酸酯反应生成乙酰基取代的二元羧酸酯，经酮式分解并脱羧便得到 β-、γ-或 δ-酮酸。与卤代酮、α, β-不饱和羰基化合物反应的产物经酸式分解也分别得到酮酸。

$$CH_3\overset{O}{\overset{\|}{C}}CH_2\overset{O}{\overset{\|}{C}}OC_2H_5 \xrightarrow[\text{②}CH_3Cl]{\text{①}C_2H_5ONa} CH_3\overset{O}{\overset{\|}{C}}\underset{CH_3}{\overset{|}{C}}H\overset{O}{\overset{\|}{C}}OC_2H_5 \xrightarrow[\text{②}ClCH_2COOC_2H_5]{\text{①}C_2H_5ONa} CH_3\overset{O}{\overset{\|}{C}}\overset{CH_2COOC_2H_5}{\underset{CH_3}{\overset{|}{\underset{|}{C}}}}COOC_2H_5$$

$$\xrightarrow[\text{②}H^+, \triangle]{\text{①}5\% NaOH} CH_3\overset{O}{\overset{\|}{C}}\underset{CH_3}{\overset{|}{C}}HCH_2COOH$$

$$CH_3\overset{O}{\overset{\|}{C}}CH_2\overset{O}{\overset{\|}{C}}OC_2H_5 \xrightarrow[\text{②}CH_2=CHCOOC_2H_5]{\text{①}C_2H_5ONa} CH_3\overset{O}{\overset{\|}{C}}\underset{CH_2CH_2COOC_2H_5}{\overset{|}{C}}HCOOC_2H_5$$

$$\xrightarrow[\text{②}H^+, \triangle]{\text{①}5\% NaOH} CH_3\overset{O}{\overset{\|}{C}}CH_2CH_2CH_2COOH$$

4. 二酮的合成 乙酰乙酸乙酯负离子与 α, β-不饱和酮、卤代酮、酰卤反应即生成酰基取代的乙酰乙酸乙酯。酰基取代的乙酰乙酸乙酯经酮式分解，分别制得 δ-、γ-和 β-二酮。

$$CH_3\overset{O}{\overset{\|}{C}}CH_2\overset{O}{\overset{\|}{C}}OC_2H_5 \xrightarrow[\text{②}ClCH_2COCH_3]{\text{①}C_2H_5ONa} CH_3\overset{O}{\overset{\|}{C}}\underset{CH_2COCH_3}{\overset{|}{C}}HCOOC_2H_5 \xrightarrow[\text{②}H^+, \triangle]{\text{①}5\% NaOH} CH_3\overset{O}{\overset{\|}{C}}CH_2CH_2\overset{O}{\overset{\|}{C}}CH_3$$

5. 二元羧酸的合成 乙酰乙酸乙酯或其一取代衍生物与卤代酯反应经酸式分解即生成二元羧酸。

$$CH_3\overset{O}{\overset{\|}{C}}CH_2\overset{O}{\overset{\|}{C}}OC_2H_5 \xrightarrow[\text{②}CH_3CHClCOOC_2H_5]{\text{①}C_2H_5ONa} CH_3\overset{O}{\overset{\|}{C}}\underset{CH_3CHCOOC_2H_5}{\overset{|}{C}}HCOOC_2H_5 \xrightarrow[\text{②}H^+]{\text{①}40\% NaOH} HO\overset{O}{\overset{\|}{C}}\underset{CH_3}{\overset{|}{C}}HCH_2\overset{O}{\overset{\|}{C}}OH$$

6. α, β-不饱和酮和 α, β-不饱和酸的合成 乙酰乙酸乙酯或其一取代的衍生物与羰基化合物反应的产物脱水后，经酸式或酮式分解，分别生成 α, β-不饱和酮和 α, β-不饱和酸。

$$\underset{\overset{\parallel}{O}}{\overset{\parallel}{CH_3CCH_2COOC_2H_5}} \xrightarrow[\text{②}CH_3COPh]{\text{①}C_2H_5ONa} \underset{CH_3COCCOOC_2H_5}{\overset{CH_3CPh}{|}} \xrightarrow[\text{②}H^+]{\text{①}40\% NaOH} \underset{CH_3C=CHCOOH}{\overset{Ph}{|}}$$

$$\Big\downarrow {\overset{\text{①}5\% NaOH}{\text{②}H^+, \triangle}}$$

$$\underset{\overset{|}{Ph}\ \ \overset{\parallel}{O}}{CH_3C=CHCCH_3}$$

四、丙二酸二乙酯

丙二酸二乙酯（$H_5C_2OOCCH_2COOC_2H_5$）为无色、具有香味的液体，沸点 199℃，微溶于水，溶于乙醇、乙醚、氯仿及苯等有机溶剂，它是在有机合成中与乙酰乙酸乙酯具有同等重要性的化合物。

（一）制备

丙二酸二乙酯是一种二元羧酸的酯，是由氯乙酸的钠盐和氰化钾（钠）反应后再经乙醇和硫酸（或干燥氯化氢）醇解而制得：

$$CH_3COOH+Cl_2 \xrightarrow{\text{红磷}} ClCH_2COOH \xrightarrow{NaOH} ClCH_2COONa \xrightarrow{NaCN}$$

$$N≡C-CH_2COONa \xrightarrow[H_2SO_4]{C_2H_5OH} CH_2\Big\langle\genfrac{}{}{0pt}{}{COOC_2H_5}{COOC_2H_5}$$

$NCCH_2COONa$ 的酯化过程包括氰基上的加成反应。

$$N≡C-CH_2COONa \xrightarrow{H^+} N≡C-CH_2COOH \xrightarrow[H^+]{C_2H_5OH} N≡C-CH_2COOC_2H_5$$

$$\xrightarrow[H^+]{C_2H_5OH} \underset{\overset{|}{OC_2H_5}}{HN=C-CH_2COOC_2H_5} \xrightarrow[H^+]{H_2O} CH_2\Big\langle\genfrac{}{}{0pt}{}{COOC_2H_5}{COOC_2H_5}$$

（二）性质

丙二酸二乙酯中甲亚基上的氢由于受两个酯基的影响显示酸性，非常活泼，与乙酰乙酸乙酯具有相似的性质，与醇钠反应时生成钠盐。该钠盐也能进行烷基化和酰基化反应。

1. 烷基化

$$CH_2\Big\langle\genfrac{}{}{0pt}{}{COOC_2H_5}{COOC_2H_5} \xrightarrow[C_2H_5OH]{C_2H_5ONa} [CH(COOC_2H_5)_2]^- Na^+ \xrightarrow{RX} R-\underset{\overset{|}{COOC_2H_5}}{\overset{COOC_2H_5}{CH}}$$

烷基丙二酸二乙酯

一烷基取代的丙二酸二乙酯中还有一个活泼氢原子，还可继续被取代：

二烷基丙二酸二乙酯

烷基化反应中，伯卤烷最好，叔卤烷则绝大部分发生副反应（消除反应）而生成烯烃，仲卤烷部分发生消除反应而使产率降低，乙烯卤和芳卤烃不能反应。

2. 酰基化

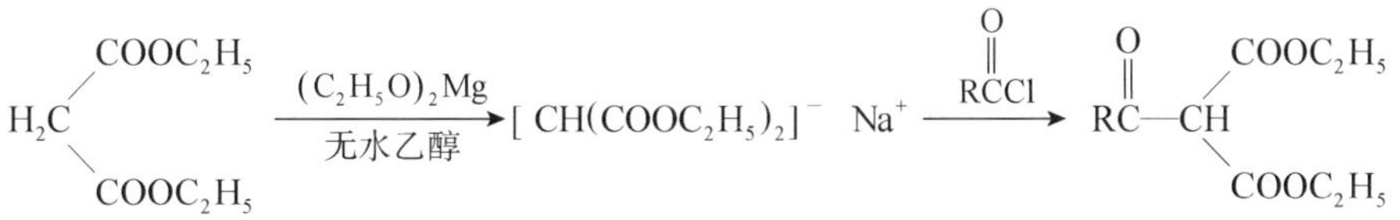

酰基丙二酸二乙酯

（三）丙二酸二乙酯在合成上的应用

丙二酸二乙酯与乙酰乙酸乙酯相似，含有活泼甲亚基，能与活泼卤化物作用，活泼甲亚基上的氢被烃基或其他基团取代，在有机合成上具有重要意义。

1. 合成一元羧酸类化合物 这类化合物可用一分子或二分子卤代烃与丙二酸酯负离子反应来合成。例如：

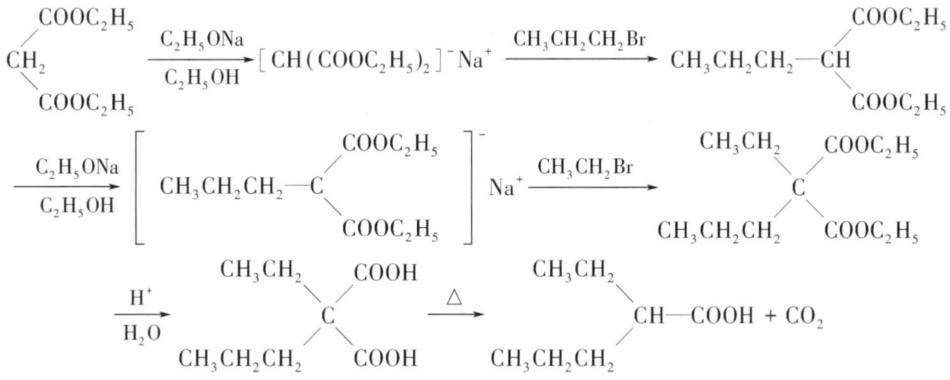

2. 合成二元羧酸类化合物

（1）丁二酸类化合物 由丙二酸酯合成丁二酸类化合物有三种常用的方法，即丙二酸酯负离子与碘分子的反应、丙二酸酯负离子与 α-卤代甲基酮的反应和丙二酸酯负离子与 α-卤代酸酯的反应。例如：

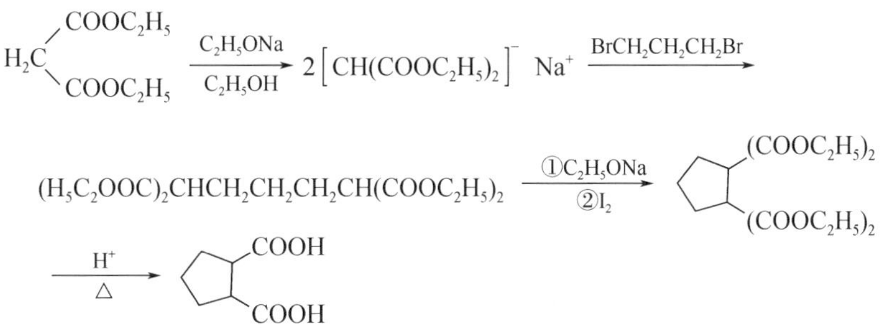

（2）戊二酸类化合物 由丙二酸酯合成戊二酸类化合物有四种方法，它们是：丙二酸酯负离子与 β-卤代甲基酮的反应；丙二酸酯负离子与 α,β-不饱和羧酸酯的反应；丙二酸酯负离子

与 β-卤代酸酯的反应；丙二酸酯负离子与 α,β-不饱和醛酮的反应。

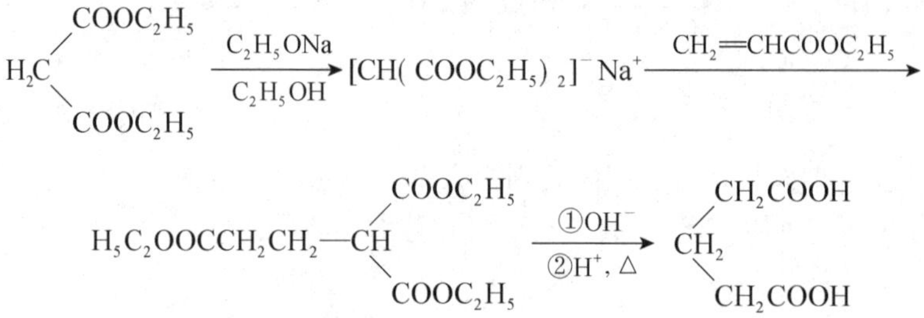

（3）五个碳以上的二元羧酸类化合物　由丙二酸酯合成戊二酸以上的二元羧酸一般用丙二酸酯负离子与一分子二卤代烃反应来实现。

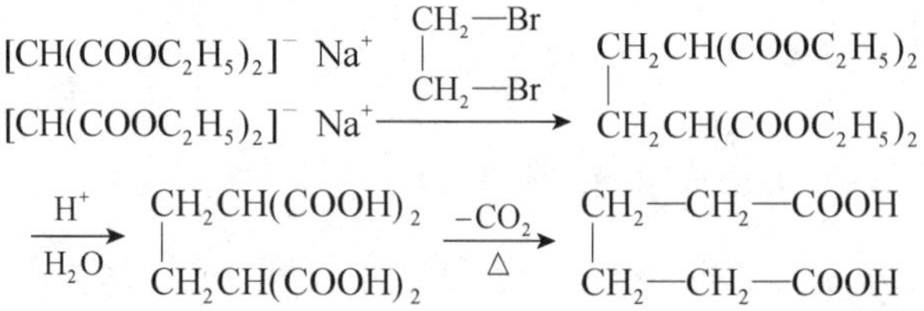

3. 合成酮类化合物　由丙二酸酯合成酮类化合物的方法主要有：丙二酸酯负离子与酰卤的反应（合成 β-酮酸）；丙二酸酯负离子与 α-卤代酮的反应（合成 γ-酮酸）；丙二酸酯负离子与 α,β-不饱和酮的反应（合成 δ-酮酸）。β-酮酸受热易分解脱羧生成酮。

例如，由丙二酸二乙酯和甲苯及其他必要的无机试剂合成邻硝基苯乙酮：

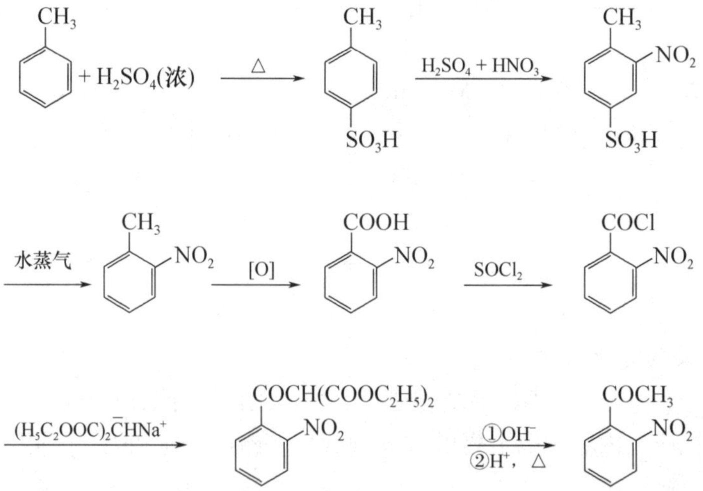

4. 合成脂环类化合物　在强碱的作用下，丙二酸酯与一分子二卤代烷反应即生成脂环类的衍生物。所用的二卤代烷不同，得到的脂环的环大小也不同。另外，利用碘与取代丙二酸酯负离子的氧化还原反应，也可得到脂环类化合物。例如：

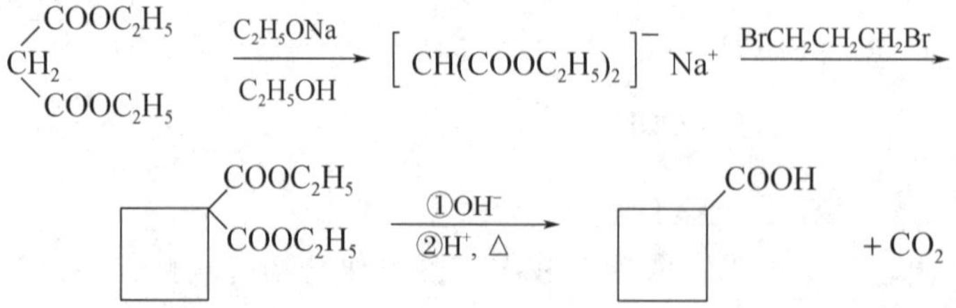

5. 合成 α, β-不饱和酸类化合物　凡用于合成 β-羰基酸的方法都可用于合成 α, β-不饱和酸，β-羰基酸经还原脱水即生成 α, β-不饱和酸。此外，丙二酸酯负离子与醛、酮反应也可得到 α, β-不饱和酸。例如：

$$CH_3CHCH(COOC_2H_5)_2 \xrightarrow[②H^+, \triangle]{①OH^-} CH_3CH \!\!=\!\! CHCOOH + CO_2 + H_2O$$

小　结

1. 卤代酸、羟基酸（醇酸、酚酸）、羰基酸的结构、命名。
2. 不同位置的卤代酸、羟基酸的制备。
3. 重要的酚酸水杨酸及其衍生物的用途。
4. 不同取代位置的卤代酸和羟基酸在碱性条件下受热后的反应。
5. 乙酰乙酸乙酯的酮式分解和酸式分解。
6. 乙酰乙酸乙酯在有机合成中的应用，重点掌握典型的一元酸和一元酮的合成方法。

（长春中医药大学）

本章 PPT

第十四章

糖 类

学习目的 本章重点阐述单糖、典型双糖和多糖的结构特点、理化性质以及重要的糖在医药领域中的应用，通过学习，进一步深入理解有机化合物结构与其理化性质之间的相互关系，为后续专业课程学习奠定基础。

学习要求 掌握糖的定义和分类，单糖的费歇尔结构、哈沃斯式、构象式及其主要化学性质，糖苷的结构和性质，重要的双糖和多糖的结构；理解寡糖和多糖的结构特点及其还原性分析、糖苷键的酶水解；了解端基效应、多糖的生理功能及应用。

糖类（saccharide，sugar）也称碳水化合物（carbohydrate），它们是自然界中蕴藏量最多、与人类生命活动和衣食住行密切相关而且极具研究价值的一类化合物。我们熟知的葡萄糖、果糖、蔗糖、淀粉和纤维素等都属于糖类。目前，糖类并没有严格的定义，但就其结构特征而言，糖类是多羟基醛（酮）及其缩聚物和它们的衍生物。葡萄糖是五羟基醛，果糖是五羟基酮，蔗糖是一分子葡萄糖和一分子果糖缩去一分子水后形成的缩聚物，淀粉或纤维素则是由许多葡萄糖分子缩去若干个水分子后所形成的高聚物。

糖类之所以称为碳水化合物，是因为在早期的研究中发现该类化合物都含有 C、H 和 O 三种元素，而且绝大多数化合物中 H 和 O 的原子数比为 2：1，由于当时结构化学的知识还很薄弱，尚不知道到羟基的存在，所以认为这类化合物是由若干碳原子与水分子结合而成的，可用通式 $C_x(H_2O)_y$ 来表示，由此取名为碳水化合物。尽管以后的研究已证实糖类的元素组成并不总符合该比例，如脱氧核糖、氨基葡萄糖等，但碳水化合物这一名词一直沿用至今。

第一节 糖 的 分 类

根据糖类的组成或水解情况，通常将糖分为三类：单糖、寡糖和多糖。单糖（monosaccharide）为最简单的糖，是不能再水解成更小分子的糖，它也是组成寡糖和多糖的基本结构单位。以上所说的多羟基醛和多羟基酮都属于单糖。寡糖（oligosaccharide）也称低聚糖，通常指由 2～10 个单糖分子形成的缩聚物，或者指水解时可释放出 2～10 个单糖分子的糖（如麦芽糖、乳糖和蔗糖等）。多糖（polysaccharide）是指含有 10 个以上甚至几百、几千个单糖单位的碳水化合物，常称为高聚糖（如淀粉、纤维素和壳聚糖等）。实际工作中，寡糖与多糖的相对分子质量大小只是相对的，并无严格的界定。

自然界中的单糖多以缩聚物的形式存在于寡糖和高聚糖中。游离的单糖碳链的长度一般是 3～6 个碳原子，少数也有 7～9 个的。按照分子中所含官能团的不同，单糖可分为醛糖和酮糖。按照分子中碳原子数目不同，又可分为丙糖、丁糖、戊糖、己糖等。这两种分类方法常合并使用。例如：

$$
\begin{array}{llll}
\text{CHO} & \text{CH}_2\text{OH} & \text{CHO} & \text{CH}_2\text{OH} \\
| & | & | & | \\
\text{CHOH} & \text{C}{=}\text{O} & \text{CHOH} & \text{C}{=}\text{O} \\
| & | & | & | \\
\text{CHOH} & \text{CHOH} & \text{CHOH} & \text{CHOH} \\
| & | & | & | \\
\text{CHOH} & \text{CHOH} & \text{CHOH} & \text{CHOH} \\
| & | & | & | \\
\text{CH}_2\text{OH} & \text{CH}_2\text{OH} & \text{CHOH} & \text{CHOH} \\
& & | & | \\
& & \text{CH}_2\text{OH} & \text{CH}_2\text{OH}
\end{array}
$$

戊醛糖　　　　　　　戊酮糖　　　　　　　己醛糖　　　　　　　己酮糖

从以上分子结构可以看出，单糖分子中含有多个手性碳，普遍存在立体异构和旋光现象。

第二节 单 糖

单糖是构成多糖的基本结构单位，要研究和认识糖类化合物，就必须先了解单糖的结构和化学性质，就好比只有认识了氨基酸才能更好地了解蛋白质是一个道理。在所有的单糖中己碳糖最重要，下面就以己醛糖和己酮糖为例来阐明单糖的化学结构及其化学性质。

一、单糖的结构

在自然界，葡萄糖是己醛糖中重要的代表物，果糖是己酮糖中重要的代表物，下面就以葡萄糖和果糖为例来讨论单糖的化学结构。

（一）己碳糖的开链结构和相对构型

葡萄糖（glucose）是从自然界中最早发现的一种糖，研究资料最全。糖化学的研究是围绕着葡萄糖进行的。经元素分析和相对分子质量测定，发现葡萄糖的分子式为 $C_6H_{12}O_6$。通过下述多步化学反应，确定了葡萄糖具有五羟基醛的结构：①葡萄糖能与一分子的 HCN 发生加成反应，并可与一分子羟胺缩合生成肟，说明它含有一个羰基；②葡萄糖能与过量的乙酸酐作用生成五乙酸酯，说明它的分子中含有五个羟基，并且这五个羟基应分别占据在五个碳原子上；③葡萄糖用钠汞齐还原得到己六醇，用氢碘酸进一步还原得到正己烷，说明葡萄糖的碳架是一个直链，没有支链；④葡萄糖可还原托伦试剂和费林试剂，说明它是一个五羟基醛或五羟基酮；⑤用硝酸氧化后葡萄糖生成了四羟基二酸，说明葡萄糖是一个五羟基醛，即

$$
\underset{\quad\quad\quad\quad\ \text{OH}\ \ \ \ \text{OH}\ \ \ \ \text{OH}\ \ \ \ \text{OH}}{\text{HOH}_2\text{C}-\text{CH}-\text{CH}-\text{CH}-\text{CH}-\text{CHO}}
$$

在葡萄糖的构造式中含有 4 个手性碳，理论上存在 16 种构型异构体，而自然界广泛存在且能够被我们人体利用的右旋性葡萄糖仅是其中的一个。下面分别用费歇尔投影式画出 D 型己醛糖的 8 种排列方式，其余 8 种与此互为对映异构体。

CHO	CHO	CHO	CHO	CHO	CHO	CHO	CHO
H—OH	HO—H	H—OH	H—OH	H—OH	HO—H	HO—H	HO—H
H—OH	H—OH	HO—H	H—OH	HO—H	H—OH	HO—H	HO—H
H—OH	H—OH	HO—H	HO—H	H—OH	H—OH	H—OH	HO—H
H—OH	H—OH	H—OH	H—OH	H—OH	H—OH	H—OH	H—OH
CH₂OH	CH₂OH	CH₂OH	CH₂OH	CH₂OH	CH₂OH	CH₂OH	CH₂OH
（1）	（2）	（3）	（4）	（5）	（6）	（7）	（8）
D-阿洛糖	D-阿卓糖	D-葡萄糖	D-古洛糖	D-半乳糖	D-艾杜糖	D-甘露糖	D-塔罗糖

在己醛糖的 16 种构型异构体中，只有(+)-葡萄糖、(+)-甘露糖和(+)-半乳糖三种异构体天然存在，其余都是人工合成的。下面分别是它们的开链结构式：

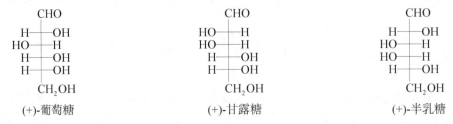

(+)-葡萄糖　　　　　　　(+)-甘露糖　　　　　　　(+)-半乳糖

果糖是己酮糖，分子结构中含有 3 个手性碳，理论上有 8 种构型异构体，而天然存在的只有果糖，它是一种左旋性的异构体。果糖的构型也是费歇尔确定的。费歇尔还通过化学的方法合成了多个自然界中不存在的单糖。由于在糖类研究上的巨大贡献，费歇尔成为历史上第一位荣获诺贝尔化学奖的有机化学家。

葡萄糖和果糖及其对映异构体结构分别如下：

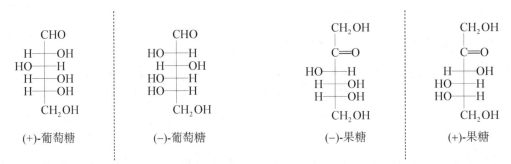

(+)-葡萄糖　　　　　(−)-葡萄糖　　　　　(−)-果糖　　　　　(+)-果糖

每种单糖均有一对对映体，且具有相同的名称（一般采用俗名，即根据各自的来源取名）。为了区分各种单糖的两个对映异构体，需要在单糖名称前面加上某种符号，以确定其构型。因为单糖分子中含有较多的手性碳，不便用绝对构型表示法（R/S 构型表示法）表示其构型，所以通常采用相对构型表示法，即 D/L 构型表示法。以甘油醛为标准，把单糖费歇尔投影式中编号最大的手性碳的构型与甘油醛中手性碳的构型进行比较：若与 D-甘油醛构型相同者，规定为 D 型；与 L 构型相同者，规定为 L 型。例如：

D-(+)-甘油醛　　　D-(+)-葡萄糖　　　D-(−)-果糖　　　D-(−)-核糖

上述结构式中(+)-葡萄糖和(–)-果糖的最大编号的手性碳 C5 以及(–)-核糖的最大编号的手性碳 C4 分别与 D-(+)-甘油醛的手性碳 C* 相同，均为 D 系列单糖，而它们的对映异构体均为 L 系列。其他的单糖构型，也都按此法确定。迄今所发现的天然单糖都是 D 系列，如(+)-葡萄糖、(+)-甘露糖、(+)-半乳糖、(–)-果糖和(–)-核糖等。D 系列单糖中决定构型的手性碳均为 R 构型，因此，通常把单糖中编号最大的手性碳称为决定构型的手性碳。

（二）己碳糖的氧环式结构和 α，β-异构体

微课：糖的环状结构

葡萄糖和果糖上述的开链结构式，在很多情况下都可以用来表达结构与性能之间的关系，但是葡萄糖或果糖的某些现象仅用上述结构式无法给予正确的解释。

（1）D-葡萄糖在不同溶剂中处理，可以得到物理性质不同的两种结晶。由冷乙醇中结晶时得到的 D-葡萄糖的结晶熔点为 146℃，比旋光度为+112°；由热吡啶中得到的 D-葡萄糖的结晶熔点为 150℃，比旋光度为+18.7°。

（2）D-葡萄糖的这两种结晶都存在变旋现象。当分别把上述两种不同的结晶配成水溶液时，其比旋光度随时间的延长都逐渐发生变化，前者的比旋光度由+112°逐渐变低，后者的比旋光度由+18.7°逐渐升高，经过一段时间后，两种水溶液的比旋光度都恒定在+52.7°，不再发生变化。这种现象并不是溶质分解所引起的，因为把上述水溶液浓缩蒸发后再次用冷乙醇或热吡啶处理，仍然可得到相应的物理性质不同的两种结晶。把上述单糖水溶液放置后，比旋光度发生自行改变并最后达到恒定数值的现象称为变旋（mutarotation）现象。

（3）葡萄糖的醛基不同于普通的醛基。它和醇类化合物发生羟醛缩合反应时，仅需要消耗一分子的醇就能生成类似于缩醛结构的稳定化合物，而且葡萄糖的醛基也不能像普通羰基那样与亚硫酸氢钠发生加成反应。

（4）固体 D-葡萄糖在红外光谱中不出现羰基的伸缩振动峰；在核磁共振谱中也不显示醛基（—CHO）中氢原子的特征吸收峰。

为了解释 D-葡萄糖上述的"异常现象"，人们从普通的醛可与醇相互作用生成半缩醛的反应中得到启示：D-葡萄糖分子内既有羟基又有醛基，它们之间有可能发生分子内的加成反应，生成环状半缩醛结构。葡萄糖分子结构中的四个羟基，它的 C4 或 C5 羟基与醛基加成反应的可能性最大，因为通过加成可分别生成比较稳定的五元环或六元环。研究证明游离的葡萄糖是以 C5 羟基与醛基发生加成的，因为它的甲苷衍生物经高碘酸氧化得到了一分子甲酸，而无甲醛生成。

下面以 C5 羟基为例说明环加成反应。当开链的 D-葡萄糖分子中 C5 羟基与醛基加成后，C1 变成了手性碳原子，有两种构型，一种是 C1 的羟基（即半缩醛羟基，也称苷羟基）与决定构型的 C5 羟基在同侧，称为 α-异构体；另一种是 C1 的羟基与 C5 羟基分占两侧，称为 β-异构体。在水溶液中，它们通过开链式结构相互转化，生成 α- 和 β-异构体的平衡混合物：

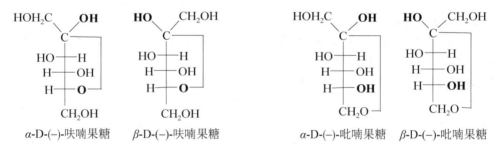

β-D-(+)-葡萄糖 　　　 D-(+)-葡萄糖 　　　 α-D-(+)-葡萄糖

$[\alpha]$ 　　+18.7° 　　　　　　　　　　　　　　　　+112°

　　　64% 　　　　　　　　　<0.1% 　　　　　　　　36%

平衡混合物$[\alpha]_D$=+52.7°

　　前面提到的 D-葡萄糖分子的两种晶体就是 α-D-葡萄糖和 β-D-葡萄糖，它们的差别在于 C1 的构型相反，互为 C1 差向异构体。葡萄糖的 α-异构体和 β-异构体为一对非对映体，也称端基差向异构体（end-group-isomerism）或异头物（anomer）。

　　结晶状态下的葡萄糖可能是 α-构型或 β-构型，当溶于水时，两者均可以通过开链式结构相互转变建立平衡，因此 D-葡萄糖总是两种异构体的混合物，这就是产生变旋现象的原因。

　　与葡萄糖相似，果糖也具有氧环式结构。所不同的是，果糖的环状结构为半缩酮，且有五元环状半缩酮和六元环状半缩酮两种结构形式，前者通过分子中 C5 羟基和 C2 酮糖基加成得到，后者由 C6 羟基和 C2 酮糖基加成获得。自然界中，游离态的果糖通常以六元环状半缩酮结构存在，结合态的果糖多以五元环状半缩酮形式出现。

α-D-(−)-呋喃果糖　　β-D-(−)-呋喃果糖　　　　　α-D-(−)-吡喃果糖　　β-D-(−)-吡喃果糖

　　为便于区分，将具有五元氧环式结构的果糖称为呋喃果糖，六元氧环式的果糖称为吡喃果糖。六元氧环式葡萄糖名称也可以用这种方法来表达：

β-D-(+)-吡喃葡萄糖　　　　　α-D-(+)-吡喃葡萄糖

　　游离态的果糖在水溶液中，氧环式与开链式结构也处于动态平衡中：

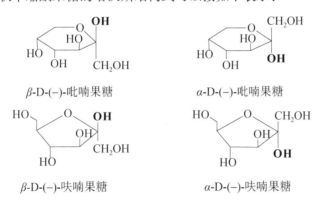

α-D-(-)-果糖　　　　D-(-)-果糖　　　　β-D-(-)-果糖

因此，果糖与葡萄糖相似，在水溶液中也存在变旋现象。

（三）己碳糖的平台式结构和哈沃斯式

葡萄糖或果糖的氧环式结构可以解释单糖上述的各种异常现象（如变旋现象、波谱学特征等），但用费歇尔投影式直接表达的氧环式结构，还不能真实地反映单糖分子内原子或基团间的空间关系。

为了比较准确地表达单糖的环状结构，英国化学家哈沃斯（Haworth）建议采用平台式来表示，也称哈沃斯结构。单糖以六元环存在时，应该与环己烷或吡喃环结构相近；以五元环存在时，应该与环戊烷或呋喃环结构相近。六元环状半缩醛葡萄糖的哈沃斯结构式可以按如下表示：

β-D-(+)-吡喃葡萄糖　　　　　　　α-D-(+)-吡喃葡萄糖

五元和六元环状半缩酮果糖的哈沃斯结构式可以按如下表示：

β-D-(-)-吡喃果糖　　　　　　　α-D-(-)-吡喃果糖

β-D-(-)-呋喃果糖　　　　　　　α-D-(-)-呋喃果糖

在吡喃果糖中，决定构型的羟基没有参与成环，它的 α-型或 β-构型比较好判定。但在吡喃葡萄糖和呋喃果糖中，决定构型的羟基分别参与了成环，无法直接与苷羟基的趋向进行比较，因此只能以未成环前编号最大手性碳的羟基趋向同成环后苷羟基的趋向相比较来决定。

为了建立单糖的开链结构与哈沃斯结构之间的联系，下面简单介绍将开链结构转换成哈沃斯结构的改写过程。将单糖竖直的开链结构式模型向右水平放置，醛基在右（①）；把 C1 和 C4 置于平面上，C2—C3 和 C5—C6 分别向平面前方和后方伸展，使—CH_2OH 和—CHO 靠近 ②；旋转 C5—C6 边，使 C5—OH 靠近—CHO （③），成环后得④和⑤：

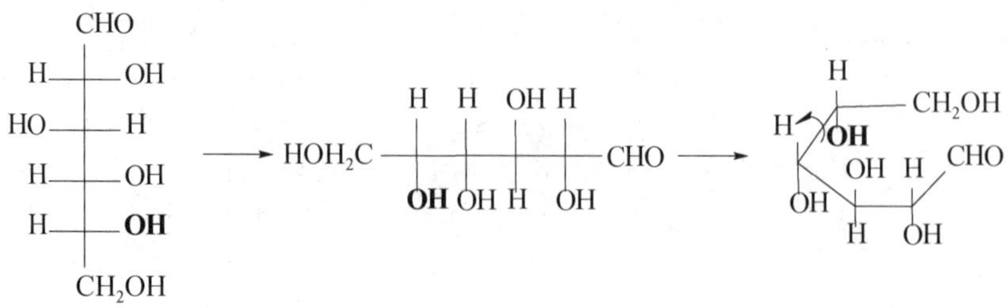

① ②

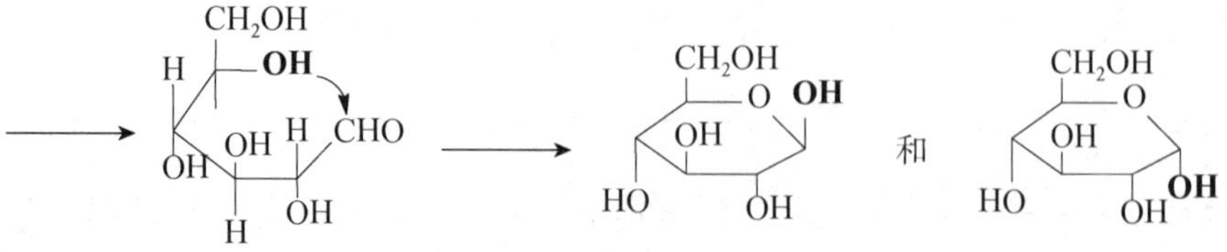

β-D-吡喃葡萄糖 和 α-D-吡喃葡萄糖

③ ④ ⑤

从单糖的改写过程可以看出，凡在费歇尔投影式中处于左侧的基团，将位于哈沃斯式的环上；凡处于右侧的基团将位于环下；因为 D 系列单糖中决定构型的羟基都在右侧，所以参与成环后其羟甲基总是向上的，β-异构体的苷羟基也是向上的，但 α-异构体的苷羟基总是向下的。在 L 系列单糖中情况刚好相反。

在书写单糖结构时，羟基通常可用短线表示，氢原子可省略。当不需要强调 C1 构型或仅表示两种异构体混合物时，可将 C1 上的氢原子和羟基并列写出，或用波浪线将 C1 与羟基相连，如 D-葡萄糖：

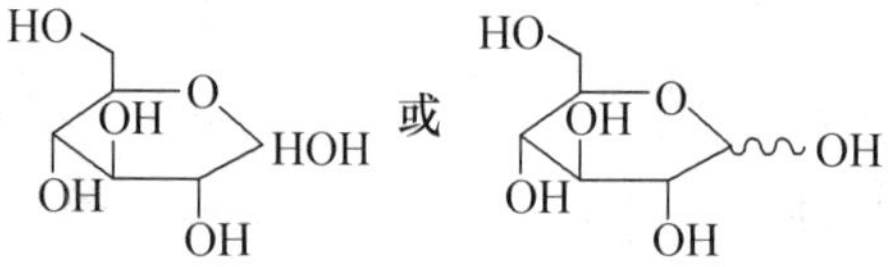

（四）己碳糖的构象及端基效应

哈沃斯式将糖的环状结构描绘成一个平面，这与事实不符。研究证明，吡喃单糖与环己烷相似，具有椅式构象。吡喃糖的椅式构象有 $^4C_1$ 和 $^1C_4$ 两种形式：

$^4C_1$ 式是指 C4 在环平面上方，C1 在环平面下方。$^1C_4$ 式是指 C1 在环平面上方，C4 在环平面下方。一个单糖究竟以哪一种椅式构象存在，与各碳原子上所连的取代基有关。D-葡萄糖采取的是 $^4C_1$ 式构象：

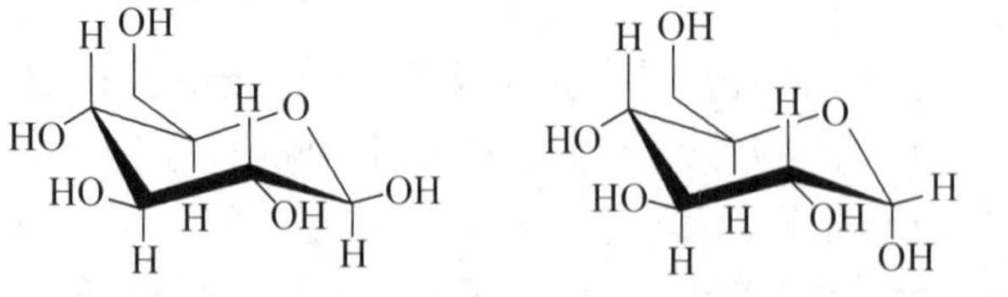

β-D-吡喃葡萄糖 α-D-吡喃葡萄糖

在 D-葡萄糖的 $^4C_1$ 式构象中，β-异构体的所有较大基团都处在平伏键位置，空间障碍比较小，是一种非常稳定的优势构象；α-异构体除苷羟基外，其他大的基团也都处在平伏键上。在 D 系己醛糖中，只有 D-葡萄糖能保持这种最优势构象，其他任何一种都不具备这种结构特征。

但是当 D-葡萄糖采用 $^1C_4$ 式构象时，所有的较大基团将会都占据直立键位置，那是一种不可能存在的构象。至此，对于自然界中 D-葡萄糖存在的数量最多、水溶液中它的 β-异构体所占的比例大于 α-异构体这一现象就很容易理解了。

除 D-葡萄糖外，其他 D 系吡喃糖较稳定的构象也是体积最大的基团（羟甲基）处在平伏键位置的那种构象，如半乳糖、甘露糖等。也有例外，艾杜糖的较优构象是羟甲基处在直立键上。

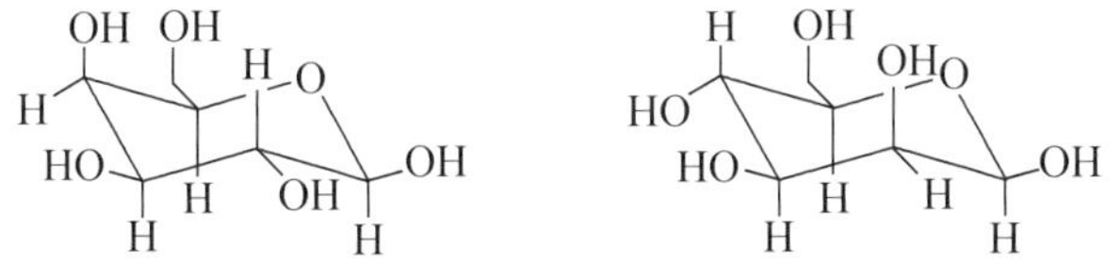

β-D-吡喃半乳糖 α-D-吡喃甘露糖

决定糖类稳定构象的因素是多方面的。在吡喃己醛糖中，C2～C6 羟基的甲基化或乙酰化取代，也倾向于占有平伏键位置。但当 C1 苷羟基成为甲氧基、乙酰氧基或被卤素原子取代时，这些取代基处于直立键的构象往往是优势构象，此时的 α-异构体反而比 β-异构体稳定。把异头物中 C1 位上较大取代基处于直立键为优势构象的反常现象，称为异头效应（ anomeric effect ）或端基效应（ end-group effect ）（图 14-1 ）。

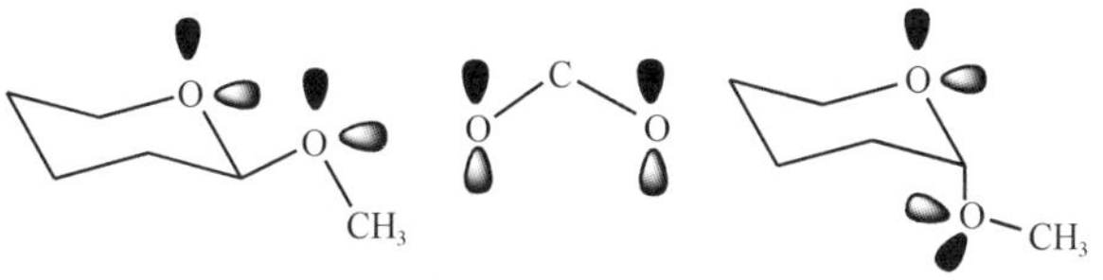

图 14-1 C1 的端基效应图

产生端基效应的原因是：糖环内氧原子上的未共用电子对与 C1 上的氧原子或其他杂原子的未共用电子对之间相互排斥，这种排斥作用类似于 1, 3-干扰作用，也有人把这种 1, 3-干扰作用称为兔耳效应。当甲氧基、乙酰氧基或卤素原子处于直立键时，这种环内-环外氧原子未共用电子对排斥作用比较小。

溶剂对端基效应也有影响。介电常数较高的溶剂不利于端基效应，因为此时的溶剂可稳定偶极作用较大的分子状态。对易溶于水的游离糖来说，水的介电常数很高，对偶极作用较大的 β-异构体有较好的稳定作用，因此 D-葡萄糖在平衡水溶液中 β-异构体所占的比例大于 α-异构体。但是，当 C1 羟基经甲基化或酰化生成脂溶性较大的化合物后，它们常溶于介电常数较小的有机溶剂，此时端基效应的影响相对增大。端基效应还受不同糖结构的影响，这里不再作详细讨论。

以上讨论了单糖的三种表示方法，虽然哈沃斯式和构象式更接近分子的真实形象，但在讨论单糖的某些化学性质尤其是醛基或酮羰基性质时，费歇尔投影式书写更为方便，工作中可根据情况任意采用，但要熟悉单糖结构三种表示法的相互关系。

二、单糖的性质

（一）物理性质

纯的单糖都是无色结晶，有甜味，易溶于水（热水中的溶解性很大），不溶于弱极性或非极性溶剂。因为单糖溶于水后存在开链式与环状结构之间的互变，所以新配制的单糖溶液可观察到变旋现象。一些常见糖的比旋光度和变旋后的平衡值，见表14-1。

表 14-1　常见糖的比旋光度 $[\alpha]_D^{20}$

名称	α-异构体	β-异构体	平衡值
D-葡萄糖	+112°	+18.7°	+52.7°
D-果糖	−21°	−113°	−92°
D-半乳糖	−151°	−53°	−84°
D-甘露糖	+29.9°	−17°	+14.6°
D-乳糖	+90°	+35°	+55°
D-麦芽糖	+168°	+112°	+136°

糖溶液浓缩时，容易得到黏稠的糖浆，不易结晶，说明糖的过饱和倾向很大，难析出结晶。解决糖的结晶问题是一个难题，一般采用物理或化学的方法促使糖结晶。物理方法是通过改变溶剂或冷冻、摩擦容器壁或引入晶种等，同时还要放置几天或更长时间，等候结晶长大。化学方法是将糖转变成合适的衍生物[如将羟基酰化或制备成缩醛（酮）等]，改变分子结构，增大相对分子质量，以利于结晶析出。

（二）化学性质

单糖是多羟基醛或酮，它们不仅具有羟基和羰基的性质，而且由于多个官能团相互影响，又会表现出某些特殊性质。以下主要讨论有关单糖的特殊化学性质和某些重要的化学反应。

1. 差向异构化　醛、酮分子中的 α-H 受羰基的影响表现出一定的活性，单糖与之类似。当以稀碱处理单糖时，α-H 被催化剂碱夺去而形成碳负离子，并通过烯醇式中间体发生重排，部分转化成酮糖，另一部分成为一对差向异构体，这一过程称为差向异构化。例如，在稀碱存在下，葡萄糖可转化成葡萄糖、甘露糖和果糖三者的平衡混合物：

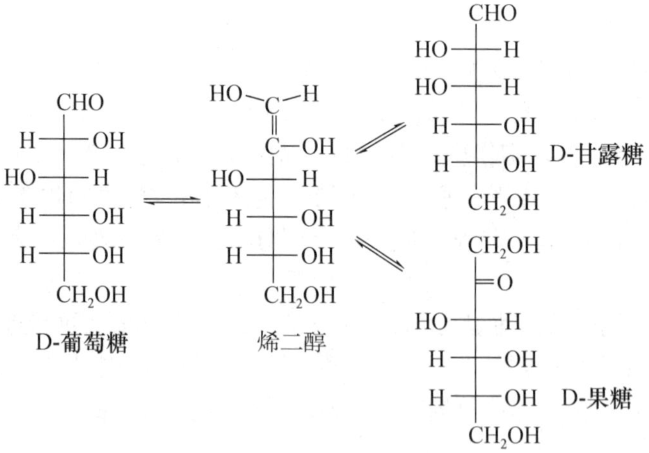

用稀碱处理果糖或甘露糖，也得到同样的平衡混合物。因此，在碱性条件下酮糖时常与醛糖表现出相同的性质。

生物体内，在异构酶的催化下，葡萄糖和果糖也会相互转化。现代食品工业中常利用淀粉，通过生物生化过程生产果葡糖浆，就是醛糖转化为酮糖的应用实例。

2. 氧化反应 单糖能被多种氧化剂氧化生成各种不同的产物。此处仅介绍几种特殊的氧化反应。

（1）被碱性弱氧化剂氧化 单糖可还原托伦试剂，产生银镜；也能还原费林试剂或本尼迪克特试剂，生成砖红色的氧化亚铜沉淀。酮糖能与托伦试剂、费林试剂和本尼迪克特试剂发生阳性反应的原因是在碱性条件下发生了互变异构转化成醛糖。上述试剂与己碳糖的反应：

$$Ag(NH_3)_2^+ + C_6H_{12}O_6 \longrightarrow C_5H_{11}O_5\!-\!COOH + Ag\downarrow$$
$$Cu(OH)_2 + C_6H_{12}O_6 \longrightarrow C_5H_{11}O_5\!-\!COOH + Cu_2O\downarrow \ (\text{砖红色})$$

在糖化学中，将能发生上述反应的糖称为还原糖，不能发生上述反应的糖称为非还原糖。此反应简单且灵敏，常用于单糖的定性检验。

（2）被溴水氧化 在酸性或中性条件下，醛糖中的醛基可选择性地被溴或其他卤素氧化成羧基，生成糖酸，然后糖酸又很快生成内酯。例如，与葡萄糖的反应：

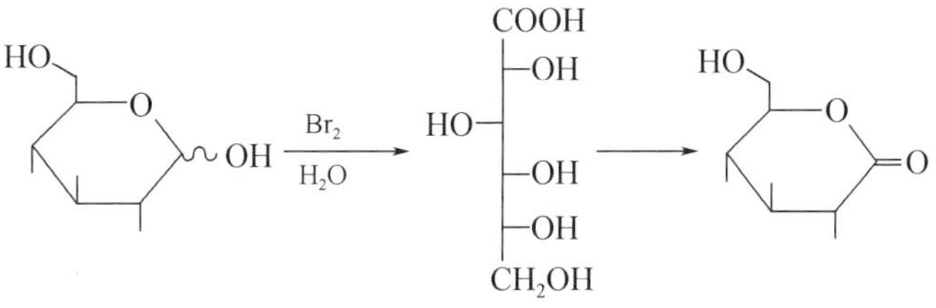

葡萄糖酸　　　　　葡萄糖酸内酯

反应的实际过程比较复杂，与半缩醛羟基有关。在酸性或中性条件下酮糖不发生差向异构化，因此酮糖不能被弱氧化剂溴水氧化。该反应可用于醛糖和酮糖的区别。

（3）被稀硝酸氧化 在温热的稀硝酸作用下，醛糖的醛基和伯醇羟基可同时被氧化生成糖二酸。例如，D-半乳糖被硝酸氧化生成半乳糖二酸，通常称为黏液酸。黏液酸的溶解度小，在水中析出结晶，因此常用此反应来检验半乳糖的存在。

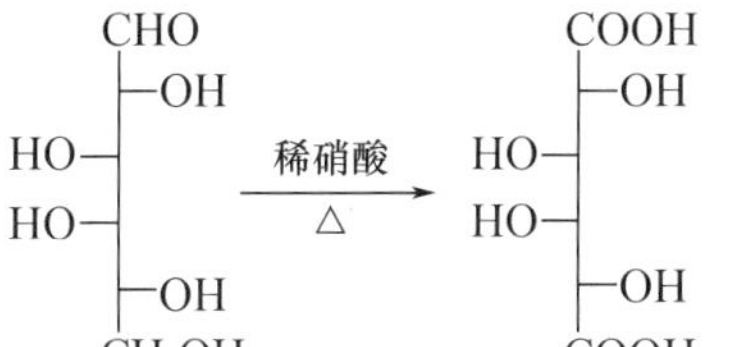

D-半乳糖　　　　　D-半乳糖二酸

D-葡萄糖经稀硝酸氧化生成葡萄糖二酸，再经适当方法还原可得到葡萄糖醛酸。

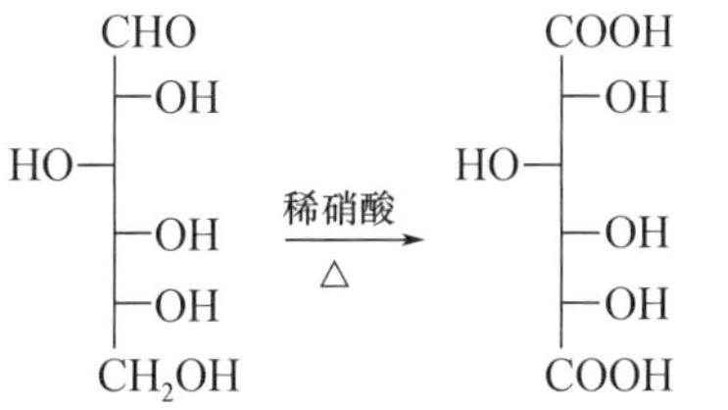

D-葡萄糖　　　　　D-葡萄糖二酸

酮糖在上述条件下发生 C2—C3 链的断裂，生成小分子二元酸。

（4）酶催化氧化 生物体内，葡萄糖在酶的作用下也可以生成葡萄糖醛酸。葡萄糖醛酸极易与醇或酚等有毒物质结合成苷，由于分子极性较大，易于排出。在人体的肝脏中，葡萄糖醛酸可与外来物质或药物的代谢产物结合排出体外，起到解毒排毒作用。因此，葡萄糖醛酸是临床上常用的保肝药，其商品名为肝泰乐。

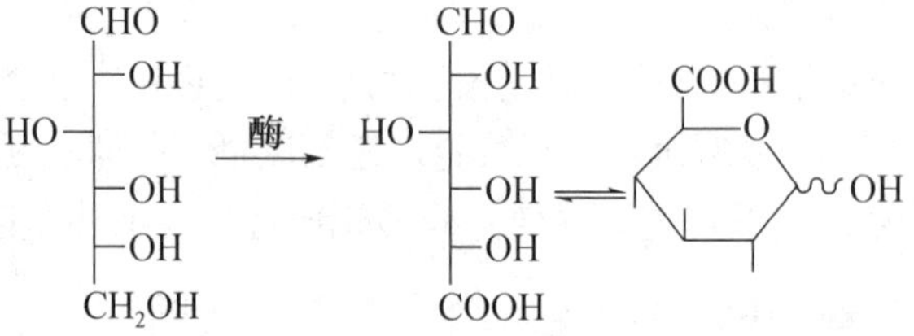

D-葡萄糖醛酸

（5）被高碘酸氧化　高碘酸对邻二醇的氧化作用在第十章中已作介绍。单糖具有邻二醇结构，也能被高碘酸氧化。例如，葡萄糖可与五分子高碘酸反应：

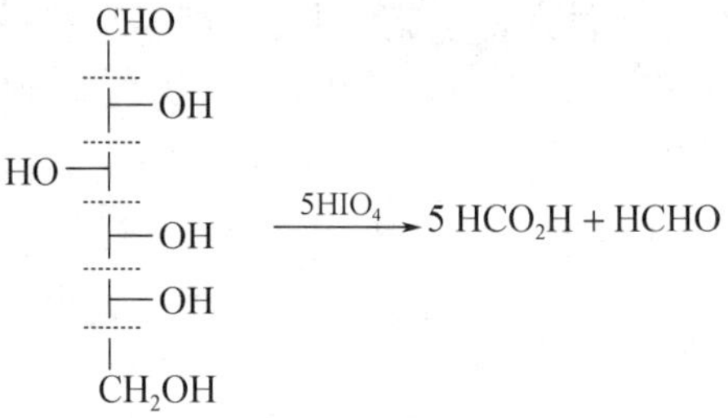

高碘酸氧化反应是测定糖结构的一种有效方法，利用该反应可以确定糖环大小。例如，为确定葡萄糖以呋喃环存在还是以吡喃环存在，可先将其甲苷化，然后与高碘酸反应。若是以吡喃环存在，则消耗两分子高碘酸，生成一分子甲酸；若是以呋喃环存在，消耗同样多的高碘酸，但生成一分子甲醛。甲基葡萄糖开环时生成了一分子甲酸，因此葡萄糖为吡喃环系。

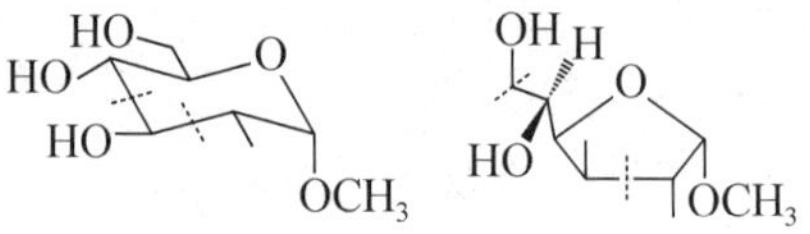

α-D-吡喃葡萄糖甲苷　　　α-D-呋喃葡萄糖甲苷

除此之外，高碘酸氧化法还可用于多糖中苷键连接位置的确定。

3. 成脎反应　单糖可与多种羰基试剂发生加成反应。例如，与等物质的量的苯肼在温和的条件下可生成糖苯腙；但在苯肼过量（1∶3）时，α-位羟基可被苯肼氧化（苯肼对其他有机物不表现出氧化性）成羰基，然后再与 1mol 苯肼反应生成黄色糖脎的结晶。该反应是 α-羟基醛或酮的特有反应，由于反应简单，常作为单糖的定性检验。例如，葡萄糖与苯肼的反应：

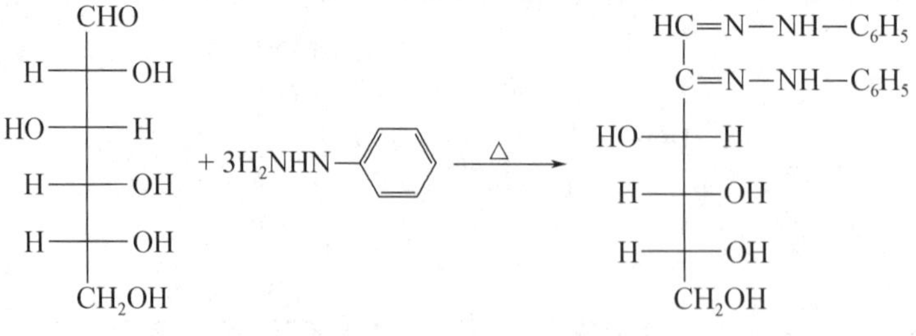

D-葡萄糖　　　　　　　　　　　　　　　　D-葡萄糖脎

无论醛糖或酮糖，反应都仅发生在 C1 和 C2 上，其余部分不参与反应。因此，对于可生成同一种糖脎的几种糖来讲，只要知道其中的一种构型，则另几种糖 C3 以下部分就不难推出。这在单糖构型测定中颇有意义。例如，D-葡萄糖、D-甘露糖和 D-果糖都形成同一种脎，可知三种糖 C3 以下的构型是相同的。

糖脎是黄色结晶，不同糖脎的晶型、熔点不同；不同的糖成脎速度也不同。例如，D-果糖成脎比 D-葡萄糖快。所以常根据结晶析出的快慢、晶型的显微镜观察以及熔点的测试来区分或鉴别各种单糖。

4. 成苷反应 单糖的半缩醛（酮）羟基可与其他含有羟基、氨基或巯基等活泼氢的化合物发生脱水，生成糖苷（也称配糖体，glycoside）。例如，D-葡萄糖在干燥 HCl 作用下与甲醇反应，生成 D-葡萄糖甲苷，无论是 α-或 β-葡萄糖，均生成两种异构体的混合物，且以 α-异构体为主。

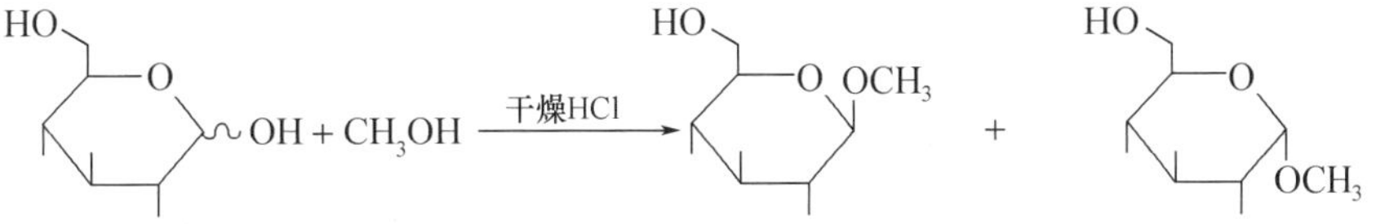

甲基-β-D-吡喃葡萄糖苷　　　　甲基-α-D-吡喃葡萄糖苷
（β-D-吡喃葡萄糖甲苷）　　　　（α-D-吡喃葡萄糖甲苷）

糖苷由糖和非糖两部分组成，糖部分称为糖苷基，非糖部分称为苷元或糖苷配基。例如，葡萄糖甲苷中的甲基就是苷元或糖苷配基。糖和非糖部分之间连接的键称为糖苷键，根据苷键原子的不同称为氧苷键、氮苷键、硫苷键和碳苷键，见下列苷类化合物：

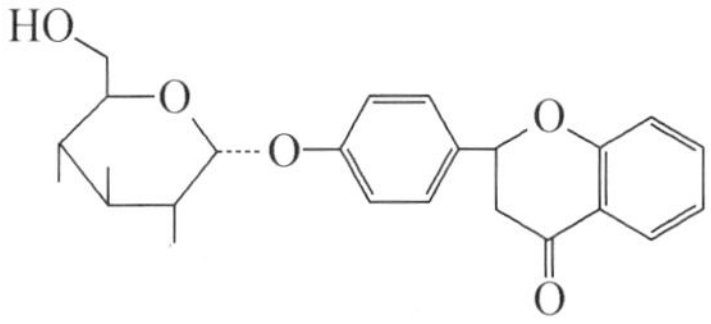

甘草苷(氧苷) 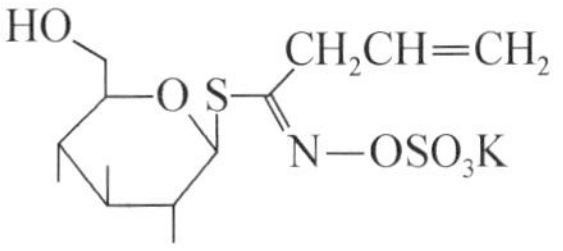　　　　　黑芥子苷(硫苷)

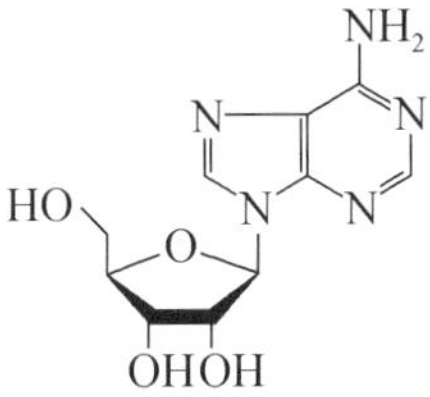

腺苷(氮苷) 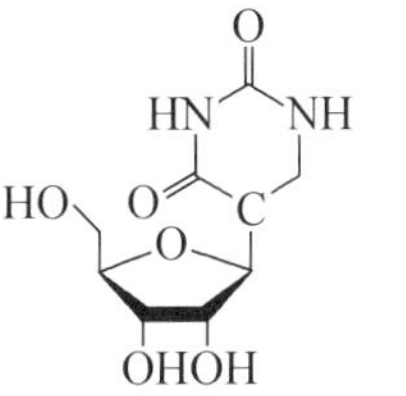　　　　伪尿嘧啶核苷(碳苷)

苷在自然界分布很广，很多具有生物活性。在糖苷中，糖分子的存在可增加溶解性。因此在现代药物研究中，常在某些难溶于水的药物分子中连上糖，以提高其溶解度。

糖苷是一种缩醛（酮），由于无半缩醛（酮）羟基，性质比较稳定，不能开环转变成链式结构，所以无变旋现象，不能成脎，也无还原性。它们在碱中比较稳定，但在酸或适宜酶作用下，可以断裂苷键，生成原来的糖和非糖部分而再次表现出单糖的性质。糖苷的酶促反应有极强的选择性，如 α-型葡萄糖苷只能用麦芽糖酶水解，β-型葡萄糖苷只能用苦杏仁苷酶水解。酸催化下的糖苷水解无选择性。

5. 脱水和显色反应 在强酸（硫酸或盐酸）作用下，戊糖或己糖经过多步脱水，分别生成糠醛或糠醛衍生物；多糖经过酸水解，也可发生此反应：

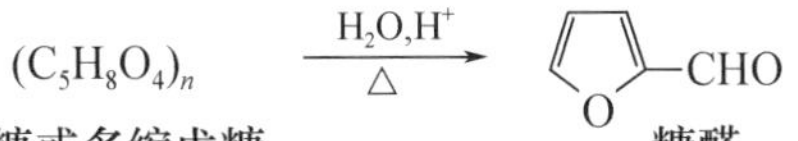

戊糖或多缩戊糖　　　　　　　糠醛

$$(C_6H_{10}O_5)_n \xrightarrow[\triangle]{H_2O,H^+} HOCH_2\text{—}\overset{O}{\diagdown}\text{—CHO}$$

己糖或多缩己糖　　　　　　5-羟甲基糠醛

反应生成的糠醛及其衍生物可与酚类或芳胺类缩合，生成有色化合物，所以常利用该性质进行糖的鉴别。经常使用的有莫利希（Molisch）反应和西里瓦诺夫（Seliwanoff）反应。

莫利希反应是用浓硫酸作脱水剂，使单糖或多糖脱水后，再与 α-萘酚反应，生成紫色缩合物。该反应简单灵敏，常用于糖类的检验。莫利希反应为阴性可以确定无糖的存在，如果为阳性仅能说明样品中含有游离或者结合的糖，却不能判定是苷类还是游离糖或其他形式的糖。

西里瓦诺夫反应是以盐酸作脱水剂，生成的糠醛衍生物再与间苯二酚反应，生成鲜红色缩合物。由于酮糖的反应速率明显大于醛糖，所以该反应常用于酮糖和醛糖的鉴别。

6. 酯化反应　糖分子中富含羟基，和普通醇一样易被有机酸或无机酸酯化，其中形成的磷酸酯具有重要生物学意义。在生物体内，很多糖类分子都是以磷酸酯的形式存在并参与生化反应，如 D-葡萄糖-6-磷酸、D-果糖-1, 6-二磷酸和 D-核糖-1-磷酸等。生物体内的磷酰化试剂是腺苷三磷酸（ATP）而不是磷酸，醇类的磷酰化用 ATP 要比用磷酸快得多。对人体机能具有重要意义的 ATP 和 NAD$^+$等生物大分子，其分子结构中的核糖部分都是磷酰化的：

腺苷三磷酸(ATP)

烟酰胺-腺嘌呤-二核苷酸(NAD$^+$)

糖分子中的羟基也可被乙酰化。由于糖的半缩醛羟基具有特殊的活性，即使 C1 苷羟基被乙酰化后，仍比其他碳上的乙酰基活泼得多。例如，用无水溴化氢处理 α-或 β-五乙酰基葡萄糖时，可得到 α-溴代四乙酰基葡萄糖，它是一个极活泼的重要中间体，由它可以方便地制备各种苷类衍生物，这在药物的化学修饰上非常重要。又如，含有羟基或羧基的药物可与溴代糖中间体反应生成糖苷或糖脂，以降低副作用或改善其溶解性能等。

7. 还原反应　单糖的羰基可经催化氢化或硼氢化钠还原得到相应的醇，这类多元醇通称为糖醇。例如，D-核糖的还原产物为 D-核糖醇，是维生素 B$_2$ 的组分；D-葡萄糖的还原产物是葡萄糖醇，也称山梨醇，是制造维生素 C 的原料；甘露糖的还原产物是甘露糖醇（又称甘露醇）；D-果糖的还原产物是 D-山梨醇和 D-甘露醇的混合物。山梨醇和甘露醇在饮食疗法中常用于代替糖类，它们所含的热量与糖差不多，但山梨醇不易引起龋齿。

D-核糖   D-核糖醇   D-甘露糖   D-甘露糖醇

D-葡萄糖   D-山梨醇

8. 环状缩醛或缩酮的形成 处于糖环上的顺式邻二羟基可与醛或酮生成环状的缩醛或缩酮，该性质常用于某些合成反应中糖上羟基的保护。反式邻二醇不反应。

三、重要的单糖

前面提到葡萄糖、甘露糖、半乳糖和果糖等都是自然界中重要的己糖。下面介绍两种重要的戊糖和氨基葡萄糖。

（一）D-核糖和脱氧-D-核糖

D-核糖和脱氧-D-核糖都是戊醛糖，它们也有 α-和 β-两种异构体，也存在还原性和变旋现象等，其化学结构分别如下：

α-D-呋喃核糖   D-(−)-核糖 β-D-呋喃核糖

$$2\text{-脱氧-}\alpha\text{-D-呋喃核糖} \qquad 2\text{-脱氧-D-}(-)\text{-核糖} \qquad 2\text{-脱氧-}\beta\text{-D-呋喃核糖}$$

核糖和脱氧核糖在自然界不以游离状态存在，多数结合成苷类，例如，巴豆中含有巴豆苷，水解后释放出核糖。核糖是核糖核酸（RNA）的组成部分，脱氧核糖是脱氧核糖核酸（DNA）的一个必要组分，它们在生命活动中起着非常重要的作用。

（二）氨基葡萄糖

氨基糖是单糖的衍生物，其结构与单糖十分相似。例如，生物储存量极大的 2-氨基葡萄糖和 2-乙酰氨基葡萄糖，可以看作葡萄糖的 2-OH 分别被氨基或乙酰氨基取代的衍生物，结构如下：

$$2\text{-脱氧-2-氨基-}\beta\text{-D-吡喃葡萄糖} \qquad 2\text{-脱氧-2-乙酰氨基-}\beta\text{-D-吡喃葡萄糖}$$

氨基葡萄糖常以结合状态存在于自然界。例如，有巨大开发价值的壳糖胺和甲壳质分别是它们的高聚物。

第三节　低　聚　糖

低聚糖是指水解后能生成 2～10 个单糖分子的寡糖。根据低聚糖中单糖的数目，又可分为双糖、三糖等。在低聚糖中，最常见、最重要的是双糖（如麦芽糖、蔗糖、乳糖等），环糊精也是近年来药学领域中备受关注的一种低聚糖。本节主要讨论双糖和环糊精。

双糖由两个单糖分子通过糖苷键结合而成，在结构上也可以看作苷，不过苷元部分不是普通的醇而是另一分子的单糖。在双糖分子中，一个单糖提供的是半缩醛（酮）羟基，另一个单糖或用醇羟基或用半缩醛（酮）羟基与其缩水形成苷键。根据双糖分子中是否含有苷羟基，可将其分成非还原性双糖和还原性双糖两类。

一、非还原性双糖

形成双糖的糖苷键若是由两个单糖分子的半缩醛（酮）羟基缩合脱水而成，则这种双糖就不再有苷羟基，在水溶液中不能通过开环转化成开链式结构，所以无还原性，不能成脎，无变旋现象，这种结构的双糖称为非还原性双糖，如蔗糖和海藻糖等。

（一）蔗糖

蔗糖（sucrose）为自然界分布最广的双糖，尤其在甘蔗和甜菜中含量最多，所以有蔗糖和甜菜糖之称。

蔗糖由 α-D-吡喃葡萄糖的半缩醛羟基与 β-D-呋喃果糖的半缩酮羟基之间缩去一分子水，通过 α, β-(1, 2)-糖苷键形成，结构如下：

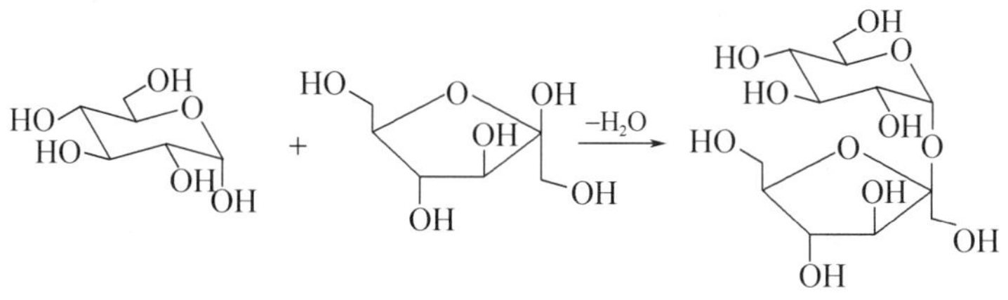

α-D-吡喃葡萄糖　　　β-D-呋喃果糖　　　　蔗糖

蔗糖分子中不存在游离的苷羟基，无变旋现象，不能成脎，不能还原托伦试剂和费林试剂，因此是非还原性糖。蔗糖的化学名称为 α-D-吡喃葡萄糖基-β-D-呋喃果糖苷，或 β-D-呋喃果糖基-α-D-吡喃葡萄糖苷。

蔗糖是右旋糖，比旋光度为+66.5°，当被稀酸或酶水解后，生成等量的 D-(+)-葡萄糖和 D-(−)-果糖的混合物，其比旋光度为−19.7°，水解前后旋光方向发生了改变。因此常将蔗糖的水解产物 1∶1 的 D-(+)-葡萄糖和 D-(−)-果糖混合产物称为转化糖（invert sugar）。由于果糖的甜度高于其他糖，所以转化糖具有较大的甜味。蜂蜜中大部分是转化糖。蜜蜂体内含有能催化水解蔗糖的酶，这些酶称为转化酶。

（二）海藻糖

海藻糖（fucose）又称酵母糖，在酵母中含量丰富。海藻糖是由两个葡萄糖分子通过 α, α-(1, 1)-糖苷键连接成的非还原性双糖，结构如下：

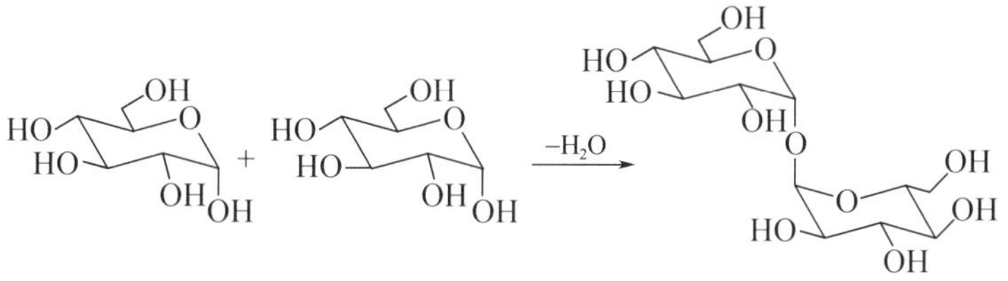

α-D-吡喃葡萄糖　　　α-D-吡喃葡萄糖　　　　海藻糖

海藻糖分子中不存在游离的苷羟基，性质非常稳定。海藻糖的全名为 α-D-吡喃葡萄糖基-α-D-吡喃葡萄糖苷。

海藻糖是一种极具开发价值的双糖。海藻糖的甜味只有蔗糖的 45%，味淡，但与蔗糖相比，甜味容易渗透，食后不留后味，不易引起龋齿，可代替高热量的蔗糖，尤其适合于减肥和糖尿病患者。海藻糖具有保护生物细胞、使生物活性物质（如各种蛋白质、酶等）在脱水、干旱、高温、辐射、冷冻等胁迫环境下活性不受破坏的功能。海藻糖作为一种新型的食品、药物和化妆品添加剂得到广泛应用。目前，生物学家正通过生物技术构建含海藻糖的转基因植物，试图培育抗旱、抗冻、抗辐射等特性的转基因植物，为改造沙漠、绿化荒山做出贡献。

海藻糖的提取和制备很方便。如果能够开发出转化淀粉生产海藻糖的途径，将为淀粉类深加工及新的淀粉糖开发开辟新思路。

二、还原性双糖

双糖若是由一分子糖的苷羟基与另一分子糖的普通羟基缩水而成,则这种糖的分子中仍保留有苷羟基,在水溶液中依然存在氧环式与开链式的互变平衡,因而具有变旋现象,能够成脎,仍具有还原性,这种结构的双糖称为还原性双糖,如麦芽糖、纤维二糖和乳糖等。

(一)麦芽糖

淀粉在稀酸中部分水解时,可得到 D-(+)-麦芽糖,在发酵生产乙醇的过程中,也可得到 D-(+)-麦芽糖。麦芽糖(maltose)是两分子 α-D-葡萄糖通过 α-1,4-苷键连接成的还原性双糖,结构如下:

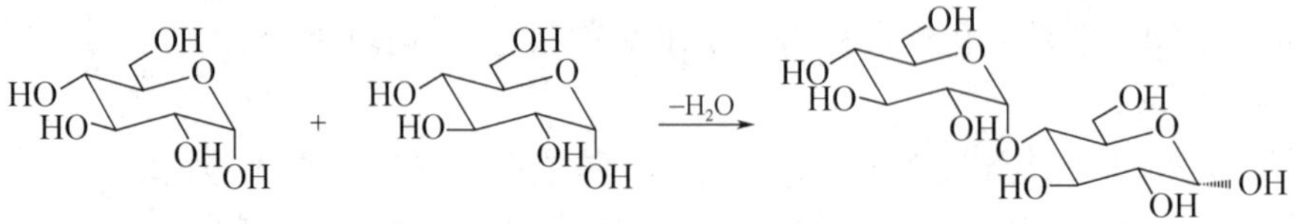

α-D-吡喃葡萄糖 α-D-吡喃葡萄糖   麦芽糖

麦芽糖分子中的一个葡萄糖以 C_4 羟基参与了苷键的形成,这个葡萄糖仍保留有游离的苷羟基,因此麦芽糖能够成脎,有变旋现象和还原性,当被溴水氧化时,麦芽糖只生成一元羧酸。与非还原性双糖的系统命名不同,还原性双糖把保留苷羟基的糖单元作为母体,糖苷基作为取代基。麦芽糖的全名为 4-O-(α-D-吡喃葡萄糖基)-D-吡喃葡萄糖。结晶状态的 D-(+)-麦芽糖,其游离的苷羟基为 β-构型,但在水溶液中,变旋产生含 α-异构体的混合物,所以以 C1 的构型可不标出。

麦芽糖除了可被酸水解外,还可由麦芽糖酶水解。麦芽糖酶是专一性水解 α-糖苷键的酶,对 β-糖苷键不起作用。

(二)纤维二糖

纤维二糖(cellobiose)是纤维素经一定的方法处理后部分水解的产物,化学性质与麦芽糖相似,有变旋现象和还原性。纤维二糖水解后也生成两分子 D-葡萄糖,但纤维二糖只能被苦杏仁酶(对 β-苷键有专一性)水解。纤维二糖是麦芽糖的同分异构体,其差别是纤维二糖为 β-1,4-苷键,麦芽糖为 α-1,4-苷键。纤维二糖的全名为 4-O-(β-D-吡喃葡萄糖基)-D-吡喃葡萄糖,化学结构如下:

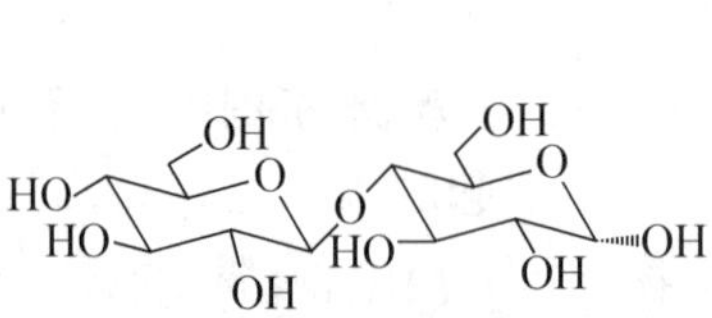

纤维二糖与麦芽糖虽然只是苷键的构型不同,但生理活性上却有很大差别。麦芽糖具有甜味,可在人体内分解消化,而纤维二糖无甜味,也不能被人体消化吸收。草食动物体内含有水解 β-苷键的酶,因而以纤维性植物为饲料。

(三)乳糖

乳糖(lactose)存在于哺乳动物的奶汁中。工业上,可从制取乳酪的副产物乳清中获得。乳糖也是还原性双糖,有变旋现象。当用苦杏仁酶水解乳糖时,可得到等量的 D-吡喃葡萄糖和 D-半乳糖，说明乳糖是由一分子葡萄糖和一分子半乳糖结合而成的，且分子中的糖苷键为 β-型，即 β-1, 4-苷键。

为了解糖类的研究方法，下面以乳糖为例，简单介绍糖结构是如何确定的。

在乳糖分子中，葡萄糖和半乳糖哪个是苷元，哪个是糖苷基？苷元又是以哪个羟基与糖苷基相连的？两个单糖部分是以吡喃环还是以呋喃环存在？

制备乳糖脎并将其水解，生成了 D-半乳糖和 D-葡萄糖脎；用溴水氧化得乳糖酸，水解生成 D-葡萄糖酸和 D-半乳糖，由此可知，乳糖分子中苷元部分是 D-葡萄糖，糖苷基是 D-半乳糖。将乳糖酸甲基化后生成八-O-甲基-D-乳糖酸，此酸再经酸水解，得到 2, 3, 5, 6-四-O-甲基-D-葡萄糖酸和 2, 3, 4, 6-四-O-甲基-D-半乳糖。过程如下：

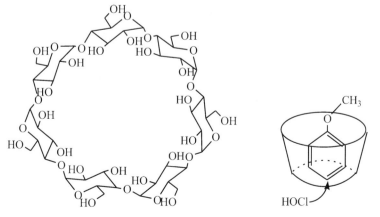

以上结果说明，乳糖分子中葡萄糖是以 C_4-羟基与半乳糖的苷羟基缩水结合的，D-葡萄糖和 D-半乳糖都是以吡喃环形式存在，乳糖分子中的苷键为 β-1, 4-苷键。

三、环糊精

环糊精（cyclodextrin）简称 CD，是由 6、7 和 8 个 D-(+)-吡喃葡萄糖通过 α-1, 4-糖苷键形成的一类环状低聚糖。根据成环的葡萄糖数目，通常将其分为 α-环糊精、β-环糊精和 γ-环糊精三种，简称 α-CD、β-CD 和 γ-CD。作为一种新型的药物载体，环糊精应用极其广泛，尤其是 β-环糊精的应用最普遍。β-环糊精是由 7 个葡萄糖通过 α-1, 4-苷键形成的筒状化合物，化学结构如图 14-2 所示。

β-环糊精　　　　苯甲醚在CD催化下的氯化反应

图 14-2　β-CD 的结构和催化反应示意图

β-CD 的分子结构比较特殊，每个葡萄糖单位上 C2、C3、C6 的羟基都处在分子的外部，C3、C5 上的氢原子和苷键氧原子位于筒状的孔腔内，所以 β-CD 分子的外部呈极性，内腔为非极性。β-CD 的孔腔能选择性地包合多种结构与其匹配的脂溶性化合物，通过分子间特殊的作用力形成主体-客体包合物（host-guest inclusion complex），这一特性在药物制剂、络合催化、模拟酶等方面颇有意义。

因为形成包合物后能够改变被包合物的理化性质，如能降低挥发性、提高水溶性和化学稳定性等，所以包合技术在医药、农药、食品、化工以及有机合成和催化方面多有应用。中药挥发油易于挥发，难溶于水，给制剂加工和储存带来诸多不便。当将其制备成 CD 包合物后，上述缺陷可得到明显的改善。在有机合成方面，加入 CD 往往可以提高反应速率和反应选择性。例如，甲苯醚在次氯酸作用下的氯化反应，无 CD 存在时一般生成 33% 的邻氯产物和 67% 的对氯产物。但当加入 β-CD 后，进入 CD 孔腔的苯环只有对位不受 CD 屏蔽，因而反应可选择性地发生在对位，生成 96% 的对氯苯甲醚。

CD 与被包合物的主体-客体关系非常像酶与底物的作用，因此 CD 及其衍生物已成为目前广泛研究的模拟酶之一。

第四节 多　　糖

多糖又称高聚糖，广泛存在于自然界，是构成动植物机体组织的成分，也具有储存和转化食物能量的功能。与低聚糖相比，多糖分子中含有更多数目的单糖单位，是高分子化合物。自然界大部分多糖都含有上百个单糖单位，也有相对分子质量更大的。多糖主要有直链和支链两种，个别也有环状。连接单糖的苷键主要有 α-1, 4、β-1, 4 和 α-1, 6 三种，前两种在直链多糖中常见，后者主要在支链多糖链与链的连接部位。按照组成多糖的单糖是否相同，又可把多糖分为均多糖和杂多糖。

多糖的链端虽有苷羟基，但在整个分子中所占的比例微不足道，所以不显示还原性和变旋现象。多糖水解常经历多步过程，先生成相对分子质量较小的多糖，再生成寡糖，最后才是单糖。

在生物体内，多糖的合成与酶催化的专一性有关。尽管单糖的异构体种类繁多，构型各异，但所形成的天然多糖的结构却都有一定的重复性和规律性。杂多糖种类虽多，但存在量却比较少，而且最复杂的杂多糖也不过由三、四种单糖组成。因此研究多糖的组成和结构与蛋白质研究相比，可能容易得多。组成天然多糖的单糖主要有 D-葡萄糖、D-甘露糖、D-果糖和 D-半乳糖等少数几种。

淀粉和纤维素与人类生活最密切，是最重要的多糖。

一、淀粉

淀粉（starch）是植物的储存物质，是自然界蕴藏量最丰富的多糖之一，也是人类获取糖类的主要来源。淀粉是白色、无臭、无味的粉状物质，其颗粒的形状和大小因来源不同而异。天然淀粉可分为直链淀粉和支链淀粉两类。前者存在于淀粉的内层，后者存在于淀粉的外层，组成淀粉的皮质。直链淀粉难溶于冷水，在热水中有一定的溶解度；支链淀粉在热水中吸水膨胀生成黏度很高的溶液。

直链淀粉一般由 250～300 个 D-葡萄糖以 α-1,4-苷键连接而成，结构如下：

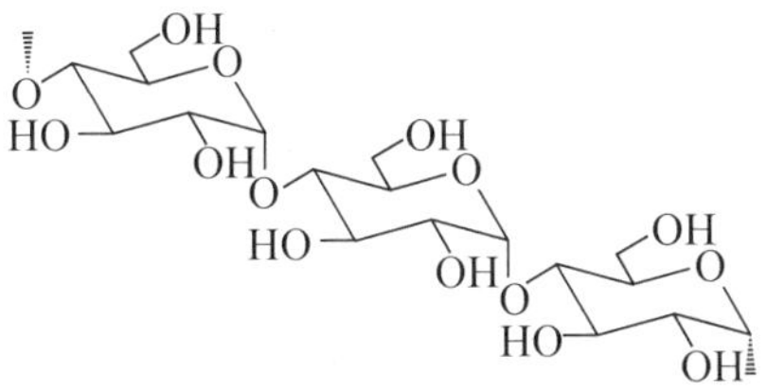

由于 α-1,4-苷键的氧原子有一定的键角，且单键可相对转动，分子内适宜位置的羟基间能形成氢键，所以直链淀粉具有规则的螺旋状空间结构（图 14-3）。每个螺旋间距约有 6 个 D-葡萄糖单位。淀粉与碘呈蓝色，是因为碘分子与直链淀粉的孔腔匹配，钻入该螺旋圈中，借助范德瓦耳斯力而形成了一种分子复合物。

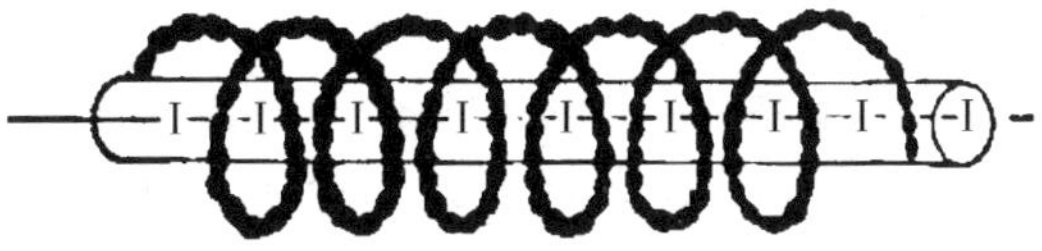

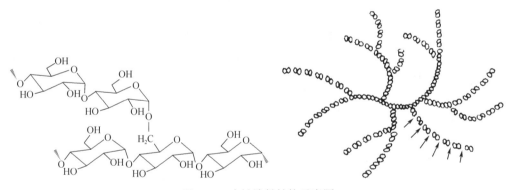

图 14-3 直链淀粉的螺旋示意图

支链淀粉的链上有许多分支，相对分子质量比直链淀粉大，通常有 6000 个以上 α-D-葡萄糖单位。支链淀粉分子中，主链由 α-1,4-苷键连接，分支处为 α-1,6-苷键，结构如图 14-4 所示。

图 14-4 支链淀粉结构示意图

淀粉在酸或酶催化下水解，可逐步生成分子较小的多糖，最后水解成葡萄糖：

$$淀粉 \rightarrow 各种糊精 \rightarrow 麦芽糖 \rightarrow 葡萄糖$$

碘与淀粉显蓝色，与不同相对分子质量糊精显红色或黄色，糖相对分子质量太小时与碘不显色。

二、糖原

糖原（glycogen）是人和动物体内的葡萄糖经过一系列酶促反应组合而成的一种多糖，是生物体内葡萄糖的一种储存形式。糖原主要储存在肝脏和骨骼肌中，当人体的血糖浓度低于正常水平时（低血糖），糖原便分解出葡萄糖供机体利用（糖原分解）。

从结构上看，糖原和支链淀粉很相似，但分支更密，每隔 8～10 个葡萄糖残基就出现一个 α-1,6-苷键相连的分支。分支有很重要的作用：可增加溶解度；较多的分支会带来较多的还原性末端，它们是糖原合成或分解时与酶的作用部位，对提高糖原的合成与降解速度至关重要。

三、纤维素

纤维素（cellulose）是自然界分布最广、存在数量最多的天然高分子有机化合物，是植物细胞的主要结构成分。棉花中纤维素含量最高，约含98%（干基），纯的纤维素最容易从棉纤维获得；木材中纤维素含量为40%～50%，虽然含量小，但它的来源丰富，价格低廉，是工业用纤维素的最主要来源。在实验室里，滤纸是最纯的纤维素来源。

纤维素是 D-葡萄糖以 β-1,4-苷键连接而成的直链多糖，结构如下：

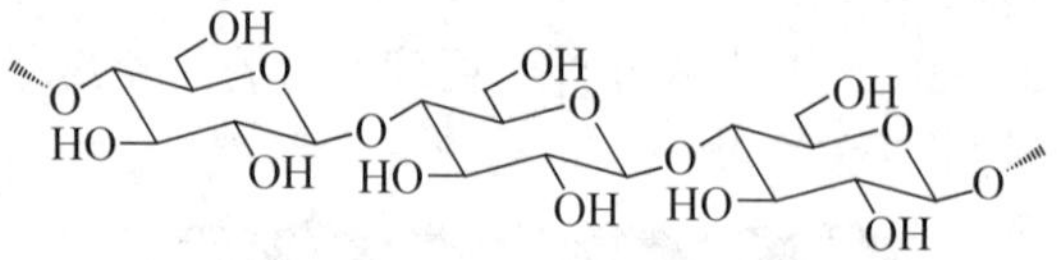

纤维素彻底酸水解只得到 D-葡萄糖一种糖，纤维素彻底甲基化后水解得到很少量的 2,3,4,6-四-O-甲基-D-葡萄糖和大量的 2,3,6-三-O-甲基-D-葡萄糖，说明前者是吡喃糖链的尾端，后者是重复的葡萄糖单位。

植物中的天然纤维素分子含有 1000～1500 个葡萄糖单位，相对分子质量为 1.6×10^6～2.4×10^6。但在分离纤维素的过程中往往会发生降解。纤维素长长的分子链之间通过氢键聚集在一起，木材的强度主要取决于相邻长链间形成氢键的多少。

人体胃部不含有分解纤维素的酶，因此不能消化利用纤维素；而反刍动物的消化道能产生消化纤维素的微生物，所以动物能从纤维素中吸取和利用葡萄糖。

纤维素及其衍生物的用途很广，如乙酸纤维素、硝化纤维素、羧甲基纤维素等可制成人造丝、油漆、塑料及用于造纸等。

四、甲壳质和壳糖胺

甲壳质（chitin）也称甲壳素、几丁质等，是甲壳类动物外壳、节肢动物表皮，低等动物细胞膜、高等植物细胞壁等生物组织中广泛存在的一种天然动物纤维，是继淀粉、纤维素之后正在开发的第三大生物资源，自然界中每年的生物合成量达 1000 亿 t。甲壳质是由 2-乙酰氨基葡萄糖通过 β-1,4-苷键连接而成的直链多糖，化学结构如下：

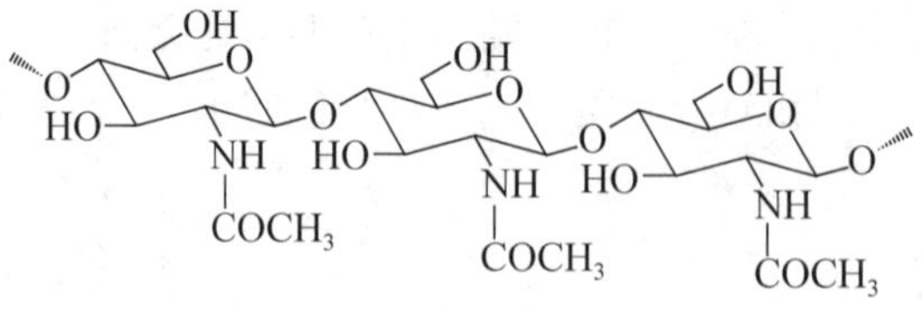

甲壳质脱乙酰基后，生成的产物称为壳糖胺（chitosan），化学结构为

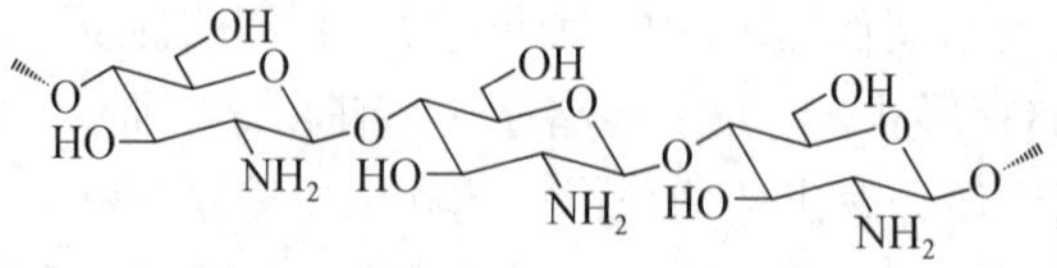

与纤维素相比，两者的差别仅在于壳糖胺只是把纤维素中葡萄糖的 C2—OH 换为—NH$_2$。

或者说，壳糖胺是由 2-氨基葡萄糖通过 β-1,4-苷键而形成的动物性纤维素。

现代药理学研究表明，壳糖胺及其水解产物或部分水解产物，具有各种生理和药理活性。壳糖胺具有调节人体生理生化功能的作用，能增强人体的免疫力，抑制肿瘤，降低血糖、血脂和胆固醇，能促进伤口愈合和断骨再生，并具有解毒排毒等功能。壳糖胺的水解产物是人体细胞或组织必需的生物活性物质，与人体组织有良好的生物相容性。目前对于它们的研究和开发利用，已经成为多糖研究的一个热点。

近年来，糖化学研究结果不断向世人展示，糖与人类的关系不只是衣食住行，糖的药用价值更令人类青睐。糖与人类的生命活动息息相关，且与人体组织有着良好的生物相容性，相信经过人们不懈的努力，糖类会给人类社会做出更大的奉献。

附　葡萄糖的构型确定

葡萄糖的构型确定是德国化学家费歇尔完成的。费歇尔所采用的方法是非常完美的，迄今都没有提出另外的化学方法来挑战费歇尔解决相对构型时采用的精巧无比的实践。下面让我们来欣赏一下费歇尔了不起的构思和精心设计吧。

为使问题简化，费歇尔首先假定葡萄糖是 8 种 D 构型（或 L 构型）中的一种（见本章第二节），然后分析比较这 8 种构型的不同点，再用排除法进行印证，最终确认出葡萄糖的构型。

第一，葡萄糖的构型若为（1）和（5），则经强氧化后将会分别转变为下列内消旋的糖二酸。

但实际上，将天然葡萄糖氧化后却得到了旋光性的糖二酸，所以确认葡萄糖不是（1）或（5）的构型。

第二，葡萄糖的构型若为（2）、（4）或（6），则将其降解后再分别氧化，所生成的戊糖二酸应为内消旋体。

但实际上将天然葡萄糖降解并氧化后生成的戊糖二酸有旋光性，说明葡萄糖不具有（2）、（4）或（6）的构型，只可能是（3）、（7）或（8）中的某一种。

第三，葡萄糖若为（8）的构型，则将其降解后再进行升级，所得到的己醛糖应为 C2 差向异构体，且将这两个差向异构体分别强氧化，所生成的糖二酸应该是一个有旋光性，另一个无旋光性。

$$
\begin{array}{cccc}
\text{(8)} & & \text{(5)} & \\
\end{array}
$$

但天然葡萄糖降解为戊糖后再升级得到两个差向异构体，经氧化后生成的糖二酸均有旋光性，说明葡萄糖不具有（8）的构型。

第四，葡萄糖究竟是（3）还是（7）？

$$
\begin{array}{cc}
\text{(3)} & \text{(7)}
\end{array}
$$

费歇尔认为，葡萄糖若为（7）的构型，则其氧化产物糖二酸的内酯还原后应该仍生成（7），即

$$
\text{(7)} \rightarrow \rightarrow \rightarrow \rightarrow = \text{(7)} \quad \text{(7)}
$$

葡萄糖若为（3）的构型，则其氧化产物糖二酸的内酯还原后应该生成 L-古洛糖，即（4）的对映异构体：

$$
\text{(3)} \rightarrow \rightarrow \rightarrow \rightarrow = \text{(3)} \quad \text{(3)}
$$

当费歇尔用钠汞齐还原葡萄糖二酸的酯时，得到了另一种己醛糖，即 D-古洛糖（4）的对映异构体，而不是葡萄糖本身。由此费歇尔证实，右旋葡萄糖具有（3）的构型。

有关葡萄糖的构型确定这项工作相当重要，也极其复杂和困难，因为费歇尔当年并没有现代的分离方法和光谱分析手段，他的工作迄今仍然令人惊叹。从审美学角度看，费歇尔所采用的方法也是非常完美的。

小 结

1. 糖的分类：单糖、寡糖和多糖。

2. 单糖

（1）单糖的结构：己碳糖的开链结构和相对构型；己碳糖的氧环式结构和 α-异构体和 β-异构体；平台式结构和哈沃斯式；己碳糖的构象及端基效应。

（2）单糖的化学性质：差向异构化；氧化反应；成脎反应；成苷反应；脱水和显色反应；酯化反应；还原反应。

（3）重要的单糖：D-核糖和脱氧-D-核糖；氨基葡萄糖。

3. 寡糖：非还原性双糖（蔗糖、海藻糖）；还原性双糖（麦芽糖、纤维二糖、乳糖）；环糊精。

4. 多糖：淀粉、糖原、纤维素、甲壳质和壳聚糖。

（浙江中医药大学）

本章PPT

第十五章
含氮有机化合物

学习目的　本章主要介绍硝基化合物和胺的命名、性质和制备；硝基对苯环邻、对位取代的影响；胺的碱性强弱的影响因素；区分伯、仲、叔胺的方法及氨基保护在有机合成中的应用；各种含氮有机化合物的重要反应及用途等。

学习要求　理解硝基化合物的分类、命名和性质；掌握胺的分类、命名和结构，了解胺的物理性质，重点掌握胺的化学性质（碱性，烷基化，酰基化，氧化，与亚硝酸的反应，芳环上的取代反应，季铵盐和季铵碱的性质）；掌握重氮盐的制备（重氮化反应）、化学性质（被卤素取代，被 CN 取代，被氢、羟基和硝基取代等，偶合反应）；了解偶氮化合物的颜色和结构的关系。

许多有机化合物都有含氮基团（如胺、腈、酰胺、氨基酸及硝基化合物、肟、腙等），这些含氮基团形式多样，化学性质各有特点，有些还可以相互转化，是很重要的合成原料及合成中间体。同时，很多天然药物和合成药物也都具有含氮基团，如生物碱类药物是非常重要的一类天然药物。本章介绍其中的硝基化合物、胺、重氮化合物和偶氮化合物。

第一节　硝基化合物

烃分子中的氢原子被硝基（—NO_2）取代后所形成的化合物称为硝基化合物（nitro compound）。

一、硝基化合物的分类、命名和结构

（一）硝基化合物的分类和命名

硝基化合物可以根据硝基所连的烃基不同分为脂肪族硝基化合物（R—NO_2）和芳香族硝基化合物（Ar—NO_2），根据硝基所连碳原子不同分为伯（一级或 1°）、仲（二级或 2°）、叔（三级或 3°）硝基化合物，也可以根据硝基数目不同分为一元和多元硝基化合物。

硝基化合物命名以烃为母体，硝基为取代基。

$CH_3CH_2NO_2$	$CH_3CH_2\overset{CH_3}{\underset{NO_2}{C}}CH_3$	苯—NO_2	
硝基乙烷	2-甲基-2-硝基丁烷	硝基苯	1-甲基-2,4-二硝基苯
nitroethane	2-methyl-2-nitrobutane	nitrobenzene	1-methyl-2,4-dinitrobenzene

（二）硝基化合物的结构

硝基化合物的结构可用下面的共振杂化体来表示：

$$\left[R-\overset{+}{N}\overset{O}{\underset{O^-}{\cdots}} \longleftrightarrow R-\overset{+}{N}\overset{O^-}{\underset{O}{\cdots}} \right] \equiv R-\overset{+}{N}\overset{O^{-\frac{1}{2}}}{\underset{O^{-\frac{1}{2}}}{\cdots}}$$

分子中的两个氮氧键完全等同。由于氮原子上带正电荷，所以硝基是强吸电子基，正确的写法为—NO$_2$。硝基化合物的通式为 R—NO$_2$，与亚硝酸酯（R—O—NO）是同分异构体。

二、硝基化合物的性质

（一）物理性质

硝基化合物一般有较大的极性，熔点和沸点比相应的烃类化合物显著升高，密度都大于1。

脂肪族一元硝基化合物常为无色液体，芳香族一元硝基化合物是无色或淡黄色的液体或固体，多硝基化合物为黄色晶体。硝基化合物不溶于水，但往往可溶于浓硫酸和许多有机溶剂。液体硝基化合物能使许多无机盐溶解。硝基化合物大多具有特殊气味和毒性，无论吸入或接触皮肤都能中毒。多硝基化合物易爆炸，所以使用时要特别小心。一些常见硝基化合物的物理常数见表15-1。

表 15-1　一些常见硝基化合物的物理常数

化合物	结构式	熔点/℃	沸点/℃
硝基甲烷	CH_3NO_2	-28.5	100.8
硝基乙烷	$CH_3CH_2NO_2$	-50	115
1-硝基丙烷	$CH_3CH_2CH_2NO_2$	-108	131.5
2-硝基丙烷	$CH_3CH(NO_2)CH_3$	-93	120
硝基苯	$C_6H_5NO_2$	5.7	210.8
间二硝基苯		89.8	303
均三硝基苯		122	315
邻硝基甲苯		-4	222.3
对硝基甲苯		54.5	238.3
2-甲基-1,3-二硝基苯		71	300
2-甲基-1,3,5-三硝基苯		82	分解

（二）化学性质

1. 脂肪族硝基化合物的互变异构与酸性　由于硝基的强吸电子作用，硝基化合物中存在着互变异构平衡，表现为 α-C 上 H 具有明显的酸性。

Ⅰ 硝基式　　　　　Ⅱ 酸式

因此具有 α-H 的脂肪族硝基化合物可以溶于强碱溶液，这一性质可用于硝基化合物的提取分离。无 α-H 的硝基化合物以及芳香族硝基化合物没有这一性质。

另外，有 α-H 的硝基化合物在强碱性条件下失去 α-H 形成负离子后，成为重要的亲核试剂，可以发生一系列碳链增长反应。例如：

2. 还原反应　硝基化合物容易发生还原反应，在不同条件下被还原的产物不同。

脂肪族硝基化合物常以强还原剂还原，还原产物是 1°胺，常用还原剂有 Fe+HCl、Zn+HCl、Sn+HCl、$SnCl_2$+HCl、H_2/Ni 和 $LiAlH_4$ 等。

$$R\text{—}NO_2 \xrightarrow{[H]} R\text{—}NH_2$$

芳香族硝基化合物用催化氢化还原，或在酸性条件下还原，产物也是 1°胺，常用的酸性催化剂有 Fe +HCl、Zn +HCl、Sn+HCl 和 $SnCl_2$+HCl 等。

当芳环上有醛基时，$SnCl_2$+HCl 还原特别有用，它只将硝基还原为氨基，而不还原醛基。

芳香族硝基化合物在中性条件下还原，主要生成 N-羟基芳胺。

用计算量的钠或铵的硫化物或多硫化物（如硫化钠、硫化铵、多硫化铵、硫氢化钠、硫氢化铵等）可以选择性地将多硝基化合物中的一个硝基还原成氨基。

$$O_2N-\underset{}{\bigcirc}-NO_2 \xrightarrow[\text{C}_2\text{H}_5\text{OH}, \triangle]{\text{NaHS}} O_2N-\underset{}{\bigcirc}-NH_2$$

硝基苯在碱性条件下还原，生成双分子还原产物，如偶氮苯或氢化偶氮苯。

$$\underset{}{\bigcirc}-NO_2 \xrightarrow[\text{C}_2\text{H}_5\text{OH},81\%]{\text{Zn,NaOH}} \underset{}{\bigcirc}-NH-NH-\underset{}{\bigcirc}$$

3. 硝基对苯环上取代反应的影响　硝基是强吸电子基，使苯环亲电取代反应钝化，是间位定位基。

由于硝基的吸电子作用，在苯环上和硝基处于邻、对位的某些取代基，常显示出一些特殊的活泼性，较容易发生亲核取代反应。与硝基处于间位的基团受这种电子效应的影响较小。例如：

$$\underset{}{\bigcirc}-Cl \xrightarrow[\text{360℃,加压}]{10\% \text{ NaOH}} \xrightarrow{\text{H}^+} \underset{}{\bigcirc}-OH$$

$$O_2N-\underset{}{\bigcirc}-Cl \xrightarrow[\text{135}\sim\text{160℃}]{\text{NaOH,H}_2\text{O}} \xrightarrow{\text{H}^+} O_2N-\underset{}{\bigcirc}-OH$$

$$\xrightarrow[\text{室温}]{\text{H}_2\text{O}} \xrightarrow{\text{H}^+}$$

4. 硝基对酚羟基的酸性影响　在邻、对位上的硝基能使酚羟基的酸性增强，处于间位的硝基也能增加酚羟基的酸性，但效果不及邻、对位上的硝基显著。芳环上引入硝基越多，酚的酸性越强。

pKa 9.94	8.39	7.22	7.15	4.09	0.25

三、硝基化合物的制备

天然的硝基化合物极为少见，绝大多数硝基化合物都是通过人工合成方法制备的。制备硝基化合物的常见方法有以下几种。

（一）烃类的直接硝化

脂肪族硝基化合物和芳香族硝基化合物在工业上通常都是以烃类为原料直接硝化制得。

$$CH_3CH_2CH_3 + HNO_3 \xrightarrow{420℃} CH_3CHCH_3$$

由于烷烃的硝化是自由基反应历程，反应产物比较复杂，是多种硝基烷烃的混合物，上例中 2-硝基丙烷约占 40%。

（二）卤代烷的硝基取代

1°、2°脂肪族溴代烷或碘代烷可与亚硝酸盐反应生成相应的硝基化合物。

$$RX \xrightarrow[\text{或 AgNO}_2]{\text{NaNO}_2} RNO_2 + RONO$$

$$\text{硝基化合物} \quad \text{亚硝酸酯}$$

这是制备脂肪族硝基化合物的重要方法。此方法在含有尿素的二甲基甲酰胺中进行，主要产物为硝基化合物；若在亚硝酸盐的水溶液中进行，主要产物为亚硝酸酯。

四、个别化合物

（一）硝基甲烷

硝基甲烷为无色液体，熔点-28.5℃，沸点 100.8℃，具有很高的介电常数，常作溶剂，能促进许多离子型反应的进行，本身也能发生反应。

（二）硝基苯

硝基苯为微黄色带有苦杏仁气味的油状液体，熔点 5.7℃，沸点 210.8℃，不溶于水，可随水蒸气蒸发。有毒，吸入或接触皮肤都能造成慢性中毒。硝基苯是重要的工业原料，主要用于制备苯胺，也可作溶剂使用。

（三）苦味酸

苦味酸是 2,4,6-三硝基苯酚的俗名，为黄色结晶。熔点 122℃，不溶于冷水，能溶于热水、乙醇和乙醚中，具有强酸性，其酸性几乎与无机酸相近。苦味酸是一种染料，也是制造其他染料的原料。干燥的苦味酸受到振动可发生爆炸，所以保存和运输时应使其处于湿润状态。

第二节 胺

氨分子中的氢被烃基取代后的物质称为胺（amine），胺可以看作氨的烃基衍生物。氨基（—NH₂、—NHR、—NR₂）是胺的官能团。一些胺的衍生物具有生理活性，如麻醉、镇静和消炎等，是重要的药物，同时胺类化合物也是重要的合成药物原料。

一、胺的分类、命名和结构

（一）分类

根据胺分子中氮原子上连接的烃基数目不同，可将胺类分为伯胺（一级或 1°胺）、仲胺（二级或 2°胺）、叔胺（三级或 3°胺）和季铵（四级或 4°铵），季铵化合物包括季铵盐和季铵碱。它们的通式为

RNH_2	R_2NH	R_3N	$R_4N^+X^-$	$R_4N^+OH^-$
伯胺	仲胺	叔胺	季铵盐	季铵碱

根据胺分子中烃基的种类不同，可以分为脂肪胺和芳香胺。

根据氨基的数目多少，可以分为一元胺、二元胺和多元胺。

（二）命名

结构简单的胺，是在烃基的名称后面加上"胺"而称为"某胺"。对于含有相同烃基的仲胺和叔胺，需要在烃基名称前标明相同烃基的数目。对于含不同烃基的仲、叔胺，命名时应按取代基团首字母顺序排列，并用括号分开。

含较长碳链胺的命名，选择与氨基相连的最长碳链作为主链，用数字标明氨基及其他取代基的位置，N 上的其他取代基用 *N*-后加上取代基的名称命名。

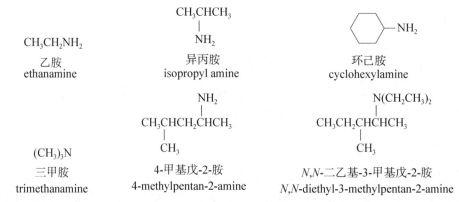

$CH_3CH_2NH_2$
乙胺
ethanamine

异丙胺
isopropyl amine

环己胺
cyclohexylamine

$(CH_3)_3N$
三甲胺
trimethanamine

4-甲基戊-2-胺
4-methylpentan-2-amine

N,*N*-二乙基-3-甲基戊-2-胺
N,*N*-diethyl-3-methylpentan-2-amine

芳香胺命名时常以苯胺（或萘胺等）为母体，将其他取代基的位次和名称放在母体名称前面，N 上的其他取代基用 *N*-后加上取代基的名称命名，取代基的排序与英文名称一致。

4-溴-*N*-甲基苯胺
4-bromine-*N*-methylaniline

N-乙基-*N*-甲基苯胺
N-ethyl-*N*-methylaniline

萘-1-胺
naphthalen-1-amine

多元胺可根据烃基名称和氨基数目来命名。

$CH_3CHCH_2CH_2NH_2$
|
NH_2
丁-1,3-二胺
butyl-1,3-diamine

铵盐和季铵化合物可作为铵的衍生物来命名，铵盐也可直接称为某胺的某盐。

$$CH_3CH_2NH_3^+Cl^-$$

氯化乙铵（或乙胺盐酸盐）

ethanamine hydrochloride

$$(CH_3)_4N^+NO_3^-$$

硝酸四甲铵

tetramethylammonium nitrate

$$CH_3CH_2N^+(CH_3)_3OH^-$$

氢氧化乙基三甲基铵

N,*N*,*N*-trimethylethanaminium hydroxide

（三）结 构

1. 脂肪胺结构　有机胺的结构与氨相似，氮原子以不等性 sp³ 杂化轨道成键。其中三个杂化轨道形成 C—N 键或 N—H 键，呈棱锥体结构，剩下的一个杂化轨道占据着孤对电子，见图 15-1。

氨的结构　　　　甲胺的结构　　　　三甲胺的结构　　　　微课：胺的结构

图 15-1　氨及脂肪胺的结构

在二级胺或三级胺中，当氮原子连接三个不同基团时，分子就具有手性，应该有一对对映异构体存在，但这种胺的对映体却没有分离得到。我们所熟悉的碳化合物的对映体是可以分离的，因为对映体之间的转化需要较高的能量，在室温下一般不能自由地互相转化。而在二级或三级胺中，对映体之间的转化能量很低，在室温下就可以很快地迅速转化，所以无法分离。

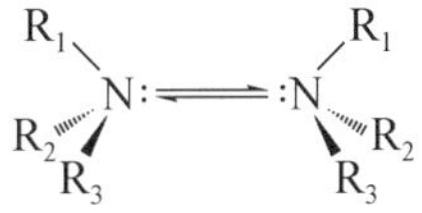

$$R_2 \overset{R_1}{\underset{R_3}{N:}} = \overset{R_1}{\underset{R_3}{:N}} R_2$$

2. 芳香胺结构　在芳香胺（如苯胺）中，N 仍以不等性 sp³ 杂化轨道成键，但受到苯环的影响，未共用电子对所占据轨道的 s 成分减少，具有较多的 p 成分。所以苯胺中氮原子基本上仍为棱锥形构型，但 H—N—H 键角较大，约为 113.9°，H—N—H 所处的平面与苯环平面的交叉角为 39.4°，见图 15-2。氮上的孤电子对所在的轨道（为 sp³ 杂化轨道，但从方向上比较接近于 p 轨道）

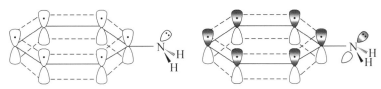

图 15-2　苯胺的结构

和苯环 π 电子轨道重叠，形成共轭体系。这种共轭体系接近于 p-π 共轭，在许多论文、论著中，人们都称苯胺的这种共轭为 p-π 共轭，这一说法得到了广泛认可。

3. 季铵化合物结构 在季铵化合物分子中，氮的四个 sp³ 杂化轨道都形成 σ 键，具有四面体的结构。如果氮原子连接的四个基团不同，则可像手性碳化合物一样具有光学活性异构体，如

$$
\begin{array}{ccc}
& CH_3 & \\
& | & \\
H_5C_2\cdots N^+ \backslash Ph & \Big| & Ph \backslash N^+ \cdots C_2H_5 \\
& | & | \\
CH_2\text{-}CH\text{=}CH_2 & \Big| & CH_2\text{=}CHCH_2
\end{array}
$$

二、胺的性质

（一）物理性质

常温下低级脂肪胺中的甲胺、二甲胺、三甲胺和乙胺等是气体，其他的低级胺为液体，十二碳以上的胺为固体。低级胺的气味与氨相似，三甲胺有鱼腥味，高级胺一般没有气味。胺在水中的溶解度比相应的醇大些。这是由于胺与水分子间形成氢键缔合的能力要大于胺分子间的缔合。三级胺分子间不能形成氢键，所以沸点与相同相对分子质量的烷烃相近；而一级胺和二级胺分子间能形成氢键，但氢键强度比醇弱，所以沸点比相同相对分子质量的非极性化合物高，而比醇的沸点低。

芳香胺一般都是液体或固体，有难闻的气味，在水中的溶解度很小。芳香胺能随水蒸气挥发，可采用水蒸气蒸馏法分离提纯。芳香胺的毒性很大，如苯胺可因吸入或接触皮肤而致中毒，萘-β-胺和联苯胺则是致癌物质。一些常见胺的物理常数见表 15-2。

表 15-2　氨及一些常见胺的物理常数

化合物	结构式	熔点/℃	沸点/℃	pK_a(20～25℃)
氨	NH_3	−77.7	−33	9.24
甲胺	CH_3NH_2	−92	−7.5	10.62
二甲胺	$(CH_3)_2NH$	−96	7.5	10.73
三甲胺	$(CH_3)_3N$	−117	3	9.79
乙胺	$CH_3CH_2NH_2$	−80	17	10.64
二乙胺	$(CH_3CH_2)_2NH$	−48	55	10.94
三乙胺	$(CH_3CH_2)_3N$	−115	89	10.75
正丙胺	$CH_3CH_2CH_2NH_2$	−83	48.7	10.67
乙二胺	$H_2NCH_2CH_2NH_2$	8	117	10.0；7.0
环己胺	⬡—NH_2	−18	134	10.64
苯胺	⬡—NH_2	−6	184	4.60
二苯胺	⬡—NH—⬡	53	302	1.20
N-甲基苯胺	⬡—$NHCH_3$	−57	196	4.40
N,N-二甲基苯胺	⬡—$N(CH_3)_2$	3	194	4.38

续表

化合物	结构式	熔点/℃	沸点/℃	$pK_a(20\sim25℃)$
邻甲苯胺		−28	200	4.44
间甲苯胺		−30	203	4.72
对甲苯胺		44	200	5.10
邻硝基苯胺		71	284	−0.26
间硝基苯胺		114	307（分解）	2.47
对硝基苯胺		148	332	1.00

（二）化学性质

1. 碱性 胺与氨一样，分子中氨基氮原子上有一对未共用电子对，它具有接受质子或提供电子对的能力，因此胺具有碱性。

$$R\ddot{N}H_2 + H^+ \rightleftharpoons RNH_3^+$$

当胺溶于水，可与水发生质子传递反应，产生碱性。

$$\underset{共轭碱}{RNH_2} + H_2O \rightleftharpoons \underset{共轭酸}{RNH_3^+} + OH^-$$

微课：脂肪胺碱性

按照酸碱理论，常用 pK_b 表示碱的强弱，用 pK_a 表示酸的强弱，且一对共轭酸碱：$pK_a \times pK_b = pK_w$，在室温下，水溶液中 pK_w 为常数（14），即一对共轭酸碱的 pK_a 和 pK_b 呈反比关系。因此也可以利用共轭酸的 pK_a 大小来表示碱的强弱，这是有机碱强弱的常用表示方法。pK_b 越小的碱，pK_a 越大，碱性越强。

胺属于弱碱，其碱性强弱与氮原子上连接基团的电性效应、铵离子的溶剂化效应以及空间位阻等因素有关。

（1）胺的碱性与电性效应的关系 在气态时，胺的碱性主要由电性效应决定。烷基是供电子基，可使 N 上电子云密度增大，更容易与 H^+ 结合，所以烷基的存在使碱性增强。

$$(CH_3)_3N > (CH_3)_2NH > CH_3NH_2 > NH_3$$

芳香基团通过共轭效应转移电子，使 N 上电子云密度减小，所以芳基的存在使碱性较大程度地减弱。

$$NH_3 > C_6H_5NH_2 > (C_6H_5)_2NH > (C_6H_5)_3N$$

（2）胺的碱性与铵离子溶剂化效应的关系 在水溶液中，铵离子的溶剂化能力将大大影响胺的碱性大小。铵离子的溶剂化能力是指它与水形成氢键的能力，氮上氢越多，溶剂化能力越强。溶剂化能力大小顺序：

$$NH_4^+ > RNH_3^+ > R_2NH_2^+ > R_3NH^+$$

对脂肪胺来说，电子效应和溶剂化效应的结果正好相反，所以化合物的碱性强弱应由实验

数据来判定。实验结果表明，下列化合物在水溶液中的碱性强弱为

$$(CH_3)_2NH > CH_3NH_2 > (CH_3)_3N > NH_3$$

pK_a   10.73   10.62   9.79   9.24

对芳香胺来说，芳香基团增多，两种效应一致使碱性减弱，因此下列化合物在水溶液中的碱性强弱为

$$NH_3 > C_6H_5NH_2 > (C_6H_5)_2NH > (C_6H_5)_3N$$

另外，空间位阻的大小也会影响胺的碱性，这里不再一一讨论。

（3）取代芳胺的碱性　取代芳香胺的碱性强弱，取决于取代基的性质及所处位置。总体来说，供电子基使胺的碱性增强，吸电子基使胺的碱性减弱。

一般说来，氨基对位有供电子效应的取代基如氨基、羟基、甲氧基、甲基等，可使苯胺碱性增强。这些取代基有的有供电子的诱导效应，如甲基；有的虽有吸电子诱导效应（–I），但同时存在着供电子共轭效应（+C），且供电子共轭效应强于吸电子诱导效应，如羟基、甲氧基等，它们处于氨基的邻位或对位时，所起的综合作用是把电子推向氮原子。氨基对位有吸电子基（如卤素、硝基等）取代时，其碱性比苯胺弱；这里要着重说明的是卤素也是既有吸电子诱导效应，又有供电子共轭效应的基团，但吸电子诱导效应强于供电子共轭效应，所以处于氨基邻对位时，起到的综合作用为吸电子作用。例如，下列化合物的碱性大小为

pK_a   5.30   5.10   4.60   4.15   1.00

当取代基处于氨基的间位时，只需考虑诱导作用即可，供电子诱导效应基团（如烷基）使胺的碱性增强，而吸电子诱导效应的基团（如卤素、羟基、甲氧基、硝基等）使胺的碱性减弱。硝基在间位时不如在对位时对氨基的影响大，即

pK_a   4.60   2.47   1.00

而邻位取代基对芳胺碱性的影响比较复杂，除与在对位时一样要考虑诱导和共轭效应外，还要考虑空间位阻及分子内氢键的影响。

高级胺易溶于有机溶剂难溶于水，而铵盐是离子型化合物，水溶性较大，难溶于低极性有机溶剂。所以可利用这一性质来提取胺或将胺与非碱性有机物加以分离，也可以将碱性大小不同的胺分离。这一方法广泛地用于提取分离生物碱类天然药物。胺盐有明确的熔点，这一性质可用于鉴定胺。

$$RNH_2 \xrightarrow[NaOH]{HX} RNH_3^+X^-$$

2. 烃基化反应　胺具有亲核性，可与卤烃发生亲核取代反应，在氮原子上引入烷基，这个反应是制备胺类的方法之一。

$$RNH_2 + R'X \longrightarrow RNH_2^+ R'X^- \xrightarrow{RNH_2} RNHR' + RNH_3^+X^-$$

$$RNHR' + R'X \longrightarrow RNH^+R_2'X^- \xrightarrow{RNH_2} RNR_2' + RNH_3^+X^-$$

$$RNR_2' + R'X \longrightarrow RN^+R_3' + X^-$$

一级胺发生烃基化反应可得到二级胺与三级胺的混合物,可以通过调节反应物的比例使其中某种产物为主;二级胺发生此反应则主要生成三级胺;三级胺也可与卤烃作用,其产物为季铵盐。

3. 酰化反应　一级胺和二级胺均可与某些羧酸衍生物作用而生成相应的酰胺,三级胺因氮上无氢,不能发生此反应,如

$$RNH_2 + R'COCl \longrightarrow R'CONHR$$

羧酸衍生物作为酰化剂的活性顺序为:酰卤＞酸酐＞酯。芳胺氮上电子云密度较小,仅能与酰卤、酸酐发生酰化反应,不能与酯发生酰化反应。

酰胺为易于纯化的良好结晶,熔点明确,常用于鉴定胺类。酰胺可在酸、碱的催化下水解生成原来的胺,因而这一方法又可用于纯化胺类或在化学反应中保护氨基。

一级、二级胺还可和苯磺酰氯反应,生成相应的苯磺酰胺化合物,在一般条件下,三级胺不能发生这一反应。

这一反应称为兴斯堡(Hinsberg)反应,可用于伯、仲和叔胺的鉴别。

而三级胺与苯磺酰氯不反应,它不溶于 NaOH,但可溶于 HCl。

反应所得苯磺酰胺在酸或碱催化下又可以水解生成相应的胺,所以可用于胺的分离。

注意:兴斯堡反应只能用来鉴别或分离低级胺化合物,因为超过 8 个碳脂肪族和超过 6 个碳的脂环族伯胺生成的苯磺酰胺都不溶于氢氧化钠溶液。

4. 与亚硝酸反应　胺都可与亚硝酸反应,但产物不同,现象也不同,所以可用作不同胺的鉴别。由于亚硝酸易分解,一般反应时以亚硝酸钠与酸作用来生成亚硝酸,鉴别常用试剂为 $NaNO_2+HCl$。

脂肪伯胺与亚硝酸作用首先生成极不稳定的重氮盐,然后立即分解放出氮气并生成相应的烯烃、醇和卤代烃等多种产物。该反应没有制备价值,但由于反应中可定量放出氮气,可用于定性或定量分析。

芳香伯胺与亚硝酸在低温下作用也生成相应的重氮盐，这种重氮盐在低温下可稳定存在，受热分解放出氮气。

$$\text{（苯环）}-NH_2 \xrightarrow[0\sim5℃]{NaNO_2,HCl} \text{（苯环）}-N_2^+Cl^- \xrightarrow[H_2O]{>5℃} \text{（苯环）}-OH + N_2\uparrow$$

选择合适的物料比，可用于制备芳香重氮盐。

脂肪仲胺或芳香仲胺与亚硝酸作用都生成黄色油状液体或固体的 N-亚硝基胺。

$$R_2NH + HNO_2 \longrightarrow R_2N-NO$$
$$\text{N-亚硝基胺(黄色)}$$

$$\text{（苯环）}-NHCH_3 \xrightarrow[HNO_2]{0\sim5℃} \text{（苯环）}-N(NO)CH_3$$

N-甲基-N-亚硝基苯胺（黄色，熔点15℃）

芳香仲胺与亚硝酸作用的产物，在酸性条件下发生重排，生成对亚硝基化合物。

$$\text{（苯环）}-N(NO)CH_3 \xrightarrow{H^+} ON-\text{（苯环）}-NHCH_3$$

N-甲基-4-亚硝基苯胺（蓝绿色，熔点118℃）

脂肪叔胺呈碱性，因此可与亚硝酸生成不稳定的盐，中和后即分解。

$$R_3N + HNO_2 \rightleftharpoons R_3NH^+NO_2^-$$

芳香叔胺与亚硝酸作用，在芳环上发生亚硝化反应。

$$\text{（苯环）}-N(CH_3)_2 + HNO_2 \longrightarrow ON-\text{（苯环）}-N(CH_3)_2$$

对亚硝基-N,N-二甲基苯胺（绿色）

如对位被占，取代将发生在邻位。

$$H_3C-\text{（苯环）}-N(CH_3)_2 + HNO_2 \longrightarrow H_3C-\text{（苯环）}(NO)-N(CH_3)_2$$

5. 胺的氧化 铵盐很稳定，而胺类比较容易被氧化，脂肪胺、芳香叔胺在空气中比较稳定，但可以被过氧化氢、过酸等多种氧化剂氧化，如过氧化氢、过酸能将叔胺氧化为氧化胺。

$$\text{（苯环）}-N(CH_3)_2 \xrightarrow[\text{或}RCO_3H]{H_2O_2} \text{（苯环）}-N^+(O^-)(CH_3)_2$$
$$\text{氧化胺}$$

过氧化氢还能将脂肪族伯胺氧化成肟，将脂肪族仲胺氧化成羟胺。但这些反应均比较复杂，产率低，在合成上用途不大。

芳香伯、仲胺则对氧化剂很敏感，在空气中放置便可生成黄色或红棕色的氧化产物，这个氧化过程及生成的产物都很复杂。在实验室或工业生产上随着氧化剂和氧化条件不同，可将芳香伯胺和仲胺氧化成不同的产物，如

$$\text{（2,6-二溴苯胺）} \xrightarrow[CH_2Cl_2]{CH_3CO_3H} \text{（2,6-二溴硝基苯）}$$

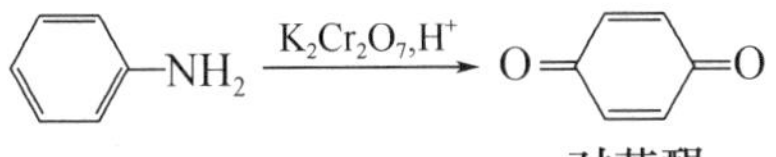

对苯醌

6. 芳香胺芳环上的亲电取代反应 氨基是苯环亲电取代的强致活基团，因而芳香胺极易发生亲电取代反应。

（1）卤代 苯胺直接卤代时，除与碘能生成对碘苯胺外，氯代或溴代都直接生成 2, 4, 6-三卤苯胺。此反应能定量完成，可用于苯胺的定性和定量分析。

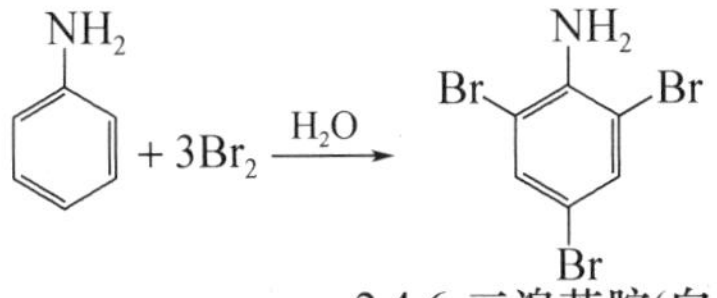

2,4,6-三溴苯胺(白色沉淀)

若需在芳环上只引入一个卤原子，可先将氨基乙酰化，以降低其对苯环的活化作用。例如，乙酰苯胺由于空间位阻影响，几乎仅有对位取代产物生成。

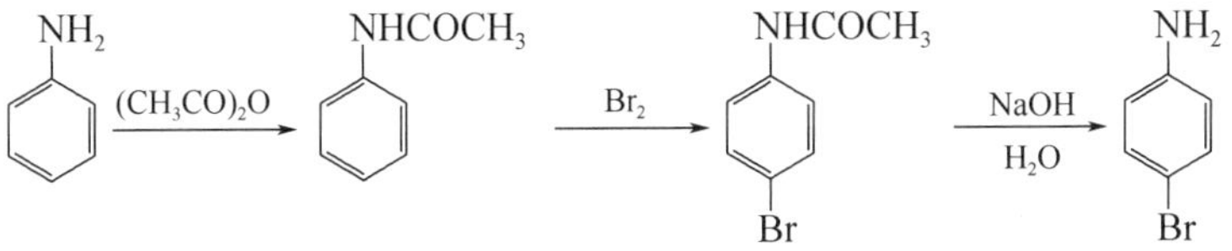

当乙酰胺基对位已经占据，则主要生成邻位产物。

若要得到间位取代产物，则先以硫酸成盐再卤代。

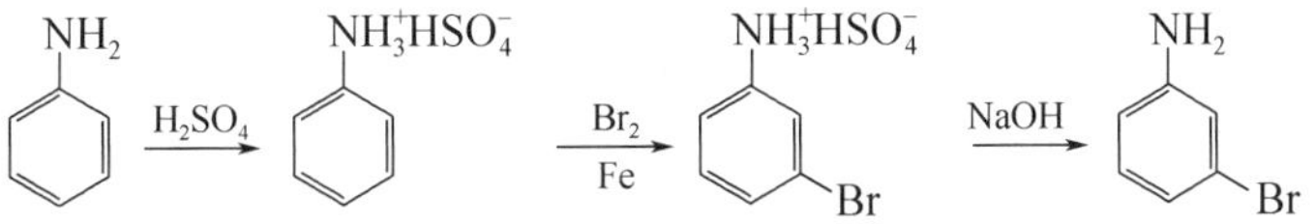

（2）硝化 硝酸是氧化性酸，所以硝化前应先将氨基保护起来，如先乙酰化，再硝化后除去保护基。乙酰苯胺的硝化条件不同，邻、对位产物比例不同。以 90% HNO_3 在$-20℃$硝化，邻位产物与对位产物比例为 23∶77；以 HNO_3-乙酸酐在 20℃硝化，邻位产物与对位产物比例为 68∶32。

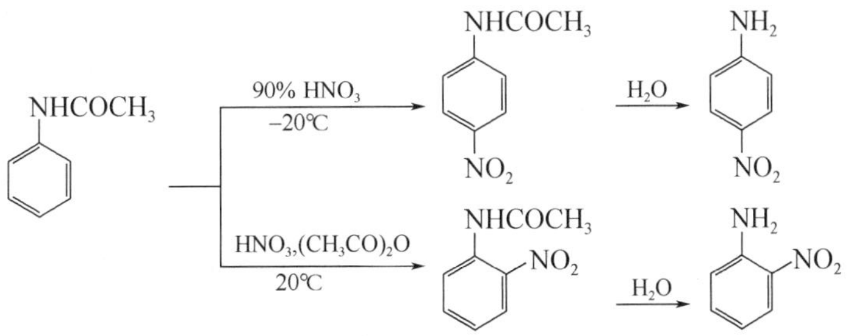

（3）磺化 先将苯胺溶于浓硫酸中使其生成硫酸盐，然后升温至 180～190℃，即可得到对氨基苯磺酸。

磺胺药是一类广谱抗菌药，为对氨基苯磺酰胺及其衍生物。对氨基苯磺酰胺一般常用以下方法合成。

（4）酰化　芳香伯胺和芳香仲胺由于氨基 N 上有氢，氨基与芳环都可以发生酰化反应，所以要先将氨基保护后，再进行苯环的酰化。

芳香叔胺可以直接酰化。

7. 伯胺与醛的反应　伯胺与醛可以发生缩合反应生成 N-取代胺类化合物（详见醛酮的性质），称为席夫碱（Schiff base），其中芳香伯胺与芳醛的缩合产物比较稳定，且往往有一定的颜色，可用作显色反应。

8. 伯胺的异腈反应　伯胺与氯仿的氢氧化钾溶液共热，可生成有特殊恶臭的异腈。此反应可用作鉴别伯胺或氯仿。异腈有毒，可利用其能被稀酸水解的特性加以分解破坏。

$$RNH_2 + CHCl_3 + 3KOH \underset{\triangle}{\rightleftharpoons} RN \equiv C + 3KCl + 3H_2O$$

异腈（胩）

$$RN \equiv C + 2H_2O \xrightarrow[\triangle]{HCl} RNH_2 + HCOOH$$

三、季铵化合物的性质

季铵化合物包括季铵盐和季铵碱，为离子型化合物。

（一）季铵盐

叔胺与卤烷作用可在氮上引入第四个烃基，形成四级铵盐，又称季铵盐。

$$R_3N + R'X \longrightarrow R_3N^+R'X^-$$

季铵盐易溶于水，不溶于乙醚等有机溶剂，熔点高，常常在熔点前分解，这些性质均与无机盐有类似之处。具有长链烃基的季铵盐有表面活性剂作用，有杀菌作用，可用作消毒剂。另外，许多季铵盐可作相转移催化剂（PTC）使用，其作用是：将某些非均相反应中的一相转入另一相中，变成均相反应，从而大大增加反应物分子间的接触，加快反应速率。

季铵盐受热可分解生成叔胺和卤代烷。

$$R_4N^+X^- \xrightarrow{\triangle} R_3N + RX$$

季铵盐与强碱作用形成季铵碱，该反应可逆，没有制备价值。

$$R_4N^+I^- + KOH \rightleftharpoons R_4N^+OH^- + KI$$

（二）季铵碱

季铵碱是一个强碱，其碱性与氢氧化钠或氢氧化钾相当，具有强碱的一般性质，能吸收空气中的二氧化碳，易潮解，易溶于水等。常用季铵盐（一般用碘化盐）与湿的氢氧化银作用制备。

$$R_4N^+I^- + Ag_2O \xrightarrow{H_2O} R_4N^+OH^- + AgI\downarrow$$

反应中能产生碘化银沉淀，促使反应进行得比较彻底。滤除碘化银沉淀后，滤液小心蒸干即可得季铵碱固体。

季铵碱受热不稳定。如果氮原子上的四个烃基都没有 β-H，则受热分解生成叔胺和醇。

$$(CH_3)_4N^+OH^- \xrightarrow{\triangle} (CH_3)_3N + CH_3OH$$

含有 β-H 的季铵碱受热时则生成叔胺和烯烃，这个反应称为霍夫曼消除反应（Hofmann elimination reaction），如

$$\overset{\alpha}{CH_2}\overset{\beta}{CH_3}OH^- \xrightarrow{\triangle} (CH_3)_3N + CH_2{=}CH_2 + H_2O$$
$$\underset{N^+(CH_3)_3}{|}$$

当季铵碱的消除方向有选择时，反应的主要产物是双键碳上烷基取代较少的烯烃，这一规则称为霍夫曼规则，它与卤代烷脱卤化氢所遵从的札依采夫规则正好相反。

$$CH_3CH_2CH_2{-}\overset{\beta}{CH}{-}\overset{\beta}{CH_3} \xrightarrow{\triangle} CH_3CH_2CH_2CH{=}CH_2 + (CH_3)_3N + H_2O$$
$$\underset{N^+(CH_3)_3}{|} \qquad 主产物(戊-1-烯)$$

霍夫曼消除反应可用于测定胺的结构。其方法为：先将一未知结构的胺与碘甲烷作用生成季铵盐，再转化成季铵碱，然后加热裂解得一分子烯烃和一分子叔胺。这种用碘甲烷处理，最后把季铵碱裂解成烯烃的反应称为霍夫曼彻底甲基化（Hofmann exhaustive methylation）反应，如

$$化合物A \xrightarrow{3CH_3I} 季铵盐B \xrightarrow{湿Ag_2O} 季铵碱C \xrightarrow{\triangle} \text{（环）} + (CH_3)_3N$$

要推测各化合物，首先可以从消除产物分析可知季铵碱 C 为〈环〉—N$^+$(CH$_3$)$_3$OH$^-$，则相应季铵盐 B 为〈环〉—N$^+$(CH$_3$)$_3$I$^-$，而由化合物 A 能与三分子碘甲烷作用推出 A 是一个伯胺，应为

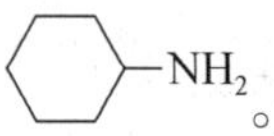

（环己基-NH₂）。

环状的胺则需经过两次或三次霍夫曼降解才能完全转变成烯烃。

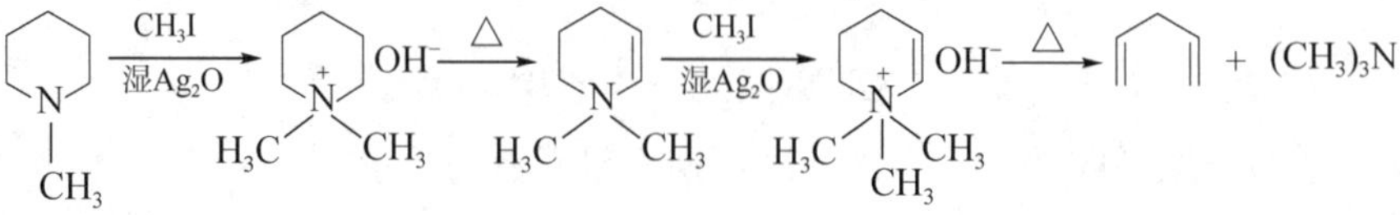

四、胺的制备方法

（一）氨或胺的烃基化

卤代烷与氨或胺反应，常得到几种胺的混合物，如

$$NH_3 + RX \longrightarrow RNH_3^+X^- \underset{NH_3}{\overset{NH_3}{\rightleftharpoons}} RNH_2 + NH_4^+X^-$$

$$RNH_2 + RX \longrightarrow R_2NH_2^+X^- \underset{NH_3}{\overset{NH_3}{\rightleftharpoons}} R_2NH + NH_4^+X^-$$

$$R_2NH + RX \longrightarrow R_3NH^+X^- \underset{NH_3}{\overset{NH_3}{\rightleftharpoons}} R_3N + NH_4^+X^-$$

$$R_3N + RX \longrightarrow R_4N^+X^-$$

混合产物中各组分的沸点有一定差距，可以利用分馏的方法将它们分离。另外，调节原料的配比以及控制反应温度、时间等其他条件，可以使其中的一种胺为主要产物。

芳香卤烃不活泼，需要高温、高压等剧烈条件才能发生反应，如

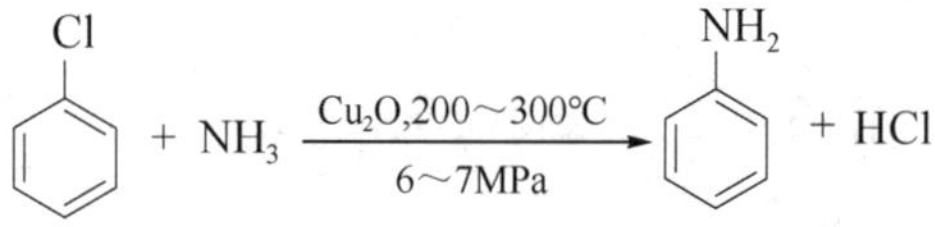

这是工业上生产苯胺的方法之一。

（二）盖布瑞尔（Gabriel）合成法

用邻苯二甲酸酐与氨反应制得邻苯二甲酰亚胺，所得亚胺氮上的氢，由于受到两个羰基的影响，具有酸性，能与强碱成盐，该盐与卤烃发生亲核反应，再水解，便得到纯的一级胺。

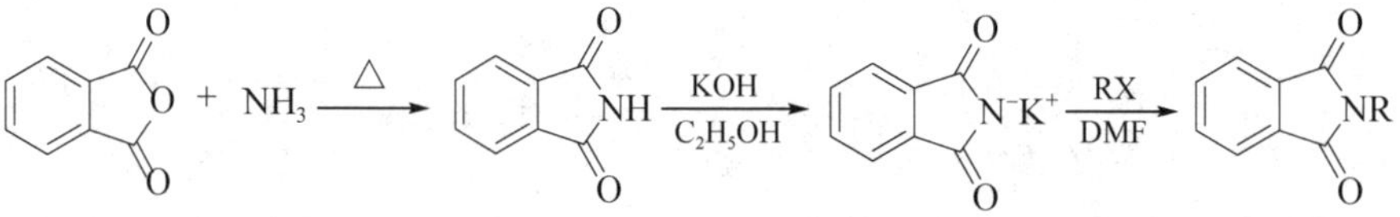

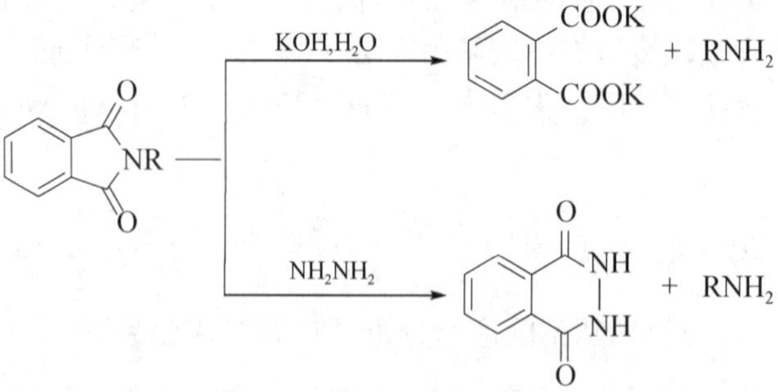

（三）用醇制备

用醇与氨在催化剂作用下加热、加压可合成胺。用这种方法得到的是一级、二级、三级胺的混合物，工业上用于合成甲胺、二甲胺、三甲胺及其他低级胺，通过蒸馏进行分离，如

$$CH_3OH + NH_3 \xrightarrow{Al_2O_3,\triangle,加压} CH_3NH_2 + (CH_3)_2NH + (CH_3)_3N + H_2O$$

（四）含氮化合物的还原

硝基化合物、腈、酰胺、肟和亚胺通过催化氢化或化学还原的方法都可以得到胺，如

$$CH_3CH_2CH_2CN \xrightarrow{LiAlH_4} CH_3CH_2CH_2CH_2NH_2$$

89%～94%

（五）酰胺的霍夫曼降解

酰胺在次卤酸钠的作用下可发生降解而失去羰基，生成比原来酰胺少一个碳原子的伯胺。

$$R-\overset{O}{\underset{||}{C}}-NH_2 \xrightarrow{Br_2,NaOH} \xrightarrow{H_2O} R-NH_2$$

用这一方法制备伯胺，产物纯度高，收率也较高。

五、个别化合物

（一）肾上腺素

肾上腺素是从动物的肾上腺中提取得到的一种化合物，为白色固体，无臭、味苦，熔点206～212℃（分解）。它遇空气、日光易氧化变色，应密封、避光、冷藏保存。

肾上腺素具有收缩血管、升高血压、松弛平滑肌、抗休克作用，临床上用于过敏性休克、支气管哮喘及心搏骤停的急救。

（二）盐酸普鲁卡因

盐酸普鲁卡因为白色结晶，熔点153～157℃，在空气中稳定，但对光敏感，应避光保存。用于外周神经产生传导阻滞作用，具有良好的局部麻醉作用。

$$H_2N-\text{C}_6\text{H}_4-COOCH_2CH_2N(C_2H_5)_2 \cdot HCl$$

（三）麻黄碱

中药麻黄（ephedra）具有发汗、平喘、利水消肿等作用，麻黄中含有麻黄碱（ephedrine）和伪麻黄碱（pseudoephedrine）。

$(-)$-麻黄碱　　　　　　$(+)$-伪麻黄碱

麻黄碱又称麻黄素，化学名称为：$(1R, 2S)$-2-甲氨基-1-苯基丙-1-醇。

麻黄碱为蜡状固体、结晶或颗粒，熔点 34℃，沸点 225℃，吸水后熔点升高到 40℃。有收缩血管、兴奋中枢神经作用，能兴奋大脑、中脑、延脑和呼吸循环中枢，比肾上腺素的兴奋中枢作用更强。

（四）莨菪碱

莨菪碱是一种莨菪烷型生物碱，又称天仙子碱；存在于许多重要中草药中，如颠茄、洋金花和曼陀罗。

莨菪碱为无色针状晶体，熔点 108.5℃。难溶于水，可溶于沸水和乙醇、氯仿。莨菪碱的左旋体，是副交感神经抑制剂，但毒性较大，而且在溶液中可以发生部分构型转化，所以临床上应用其外消旋体，称为阿托品。阿托品能解除平滑肌的痉挛，抑制腺体分泌，解除迷走神经对心脏的抑制及散大瞳孔，使眼压升高等。

第三节　重氮化合物和偶氮化合物

一、重氮化合物

（一）重氮盐的制备

芳香胺在低温及强酸性溶液中与亚硝酸作用可生成重氮盐（diazonium salt），这一反应称为重氮化反应（diazotization reaction）。它实际上是制备重氮盐的唯一实用反应。重氮化试剂是亚硝酸钠和酸，最常用的酸是盐酸或硫酸。

$$ArNH_2 + NaNO_2 + 2HX \xrightarrow{\text{低温}} ArN_2^+X^- + NaX + 2H_2O$$

酸要过量，而亚硝酸盐的量不能超过芳胺，避免副反应的发生。反应温度一般在 0～5℃，可以避免生成的重氮盐分解，个别重氮盐比较稳定，可在 40～60℃间进行重氮化反应。

（二）重氮盐性质

重氮盐是无色结晶，离子型化合物，易溶于水而不溶于一般有机溶剂。干燥的重氮盐对热和震动都很敏感，容易发生爆炸。重氮盐一般作为反应中间体，通常不必分离出纯品，只用重氮化的混合液进行下一步反应。

重氮离子的 C—N—N 是直线型的，芳环的 π 轨道与重氮离子的 π 轨道共轭。电子的离域作用增加了芳香重氮盐的稳定性，才使得它们在低温下能稳定存在而不分解。

重氮盐的化学性质非常活泼，能发生多种反应。这些反应可归纳为两类：放氮反应和留氮反应。这些反应在药物合成、药物分析中都常被采用，见图 15-3。

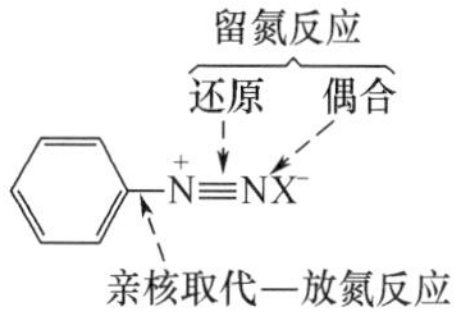

图 15-3　苯重氮盐的结构及反应部位图

1. 放氮反应　由于重氮基带正电荷，所以直接与氮相连的芳环碳原子容易受到亲核试剂的进攻，发生亲核取代反应，并放出氮气，称为放氮反应。

（1）氢的取代　在某些还原剂的作用下，重氮盐中重氮基被氢取代，生成芳香烃。最常用的还原剂有乙醇和次磷酸。

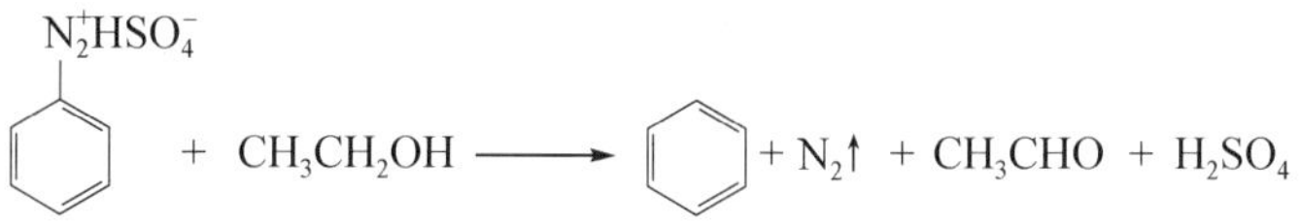

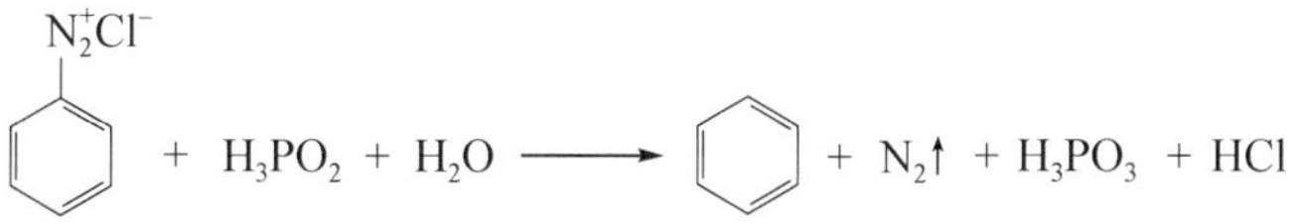

这个反应的结果是从芳环上脱去了氨基，所以又称去氨基反应，它在合成中十分有用。在合成工作中，常可利用氨基的定位效应在某个位置引入取代基，然后再经重氮化脱氨基，就能制得所需要的化合物。

如何实现下列转变？

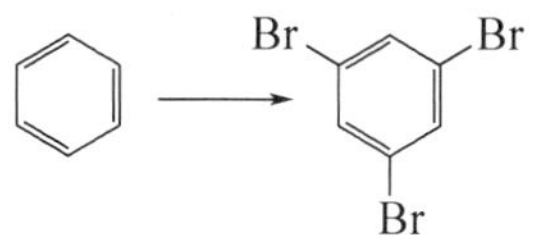

可以设计实验方案如下：

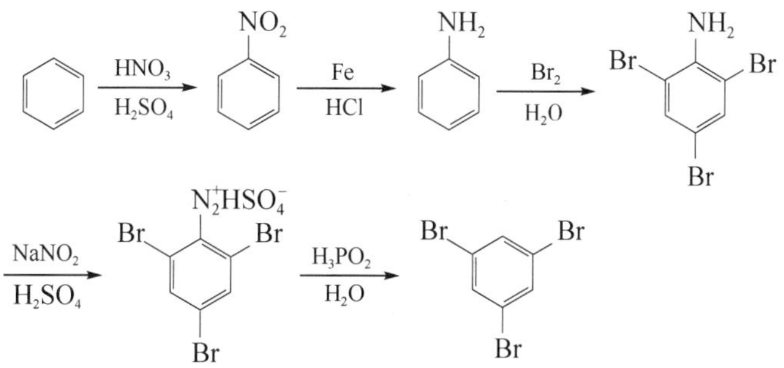

（2）羟基取代　重氮盐的酸性水溶液一般很不稳定，即使在 0℃ 也会缓慢水解，提高反应温度可以迅速水解，重氮基被羟基取代生成酚。

这个反应一般是用硫酸重氮盐，加 40%～50% 的硫酸，然后加热至沸腾。因为这一反应是亲核取代反应，若用盐酸重氮盐，氯离子的亲核能力较强，则有较多的氯代芳烃副产物生成。用较浓的强酸条件，主要是为了抑制生成的酚与还未反应的重氮盐发生偶合。该反应的收率不高，一般为 50%～65%，主要用来制备一些不容易得到的酚。

（3）卤原子、氰基取代　由于碘离子的亲核能力较强，将重氮盐与碘化钾的水溶液一起加热，重氮基很容易被碘取代。

而氯离子和溴离子亲核能力较弱，所以不能直接得到。1984 年，桑德迈尔（Sandmeyer）发现，用重氮盐与卤化亚铜（CuCl、CuBr）的氢卤酸（HCl、HBr）溶液共热，重氮基可被卤原子取代生成相应的氯化物或溴化物。此反应称为桑德迈尔反应（Sandmeyer reaction）。该反应是自由基取代反应，卤化亚铜在反应中起催化剂的作用。

用氰化亚铜作催化剂，氰基可以取代重氮基生成芳香腈。

若用细铜粉代替卤化亚铜来进行反应，也可以制得氯代芳烃或溴代芳烃，这一反应称为盖特曼反应（Gattermann reaction）。反应优点是所用铜粉量少，操作方便，缺点是多数反应收率较低。

制备氟化物的常用方法是：将氟硼酸加到氯化重氮盐溶液中，生成溶解度较小的氟硼酸重氮盐沉淀，将沉淀干燥后小心加热，氟硼酸重氮盐即分解生成芳香族氟化物并放出氮气，这一反应称为希曼反应（Schiemann reaction）。这是制备氟代芳烃最常用的方法。

2. 留氮反应 重氮盐还可以发生还原反应与偶合反应，产物中都保留着氮，所以称为留氮反应。

（1）**还原反应** 在某些还原剂作用下，重氮盐可以被还原成芳肼。可以应用的还原剂有 $SnCl_2+HCl$、$Na_2S_2O_3$、Na_2SO_3 及 $NaHSO_3$ 等。

$$\underset{}{\text{N}_2^+\text{Cl}^-}\text{—}\bigcirc \xrightarrow[\text{NaOH, H}_2\text{O}]{\text{Na}_2\text{S}_2\text{O}_3} \text{NHNH}_2\text{—}\bigcirc$$

（2）**偶合反应** 重氮盐的结构也可用共振杂化体来表示：

$$\left[\bigcirc\text{—}\overset{+}{\text{N}}\equiv\text{N} \longleftrightarrow \bigcirc\text{—}\text{N}\equiv\overset{+}{\text{N}}\right]_{\text{亲电进攻原子}}$$

结构表明，由于重氮基带正电荷，具有弱的亲电性，可以发生亲电偶合反应；如果以苯直接相连的氮进行亲电偶合，则空间位阻太大；在末端的氮也带正电荷，该原子可以作为亲电进攻原子。重氮盐可以和活泼芳香化合物如酚、三级芳胺等进行芳环上的亲电取代，生成各种偶氮化合物，这种反应称为偶合反应或偶联反应（coupling reaction）。

重氮盐与酚的偶合反应宜在弱碱性（pH=8～10）条件下进行，因为酚是弱酸性物质，与碱成盐后形成酚盐负离子，增强亲电反应活性；但碱性不能太强，否则重氮盐会转化成重氮氢氧化物或重氮酸盐，降低偶合反应速率。

$$\bigcirc\text{—}\text{N}_2^+\text{Cl}^- + \bigcirc\text{—}\text{OH} \xrightarrow[0℃]{\text{NaOH,H}_2\text{O}} \bigcirc\text{—}\text{N}=\text{N}\text{—}\bigcirc\text{—}\text{OH}$$
对羟基偶氮苯（橙色）

重氮盐与三级芳胺的偶合反应与酚相似，但反应宜在弱酸性（pH=5～7）条件下进行，因为三级芳胺在水中的溶解度不大，在弱酸性溶液中可形成铵盐以增加其溶解度；但酸性不能太强，因为参与偶合反应的是芳胺而不是铵盐，要保证溶液中有适当浓度的芳胺，偶合反应才能顺利进行。

$$\bigcirc\text{—}\text{N}_2^+\text{Cl}^- \quad \bigcirc\text{—}\text{N(CH}_3\text{)}_2 \xrightarrow[\text{H}_2\text{O,0℃}]{\text{CH}_3\text{COOH}} \bigcirc\text{—}\text{N}=\text{N}\text{—}\bigcirc\text{—}\text{N(CH}_3\text{)}_2$$
对(二甲氨基)偶氮苯(黄色)

以上两个反应表明，偶合一般发生在酚羟基或胺基的对位。如果对位被占，则发生在邻位。

$$\bigcirc\text{—}\text{N}_2^+\text{Cl}^- + \text{H}_3\text{C}\text{—}\bigcirc\text{—}\text{OH} \xrightarrow{\text{NaOH,H}_2\text{O}} \bigcirc\text{—}\text{N}=\text{N}\text{—}\underset{\text{CH}_3}{\overset{\text{HO}}{\bigcirc}}$$
2-羟基-5-甲基偶氮苯（黄色）

一级芳胺和二级芳胺氮原子上有氢，与重氮盐的偶合反应发生在氮上，生成重氮氨基苯，反应一般在冷的弱酸性溶液中进行。

$$\bigcirc\text{—}\text{N}_2^+\text{Cl}^- + \text{H}_2\text{N}\text{—}\bigcirc \xrightarrow{\text{CH}_3\text{COOH}} \bigcirc\text{—}\text{N}=\text{N}\text{—}\text{NH}\text{—}\bigcirc$$
重氮氨基苯

重氮氨基苯不稳定，在酸中可以发生分解；而在苯胺中与少量苯胺盐酸盐一起加热，容易发生重排，生成对氨基偶氮苯。

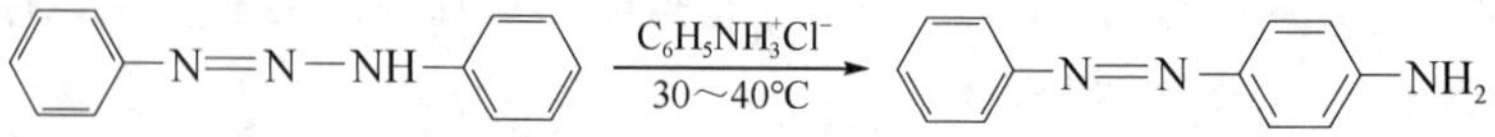

$$\text{C}_6\text{H}_5-\text{N}=\text{N}-\text{NH}-\text{C}_6\text{H}_5 \xrightarrow[30\sim40℃]{\text{C}_6\text{H}_5\text{NH}_3^+\text{Cl}^-} \text{C}_6\text{H}_5-\text{N}=\text{N}-\text{C}_6\text{H}_4-\text{NH}_2$$

对氨基偶氮苯

二、重氮甲烷

（一）重氮甲烷的结构

重氮甲烷（diazomethane）是最简单也是最重要的脂肪重氮化合物，其分子式为 CH_2N_2，结构却较为特别（图 15-4），分子为直线型，但没有一个结构式能满意地表示它的结构，由于其分子的极性不大，共振论认为其是由以下两个共振杂化式所构成的杂化体。

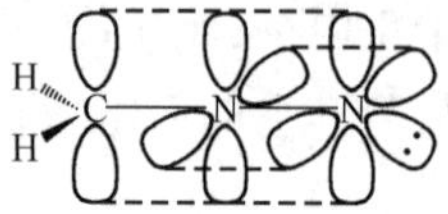

$$\text{H}_2\text{C}=\overset{+}{\text{N}}=\ddot{\text{N}}: \longleftrightarrow \text{H}_2\ddot{\text{C}}-\overset{+}{\text{N}}\equiv\text{N}:$$

重氮甲烷的共振杂化体

图 15-4 重氮甲烷的结构

（二）重氮甲烷的制备

1. 亚硝基甲基脲的碱解

$$\text{CH}_3\text{NH}_2\cdot\text{HCl} + \text{H}_2\text{N}-\overset{\text{O}}{\underset{\|}{\text{C}}}-\text{NH}_2 \xrightarrow{\text{NaNO}_2} \text{CH}_3\underset{\underset{\text{NO}}{|}}{\text{N}}-\overset{\text{O}}{\underset{\|}{\text{C}}}-\text{NH}_2 \xrightarrow{\text{NaOH}} \text{CH}_2\text{N}_2 + \text{NaNCO} + \text{H}_2\text{O}$$

2. 4-甲基-N-亚硝基苯磺酰甲胺的碱解

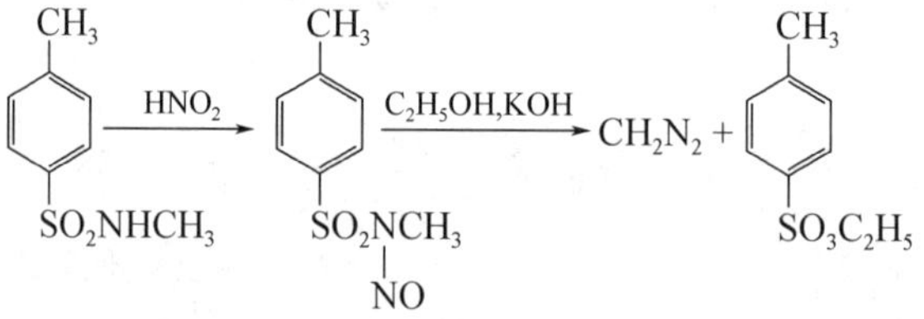

$$\underset{\text{SO}_2\text{NHCH}_3}{\overset{\text{CH}_3}{\bigcirc}} \xrightarrow{\text{HNO}_2} \underset{\text{SO}_2\underset{\underset{\text{NO}}{|}}{\text{N}}\text{CH}_3}{\overset{\text{CH}_3}{\bigcirc}} \xrightarrow{\text{C}_2\text{H}_5\text{OH,KOH}} \text{CH}_2\text{N}_2 + \underset{\text{SO}_3\text{C}_2\text{H}_5}{\overset{\text{CH}_3}{\bigcirc}}$$

（三）重氮甲烷的性质

重氮甲烷是一种易液化的黄色有毒气体，熔点 -145℃，沸点 -23℃，有爆炸性。可溶于乙醚，在乙醚液中稳定，一般用其乙醚液进行反应。

1. 与含酸性氢原子的化合物反应　重氮甲烷是重要的甲基化试剂，能与羧酸、酚、醇、β-二酮、β-酮酸酯等含酸性氢的化合物反应，使活泼氢原子转变成甲基，生成甲酯或甲醚。例如：

$$\left.\begin{array}{l}\text{RCOOH}\\ \text{ArOH}\\ \text{ROH}\end{array}\right\} + \text{CH}_2\text{N}_2 \longrightarrow \left\{\begin{array}{l}\text{RCOOCH}_3\\ \text{ArOCH}_3\\ \text{ROCH}_3\end{array}\right. + \text{N}_2\uparrow$$

2. 与醛、酮反应 重氮甲烷与醛反应生成甲基酮，与酮反应生成多一个碳原子的酮，增长了碳链。

重氮甲烷的这一反应在合成上可用于环酮的扩环。

3. 与酰氯作用 重氮甲烷与酰氯作用，发生 Wolff 重排生成增加一个碳原子的羧酸：

4. 形成卡宾 重氮甲烷受光或热作用分解成一种活泼的反应中间体卡宾：

$$H_2\ddot{C}=N^+\equiv N: \xrightarrow[\text{或光照}]{\triangle} :CH_2 + N_2\uparrow$$

三、偶氮化合物

分子中含有偶氮基（—N=N—），而且偶氮基的两端分别连有两个烃基的化合物称为偶氮化合物。偶氮化合物以芳香偶氮化合物为多见，通式为：Ar—N=N—Ar。

偶氮化合物都是具有各种颜色的固体，特别是芳香族偶氮化合物，因为颜色鲜艳、性质较稳定，被广泛地作为染料使用，称为偶氮染料（azo dye）。

偶氮化合物之所以有颜色，是因为分子中都含有偶氮基，偶氮基是一个不饱和基团。研究表明，某些不饱和基团是有色有机化合物中不可缺少的部分，称为发色团，也称生色团。常见的生色团除偶氮基外，还有硝基、亚硝基、羰基、邻醌基和对醌基等。

同时，某些酸性或碱性基团，可以使有色化合物的颜色加深，这些基团称为助色团，如羟基、氨基、巯基、卤素等。

偶氮化合物除了可作染料外，还可以作化学指示剂使用。例如，有些偶氮化合物的颜色能够随介质 pH 值的改变而改变，而且非常灵敏，这样的偶氮化合物在分析化学中可用作酸碱指示剂。

甲基橙，即对二甲基氨基偶氮苯磺酸钠，是一种常用的酸碱指示剂，橙红色鳞状晶体或粉末，较易溶于热水，不溶于乙醇，pH 显色范围在 3.1～4.4。它的结构及在酸、碱性溶液中的转化如下：

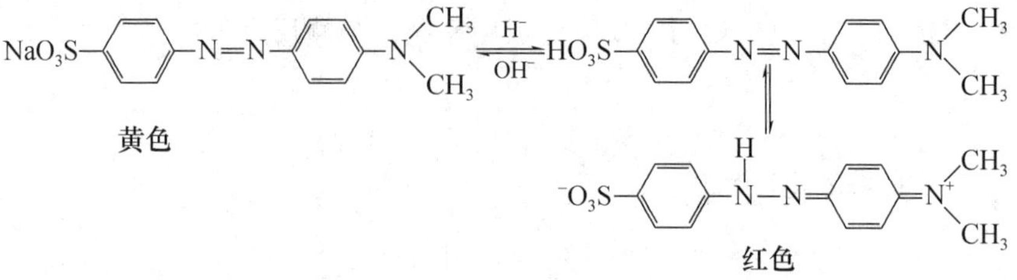

黄色 / 红色

刚果红，即二苯基-4，4′-二［(偶氮-2-)-1-氨基萘-4-磺酸钠］，是一种棕红色粉末，可溶于水和乙醇。

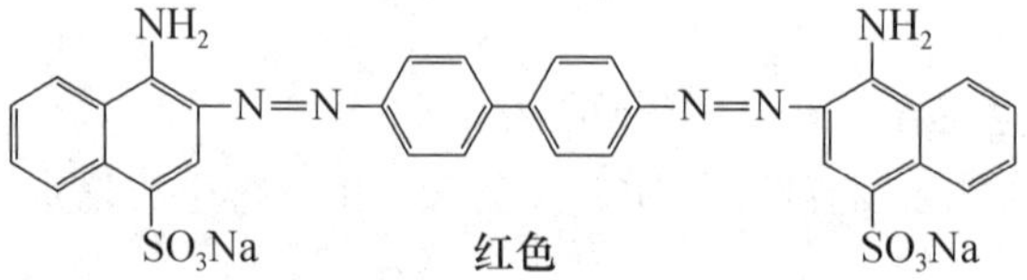

红色

刚果红可使纤维直接染色，过去曾用作染料，但由于它染色不牢，日久要褪色而被淘汰。现在主要用作酸碱指示剂、吸附指示剂及医学实验中的细胞标记染料。它的变色范围为 3～5，pH 值 5 以上显红色，pH 值 3 以下显蓝色。

蓝色

第四节　卡宾（碳烯）

卡宾（carbene）又称碳烯，其通式为 $R_2C:$，是一个碳外层只有 6 个价电子的中性的活泼反应中间体。具有 CR_2（R=H，R，X，…）的结构，最简单的卡宾为 $H_2C:$，称为卡宾、甲亚基或碳烯。卡宾的衍生物有 $Cl_2C:$，称为二氯卡宾或二氯碳烯。

一、卡宾的形成

（一）碳烯的形成

产生卡宾的重要方法是通过重氮甲烷的分解。在光照、加热条件下，重氮甲烷能形成最简单的碳烯 $H_2C:$。

$$CH_2N_2 \xrightarrow[\text{或光照}]{\triangle} :CH_2 + N_2\uparrow$$

（二）二氯碳烯的形成

氯仿在强碱如叔丁醇钾的作用下，会失去一个质子，形成碳负离子，然后该碳负离子再失去一个氯负离子，形成二氯碳烯。

$$HCCl_3 \xrightarrow[-H^+]{OH^-} :C^-Cl_3 \xrightarrow{-Cl^-} :CCl_2$$

二、卡宾的形态

卡宾是一种极活泼的有机反应中间体，呈中性，只能在反应中短暂存在（约 1s），它的结构是由一个碳和两个氢连接组成的，碳原子上有两个孤对电子。

卡宾有两种不同的形态，一种称为单线态，碳原子为 sp^2 杂化，两个未成键电子占据一个原子轨道，自旋相反，能量较高，常用 CH_2↑↓表示；另一种称为三线态，两个未成键电子分别占据不同的原子轨道，自旋相同，能量较低，常用↑CH_2↓表示（图 15-5）。

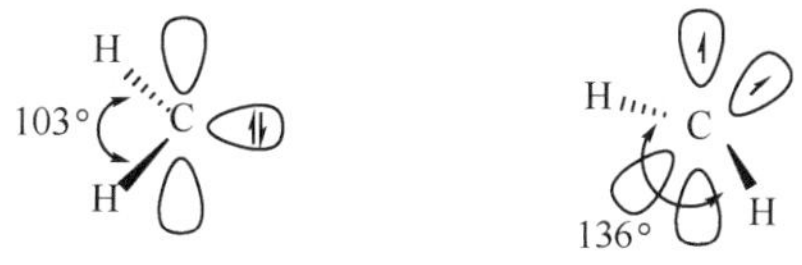

单线态　　　　三线态

图 15-5　卡宾的形态

单线态卡宾的能量比三线态卡宾的能量高 35～38kJ · mol^{-1}，液态中一般易生成单线态的卡宾，而气态中易生成三线态的卡宾，单线态卡宾衰变后生成较稳定的三线态卡宾。无论哪种卡宾，性质都活泼。

三、卡宾的反应

（一）与不饱和链烃的加成

卡宾可作为亲电试剂与烯烃、炔烃发生亲电加成反应，形成三元碳环化合物。

$$CH_2N_2 \longrightarrow H_2C: + N_2\uparrow$$

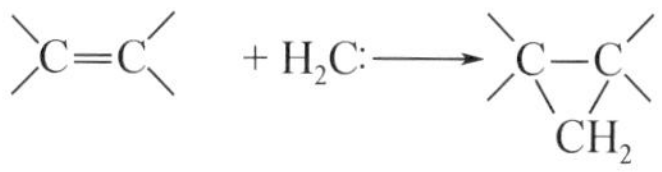

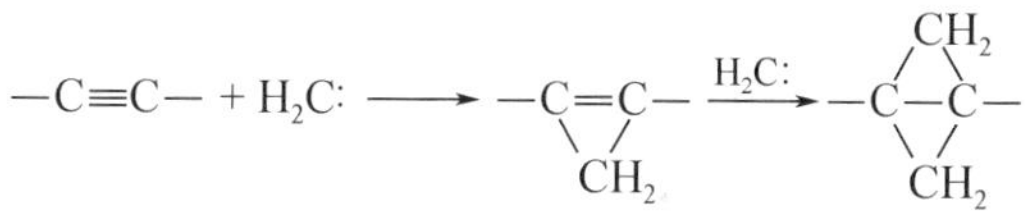

两种不同卡宾与不饱和链烃发生加成反应的最显著特征是加成反应的立体择向性不同。单线态卡宾与不饱和链烃进行顺式加成，其加成与成环同时进行（来不及旋转）。例如：

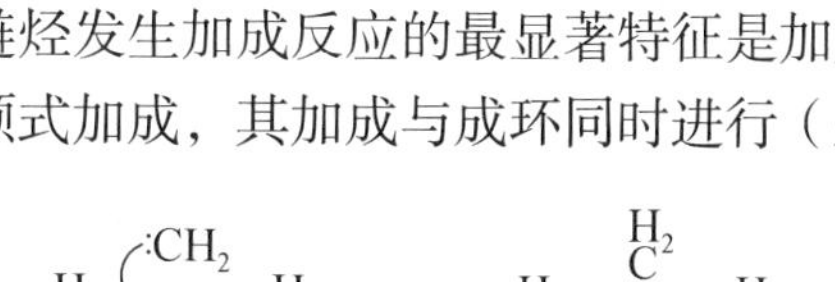

三线态卡宾与不饱和链烃的加成为非立体择向性，反应后得到外消旋体。例如：

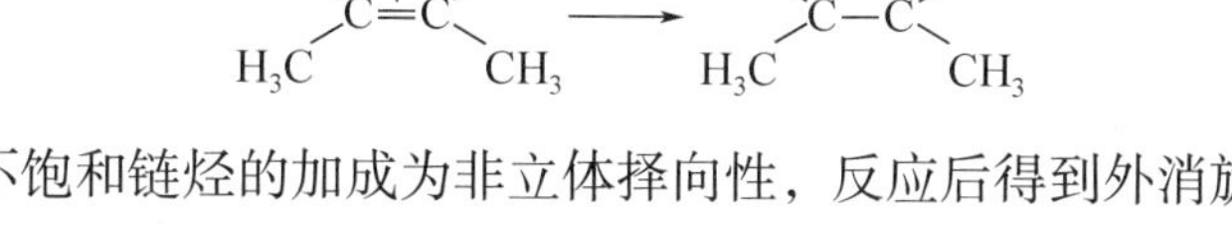

卤代碳烯与烯烃发生的是顺式加成，但反应活性不如碳烯。

$$HCCl_3 \xrightarrow[\text{或 } C_6H_5CH_2N(C_2H_5)Cl,50\% \text{ NaOH}]{C_2H_5OK} :CCl_2$$

7,7-二氯双环[4,1,0]庚烷

（二）插入反应

碳烯可发生插入反应，反应结果是甲亚基插入碳杂键（C—H、C—X、C—O 键），但不能插入 C—C 键；卤代碳烯的活性较碳烯低，不能发生插入反应。

$$CCl_4 + 4CH_2N_2 \xrightarrow{hv} C(CH_2Cl)_4 + 4N_2 \uparrow$$

───────── 小　　结 ─────────

1. 硝基化合物的分类、命名和结构。

烃基上的氢原子被硝基取代得到硝基化合物，硝基化合物分为脂肪族硝基化合物和芳香族硝基化合物。

2. 硝基化合物的性质。

（1）脂肪族硝基化合物中硝基 α-碳上的氢具有酸性，在碱作用下能与羰基化合物发生缩合反应。

（2）芳环上的硝基可以被催化氢化和多种还原剂还原，可还原成胺和不同类型的偶氮化合物等。硝基对苯环上取代反应会产生影响，使苯环亲电取代反应钝化，是间位定位基；对酚羟基的酸性也产生影响，芳环上引入硝基越多，酚的酸性越强。

3. 胺的分类、命名和结构。

氨和脂肪胺中氮原子为不等性 sp^3 杂化，分子呈角锥形，构型能自由翻转。芳香胺中，未共用电子对占据的 sp^3 杂化轨道具有更多的 p 轨道成分，与芳环上的 π 轨道能部分重叠成更大的共轭体系。当季铵盐或季铵碱中四个烃基不同时，分子有旋光性，可被拆分为一对对映体。

4. 胺的化学性质。

（1）胺具有碱性，碱性次序为脂肪胺＞芳香胺；对于脂肪胺（水溶液中），仲胺＞叔胺＞伯胺。

（2）胺的氮原子上的氢可以被酰卤、酸酐、磺酰氯等酰化，生成相应的酰胺。

（3）胺具有亲核性，能与卤烃发生 $S_{N}2$ 反应，生成氮原子上烃化的产物，最后可生成季铵盐。季铵盐可生成季铵碱。季铵碱在加热条件下，能发生霍夫曼消除反应，生成碳碳双键上取代基较少的烯烃。

（4）芳香胺能发生芳香环上的亲电取代反应。苯胺能和亚硝酸在低温下生成芳香重氮盐。

5. 芳香重氮盐能发生放氮反应，生成烃、酚或卤苯等化合物；还能发生偶合反应而生成偶氮化合物。

6. 偶氮化合物和颜色的关系，生色团和助色团的作用。

（黑龙江中医药大学）

本章 PPT

第十六章

氨基酸、多肽、蛋白质和核酸

学习目的　本章内容是医学专业和药学、中药学相关专业必备的基础知识，通过学习氨基酸、多肽、蛋白质和核酸的组成、结构、性质及功能等知识，认识多官能团化合物性质特点，了解生物大分子在生命活动中的重要作用，培养学生综合分析能力，为后续医学和药学课程的学习奠定基础。

学习要求　掌握氨基酸的结构、构型、性质，了解氨基酸的分类和命名；掌握多肽、蛋白质、核酸的分子组成；熟悉蛋白质的分子结构和理化性质；了解多肽的合成、蛋白质的分类及核酸的功能。

　　氨基酸、多肽、蛋白质和核酸都是天然含氮有机化合物。其中，蛋白质、核酸都是重要的天然有机大分子化合物（三大主要生物聚合物：多糖、蛋白质、核酸），它们既是生物体的重要组成成分，又是生命活动中重要的物质基础。蛋白质存在于生物体内的一切细胞中，是构成人体和动植物体的基本物质，具有各种生理功能。核酸是一类携带遗传信息和指导蛋白质合成的生物大分子，在生物个体发育、生长、繁殖和遗传变异等生命活动中起着重要作用。

第一节　氨基酸、多肽、蛋白质

一、氨基酸

　　氨基酸（amino acid）是指分子中含有氨基（氨亚基）和羧基的一类化合物，是组成肽和蛋白质的基本单位。自然界中有 300 多种氨基酸，其中用于合成蛋白质的氨基酸仅有 20 种，被称为编码氨基酸（或标准氨基酸），它们是人体所必不可少的物质。许多氨基酸可直接用作药物，如谷氨酸、天冬酰胺、天冬氨酸、氨基己酸等。

（一）氨基酸结构、分类和命名

1. 氨基酸的结构　氨基酸可看作羧酸分子中烃基上的氢原子被氨基所取代而形成的取代羧酸，通式是 $H_2NCHRCOOH$。在氨基酸分子中，氨基与羧基的相对位置有所不同。但是，组成蛋白质的 20 种编码氨基酸，除脯氨酸（氨亚酸）外，均为 α-氨基酸，即在羧基邻位的 α-碳原子上连有一个氨基，且绝大多数 α-碳原子（除甘氨酸）都是手性碳原子。因此，氨基酸具有 L 型和 D 型两种构型。然而，组成天然蛋白质的氨基酸均为 L 构型。其结构式表示如下：

α-氨基酸　　　　　　　L-α-氨基酸　　　　　　　D-α-氨基酸

氨基酸的构型一般用 D/L 标记，如用 R/S 标记，则天然 L 型氨基酸大多是 S 型的。

2. 氨基酸的分类　氨基酸的分类通常有以下 3 种分类方法。

（1）根据氨基和羧基相对位置，氨基酸可以分成 α-氨基酸、β-氨基酸、γ-氨基酸等。

$$CH_3 - \overset{\overset{H}{|}\alpha}{\underset{\underset{NH_2}{|}}{C}} - COOH \qquad \overset{\beta}{CH_3CH} - \overset{\overset{H}{|}}{\underset{\underset{NH_2}{|}}{CH}} - COOH \qquad \overset{\gamma}{CH_2CH_2} - \overset{\overset{H}{|}}{\underset{\underset{NH_2}{|}}{CH}} - COOH$$

α-氨基丙酸　　　　　　　β-氨基丁酸　　　　　　　γ-氨基丁酸

（2）根据氨基酸分子中烃基（R—）的类型分为脂肪族、芳香族和杂环氨基酸三大类。

脂肪族氨基酸　　　　　　芳香族氨基酸　　　　　　杂环氨基酸
（丙氨酸）　　　　　　　（苯丙氨酸）　　　　　　（色氨酸）

（3）根据氨基酸分子中所含氨基和羧基的相对数目不同分为中性氨基酸（氨基和羧基数目相等）、酸性氨基酸（羧基数目多于氨基）和碱性氨基酸（氨基数目多于羧基）。

中性氨基酸　　　　　　　酸性氨基酸　　　　　　　碱性氨基酸
（丙氨酸）　　　　　　　（天冬氨酸）　　　　　　（赖氨酸）

另外，还可根据人体能否自身合成氨基酸，将其分为必需氨基酸和非必需氨基酸。

3. 氨基酸的命名　氨基酸的系统命名法与其他取代酸（如羟基酸）类似，即以羧酸为母体，氨基作为取代基命名，也可用希腊字母 α、β、γ 等来标明氨基的位置。例如，2-氨基丁二酸（α-氨基丁二酸）、2,6-二氨基己酸（α,ω-二氨基己酸或 α,ε-二氨基己酸）、2-氨基-5-胍基戊酸（α-氨基-δ-胍基戊酸）等。

通常天然氨基酸根据其来源或性质多用俗名，如天冬氨酸最初是从天门冬的幼苗中发现的，胱氨酸是因它最先来自尿结石，甘氨酸是由于它具有甜味而得名。

另外，氨基酸还可用缩写符号表示：取中文俗名第一个字，或英文名前三个字符表示。组成大多数天然蛋白质的氨基酸分类、名称、缩写符号及结构式等见表 16-1。

表 16-1　组成天然蛋白质的编码氨基酸

分类	中文名称（英文名称）	缩写	结构式	相对分子质量	等电点（pI）
脂肪族氨基酸	甘氨酸 （Glycine）	甘 （Gly，G）	CH₂COOH | NH₂	75.05	5.97

续表

分类	中文名称（英文名称）	缩写	结构式	相对分子质量	等电点（pI）
脂肪族氨基酸	丙氨酸 （Alanine）	丙 （Ala，A）	$CH_3CHCOOH$ $\quad\quad\vert$ $\quad\quad NH_2$	89.06	6.00
	*缬氨酸 （Valine）	缬 （Val，V）	H_3C $\quad\quad CH—CHCOOH$ $H_3C\quad\quad\quad\vert$ $\quad\quad\quad\quad NH_2$	117.09	5.96
	*亮氨酸 （Leucine）	亮 （Leu，L）	H_3C $\quad\quad CHCH_2—CHCOOH$ $H_3C\quad\quad\quad\quad\vert$ $\quad\quad\quad\quad\quad NH_2$	131.11	5.98
	*异亮氨酸 （Isoleucine）	异亮 （Ile，I）	$CH_3CH_2CH—CHCOOH$ $\quad\quad\quad\vert\quad\quad\vert$ $\quad\quad\quad CH_3\quad NH_2$	131.11	6.02
	丝氨酸 （Serine）	丝 （Ser，S）	$HO—CH_2—CHCOOH$ $\quad\quad\quad\quad\vert$ $\quad\quad\quad\quad NH_2$	105.06	5.68
	苏氨酸 （Threonine）	苏 （Thr，T）	$HO—CH—CHCOOH$ $\quad\quad\vert\quad\quad\vert$ $\quad\quad CH_3\quad NH_2$	119.08	5.60
	半胱氨酸 （Cysteine）	半 （Cys，C）	$HS—CH_2—CHCOOH$ $\quad\quad\quad\quad\vert$ $\quad\quad\quad\quad NH_2$	121.12	5.07
	*蛋氨酸 （Methionine）	蛋（甲硫） （Met，M）	$CH_3S—CH_2CH_2CHCOOH$ $\quad\quad\quad\quad\quad\quad\vert$ $\quad\quad\quad\quad\quad\quad NH_2$	149.15	5.74
	天冬酰胺 （Asparagine）	天胺 （Asn，N）	$H_2NCCH_2—CHCOOH$ $\quad\quad\Vert\quad\quad\quad\vert$ $\quad\quad O\quad\quad\quad NH_2$	132.12	5.41
	谷氨酰胺 （Glutamine）	谷胺 （Gln，Q）	$H_2NCCH_2CH_2—CHCOOH$ $\quad\quad\Vert\quad\quad\quad\quad\vert$ $\quad\quad O\quad\quad\quad\quad NH_2$	146.15	5.65
	*赖氨酸 （Lysine）	赖 （Lys，K）	$H_2NC(CH_2)_3—CHCOOH$ $\quad\quad\Vert\quad\quad\quad\quad\vert$ $\quad\quad O\quad\quad\quad\quad NH_2$	146.13	9.74
	精氨酸 （Arginine）	精氨酸 （Arg，R）	$H_2NCNH(CH_2)_3CHCOOH$ $\quad\quad\Vert\quad\quad\quad\quad\quad\vert$ $\quad\quad NH\quad\quad\quad\quad NH_2$	174.14	10.76
	天冬氨酸 （Aspartic acid）	天门（Asp，D）	$HOOCCH_2CHCOOH$ $\quad\quad\quad\quad\quad\vert$ $\quad\quad\quad\quad\quad NH_2$	133.60	2.77
	谷氨酸 （Glutamic acid）	谷 （Glu，E）	$HOOCCH_2CH_2CHCOOH$ $\quad\quad\quad\quad\quad\quad\vert$ $\quad\quad\quad\quad\quad\quad NH_2$	147.08	3.22
芳香族氨基酸	苯丙氨酸 （Phenylalanine）	苯丙 （Phe，F）	$\text{⬡}—CH_2CHCOOH$ $\quad\quad\quad\quad\vert$ $\quad\quad\quad\quad NH_2$	165.09	5.48
	酪氨酸 （Tyrosine）	酪 （Tyr，Y）	$HO—\text{⬡}—CH_2CHCOOH$ $\quad\quad\quad\quad\quad\vert$ $\quad\quad\quad\quad\quad NH_2$	181.09	5.66
杂环氨基酸	*色氨酸 （Tryptophan）	色 （Try，W）	$CH_2CHCOOH$ $\quad\quad\vert$ $\quad\quad NH_2$（吲哚环）	204.22	5.89
	组氨酸 （Histidine）	组 （His，H）	$CH_2CHCOOH$ $\quad\quad\vert$ $\quad\quad NH_2$（咪唑环）	155.16	7.59

续表

分类	中文名称（英文名称）	缩写	结构式	相对分子质量	等电点（pI）
杂环氨基酸	脯氨酸（Proline）	脯氨酸（Pro，P）		115.13	6.30

注：*必需氨基酸（essential aminoacid）——人体不能合成，必须由食物供给。

（二）氨基酸的来源和制法

氨基酸的来源主要有天然蛋白质及多肽的酸性水解、微生物发酵法和化学合成法。

1. 蛋白质的水解 蛋白质在酸、碱或酶的催化下，可以逐步水解成短链肽类化合物，其最终产物为 α-氨基酸混合物。将各种混合 α-氨基酸进行分离，可以得到单一的 α-氨基酸。

$$蛋白质 \xrightarrow[H^+]{H_2O} 多肽 \longrightarrow \cdots\cdots \longrightarrow 二肽 \longrightarrow \alpha\text{-氨基酸}$$

2. α-卤代酸氨解 α-卤代酸与氨反应可生成氨基酸，此法有副产物仲胺和叔胺生成，不易纯化。

$$RCH_2COOH \xrightarrow[P]{X_2} \underset{X}{RCHCOOH} \xrightarrow{NH_3} \underset{NH_2}{RCHCOOH}$$

3. 盖布瑞尔合成法 盖布瑞尔（Gabriel）合成法是制备纯净伯胺的一种常用方法（见第十五章 胺的制备）。用卤代酸酯与邻苯二甲酰亚胺钾反应，先形成亚胺盐，再烷基化，最后水解得到氨基酸。

盖布瑞尔法所得产物较为纯净，适用于实验室合成氨基酸。

4. 斯特雷克尔合成法 斯特雷克尔（Strecker）合成法是最早发现的氨基酸合成方法，醛在氨存在下加氢氰酸生成 α-氨基腈，后者水解生成 α-氨基酸。

$$RCH_2CHO \xrightarrow{NH_3,\ HCN} \underset{NH_2}{RCH_2CHCN} \xrightarrow[H_3O^+]{NaOH,\ H_2O} \underset{NH_2}{RCH_2CHCOOH}$$

合成法得到的 α-氨基酸均为 D/L 型氨基酸的外消旋体，还需要进一步拆分。

（三）氨基酸的物理性质

氨基酸呈无色结晶，熔点一般高于相应羧酸或胺，多为 200～300℃，大多熔融时分解。一般的氨基酸能溶于水，溶解度各不相同；易溶于酸或碱，不溶于乙醇、乙醚、苯等有机溶剂。天然 α-氨基酸除甘氨酸外，都具有旋光性。

（四）氨基酸的化学性质

氨基酸为复合官能团化合物，分子中同时含有氨基和羧基。所以，氨基酸具有氨基和羧基的典型性质，又因其两种基团的相互影响而呈现出一些特殊性质。

1. 两性电离和等电点　氨基酸分子中的氨基（碱性）和羧基（酸性），可与强酸或强碱作用生成盐，所以氨基酸是两性化合物。

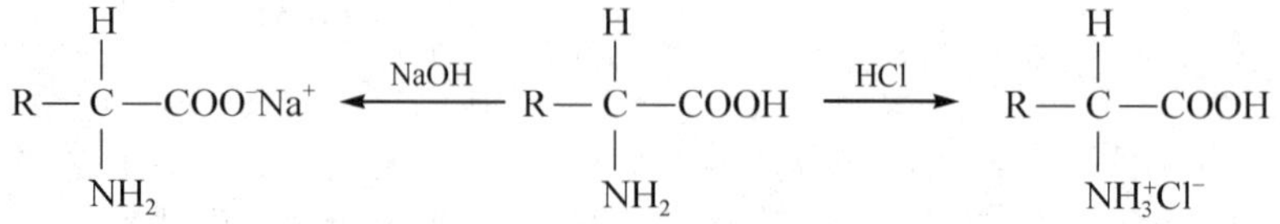

$$
\begin{array}{ccc}
\text{R—C—COO}^-\text{Na}^+ & \xleftarrow{\ \text{NaOH}\ }\ \text{R—C—COOH}\ \xrightarrow{\ \text{HCl}\ } & \text{R—C—COOH} \\
\end{array}
$$

此外，氨基酸分子中的氨基和羧基也可以互相作用生成盐。

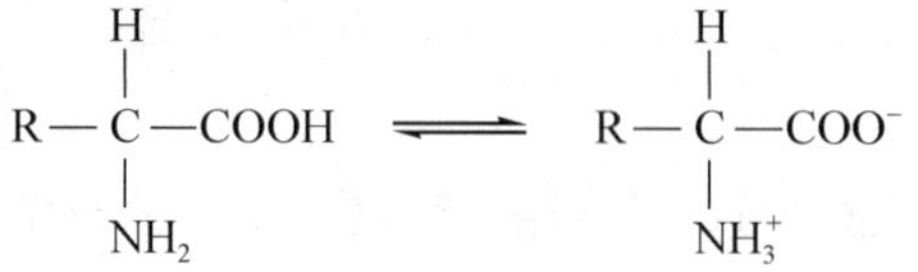

$$
\text{R—C—COOH} \ \rightleftharpoons\ \text{R—C—COO}^-
$$

这种由分子内部酸性基团和碱性基团所成的盐称为内盐。内盐分子中既有阳离子部分，又有阴离子部分，所以又称两性离子或偶极离子（dipolar ion）。结晶状态的氨基酸以内盐形式存在，所以具有低挥发性、高熔点、难溶于有机溶剂等物理性质。

在水溶液中，氨基酸分子中的羧基和氨基可以分别像酸和碱一样离子化。

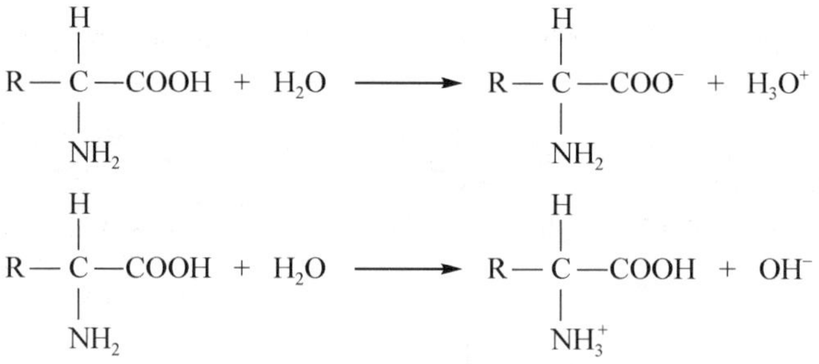

$$
\text{R—C—COOH} + \text{H}_2\text{O} \longrightarrow \text{R—C—COO}^- + \text{H}_3\text{O}^+
$$

$$
\text{R—C—COOH} + \text{H}_2\text{O} \longrightarrow \text{R—C—COOH} + \text{OH}^-
$$

在氨基酸的水溶液中，阳离子、阴离子及两性离子三者之间可通过得失 H⁺而相互转化，呈如下平衡状态：

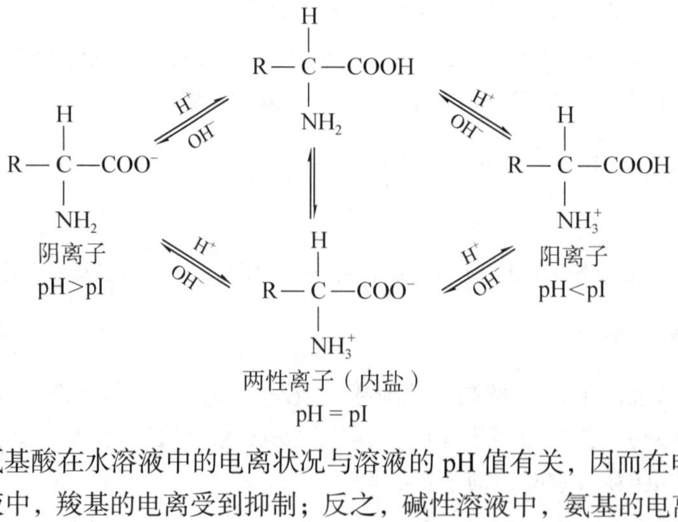

由此可见，氨基酸在水溶液中的电离状况与溶液的 pH 值有关，因而在电场中的行为也有所不同。酸性溶液中，羧基的电离受到抑制；反之，碱性溶液中，氨基的电离受到抑制；在一

定的 pH 值时，氨基和羧基的电离程度相等，溶液中氨基酸分子所带正电荷与负电荷数量相等，静电荷为零，此时溶液的 pH 值称为该氨基酸的等电点（isoelectric point，pI）。当溶液的 pH＜pI 时，氨基酸主要以阳离子状态存在，电场中向负极移动；pH＞pI 时，氨基酸主要以阴离子状态存在，电场中则向正极移动；pH=pI 时，氨基酸主要以两性离子状态存在，在电场中不发生移动，且此时氨基酸的溶解度最小，最容易从溶液中析出。所以，可以利用调节溶液 pH 值的方法分离提纯氨基酸。组成天然蛋白质的各种氨基酸等电点见表 16-1。

由于氨基和羧基的电离程度不同（羧基的电离程度略大于氨基），即便是中性氨基酸，两个基团的电离程度也不相同。所以，中性氨基酸的等电点为 5.0～6.3，酸性氨基酸的等电点为 2.8～3.2，碱性氨基酸的等电点为 7.6～10.8。

2. 茚三酮反应　*α*-氨基酸与水合茚三酮一起加热，生成蓝紫色或紫红色混合物的反应称为茚三酮反应（ninhydrin reaction）。该反应分为两步：第一步，氨基酸被氧化形成 CO_2、NH_3 和醛，水合茚三酮被还原成还原型茚三酮；第二步，所形成的还原型茚三酮、氨和另一分子水合茚三酮反应，缩合生成蓝紫色化合物，称为罗曼氏紫（Ruhemann's purple）。

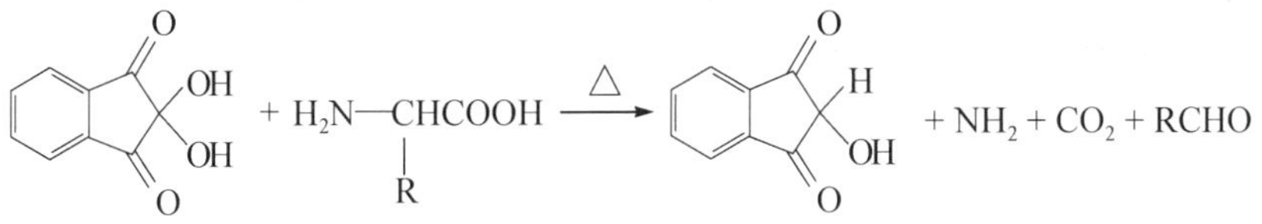

水合茚三酮

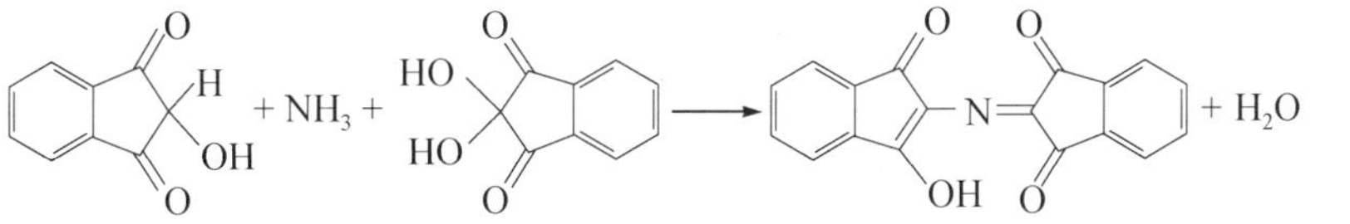

罗曼氏紫

所有具有游离 *α*-氨基的化合物都发生茚三酮反应，但脯氨酸和羟脯氨酸（氨亚基酸）与茚三酮反应产生黄色物质，此反应快速、灵敏，常用于 *α*-氨基酸、多肽和蛋白质的鉴别。*β*-氨基酸、*γ*-氨基酸等不发生此反应。水合茚三酮是 *α*-氨基酸比色测定及薄层分析常用的显色剂。

3. 与亚硝酸反应　含有游离氨基（$—NH_2$）的氨基酸（不包括氨亚酸）都能与亚硝酸反应生成 *α*-羟基酸，并定量放出氮气：

$$\underset{\displaystyle NH_2}{\overset{}{\underset{|}{RCHCOOH}}} + HONO \longrightarrow \underset{\displaystyle OH}{\underset{|}{RCHCOOH}} + N_2 + H_2O$$

由于反应所放出的氮气一半来自氨基酸，另一半来自亚硝酸，该反应可用于氨基酸定量分析。在标准条件下测定生成氮气的体积，即可计算出相应伯胺或氨基酸的量。这是范斯莱克法（van Slyke method）测定氨基氮的基本原理。

4. 成肽反应　在受热或酶的作用下，一分子氨基酸的 *α*-羧基与另一分子氨基酸的 *α*-氨基脱去一分子水，缩合形成以酰胺键（amide linkage）相连接的化合物肽，该反应称为成肽反应（peptide formation）。

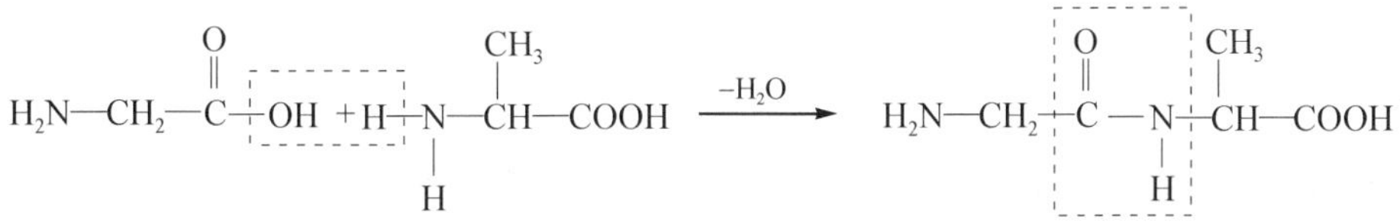

酰胺键

肽分子中的酰胺键又称肽键（peptide bond），氨基酸的成肽反应是生命起源过程中的一类重要反应。

5. 脱羧反应　在一定条件下，如在高沸点溶剂中回流、动物体内脱羧酶作用、肠道细菌作用等，某些氨基酸可脱羧而生成相应的胺类。此反应是人体内氨基酸分解代谢的一种途径。常见的有谷氨酸脱羧成 γ-氨基丁酸、组氨酸脱羧形成组胺、色氨酸脱羧成 5-羟色胺等。

$$\text{HOOCCH}_2\text{CH}_2\underset{\underset{\text{NH}_2}{|}}{\text{CH}}\text{COOH} \xrightarrow{\text{脱羧酶}} \text{HOOCCH}_2\text{CH}_2\underset{\underset{\text{NH}_2}{|}}{\text{CH}_2}$$

谷氨酸　　　　　　　　　　　　　　　　γ-氨基丁酸

$$\underset{\text{组氨酸}}{\text{（咪唑环）}\underset{\underset{\text{NH}_2}{|}}{\text{CH}_2\text{CH}}\text{COOH}} \xrightarrow{-\text{CO}_2} \underset{\text{组胺}}{\text{（咪唑环）CH}_2\text{CH}_2\text{NH}_2}$$

6. 脱水脱氨反应　氨基酸与羟基酸相似，受热时可发生脱水或脱氨反应。由于氨基酸分子中氨基和羧基相对位置的不同，α-氨基酸、β-氨基酸、γ-氨基酸等受热后所发生的反应也不同。

α-氨基酸受热时，两分子间发生交互脱水作用，生成六元环的交酰胺——二酮吡嗪：

β-氨基酸受热时，分子内脱氨生成 α, β-不饱和酸：

$$\underset{\underset{\text{NH}_2}{|}}{\text{RCH}}-\underset{\underset{\text{H}}{|}}{\text{CH}}\text{COOH} \xrightarrow{\triangle} \text{RCH}=\text{CHCOOH} + \text{NH}_3$$

γ-或 δ-氨基酸受热后，分子内脱水生成五元或六元环内酰胺：

交酰胺、内酰胺在酸或碱催化下，水解则得到原来的氨基酸。

（五）个别化合物

1. 谷氨酸　谷氨酸（glutamic acid，Glu）又称麸氨酸，为脂肪族酸性氨基酸，大量存在于谷类的蛋白质中，通常由面筋和豆饼的蛋白质加酸水解而制得，故名谷氨酸。在临床上常用于抢救肝昏迷患者。左旋谷氨酸的单钠盐就是味精。

$$HOOCCH_2CH_2CHCOOH$$
$$|$$
$$NH_2$$
谷氨酸

$$HOOCCH_2CH_2CHCOONa$$
$$|$$
$$NH_2$$
谷氨酸钠（味精）

2. 天冬酰胺　天冬酰胺（asparagine）又称天门冬青，为脂肪族中性氨基酸，存在于中药天门冬、杏仁、玄参、姜和棉花根中，具有镇咳的作用。

$$H_2NOOCCH_2CHCOOH$$
$$|$$
$$NH_2$$
天冬酰胺

3. 使君子氨酸　使君子氨酸（quisqualic acid）又称(+)使君子氨酸，是一种非编码杂环氨基酸，存在于使君子科植物使君子（*Quisqualis indica* L.）等植物的种子中。其钾盐用于临床，具有明显的驱蛔虫作用（驱蛔虫作用近似三道年）和一定的驱蛲虫作用，但对钩虫、绦虫等肠道寄生虫无明显作用。

使君子氨酸

4. 止血氨酸　止血氨酸是一类非编码氨基酸，分子中氨基和羧基分别连接在烃基的两端。其能抑制纤维蛋白质溶解而发挥止血作用，所以称为止血氨酸。临床上主要应用于各种内外科出血和月经过多等。常用的止血氨酸有止血环酸（又称抗血纤溶环酸、凝血酸等，acidum tranexamicum）、止血芳酸（又称抗血纤溶芳酸，*p*-aminomethylbenzoic acid）和6-氨基己酸（又称抗血纤溶酸，aminocaproic acid）等，其中止血环酸止血作用最强，止血芳酸次之，6-氨基己酸较弱。

止血环酸
（*trans*-AMCHA）

止血芳酸
（PAMBA）

6-氨基己酸
（EACA）

二、肽和蛋白质

肽（peptide）和蛋白质（protein）广泛存在于动植物体内，在生命活动中具有重要的生理功能。例如，广泛分布于神经组织的神经肽，如脑啡肽、内啡肽、强啡肽等，是一类在神经传导过程中起信息传递作用的生物活性肽；存在于大部分细胞中的谷胱甘肽，参与细胞的氧化还原过程。具有催化作用的酶、免疫作用的抗体及调节作用的激素等都是蛋白质。

肽和蛋白质分子中，各氨基酸单元称为氨基酸残基（amino acid residue）。根据分子中氨基酸残基数目分别称为二肽、三肽、四肽、……。通常将含有 2～10 个氨基酸残基的肽称为寡肽或低聚肽（oligopeptide）；含有 11～100 个以上氨基酸残基的称为多肽（polypeptide）；含有 100 个以上氨基酸残基（相对分子质量在 10000 以上，即 10kDa）的称为蛋白质。多肽与蛋白质之间并无严格的界限，如胰岛素的相对分子质量为 6000，但在溶液中，特别是在金属离子存在下，它迅速结合成相对分子质量为 12000、36000 或 48000 的质点。因此，把胰岛素看作蛋白质。

（一）肽的结构和命名

1. 肽的结构

（1）肽键的特点　肽是由 α-氨基酸缩合而成的化合物。肽分子中氨基酸残基之间以肽键（酰胺键）相连。肽键的特点是：氮原子上的孤对电子与羰基具有明显的共轭作用，C—N 键具有部分双键的性质，不能自由旋转；组成肽键的原子处于同一平面，称为肽键平面（peptide plane）或酰胺平面（amide plane），与 C—N 键相连的 O 和 H 或两个 α-C 呈反式分布（图 16-1）。

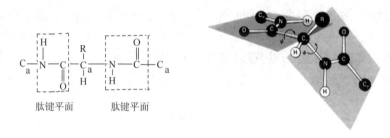

图 16-1　肽键平面示意图

（2）氨基酸序列　多肽分子为链状结构（极少数为环状肽），所以又称多肽链（polypeptide chain），其主链由肽键和 α-C 交替构成，而氨基酸残基的 R 基团相对很短，称为侧链。多肽链的一端含游离氨基，称为氨基末端（amino terminal），又称 N 端或 H 端，另一端含游离羧基，称为羧基末端（carboxyl terminal）（又称 C 端或 OH 端）。肽链有方向性，通常把 N 端看作肽链的头，这与多肽链的合成方向一致，即多肽链的合成开始于 N 端，结束于 C 端。

$$\boxed{NH_2}-CH-\overset{O}{\underset{R}{C}}\!\!-\!\!\left[\,NH-CH-\overset{O}{\underset{R}{C}}\,\right]_n\!\!NH-CH-\boxed{COOH}$$

N端　　　　　　　　　　　　　　　　　　　　　　　　　　C端

书写肽链时，习惯上把 N 端写在左侧，用 H_2N— 或 H— 表示，C 端写在右侧，用—COOH 或—OH 表示，也可用中文或英文代号表示。例如，谷胱甘肽（glutathione）可表示为

H—谷—胱—甘—OH　　或　　H—E—C—G—OH

由于氨基酸形成肽键时连接的顺序不同，所以两种不同氨基酸组成的二肽有 2 种，肽链中残基越多，可能形成的多肽异构体数目就越多，如 3 种氨基酸组成的三肽可有 6 种，4 种氨基酸组成的四肽可有 24 种，6 种氨基酸组成的六肽则有 720 种。在多肽链中，氨基酸残基按一定的顺序排列，这种排列顺序称为氨基酸序列（amino acid sequence）。

2. 肽的命名

以 C 端含有完整羧基的氨基酸为母体，由 N 端开始，把肽链中其他氨基酸名称中的酸字改为酰字，依次称为某氨酰……某氨酸（简写为某-某-某）。

甘氨酰-丙氨酸（甘-丙）　　　　　　　　丙氨酰-甘氨酸（丙-甘）

$$H_2N-\overset{\overset{\displaystyle CH_3}{|}}{CH}-\overset{\overset{\displaystyle O}{\|}}{C}-\overset{\overset{\displaystyle}{|}}{\underset{\underset{\displaystyle H}{|}}{N}}-\overset{\overset{\displaystyle}{|}}{\underset{\underset{\displaystyle CH_2OH}{|}}{CH}}-\overset{\overset{\displaystyle O}{\|}}{C}-\overset{\overset{\displaystyle}{|}}{\underset{\underset{\displaystyle H}{|}}{N}}-\overset{\overset{\displaystyle CH_2C_6H_5}{|}}{CH}-COOH$$

丙氨酰-*丝*氨酰-苯丙氨酸（丙-*丝*-苯丙）

肽的俗名根据其功能或来源而得，如催产素、加压素、胰岛素、促肾上腺皮质激素等。

（二）多肽的合成

合成多肽的目的，大多数是制备和天然产物一样具有光学活性的化合物。也就是将 α-氨基酸按照预定残基序列和预定长度连接成多肽链。由于氨基酸是多特性基团化合物，可能同时参加反应，在按要求形成肽键时，须将不参加反应的—NH_2 和—COOH 暂时保护起来；又因肽链中的肽键易发生水解、氨解等反应，合成时条件必须缓和，因此，又要对参加反应的氨基、羧基进行"活化"，使反应容易进行。

多肽的合成是一项十分复杂的化学工程，但最主要的是保护氨基、保护羧基、羧基活化及脱去保护基 4 个过程。通常把保护氨基称为代帽子，保护羧基称为穿靴子。对保护基的要求是：容易引入，之后又容易除去。保护氨基常用试剂为氯甲酸苄酯，因为反应后，氨基上的苄氧羰基很容易用催化加氢的方法解除保护。

（三）蛋白质的组成、分类

1. 蛋白质的分子组成　绝大多数蛋白质都是以 20 种编码氨基酸为结构单位形成的大分子化合物，其主要组成元素为 C（50%～55%）、H（6.0%～7.5%）、O（19%～24%）、N（15%～17%）、S（0%～4%）、P（0%～0.8%），有些还含有微量的 Fe、Cu、Mn、I、Zn 等。一般蛋白质中 N 含量约为 16%，因此，测定 N 含量可推算蛋白质的含量。

样品中蛋白质的含量（%，质量分数）=每克样品中氮含量（g）×6.25×100%

其中，6.25 即每克氮相当于 6.25g 蛋白质。

2. 蛋白质的分类　蛋白质是自然界数量和种类最多的物质。有人估计整个生物界可能存在着 100 亿种不同的蛋白质，仅人体就约含 10 万种不同结构的蛋白质。通常根据蛋白质的组成、形状及功能进行分类。

（1）根据化学组成分为：单纯蛋白质（simple protein）和结合蛋白质（conjugated protein），前者完全由氨基酸构成，如清蛋白（albumin）、球蛋白（globin；　globulin）等；后者除蛋白质部分外，还含有非蛋白质部分（又称辅基），如糖蛋白（glycoprotein）、脂蛋白（lipoprotein）、核糖核蛋白（ribonucleoprotein，RNP）和金属蛋白（metalloprotein）等。

（2）根据分子形状分为：纤维状蛋白质（fibrous protein）和球状蛋白质（globular protein）。通常分子长轴与短轴之比小于 10 者为球状蛋白质，如清蛋白、血红蛋白（hemoglobin）、肌红蛋白（myoglobin）、γ-球蛋白（gamma globulin）以及多种溶解于胞液或体液中的蛋白质；分子长轴与短轴之比大于 10 者为纤维状蛋白质，如丝蛋白（fibroin；silk-fibroin）、角蛋白（ceratin；keratin）等。

（3）根据蛋白质的功能分为：活性蛋白质（active protein）和非活性蛋白质。前者包括在生命运动过程中一切有活性的蛋白质，按照其生理作用不同，活性蛋白质又可分为酶、激素、抗体、收缩蛋白、运输蛋白等；后者主要包括一大类担任生物的保护或支持作用的蛋白质，而本身不具有生物活性的物质，如储存蛋白（清蛋白、酪蛋白等）、结构蛋白（角蛋白、弹性蛋白胶原等）等。

（四）蛋白质的结构

蛋白质是由一条或几条多肽链相互折叠和缠绕形成具有独特、专一立体结构的高分子化合物。分子中成千上万的原子在空间排布十分复杂，特定的氨基酸组成及空间排布是蛋白质具有独特生理功能的分子基础。通常根据分子的结构层次分为4级：

1. 蛋白质的一级结构 多肽链是蛋白质分子的基本结构。有些蛋白质就是一条多肽链，有些是由两条或几条多肽链构成。多肽链中氨基酸的排列顺序称为蛋白质的一级结构（primary structure）。肽键是一级结构中连接氨基酸残基的主要化学键，有的蛋白质分子还具有二硫键（disulfide bond），二硫键是由2个半胱氨酸的巯基脱氢氧化而成的，分别有链间二硫键和链内二硫键两种形式。一级结构包括二硫键的位置。人胰岛素的一级结构见图 16-2，牛核糖核酸酶一级结构见图 16-3。

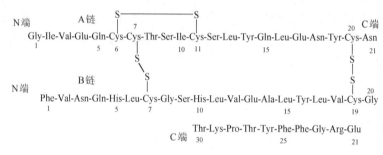

图 16-2　人胰岛素的一级结构

图 16-3　牛核糖核酸酶一级结构

一级结构是蛋白质的基本结构，任何特定的蛋白质都有其特定的氨基酸排列顺序，而且与蛋白质的功能有密切关系。维持蛋白质一级结构的主要化学键是肽键，此外还有二硫键。

2. 蛋白质的二级结构 天然蛋白质分子的多肽链并非全部为松散的线状结构，而是盘绕、折叠成特定构象的立体结构。一级结构中部分肽链的弯曲或折叠产生的主链原子的局部空间构象称为蛋白质的二级结构（secondary structure）。多肽链中肽键平面是一个刚性结构，它是肽链卷曲折叠的基本单位。由于肽键平面相对旋转的角度不同，一般有 α-螺旋、β-折叠、β-转角、无规卷曲等几种形式的二级结构。

（1）α-螺旋　肽链的肽键平面围绕 α-C 以右手螺旋盘绕形成的结构，称为 α-螺旋（α-helix，图 16-4）。螺旋每上升一圈平均需要 3.6 个氨基酸，螺距为 0.54nm，螺旋的直径为 0.5nm，由于此空间太小，所以溶剂分子不能进入。

氨基酸的 R 基团分布在螺旋的外侧，相邻两个螺旋之间肽键的 C=O 与 H—N（每一个肽键的羰基氧与从该羰基所属氨基酸开始向后数第 5 个氨基酸的氨基氢）形成氢键，从而使这种 α-螺旋能够稳定。

（2）β-折叠　多肽链中的局部肽段，主链呈锯齿形伸展状态，数段平行排列可形成裙褶样结构，称为 β-折叠（β-sheet，图 16-5）。一个 β-折叠单位含两个氨基酸，其 R 基团交错排列在折叠平面的上下，相邻肽段的肽键之间形成的氢键是维持 β-折叠的主要作用力。

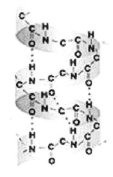

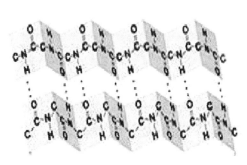

图 16-4　蛋白质分子的 α-螺旋结构　　　　图 16-5　蛋白质分子的 β-折叠结构

α-螺旋和 β-折叠是蛋白质的两种基本构象，此外还有 β-转角（β-turn）和无规卷曲（random coil）等。氢键是维持蛋白质分子二级结构的副键（auxiliary bond）。

3. 蛋白质的三级结构　在二级结构基础上进一步卷曲、盘绕、折叠成更为复杂、紧密的三维空间结构为蛋白质的三级结构（tertiary structure，图 16-6）。三级结构是蛋白质分子中一条多肽链上主、侧链所有原子或基团在三维空间的整体排布。大多数蛋白质都具有球状或纤维状的三级结构。维持三级结构的主要作用力是氢键、疏水键、离子键（盐键）、范德瓦耳斯力等，它们都是蛋白质分子结构的副键。

4. 蛋白质的四级结构　由两条或两条以上具有相对独立三级结构的多肽链，通过非共价键（副键）缔合形成特定的三维空间排列称为蛋白质的四级结构（quaternary structure，图 16-7）。其中，每一条具有完整三级结构的多肽链称为蛋白质的原体或亚基（subunit），四级结构实际

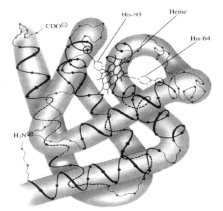

图 16-6　肌红蛋白的三级结构　　　　　　图 16-7　血红素的四级结构

上是指亚基的空间排布、相互作用及接触部位的布局。亚基之间副键的结合比二、三级结构疏松，因此在一定的条件下，具有四级结构的蛋白质可分离为其组成的亚基，而亚基本身构象仍可不变。

蛋白质的一级结构决定空间结构，空间结构决定生理功能，其各结构层次见图 16-8。

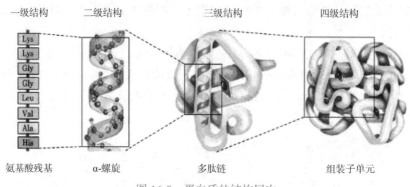

图 16-8　蛋白质的结构层次

（五）蛋白质的性质

蛋白质是由氨基酸组成的生物大分子化合物，其理化性质部分与氨基酸相似，如等电点、两性电离、成盐反应、呈色反应等；同时，也具有大分子的特性，如胶体性、不易透过半透膜、沉降及沉淀等。

1. 紫外吸收特征　蛋白质含肽键和芳香族氨基酸，在紫外范围内两处有吸收峰。一是由于存在肽键结构，在 $200\sim220nm$ 处有吸收峰；二是因含有色氨酸和酪氨酸残基，分子内部存在共轭双键，而在 280nm 处有一吸收峰。在一定条件下，蛋白质对 280nm 紫外吸收峰与其浓度成正比，在蛋白质分离分析中常以此作为检测手段。

2. 两性解离和等电点　蛋白质分子既有游离的 C 端羧基、侧链谷氨酸的 γ-羧基和天冬氨酸的 β-羧基，可以给出质子带负电，也有游离的 N 端氨基、赖氨酸的 ε-氨基、精氨酸的胍基和组氨酸的咪唑基，可以结合质子带正电。所以，蛋白质是两性电解质，其在溶液中的带电状态受溶液的 pH 值影响。在某一 pH 值下，蛋白质分子的净电荷为零，此时溶液的 pH 值称为该蛋白质的等电点（pI）。如果溶液 pH 小于蛋白质等电点，蛋白质带正电；如果溶液 pH 大于蛋白质等电点，则蛋白质带负电。

$$H_2N—Pr—COOH$$

$$H_2N—Pr—COO^- \underset{OH^-}{\overset{H^+}{\rightleftharpoons}} H_3N^+—Pr—COO^- \underset{OH^-}{\overset{H^+}{\rightleftharpoons}} H_3N^+—Pr—COOH$$

$$pH>pI \qquad\qquad pH=pI \qquad\qquad pH<pI$$

各种蛋白质的组成和结构不同，其 pI 也不同，因而在同一 pH 的溶液中，不同蛋白质所带电荷的性质和数量也有所不同，加之分子的大小、形状的差异，各蛋白质在电场中的泳动速度有所不同。通常利用电泳法分离、纯化、鉴定和制备蛋白质。

3. 蛋白质的颜色反应

（1）缩二脲反应　蛋白质的碱性溶液与稀硫酸铜反应，呈紫色或紫红色，称为缩二脲反应，又称双缩脲反应（biuret reaction）。凡是含有两个或以上肽键结构的化合物，均可发生缩二脲反应。

（2）茚三酮反应　蛋白质分子中含有游离 α-氨基，所以与茚三酮溶液共热，即呈现蓝紫色。此反应可用于蛋白质的定性、定量分析。

（3）蛋白黄反应　蛋白质分子含有带苯环的氨基酸（如酪氨酸和色氨酸），遇浓硝酸发生硝化反应而生成黄色硝基化合物，该反应称为蛋白黄反应，又称黄色(蛋白)反应(xanthoprotein reaction)。皮肤遇浓硝酸变黄色就是这个原因。

（4）米伦反应　蛋白质遇硝酸汞的硝酸溶液变为红色的反应称为米伦反应（Millon reaction）。这是因为酪氨基中的酚基与汞形成有色化合物。可利用这个反应检验蛋白质中是否含酪氨酸。

4. 蛋白质的胶体性质　蛋白质是高分子化合物，相对分子质量大，其分子颗粒的直径一般在 $1\sim100\,nm$ 之间，属于胶体分散系，具有胶体溶液的特征：在水中分子扩散速度慢、不易沉淀、黏度大、布朗运动、丁铎尔现象、不能透过半透膜等性质。

5. 蛋白质的沉淀反应　蛋白质溶液能稳定的主要因素是，蛋白质分子表面带有的"同性电荷"及大量亲水基团形成的"水化膜"。消除了"同性电荷"的相斥作用、除去水化膜的保护，则蛋白质分子就会互相凝聚成颗粒而沉淀。通常有以下几种方法：

（1）盐析　向蛋白质溶液中加入中性盐至一定浓度时，其胶体溶液稳定性被破坏而使蛋白质析出，这种方法称为盐析（salting out）。常用的中性盐有硫酸铵、硫酸钠和氯化钠等。

不同蛋白质盐析时所需的盐浓度不同，利用此性质，可用不同浓度的盐溶液将蛋白质分段析出，予以分离。例如，向血清中加入$(NH_4)_2SO_4$至半饱和时，球蛋白先析出；滤去球蛋白后，再加入$(NH_4)_2SO_4$至饱和，则血清中的清蛋白析出。盐析得到的蛋白质经透析脱盐仍保持活性。

（2）重金属离子沉淀　重金属离子 Hg^{2+}、Pb^{2+}、Cu^{2+}和Ag^+等在溶液的 pH 值大于蛋白质的等电点时，易与蛋白质阴离子结合而沉淀。

$$pH>pI:\quad H_2N-Pr-COO^- + Ag^+ \longrightarrow H_2N-Pr-COOAg\downarrow$$

重金属沉淀常导致蛋白质变性，但若在低温条件下操作并控制重金属离子浓度，也可分离制备未变性蛋白质。

临床上在抢救重金属中毒患者时，通常给患者口服大量蛋白质，然后结合催吐剂进行解毒。

（3）某些酸类沉淀　钨酸、鞣酸和苦味酸等沉淀生物碱的试剂及三氯乙酸、磺基水杨酸等和过氯酸等酸的复杂酸根，在溶液的 pH 值小于蛋白质的等电点时，易与蛋白质阳离子结合而沉淀，此沉淀法往往导致蛋白质变性，常用于除去样品中的杂蛋白。

$$pH<pI:\quad H_3N^+-Pr-COOH + CCl_3COO^- \longrightarrow CCl_3COOH_3N-Pr-COOH\downarrow$$

（4）有机溶剂沉淀　甲醇、乙醇和丙酮等极性较大的有机溶剂对水的亲和力很大，能破坏蛋白质分子表面的水化膜，在等电点时可沉淀蛋白质。在中草药有效成分提取过程中所用的"醇沉"就是该原理；但在常温下，蛋白质与有机溶剂长时间接触往往会发生性质改变而不再溶解，这正是乙醇消毒灭菌的原理；但在低温条件下变性缓慢，所以可在低温条件下分离制备各种血浆蛋白。

6. 蛋白质的变性　由于物理因素（如干燥、加热、高压、振荡或搅拌、紫外线、X 射线、超声等）或化学因素（如强酸、强碱、尿素、重金属盐、三氯乙酸、乙醇、去污剂等）的作用，蛋白质的副键断裂，特定的空间结构被破坏，从而导致其理化性质改变，生物活性丧失，这一现象称为蛋白质变性（protein denaturation）。蛋白质变性不改变一级结构。临床上常利用变性原理进行消毒灭菌。

蛋白质变性和沉淀之间有很密切的关系，蛋白质变性的原因是空间结构被改变，活性丧失，但不一定沉淀；蛋白质沉淀的原因是胶体溶液稳定因素被破坏，构象不一定改变，活性也不一定丧失，所以不一定变性。

7. 蛋白质的水解　蛋白质在酸、碱或酶催化下发生水解反应，使各级结构逐步被破坏，最后水解为各种氨基酸的混合物。

$$蛋白质 \rightarrow 胨 \rightarrow 多肽 \rightarrow 寡肽 \rightarrow 氨基酸$$

（六）代表药物介绍

多肽和蛋白质类药物主要以 20 种天然氨基酸为基本结构单元依序连接而得，按国际药学界通行的分类法，凡氨基酸残基数量在 100 个以下的药品属于多肽类（如谷胱甘肽、环孢菌素、降钙素等），而氨基酸残基数量大于 100 的药物均属于蛋白质类（如胰岛素、生长素、干扰素等）。

1. 谷胱甘肽　谷胱甘肽（glutathione，GSH）广泛存在于动植物中，是由谷氨酸、半胱氨酸和甘氨酸 3 个氨基酸组成的活性短肽，相对分子质量 307。人工合成的谷胱甘肽药物，临床上用于脂肪肝、中毒和病毒性肝炎等辅助治疗。

2. 环孢菌素　环孢菌素（cyclosporin A）又称环孢多肽 A、环孢素 A、环孢灵、赛斯平、山地明。环孢菌素是一种含有 11 个氨基酸残基的环状多肽抗生素，由真菌代谢产物提取，可人工合成。有抗霉菌作用，主要用于肝、肾以及心脏移植的抗排异反应，是目前器官移植的首选药物，也可用于一些免疫性疾病的治疗。多肽类抗生素毒性一般较大，主要会引起神经毒性和肾毒性。

3. 降钙素　降钙素（calcitonin，CT）是一种调节血钙浓度的多肽激素，由甲状腺内的滤泡旁细胞（C 细胞）分泌。降钙素是由 32 个氨基酸残基组成的单链多肽，相对分子质量约 3500，主要由猪甲状腺和鲑、鳗的心脏或心包膜制得，用化学合成和基因工程技术制备降钙素已获成功。降钙素的主要功能是降低血钙，临床上用于治疗中度至重度症状明显的畸形性骨炎。

4. 胸腺肽　胸腺肽（thymus peptide）是胸腺组织分泌的具有生理活性的一组多肽，可调节和增强人体细胞免疫功能。临床上常用的胸腺肽是从小牛胸腺提取，用于治疗各种原发性或继发性 T 细胞缺陷病、某些自身免疫性疾病、各种细胞免疫功能低下的疾病及肿瘤的辅助治疗。

5. 胰岛素　胰岛素（insulin）广泛存在于人和动物的胰脏中，是机体内唯一降低血糖的激素。胰岛素共含 51 个氨基酸残基，由 A 链、B 链组成。不同种属动物的胰岛素分子组成均有差异，结构大致相同，主要差别在 A 链二硫桥中间的第 8、9 和 10 位上的三个氨基酸及 B 链 C 末端，牛胰岛素的相对分子质量为 5733，猪为 5764，人为 5784。胰岛素是治疗糖尿病的特效药物，目前临床最常使用的胰岛素为重组人胰岛素。

6. 白蛋白　白蛋白（albumin，Alb）又称清蛋白，是由 585 个氨基酸残基组成的单链蛋白质，相对分子质量为 66458。自然界中，几乎所有的动植物都含有白蛋白，如血清白蛋白、卵白蛋白、乳白蛋白、肌白蛋白、麦白蛋白、豆白蛋白等。白蛋白是血浆中含量最多、分子最小、溶解度大、功能较多的一种蛋白质，其主要作用是维持胶体渗透压。

临床上常用的白蛋白是由健康人的血浆提取、分离、精制而得，主要用于失血创伤和烧伤等引起的休克、脑水肿，肝硬化、肾病综合征或腹水等危重病症的治疗，以及低蛋白血症患者的治疗。

7. 干扰素　干扰素（interferon，IFN）是一组广谱抗病毒蛋白质，因能够干扰多种病毒的复制而得此名。根据其来源和结构不同分为：α-干扰素（含 165 个氨基酸残基）、β-干扰素（含 166 个氨基酸残基）和 γ-干扰素（含 146 个氨基酸残基）三类。按制作方法不同，可分为基因工程重组 α-干扰素和人自然干扰素两大类。α-干扰素具有较强的抗病毒作用，临床广泛用于治疗病毒性肝炎，如丙肝、慢性乙肝等疗效较好。

8. 人丙种球蛋白　人丙种球蛋白（γ-immunoglobulin）又称普通丙种球蛋白，是一类主要存在于血浆中、具有抗体活性的糖蛋白（glycoprotein），相对分子质量 150000，因在血清电泳图中位于球蛋白第三区带而得名。丙种球蛋白具有补充抗体和免疫调节作用，能够提高机体对多种细菌、病毒的抵抗能力，主要用于预防流行性疾病（如病毒性肝炎、脊髓灰质炎、麻疹、水痘等）及治疗丙种球蛋白缺乏症等，也可用于其他细菌性、病毒性感染。

9. 促红细胞生成素　促红细胞生成素（erythropoietin，EPO）是由肾脏分泌的一种能够促进前体红细胞增生分化的细胞因子蛋白质，相对分子质量 34000。自 20 世纪 80 年代后期以来，利用基因工程技术生产的重组人促红细胞生成素已经成为治疗肾功能性贫血的常规药物，在全世界得到广泛应用。

10. 单克隆抗体药物　单克隆抗体药物（monoclonal antibody）是当今世界上最先进的、发展最迅猛的蛋白质类药物之一。单克隆抗体由双重链和双轻链通过二硫键连接而成，总相对分子质量为 150000 左右。其抗原结合区 Fab 有着数量极为庞大的不同氨基酸的变化和组合，使得一种单克隆抗体能够特异性结合某种人体疾病相关蛋白。其超高的特异性和低毒性使其被称为"神奇的子弹"（magic bullet），只进攻目标靶点。单克隆抗体药物是很多癌症和自免疫疾病的最佳药物，但是其价格极为昂贵，在发展中国家还有待普及。代表药物为罗氏公司的贝伐珠单抗[Bevacizumab，又称安维汀（Avastin）]，用于治疗乳腺癌、直肠癌和肺癌等多种癌症。

随着生物工程技术的迅速发展，众多新型多肽和蛋白质类药物不断研发上市。多肽和蛋白质类药物品种繁多、基本原料简单易得、可用于治疗各种类型疾病，并能有效地治疗各种不治之症或疑难杂症（如癌症、艾滋病以及由免疫紊乱导致的各种疾病）。近年来，对这类药物的研发已经延伸到疾病防治的各个领域，已成为目前医药研发领域中最活跃、进展最快的部分，是 21 世纪最有前途的产业之一。

第二节　核　酸

核酸（nucleic acid）是细胞中重要的生物大分子。除病毒外，各种生物都含有两类核酸，一类是脱氧核糖核酸（deoxyribonucleic acid，DNA），另一类是核糖核酸（ribonucleic acid，RNA）。其中，DNA 主要存在于细胞核中，决定生物体的繁殖、遗传及变异，是生物遗传的物质基础。RNA 主要存在于细胞质中，参与生物体遗传信息的表达、控制蛋白质的合成。生物体内，大部分核酸与蛋白质结合成核蛋白，只有少量以游离状态存在。

一、核酸的分子组成

核酸是由有许多单核苷酸（mononucleotide）按一定的顺序连接而成的、具有特定空间结构的多核苷酸大分子。核苷酸（nucleotide）是核酸的结构单位，它是由核苷与磷酸形成的酯；核苷是由核糖或脱氧核糖与碱基形成的苷。核酸逐步水解，最终产物为戊糖（核糖或脱氧核糖）、磷酸和碱基。

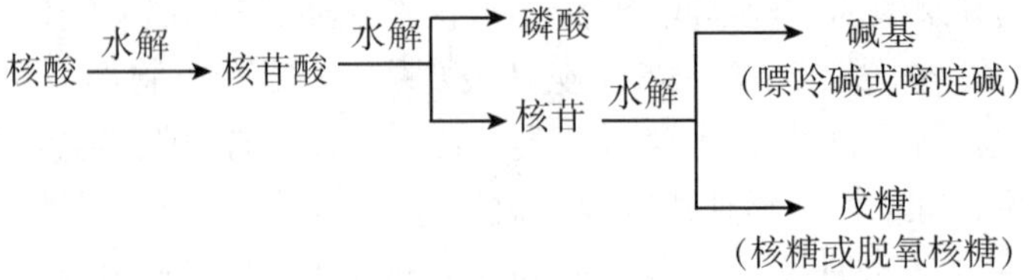

核酸 —水解→ 核苷酸 —水解→ 磷酸
核苷 —水解→ 碱基（嘌呤碱或嘧啶碱）
戊糖（核糖或脱氧核糖）

（一）核糖和脱氧核糖

RNA 分子中含有核糖，所以称为核糖核酸；DNA 分子中含有 2-脱氧-D-核糖，所以称为脱氧核糖核酸。其结构见图 16-9。

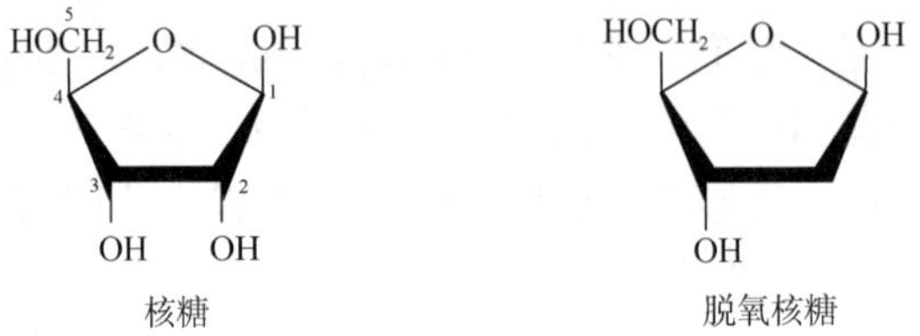

图 16-9　核糖和脱氧核糖的结构

（二）碱基

核酸分子中的碱基有嘌呤碱和嘧啶碱两类。前者为嘌呤的衍生物，主要包括腺嘌呤（adenine，A）、鸟嘌呤（guanine，G）两种；后者为嘧啶衍生物，主要有胞嘧啶（cytosine，C）、尿嘧啶（uracil，U）和胸腺嘧啶（thymine，T）。其中，DNA 分子含有 A、G、C、T 四种碱基，而 RNA 分子含有 A、G、C、U 四种碱基，两者差别仅在于 T 和 U 不同。其结构见图 16-10。

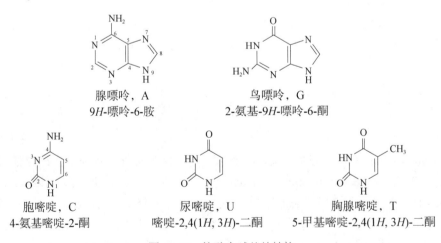

图 16-10　核酸中碱基的结构

除了以上碱基之外，核酸中还含有微量的其他碱基，称为稀有碱基（minor base）。稀有碱基含量虽少，却具有重要的生物学意义。

（三）磷酸

核酸是磷酸含量最大的生物大分子，每个结构单位都含有一分子磷酸。核苷的戊糖羟基与磷酸形成酯键，即成为核苷酸。

$$
\begin{array}{c}
O \\
\parallel \\
HO—P—OH \\
\mid \\
OH
\end{array}
$$

二、核苷的分子结构

核苷是由戊糖的苷羟基（即半缩醛羟基）与碱基的活泼氢通过糖苷键连接而成。根据戊糖的组成不同，核苷（nucleoside）又可分为核糖核苷（ribonucleoside）和脱氧核糖核苷（deoxyribonucleoside）。其结构、名称见图 16-11。

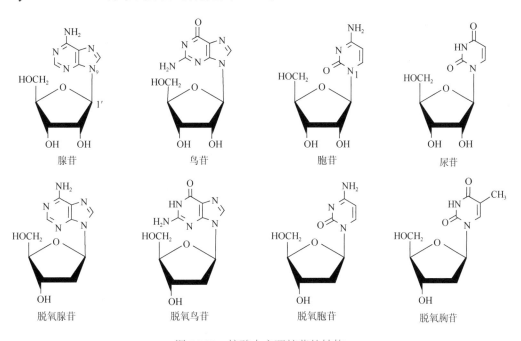

图 16-11　核酸中主要核苷的结构

三、核苷酸的分子结构

核酸分子中的核苷酸，是核苷 5′ 位碳原子上的羟基与磷酸通过磷酸酯键连接而成。组成 RNA 的核苷酸有 4 种，分别是：腺苷酸（AMP）、鸟苷酸（GMP）、胞苷酸（CMP）和尿苷酸（UMP）；组成 DNA 的为脱氧核苷酸，包括脱氧腺苷酸（dAMP）、脱氧鸟苷酸（dGMP）、脱氧胞苷酸（dCMP）和脱氧胸苷酸（dTMP）。其结构见图 16-12。

此外，磷酸还可同时与核苷上 2 个羟基形成酯键，成为环化核苷酸，如 3′, 5′-环腺苷酸（cAMP）和 3′, 5′-环鸟苷酸（cGMP）。其结构见图 16-13。

核苷结合的磷酸基团可以是 1 个，也可以更多，即多磷酸核苷酸，如腺苷二磷酸（ADP）和腺苷三磷酸（ATP）。其结构见图 16-14。

腺苷酸
（AMP）

鸟苷酸
(GMP)

胞苷酸
(CMP)

尿苷酸
(UMP)

脱氧腺苷酸
(dAMP)

脱氧鸟苷酸
(dGMP)

脱氧胞苷酸
（dCMP）

脱氧胸苷酸
（dTMP）

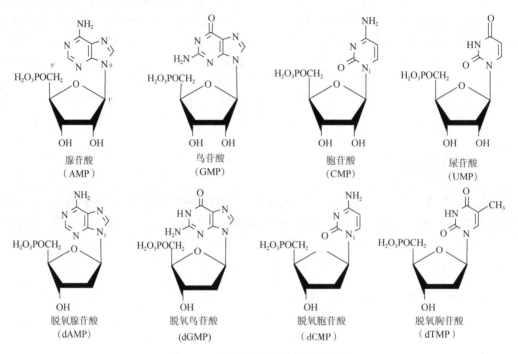

图 16-12　核酸中主要核苷酸的结构

3′,5′-环腺苷酸
（cAMP）

3′,5′-环鸟苷酸
（cGMP）

图 16-13　cAMP 和 cGMP 的结构

腺苷二磷酸
（ADP）

腺苷三磷酸
（ATP）

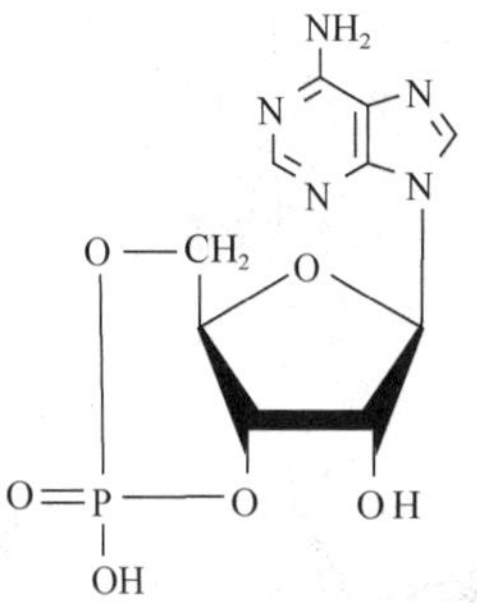

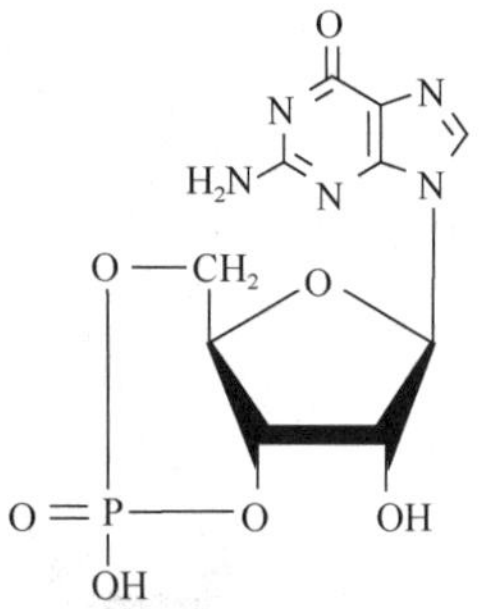

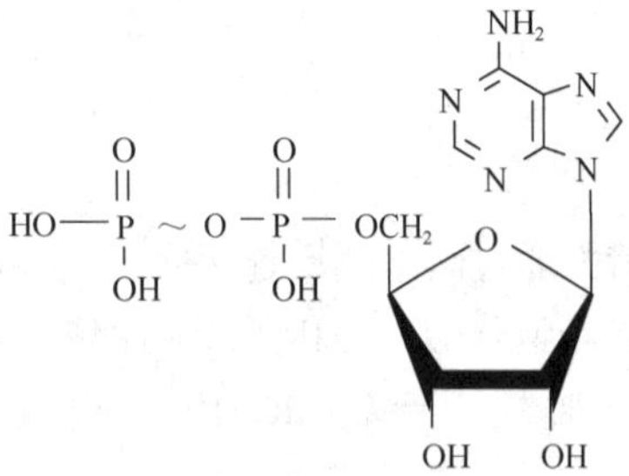

图 16-14　ADP 和 ATP 的结构

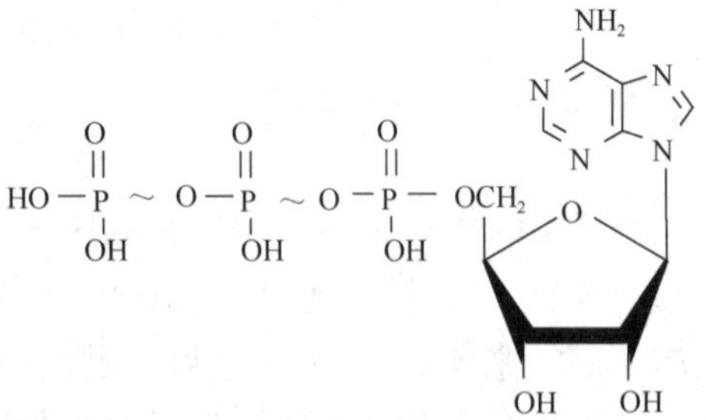

ATP 结构式中的"～"代表一种特殊的化学键，称为高能磷酸键（high-energy phosphate bond），高能磷酸键断裂时，会释放大量的能量。ATP 水解时，高能磷酸键释放的能量可达 30.54kJ·mol^{-1}。所以 ATP 是细胞内一种高能磷酸化合物。

四、核酸的功能

（一）DNA 的功能

DNA 是遗传信息的携带者，其基本功能就是作为生物遗传信息复制的模板和基因转录的模板，是生命遗传、繁殖的物质基础，并决定生物体的变异。

（二）RNA 的功能

RNA 功能广泛，在生命活动中与蛋白质共同负责基因的表达和调控。目前已知的几种 RNA 及其功能如下：

1. 信使 RNA（messenger RNA，mRNA）　mRNA 把遗传信息从 DNA（细胞核内）带到核糖体（细胞核外），作为合成蛋白质的模板，指导蛋白质合成。

2. 转运 RNA（transfer RNA，tRNA）　tRNA 是蛋白质合成中的"运输工具"，选择性地转运氨基酸，同时把核酸语言（碱基）翻译成蛋白质语言（氨基酸）。

3. 核糖体 RNA（ribosomal RNA，rRNA）　rRNA 与蛋白质构成核糖体（或称核蛋白体），核糖体是蛋白质合成"机器"。

核酸的组成单位核苷酸，除了为核酸的合成提供原料之外，在体内还具有多种功能。例如，ATP 为生命活动提供能量；UTP 参与糖原的合成；CTP 参与磷脂的合成；AMP 构成酶的辅助因子：烟酰胺腺嘌呤二核苷酸（NAD）、烟酰胺腺嘌呤二核苷酸磷酸（NADP）、黄素腺嘌呤二核苷酸（FAD）和辅酶 A（CoA）；cAMP、cGMP 作为第二信使（激素为第一信使），在信号传递过程中起重要作用。

五、核酸类代表药物

核酸类药物包括核酸、核苷酸、核苷、碱基及其衍生物，是一大类具有多种药理作用的生化药物，通常由动物、微生物的细胞提取或人工合成。临床上用于抗病毒、抗肿瘤、抗心脑血管病等治疗，对防治危害人类最大的几类疾病有着重大的意义。目前，国内外此类药物品种已超过 60 种，以下介绍几种常见的核酸类药物。

（一）腺苷三磷酸

腺苷三磷酸（adenosine triphosphate，ATP）又称三磷酸腺苷，分子结构可以简写成 A-P～P～P（结构式如前所示）。腺苷三磷酸是体内组织细胞一切生命活动所需能量的直接来源，被誉为细胞内能量的"分子货币"，是生物体内与组织生长、修补、再生、能源供应等密切相关的高能化合物。以兔肉分离制提，为辅酶类药。用于治疗进行性肌肉萎缩、脑溢血后遗症、心功能不全、心肌疾患及肝炎等。

（二）阿糖腺苷

阿糖腺苷（adenine arabinoside）又称腺嘧啶阿拉伯糖苷，是近年来引人注目的广谱 DNA 病毒抑制剂，对单纯疱疹Ⅰ、Ⅱ型，带状疱疹，巨细，牛痘等病毒有明显抑制作用。目前认为，阿糖腺苷是治疗单纯疱疹脑炎最好的抗病毒药物；也用于急性淋巴细胞白血病等，对消化道肿瘤及恶性淋巴瘤等也有一定疗效。

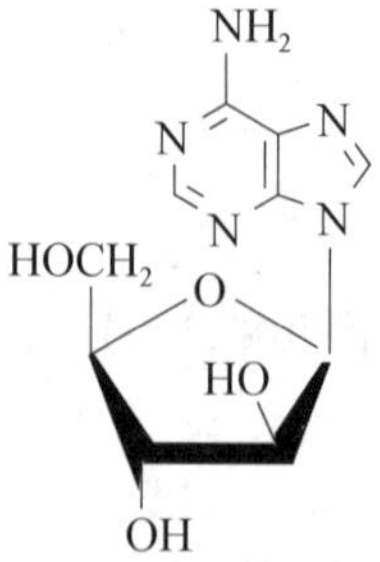

阿糖腺苷

（三）胞二磷胆碱

胞二磷胆碱（CDP-胆碱，CDP-choline，cytidine diphosphocholine）又称尼古林、尼可林、胞磷胆碱等，其化学名称为胞嘧啶核苷-5′-二磷酸胆碱钠盐，为核苷衍生物，用于颅脑外伤和脑手术后的代谢障碍、意识障碍的治疗，还可促进脑血栓半身麻痹患者的上肢运动功能的恢复及帕金森综合征的辅助治疗。

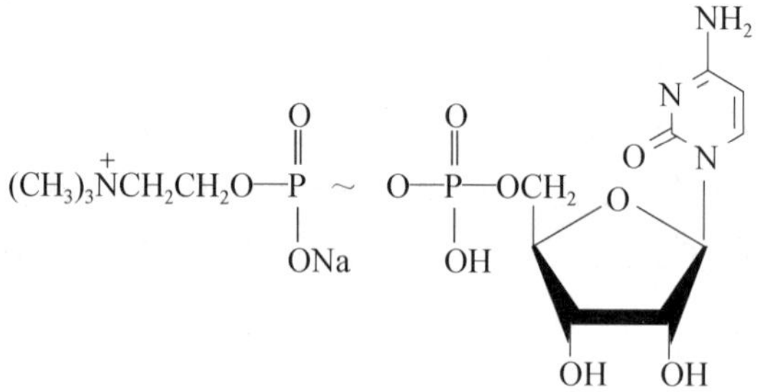

胞二磷胆碱

（四）阿德福韦酯

阿德福韦酯（adefovir dipivoxil，ADV）又称贺维力，化学名称为：9-[2-[双(新戊酰氧甲氧基)磷酰甲氧基]乙基]腺嘌呤。阿德福韦酯为单磷酸腺苷的无环核苷类似物，具有广谱抗病毒活性，是一种新的抗乙型肝炎病毒（HBV）药物，适用于治疗乙型肝炎病毒活动复制和血清氨基酸转移酶持续升高的肝功能代偿的成年慢性乙型肝炎患者。更适合慢性乙肝及肝硬化患者的长期治疗。

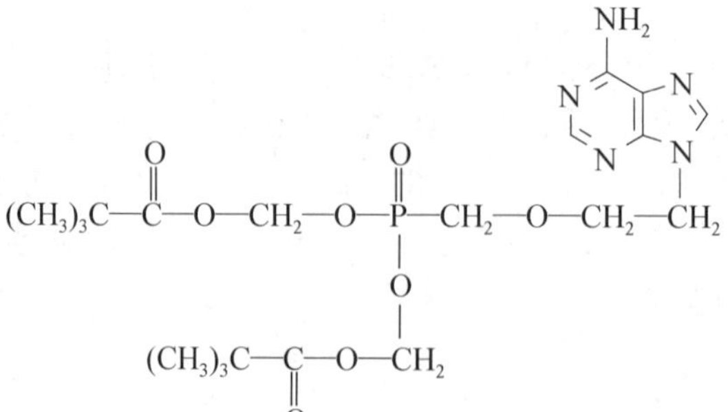

阿德福韦酯

（五）基因治疗

基因治疗（gene therapy）是近年来新兴的一大类利用 DNA 或 RNA 来治疗或预防疾病的统称。基因治疗通过载体来把特定序列的 DNA 或 RNA 传导至人体内，DNA 用来表达某种患者缺少的有用蛋白质或疫苗抗原，RNA（一般是干扰 RNA）用来抑制和降解某种患者过多或致病的蛋白质。基因治疗是根治很多遗传病的唯一方法。目前基因治疗还处于临床研究阶段，主要技术瓶颈在于安全和高效的载体的设计。载体是把 DNA 或 RNA 传输进入人体的途径，一般为质粒、腺病毒或其他减活病毒。基因治疗和干细胞治疗一样被普遍认为是未来 20 年生物医学发展的热点。

===== 知 识 链 接 =====

弗雷德里克·桑格（Frederick Sanger，1918 年 8 月 13 日—2013 年 11 月 19 日），英国生物化学家。曾任英国剑桥分子生物学实验室蛋白质和核酸化学部主任，主要从事生物大分子的结构分析工作和方法学研究，曾于 1958 年及 1980 年两度获得诺贝尔化学奖。

1955 年建立了蛋白质氨基酸的序列分析方法，完成了第一个蛋白质——牛胰岛素 51 个氨基酸的全序列测定，同时证明蛋白质具有明确构造。为此，1958 年他单独也是第一次获得诺贝尔化学奖。

1965 年完成了含有 120 个核苷酸的大肠杆菌 5SrRNA 的全序列分析。1975 年与同事们建立了 DNA 核苷酸序列分析的快速、直读技术，分析出含有 5386 个核苷酸的 ΦX174 噬菌体 DNA 全序列。1978 年，又建立了更为简便、快速、准确测定 DNA 序列的"链末端终止法"（也称桑格法）。随后完成了人线粒体 DNA 全长为 16569 个碱基对的全序列分析，为整个生物学特别是分子生物学研究的发展开辟了广阔的前景，这项研究后来成为人类基因组计划等研究得以展开的关键之一。为此，1980 年他再度荣获诺贝尔化学奖。

核酸研究的发展简史

1868 年 Fridrich Miescher 从脓细胞中提取核素。

1944 年 Avery 等证实 DNA 是遗传物质。

1953 年 Watson 和 Crick 发现 DNA 的双螺旋结构。

1968 年 Nirenberg 发现遗传密码。

1975 年 Temin 和 Baltimore 发现逆转录酶。

1981 年 Gilbert 和 Sanger 建立 DNA 测序方法。

1985 年 Mullis 发明 PCR 技术。

1985 年 美国能源部形成了人类基因组计划（HGP）草案。

1988 年 美国成立了国家人类基因组研究中心。

1989 年 英国开始人类基因组计划。

1990 年 美国启动人类基因组计划。

1990 年 欧共体通过了欧洲人类基因组研究计划。

1990 年 法国的人类基因组计划启动。

1994 年 中国人类基因组计划启动。

1998 年 中国在上海成立了国家人类基因组南方研究中心。

1999 年 中国在北京成立了国家人类基因组北方研究中心。

2000 年 美、英、日、中、德、法等国完成了人类基因组"工作框架图"。

2001 年 美、英、日、中、德、法等国完成了人类基因组计划，公布了人类基因组图谱及初步分析结果。

2010 年，Venter 和 Gibson 首次全人工合成 100 万碱基对的 *Mycoplasma mycoides* 丝状支原体基因组，宣告人工合成可自我复制细胞体时代的到来。

2012 年，第二代高通量 DNA 测序法得到广泛应用，使得快速廉价的大规模 DNA 测序成为可能，为建立个人基因组数据库和个性化医疗及诊断的新时代打开大门。

小 结

1. 氨基酸及其性质

氨基酸是组成蛋白质的基本单位，天然蛋白质中均为 L-α-氨基酸。氨基酸具有氨基和羧基的典型性质，水溶液中存在两性电离，等电点（pH=pI）时所带静电荷为零；α-氨基酸与水合茚三酮共热生成蓝紫色混合物，常用于 α-氨基酸的鉴定，也可用于多肽、蛋白质的鉴别。

2. 肽及蛋白质的形成

α-氨基酸分子间通过氨基与羧基间脱水，生成以酰胺键相连接的化合物为肽；由一条或几条多肽链相互折叠和缠绕形成具有独特、专一立体结构的高分子化合物称为蛋白质。

3. 蛋白质的结构

蛋白质的结构根据其分子的结构层次分为一级结构、二级结构、三级结构，有些蛋白质还具有四级结构；蛋白质因含色氨酸和酪氨酸具有紫外吸收特征；因含有游离氨基和羧基为两性电解质，能够发生茚三酮反应、缩二脲反应等颜色反应；蛋白质溶液是胶体溶液，电荷与水化膜是它的稳定因素；破坏蛋白质的构象会导致其变性，蛋白质变性不改变其一级结构。

4. 核酸的组成

核酸是由核苷酸按一定的顺序连接而成的生物大分子，包括 DNA 和 RNA；核苷酸由核苷与磷酸组成；核苷由核糖或脱氧核糖与碱基组成。DNA 完全水解的产物为脱氧核糖、磷酸、腺嘌呤、鸟嘌呤、胞嘧啶和胸腺嘧啶；RNA 完全水解得核糖、磷酸、腺嘌呤、鸟嘌呤、胞嘧啶和尿嘧啶。

5. 核苷及核苷酸的结构

核苷是由戊糖的苷羟基与碱基通过糖苷键连接而成。核苷酸是核苷与磷酸通过磷酸酯键连接而成。

（山西中医药大学）

本章 PPT

第十七章

杂环化合物

　　学习目的　通过本章学习，学会运用休克尔规则分析理解杂环化合物的结构；并通过结构特征分析，掌握五元、六元和稠杂环化合物的化学性质；正确运用杂环化合物的命名方法；为进一步学习中、西药物及认识天然产物，奠定坚实的基础。

　　学习要求　掌握五元和六元杂环化合物的结构及主要理化性质；掌握杂环化合物中常见的主体环的名称，熟悉杂环化合物的命名方法和亲电取代定位规则，理解杂环化合物的分类和杂环存在的互变异构现象；了解杂环化合物、生物碱在医药领域中的应用。

　　杂环化合物（hetero cyclic compound）属于环状有机化合物的一种，广义的概念是指由碳原子和非碳原子共同参与组成环的环状化合物。这种参与成环的非碳原子称为杂原子。杂原子大多属于周期表中Ⅳ、Ⅴ、Ⅵ三族的主族元素，最常见的是氮、氧、硫，其中以氮原子最为多见。按照这个定义，在前面一些章节中曾讨论过的内酯、环状酸酐、交酯和内酰胺等，也应属于杂环化合物。但这些化合物通常容易开环成原来的链状化合物，其性质又与相应的链状化合物相同，因此一般不把它们列入杂环化合物的范围。

内酯	交酯	环状酸酐	内酰胺

　　有机化学中所要讨论的杂环化合物，一般都比较稳定，不容易开环，有些杂环化合物的性质与苯、萘等相似，具有不同程度的芳香性。

　　杂环化合物的种类繁多、数目庞大。据统计，在已发现的上千万种有机化合物中，杂环化合物占总数的 65%以上。这说明杂环化合物在有机化学的各个研究领域中都占有相当重要的地位。杂环化合物广泛地存在于自然界，动植物体内所含的生物碱、苷类、色素等往往都含有杂环结构。许多药物，包括天然药物和人工合成药物，如头孢菌素（抗生素）、羟基喜树碱（抗肿瘤药）、黄连素（抗菌药）等也都含有杂环。与人类生命活动及各种代谢关系非常密切的核酸，其碱基部分也含有杂环。近几十年来，在杂环化合物的理论和应用方面的研究不断取得重大进展，许多天然杂环化合物，包括维生素 B_{12} 那样结构极其复杂的杂环分子，已经能够用人工方法进行全合成；同时，人类也合成了许多自然界不存在的杂环化合物。这些化合物作为药物、超导材料、工程材料，也都具有很重要的意义。

第一节　杂环化合物的分类

　　杂环化合物的种类繁多，有机化学中所要讨论的杂环化合物一般分为五元杂环、六元杂环、稠杂环等几类。广义的杂环化合物常见的分类方法可有以下几种。

（1）按分子所含环系的多少及其连接方式分类：

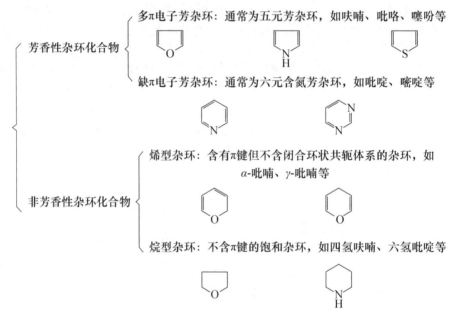

（2）按分子中所含 π 电子的状态和数量多少分类：

此外，杂环化合物还可依据不同的原则进行分类，如单杂环类可按照环的大小分为三元、四元、五元、六元杂环等。稠杂环化合物的结构较为复杂，可以是芳环和杂环相稠合，也可以是杂环和杂环相稠合，还可能是含有共用杂原子的稠杂环。

第二节　杂环化合物的命名

杂环化合物的命名比较复杂，目前采用的方法主要有两种：一种是音译法，即按外文名称音译，并加"口"字旁表示是环状化合物；另一种方法是以相应于杂环的碳环命名，将杂环看作碳环中碳原子被杂原子取代而成的产物。现广泛应用的是音译法，按 IUPAC（1979）命名原则及 2017 年中国化学会《有机化合物命名原则》规定，保留特定的 45 个杂环化合物的俗名和半俗名作为特定名称，在此基础上，再对这些母核的取代、稠合、衍生物进行命名，本章主要介绍有特定名称的杂环母核以及无特定名称的稠杂环母核的命名。

一、有特定译音名称杂环母核的命名

常见的五元杂环化合物：

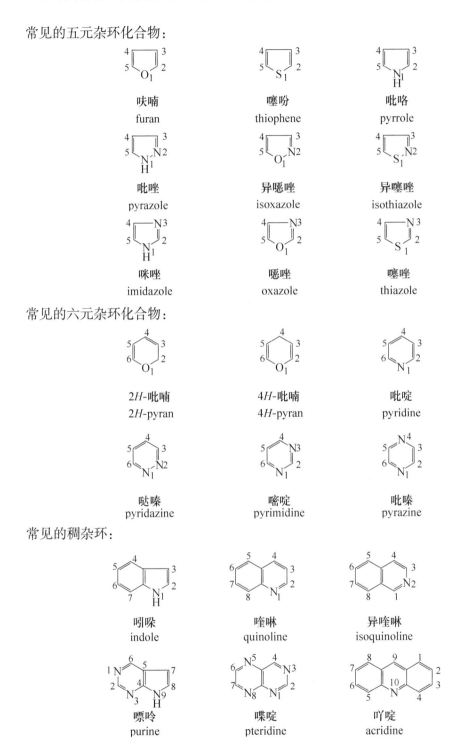

呋喃
furan

噻吩
thiophene

吡咯
pyrrole

吡唑
pyrazole

异噁唑
isoxazole

异噻唑
isothiazole

咪唑
imidazole

噁唑
oxazole

噻唑
thiazole

常见的六元杂环化合物：

2*H*-吡喃
2*H*-pyran

4*H*-吡喃
4*H*-pyran

吡啶
pyridine

哒嗪
pyridazine

嘧啶
pyrimidine

吡嗪
pyrazine

常见的稠杂环：

吲哚
indole

喹啉
quinoline

异喹啉
isoquinoline

嘌呤
purine

喋啶
pteridine

吖啶
acridine

这类杂环母核的编号都采用固定的方法，其一般原则如下。

1. 含一个杂原子的单杂环　编号用阿拉伯数字，以杂原子为起编点，同时应使取代基所在碳原子有最低位次。有时也可用希腊字母，从杂原子邻位开始依次编为 α、β、γ 位。

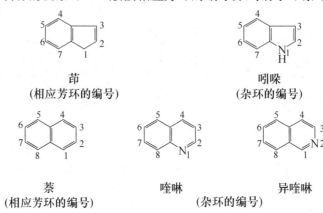

2. 含多个杂原子的单杂环 按 O、S、—NH—、—N= 的顺序优先选择起编点，并应使所有杂原子所在位次的编号最小。

3. 有特定译音名称的稠杂环 一般按相应芳环的编号方式编号（嘌呤除外）。

茚
（相应芳环的编号）

吲哚
（杂环的编号）

萘
（相应芳环的编号）

喹啉
（杂环的编号）

异喹啉

嘌呤不按上述原则，而按自己的习惯方式编号。

4. 含有指示氢的杂环 一般杂环母核都含有最多的非聚积双键，如果此时还含有饱和氢原子，这个氢就称为"指示氢"或"标示氢"或"额外氢"。可用位号加"*H*"（用斜体大写）作词首来表示指示氢位置不同的异构体。例如：

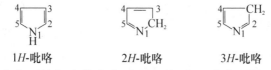

1*H*-吡咯   2*H*-吡咯   3*H*-吡咯

这类有特定译音名称杂环的衍生物命名时，既可把杂环当作母体，也可将杂环视为取代基。例如：

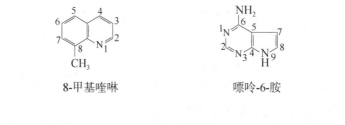

8-甲基喹啉   嘌呤-6-胺

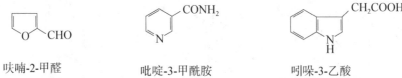

呋喃-2-甲醛   吡啶-3-甲酰胺   吲哚-3-乙酸

二、无特定译音名称稠杂环化合物的命名

对这类杂环化合物，可将其母核分解成两个有特定名称的环系，并将其中一个定为主体，另

一个定为拼合体。命名时将拼合体名称放在前，主体名称放在后，两环名称间缀以方括号，方括号内分别用阿拉伯数字和小写斜体英文字母表示两环的稠合情况。现就其具体方法说明如下。

1. 主体环的选择方法　关于主体环的选择，主要按以下几条规则依次考虑。

（1）由杂环和芳环构成的稠杂环，优先选择杂环作主体。

（Ⅰ）苯并噻唑（噻唑为主体环）

（2）由杂环和杂环构成的稠杂环，按 N、O、S 的顺序优先选择主体。

（Ⅱ）吡喃并吡咯（N高于O）　　　　（Ⅲ）噻吩并呋喃（O高于S）

（3）如有选择时，应优先选择环数较多，且有特定名称的杂环作主体。

(Ⅳ)苯并异喹啉（异喹啉为主体环，不称萘并吡啶）

（4）环大小不同时，优先选择大环作主体。

(Ⅴ)呋喃并吡喃（大环优先）

（5）杂环中杂原子数目不同时，含杂原子数目多的环优先；数目相同时，则含杂原子种类多的环优先。

(Ⅵ)吡啶并嘧啶　　　　　　(Ⅶ)咪唑并噻唑
（杂原子数目多的优先）　　（杂原子种类多的优先）

（6）环的大小、杂原子的数目、种类都相同时，优先选择稠合前杂原子编号较小的杂环为主体。

(Ⅷ)吡嗪并哒嗪　　　　哒嗪　　　　吡嗪

（7）含有共用杂原子的稠杂环，应视为两环都含有该共用杂原子来进行选择。

(Ⅸ)咪唑并噻唑（含杂原子种类多的优先）

2. 稠合边的表示方法　为了将主体与拼合体的稠合方式表达清楚，应先将两部分各自按本节第一部分中的编号原则编号，再将主体环的每条边按编号方向依次用 *a*、*b*、*c*、*d*、……表示，然后将拼合体稠合边的原子序号写在前，主体环稠合边的字母写在后，二者之间用"-"隔开，一起放到两环系名称之间的方括号内。拼合体稠合边的原子序号在书写时应与主体环字母次序的方向一致，两者顺序相同时小数字在前，大数字在后；反之则大数字在前，小数字在后。例如：

噻唑（主体）　　　　咪唑（拼合体）　　　　咪唑并[2,1-*b*]噻唑

该化合物两环稠合边编号方向相反，命名时应使其一致，所以应称为咪唑并[2, 1-*b*]噻唑，而不称为咪唑并[1, 2-*b*]噻唑。

又如前面的(Ⅰ)应称为苯并[*d*]噻唑（苯环的稠合边原子序号在此无须标出）；(Ⅲ)称为噻吩并[2, 3-*b*]呋喃；(Ⅶ)称为咪唑并[5, 4-*d*]噻唑；(Ⅷ)称为吡嗪并[2, 3-*d*]哒嗪。

3. 整个稠杂环的编号方法　当此类化合物分子中存在其他取代基或官能团时，需要对整个化合物进行统一编号[此编号方式与表示稠合方式的编号无关]，其编号规则如下。

（1）应尽可能使所有杂原子都有最低位次，其次按 O、S、NH、N 的顺序选择优先编号的杂原子。例如：

正确（杂原子编号为1、3、4）　　　　不正确（杂原子编号为1、3、6）

（2）共用碳原子一般不编号，但在满足上一条规则的前提下，应尽可能使其具有较低的序号（其编号方式是依整个分子的编号方向在其前一个原子的编号下加注"a"、"b"、"c"等）。例如，下面化合物可有三种不同的编号方式，得到杂原子的编号均为 1、4、5、8，但第一种共用碳原子的编号为 4a，后两种则为 8a，所以正确的编号方式应为第一种。

正确　　　　　　　不正确　　　　　　不正确

（3）氢原子和指示氢的编号应尽可能低。例如：

正确（氢原子编号为2、2、4、5）　　　　不正确（氢原子编号为2、2、5、6）

命名实例：

8-苄氧基-2-甲基咪唑并[1,2-*a*]吡嗪-3-胺　　　　6-苯基-2,3,5,6-四氢咪唑并[2,1-*b*]噻唑

第三节 五元杂环化合物

五元杂环化合物的种类较多，有含一个杂原子的，也有含两个、三个、四个杂原子的，其中含一个杂原子的典型代表是呋喃、噻吩和吡咯，它们的某些衍生物非常重要。含两个杂原子的五元杂环化合物中，以吡唑、咪唑和噻唑等较为重要。本节将重点介绍这几种化合物。

一、呋喃、噻吩和吡咯

微课：五元和六元杂环化合物的结构

（一）结构与芳香性

呋喃、噻吩与吡咯结构相似，都可以看作由 O、S、NH 分别取代了环戊-1,3-二烯（也称为茂）分子中的 CH_2 后得到的化合物。但从化学性质上看，它们与环戊二烯并无多少相似之处，而是与苯非常类似。例如，呋喃、噻吩、吡咯这三种化合物都非常容易在环上发生亲电取代反应，而不太容易发生加成反应。这说明上述三种化合物存在着类似苯环的某些结构特征。

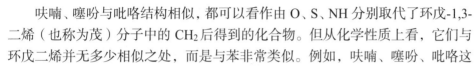

茂　　　　呋喃　　　　噻吩　　　　吡咯

按照杂化理论的观点，呋喃、噻吩、吡咯分子中四个碳原子和一个杂原子间都以 sp^2 杂化轨道形成 σ 键，并处于同一平面上，每一个原子都剩一个未参与杂化的 p 轨道（其中碳原子的 p 轨道上各有一个电子，杂原子的 p 轨道上有两个电子）。这五个 p 轨道彼此平行，并相互侧面重叠形成一个五轨道六电子的环状共轭大 π 键，π 电子云分布于环平面的上方与下方（图 17-1），其 π 电子数符合休克尔的 $4n+2$ 规则（$n=1$）。这三种化合物所形成的共轭体系与苯非常相似，所以它们都具有类似的芳香性。

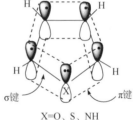

X=O、S、NH

图 17-1　呋喃、噻吩、吡咯的共轭体系

但是，这三种化合物的共轭体系与苯并不完全一样，主要表现在以下两处。

（1）键长平均化程度不一样　苯的成环原子种类相同，电负性一样，键长完全平均化（6 个碳碳键的键长均为 140pm），其电子离域程度大，π 电子在环上的分布也是完全均匀的。这三种化合物都有杂原子参与成环，由于成环原子电负性的差异，它们分子键长平均化的程度不如苯，电子离域的程度也比苯小，π 电子在各杂环上的分布也不是很均匀，所以，呋喃、噻吩、吡咯的芳香性都比苯弱。三种杂环分子中共价键的长度如下：

另外，由于这三个杂环所含杂原子的电负性不同，各环系中电子云密度的分布也不一样，所以它们之间的芳香性也有差异。电负性越大，环中 π 电子的离域程度相对越小，其芳香性越差。这三种杂环化合物芳香性强弱顺序与电负性数据如下：

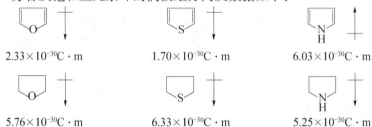

	苯	噻吩	吡咯	呋喃
电负性：	2.55（C）	2.58（S）	3.04（N）	3.50（O）

（2）环上平均 π 电子云密度大小不一样　苯分子形成的是一个六轨道六 π 电子的等电子共轭体系，而三种杂环形成的是五轨道六 π 电子的多电子共轭体系，其环上平均 π 电子云密度要比苯大，因此被称为多 π 芳杂环。它们的亲电取代反应活性都比苯高。

（二）物理性质

1. 偶极矩　芳香及饱和五元杂环的偶极矩方向及数据如下：

$2.33 \times 10^{-30} C \cdot m$　　　　$1.70 \times 10^{-30} C \cdot m$　　　　$6.03 \times 10^{-30} C \cdot m$

$5.76 \times 10^{-30} C \cdot m$　　　　$6.33 \times 10^{-30} C \cdot m$　　　　$5.25 \times 10^{-30} C \cdot m$

在非芳香体系（饱和）的五元杂环中，由于杂原子的吸电子诱导效应，偶极矩的方向都是指向杂原子；相应的五元芳杂环的偶极矩是由两种作用力构成的，即杂原子的吸电子诱导效应和供电子共轭效应，最终的结果是：呋喃和噻吩的偶极矩数值变小，而吡咯的偶极矩方向发生逆转，这说明在这种共轭体系中，氮的供电子共轭效应大于吸电子诱导效应。

2. 水溶性　呋喃、噻吩、吡咯分子中杂原子的未共用电子对因参与组成环状共轭体系，失去或减弱了与水分子形成氢键的可能性，致使它们都较难溶于水，但吡咯因氮原子上的氢还可与水形成氢键，所以水溶性稍大。三者水溶性顺序为：吡咯（1∶17）＞呋喃（1∶35）＞噻吩（1∶700）。

3. 环的稳定性　对碱：三种杂环化合物都很稳定。对氧化剂：呋喃、吡咯（甚至空气中的氧）不稳定，特别是呋喃可被氧化开环生成树脂状物；噻吩对氧化剂比较稳定，但在强氧化剂，如硝酸的作用下也可开环。对酸：噻吩比较稳定，吡咯与浓酸作用可聚合成树脂状物，呋喃对酸很不稳定，稀酸就可使环破坏生成不稳定的二醛，并聚合成树脂状物。这是因为杂原子参与环系共轭的电子对能不同程度地与质子结合，从而部分破坏环状大 π 键，导致环的稳定性下降。

（三）化学性质

呋喃、噻吩、吡咯均属多 π 芳杂环，环中 π 电子云密度大，亲电取代反应活性比苯高，又因它们对酸的稳定性不同，所以反应条件比苯温和。另外，三个化合物的芳香性比苯差，因而在一定条件下可发生加成反应，如催化加氢、第尔斯-阿尔德反应等。

1. 亲电取代

（1）卤代　三种化合物都非常易于发生卤代反应，通常都得到多卤代产物，控制反应条件，也可使一卤代产物为主。例如：

微课：五元和六元单杂环化
合物的亲电取代反应

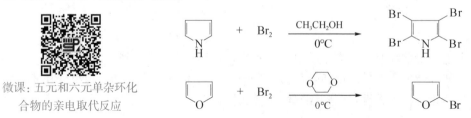

$$\text{(环S)} + Br_2 \xrightarrow{CH_3COOH} \text{(环S—Br)}$$

（2）硝化　硝酸是强酸，又是强氧化剂，因此三种化合物都不能直接用硝酸硝化，而需采用硝酸乙酰酯作硝化剂，这是一种温和的非质子硝化剂，反应应在低温下进行。

$$HNO_3 + (CH_3CO)_2O \longrightarrow CH_3COONO_2 + CH_3COOH$$

$$\text{(环NH)} + CH_3COONO_2 \xrightarrow{5℃} \text{(环N—NO_2)} + \text{(环N—NO_2)}$$

$$\qquad\qquad\qquad\qquad\qquad\quad 83\% \qquad\qquad 5\%\sim7\%$$

$$\text{(环S)} + CH_3COONO_2 \xrightarrow{10℃} \text{(环S—NO_2)} + \text{(环S—NO_2)}$$

$$\qquad\qquad\qquad\qquad\qquad\quad 70\% \qquad\qquad 5\%$$

（3）磺化　三种化合物中噻吩对酸较稳定，可直接用浓硫酸作磺化剂，反应在室温下就可进行

$$\text{(环S)} + H_2SO_4\text{(浓)} \xrightarrow{30℃} \text{(环S—SO_3H)}$$

噻吩-2-磺酸(75%)

苯在相同的条件下很难发生反应，因此常利用这个性质上的差异从粗苯中除掉噻吩。其方法是在室温下反复用浓硫酸洗涤粗苯，易磺化的噻吩可溶于浓硫酸，而苯不溶于浓硫酸，分离后即可得到无噻吩的苯。这一方法同样可用于噻吩的提取、纯化。因为噻吩-2-磺酸可经水解而去掉磺酸基。

$$\text{(环S—SO_3H)} \xrightarrow{\text{过热水蒸气}} \text{(环S)} + H_2SO_4$$

呋喃、吡咯不能直接用浓硫酸磺化，需采用吡啶的 SO_3 加成物作磺化剂进行反应。

$$\text{(环O)} + \text{(环N→SO_3)} \longrightarrow \text{(环O—SO_3H)} + \text{(环N)}$$

呋喃-2-磺酸(90%)

$$\text{(环NH)} + \text{(环N→SO_3)} \longrightarrow \text{(环NH—SO_3H)} + \text{(环N)}$$

吡咯-2-磺酸(90%)

（4）弗里德-克拉夫茨酰基化反应　呋喃、噻吩、吡咯均可发生弗里德-克拉夫茨酰基化反应，得到 α-位酰化产物。例如，

$$\text{(环O)} + (CH_3CO)_2O \xrightarrow{BF_3} \text{(环O—COCH_3)}$$

$$\text{(环S)} + (CH_3CO)_2O \xrightarrow{AlCl_3} \text{(环S—COCH_3)}$$

$$\text{(环NH)} + (CH_3CO)_2O \xrightarrow{SnCl_2} \text{(环NH—COCH_3)}$$

除上述亲电取代反应外，吡咯还能发生类似苯酚的偶合反应和 Reimer-Tiemann 反应。

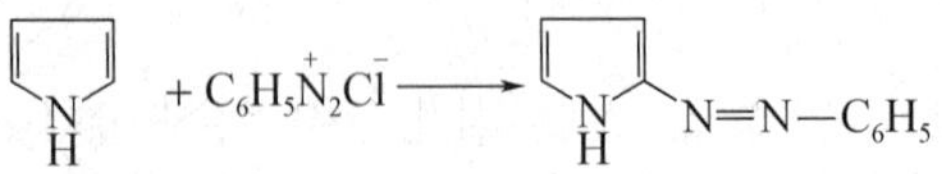

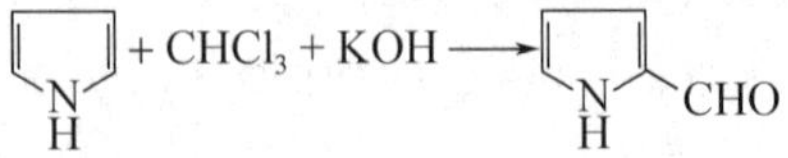

综上反应实例可以看出，呋喃、噻吩、吡咯发生亲电取代反应比苯容易，取代基主要进入 α 位，这是因为 α 位的 π 电子云密度较 β 位高，更易受到亲电试剂的进攻。这种现象也可以用共振论加以解释。以吡咯的硝化为例，反应时，—NO_2 进攻 β 位得到的碳正离子中间体是两个共振结构（Ⅰ与Ⅱ）的共振杂化体；进攻 α 位得到的碳正离子中间体是三个共振结构（Ⅲ、Ⅳ、Ⅴ）的共振杂化体，参加共振的共振式越多，说明正电荷的分散程度越大，共振杂化体就越稳定。所以在 α 位反应得到的中间体碳正离子较稳定，稳定的中间体过渡态能量低，反应速率快。因此亲电取代反应均容易在 α 位发生：

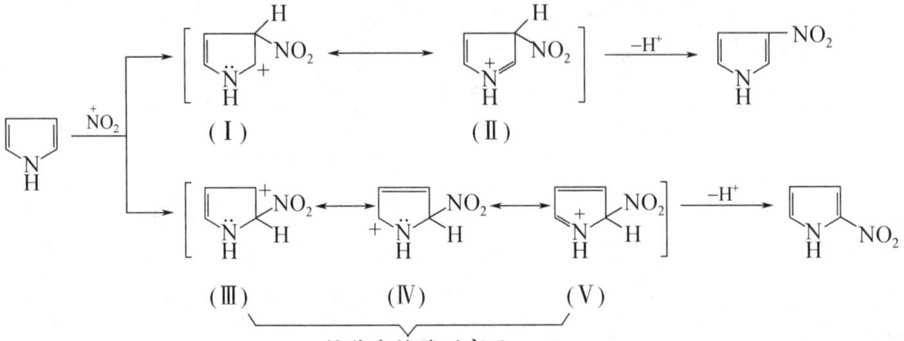

较稳定的碳正离子

2. 加成反应 三种化合物在一定条件下都可发生加成，其加成反应活性与其芳香性相反，即呋喃＞吡咯＞噻吩。

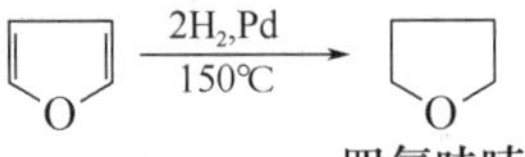

四氢呋喃

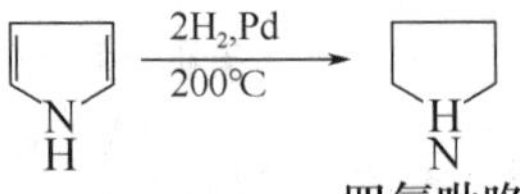

四氢吡咯

噻吩含硫，易使催化剂中毒而失去活性，所以其催化加氢较困难，需使用特殊催化剂。例如：

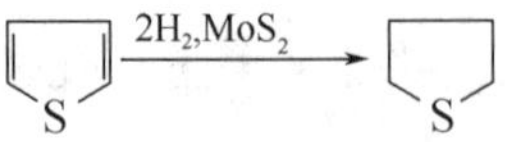

四氢噻吩

呋喃、吡咯还可作为双烯体，与亲双烯体（如丁烯二酸酐）发生第尔斯-阿尔德反应，生成相应的产物，噻吩不能发生这一反应。例如：

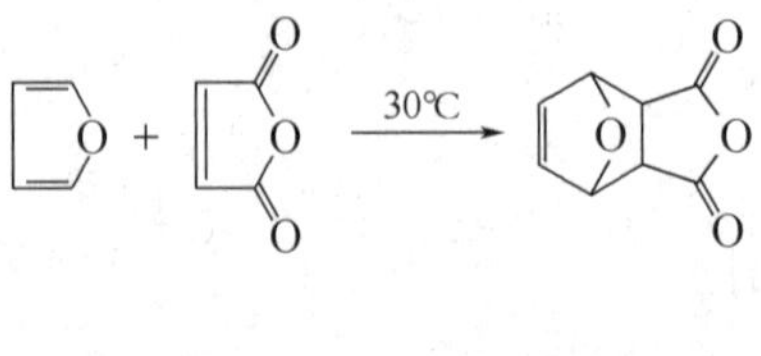

3. 酸碱性 三种化合物中，噻吩和呋喃既无酸性，也无碱性；吡咯从结构上看是一种仲胺，应具有碱性，但由于氮上的未共用电子对参与构成环状大 π 键，削弱了它与质子的结合能力，因此吡咯的碱性极弱（$pK_a=-3.8$），比一般脂肪仲胺（$pK_a\approx10$）的碱性弱得多，它不能与酸形成稳定的盐，可以认为无碱性。另外，由于氮原子上的未共用电子对参与了环系的共轭，其电子云密度相对减小，氮原子上的氢能以质子的形式解离，所以吡咯显弱酸性（$pK_a=17.5$），它可以看作一种比苯酚酸性更弱的弱酸，能与固体氢氧化钾作用生成盐，即吡咯钾。

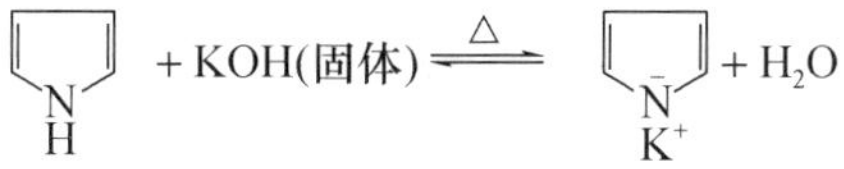

$$\boxed{}_{\underset{H}{N}} + KOH(固体) \overset{\triangle}{\rightleftharpoons} \boxed{}_{\underset{K^+}{N}} + H_2O$$

这种钾盐不稳定，相对容易水解，但在一定条件下，它可以与许多试剂反应，生成一系列氮取代产物。例如：

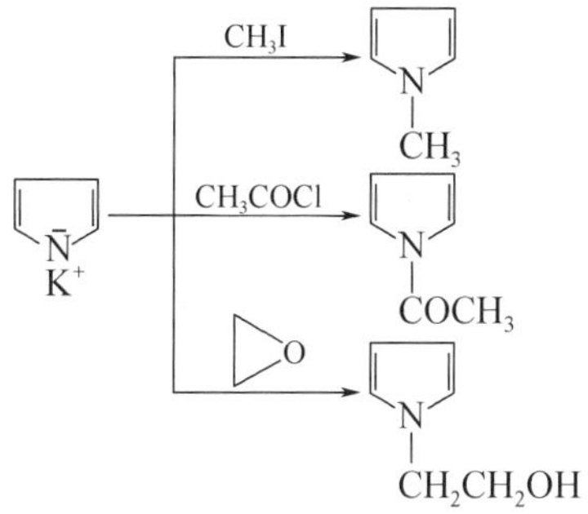

吡咯的氢化产物——四氢吡咯不含有芳香共轭体系，氮上的未共用电子对可与质子结合，因此碱性大大增加，与一般脂肪仲胺碱性相当。

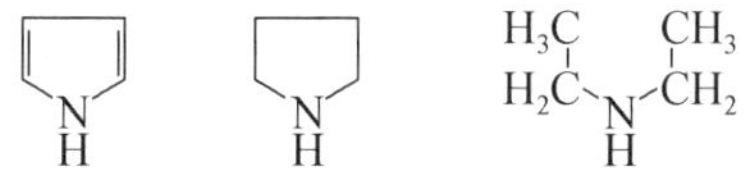

吡咯	四氢吡咯	二乙胺
pK_a -3.8	11.3	11.0

4. 显色反应 呋喃、噻吩、吡咯遇到酸浸润过的松木片，能够显示出不同的颜色。例如，呋喃与吡咯遇到盐酸浸润过的松木片分别显深绿色和鲜红色；噻吩遇蘸有硫酸的松木片则显蓝色。这种反应非常灵敏，称为松片反应，可用于三种杂环化合物的鉴别。

（四）合成

1. 呋喃、噻吩、吡咯的制备

（1）呋喃 可由呋喃-2-甲醛（俗称糠醛）在催化剂（$ZnO\text{-}Cr_2O_3\text{-}MnO_2$）作用下加热至 $400\sim415℃$脱羰基而得，糠醛则由农副产品如麦秆、玉米芯、棉籽壳等原料制取，这些农副产品中都含有戊聚糖，在稀酸作用下水解成戊醛糖，再进一步脱水环化可得糠醛。我国是农业大国，有丰富的农副产品资源，这成为呋喃的主要来源。

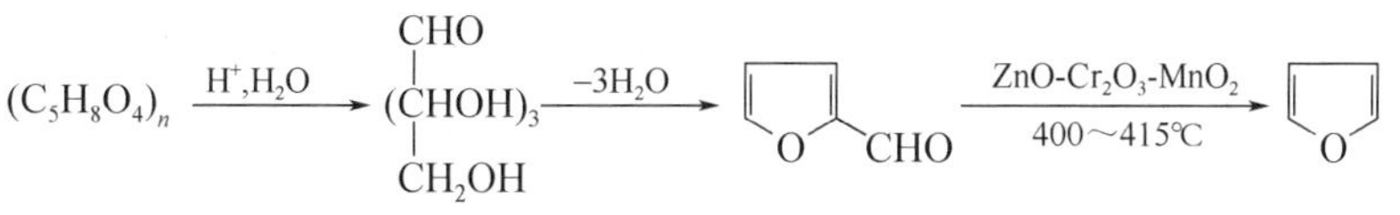

（2）噻吩 可直接从煤焦油中提取，工业上可由 C_4 馏分（丁烷、丁烯、丁二烯）和硫迅速通过 $600\sim650℃$ 的反应器而得，也可由乙炔制得。

$$CH_2-CH_2 + 4S \xrightarrow{600\sim650℃} \text{(噻吩)} + 3H_2S$$

$$2HC\equiv CH + S \xrightarrow{300℃} \text{(噻吩)}$$

$$2HC\equiv CH + H_2S \xrightarrow[Al_2O_3]{400℃} \text{(噻吩)}$$

（3）吡咯　主要存在于骨焦油中，可用稀碱处理，再酸化分馏提纯；工业上可由呋喃或乙炔与氨作用制得。

$$\text{(呋喃)} + NH_3 \xrightarrow[Al_2O_3]{450℃} \text{(吡咯)} + H_2O$$

$$2HC\equiv CH + NH_3 \xrightarrow{\triangle} \text{(吡咯)} + H_2$$

2. 呋喃、噻吩、吡咯衍生物的合成　杂环化合物的合成方法较多，多数情况下是采用开链化合物进行关环，下面列举两种常见的方式。

第一种方式是用 1,4-二羰基化合物与 $(NH_4)_2CO_3$、P_2O_5、P_2S_5 缩合关环。

$$\xrightarrow{P_2O_5,\ 160℃} H_3C-\text{(呋喃)}-CH_3$$

$$\xrightarrow{P_2S_5,\ \triangle} H_3C-\text{(噻吩)}-CH_3$$

$$\xrightarrow{(NH_4)_2CO_3,100℃} H_3C-\text{(吡咯)}-CH_3$$

第二种方式是用 β-酮酸酯（或 β-二酮）与 α-取代酮（如卤素或氨基取代）发生环缩合。

（五）衍生物

呋喃、噻吩、吡咯本身并无太大的实际用途，但它们的某些衍生物很重要。

1. 糠醛　糠醛是呋喃-2-甲醛的俗名，它为无色液体，熔点-38.7℃，沸点 162℃，折光率（ n_D^{20} ）1.5261，糠醛能溶于水，也能与乙醇、乙醚等有机溶剂混溶。

糠醛是优良的溶剂，常用于精炼石油，以溶解含硫物质和环烷烃，也可用于精制润滑油、提炼油脂，还能溶解硝酸纤维素。作为化工原料，糠醛可用于合成树脂、尼龙及涂料。

糠醛的化学性质类似于苯甲醛。例如：

$$\xrightarrow{33\% NaOH} \text{(呋喃)}-CH_2OH + \text{(呋喃)}-COONa$$

$$\xrightarrow[CH_3COONa]{(CH_3CO)_2O} \text{(呋喃)}-CH=CHCOOH$$

$$\xrightarrow{H_2NNHC_6H_5} \text{(呋喃)}-CH=NNHC_6H_5$$

糠醛与苯胺冰醋酸溶液反应呈鲜红色，常被用于糠醛的定性鉴别。

2. 头孢噻吩（cefalotin，先锋霉素Ⅰ）**和头孢噻啶**（cefaloridine，先锋霉素Ⅱ）头孢噻吩和头孢噻啶的结构中都含有噻吩环，属于半合成头孢菌素类抗生素。由于噻吩环的引入，其抗菌活性增强，它们的抗菌效果都优于天然头孢菌素。

头孢噻吩　　　　　　　　　头孢噻啶

3. 卟啉类化合物 由4个吡咯环中间经过4个次甲基（—CH=）交替连接可构成一个巨杂环——卟吩（porphine），它是一个含18个π电子的大环芳香体系，环内的4个氮原子很容易与金属离子络合，形成各种重要的卟啉（卟吩的衍生物）类化合物，如在叶绿素中络合的是金属镁，在血红素中是铁，在维生素B_{12}中则为钴，这些在动植物中广泛存在的天然产物，在动植物的生理过程中起着重要的作用。具体结构如下：

卟吩

叶绿素
(R=—CH₃为叶绿素a；R=—CHO为叶绿素b)

氯化血红素　　　　　　　维生素B_{12}(氰钴素)

二、吡唑、咪唑和噻唑

含两个杂原子的五元杂环，其中必有一个氮原子的杂环通称为唑（azole）类，根据杂原子在环中位置的不同，可将其分为 1,2-唑与 1,3-唑两类，常见的有以下几种：

1,2-唑：

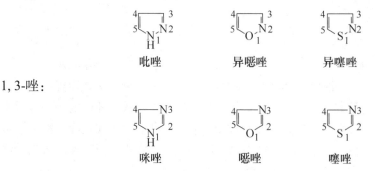

吡唑　　　　　　　　异噁唑　　　　　　　　异噻唑

1,3-唑：

咪唑　　　　　　　　噁唑　　　　　　　　　噻唑

其中比较重要的是吡唑、咪唑与噻唑。

（一）结构

吡唑、咪唑与噻唑可以看作吡咯或噻吩环中的一个—CH=基团被—N=取代而成的化合物，该氮原子也是 sp^2 杂化，以一个 p 电子参与共轭。它们的结构与吡咯、噻吩类似，仍存在 6 个 π 电子闭环的共轭体系（图 17-2），具有某种程度的芳香性。由于新引入的氮原子的未共用电子对没有参与组成环状共轭体系（在 sp^2 杂化轨道中），能够容纳质子，所以吡唑、咪唑、噻唑的碱性及环对酸的稳定性都比吡咯、噻吩强；但该氮原子的引入也使得环碳原子 π 电子云密度有所降低，因而三种化合物的亲电取代反应活性都比苯低。

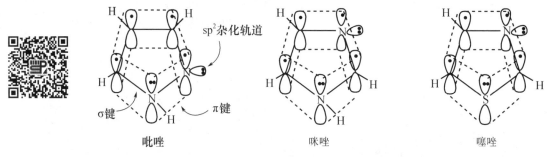

图 17-2 吡唑、咪唑、噻唑的共轭体系

（二）性质

1. 水溶性与沸点　由于—N=原子的引入，无论吡唑、咪唑还是噻唑，其水溶性都比相应的单杂环有所增加。这是因为新引入的氮原子能以未共用电子对与水分子形成氢键，从而有利于它们在水中溶解。例如，吡唑易溶于水（1∶2.5），难溶于石油醚；咪唑在水中的溶解度（1∶0.56）比吡唑还大，也几乎不溶于石油醚；噻唑的水溶性也比噻吩大。

吡唑除了能和水分子形成氢键外，还能产生两个分子间的缔合，而咪唑则能产生多达 20 个分子间的缔合，因此吡唑和咪唑都具有较高的沸点（分别为 188℃和 255℃），而且缔合程度更高的咪唑沸点更高。

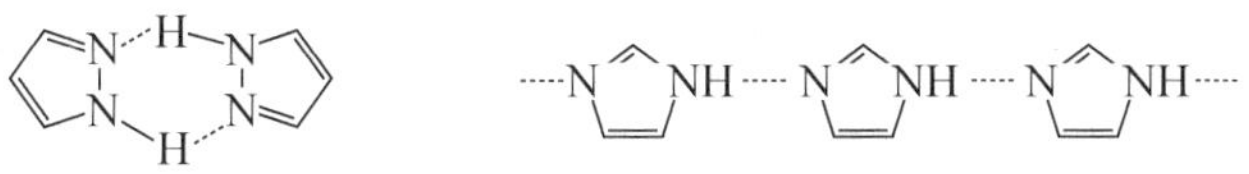

吡唑的氢键缔合   咪唑的氢键缔合

2. 酸碱性 吡唑、咪唑、噻唑的结构中都含有一个三级氮原子，其带有一对未共用电子，可与质子结合，所以三种化合物都具有弱碱性。它们的 pK_a 值分别为 2.5、7.2、2.4，碱性都比吡咯（pK_a 为-3.8）强，但较相应的脂肪胺弱。它们的碱性之所以比脂肪胺弱，是因为氮原子上的未共用电子对处于 sp^2 杂化轨道上，s 成分占的比例较大，给出电子的倾向相对较小（一般脂肪叔胺氮原子上未共用电子对处于 sp^3 杂化轨道）；另外两个杂原子同处一环内，由于电子效应的相互影响，碱性有所减弱。

3. 环的稳定性 含未共用电子对氮原子的引入，使吡唑、咪唑、噻唑对抗酸的能力明显增强，三种化合物均不会受酸的作用开环，可在一般条件下进行磺化和硝化。另外，第二个氮原子的引入，也使得整个芳环给出电子的倾向有所减小，所以吡唑、咪唑、噻唑对氧化剂也是稳定的。例如：

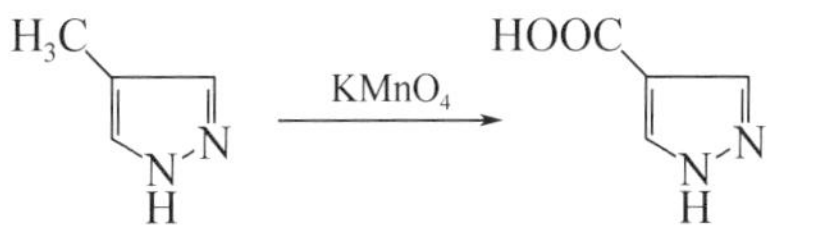

4-甲基吡唑   吡唑-4-甲酸

4. 亲电取代反应 吡唑、咪唑、噻唑都能够进行亲电取代反应，但由于第二个氮原子的引入相当于在环上增加了一个吸电子基，它们环碳原子的 π 电子云密度都有所降低，因此三种化合物的亲电取代反应活性比吡咯、噻吩低，也比苯低，但高于六元缺 π 芳杂环（如吡啶）。在酸性条件下进行反应时，由于叔氮原子与质子成盐，其对反应的钝化作用比较明显，反应较为困难。例如：

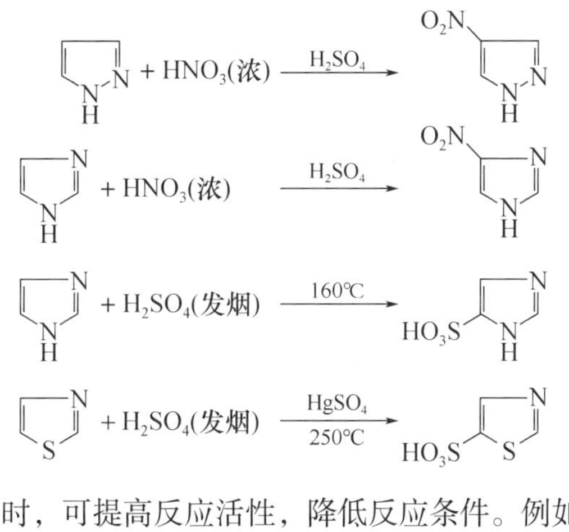

环上有供电子基取代时，可提高反应活性，降低反应条件。例如：

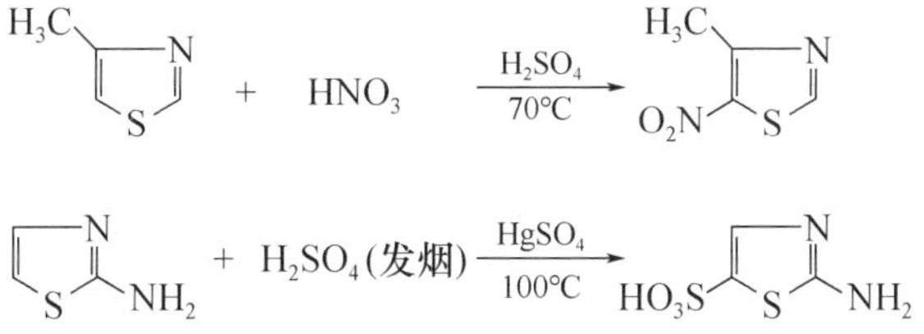

这三种杂环进行亲电取代反应的相对活性顺序为：咪唑＞吡唑＞噻唑。

5. 吡唑和咪唑的互变异构 吡唑、咪唑的分子中既存在能与质子结合的氮原子，又存在活泼氢，该活泼氢能以质子的形式在两个氮原子之间迅速转移，从而产生互变异构。因此在吡唑环中，3位和5位是相同的；同理，咪唑环中的4位和5位也是相同的。

3-甲基吡唑　　　　　　　　5-甲基吡唑

3(5)-甲基吡唑

4-甲基咪唑　　　　　　　　5-甲基咪唑

4(5)-甲基咪唑

如果吡唑或咪唑氮上的氢原子被其他原子或基团取代，则不可能发生这种互变异构现象。

（三）衍生物

1. 组氨酸与组胺 组氨酸（histidine）是咪唑的衍生物，是人体的必需氨基酸之一。它是许多酶（如胰凝乳蛋白酶、过氧化物歧化酶等）和功能蛋白质的重要组成部分，其咪唑环往往是酶或蛋白质的活性中心。组氨酸在细菌的作用下，可发生脱羧反应生成组胺（histamine）：

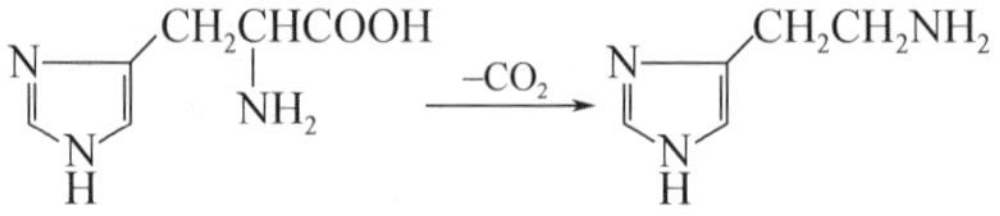

组氨酸　　　　　　　　　　组胺

在人体中，当组胺以游离状态释放时，会引起过敏反应。

2. 毛果芸香碱 毛果芸香碱（pilocarpine）是毛果芸香中存在的一种咪唑衍生物，具有兴奋 M-胆碱能受体、缩瞳、收缩平滑肌等活性。临床上主要作为治疗青光眼的药物。

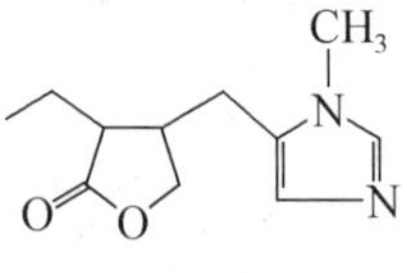

毛果芸香碱

3. 青霉素 青霉素（penicillin）是一类使用相当广泛的抗生素，其分子中含有氢化的噻唑环。这类抗生素有天然青霉素（如青霉素 G）与半合成青霉素（如氨苄青霉素）之分。

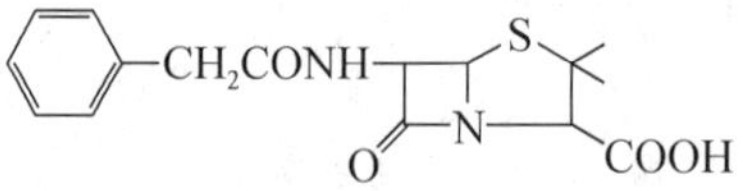

青霉素G 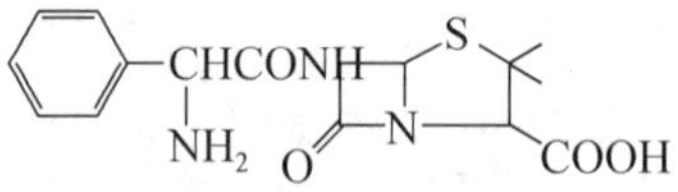　　　　　　　　　　　　**氨苄青霉素**

第四节 六元杂环化合物

六元杂环化合物的种类也很多，常见的有含一个和两个杂原子的化合物，常见的杂原子是氧和氮，较重要的有吡啶、嘧啶和吡喃。

一、吡喃

吡喃是由一个氧原子和五个碳原子构成的六元杂环化合物，分子中的碳原子有四个是 sp^2 杂化，一个是 sp^3 杂化，所以不存在闭合的共轭体系，没有芳香性，属于烯型杂环化合物。由于甲亚基在分子中所处的位置不同，吡喃可以有两种异构体，即 2H-吡喃和 4H-吡喃。

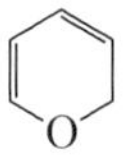

2H-吡喃(或α-吡喃)　　　　4H-吡喃(或γ-吡喃)

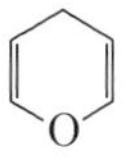

这两种吡喃母核在自然界还没有发现，天然存在的都是其衍生物，但 γ-吡喃已通过人工合成方法得到。吡喃的衍生物中，以其含氧衍生物吡喃酮最为常见。

吡喃酮也有两种异构体，二者结构如下：

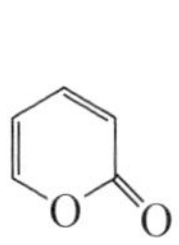

吡喃-2-酮 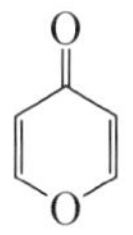　　　　吡喃-4-酮

吡喃-2-酮是具有香味的无色油状液体，它实际上属于环状不饱和内酯，具有内酯和共轭二烯烃的典型性质，例如

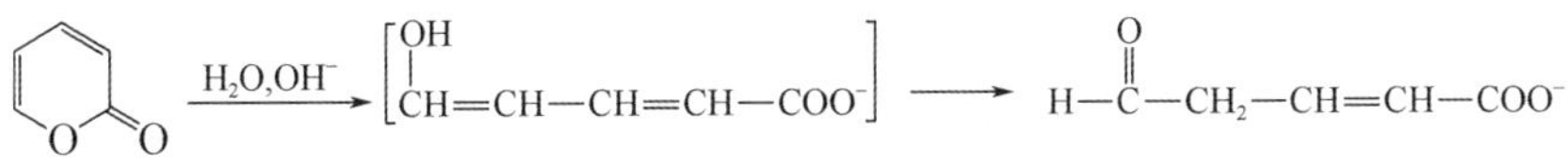

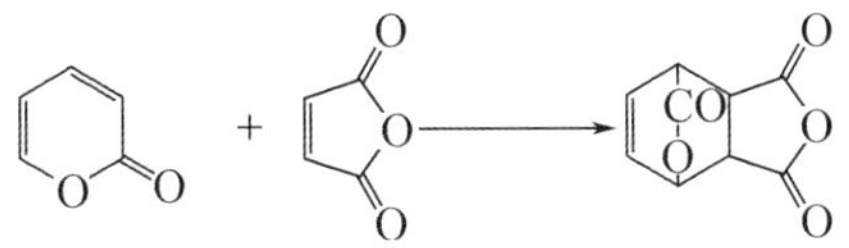

吡喃-4-酮是无色结晶，从结构上看，它属于 α, β-不饱和酮，但实际上它并没有一般羰基化合物的典型性质，也没有一般碳碳双键的性质。例如，它不与羟胺、苯肼反应生成肟或腙，与无机酸反应时生成很稳定的盐：

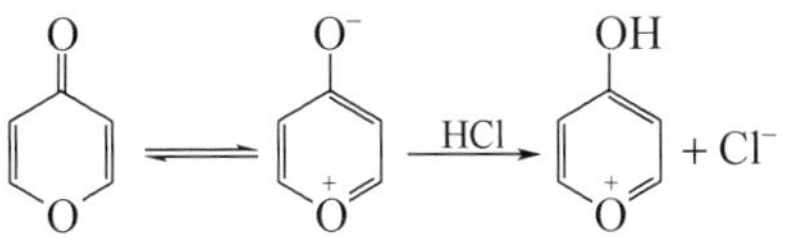

这是由于吡喃-4-酮环上氧原子的未共用电子对能与双键发生共轭，环上电子云向羰基方向转移，致使成盐时质子不是与环内氧原子结合，而是与羰基氧原子结合。成盐后的吡喃-4-酮变成了一个闭合的芳香共轭体系，使其稳定性增加。

二、吡啶

吡啶是含一个杂原子的六元单杂环化合物中最重要的一个，主要存在于煤焦油与页岩油中，在许多天然化合物的结构中，都有吡啶环存在。

（一）结构

吡啶虽然也是含氮杂环，但结构与吡咯并不一样，其形成的共轭体系与苯非常相似，可看作苯分子中一个碳原子被氮原子取代所得到的化合物。

 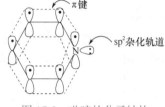

图 17-3　吡啶的分子结构

吡啶环上的碳原子与氮原子都以 sp^2 杂化轨道相互成键构成六元环，六个成环原子各有一个 p 轨道垂直于环平面，每个 p 轨道上各有一个电子。这六个 p 轨道相互侧面重叠形成一个六轨道六电子、闭合的环状共轭大 π 键，其 π 电子数符合 $4n+2$ 规则（图 17-3），具有芳香性，但芳香性比苯差。

吡啶环的键长平均化程度较大，经用物理方法测定，其C—C 键键长为 139pm，介于正常 C—C 键（154pm）和C═C 键（134pm）之间；C—N 键键长为 137pm，也介于正常 C—N 键（147pm）和C═N 键（128pm）之间，而且 C—N 键和 C—C 键键长的差值较小，接近于苯。

由于成环原子电负性的不同，吡啶环的 π 电子云密度分布并不均匀，π 电子主要向氮原子方向偏移。相对于苯分子（各碳原子 π 电子密度均为 1）而言，吡啶环中各原子周围 π 电子密度如下：

$$\underset{1.586}{\underset{N}{\overset{0.822}{\bigcirc}}}\ \begin{matrix}0.947\\0.899\end{matrix}$$

从这些数值可以看出，环中氮原子周围的 π 电子密度较高，而碳原子周围 π 电子密度相对较低，所以吡啶被称为缺 π 芳杂环，表现在化学性质上为亲电取代变难，亲核取代变易，氧化变难，还原变易。

（二）性质

1. 溶解性　吡啶的溶解性相当广，能溶解大多数极性或非极性有机化合物，能与水、乙醇、乙醚、石油醚等以任意比例互溶。吡啶之所以呈现高水溶性，是因为其氮上的未共用电子对能与水分子形成氢键。在吡啶环上引入羟基，其水溶性就会降低，引入的羟基数越多，水溶性就越小。这和通常有机化合物分子中引入羟基后水溶性增大的规律恰好相反。这种反常现象与羟基吡啶分子间能通过氢键缔合有关。因为它们形成分子间氢键的能力大于和水形成氢键的能力，所以其水溶性会大大降低。吡啶还能溶解某些无机盐，因而许多有机反应都采用吡啶作溶剂。

2. 碱性与亲核性　吡啶环的氮原子具有未共用电子对，这对电子处于 sp^2 杂化轨道上，表现出能与质子结合或给出电子的倾向，所以吡啶具有弱碱性。从 pK_a 值看，其碱性比一般脂肪胺及氨都弱，但比苯胺强。

$$苯胺\ <\ 吡啶\ <\ 氨\ <\ 三乙胺$$

	苯胺	吡啶	氨	三乙胺
pK_a	4.7	5.2	9.3	10.6

吡啶不能与弱酸形成稳定的盐，但可与强酸结合成盐。例如：

$$\text{吡啶} + HCl \longrightarrow \text{吡啶-}\overset{+}{N}H\ Cl^- \quad 或 \quad \text{吡啶} \cdot HCl$$

吡啶也能与某些路易斯酸作用，生成相应的盐。例如：

$$\text{吡啶} + SO_3 \longrightarrow \text{吡啶}N \rightarrow SO_3$$

$$\text{吡啶} + CrO_3 \longrightarrow \text{吡啶}N \rightarrow CrO_3$$

其中吡啶与 SO_3 形成的盐是一种特殊的磺化剂，可用于在酸中不稳定的化合物，如呋喃、吡咯等的磺化反应；而吡啶与 CrO_3 形成的盐则是一种非质子性氧化剂[沙瑞特（Sarrett）试剂]，可用于将伯醇氧化成醛。

吡啶中氮原子还能表现出亲核性，与卤代烷反应，生成季铵盐类化合物。例如：

$$\text{吡啶} + CH_3I \longrightarrow \text{吡啶}\overset{+}{N}-CH_3\ I^-$$

碘化N**-甲基吡啶**

某些长链卤代烷与吡啶作用的产物可用作表面活性剂，如溴化 N-十六烷基吡啶就是一种染色助剂和杀菌剂。

$$\text{吡啶}\overset{+}{N}-CH_2(CH_2)_{14}CH_3\ Br^-$$

溴化N**-十六烷基吡啶**

3. 亲电取代反应　吡啶属缺 π 芳杂环，氮原子在环中所起的作用相当于硝基对苯环所起的作用，即致钝和间位定位。在较强烈的条件下进行反应，取代基通常进入环中 3 位。例如：

$$\text{吡啶} \xrightarrow[300℃]{KNO_3,HNO_3,H_2SO_4(浓)} \text{3-硝基吡啶}$$

3-硝基吡啶(21%)

$$\text{吡啶} \xrightarrow[230℃,24h]{H_2SO_4 \cdot SO_3,HgSO_4} \text{吡啶-3-磺酸}$$

吡啶-3-磺酸(71%)

吡啶的硝化与磺化反应活性比硝基苯还低，这是因为反应在强酸性条件下进行，氮原子与酸成盐后带有正电荷，其吸电子效应更加强烈。环上有供电子基取代的吡啶进行亲电取代反应相对容易一些，例如：

$$\text{2,6-二甲基吡啶} \xrightarrow[100℃]{KNO_3,100\% H_2SO_4} \text{2,6-二甲基-3-硝基吡啶}$$

2,6-二甲基吡啶　　　　**2,6-二甲基-3-硝基吡啶(66%)**

由于吡啶的亲电取代反应活性太低，所以它不能发生弗里德-克拉夫茨反应。

4. 亲核取代反应　吡啶不易进行亲电取代，却很容易发生亲核取代反应。例如，吡啶可与氨基钠作用，生成吡啶-2-胺。

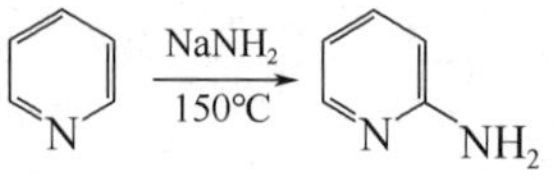

吡啶-2-胺

5. 氧化反应　吡啶环不易氧化，但有侧链的吡啶，其侧链可以氧化；吡啶环系对氧化剂的稳定性大于苯环。

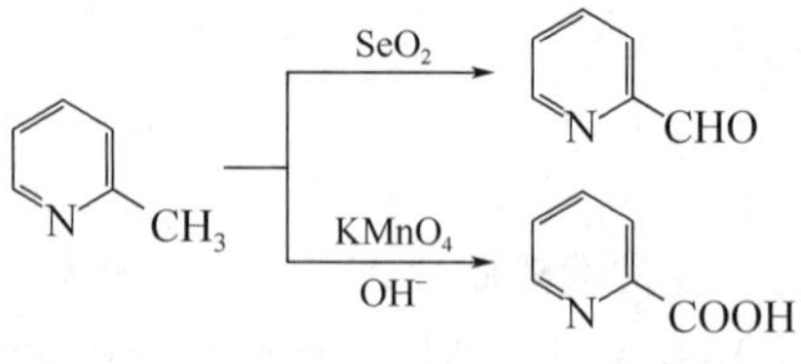

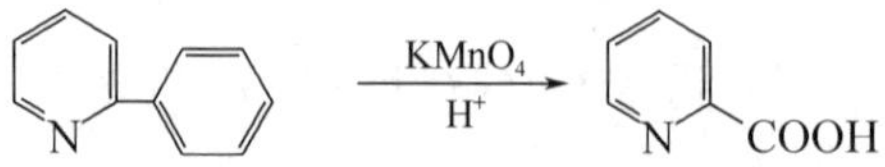

2-苯基吡啶　　　　吡啶-2-甲酸

另外，吡啶环中的氮原子也可被过酸氧化，生成 *N*-氧化吡啶：

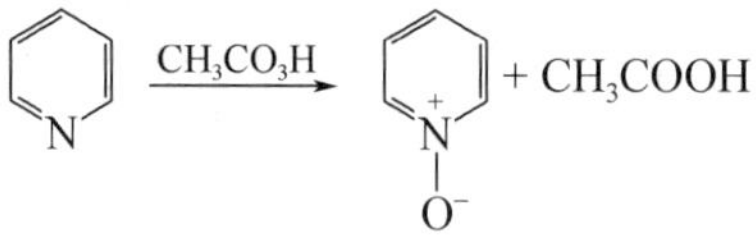

N-氧化吡啶比吡啶容易发生亲电取代，因为氧上的未共用电子对能通过 p-π 共轭作用使吡啶环的 2 位和 4 位变得活泼。

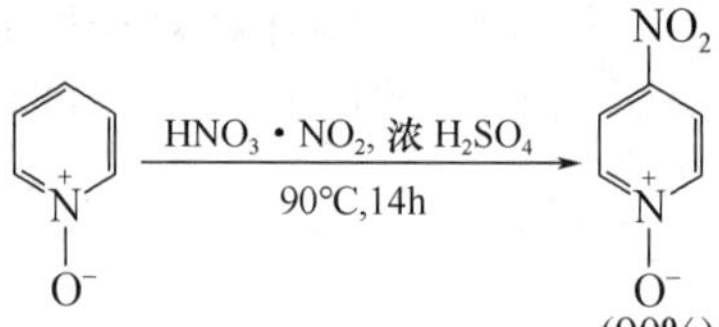

(90%)

生成的产物与 PCl$_3$ 作用可转变成 4-硝基吡啶：

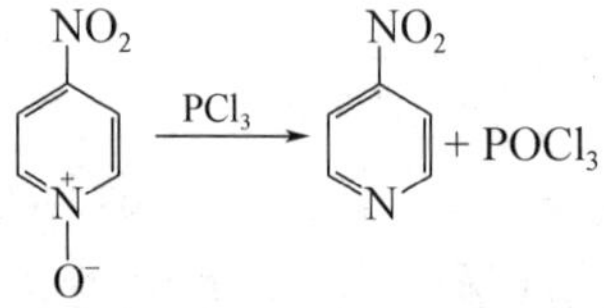

N-氧化吡啶还能与多种亲电或亲核试剂发生反应，是一种非常重要的化合物。

6. 还原反应　吡啶的还原比苯容易，无论是催化氢化，还是用化学还原剂还原，都能得到氢化产物：

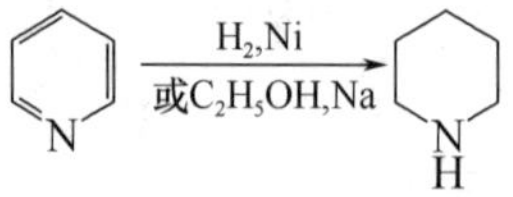

六氢吡啶

生成物六氢吡啶的碱性（pK$_a$=11.2）比吡啶（pK$_a$=5.2）强得多。

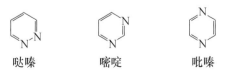

（三）合成

吡啶及六元杂环化合物通常采用 1, 5-二羰基化合物与氨缩合关环，或用 1, 3-二羰基化合物与烯醇或烯胺为试剂；也可利用环加成反应。

（四）衍生物

1. 维生素 B₆ 维生素 B₆ 含有吡啶环，由下列 3 种物质组成：

吡多醇　　　　吡多醛　　　　吡多胺

维生素 B₆ 参与体内蛋白质及脂肪代谢，人体如果缺乏维生素 B₆，蛋白质代谢就会出现障碍。药用维生素 B₆ 是吡多醇的盐酸盐，在体内它需转变成吡多醛或吡多胺才具有生理活性。

2. 山梗菜碱 山梗菜碱（lobeline）是中药半边莲中含有的一种成分，属于六氢吡啶的衍生物，它是一种中枢神经兴奋剂，临床上用于呼吸衰竭患者的抢救，使用的是其盐酸盐。

山梗菜碱

三、嘧啶

含两个氮原子的六元杂环称为二嗪类，根据分子中杂原子相对位置的不同，可分为 1, 2-二嗪（哒嗪）、1, 3-二嗪（嘧啶）和 1, 4-二嗪（吡嗪）。

哒嗪　　　嘧啶　　　吡嗪

三种化合物的结构均与吡啶相似，环内具有芳香共轭体系，属于缺 π 芳杂环。这三种二嗪中，以嘧啶最为重要。

嘧啶是无色液体或固体，熔点 22.5℃，它可以单独存在或与其他环系稠合存在于维生素、蛋白质及生物碱中，许多合成药物中也含有嘧啶环。

（一）性质

1. 溶解性 嘧啶和吡啶一样，由于氮原子上未共用电子对可以与水形成氢键，所以易溶于水。如果在环上引入羟基或氨基，则因能形成分子间氢键，水溶性大大降低。

2. 碱性 嘧啶含有两个氮原子，却只是一元碱（$pK_a=1.3$），其碱性比吡啶还弱。这是由于环内两个氮原子的吸电子作用相互影响，其碱性下降。当第一个氮原子与酸成盐后，带正电荷的氮原子将大大降低另一个氮原子的电子云密度，使其不再显碱性。

3. 环的稳定性 嘧啶环对酸、对氧化剂都稳定，这与其含有氮原子和环内 π 电子云密度较低有关。与苯类似，带有 α-H 的侧链遇到氧化剂易被氧化；与苯环稠合时，苯环比嘧啶环易被氧化：

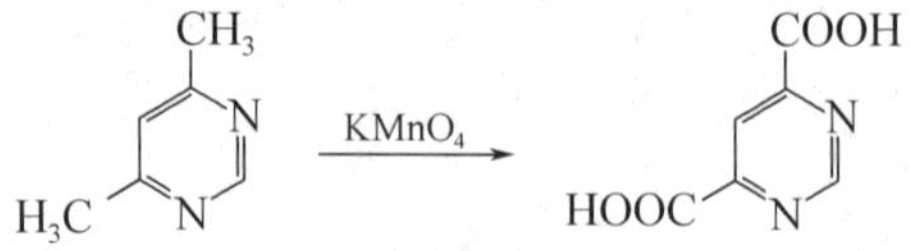

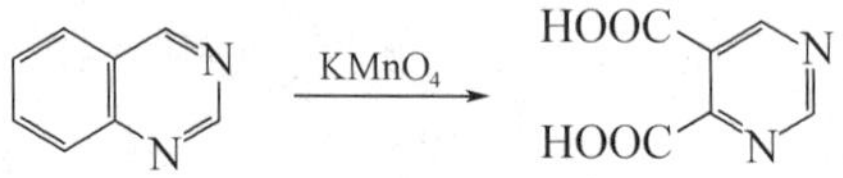

但嘧啶环对碱不太稳定，在沸腾的氢氧化钠溶液中加热，嘧啶即慢慢分解。这是因为嘧啶引入第二个氮原子后，π 电子云分布均匀程度进一步下降。

4. 取代反应 嘧啶比吡啶更难发生亲电取代反应，特别是硝化、磺化等在酸性条件下发生的反应，即使在很剧烈的条件下也难以进行。嘧啶的卤代反应相对容易一些，取代在电子云密度下降较少的 5 位发生，例如：

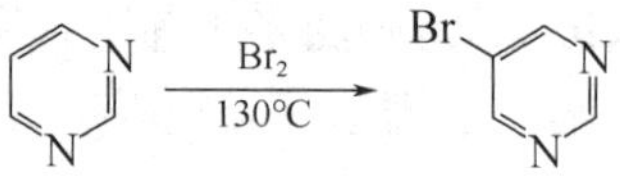

环上有羟基、氨基等供电子基存在，可使反应活性增加。例如：

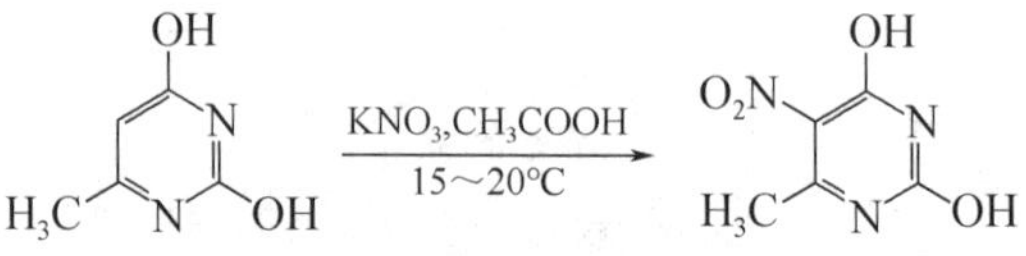

嘧啶环上供电子基越多，亲电取代越易发生，通常有一个供电子基取代，可勉强发生反应，活性约相当于吡啶；有两个供电子基取代，可顺利地进行反应，活性约相当于苯；有三个供电子基取代，则可很容易进行反应，活性与苯酚相当。

嘧啶的亲核取代较易进行，反应在电子云密度较低的 2、4、6 位发生。例如：

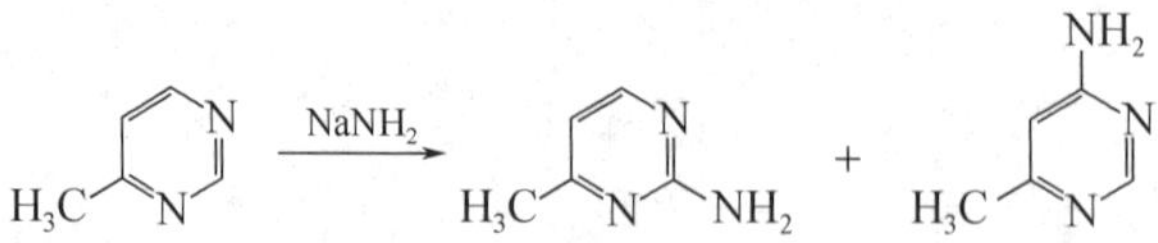

4-甲基嘧啶-2-胺　　　　　6-甲基嘧啶-4-胺

5. 加成反应 嘧啶的 π 电子云分布不太均匀，芳香性较弱，可与氢、溴化氢等试剂加成，反应一般在 C5 和 C6 双键处发生。例如：

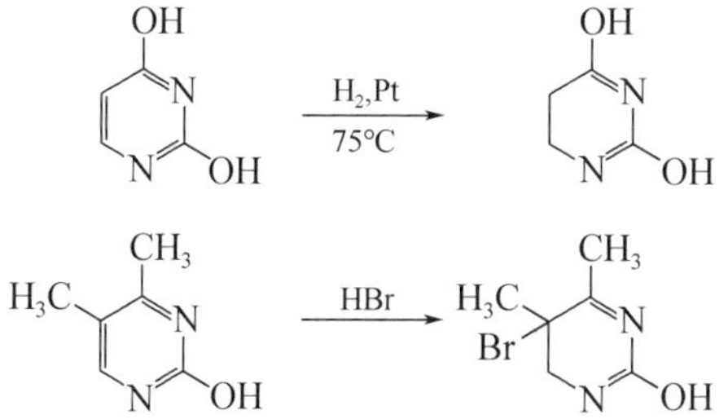

（二）衍生物

1. 尿嘧啶、胞嘧啶和胸腺嘧啶 嘧啶的衍生物在生物体内的主要存在形式是作为嘧啶碱基，与五碳糖、磷酸共同组成核酸。核酸是生命的物质基础之一，具有存储遗传信息与合成蛋白质的功能。构成核酸碱基的嘧啶衍生物主要有以下 3 种：

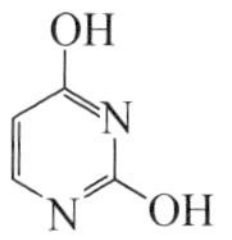

尿嘧啶 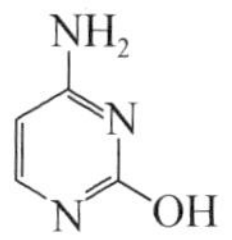　　　　胞嘧啶 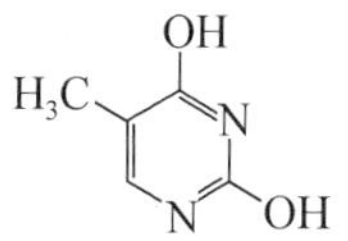　　　　胸腺嘧啶

2. 巴比妥类药物 巴比妥类药物均是 2, 4, 6-三羟基嘧啶（又称巴比妥酸）的衍生物，具有镇静、催眠、抗癫痫等功效。

巴比妥酸存在酮式-烯醇式互变异构现象：

酮式　　　　　　　烯醇式

巴比妥酸

巴比妥酸本身并无治疗效用，只有 5 位甲亚基上的氢原子被其他原子或基团取代后才呈现活性。根据取代基的不同，可分为以下四种类型：

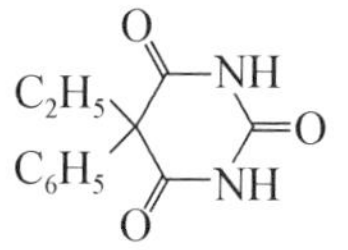

苯巴比妥(长效4~12h) 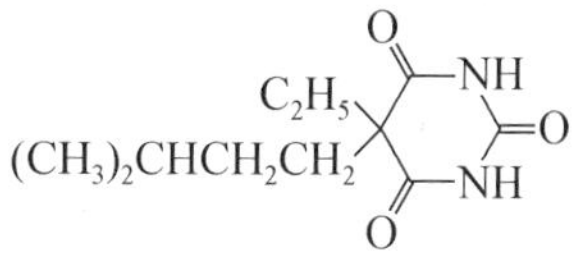　　　　异戊巴比妥(中效2~8h)

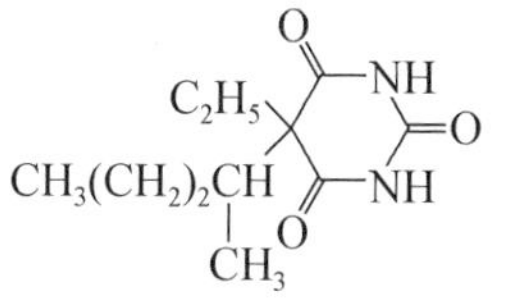

戊巴比妥(短效1~4h) 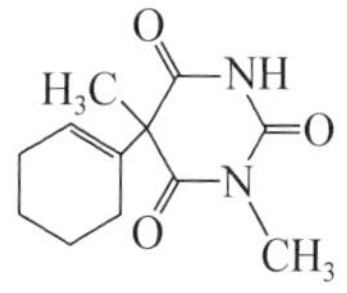　　　　己锁巴比妥(超短效1h)

巴比妥类药物在水中溶解度很小，但因为能发生酮式-烯醇式互变异构，它们在溶液中呈弱酸性，能够与强碱成盐，增加水溶性。例如，它的钠盐易溶于水，把钠盐配制成水溶液可供口服或注射用。

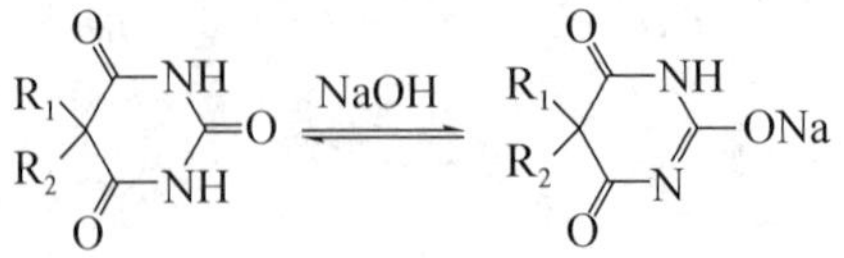

3. 磺胺嘧啶类 磺胺是一类用于治疗细菌感染性疾病的化学药物，其中疗效较好者的分子中多含有杂环，含嘧啶环的磺胺药较为常见，例如：

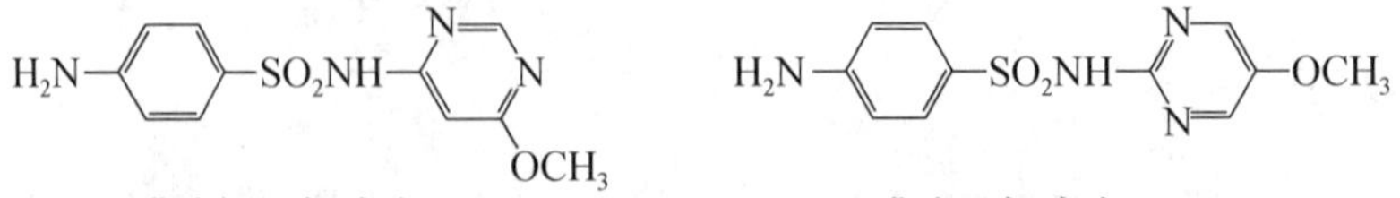

磺胺间甲氧嘧啶(SMM)　　　　　　　磺胺甲氧嘧啶(SMD)
4-(对氨基苯磺酰氨基)-6-甲氧基嘧啶　　2-(对氨基苯磺酰氨基)-5-甲氧基嘧啶

5-(3,4,5-三甲氧基苄基)嘧啶-2,4-二胺（TMP）是一种广谱化学抗菌药，分子中也含有嘧啶环。它虽不属于磺胺药，但与磺胺药合用可增强其抗菌效果，称为磺胺增效剂。

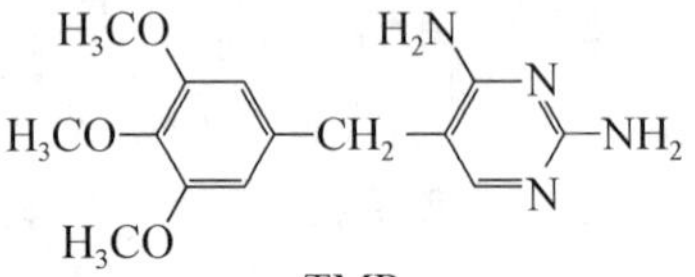

TMP

第五节　稠杂环化合物

稠杂环化合物是指芳环与杂环，或杂环与杂环稠合而成的化合物，种类非常多，其中比较常见又较为重要的有吲哚、苯并吡喃、喹啉、异喹啉、嘌呤等，现分别介绍如下。

一、吲哚

吲哚是由苯环与吡咯环的 b-边稠合而成，也可称为苯并[b]吡咯，它存在于煤焦油中，为无色片状结晶，熔点 52℃，沸点 254℃，可溶于热水、乙醇及乙醚。

（一）性质

1. 酸碱性 吲哚含有吡咯环，性质与吡咯较为相似。吲哚的碱性很弱，遇无机酸易聚合，能与苦味酸作用生成稳定的盐。吲哚氮原子上的氢原子能被金属钾取代，显示出弱酸性（酸性 $pK_a=16.2$），酸性比吡咯略强。

2. 亲电取代反应 吲哚具有芳香性，属多 π 芳杂环，也易发生亲电取代，其反应活性低于吡咯，高于苯。吲哚的两个环中，杂环的 π 电子密度大于苯环，所以发生亲电取代时，取代基主要进入杂环的 3 位。

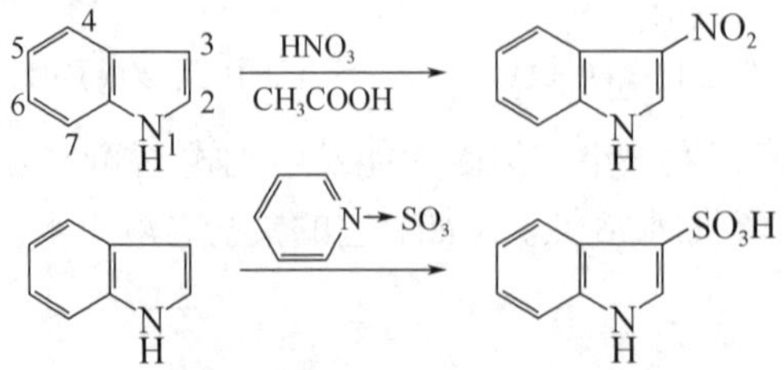

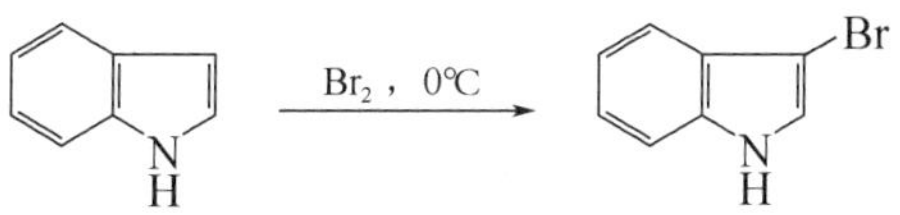

与吡咯不同，吲哚的亲电取代反应主要在 3 位发生，吡咯的亲电取代反应优先在 2 位发生。这种现象仍与中间体的稳定性有关，亲电试剂进攻 2 位或 3 位得到的碳正离子的共振结构如下。

进攻 2 位：

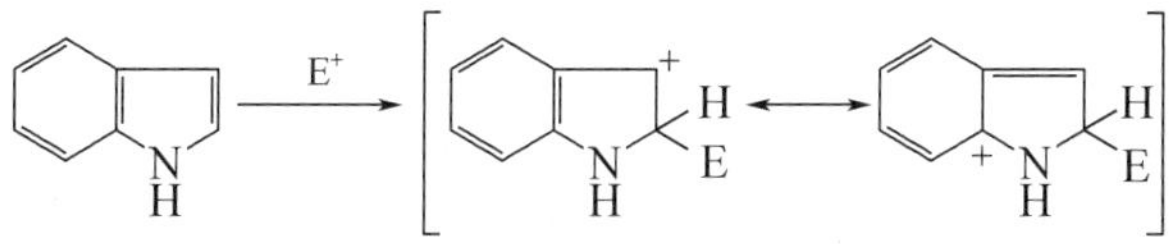

进攻 3 位：

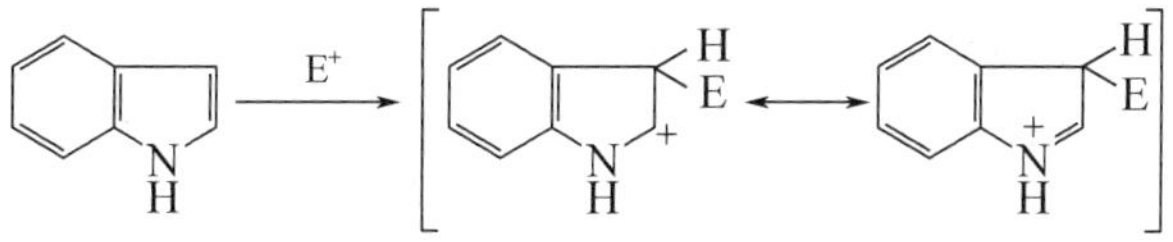

进攻 2 位，只能得到一个带有完整苯环的稳定共振式；而进攻 3 位，可以得到两个带有完整苯环的稳定共振式。参与共振的稳定共振式越多，中间体碳正离子就越稳定。所以，吲哚的亲电取代反应取代基一般进入 3 位。当 3 位上已有供电子基取代时，新取代基进入 2 位；当 2 位和 3 位都被占，或 3 位有吸电子基占据时，新取代基进入苯环。例如：

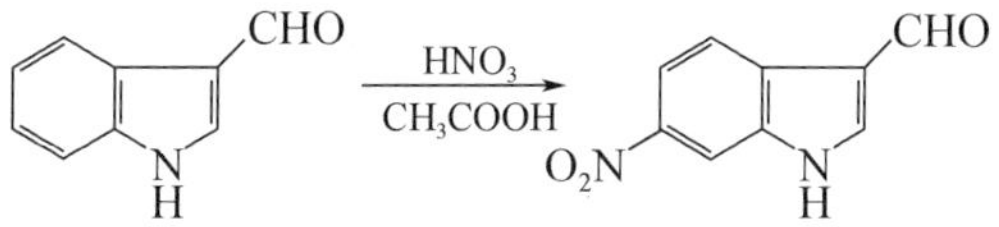

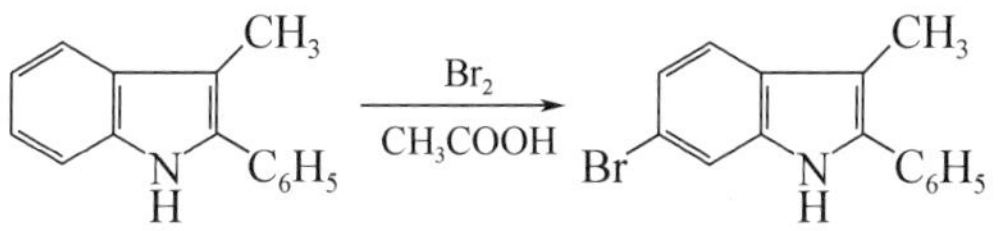

（二）衍生物

1. 5-羟色胺 5-羟色胺（serotonin）是一种重要的神经介质，在人体中主要由色氨酸代谢生成。当人大脑中 5-羟色胺的量突然改变时，就会出现精神失常症状，所以 5-羟色胺是维持人体精神和思维正常活动不可缺少的物质。

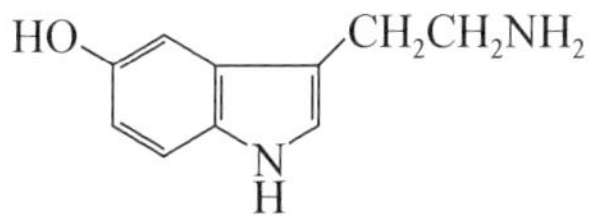

5-羟色胺

2. 靛玉红 靛玉红（indirubin）是十字花科植物菘蓝（中药板蓝根、大青叶、青黛等的原植物）中存在的一种成分，具有明显的抗癌活性，临床上用于治疗慢性粒细胞白血病。

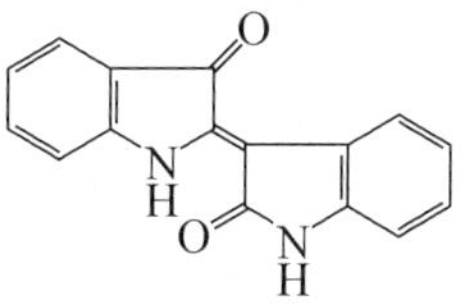

靛玉红

二、苯并吡喃

苯并吡喃又称色烯（chromene），它与吡喃一样，也有两种异构体：

苯并-α-吡喃   苯并-γ-吡喃
（α-色烯）   （γ-色烯）

这两种化合物本身并不重要，但它们的羰基衍生物——苯并吡喃-2-酮和苯并吡喃-4-酮很重要，存在于许多天然化合物的结构中。

1. 维生素 E 维生素 E 属于色烯的二氢化物——色满（chroman）的衍生物，它是一类维生素（共 8 种）的总称。由于这类化合物分子中都含有酚羟基，其活性又与生殖功能有关，所以又称生育酚（tocopherol）。这 8 种生育酚中以 α-生育酚的活性最强，作为药物使用的是其乙酸酯，习惯上称为维生素 E，其化学名称为 2, 5, 7, 8-四甲基-2-(4, 8, 12-三甲基十三烷基)-6-色满醇乙酸酯。

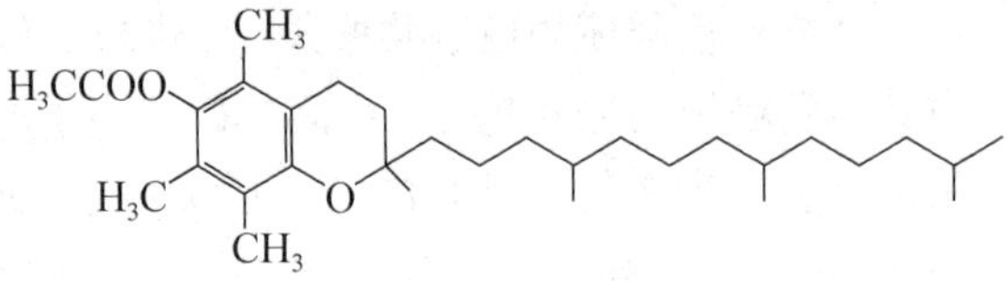

维生素E(α-生育酚乙酸酯)

天然的维生素 E 都为右旋性，合成品为外消旋体。维生素 E 有较强的还原性，还可作为其他药物的抗氧剂使用。

2. 香豆素类化合物 苯并吡喃-2-酮又称香豆素，香豆素可以看作顺邻羟基桂皮酸的内酯，具有内酯类化合物的通性，即在强碱溶液中加热，内酯环破裂，生成可溶于水的邻羟基桂皮酸盐，再遇酸又能环合而生成难溶于水的香豆素。由中药中提取、分离香豆素类成分时，常利用这一性质。

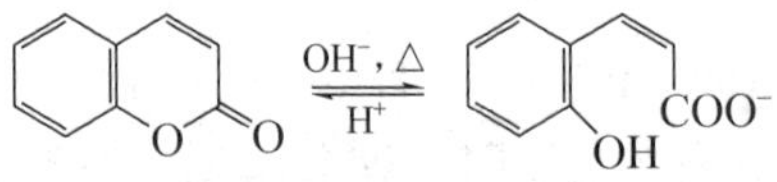

香豆素   顺邻羟基桂皮酸盐

以下是一些中草药中存在的香豆素类化合物：

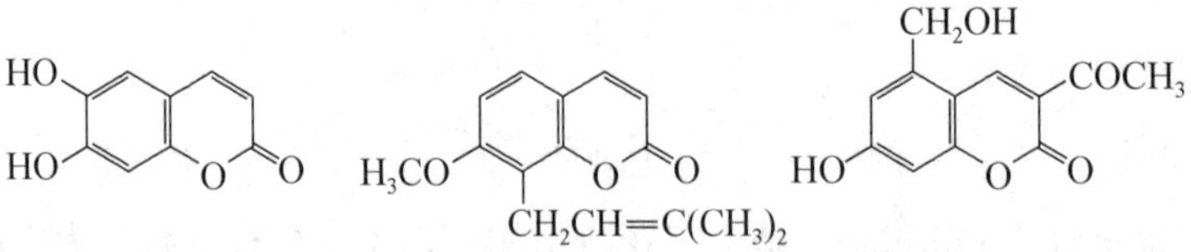

七叶内酯   蛇床子素   亮菌甲素

七叶内酯（aesculetin）是中药秦皮所含有的一种香豆素类成分，具有良好的抗菌效果，可用于治疗细菌性痢疾；蛇床子素（osthol）存在于中药蛇床子中，具有抗菌和抗疟作用，可用于治疗脚癣、湿疹、阴道滴虫等疾病；亮菌甲素（armillarisin A）存在于假蜜环菌的菌丝体中，对胆道系统具有多方面的作用，可用于治疗急性胆道感染。

3. 苯并吡喃-4-酮衍生物 苯并吡喃-4-酮又称色酮（chromone），2 位或 3 位有苯基取代的色酮是一类重要植物成分的母核。2-苯基色酮称为黄酮（flavone）；3-苯基色酮称为异黄酮（isoflavone），含有这类母核的植物成分通称为黄酮类化合物。

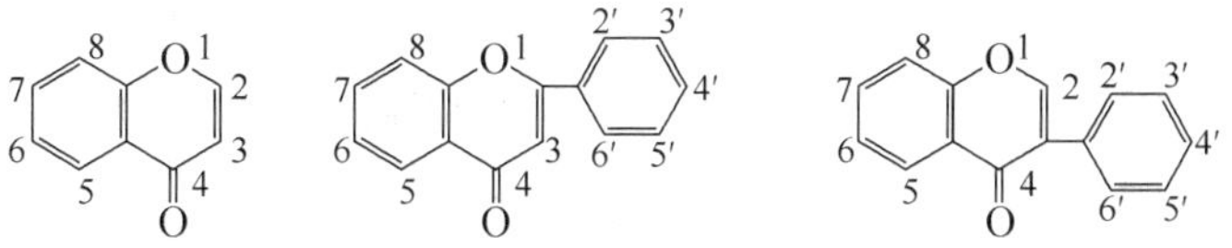

色酮　　　　　黄酮　　　　　异黄酮

这类化合物分子中常带有羟基、烷氧基或烷基，并常与糖结合以苷的形式存在于植物中。例如，中药黄芩中就含有黄芩苷（baicalin，糖部分是葡萄糖醛酸），它是黄芩具有抗菌活性的有效成分；中药葛根含有的葛根素（puerarin，糖部分是葡萄糖）属于异黄酮类化合物，它具有解痉、扩张冠状动脉、增加冠脉血流量等作用，是葛根的主要有效成分；白果素（bilobetin）存在于银杏中，属双黄酮类化合物，临床上用于治疗冠心病。

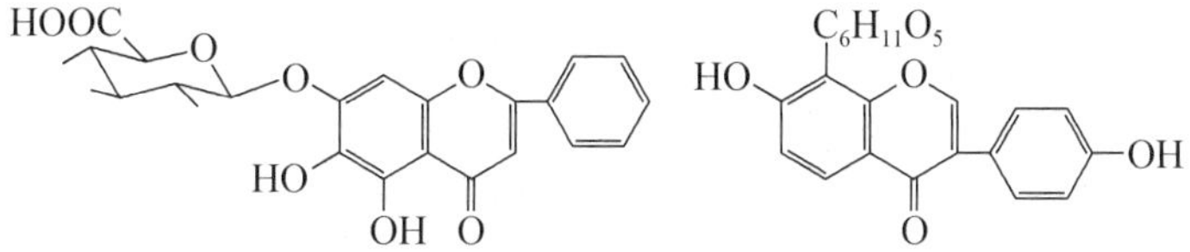

黄芩苷　　　　　葛根素

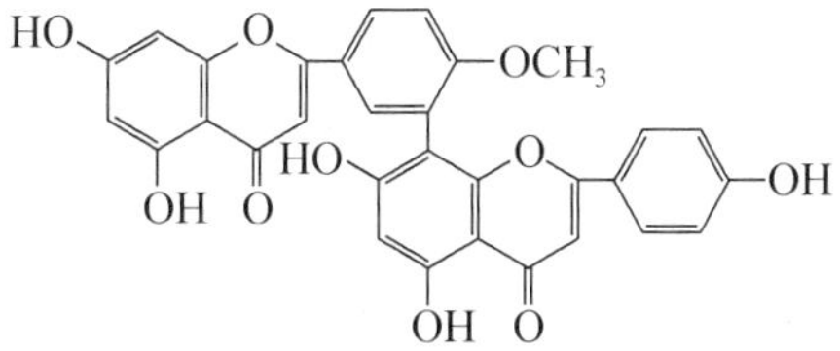

白果素

三、喹啉与异喹啉

喹啉和异喹啉都是由苯环与吡啶环稠合而成的稠杂环化合物，喹啉又称苯并[b]吡啶；异喹啉又称苯并[c]吡啶。二者的结构与吡啶类似，属于缺π芳杂环。

喹啉　　　　　异喹啉

（一）性质

1. 溶解性　喹啉与异喹啉均是无色油状液体，能与大多数有机溶剂混溶，难溶于冷水，易溶于热水。与吡啶相比，它们的水溶性明显降低。

2. 碱性　喹啉与异喹啉都含有叔氮原子，具有弱碱性，其中喹啉的碱性（pK_a=4.9）较吡啶（pK_a=5.2）稍弱；而异喹啉的碱性（pK_a=5.4）较吡啶略强。二者都可以和强酸作用成盐。

3. 亲电取代反应　喹啉、异喹啉的性质与吡啶相似，既可发生亲电取代，又可发生亲核取代。因为二者分子中苯环的π电子密度高于吡啶环，所以亲电取代优先在苯环上发生，取代基一般进入5位或8位。例如：

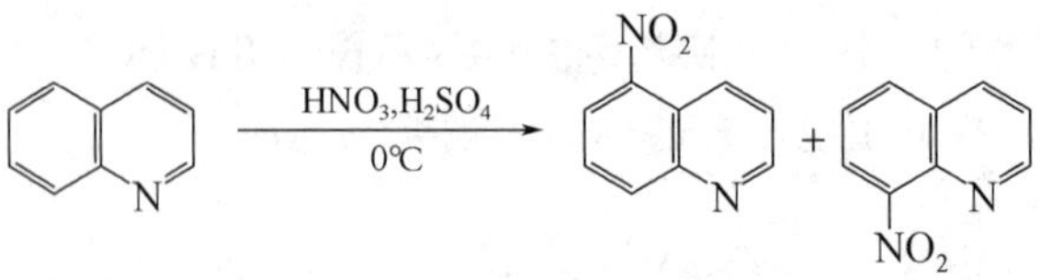

5-硝基喹啉　8-硝基喹啉

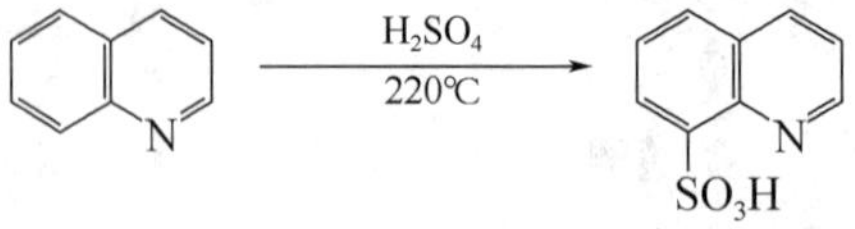

喹啉-8-磺酸

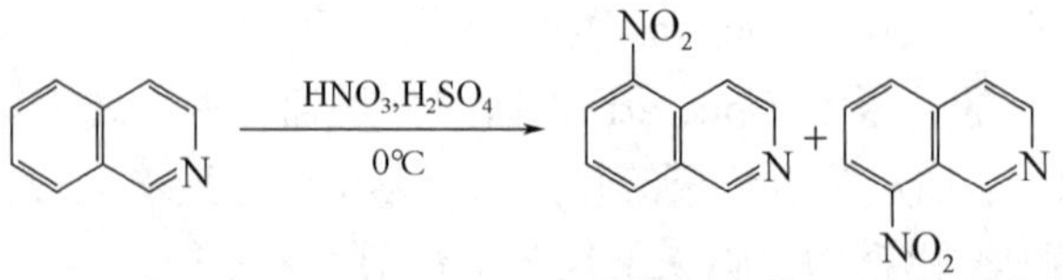

5-硝基异喹啉　8-硝基异喹啉

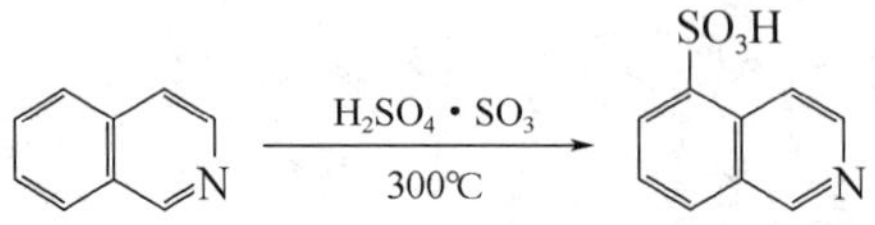

异喹啉-5-磺酸

4. 亲核取代反应　亲核取代主要在吡啶环上进行，取代基一般进入 2 位、4 位（喹啉）或 1 位（异喹啉）。例如：

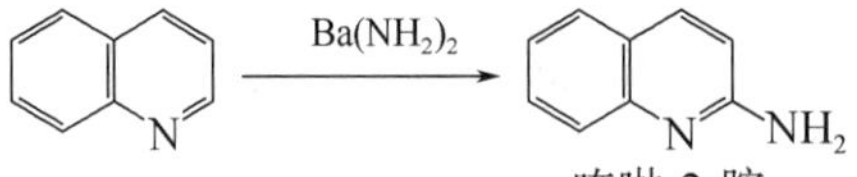

喹啉-2-胺

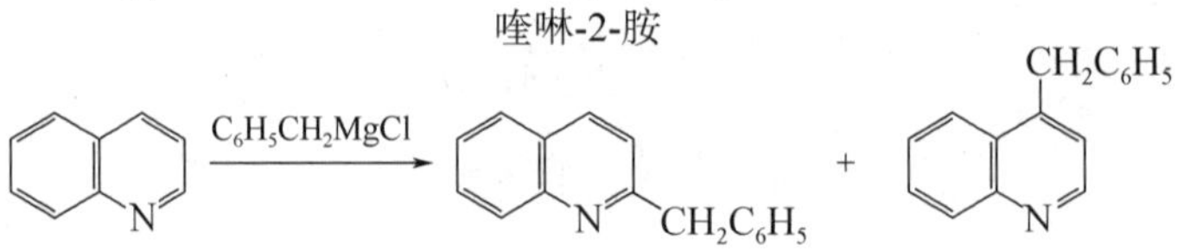

2-苄基喹啉　　　　4-苄基喹啉

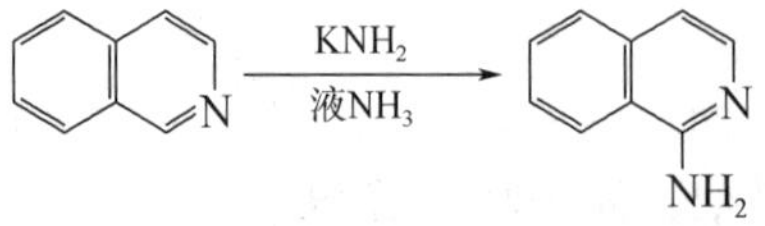

异喹啉-1-胺

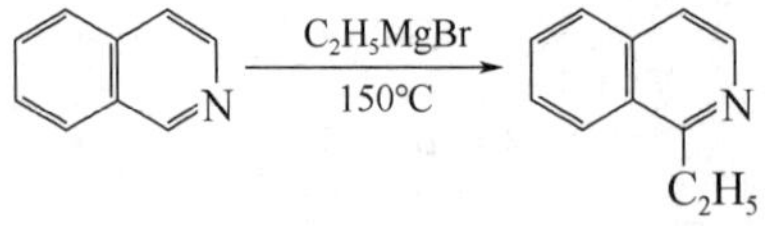

1-乙基异喹啉

5. 氧化反应　一般氧化剂不能使喹啉、异喹啉环氧化，强氧化剂可使它们氧化开环：

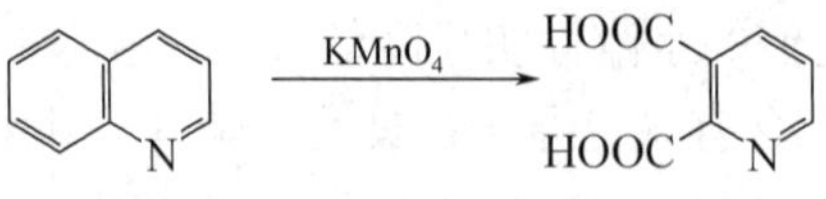

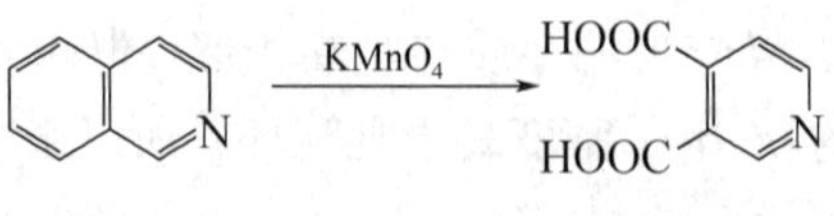

6. 还原反应　喹啉、异喹啉均可被还原，因为吡啶环的电子云密度较苯环低，所以吡啶

环更易还原，根据反应条件不同，得到的产物也不一样：

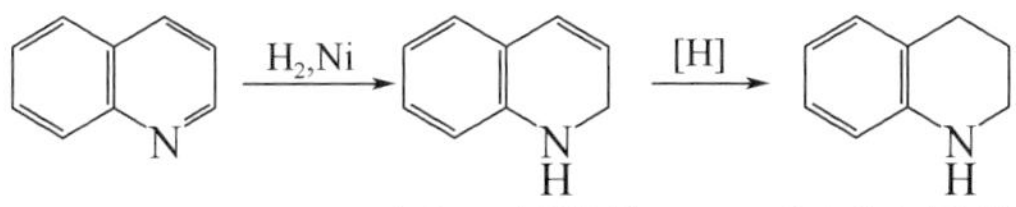

1,2-二氢喹啉　　　1,2,3,4-四氢喹啉

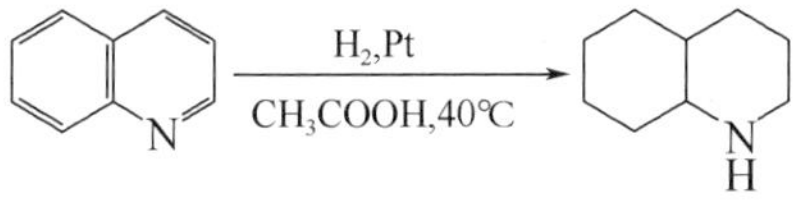

十氢喹啉

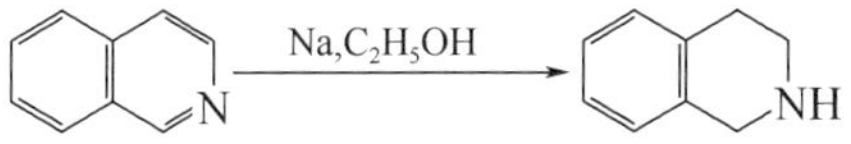

1,2,3,4-四氢异喹啉

十氢异喹啉

（二）喹啉及其衍生物的合成

喹啉及其衍生物有多种方法合成，较常用的是 Skraup 合成法，即用甘油在浓硫酸作用下脱水成丙烯醛，后者和苯胺加成生成 β-苯氨基丙醛，再经环化、脱水成二氢喹啉，最后被硝基苯氧化脱氢生成喹啉，此反应实际上是一步完成的，反应式表示如下：

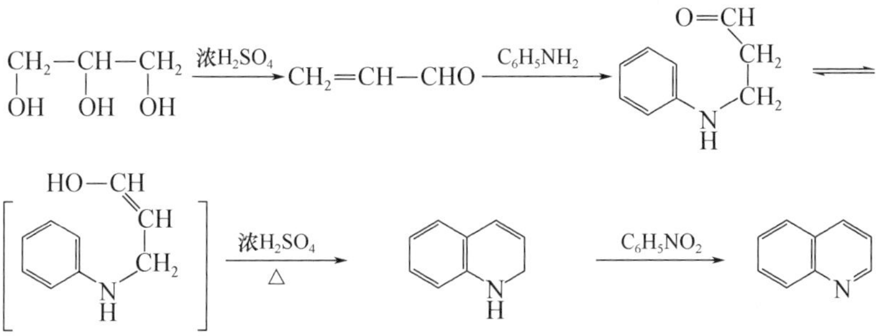

用其他芳胺代替苯胺，或用其他不饱和醛酮代替丙烯醛，可制备其他喹啉衍生物。例如：

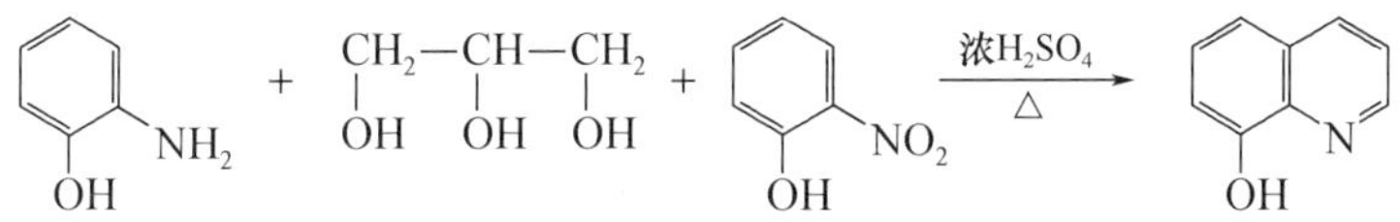

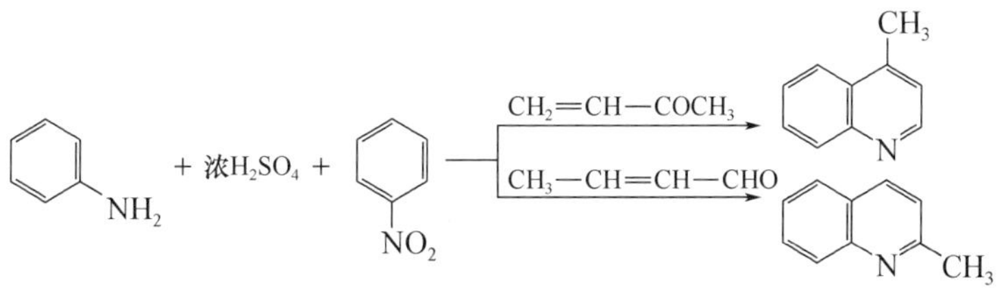

（三）衍生物

1. 喹啉的衍生物　许多天然药及合成药的结构中都含有喹啉环。例如，从金鸡纳属植物中分离得到的奎宁（quinine）具有抗疟活性；合成抗疟药氯喹（chloroquine）也是喹啉的衍生物；存在于珙桐科植物喜树中的羟基喜树碱（hydroxycamptothecine）具有显著的抗癌活性，已作为肿瘤治疗药在临床上使用。

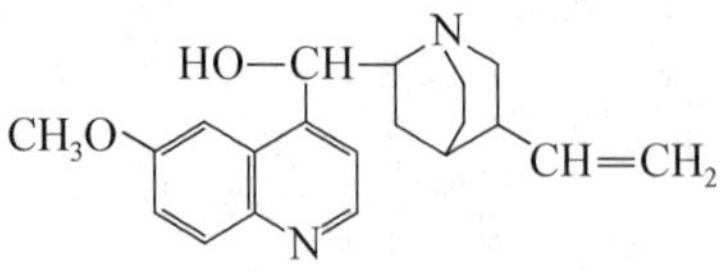

奎宁

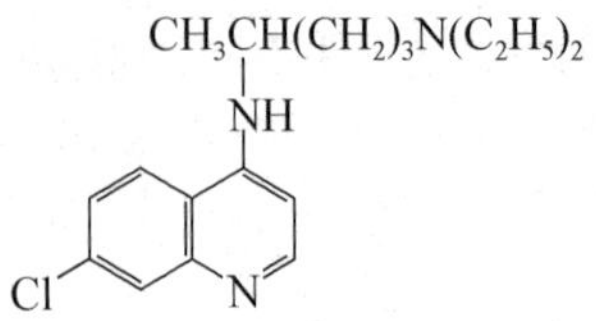

氯喹

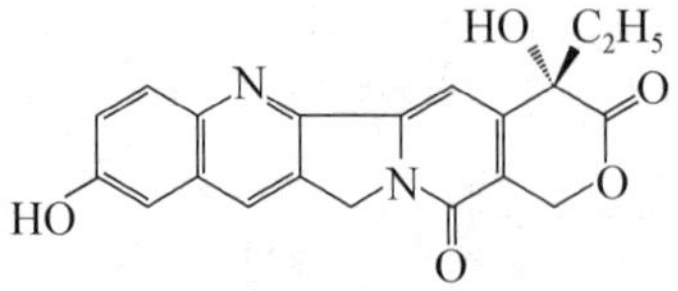

羟基喜树碱

2. 异喹啉衍生物 异喹啉的衍生物在植物中分布较广，结构类型也比较多。例如，从中药黄连、黄柏、三颗针等中分离得到的小檗碱（berberine，也称黄连素），是一种具有良好抗菌作用的季铵生物碱；中药防己科青风藤等中存在的青藤碱（sinomenine）具有抗心律失常活性，临床上用于治疗心律失常和风湿性关节炎。

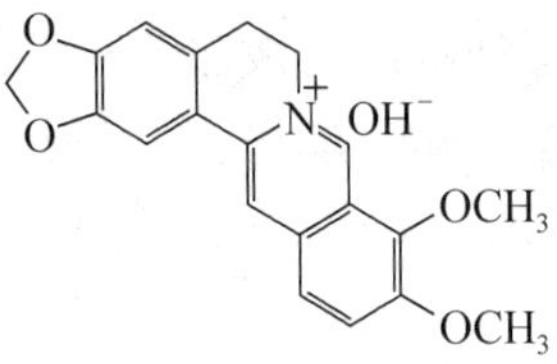

小檗碱

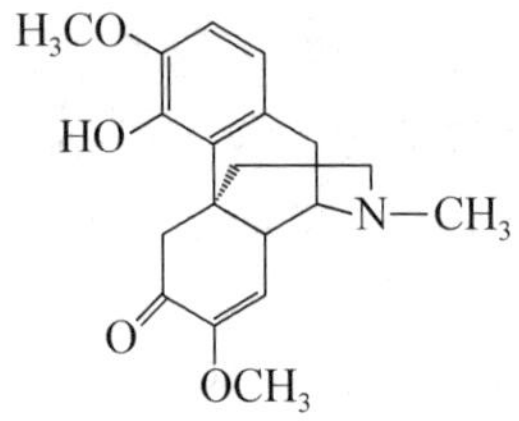

青藤碱

四、嘌呤

嘌呤是由一个咪唑环和一个嘧啶环稠合构成的化合物，其稠合方式为咪唑并[4, 5-*d*]嘧啶。嘌呤采用固有的习惯编号方式，存在着下列互变异构现象：

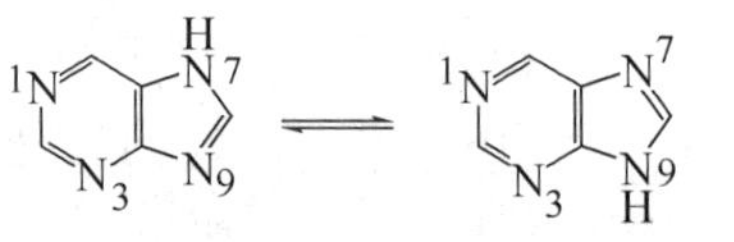

7*H*-嘌呤（Ⅰ）   9*H*-嘌呤（Ⅱ）

在药物中以式（Ⅰ）的衍生物较常见；在生物化学中则多采用式（Ⅱ）。

（一）性质

嘌呤是无色针状结晶，熔点 216～217℃，易溶于水和热乙醇，难溶于常用有机溶剂。嘌呤既具有弱酸性，又具有弱碱性。其酸性（pK_a=8.9）比咪唑（pK_a=14.5）强，这是因为嘧啶环能吸引咪唑环的电子，使咪唑环氮上的氢酸性增强；嘌呤的碱性（pK_a=2.4）比嘧啶（pK_a=1.4）强，比咪唑（pK_a=7.2）弱，所以嘌呤既可与强酸成盐，也可与强碱成盐。

嘌呤分子中存在密闭的共轭体系，π电子数符合 4*n*+2 规则，因而具有一定程度的芳香性。由于含有多个电负性较强的环氮原子，环碳原子的电子云密度大大减弱，所以嘌呤很难发生亲电取代反应。

（二）衍生物

嘌呤的衍生物也非常多，尤以含羟基、氨基的衍生物最为常见，这些化合物以游离状态或结合形式广泛存在于生物体内。

1. 腺嘌呤与鸟嘌呤　这是组成核酸的两个嘌呤碱基，腺嘌呤是嘌呤-6-胺；鸟嘌呤是2-氨基嘌呤-6-酚。

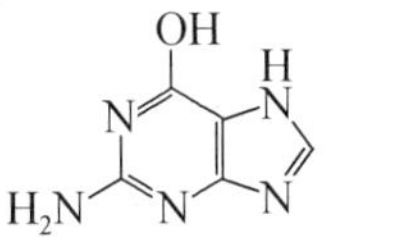

腺嘌呤(adenine)　　　鸟嘌呤(guanine)

腺嘌呤也称维生素 B_4，它除了作为核酸的碱基存在外，也以游离形式存在于动物的肌肉、肝脏及某些植物中。从香菇中分离得到的香菇嘌呤（lentinacin）以及从冬虫夏草中分离得到的虫草素（cordycepin）可看作腺嘌呤的衍生物，前者具有降血脂、降胆固醇作用；后者有抗病毒、抗菌、抗肿瘤活性。

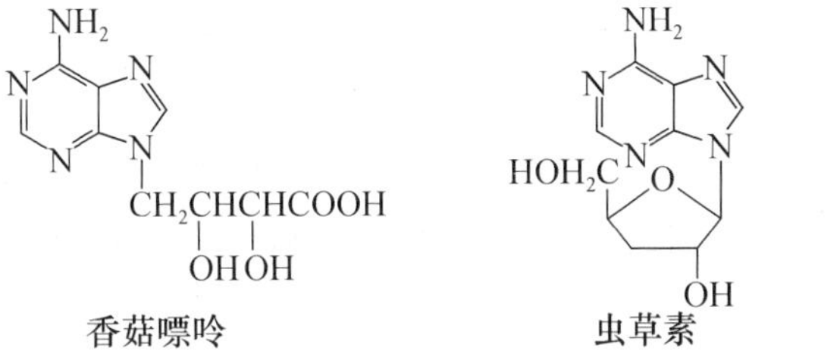

香菇嘌呤　　　　　　虫草素

鸟嘌呤又称鸟粪素，它在鸟粪及鱼鳞中的含量较高，可由这些物质水解制取，也可通过合成的方法生产。鸟嘌呤的主要工业用途是作为合成咖啡因及嘌呤类药物的原料。鸟嘌呤存在酮式-烯醇式互变异构：

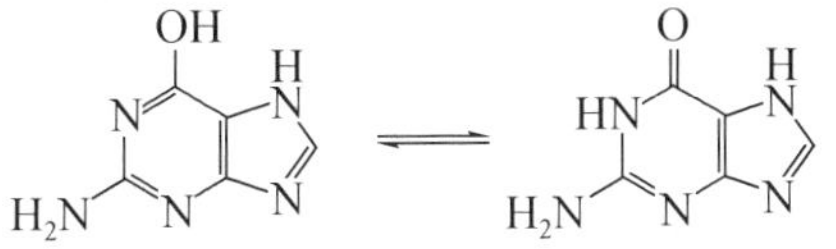

烯醇式　　　　　　酮式

2. 黄嘌呤及其衍生物　黄嘌呤（xanthine）是 $7H$-嘌呤-2, 6-二酚，它是黄白色固体，熔点220℃，难溶于水，具有弱碱性（共轭酸 $pK_a=2.1$）和弱酸性（$pK_a=8.9$），能与强酸或强碱作用成盐。黄嘌呤与鸟嘌呤相似，也有酮式-烯醇式互变异构。

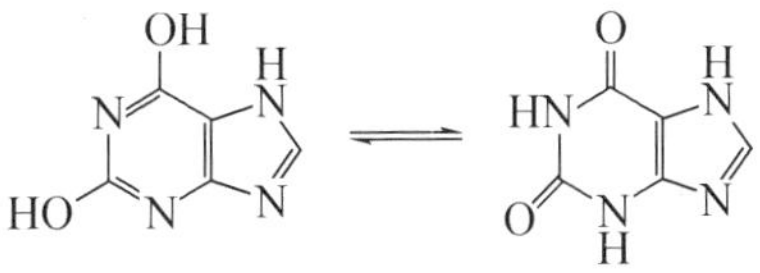

黄嘌呤

茶碱、可可碱及咖啡碱等都是植物中存在的黄嘌呤的衍生物，它们的结构如下：

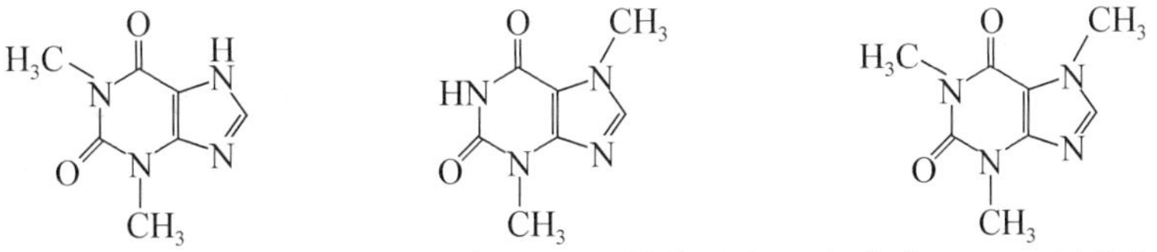

茶碱(1,3-二甲基黄嘌呤)　可可碱(3,7-二甲基黄嘌呤)　咖啡碱(1,3,7-三甲基黄嘌呤)

这三种黄嘌呤类生物碱都有显著的生理活性。茶碱（theophylline）具有利尿和松弛平滑肌作用，临床上用作利尿剂；可可碱（theobromine）具有利尿和兴奋中枢神经作用，临床上曾作为利尿剂使用，因其利尿作用不及茶碱，现已少用；咖啡碱（caffeine）又称咖啡因，也具有利尿和兴奋中枢神经作用，因为后一作用较强，所以临床主要用作中枢神经兴奋剂。

第六节 生 物 碱

生物碱（alkaloid）是指来源于生物体内具有显著生物活性、结构比较复杂的一类含氮的有机碱性化合物。生物碱大多存在于植物中，所以又称植物碱。生物碱的分子结构多属于仲胺、叔胺或季铵类，少数为伯胺类，常含有含氮杂环。生物碱种类众多，对生物体有毒性或强烈的生理作用，许多生物碱是中药最主要的有效成分之一。

一、生物碱的理化性质

（一）物理性质

大多数生物碱具有结晶，也有无结晶形（如山豆根碱等），还有少数生物碱，如烟碱等，在常温下呈液体状态，并有挥发性，能在常温下随水蒸气蒸馏出来而不被破坏。生物碱一般难溶于水，能溶于有机溶剂。生物碱多数味苦无色，但有少数例外，如小檗碱和一叶萩碱为黄色。生物碱多具有旋光性。

（二）化学性质

1. 生物碱的沉淀反应　生物碱与一些特殊试剂（常系重金属盐类或相对分子质量较大的复盐以及特殊无机酸如硅钨酸、磷钨酸，或有机酸如苦味酸的溶液）作用生成不溶于水的盐而沉淀。

以下是一些常用的生物碱沉淀剂。

（1）碘化汞钾试剂（Mayer 试剂）　在酸性溶液中与生物碱反应生成白色或淡黄色沉淀。

（2）碘化铋钾试剂（Dragendorff 试剂）　在酸性溶液中与生物碱反应生成橘红色沉淀。

（3）碘-碘化钾试剂（Wagner 试剂）　在酸性溶液中与生物碱反应生成棕红色沉淀。

（4）硅钨酸试剂（Bertrand 试剂）　在酸性溶液中与生物碱反应生成灰白色沉淀。

（5）磷钼酸试剂（Sonnenschein 试剂）　在中性或酸性溶液中与生物碱反应生成鲜黄色或棕黄色沉淀。

2. 生物碱的显色反应　生物碱遇到某些化学试剂，通过氧化、脱水与缩合等反应生成特殊的颜色，称为显色反应，常用于鉴识某种生物碱。但显色反应受生物碱纯度的影响很大，生物碱越纯，显色越明显。常用的显色剂有以下几种。

（1）钒酸铵-浓硫酸溶液（Mandelin 试剂）　为1%钒酸铵的浓硫酸溶液。该显色剂遇阿托品显红色，遇可待因显蓝色，遇士的宁显紫色到红色。

（2）钼酸铵-浓硫酸溶液（Frohde 试剂）　为1%钼酸钠或钼酸铵的浓硫酸溶液，遇乌头碱显黄棕色，遇小檗碱显棕绿色。

（3）甲醛-浓硫酸试剂（Marquis 试剂）　为30%甲醛溶液 0.2ml 与 10ml 浓硫酸的混合溶

液。遇吗啡显橙色至紫色，遇可待因显红色至黄棕色。

（4）浓硫酸 浓硫酸遇乌头碱显紫色，遇小檗碱显绿色。

（5）浓硝酸 浓硝酸遇小檗碱显棕红色，遇秋水仙碱显蓝色。

二、常见重要的生物碱实例

生物碱具有很强的生理作用，成为中药最主要的有效成分之一，许多生物碱可单独供临床使用。下面列举一些重要的生物碱。

1. 小檗碱 小檗碱为黄色针状晶体，是黄连（*Coptis chinensis*）最主要的有效成分，含量 $5\%\sim8\%$。小檗碱属于异喹啉环的季铵型生物碱，有较强的抑菌作用。临床常用盐酸小檗碱用于治疗细菌性痢疾和肠胃炎。其化学结构见本章第五节。

2. 喜树碱 喜树碱为浅黄色针状晶体，熔点 $264\sim267\text{℃}$（分解），为右旋体，不容易成盐。喜树碱是一种有效的抗癌药物。

10-羟基喜树碱

3. 奎宁 奎宁又称金鸡纳碱，茜草科植物金鸡纳树及其同属植物的树皮中的主要生物碱，含有喹啉环结构。奎宁为白色颗粒状或微晶性粉末，味微苦，熔点 173℃，微溶于水，易溶于乙醇、三氯甲烷、乙醚中，为左旋体。

奎宁是喹啉类衍生物，对各种疟原虫的红细胞内期裂殖体均有较强的杀灭作用，是最早使用的特效抗疟疾药物，后来合成了药效良好的氯奎宁、青蒿素等。其化学结构见本章第五节。

4. 吗啡碱 罂粟（*Papaver somniferum*）果实的乳汁干燥后得到鸦片，其是三大毒品植物之一。鸦片内含有 20 多种生物碱，以吗啡含量最高（约 10%）。吗啡的结构可以写成如下三种形式。

其中，吗啡：$R = R' = H$；　可待因：$R = CH_3$，$R' = H$；　海洛因：$R = R' = CH_3CO$

吗啡为无色晶体，熔点 $254\sim256\text{℃}$，左旋，在多数溶剂中均难溶，具有酸碱两性。

吗啡有镇痛、止咳、抑制肠蠕动的作用，可用于急性锐痛和心源性哮喘。但易成瘾，需严格控制使用。

可待因为吗啡的衍生物，与吗啡共存于鸦片中。无色结晶，味苦，微溶于水，可溶于沸水、乙醇等。其磷酸盐用作镇痛镇咳药，活性比吗啡弱，成瘾性也小，使用较安全。

海洛因为吗啡的二乙酰衍生物，存在于大麻中，为白色结晶或粉末，光照或久置则呈淡黄色，难溶于水，易溶于有机溶剂。其成瘾性为吗啡的 3～5 倍，一般不作药用，是危害人类最大的毒品之一。

小　　结

1. 杂环化合物的概念、分类、命名。

（1）广义的杂环化合物和特指的杂环化合物。

（2）杂环化合物的分类。

（3）有特定名称的杂环化合物的名称、编号，无特定名称的杂环化合物的命名思路与方法。

2. 五元杂环和六元杂环化合物的结构特征。

3. 杂环化合物的化学性质。

（1）五元杂环化合物：亲电取代（取代条件和定位规则）、加成反应、显色反应、吡咯的酸碱性。

（2）六元杂环化合物：吡啶的碱性、亲电取代（取代条件和定位规则）、亲核取代、氧化还原。

（3）稠杂环：吲哚、喹啉与异喹啉的亲电取代、亲核取代、氧化还原、酸碱性。

4. 杂环化合物在医药领域的应用。

核酸中的碱基、药物中的杂环结构。

5. 生物碱。

（湖北中医药大学）

本章 PPT

第十八章
萜类和甾体化合物

> **学习目的** 萜类和甾体化合物都是具有很好生物活性的物质，其位于本书的最后一章，重点内容主要是分析、学习萜类和甾体化合物的结构特点，同时为了与中药学、药学专业相契合，也对一些重要的萜类和甾体化合物进行了生物活性的介绍，为后续专业课程的学习打下良好的基础。
>
> **学习要求** 掌握萜类化合物结构特点和分类方法（异戊二烯规则），掌握甾体化合物的基本结构和立体结构。熟悉甾体化合物母核的编号原则及构型。了解常见的萜类化合物和几种重要的甾体化合物。

萜类（terpenoid）和甾体（steroid）化合物与糖、蛋白质一样是自然界广泛存在的有机化合物，大多是结构复杂的脂环化合物，在生物体内有重要的生理作用。萜类和甾体化合物在结构上并不属于同类化合物，但生源途径上有着密切的关系。它们在生物体内都是以乙酸为基础物质通过一定的生源途径产生的。我们把这些来源于乙酸的化合物统称为乙酸原化合物（acetogenin）。生物体内的化合物种类很多，除了萜类和甾体化合物外，油脂、某些维生素、前列腺素以及鞣质等都可以划归为此类。

第一节 萜类化合物

一、萜类化合物结构、分类和命名

萜类化合物广泛分布于植物、微生物、昆虫以及海洋生物等动植物体内，其种类繁多，是天然物质中最多的一类，目前估计有 1 万种以上。萜类化合物是中草药中比较重要的一类化合物，目前发现的许多萜类化合物具有较好的生理活性，如祛痰、止咳、祛风、保肝、发汗、驱虫、镇痛等。同时，萜类化合物大多具有很好的芬芳气味，在化妆品和食品工业中常用作重要的天然香料。萜类化合物还是挥发油（又称香精油）的主要成分，可从植物的花、果、叶、茎、根中通过水蒸气蒸馏或乙醚提取得到。

通过对萜类化合物的研究，发现其分子中所含碳原子数大多为 5 的整数倍，很多是分子式为 $C_{10}H_{16}$ 且含有双键的烃类，所以称为萜烯。进一步研究发现了不少与萜烯具有类似结构的含氧衍生物及挥发性不大的含有 15、20、30 或 40 个碳的化合物，统称为萜类化合物。经同位素标记生物合成实验证实，在植物体内形成萜类化合物的前体是由乙酰辅酶 A 生成的甲羟戊酸（3,5-二羟基-3-甲基戊酸）。

$$\text{HOOCCH}_2\text{CCH}_2\text{CH}_2\text{OH}$$

（结构式中碳上连有 CH_3 和 OH）

3,5-二羟基-3-甲基戊酸
3,5-dihydroxy-3-methylpentanoic acid

（一）萜类化合物的结构

萜类化合物从结构上可以划分为不同数目的异戊二烯单元，即萜类化合物可以视为异戊二烯的聚合体。在连接方式上，大多数萜类分子是由异戊二烯骨架头与尾相连而成，少数由头与头相连或尾与尾相连而成，如下所示。

微课：异戊二
　烯规则

$$头\ \overset{CH_3}{\underset{}{CH_2=C}}-CH=CH_2\ \ 尾\quad +\quad 头\ \overset{CH_3}{\underset{}{CH_2=C}}-CH=CH_2\ \ 尾$$

$$头\ C\ \ 尾\ 头\ \qquad\ 尾$$
$$C=C-C-C-\!\!\!\mid\!\!\!-C-C-C=C$$
$$\overset{}{\underset{C}{|}}$$

异戊二烯对于研究萜类化合物的组成和测定结构具有重要的意义，把萜类化合物这种在组成和结构上可以划分为不同数目的异戊二烯单元，且以不同方式连接的特点称为异戊二烯规则。因此，萜类化合物是指分子的基本骨架可以划分为若干个异戊二烯单元的化合物及其含氧和饱和程度不等的衍生物。

虽然萜类化合物符合异戊二烯规则，且 Bouchardat 于 1875 年曾以异戊二烯为原料合成了一个标准萜类化合物——苧烯，但在植物体内形成萜类化合物的真正前体是甲羟戊酸。

$$\diagup\diagdown\ +\ \diagup\diagdown\ \xrightarrow{300℃}\ \bigcirc$$

（二）萜类化合物的生物合成途径

研究发现，植物体内形成萜类化合物的最关键前体是由乙酰辅酶 A（acetyl-CoA）转换而成的甲羟戊酸。乙酰辅酶 A 转化成甲羟戊酸的过程如下：生物体系中，乙酰辅酶 A 和二氧化碳结合转化为丙二酰辅酶 A（malonylcoenzyme A），丙二酰辅酶 A 再和一分子的乙酰辅酶 A 形成乙酰乙酰辅酶 A（acetoacetyl-CoA），乙酰乙酰辅酶 A 再和一分子乙酰辅酶 A 进行羟醛缩合，得到一个六碳中间体，然后还原、水解，即可得到萜的生物合成前体：甲羟戊酸。

$$\underset{乙酰辅酶A}{CH_3\overset{O}{\overset{\|}{C}}SCoA}\ \xrightarrow{CO_2}\ \underset{丙二酰辅酶A}{HOOCCH_2\overset{O}{\overset{\|}{C}}SCoA}\ \xrightarrow{CH_3CSCoA}\ \underset{乙酰乙酰辅酶A}{CH_3\overset{O}{\overset{\|}{C}}CH_2\overset{O}{\overset{\|}{C}}SCoA}$$

$$\xrightarrow{CH_3\overset{O}{\overset{\|}{C}}SCoA}\ \underset{六碳中间体}{CoASC\overset{O}{\overset{\|}{C}}H_2-\underset{\underset{CH_3}{|}}{\overset{OH}{\overset{|}{C}}}-CH_2\overset{O}{\overset{\|}{C}}SCoA}\ \xrightarrow[②水解]{①还原}\ \underset{甲羟戊酸}{HO\overset{O}{\overset{\|}{C}}CH_2-\underset{\underset{CH_3}{|}}{\overset{OH}{\overset{|}{C}}}-CH_2\overset{O}{\overset{\|}{C}}OH}$$

研究证明，由甲羟戊酸变为异戊二烯体系是经过腺苷二磷酸酯的作用，两个羟基分步骤地进行磷酸化，然后失去磷酸，同时失羧，得到焦磷酸异戊烯酯。由焦磷酸异戊酯再进行结合就可生成各种萜类化合物。

（三）萜类化合物的分类

萜类化合物的种类繁多，有开链、环状、含不饱和烯键及含氧衍生物，如醇、醛、酮、酸等。一般萜类化合物按含异戊二烯单元的多少分为单萜、倍半萜、二萜、二倍半萜、三萜、四萜、多萜等（表 18-1）。根据萜类化合物分子中异戊二烯单元相互连接方式的不同，其可分为开链萜和环状萜，环状萜又分为单环萜和双环萜等。

表 18-1　萜类化合物分类及存在形式

类别	异戊二烯单元数	碳原子数	存在形式举例
单萜（monoterpenoid）	2	10	挥发油
倍半萜（sesquiterpenoid）	3	15	挥发油
二萜（diterpenoid）	4	20	树脂、植物醇、叶绿素
二倍半萜（sesterterpenoid）	5	25	植物病菌、昆虫代谢物
三萜（triterpenoid）	6	30	皂苷、树脂、植物乳汁
四萜（tetraterpenoid）	8	40	类胡萝卜素
多萜（polyterpenoid）	>8	>40	生橡胶、古塔橡胶

（四）萜类化合物的命名和结构表示

1. 命名　萜类化合物由于其结构复杂，多采用俗名或俗名再加上"烷"、"烯"、"醇"、"醛"、"酮"等名称，如樟脑、薄荷醇、月桂烯、柠檬醛等。萜类化合物也可用系统命名法命名。例如，龙脑用系统命名法命名为 1, 7, 7-三甲基双环[2.2.1]庚-2-醇。但系统命名法命名较为烦琐，没有俗名方便。

2. 结构表示　由于萜类化合物结构比较复杂，为了简便起见，萜类化合物的结构一般常用键线式表示。例如：

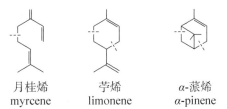

月桂烯　　　　苇烯　　　　α-蒎烯
myrcene　　　limonene　　　α-pinene

萜类化合物分子大多含有手性碳原子，所以有立体异构体存在。

二、重要的萜类化合物

（一）单萜类化合物

单萜是由两个异戊二烯单元组成的烯类或其含氧衍生物。单萜广泛存在于植物香精油中，是植物挥发油的主要成分，许多是香料。根据分子中两个异戊二烯单元相互连接方式不同，单萜类化合物可分为链状单萜、单环单萜及双环单萜。单萜多具有挥发性，单萜烃的沸点一般为 140～180℃，其含氧化合物的沸点为 200～300℃。

1. 链状单萜（open-chain monoterpenoid）　是由两个异戊二烯单元组成的开链化合物，重要的有月桂烯和罗勒烯。罗勒烯是从罗勒叶中提取得到的，也存在于某些植物或挥发油中，是有香味的液体。月桂烯又称香叶烯，是从月桂油中提取得到的具有香味的液体，由于双键的不同可分为 α-月桂烯和 β-月桂烯。三者都因为含有双键，所以不稳定，容易氧化、聚合。

α-月桂烯
α-myrcene

β-月桂烯
β-myrcene

罗勒烯
ocimene

其含氧衍生物有牻牛儿醇（香叶醇）、橙花醇和柠檬醛等，是香精油的主要成分。

（1）香叶醇与橙花醇　香叶醇（geraniol）又称牻牛儿醇，与橙花醇（nerol）是一对顺反异构体，香叶醇存在于多种香精油中，是玫瑰油、香叶油、柠檬草油等的主要成分，具有显著的玫瑰香气。橙花醇是它的顺式异构体，存在于橙花油、玫瑰油、香茅油等多种植物的挥发油中，香气比香叶醇柔和而优美，用于制作玫瑰型和橙花型香精香料。

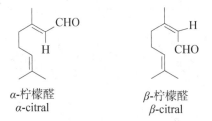

橙花醇
nerol

香叶醇
geraniol

（2）柠檬醛（citral）　是 α-柠檬醛和 β-柠檬醛的混合物，其中 α-柠檬醛占 90%，β-柠檬醛占 10%。柠檬醛存在于柠檬草油、柠檬油和山苍子油中，也存在于橘皮油中，它们都具有柑橘类水果清香，是制造香料和维生素 A 的重要原料。

α-柠檬醛
α-citral

β-柠檬醛
β-citral

2. 单环单萜（monocyclic monoterpenoid）　是由两个异戊二烯单元组成的含一个六元环的化合物，它们都是以稳定的椅式构象存在。单环单萜种类较多，其中比较重要的有苧烯、薄荷醇等。

（1）苧烯（limonene）　又称柠檬烯，分子中含有一个手性碳，有一对对映异构体。左旋体存在于松针中，右旋体存在于柠檬油中，都是无色液体，有柠檬香味，可做香料。松节油中存在的苧烯是外消旋体。

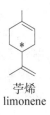

苧烯
limonene

（2）薄荷醇（menthol）　主要存在于薄荷挥发油中，将采集的薄荷茎叶进行水蒸气蒸馏，分离出薄荷油低温放置，析出的结晶即薄荷脑。其主要成分为(−)-薄荷醇。薄荷醇分子中含有三个手性碳原子，有四对对映异构体，即(±)-薄荷醇、(±)-异薄荷醇、(±)-新薄荷醇和(±)-新异薄荷醇，其构象为稳定的椅式构象。

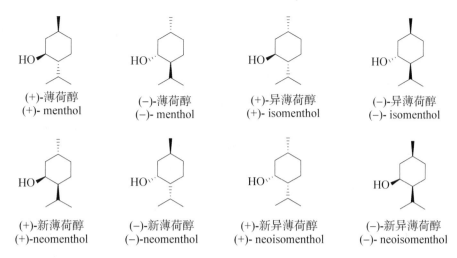

由于(−)-薄荷醇结构中的取代基（甲基、异丙基、羟基）都处于 e 键上，是能量最低的优势构象，所以天然产薄荷醇为(−)-薄荷醇。薄荷醇为无色针状或棱柱状结晶，熔点 42～44℃，有芳香清凉气味，能杀菌和局部止痒，广泛用于医药、化妆品和食品工业，如清凉油、人丹、痱子粉、牙膏、饮料、糖果、烟酒、化妆品等。

3. 双环单萜　是由两个异戊二烯单元连接的一个六元环分别与三元环或四元环或五元环共用若干个原子构成的。根据碳的骨架不同可以分为侧柏烷系、蒈烷系、蒎烷系、莰烷系等几种。

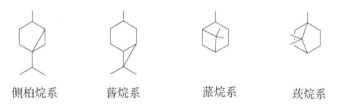

但自然界中较多的是蒎和莰两类化合物。由于桥原子的限制，它们分子中六元环的构象只能以船式存在。

双环单萜的一些不饱和衍生物及含氧衍生物广泛分布于植物中，如蒎烯、樟脑和龙脑等。

（1）蒎烯（pinene）　有 α 和 β 两种异构体，它们都存在于松节油中，其中 α-蒎烯是主要成分，含量为 70%～80%。α-蒎烯沸点 155～156℃，β-蒎烯沸点 162～163℃。能以左旋体、右旋体和外消旋体存在。α-蒎烯主要用于合成樟脑、龙脑和紫丁香香精等。松节油具有局部止痛作用。

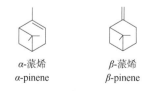

（2）樟脑（camphor）　是莰烷的含氧衍生物，化学名称是莰-2-酮，无色透明结晶，熔点179℃，沸点 207℃，难溶于水，易溶于乙醇、乙醚、氯仿等。可从樟树中提取，并由此而得名。樟脑分子中有两个手性碳原子，应有两对对映异构体，但桥环的船式构象限制了手性碳原子所连基团的构型。因此，实际上只有一对稳定的对映体。

崁-2-酮（樟脑）	(+)-樟脑	(−)-樟脑
camphor	(+)-camphor	(−)-camphor

天然樟脑主要存在于樟树的挥发油中，主产地在我国的台湾、福建和江西等地。

樟脑能反射性兴奋呼吸中枢或循环系统，临床上用作强心剂，用于抢救呼吸功能或循环功能衰竭者，它还具有局部刺激作用，用于治疗神经痛及冻疮等，作为防蛀剂还用于衣物、书籍等的驱虫，樟脑也是重要的化工原料。

（3）龙脑（borneol 或 camphol） 又称樟醇，即中药冰片（或梅片），化学名称是崁-2-酮，为透明六角形片状结晶。其 C2 差向异构体称为异龙脑（isocamphol）。

龙脑	异龙脑	龙脑	异龙脑
camphol	isocamphol	camphol	isocamphol

龙脑（冰片）主要存在于热带植物龙脑香树的木部挥发油中，也存在于许多其他挥发油中，一般为右旋体。左旋龙脑是龙脑的对映体，它可以从菊科植物艾纳香中得到，又称艾脑，在中草药中也作为冰片使用。龙脑具有清凉气味，有开窍提神、清热止痛的功效，其药理作用有发汗、兴奋、镇痛及抗缺氧等，是人丹、冰硼散、苏冰滴丸、速效救心丸等许多中成药的有效成分，也用于化妆品和配制香精等。由于天然龙脑来源有限，现在中药中多使用合成冰片，称为机制冰片，是其外消旋体。

（二）倍半萜类化合物

倍半萜（sesquiterpenoid）是由三个异戊二烯单元组成的化合物，结构上有链状、单环、双环和三环等，多以醇、酮、内酯或苷的形式存在于挥发油中。倍半萜的含氧衍生物多具有较强的香味和生物活性，是医药、食品、化妆品工业的重要原料。

1. 金合欢醇（farnesol） 又称法尼醇，是一种开链倍半萜，存在于香茅草、橙花、玫瑰等多种芳香植物的挥发油中，为无色液体，是一种名贵香料，可用于配制紫丁香型的高级香水。金合欢醇是昆虫保幼激素，昆虫保幼激素过量，可抑制幼虫的变态和成熟。

金合欢醇
farnesol

金合欢醇由于 C2～C3 和 C6～C7 位间的双键存在顺反异构，因此有四种异构体，如下所示：

2. 杜鹃酮（germacrone） 又称大牻牛儿酮，存在于兴安杜鹃（东北满山红）叶的挥发油中，是一个十元环的单环倍半萜，熔点 56～57℃。满山红挥发油具有平喘、止咳、祛痰等疗效，可用于治疗慢性气管炎，杜鹃酮是其主要成分。

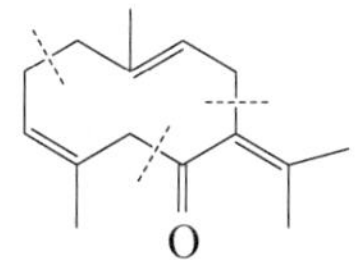

杜鹃酮
germacrone

3. 愈创木薁（guaiazulene） 存在于蒺藜科植物愈创木挥发油、老鹳草挥发油中的一种倍半萜成分。它是蓝色针状结晶，熔点 31℃，有抗炎作用，能促进烫伤或灼伤创面的愈合，是国内烫伤膏的主要成分之一。

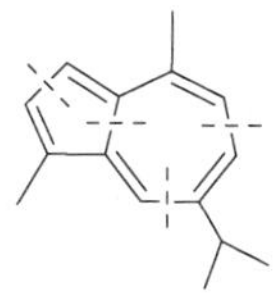

愈创木薁
guaiazulene

4. 姜烯（zingiberene） 是姜科植物姜根茎挥发油的主要成分。有祛风止痛作用，也可做调味剂。

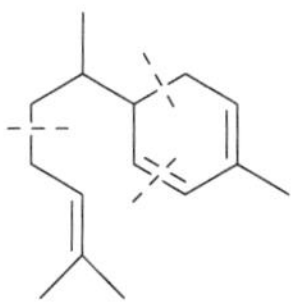

姜烯
zingiberene

5. α-山道年（α-santonin） 是山道年蒿花中提取的无色晶体，不溶于水，易溶于有机溶剂，是一种肠道驱虫剂，可用于治疗肠道寄生虫病。

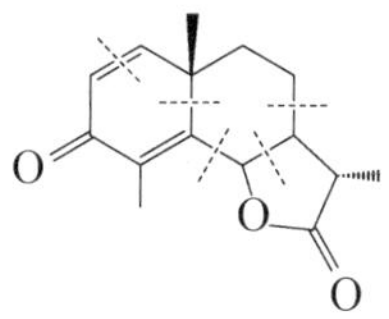

α-山道年
α-santonin

6. 青蒿素（artemisinin） 为无色针状结晶，是一种含过氧基倍半萜内酯，其结构如下：

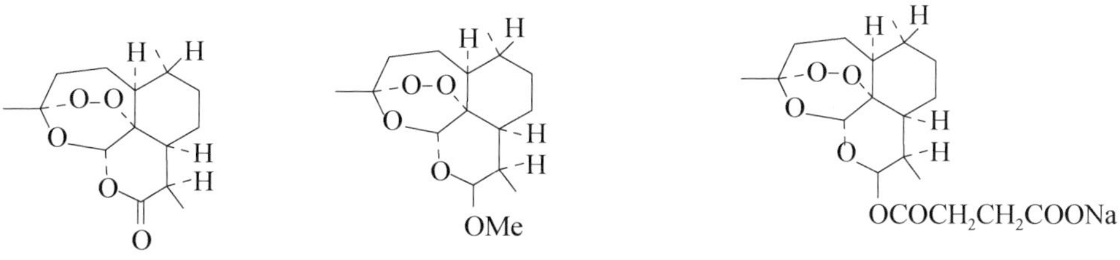

青蒿素	蒿甲醚	青蒿琥珀酰单酯钠
artemisinin	artemether	artemisia succinyl monoester sodium

青蒿素是我国首先发现的一种新抗疟药，其作用方式与现有抗疟药不同，因此可用于对现有抗疟药已产生抗药性的患者，具有起效快、毒性低的特点，是一种安全有效的抗疟药。由于青蒿素在水中和脂中均难溶，所以临床上将青蒿素制成脂溶性的蒿甲醚或水溶性的青蒿琥珀酰单酯钠使用。

（三）二萜类化合物

二萜（diterpenoid）是由四个异戊二烯单元组成的化合物，有链状和环状结构等。二萜广泛分布于植物界，如组成叶绿素的植物醇、维生素 A、松香酸等。二萜的衍生物具有较强的生物活性，有的是重要的药物，如穿心莲内酯、丹参酮、银杏内酯等。

1. 叶绿醇（phytol） 也称植物醇，是叶绿素的水解产物之一，也是合成维生素 E 和维生素 K_1 的原料。

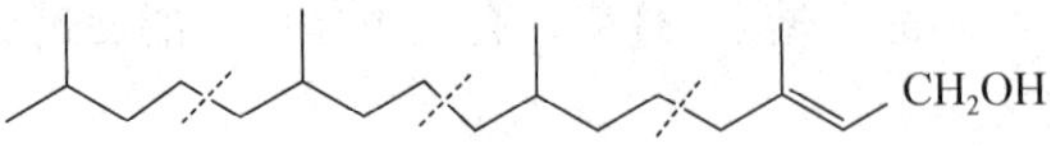

叶绿醇
phytol

2. 维生素 A（vitamin A） 又称视黄醇，是一种单环二萜。维生素 A 为淡黄色晶体，熔点 62～64℃，不溶于水，易溶于有机溶剂的脂溶性维生素，紫外光照射后则失去活性，是动物生长、发育所必需的物质。

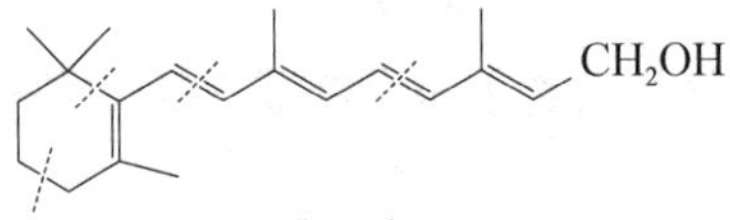

维生素A
vitamin A

人体缺乏维生素 A 则发育不健全，并能引起皮肤粗糙、眼膜和眼角膜硬化症，初期的症状就是夜盲症。自然界维生素 A 主要存在于动物的肝脏、奶油、蛋黄和鱼肝油中。

3. 松香酸（abietic acid） 是松香的主要成分，是造纸、涂料、塑料和制药工业的原料。其盐有乳化作用，可做肥皂的增泡剂。

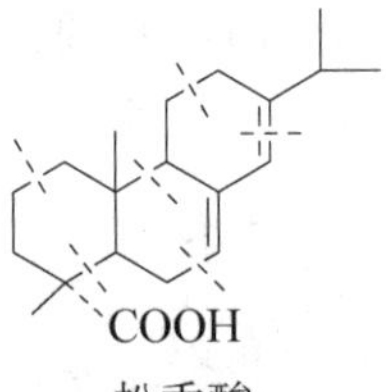

松香酸
abietic acid

4. 穿心莲内酯（andrographolide） 是穿心莲（又称榄核莲、一见喜）中抗炎作用的主要活性成分，临床上用于治疗急性痢疾、胃肠炎、咽喉炎、感冒发热等。

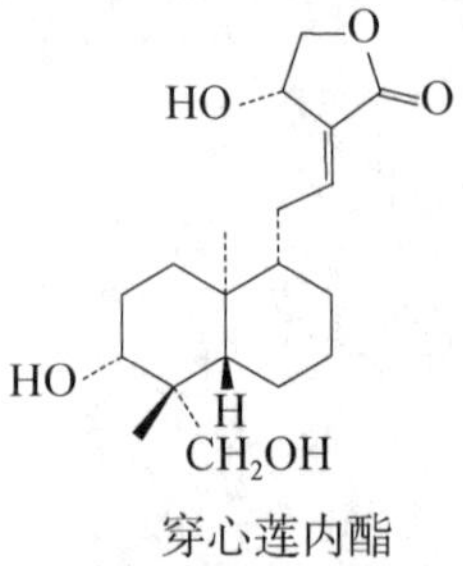

穿心莲内酯
andrographolide

5. 紫杉醇（taxol） 属于三环二萜类化合物，熔点 252℃，具有广谱抗癌活性，是高效低毒的抗癌新药。紫杉醇存在于紫杉、短叶紫杉等树皮中，但含量极低，所以价格十分昂贵。

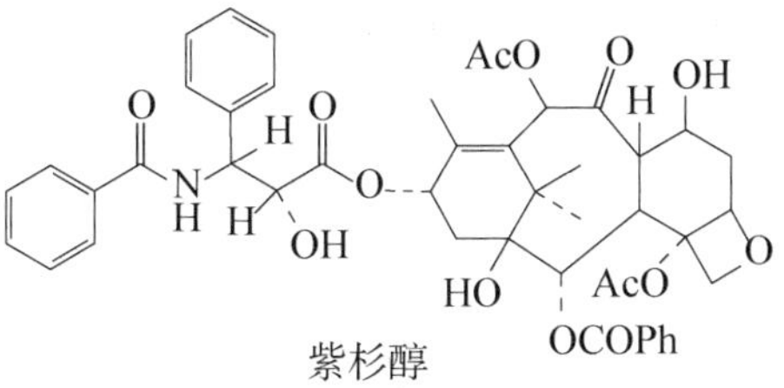

紫杉醇
taxol

（四）三萜类化合物

三萜（triterpenoid）是由六个异戊二烯连接而成的化合物，结构上有链状和环状，以四环、五环最常见。三萜类化合物在自然界分布较广，许多常用的中药如人参、三七、柴胡、甘草等都含有这类成分。三萜类化合物具有较强的生理活性，如抗癌、抗炎、抗菌、抗病毒、降低胆固醇、溶血等。

1. 角鲨烯（squalene） 是鲨鱼肝油的主要成分，可以由两分子金合欢醇磷二酸酯合成。是一种链状六烯，也是合成四环、五环萜类及甾体的前体。

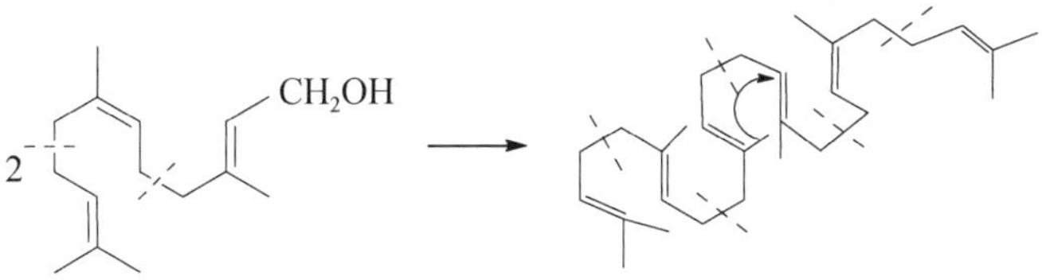

角鲨烯
squalene

角鲨烯为不溶于水的油状液体，是杀菌剂，其饱和物可用作皮肤润滑剂。角鲨烯既是合成四环、五环萜类及甾体的前体，也是合成羊毛甾醇的前体。

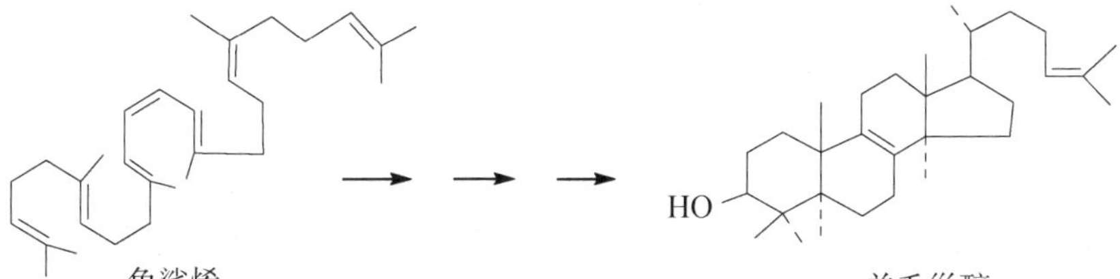

角鲨烯
squalene

羊毛甾醇
lanosterol

2. 甘草酸（glycyrrhizic acid） 是中药甘草的主要成分，又称甘草素，是五环三萜皂苷，其苷元甘草次酸是甘草酸的主要成分。

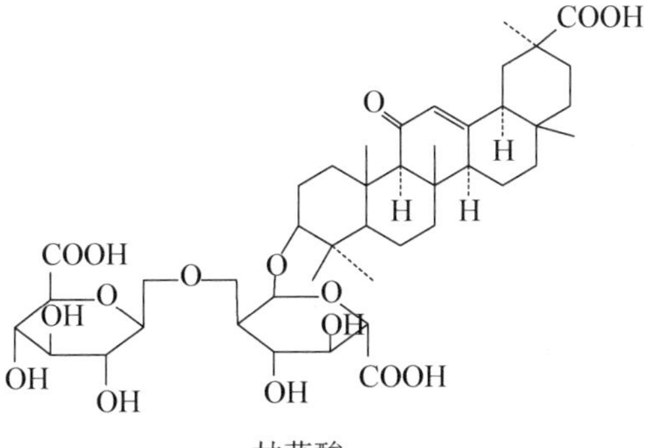

甘草酸
glyocyrrhizic acid

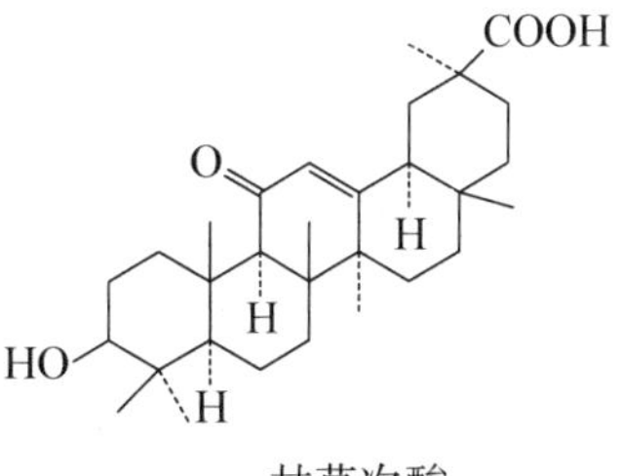

甘草次酸
glycyrrhetinic acid

3. 齐墩果酸（oleanolic acid） 是由木本植物油橄榄的叶中分离得到的。此外，在中药、人参、牛膝、山楂、山茱萸等中都含有该化合物。经动物实验证明其具有降低转氨酶作用，对四氯化碳引起的大鼠急性肝损伤有明显的保护作用，可以用于治疗急性黄疸肝炎，对慢性肝炎也有一定疗效。

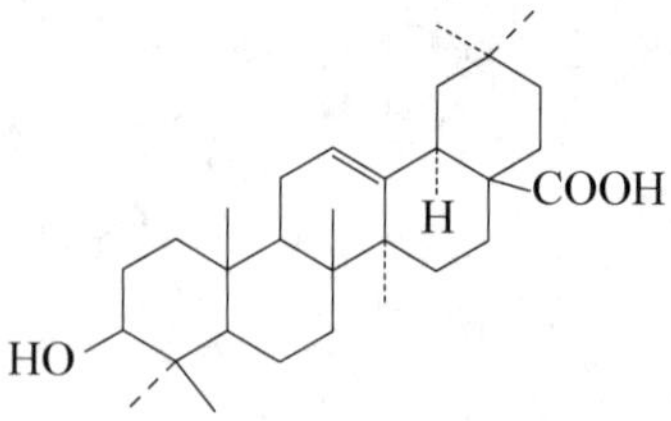

齐墩果酸
oleanolic acid

4. 人参皂苷（ginsenosides） 是中药人参中的一类主要有效成分，其共同的苷基主要为原人参二醇型（A 型）和原人参三醇型（B 型），骨架结构均属四环三萜中的达玛烷型。结构如下，其中 R_1、R_2 为不同的糖基。

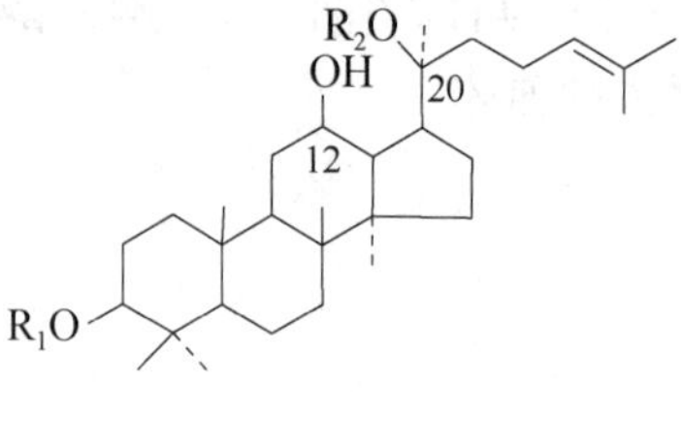

原人参二醇型（A型）　　　　　原人参三醇型（B型）
protopanaxadiol-A　　　　　protopanaxatriol-B

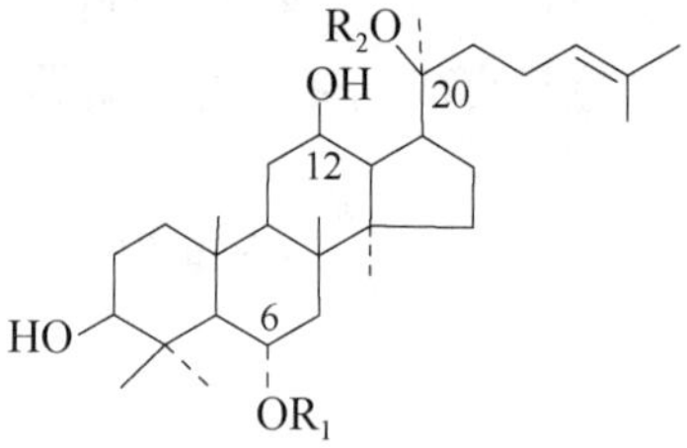

（五）四萜类化合物

四萜是由八个异戊二烯单元组成的化合物。其中最重要的是多烯色素。最早发现的四萜多烯色素是从胡萝卜中得到的，后来又发现很多结构与此类似的色素，所以通常把四萜色素称为胡萝卜类色素。

1. 胡萝卜素（carotene） 存在于很多植物中，是天然存在的四萜类化合物，它与叶绿素共存于植物的叶、茎和果实中，蛋黄和奶油中也含有胡萝卜素，螺旋藻中含有较高的 β-胡萝卜素。

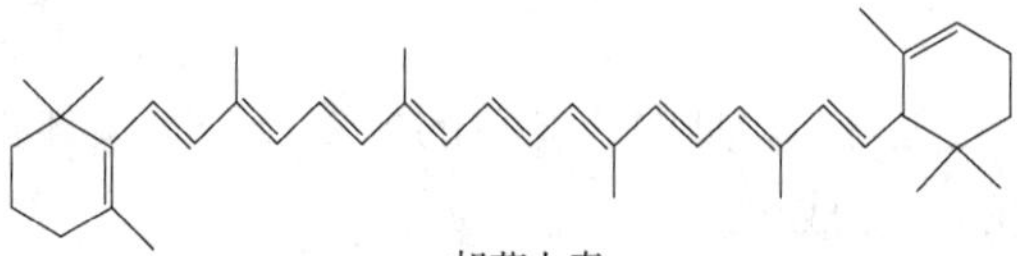

α-胡萝卜素
α-carotene

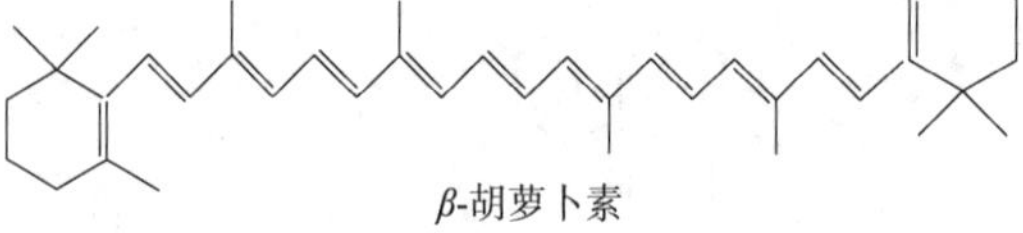

β-胡萝卜素
β-carotene

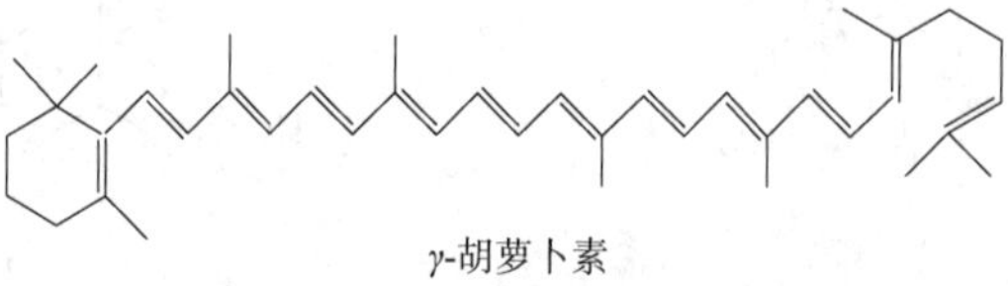

γ-胡萝卜素
γ-carotene

天然胡萝卜素是 α、β、γ-三种异构体的混合物，其中最重要的是 β-胡萝卜素，它在动物体内转化成维生素 A，所以能治疗夜盲症。经常食用 β-胡萝卜素能提高人体免疫力，还具有防治心脏病、癌症的作用。

2. 蕃茄红素（lycopene） 是胡萝卜素的异构体，为开链萜类，主要存在于茄科植物西红柿的成熟果实中，也存在于西瓜及其他一些果实中，为洋红色结晶。

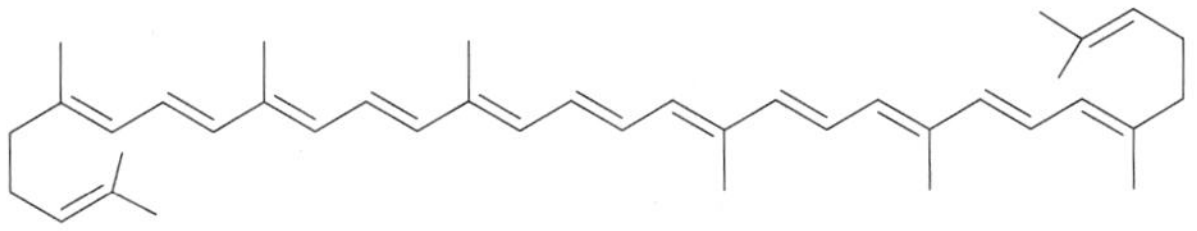

番茄红素
lycopene

番茄红素是目前在自然界的植物中发现的最强抗氧化剂之一。科学证明，人体内的单线态氧和氧自由基是侵害人体自身免疫系统的罪魁祸首。番茄红素清除自由基的功效远胜于其他类胡萝卜素和维生素 E，其去除单线态氧速率常数是维生素 E 的 100 倍。它可以有效地防治因衰老、免疫力下降引起的各种疾病。

第二节 甾体化合物

微课：甾体化
合物

甾体化合物（steroidal compound）是一类重要的天然化合物，广泛存在于动植物中。甾体化合物种类多，如性激素、肾上腺皮质激素、植物强心苷等，很多具有重要生理作用，对维持动植物的生存起着重要的作用。甾体化合物广泛应用于生理、保健、医药、农业等方面。

一、甾体化合物的结构、分类和命名

（一）甾体化合物的结构

1. 甾体化合物的母核 甾体化合物在结构上的共同点是含有环戊烷并多氢菲，且通常在环戊烷并多氢菲母核上连有两个角甲基（R_1、R_2）和一个含有不同碳原子数的侧链（R_3）或含氧基团，如羟基、羰基等。

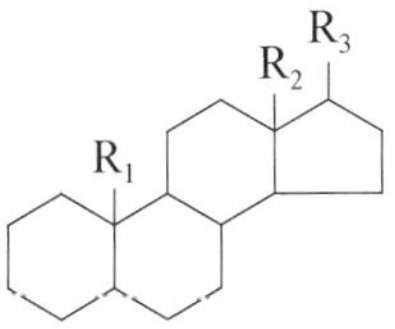

甾体基本骨架
（R_1、R_2通常为甲基）

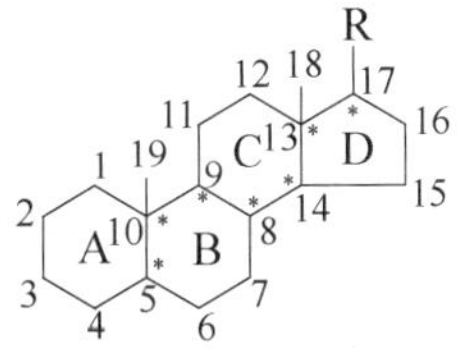

甾体母核的编号
（带*的为手性碳）

通常把含有环戊烷并多氢菲母核及母核上连有三个支链结构的化合物及其衍生物称为甾体化合物。

甾体化合物母核中的四个环分别用 A、B、C、D 编号，碳原子也按固定顺序用阿拉伯数字编号。C10、C13 上连有两个角甲基，C17 上连不同碳原子数的侧链或含氧基团。

2. 甾体母核的构型 甾体化合物的立体结构复杂，甾体母核上有七个手性碳原子，应有

立体异构体数目 $2^7 = 128$ 个。但由于甾体母核上稠环的刚性及空间位阻等因素的影响，其立体异构体数目远少于理论数。甾体母核的立体结构不仅涉及稠合碳环之间的构型，也涉及甾体母核碳原子上所连取代基的构型。

天然甾体化合物母核中的 B 环与 C 环、C 环与 D 环之间多以反式稠合，而 A 环与 B 环则既有反式稠合，也有顺式稠合。

甾体母核上取代基的构型一般用 α、β、ζ 表示。以稠环之间的角甲基为标准，把位于纸平面前（或环平面上）的取代基称为 β 构型，用实线或粗线表示；把位于纸平面后（或环平面下）的取代基称为 α 构型，用虚线表示；取代基构型不确定的，称为 ζ 构型，用波纹线（﹏）表示。

当 A 环与 B 环反式稠合时，其 5 号碳原子上的氢为 α 构型，称为别系或异系，也称 5α 系或 5α 甾体化合物。当 A 环与 B 环顺式稠合时，其 5 号碳原子上的氢为 β 构型，称为正系，也称 5β 系或 5β 甾体化合物。

5α-H，别系　　　　　　5β-H，正系

3. 甾体母核的构象　甾体母核是由三个环己烷与一个环戊烷稠合的，三个环己烷均以能量低、稳定的椅式构象稠合，构象式为

A、B反式（5α-H，别系）　　　　　　A、B顺式（5β-H，正系）

由于在 5α 系与 5β 系甾体母核中都有反式稠合环，所以与反十氢萘一样无转环作用，分子中 a 键与 e 键不能互换，因此甾体化合物分子中处于 a 键的基团与处于 e 键的基团在化学方面的行为差异明显，常被作为研究构象基本规律的对象。

（二）甾体化合物的分类

甾体化合物的种类较多，一般根据甾体化合物的结构、来源和生理功能，将甾体化合物分为甾醇、胆甾酸、甾体激素、强心苷、甾体皂苷、C_{21} 甾体苷类、甾体生物碱及昆虫激素等。

（三）甾体化合物的命名

由于甾体化合物的结构复杂，所以命名常使用与其来源或生理作用有关的俗名，如胆固醇、胆酸和黄体酮等。

甾体化合物的系统命名是以其烃类的基本结构作为母核名称，在母核名称前后再加上取代基的位次、名称、数目和构型等。甾体母核的命名主要根据 C10、C13、C17 上所连侧链的情况来确定，常见的甾体母核及名称如下。

甾烷：

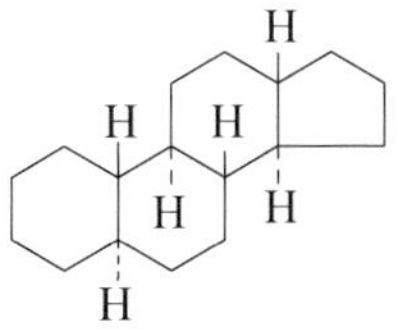

5α-甾烷
5α-sterane

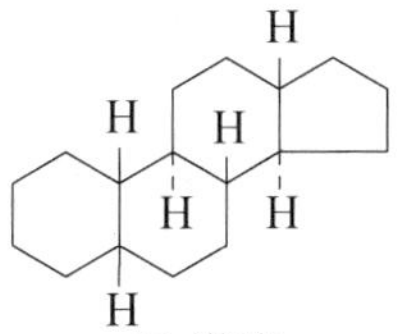

5β-甾烷
5β-sterane

雌甾烷：

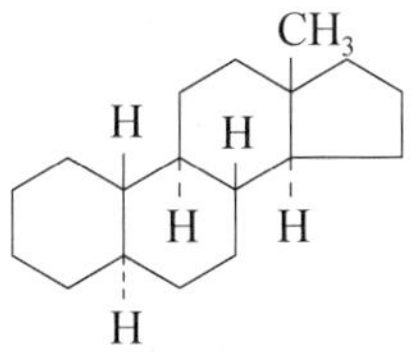

5α-雌甾烷
5α-estrane

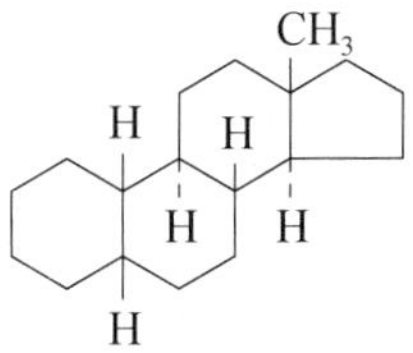

5β-雌甾烷
5β-estrane

雄甾烷：

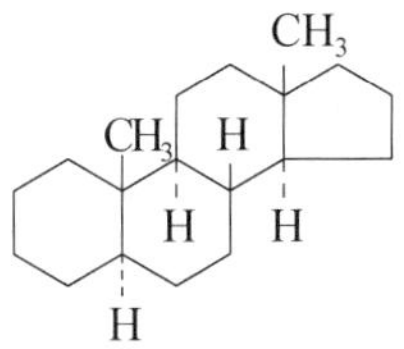

5α-雄甾烷
5α-androstane

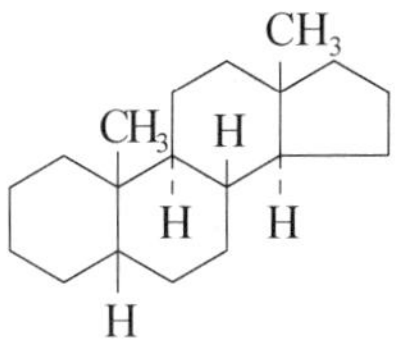

5β-雄甾烷
5β-androstane

孕甾烷：

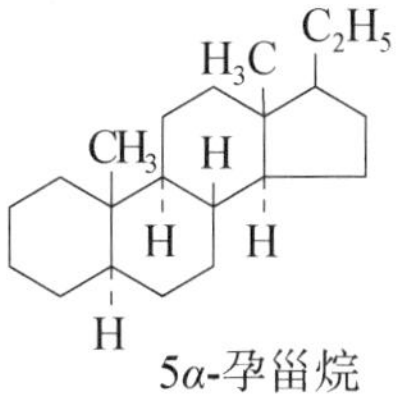

5α-孕甾烷
5α-pregnane

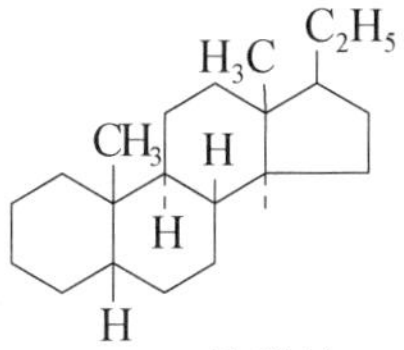

5β-孕甾烷
5β-pregnane

胆烷：

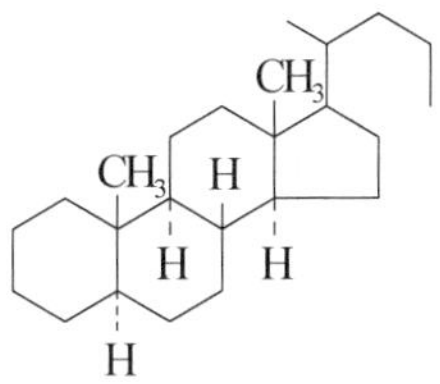

5α-胆烷
5α-cholane

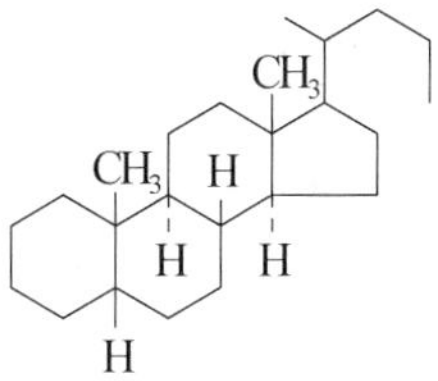

5β-胆烷
5β-cholane

胆甾烷：

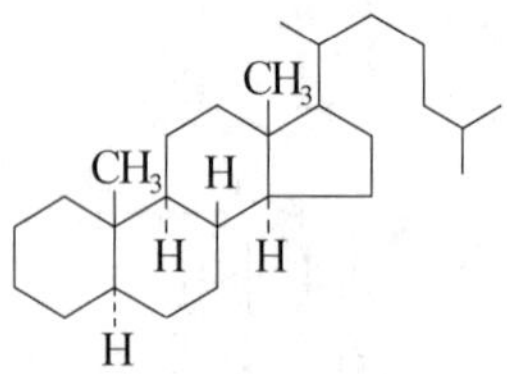

5α-胆甾烷
5α-cholestane

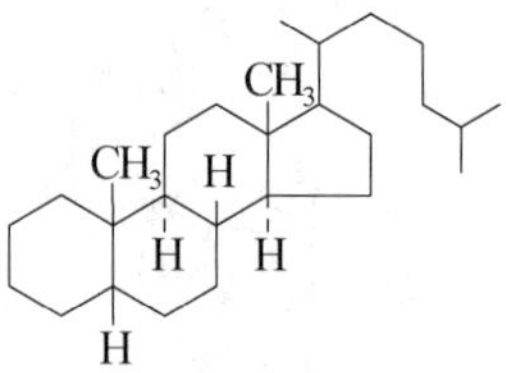

5β-胆甾烷
5β-cholestane

麦角甾烷：

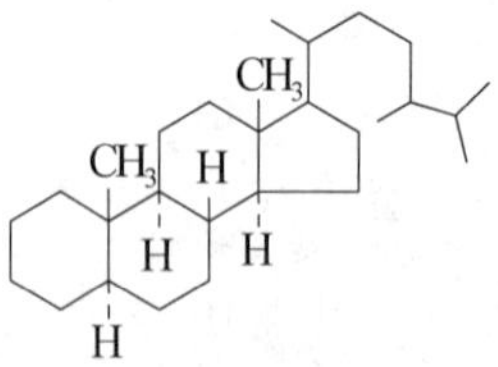

5α-麦角甾烷
5α-ergostane

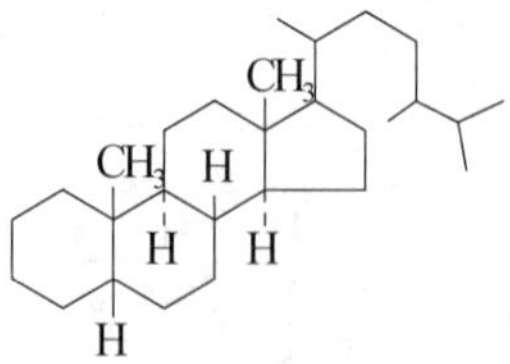

5β-麦角甾烷
5β-ergostane

豆甾烷：

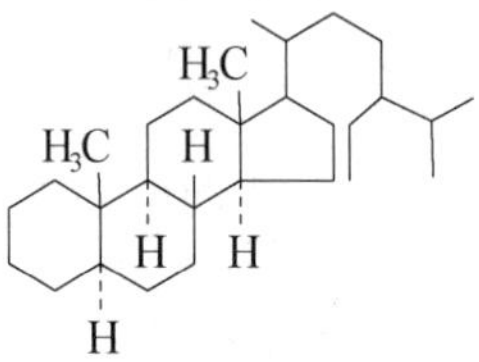

5α-豆甾烷
5α-stigmastane

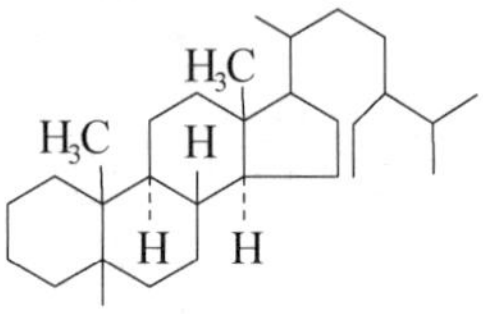

5β-豆甾烷
5β-stigmastane

若母核中含有碳碳双键、羟基、羰基或羧基时，则分别以"烯"、"醇"、"酮"或"酸"等命名，并标出其相应的位置。例如，

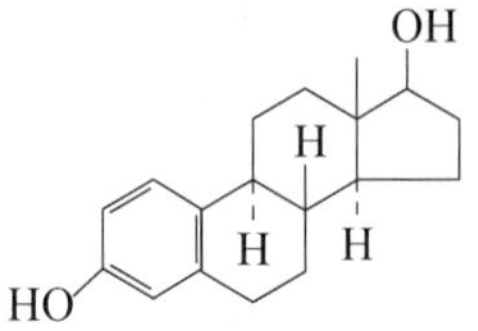

3β,17β-二羟基-1,3,5 (10) -雌甾三烯（β-雌二醇）
3β,17β-dihydroxy-1,3,5 (10) -estradiene（β-estradiol）

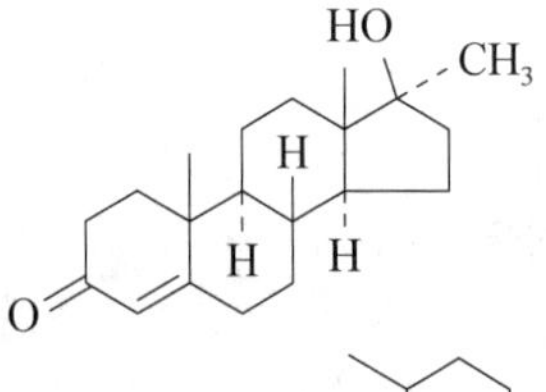

17β-羟基-17α-甲基雄甾-4-烯-3-酮（甲基睾丸酮）
17β-hydroxy-17α-methyl-4-androsten-3-one（methyltestosterone）

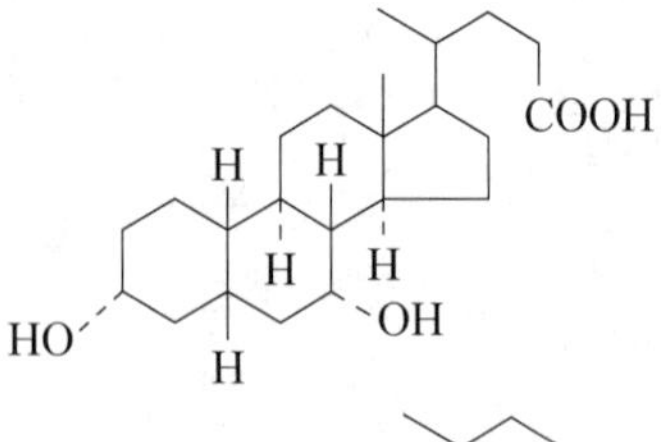

3α,7α-二羟基-5β-胆烷-24-酸（鹅脱氧胆酸）
3α,7α-dihydroxy-5β-cholane-24-acid（chenodeoxycholic acid）

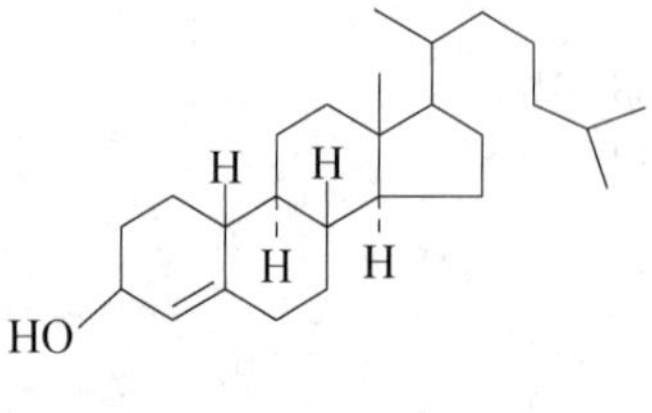

3β-羟基胆甾-5-烯（胆甾醇）
3β-hydroxycholesteric-5-ene（cholesterol）

二、常见甾体化合物

（一）甾醇

甾醇是甾体化合物中最早发现的一类化合物，是一些饱和或不饱和的甾体仲醇，由于是结晶固体，因此又称固醇。在动物体内甾醇以酯的形式存在，如胆甾醇、麦角甾醇、维生素D等。

1. 胆甾醇（胆固醇）（cholesterol）　存在于动物的脊髓、脑、神经组织及血液等中，是最早发现的固醇类化合物之一，早在18世纪人们就从胆结石中发现了固体状醇，故称其为胆固醇。它是动物体内最重要的甾醇，对脂肪酸的代谢机制有调节作用。其结构如下：

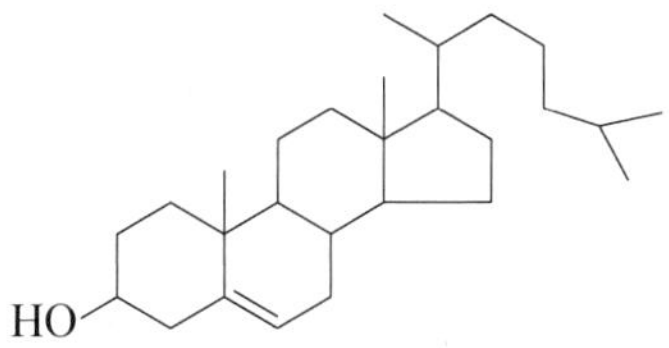

胆甾醇
cholesterol

胆甾醇是合成多种固醇类物质的前体，如维生素D、胆酸、甾体激素等，也是血液中脂类物质之一，是构成细胞生物膜的基本成分。

2. 维生素D类（vitamin D）　是甾醇的衍生物，为甾醇类B环破裂后形成的产物，常用于治疗佝偻病的是活性较强的维生素 D_2 和 D_3，维生素 D_2 和 D_3 都是脂溶性维生素，对热和空气中的氧都比较稳定。当维生素D严重缺乏时，儿童会患佝偻病，成人则得软骨病。

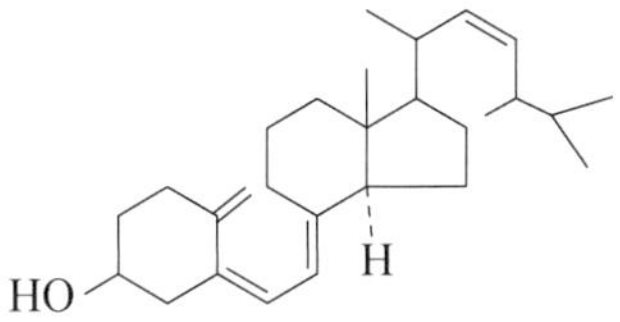

维生素D_2
vitamin D_2

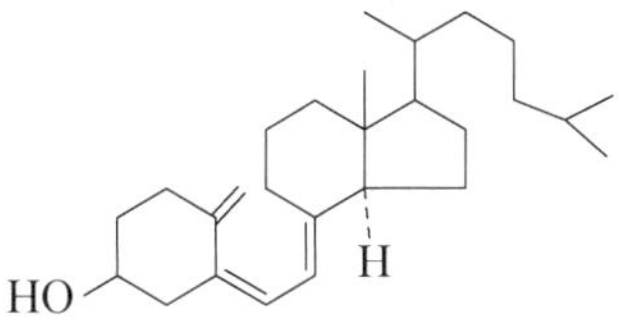

维生素D_3
vitamin D_3

3. β谷甾醇　谷甾醇（sitosterol）类最初是由谷类植物中分离得到的，至少有8种成分，β-谷甾醇是其中的一种。β-谷甾醇在植物中分布很广，很多中药中都含有β-谷甾醇，它可以游离形式存在，也可以与糖结合成苷的形式存在。β-谷甾醇具有抑制胆甾醇在肠道的吸收，降低血中胆固醇含量的作用，临床上用作降血脂药。它还是合成甾体激素的原料。β-谷甾醇是无色晶体。

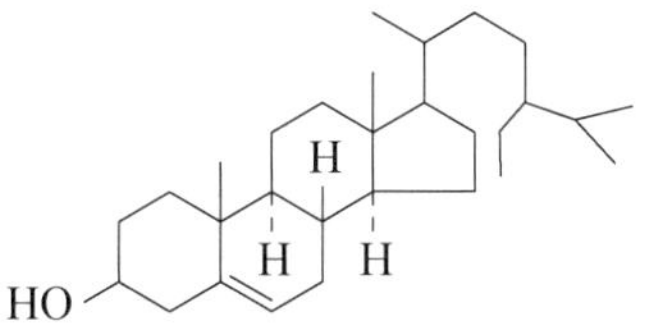

β-谷甾醇
β-sitosterol

（二）胆甾酸

胆甾酸（cholalic acid）又称胆酸，是存在于人和动物胆汁中的一类甾体化合物，是胆汁的重要组分。在胆汁中一般不以游离态存在，而是以其羧酸与谷氨酸或牛磺酸（$NH_2CH_2CH_2SO_3H$）成酰胺的形式，这种结合型胆甾酸在胆汁中常以钾盐或钠盐形式存在。在胆汁中各种胆甾酸以不同比例共存，总称胆汁酸。几种典型的结构如下：

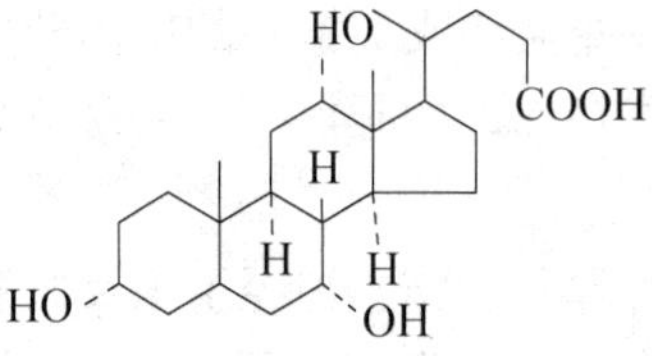

胆甾酸
cholalic acid

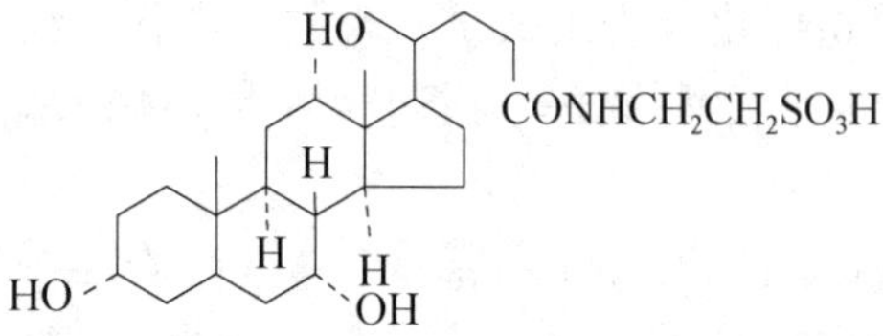

牛磺胆酸
taurocholic acid

胆甾酸是一类良好的乳化剂，可在肠道中帮助油脂的乳化和吸收。

（三）甾体激素

激素（hormone）又称荷尔蒙，是生物体内存在的一类具有重要生理活性的特殊化学物质，对生物的生长、发育和繁殖起着重要的调节作用。甾体激素根据来源及生理作用的不同，可分为性激素和肾上腺皮质激素两类。

1. 性激素（sex hormone） 可分为雄激素、雌激素和孕激素，如睾丸素（又称睾丸酮）、β-雌二醇和孕甾酮（又称黄体酮），有促进动物的发育、生长及维持性特征的作用。结构式如下：

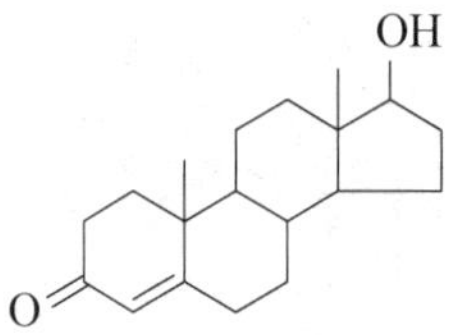

睾丸素
testosterone

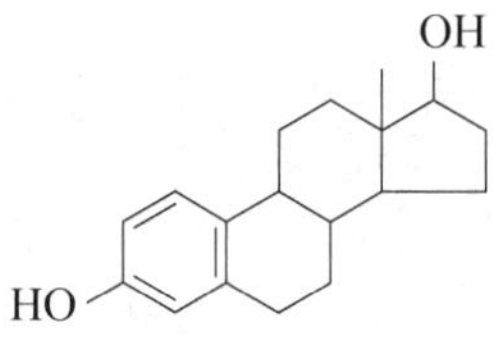

β-雌二醇
β-dihydrotheelin

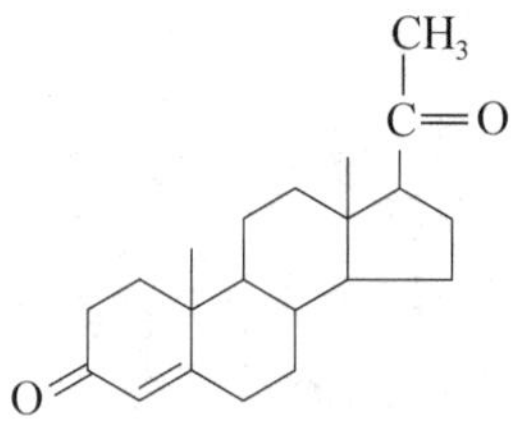

黄体酮
progesterone

睾丸素是睾丸分泌的一种雄性激素，有促进肌肉生长、声音变低沉等第二性征的作用。β-雌二醇能促进雌性第二性征和性器官发育，临床上用于卵巢机能不完全所引起的疾病。黄体酮能使受精卵在子宫中发育，临床上用于治疗习惯性流产。

口服避孕药也主要是甾体化合物，它们可以阻碍或干扰女性的排卵周期。目前效果比较好且作用时间比较长的避孕药有炔雌醇、炔诺酮、甲地孕酮等。结构如下：

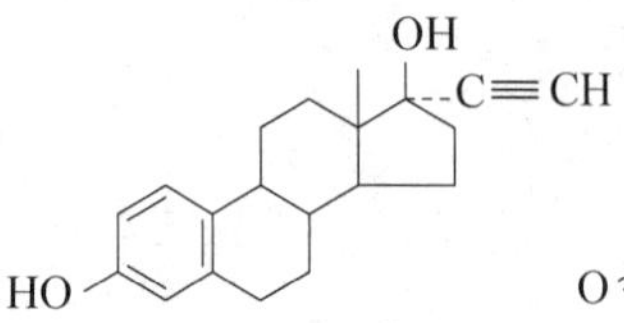

炔雌醇
ethinyloestradiol

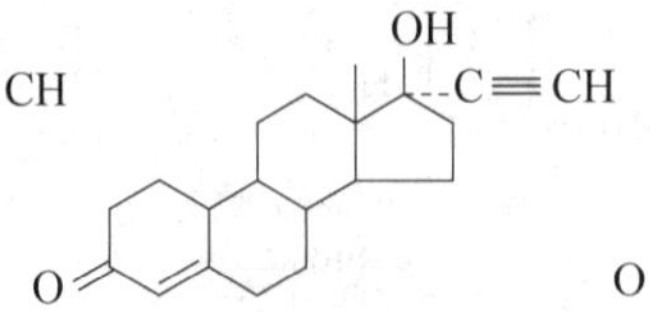

炔诺酮
norethindrone

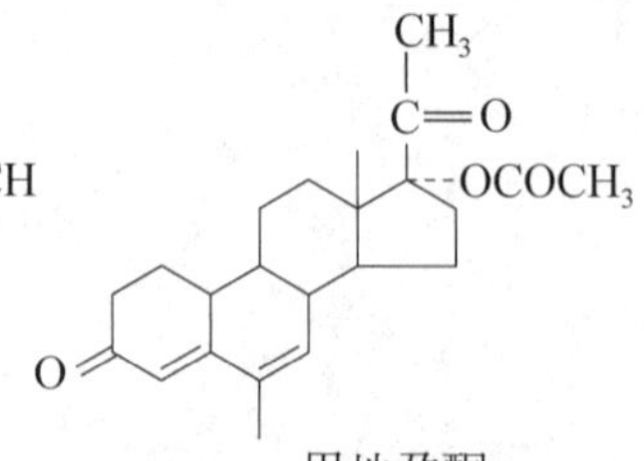

甲地孕酮
megestrol

2. 肾上腺皮质激素 是哺乳动物肾上腺皮质的分泌物，对体内水、盐、糖、脂肪及蛋白质等的代谢具有重要意义。根据对生理功能的主要作用可分为两大类。

（1）盐皮质激素 能促进体内 Na^+ 的保留和 K^+ 的排除，通过保钠去钾调节体内钠钾离子的平衡。例如，醛固酮、去氧皮质酮等都是体内肾上腺皮质分泌的促盐皮质激素，主要影响水、盐代谢，以维持体内水和电解质的平衡。

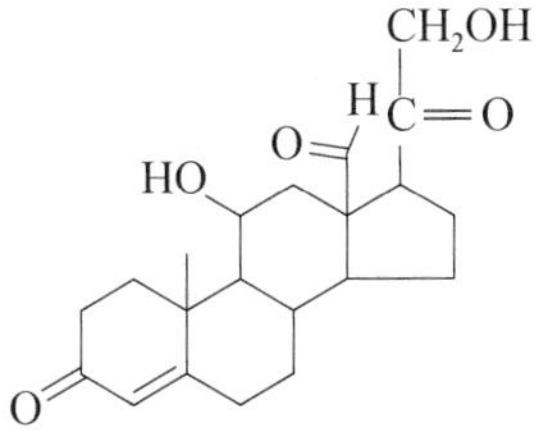

醛固酮
aldosterone

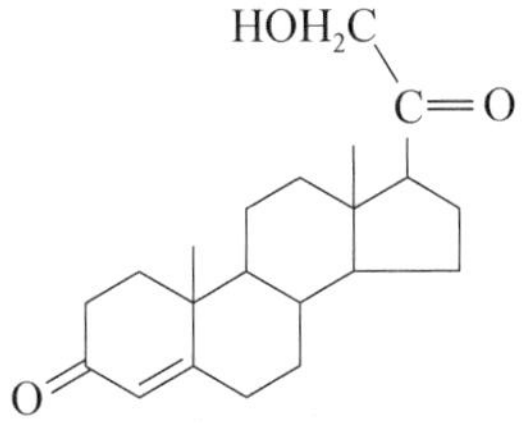

11-去氧皮质酮
11-desoxycortone

（2）糖皮质激素 主要影响糖、脂肪和蛋白质的代谢，能将蛋白质分解变为肝糖以增加肝糖元，增强抵抗力，维持身体的正常生理功能。例如，可的松和氢化可的松等都是存在于人体的典型的糖皮质激素，由于它们还有抗风湿和抗炎作用，所以也称为抗炎激素。

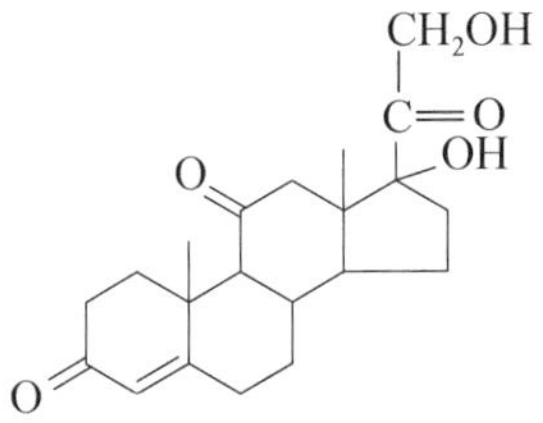

可的松
cortisone

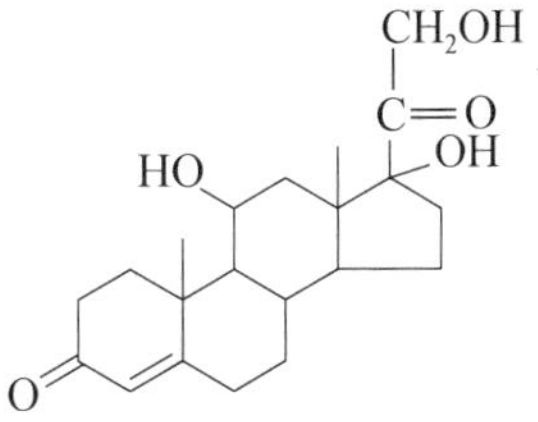

氢化可的松
hydrocortisone

近年来，人工合成了一些疗效强而副作用较小的肾上腺皮质激素新药，如醋酸强的松，其抗炎作用比母体（可的松和氢化可的松）强。肤轻松是比氢化可的松更强的治疗皮炎的药物。而含氯的倍氯米松则是比氢化可的松更强的治疗气喘的药物。

（四）强心苷

强心苷（cardiac glycoside）是存在于动植物体内具有强心作用的甾体苷类化合物。它们能使心跳减慢、强度增加，所以称为强心苷。在医药上用作强心剂。用量大时易使人体中毒。强心苷主要分布于夹竹桃科、百合科、十字花科、毛茛科、卫矛科等十几个科的一百多种植物中。

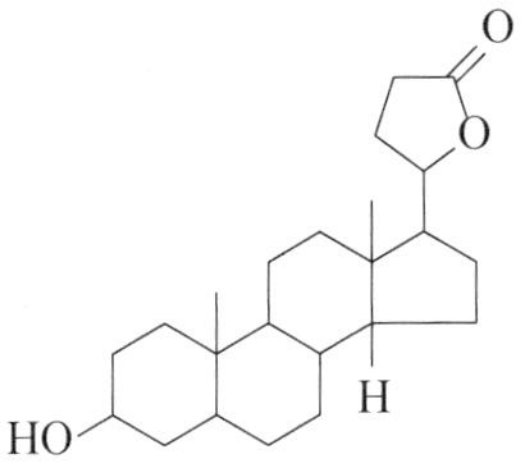

强心甾
cardenolide

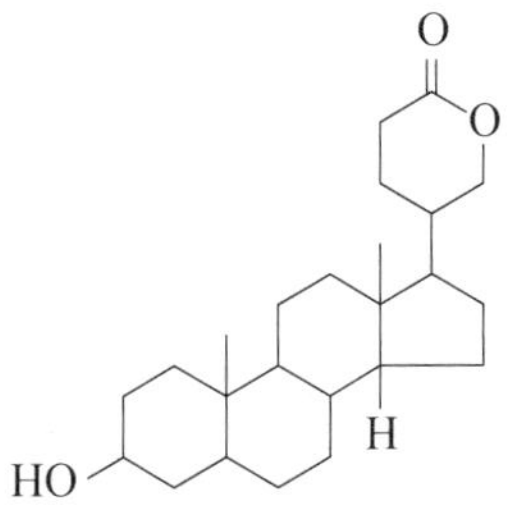

海葱甾或蟾酥甾
scillanolide

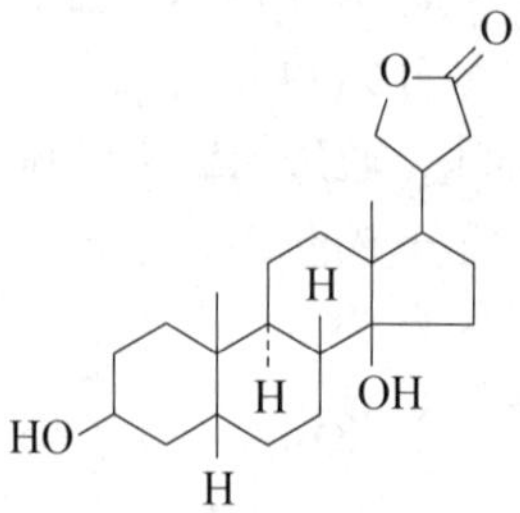

洋地黄毒苷基
digitoxigenin

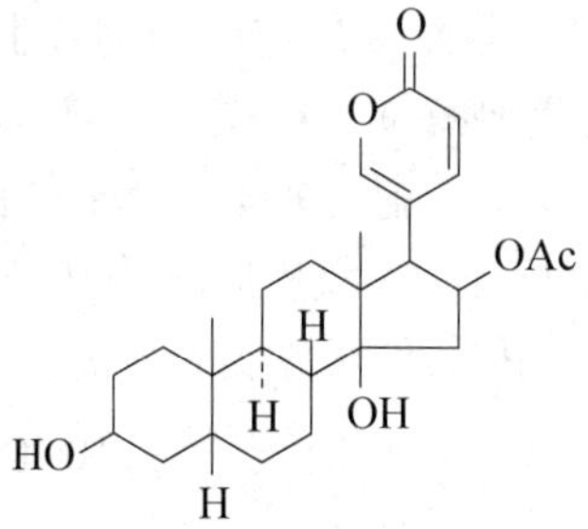

蟾蜍青苷基
bufo penicillin group

（五）甾体皂苷

甾体皂苷是与三萜皂苷结构不同的另一类皂苷，但其性质与三萜皂苷类似。甾体皂苷的苷基部分均为螺旋甾烷的衍生物。这类苷往往与强心苷共存于植物中，以百合科、玄参科、薯蓣科及龙舌兰科的植物体内含量较多。螺旋甾烷是一种具有 27 个碳原子的甾体母核，其结构如下。

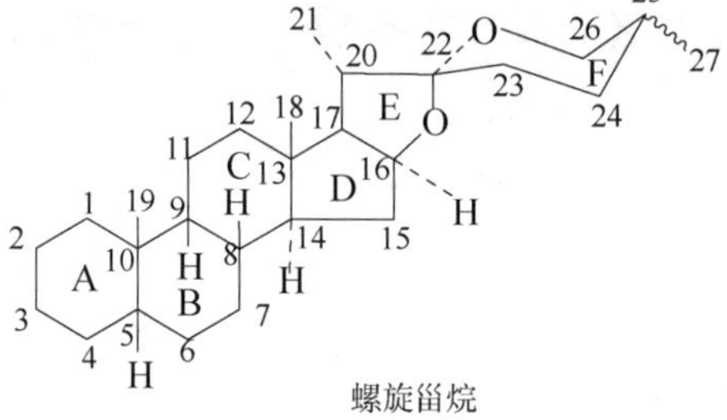

螺旋甾烷
spirostane

其构象式如下：

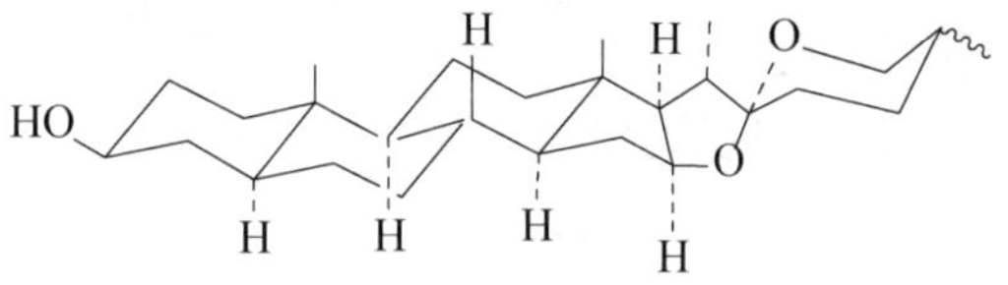

A、B环反式（5α-H）

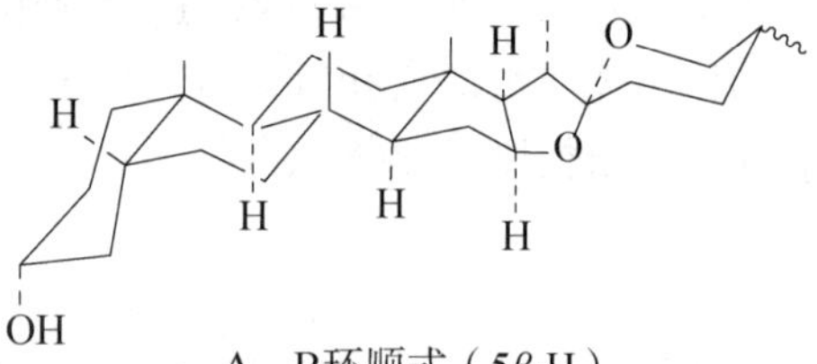

A、B环顺式（5β-H）

甾体皂苷元除了具有上述螺旋甾烷的特征外，分子中的某些部位还可以连接羟基、羰基或双键。甾体皂苷元分子中一般无羟基，呈中性，所以甾体皂苷又称中性皂苷，如薯蓣皂苷元。

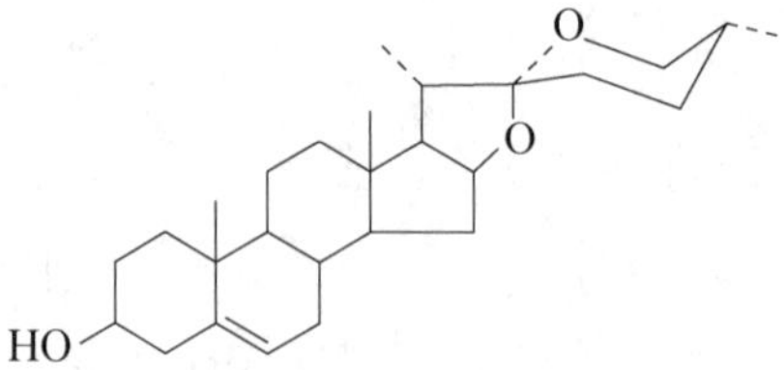

薯蓣皂苷元（diosgenin）
(25R)-螺旋甾-5-烯-3β-醇
(25R)-spirosterol-5-ene-3β-alcohol

（六）C₂₁甾体苷类

C$_{21}$甾体苷是由孕甾烷的含氧衍生物与糖结合构成的一种苷类成分。由于其苷基都是含 21 个碳原子的甾体化合物，所以称为 C$_{21}$甾体苷。这类化合物常与强心苷、皂苷共存于植物中，如杠柳苷 K 苷基：

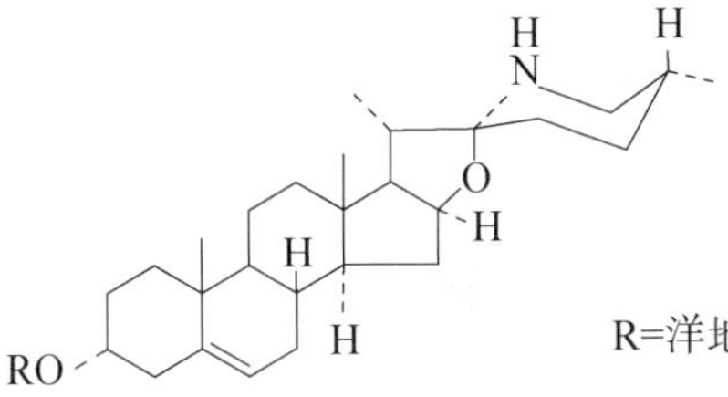

R＝洋地黄糖-*O*-(葡萄糖)$_2$

杠柳苷K（北五加皮苷K）
willow glycosides K

（七）甾体生物碱

甾体生物碱是一类含 N 原子的甾体植物成分，分子中的 N 原子可以在环内，也可以在环外支链上。本类生物碱主要分布于百合科藜芦属、贝母属以及茄科茄属等植物中，有的以苷存在，有的以酯存在。例如，番茄中所含的茄碱等。

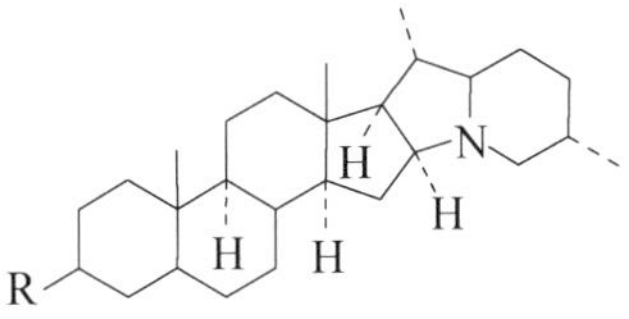

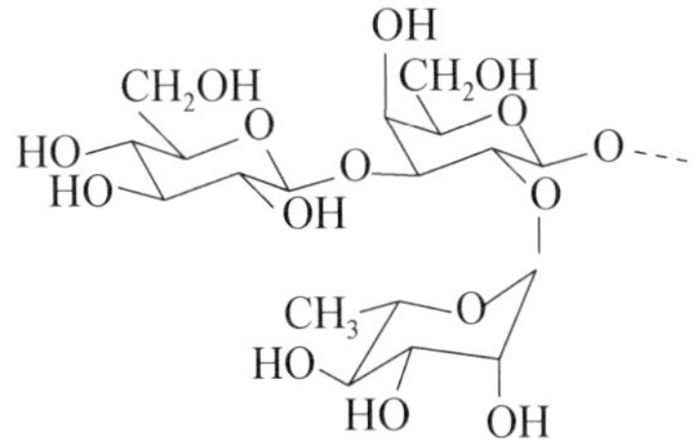

茄碱
solanine

（八）昆虫激素

昆虫激素是一类在昆虫体内对昆虫的生长、蜕皮、变态、生殖及活动行为起着重要作用的化学物质。其中具有甾体母核的是蜕皮激素。

蜕皮激素是一种具有蜕皮活性的物质，它们能促进昆虫细胞生长，刺激真皮细胞分裂，产生新的表皮并使昆虫蜕皮。蜕皮激素也存在于某些植物及甲壳动物体内。蜕皮激素除对昆虫显示蜕皮活性外，对人体也有一定作用。以下是两种典型的昆虫激素：

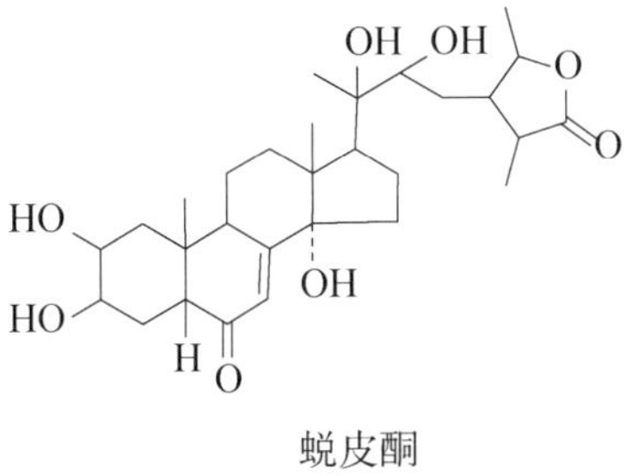

蜕皮酮
ecdysone

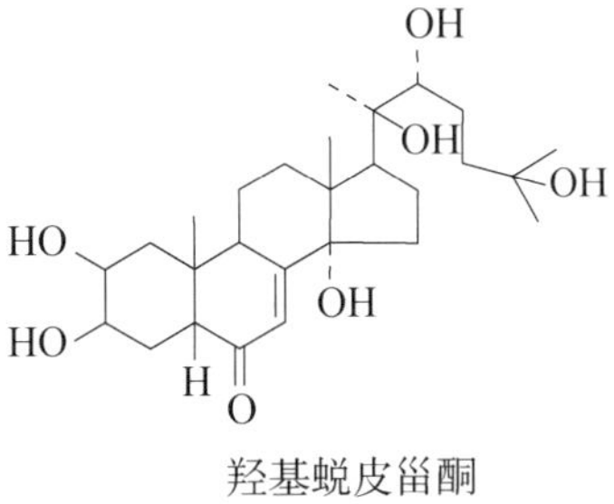

羟基蜕皮甾酮
hydroxy molting steroid

小　结

1. 萜类化合物
（1）萜类化合物的概念。

（2）异戊二烯规则、萜类化合物的生物合成、萜类化合物的分类和命名。

（3）重要的萜类化合物：单萜类化合物、倍半萜类化合物、二萜类化合物、二倍半萜类化合物、三萜类化合物、四萜类化合物。

2. 甾体化合物

（1）甾体化合物的结构：环戊烷并多氢菲。

（2）甾体化合物的分类和命名。

（3）常见的甾体化合物：胆甾醇、胆甾酸、甾体激素、强心苷、甾体皂苷、C_{21}甾体苷类、甾体生物碱。

（云南中医药大学）

本章 PPT